KB153659

마이크로프로세서 응용 로봇 제작기술

선권석 · 원용관 · 하성재 · 김성호 · 황석승 지음

청문각

Microprocessor
Preface

머리말

대학이나 전문계 고등학교에서 이동용 로봇의 기본을 공부하고자 할 때는 기본적으로 제어기를 다루어야 한다. 이때 특히 각종 센서의 측정 알고리즘을 이해하고 그에 따른 추리 기술을 습득해야 한다. 그런데 이런 작업들이 동시에 이루어져야 함에 따라 많은 분량의 정보를 한꺼번에 이해하는 것은 어려운 일이다. 근접 스위치와 같이 Digital Data인 "Bool" 타입의 형태로 이루어진 경우는 처리하기 쉬우나, 특히 일정한 레벨을 확인해서 처리하는 형태의 센서들은 다루기 쉽지 않다.

이 책은 마이컴을 이용해서 일반적으로 응용할 수 있는 이동용 로봇의 기본적인 구성을 이해하는 데 많은 도움을 줄 것으로 본다. 특히, 현장에서 적용하기 전에 학교에서 작업하면서 실시간으로 정보를 수집해서 처리하여 동작을 확인하는 과정에서 하나하나 만족감을 얻을 수 있도록 다음과 같이 구성하였다.

제1장에서는 기본적인 마이크로프로세서의 동작을 확인하도록 하였다. 흔히 사용되는 AVR 칩과 PIC 칩의 두 종류를 선정해서 직접 회로를 구성하고 동작하여 결과를 확인할 수 있도록 하였다. 또한 Motor의 속도를 제어하는 과정에서 엔코더를 직접 설계·제작하여 구성한 것은 모터의 속도 제어 원리를 이해할 수 있는 좋은 기회가 될 것으로 본다. 바로 메카트로닉스공학 기술 관점에서 이해할 수 있는 부분으로 판단되며, 신호 전달 과정과 처리 기술에 해당하는 프로그램의 알고리즘을 간단하게 살펴볼 수 있어서 좋을 것이다.

제2장에서는 마이크로프로세서를 이용해서 라인트레이서를 설계하고 직접 제작하여 동작하는 과정을 열거하였다. 또한 각 모듈별로 부분 테스트가 가능하도록 부분적 신호 처리를 통해서 전체 시스템의 제어와 인터페이스 방법을 이해할 수 있도록 하였다. 또한 PCB Artwork를 직접 해 볼 수 있도록 하여 전자 회로 분야에 대한 이해를 도왔다.

제3장에서는 비전을 이용한 라인트레이서를 설계·제작하는 과정을 실었다. 여기서 소개한 비전트레이서는 실질적으로 전시회에서 언론의 조명을 받았던 경험이 있는 작품으로서 비교적 안정적으로 비전 신호 처리를 할 수 있도록 구성되어 있다. 또한 모든 기기에서 제시하지만 프로그램과 그에 따른 알고리즘을 순차적으로 제시하고 확인할 수 있도록 하여 보다 효율적인 모듈형 학습이 가능하도록 하였다.

제4장에서는 마이크로마우스 제작 기술에 대하여 기술하였는데, 주행 속도에 대한 알고리즘과 자세 보정 등 필요한 알고리즘을 제시하여 학습 및 타 분야에 응용이 가능하도록 하였다.

제5장은 Community Robot 제작 기술에 대하여 기술하였는데, 신호 처리 속도로 인해서 DSP 칩을 사용하였다. 본 기기는 축구용 로봇으로 응용할 수 있도록 구성하였으며, 그에 따라 통신 기술을 접목하였다.

많은 마이크로프로세서 교재에서 일반적인 고정형(가방형) 실습 장치를 제안하고 설명하였다면, 이 책에서는 이동형으로 구성하였다고 하는 것이 차별점이라 하겠다. 물론 기본적인 마이크로프로세서 동작은 각각의 부분 회로를 이용해서 동작하였으나, 이는 움직이며 실제 데이터를 수집하고 이동하면서 얻은 정보를 다시 상호 교환하여 참조할 수 있는 형태로 구성함으로써 한 차원 높은 교재를 제시했다고 평가할 수 있을 것이다. 움직이는 이동형 로봇의 형태를 이용한 프로젝트형 실습이 효과적이라는 것을, 실제 학습에서 이 책을 활용해서 많은 도움이 되기를 바란다.

끝으로 이 책이 출간되기까지 수고해 주신 청문각 임직원들에게 감사를 드린다.

2015년 1월

지은이 씀

Microprocessor
Contents
차 례

Chapter 01

마이크로프로세서(AVR/PIC) 활용을 위한 기본 기술

02 Chapter 라인트레이서

05 Chapter Community Robot 제작 기술

Chapter

01

마이크로프로세서(AVR/PIC) 활용을 위한 기본 기술

01 메카트로닉스 기본 기술

이 장에서는 마이크로컨트롤러를 이용해서 메카트로닉스 기술 습득의 준비 단계로 들어서 보기로 한다. 물론 원 칩 마이크로컨트롤러로는 ATmega128을 이용할 것이다. 처음부터 차근차근 따라 하다보면 어렵지 않게 마이컴을 사용할 수 있을 것이다.

1. ATmega128 기본 회로 구성

다음 회로는 마이크로컨트롤러를 사용하기 위해 최소한 갖추어야 할 요소를 나타낸 것이다.

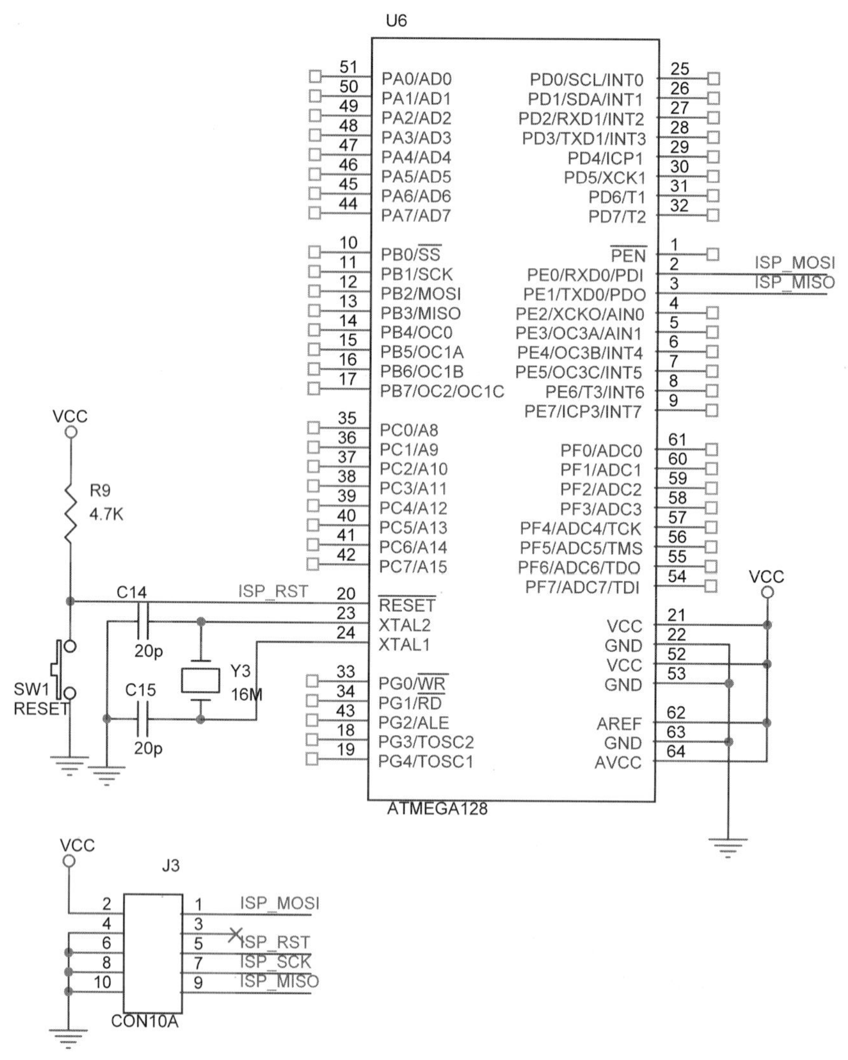

그림 1.1 ATmega128 기본 회로

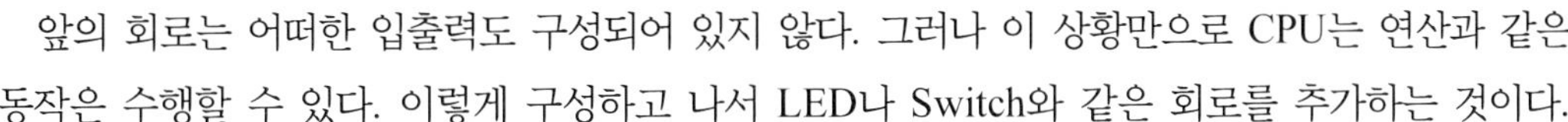

앞의 회로는 어떠한 입출력도 구성되어 있지 않다. 그러나 이 상황만으로 CPU는 연산과 같은 동작은 수행할 수 있다. 이렇게 구성하고 나서 LED나 Switch와 같은 회로를 추가하는 것이다.

(1) RESET

① ATmega128은 다음과 같이 5개의 리셋 소스를 가진다.

㉠ 파워온 리셋 : 전원이 공급될 때 MCU에 걸리는 리셋

㉡ 외부 리셋 : $\overline{RESET}$핀에 1.5 us 이상의 Low 신호가 인가되었을 때 MCU에 걸리는 리셋

㉢ 워치독 리셋 : 워치독 타이머에 의해 MCU에 걸리는 리셋

㉣ 브라운 아웃 검출(Brown-out detection) 리셋 : 전원 전압 Vcc가 지정된 최소 시간 2 us 이상 동안 브라운 아웃 리셋 임계 전압(2.7 V 또는 4 V)보다 낮은 경우 발생한다.

㉤ JTAG AVR 리셋 : JTAG 시스템에서 리셋 레지스터가 논리 값 1인 동안 MCU에 걸리는 리셋

② MCUCSR(MCU Control and Status Register) : MCU 제어 및 상태 레지스터

리셋이 어느 원인에 의해 발생되었는지는 MCUCSR 레지스터를 보면 확인할 수 있다. 이 레지스터는 I/O 영역 0×34(0×54) 번지에 위치하며, 각 비트의 기능은 다음과 같다.

비트	7	6	5	4	3	2	1	0	
0×34 (0×54)	JTD	–	–	JTRF	WDRF	BORF	EXTRF	PORF	MCUCSR
읽기/쓰기	읽기/쓰기	읽기	읽기	읽기/쓰기	읽기/쓰기	읽기/쓰기	읽기/쓰기	읽기/쓰기	
초깃값	0	0	0						

- Bit 4 – JTRF : JTAG 리셋 플래그 비트, JTAG 리셋이 발생했음을 나타낸다.
- Bit 3 – WDRF : 워치독 리셋 플래그 비트, 워치독 리셋이 발생했음을 나타낸다.
- Bit 2 – BORF : 브라운 리셋 플래그 비트, 브라운 리셋이 발생했음을 나타낸다.
- Bit 1 – EXTRF : 워치독 리셋 플래그 비트, 외부 리셋이 발생했음을 나타낸다.
- Bit 0 – PORF : 파워온 리셋 플래그 비트, 파워온 리셋이 발생했음을 나타내며, 직접 0을 TM는 경우에만 리셋된다.

리셋이 걸리는 동안 모든 I/O 레지스터는 초깃값으로 설정되고, 프로그램은 0×0000번지부터 실행된다. 0×0000 번지의 명령은 리셋 처리 루틴에 대한 RJMP 명령이어야 한다. 만일 프로그램이 인터럽트 소스를 전혀 enable하지 않거나 인터럽트 벡터를 사용하지 않으면 프로그램 코드는 0×0000번지에 위치할 수도 있다.

③ 리셋의 종류

㉠ 파워온 리셋(POR : Power On Reset) : 파워온 리셋(POR)은 전원 전압 Vcc가 POR 임계 전압(V_{POT})보다 낮을 때 발생한다. 이것은 전원이 공급되기 시작하면 바로 MCU를 리셋시키며, 전원 전압이 임계 전압에 도달하여도 일정 시간 동안 리셋이 유지된다.

㉡ 외부 리셋(External Reset) : 외부 리셋은 $\overline{RESET}$ 핀에 1.5 us 이상의 low 신호가 입력되면 발생하며, 짧은 리셋 펄스는 리셋 발생을 보증할 수 없다. 인가된 신호의 상승 에지에서 리셋 임계 전압 V_{RST}에 이르면 타임아웃 주기 t_{TOUT} 발생 후에 MCU가 동작을 시작한다.

㉢ 워치독 리셋(Watchdog Reset) : 워치독 타이머가 타임아웃이 될 때, 1클럭 사이클 동안 리셋 펄스가 발생한다. 이 펄스의 상승 에지에서 지연 타이머가 타임아웃 주기 t_{TOUT} 동안 유지된다.

㉣ 브라운 아웃 검출 리셋(Brown - out detection Reset) : 브라운 아웃 검출 리셋은 전원 전압 Vcc가 브라운 리셋 임계전압 V_{BOT}보다 2 us 이상 낮을 때 발생한다. V_{BOT}는 Fuse Low 바이트의 BODLEVEL 비트 값에 따라 2.7 V(unprogrammed) 또는 4.0 V(programmed)로 지정된다. 그리고, BOD 기능은 Fuse Low 바이트의 BODEN 비트로 동작시키거나 금지한다.

(2) CLOCK

시스템 클럭은 5개의 소스원으로부터 선택되어 입력되어진다. 또한 ATmega128 내부에는 워치독 타이머를 위한 1 MHz 발진기를 내장하고 있으며, 이것은 MCU가 리셋될 때 전원이 안정되기까지의 추가적인 지연 시간을 주기 위해 사용되기도 한다. 시스템 클럭의 소스는 퓨즈 비트 설정용의 3번째 바이트(Fuse Low Byte)에 있는 4비트의 플래시 퓨즈 비트 CKSEL 3.0에 의해 표와 같이 선택되어진다. 디폴트로는 가장 긴 스타트 업 시긴을 갖는 1 MHz의 내부 RC 발진기가 설정되어 있으며, 사용자는 ISP나 병렬 프로그래머를 이용하여 희망하는 클럭 소스원을 선택할 수 있다.

표 1.1 **클럭 소스 선택**

클럭 소스	CKSEL 3.0
외부 크리스탈/ 세라믹 레조네이터	1111 - 1010
외부 저주파 크리스탈 발전기	1001
외부 RC 발진기	1000 - 0101
내부 RC 발진기	0100 - 0001
외부 클럭	0000

① 외부 크리스탈/세라믹 레조네이터 발진기

외부에 크리스탈 또는 세라믹 레조네이터를 2개의 콘덴서와 함께 MCU의 XTALI 단자와 XTAL2 단자에 연결하여 구성한다. 콘덴서 C1, C2는 표에서와 같이 12 pF – 22 pF의 콘덴서가 권장값으로 되어 있다.

표 1.2 **외부 크리스탈 발진기에서의 콘덴서 C1, C2 권장값**

CKOPT	CKSLE3..1	주파수 범위(MHz)	콘덴서 C1, C2 권장값 (pF)
1	101	0.4 - 0.9	세라믹 레조네이터에서만 사용 (제조 회사의 권장치 사용)
1	110	0.9 - 3.0	12 - 22
1	111	3.0 - 8.0	12 - 22
0	101,110,111	1.0 - 16.0	12 - 22

플래시 퓨즈 비트 CKSEL0은 SUT1..0과 함께 표와 같이 스타트 업 시간을 선택하기 위해 사용된다. 여기서, 스타트 업 시간이란 MCU가 파워 다운모드 또는 파워 세이브 모드로부터 벗어나 정지해 있던 클럭이 안정되게 발생하여 MCU가 명령을 실행하기 시작할 때까지의 지연 시간을 말한다.

표 1.3 **외부 크리스탈 발진기에서의 스타트 업 시간**

CKSEL0	SUT1..0	스타트 업 시간	리셋으로부터 추가 지연 시간	권장되는 사용
1	00	258 클럭	4.1 ms	세라믹 레조네이터(Fast rising power)
1	01	258 클럭	65 ms	세라믹 레조네이터(Slowly rising power)
1	10	1K 클럭	–	세라믹 레조네이터(BOD Enabled)
1	11	1K 클럭	4.1 ms	세라믹 레조네이터(Fast rising power)
0	00	1K 클럭	65 ms	세라믹 레조네이터(Slowly rising power)
0	01	16K 클럭	–	크리스탈(BOD Enabled)
0	10	16K 클럭	4.1 ms	크리스탈(Fast rising power)
0	11	16K 클럭	65 ms	크리스탈(Slowly rising power)

② 외부 저주파 크리스탈 발진기

32.768 kHz의 낮은 주파수를 시스템 클럭으로 사용하는 경우로서 CKSEL3.0을 1001로 설정하며, 크리스탈은 외부 크리스탈과 연결한다. 그러나, CKOPT를 0으로 설정하는 경우에는 XTAL1과 XTAL2 단자에 내부 콘덴서(36 pF)가 연결되므로 외부에 있는 콘덴서는 제거해야 한다.

표 1.4 저주파 크리스탈 발진기에서의 스타트 업 시간

SUP1..0	스타트 업 시간	리셋으로부터 추가 지연 시간	권장되는 사용
00	1K 클럭	4.1ms	Fast rising power 또는 BOD Enabled
01	1K 클럭	65ms	Slowly rising power
10	32K 클럭	65ms	Stable frequency at start-up
11	Reserved		

③ 외부 RC 발진기

외부 RC 발진기는 정밀한 타이밍이 요구되지 않는 용도에 사용되며, 외부 저항 R과 콘덴서 C를 MCU의 XTAL1 단자에 연결한다. 발진주파수는 대략 $f = 1/(3RC)$로 주어지며, C는 적어도 22 pF 이상의 콘덴서를 사용해야 한다. CKOPT 퓨즈 비트를 0으로 하면 36 pF의 내부 콘덴서가 XTAL1과 GND에 연결되므로 외부 콘덴서는 제거해야 한다. 발진기는 주파수 범위에 따라 네 개의 다른 모드로 사용되며, SUT1..0 퓨즈 비트에 따라 표 1.6과 같이 RC 발진기에서의 동작 시간이 달라진다.

표 1.5 외부 RC 발진기 동작모드

CKSLE3.0	클럭 주파수(MHz)
0101	0.0~0.9
0110	0.9~3.0
0111	3.0~8.0
1000	8.0 12.0

표 1.6 RC 발진기에서의 스타트 업 시간

SUT1..0	스타트 업 시간	리셋으로부터 지연 시간	권장되는 사용
00	18 클럭	-	BOD Enabled
01	18 클럭	4.1 ms	Fast rising power
10	18 클럭	65 ms	Slowly rising power
11	6 클럭※	4.1 ms	Fast rising power 또는 BOD Enabled

※ 최대 주파수 부근에서 동작할 때 이 모드는 사용하지 말아야 함.

④ 내부 RC 발진기

내부 RC 발진기는 1.0, 2.0, 4.0, 8.0MHz 중에서 퓨즈 비트 CKSEL3.0의 값에 따라 하나의 클럭이 선택되어 공급된다. 이때 CKOPT 퓨즈 비트 값은 반드시 1이어야 하며, SUT1..0 퓨트 비트에 따라 다음 표와 같이 스타트 업 시간과 지연시간이 정해진다. 이 RC 발전기에서 XTAL1 단자와 XTAL2 단자는 아무것도 연결하지 않고 오픈 상태로 둔다.

표 1.7 내부 RC 발진기 동작 모드

CKSLE3.0	클럭 주파수(MHz)
0001	1.0
0010	2.0
0011	4.0
0100	8.0

내부 RC 발진기에서 출력되는 클럭은 시스템 클럭으로도 사용할 수 있지만, 플래시 메모리와 EEPROM을 액세스하는 클럭으로도 사용된다. 그리고 내부 RC 발진기에서 출력되는 클럭의 주파수는 8비트 OSCCAL 레지스터를 이용하여 조정할 수 있다.

표 1.8 RC 발진기에서의 스타트 업 시간

SUT1..0	스타트 업 시간	리셋으로부터 추가 지연 시간	권장되는 사용
00	6 클럭	-	BOD Enabled
01	6 클럭	4.1 ms	Fast rising power
10	6 클럭	65 ms	Slowly rising power(Default)
11	Reserved		

⑤ OSCCAL(Oscillator Calibration) Register : 발진기 조정 레지스터

이 레지스터는 클럭 주파수를 조정하는 데 사용되며, 설정된 주파수의 50%에서 200%의 범위로 조정이 가능하다. 이 레지스터의 값이 0이면 가장 낮은 주파수로 발진하고, 값이 0×FF이면 가장 높은 주파수로 발진하게 된다. 확장 I/O 영역내 0×6F에 지정되어 있다.

비트	7	6	5	4	3	2	1	0	
0×6F	CAL7	CAL6	CAL5	CAL4	CAL3	CAL2	CAL1	CAL0	OSCCAL
읽기/쓰기	읽기/쓰기	읽기/쓰기	읽기/쓰기	읽기/쓰기	읽기/쓰기	읽기/쓰기	읽기/쓰기	읽기/쓰기	

이것은 외부로부터 클럭이 XTAL1 단자로 직접 공급되며, XTAL2 단자는 오픈 상태로 둔다. XUT1..0 퓨즈 비트에 따라 스타트 업 시간과 지연 시간이 정해진다.

표 1.9 외부 클럭을 사용하는 경우의 스타트 업 시간

SUT1..0	스타트 업 시간	리셋으로부터 추가 지연시간	권장되는 사용
00	6 클럭	-	BOD Enabled
01	6 클럭	4.1 ms	Fast rising power
10	6 클럭	65 ms	Slowly rising power(Default)
11	Reserved		

⑥ XDIV(XTAL Divide Control) Register : 발진기 분주 제어 레지스터

이 레지스터를 사용하면 소스 클럭을 2~129로 나누어 CPU와 모든 주변 장치에 공급되는 클럭의 주파수를 낮출 수 있다.

비트	7	6	5	4	3	2	1	0	
0×3C (0×5C)	XDIVEN	XDIV6	XDIV5	XDIV4	XDIV3	XDIV2	XDIV1	XDIV0	XDIV
읽기/쓰기	읽기/쓰기	읽기/쓰기	읽기/쓰기	읽기/쓰기	읽기/쓰기	읽기/쓰기	읽기/쓰기	읽기/쓰기	

- Bit 7 – XDIVEN : XDIV 인에이블 비트

  1로 하면 소스클럭의 분주가 허용되며, XDIV0~XDIV6의 값에 따라 분주비가 결정된다.

- Bit 6..0 – XDIV6 – XDIV0 : 분주비 설정 비트

  이 비트들은 분주비를 설정하며, 이 값을 d라고 하면 CPU 및 주변 장치에는 다음 식과 같이 분주되어 클럭이 공급된다.

$$f_{clk} = \frac{Source\ Clock}{129 - d}$$

비교적 가격이 저렴하면서도 안정적으로 동작하는 Crystal Oscillator를 사용하였다. 이 Crystal이 안정적으로 동작하기 위해서 보조적으로 20 pF Capacitor를 추가하였다.

오실레이터는 보통 4~16 MHz까지 사용 가능한데, 여기에서는 16 MHz를 사용하였다.

(3) ISP

J4의 커넥터에 ISP는 In-system Program의 약자로서 AVR 사용자가 가장 편안하게 느끼는 부분이다. 이것을 이용하여 고가의 롬라이터나 개발 장비 없이 CPU에 프로그램을 쉽게 다운로드 할 수 있다. SPI는 오직 3라인을 이용한 통신 방법으로 MOSI(Master Out Slave In), MISO(Master In Slave Out), SCLK(SPI CLOCK) 시그널을 이용한다. Motolora에서 개발되었으며 Master와 Slave가 SCLK에 동기하여 데이터를 교환하는 방식이다. 플래쉬 메모리를 엑세스하기 위해서는 AVR의 Reset 핀을 low로 한 상태에서 앞의 세 시그널을 이용하여 데이터를 읽고 쓰기가 가능하다. 즉, AVR과의 SPI 인터페이스를 맞추어 주기만 하면 내부 플래쉬 메모리의 엑세스가 가능하다는 것이다. 이는 AVR의 프로그램을 싼 값으로 구현하게 하는 동기가 된다.

02 LED 구동하기

마이컴을 배우기 위해 가장 쉬운 예제는 아무래도 LED 구동일 것이다. LED 구동은 가장 쉽지만 가장 많이 쓰이고 중요하다. LED를 구동하기 위해 몇 가지 예를 들어 설명하겠다.

1. Not Gate를 사용하여 LED 구동하기

요즘처럼 AVR이나 PIC처럼 One-chip 마이컴이 보급되기 전에는 GPIO라고 해서 범용으로 사용할 수 있는 I/O포트 대신 Data Port를 사용하여 LED를 구동하는 경우가 많았다. 하지만 이런 I/O 포트는 출력 포트의 최대 출력 전류가 수[uA] 정도로 낮아 LED를 직접 구동할 수 없었다. 그래서 다음과 같이 버퍼를 사용하였고 사용의 편의를 위해 Not Gate를 이용하는 경우가 많았다. 출력 포트를 HIGH(1)로 두면 LED가 On 되고 Low(0)인 경우 LED는 Off 된다.

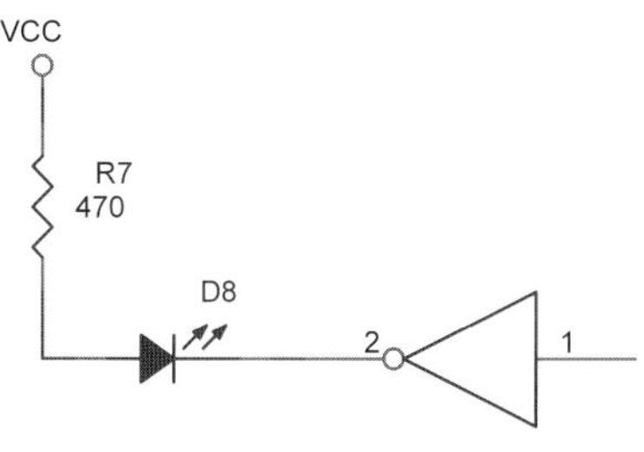

그림 1.2 직접 LED 구동하기

AVR의 경우 DATA SHEET를 참조하면 출력전류가 약 20[mA]로 LED를 직접 구동하는 것이 가능하다. 그래서 다음과 같이 두 가지 경우로 쓰이게 되는데 주로 Source 구동형과 Sink 구동형으로 나뉜다.

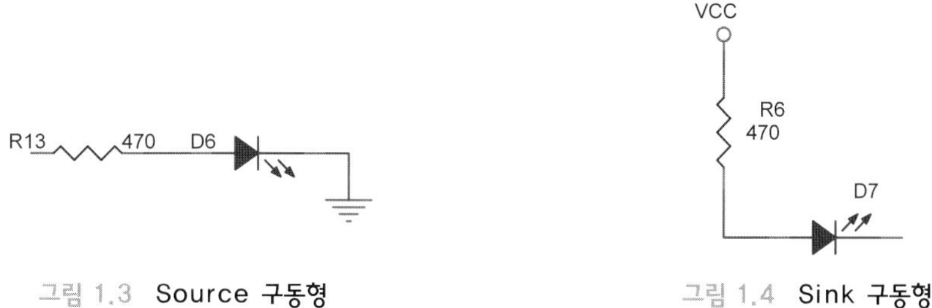

그림 1.3 Source 구동형

그림 1.4 Sink 구동형

첫 번째의 경우는 출력 포트에서 나오는 출력 전류를 이용하는 것으로 실험용으로 사용할 수 있으나 권장하지 않는다. 두 번째와 같이 출력 포트를 Low Level로 하여 LED를 구동하는 방법을 많이 쓴다. 그러나 여기에서 생각해야 할 점은 동작이 출력과 반대라는 것이다. 출력 포트 High(1)를 보내면 LED는 Off되고 Low(0)를 보내면 LED는 On이 된다는 점이다.

2. LED 구동을 위한 회로 구성

LED를 구동하기 위해 다음과 같이 회로를 구성하자. 예제 프로그램을 작성하기 위해 미리 알고 있어야 할 내용만 간단히 설명하고자 한다.

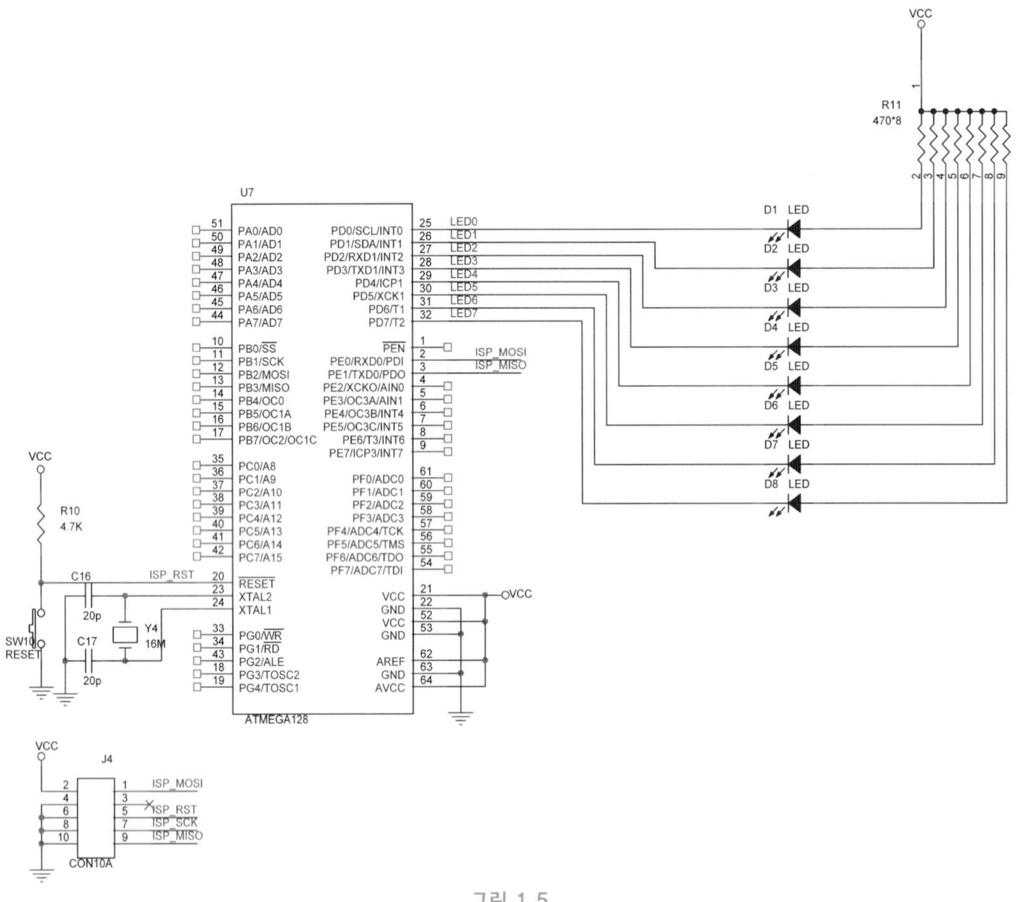

그림 1.5

(1) Header File 선언

우선 제일 첫 줄에 #include <mega128.h>로 되어 있는 부분을 발견할 수 있다. #include라는 명령어는 말 그대로 < >로 둘러싸인 파일을 포함한다는 의미이다. 간단한 선언문과 자주 사용하는 함수를 header file 안에 선언하여 사용할 수 있도록 해 준다.

① Main CPU 선언하기

mega128을 사용하기 위해 PORTD, DDRD와 같은 레지스터를 빈번히 사용해야 하고 만약 mega128.h를 선언하지 않는다고 하면 우리는 datasheet를 뒤져서 모든 레지스터의 주소를 알아내야 한다. 그런 번거러움을 해소하기 위해 atmega128과 관련된 선언문을 mega128.h 안에 포함하였고 우리는 이것을 include하는 것만으로도 모든 것을 해소할 수 있다.

② delay 함수 선언하기

#include <delay.h>

다음으로 프로그램을 작성하다 보면 가장 많이 쓰이는 것이 딜레이 함수일 것이다. 코드 비전에서는 delay.h 안에 미리 딜레이 함수를 만들어 놓았으니 그것을 가져다 쓰기만 하면 된다.

(2) main 프로그램 Coding

main 함수는 위의 예제와 마찬가지로 ANSI－C 기준을 따른다. 즉

```
void main(void)
{
}
```

안에 우리가 실행할 프로그램을 코딩하는 것이다.

(3) 입출력 레지스터

ATmega128은 칩 외부와 입출력하기 위한 포트로 포트 A～포트 G가 있는데, 이중 포트A에서 포트F는 각각 8비트(b0～b7)로 구성되어 있고 포트 G는 5비트(b0～b4)로 구성되어 있다. 그리고 각각의 입출력 포트는 입출력 포트 기능 이외의 다른 기능들을 가지고 있다. 여기서는 입출력 포트 기능에 대한 것만 설명하기로 하고 다른 기능들에 대한 설명은 추후에 하기로 한다.

ATmega128을 기준으로 데이터가 밖으로 나가는 것이 출력이고, ATmega128 외부에서 내부로 데이터가 들어오는 것이 입력이 된다. 이 데이터의 입출력을 제어하기 위해 사용되는 레지스터의 종류 4가지가 있다.

① 각 포트를 입력 또는 출력 포트로 설정하는 레지스터(DDRx 레지스터)

각각의 포트마다 데이터의 입출력 방향을 설정할 수 있도록 DDRA～DDRG의 레지스터가 있다. 그리고 각 포트의 각각 비트마다 제어가 가능하다. DDRx 레지스터의 각 비트를 1로 설정하면 그 비트를 출력으로 사용하게 되고 0으로 설정하면 입력으로 사용하게 된다.

예를 들어 DDRA 레지스터를 16진수로 0×F0, 이진수로 11110000으로 설정하였다면 A 포트의 PA7～PA4까지는 데이터를 출력하는 출력포트로 사용되고 PA3～PA0는 데이터를 입력받는 입력포트로 사용된다. C 언어에서는 DDRA=0×F0; 로 설정한다. 출력 포트로 설정된 핀은 입력이 되지 않고 입력 포트로 설정된 핀은 출력 포트로 사용될 수 없다.

Bit	7	6	5	4	3	2	1	0	
	DDA7	DDA6	DDA5	DDA4	DDA3	DDA2	DDA1	DDA0	DDRA
Read/Write	R/W	R/W	R/W	R/W	R/W	R/W	R/W	R/W	
Initial Value	0	0	0	0	0	0	0	0	

(계속)

Bit	7	6	5	4	3	2	1	0	
	DDB7	DDB6	DDB5	DDB4	DDB3	DDB2	DDB1	DDB0	DDRB
Read/Write	R/W	R/W	R/W	R/W	R/W	R/W	R/W	R/W	
Initial Value	0	0	0	0	0	0	0	0	

Bit	7	6	5	4	3	2	1	0	
	DDC7	DDC6	DDC5	DDC4	DDC3	DDC2	DDC1	DDC0	DDRC
Read/Write	R/W	R/W	R/W	R/W	R/W	R/W	R/W	R/W	
Initial Value	0	0	0	0	0	0	0	0	

Bit	7	6	5	4	3	2	1	0	
	DDD7	DDD6	DDD5	DDD4	DDD3	DDD2	DDD1	DDD0	DDRD
Read/Write	R/W	R/W	R/W	R/W	R/W	R/W	R/W	R/W	
Initial Value	0	0	0	0	0	0	0	0	

Bit	7	6	5	4	3	2	1	0	
	DDE7	DDE6	DDE5	DDE4	DDE3	DDE2	DDE1	DDE0	DDRE
Read/Write	R/W	R/W	R/W	R/W	R/W	R/W	R/W	R/W	
Initial Value	0	0	0	0	0	0	0	0	

Bit	7	6	5	4	3	2	1	0	
	DDF7	DDF6	DDF5	DDF4	DDF3	DDF2	DDF1	DDF0	DDRF
Read/Write	R/W	R/W	R/W	R/W	R/W	R/W	R/W	R/W	
Initial Value	0	0	0	0	0	0	0	0	

Bit	7	6	5	4	3	2	1	0	
	–	–	–	DDG4	DDG3	DDG2	DDG1	DDG0	DDRG
Read/Write	R	R	R	R/W	R/W	R/W	R/W	R/W	
Initial Value	0	0	0	0	0	0	0	0	

② DDRx에서 출력 포트로 설정된 핀에 데이터를 출력하는 레지스터(PORTx 레지스터)

DDRx에서 포트가 출력으로 설정되어 있는 핀에 데이터를 출력하는 레지스터로 PORTA~PORTG가 있다. PORTx 레지스터의 각 비트에 0을 쓰게 되면 해당되는 핀에서 Low(0 V)가 출력되고 각 비트에 1을 쓰게 되면 해당되는 핀에서 High(5 V)가 출력된다.

물론 DDRx 레지스터에서 출력핀으로 설정되어 있어야만 출력이 되고 입력으로 설정되어 있으면 데이터 출력이 되지 않는다.

예를 들어 DDRA 레지스터를 16진수로 0×F0, 이진수로 11110000으로 설정하고 PORTA 레지스터에 16진수로 0×78, 이진수로 01111000으로 썼다면 A포트의 PA7에서는 Low(0 V)가 출력되고 PA6~PA4까지는 High(5 V)가 출력된다. 그리고 PORTA의 비트 3이 1로 쓰여졌기 때문에 PA3에 High(5 V)가 출력되어야 하지만 DDRA에서 PA3는 입력으로 설정되어 있기 때문에 PA3에는 데이터가 출력되지 않는다. C 언어로 표현하면 다음과 같다.

DDRA = 0×F0;

PORTA = 0×78;

Bit	7	6	5	4	3	2	1	0	
	PORTA7	PORTA6	PORTA5	PORTA4	PORTA3	PORTA2	PORTA1	PORTA0	PORTA
Read/Write	R/W	R/W	R/W	R/W	R/W	R/W	R/W	R/W	
Initial Value	0	0	0	0	0	0	0	0	

Bit	7	6	5	4	3	2	1	0	
	PORTB7	PORTB6	PORTB5	PORTB4	PORTB3	PORTB2	PORTB1	PORTB0	PORTB
Read/Write	R/W	R/W	R/W	R/W	R/W	R/W	R/W	R/W	
Initial Value	0	0	0	0	0	0	0	0	

Bit	7	6	5	4	3	2	1	0	
	PINCB7	PINC6	PINC5	PINC4	PINC3	PINC2	PINC1	PINC0	PINC
Read/Write	R	R	R	R	R	R	R	R	
Initial Value	N/A	N/A	N/A	N/A	N/A	N/A	N/A	N/A	

Bit	7	6	5	4	3	2	1	0	
	PORTD7	PORTD6	PORTD5	PORTD4	PORTD3	PORTD2	PORTD1	PORTD0	PORTD
Read/Write	R/W	R/W	R/W	R/W	R/W	R/W	R/W	R/W	
Initial Value	0	0	0	0	0	0	0	0	

Bit	7	6	5	4	3	2	1	0	
	PORTE7	PORTE6	PORTE5	PORTE4	PORTE3	PORTE2	PORTE1	PORTE0	PORTE
Read/Write	R/W	R/W	R/W	R/W	R/W	R/W	R/W	R/W	
Initial Value	0	0	0	0	0	0	0	0	

Bit	7	6	5	4	3	2	1	0	
	PORTF7	PORTF6	PORTF5	PORTF4	PORTF3	PORTF2	PORTF1	PORTF0	PORTF
Read/Write	R/W	R/W	R/W	R/W	R/W	R/W	R/W	R/W	
Initial Value	0	0	0	0	0	0	0	0	

Bit	7	6	5	4	3	2	1	0	
	–	–	–	PORTG4	PORTG3	PORTG2	PORTG1	PORTG0	PORTG
Read/Write	R	R	R	R/W	R/W	R/W	R/W	R/W	
Initial Value	0	0	0	0	0	0	0	0	

③ DDRx에서 입력포트로 설정된 핀으로부터 데이터를 입력받는 레지스터

(PINx 레지스터)

DDRx에서 포트가 입력으로 설정되어 있는 핀으로부터 데이터를 입력받는 레지스 PINA~PING가 있다. PINx 레지스터를 읽어 보면 현재 핀으로 입력되는 데이터를 확인 할 수 있다. 물론 DDRx 레지스터에서 입력핀으로 설정되어 있어야만 입력이 되고 출력으로 설정되어 있으면 데이터는 입력되지 않는다. 예를 들어 DDRA 레지스터를 16진수로 0×F0, 이진수로 11110000으로 설정하고 PINA의 레지스터 값을 변수에 저장하면 이 저장된 값은 하위 4비트만이 유효한 값이고 상위 4비트는 입력값이 아니다. 이것을 C 언어로 표현하면 다음과 같다.

DDRA = 0×F0; temp = PINA;

여기서 temp 값은 하위 4비트만이 유효하기 때문에 "temp = PINA&0×0F;"로 쓸 수 있다.

Bit	7	6	5	4	3	2	1	0	
	PINA7	PINA6	PINA5	PINA4	PINA3	PINA2	PINA1	PINA0	PINA
Read/Write	R	R	R	R	R	R	R	R	
Initial Value	N/A	N/A	N/A	N/A	N/A	N/A	N/A	N/A	
Bit	7	6	5	4	3	2	1	0	
	PINB7	PINB6	PINB5	PINB4	PINB3	PINB2	PINB1	PINB0	PINB
Read/Write	R	R	R	R	R	R	R	R	
Initial Value	N/A	N/A	N/A	N/A	N/A	N/A	N/A	N/A	
Bit	7	6	5	4	3	2	1	0	
	PINC7	PINC6	PINC5	PINC4	PINC3	PINC2	PINC1	PINC0	PINC
Read/Write	R	R	R	R	R	R	R	R	
Initial Value	N/A	N/A	N/A	N/A	N/A	N/A	N/A	N/A	
Bit	7	6	5	4	3	2	1	0	
	PIND7	PIND6	PIND5	PIND4	PIND3	PIND2	PIND1	PIND0	PIND
Read/Write	R	R	R	R	R	R	R	R	
Initial Value	N/A	N/A	N/A	N/A	N/A	N/A	N/A	N/A	
Bit	7	6	5	4	3	2	1	0	
	PINE7	PINE6	PINE5	PINE4	PINE3	PINE2	PINE1	PINE0	PINE
Read/Write	R	R	R	R	R	R	R	R	
Initial Value	N/A	N/A	N/A	N/A	N/A	N/A	N/A	N/A	
Bit	7	6	5	4	3	2	1	0	
	PINF7	PINF6	PINF5	PINF4	PINF3	PINF2	PINF1	PINF0	PINF
Read/Write	R	R	R	R	R	R	R	R	
Initial Value	N/A	N/A	N/A	N/A	N/A	N/A	N/A	N/A	
Bit	7	6	5	4	3	2	1	0	
	–	–	–	PING4	PING3	PING2	PING1	PING0	PING
Read/Write	R	R	R	R	R	R	R	R	
Initial Value	0	0	0	N/A	N/A	N/A	N/A	N/A	

④ 입력 포트로 사용 시 내부 풀업 저항의 사용 유무를 위한 SFIOR 레지스터의 PUD 비트

ATmega128의 포트를 입력포트로 설정하여 사용할 경우 내부 풀업 저항을 사용할 것인지 사용하지 않을 것인지를 설정하는 비트이다. SFIOR의 PUD(Pull-up Disable) 비트를 1로 설정하면 ATmega128 내부에 있는 풀업 저항을 사용하지 않는 것이고, PUD를 0으로 설정하면 내부 풀업저항을 사용하는 것이다. SFIOR의 PUD 비트의 초깃값은 0으로 되어 있기 때문에 이 레지스터를 설정하지 않으면 내부 풀업 저항을 사용하도록 설정되는 것과 같다.

Bit	7	6	5	4	3	2	1	0	
	TSM	-	-	-	AVME	PUD	PSR0	PSR321	SFIOR
Read/Write	R/W	R	R	R	R/W	R/W	R/W	R/W	
Initial Value	0	0	0	0	0	0	0	0	

표 1.10은 ATmega128의 입출력에 관계된 레지스터 설정에 따른 입출력핀의 상태를 보여준다.

표 1.10

DDxn	PORTxn	PUD(in SDIOR)	I/O	Pull-up	Comment
0	0	×	Input	No	Tri-state(Hi-Z)
0	1	0	Input	Yes	Pxn will source current if ext. pulled low.
0	1	1	Input	No	Tri-state(Hi-Z)
1	0	×	Ontput	No	Output Low(Sink)
1	1	×	Ontput	No	Output High(Source)

(4) 인터럽트 개요

① 인터럽트의 개념

CPU 외부의 하드웨어적인 요구에 의해서 정상적인 프로그램의 실행 순서를 변경하여, 보다 시급한 작업을 먼저 수행한 후에 다시 원래의 프로그램으로 복귀하는 것을 인터럽트(interrupt, 가로채기)라고 한다. 이것은 흔히 우리가 책을 읽고 있는 도중에 전화가 와서 책의 읽던 페이지에 책갈피를 끼워 표시해 두고 전화를 받은 다음에 다시 표시해 두었던 페이지를 찾아 책을 계속 읽어가는 경우에 비유될 수 있다.

인터럽트는 주변 장치의 서비스 요청에 CPU가 가장 빠르게 대응할 수 있는 방법이며, 이것을 이용하면 주변 장치측으로 부터의 발생 시기를 예측하여 어려운 비동기적인 일(event, 사건)을 CPU가 빠르게 처리할 수 있어서, 인터럽트는 서로 비동기적으로 동작하는 CPU(매우 고속으로 동작)와 주변 장치(비교적 저속으로 동작) 사이에서 효율적으로 일을 수행하는 중요한 수단이 된다.

인터럽트가 발생하면 서브 루틴의 경우에서처럼 나중에 되돌아 올 복귀 주소(return address)가 자동적으로 스택에 저장되었다가 인터럽트 서비스 루틴(interrupt service routine)의 마지막에서 복귀(return) 명령을 만나면 다시 자동으로 이 복귀 주소가 되찾아져서 인터럽트 발생 전의 위치로 정확하게 되돌아간다.

② 인터럽트의 종류

인터럽트의 종류는 마이크로프로세서에 따라 다르고, 또한 이를 보는 관점에 따라 여러 가지 방법으로 분류할 수 있으나 일반적으로 다음과 같은 것들이 있다.

- 인터럽트 발생 원인에 따른 분류

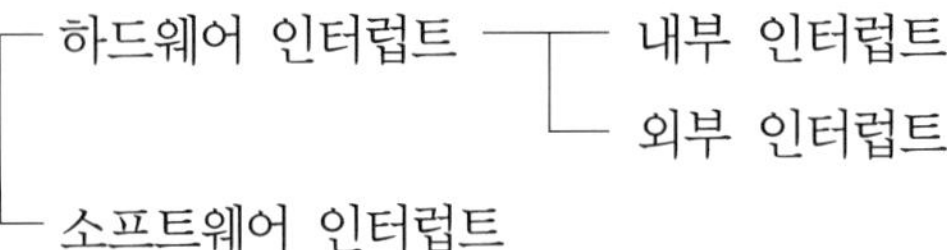

- 인터럽트 발생 시 마이크로프로세서의 반응 방식에 따른 분류

  - 차단 가능 인터럽트(INT; maskable interrupt)
  - 차단 불가능 인터럽트(NMI; non-maskable interrupt)

- 인터럽트를 요구한 입출력 기기를 확인하는 방법에 따른 분류

  - 벡터형 인터럽트(vectored interrupt)
  - 조사형 인터럽트(polled interrupt)

㉠ 내부 인터럽트 : CPU에 정의되어 있지 않은 명령의 실행, 영(zero)으로 나눗셈을 시도하는 것과 같은 나눗셈 에러, 보호된 메모리 영역에의 접근 등의 원인에 의해 마이크로프로세서에서 내부적으로 발생되는 인터럽트로서, 마이크로프로세서에 따라서는 이를 exception이라고 부르기도 한다. 그러나 마이크로컨트롤러 소자에 내장되어 있는 타이머나 직렬 포트, A/D 컨버터, DMA 컨트롤러 등과 같은 주변 장치에 의하여 발생된 인터럽트는 물리적으로는 내부 인터럽트가 될 것이지만, 이것들의 기본적인 성격이 CPU의 외부적 기능에 해당하는 것으로 보아 외부 인터럽트로 분류하는 것이 타당할 것이다.

이러한 내부 인터럽트는 신뢰성이 매우 중시되는 고성능의 마이크로컨트롤러나 다중 프로그래밍용의 CPU에서 많이 사용되며, ATmega128의 인터럽트 중에는 이러한 내부 인터럽트에 해당되는 것이 없다.

㉡ 외부 인터럽트 : 타이머에서의 지정된 시간 경과, 입력 장치에서의 서비스 요구, 출력 장치의 작업 종료, A/D 변환의 완료, DMA 동작의 종료, 멀티프로세서 간의 통신 요구 등 마이크로프로세서와 독립되어 있는 외부장치에 의해 발생되는 순수한 의미에서의 인터럽트이다. 일반적으로 그냥 인터럽트라고 하면 대부분 이것을 지칭한다.

대부분의 마이크로프로세서에서 사용하고 있는 $\overline{INT}$ 및 $\overline{NMI}$ 인터럽트가 이에 해당하는데, ATmega128에서는 매우 특이하게 $\overline{NMI}$ 인터럽트를 사용하지 않으며 8개의 차단 가능한 외부 인터럽트 INT0~INT7만을 가지고 있다. ATmega128에서 사용하는 그 밖의 주변 장치 인터럽트들도 넓은 의미에서 보면 모두 외부 인터럽트로 분류할 수 있다.

㉢ 차단 가능 인터럽트 : 프로그래머의 의하여 인터럽트 요청을 받아들이지 않고 무시할 수 있는 것으로서, 시간 제약이 있는 중요한 프로그램 수행중에는 인터럽트 요청을 허용하지 않을 수 있다. 보통 인터럽트를 차단하는 방법은 인터럽트 마스크 레지스터 또는 인터럽트 허용 레지스터를 사용하여 각각의 인터럽트를 개별적으로 차단할 수도 있고, DI(disable interrupt) 명령을 사용하여 전체적으로 차단할 수도 있다. 또한, 인터럽트 마스크 레지스터에서 개별적으로 허용된 인터럽트를 전체적으로 허용하는 명령은 EI(enable interrupt)이다.

ATmega128에서는 외부 인터럽트 INT0~INT7을 비롯한 모든 인터럽트가 차단 가능하며, 개별적인 인터럽트의 차단에는 EIMSK와 같은 인터럽트 제어 레지스터를 사용하고, 전체적으로 인터럽트를 허용 또는 금지하는데는 각각 SEI(set Global Interrupt Flag Global Interrupt Enable)와 CLI(Clear Global Interrupt Flag Global Interrupt Disable) 명령을 사용한다.

㉣ 차단 불가능 인터럽트 : 프로그래머의 의하여 어떤 방법으로도 인터럽트 요청이 차단될 수 없는 것으로, 전원 이상이나 비상 정지 스위치 등과 같이 중요도가 높은 심각한 돌발 사태에 대비하기 위하여 주로 사용된다. 대부분의 마이크로프로세서에는 $\overline{NMI}$ 신호를 이용하여 이 기능이 수행되지만, ATmega128에서는 차단 불가능 인터럽트가 사용되지 않는다.

㉤ 벡터형 인터럽트 : 이것은 인터럽트가 발생할 때마다 인터럽트를 요청한 장치가 인터럽트 서비스 루틴의 시작 번지(interrupt vector)를 CPU에게 전송하거나, 또는 CPU가 각 인터럽트의 종류에 따라 미리 지정된 메모리 번지에서 인터럽트 벡터를 읽어서 이를 인터럽트 서비스 루틴의 시작번지로 사용하는 방식이다. 따라서, 이 방식에서는 주변 장치가 CPU에게 인터럽트 요청 신호를 보내는 방법이나 또는 인터럽트 제어기에서 이 신호를 처리하는 방법에 의하여 인터럽트의 우선순위가 결정된다.

이 방법은 인터럽트 벡터에 의하여 즉시 인터럽트 서비스 루틴을 찾아가므로 인터럽트 응답 시간이 빠르며, 이 인터럽트 응답 시간이 주변 장치의 수가 많고 적음에 영향을 받지 않는다. 이와 같은 장점 때문에 빠른 인터럽트 처리가 요구되는 마이크로컨트롤러에서는 대부분 이 방식을 사용하며, ATmega128에서의 인터럽트 처리도 모두 이와 같은 벡터형 인터럽트 방식으로 되어 있다.

㉥ 조사형 인터럽트 : 이것은 인터럽트가 발생하면 이 인터럽트를 요청한 장치를 찾아내기 위하여 CPU가 각 주변 장치를 소프트웨어적으로 차례로 조사(polling)하는 방식이다. 이때 각 장치는 상태 레지스터(status register)의 특정한 비트에 인터럽트 요청 사실을 표시해 놓음으로써 자신이 인터럽트를 요청하였음을 CPU가 알 수 있도록 한다. 따라서, 이 방식

에서는 폴링의 순서에 의하여 소프트웨어적으로 인터럽트의 우선순위가 결정된다.

이 방법은 하드웨어가 간단한 것이 장점이므로 주변 단말 장치가 많은 범용 컴퓨터에서 많이 사용하지만, 인터럽트가 발생될 때마다 각 장치를 조사해야 하므로 주변 장치의 수가 많을수록 소프트웨어적인 처리 시간이 길어지고 따라서 인터럽트 응답이 늦어지는 단점이 있다. ATmega128에서는 이를 사용하지 않는다.

③ 인터럽트의 우선순위 제어

인터럽트는 CPU의 의지가 아니라 주변 장치의 필요에 의하여 CPU와 비동기적으로 또한 비정기적으로 발생되는 것이 일반적이므로 우연히 2개 이상의 주변장치가 동시에 CPU에게서 신호를 보내 인터럽트를 요청하는 경구가 있을 수 있다. 이러한 경우에 CPU는 이들 인터럽트를 한꺼번에 처리할 수가 없으므로 한번에 1개만의 인터럽트를 선택하여 처리하게 되는데 이를 인터럽트 우선순위(priority) 제어라고 한다. 이 밖에 하나의 인터럽트가 서비스되고 있는 동안에 또 다른 인터럽트가 요청되면 이를 어떻게 처리할 것인지도 인터럽트 우선순위 제어에 해당한다.

동시에 요청된 인터럽트의 우선순위를 결정하는 방법은 마이크로프로세서에 따라 또는 인터럽트 방식에 따라 다르다.

㉠ 인터럽트 제어기를 사용하는 벡터형 인터럽트의 경우 : 대부분의 마이크로컨트롤러에서는 많은 종류의 인터럽트를 사용하고 있으며, 이를 효율적으로 관리하기 위하여 내부에 인터럽트 제어기를 가지고 있다. 이 인터럽트 제어기에는 인터럽트 마스크 레지스터 또는 인터럽트 허용 레지스터를 가지고 있어서 인터럽트 허용 여부를 설정할 수도 있고, 인터럽트 우선순위 제어 레지스터를 가지고 있기도 하다.

Intel의 80×86 계열 범용 마이크로프로세서에서는 CPU의 내부에 인터럽트 제어기를 가지고 있지 않고, 외부에 주변 LSI로서 8259A 인터럽트 제어기를 사용하여 인터럽트를 제어한다. 모든 주변 장치들은 CPU에게 직접 인디럽트를 요청하지 않고 8259A에게 인터럽트를 요구하며, 1개 또는 2개 이상의 인터럽트가 요청되면 8259A는 미리 CPU에 의하여 소프트웨어로 지정된 우선순위에 따라 1개의 주변 장치에 대한 인터럽트만을 선택하여 CPU에게 인터럽트 요구를 전달한다. CPU로부터 인터럽트 요청이 받아들여지면 역시 미리 초기화되어 있던 해당 주변 장치에 대한 인터럽트 벡터를 CPU로 전송한다.

이처럼 벡터형 인터럽트에서는 대부분 인터럽트 제어기의 우선순위 제어 레지스터를 초기화함으로써 역시 손쉽게 동적 우선순위 제어 방식을 사용하고 있다. 그러나 ATmega128의 인터럽트에는 우선순위 제어 기능이 없으며 각 인터럽트마다 하드웨어적으로 우선순위가 정해져 있다.

㉡ 조사형 인터럽트의 경우 : 조사형 인터럽트는 인터럽트가 발생하면 이 인터럽트를 요청한 장치(interrupting device)를 찾아내기 위하여 CPU가 각 주변 장치를 소프트웨어적으로 차례로 폴링하는 방식이므로, 2개 이상의 주변 장치가 인터럽트를 요청한 경우에는 폴링의

순서에 의하여 소프트웨어적으로 인터럽트의 우선순위가 결정되며, 따라서 필요할 때마다 소프트웨어를 수정하여 손쉽게 우선순위를 변경할 수 있다.

④ 인터럽트의 처리 과정

인터럽트의 처리 과정은 마이크로프로세서의 종류에 따라 다르고 또한 하나의 마이크로프로세서에서도 인터럽트의 종류에 따라 달라지는 경우가 있지만 전체적인 처리 과정은 서로 상당히 유사하다.

3. PORTD의 1번째 BIT의 LED 1개만 ON - OFF 반복 프로그램 1

예제

```
#include <mega128.h> //ATmega128을 사용하기 위한 헤더 파일 선언
#include <delay.h> //delay 함수를 사용하기 위한 헤더 파일 선언
void main(void)
{
   DDRD=0x0FF;  // PORT 방향 설정 1이면 출력 0이면 입력
   do{
      PORTD = 0x0FE; // LED ON
      delay_ms(500); //0.5초 지연
      PORTD = 0x0FF; // LED OFF
      delay_ms(500);  //0.5초 지연
   } while(1); //무한 반복
}
```

위의 예제를 통해서 마이컴의 기본이 되는 LED를 구동하는 프로그램을 만들어 보았다.

main 함수 내부를 보면 두 가지 레지스터를 사용한 것을 볼 수 있다. 하나는 PORTD이고 하나는 DDRD이다. AVR에는 수많은 레지스터가 있다. 그러나 그것을 여기서 일일이 설명하는 것은 바람직하지 않다고 여겨진다. 그 많은 것을 다 알 필요도 없으며 필요한 것만 그때그때 알아나가면 되는 것이다. 그리고 좀 더 고급 과정이 되면 Data sheet를 보면서 찾아낼 수 있는 능력도 생긴다.

- DDRD는 Data sheet를 참조하면 Direct Data resister D 포트의 준말이다. 즉 D port의 방향, 입력 혹은 출력을 결정지어 주는 것이다. 만약 A port의 방향을 설정하기 위해서는 DDRA 레지스터를 사용해야 할 것이다. 여기에서는 PORTD를 사용하므로 DDRD를 사용한다. DDRD는 8bit Resister로서 각 비트별로 입출력을 설정할 수 있다. 즉 PORTD에 있는 8개의 포트의 방향을 자유롭게 설정할 수 있다는 것이다. 이 레지스터에서 출력으로 사용하기 위해서는 해당 비트를 1로 해야 하고 입력으로 사용하기 위해서는 0으로 선언해야 한다.

앞 회로에서 LED는 출력이므로 DDRC = 0×0FF;로 한 것이다.

- PORTD 레지스터는 실제로 우리가 사용하고자 하는 포트를 나타낸다. 여기에 Data를 주면 해당 포트에 값을 보내게 된다. 물론 여기서도 마찬가지로 PORTA나 PORTB와 같이 PORT 뒤에 PORT명을 기입하면 원하는 포트로 제어가 가능하다.

  PORTD = 0x0FE; // LED On

앞서 설명하였듯이, 앞의 회로에서 LED가 On이 되려면 해당 비트를 0으로 해야 한다고 하였다. 그래서 PORTD의 1번째 비트만 On을 하기 위해서 11111110(0×FE)으로 한 것이다. 그리고 다시 OFF하기 위해 PORTD = 0×0FF;로 하였다.

4. PORTD의 1번째 BIT의 LED 1개만 ON - OFF 반복 프로그램 2

예제

```
#include <mega128.h> //ATmega128을 사용하기 위한 헤더 파일 선언
#include <delay.h> //delay 함수를 사용하기 위한 헤더 파일 선언
void main(void)
{
   DDRD=0x0FF;  // PORT 방향설정 1이면 출력 0이면 입력
   do{
      PORTD.0 = 0; // LED ON
      delay_ms(500); //0.5초 지연
      PORTD.0 = 1; // LED OFF
      delay_ms(500);  //0.5초 지연
    } while(1); //무한 반복
}
```

회로는 그대로인 상태에서 위와 같이 다시 코딩하고 실행하여 보고 결과를 확인하면 똑같이 동작하는 것을 확인할 수 있다. 그러나 여기서 차이점은 PORTD.0 = 0;이라고 되어 있는 부분이다. 이것은 비트 단위로 포트를 제어할 때 사용한다. 프로그램 1에서 했던 방식은 PORT D의 1번째 비트뿐만 아니라 다른 포트에도 영향을 미친다. 그러나 프로그램 2처럼 비트 단위로 제어하게 되면 다른 비트를 신경 쓸 필요가 없으므로 좀 더 편리하다.

5. PORT D0~PORT D7까지 순차적으로 LED가 불이 켜지는 프로그램

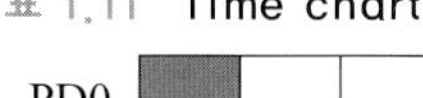
표 1.11 Time chart

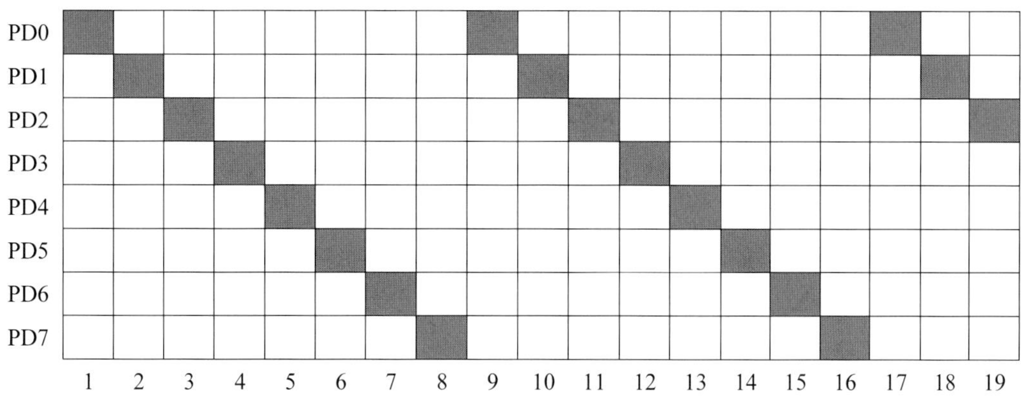

예제

```
#include <mega128.h>
#include <delay.h>
void main(void)
{
    int LED; //변수 선언

    LED=0x01; //초깃값
    DDRD=0x0FF;
    do{
        PORTD = ~LED; //PORTD로 LED 값 전송
        LED <<= 1; // 1bit 왼쪽으로 이동
        if(LED > 0x80) LED=0x01; // 만약에 최상위 비트가 1이면 다시 초기화
        delay_ms(500); //0.5초 지연
    }while(1);
}
```

위에서 PORTD = ~LED;로 한 것은 LED가 0일 경우 ON이 되기 때문이다. 변수명에 ~ 기호를 붙이면 값이 반전된다. 만약 LED의 회로가 1일 때 켜지도록 구성되었으면 PORTD = LED;로 했을 것이다. 앞으로도 이런 경우를 많이 접하게 되는데 조금 이해하기 힘들겠지만 한 번만 더 생각하면 된다. 프로그램은 항상 주어진 조건을 잘 파악하는 것부터 시작해야 한다. 늘 Logic 1이라고 해서 항상 On이라는 선입견을 갖지 않기 바라는 의미에서 조금 어렵게 시작했다. 중요한 것은 항상 조건이라는 것을 명심하기 바란다.

그러면 여기에서 위와 같이 동작하는 프로그램을 for문을 사용하여 구동하는 프로그램을 작성해 보면 다음과 같이 하여도 결과는 마찬가지이다.

예제

```
#include <mega128.h>
#include <delay.h>
void main(void)
{
    int LED; //변수 선언
    int i;

    LED=0x01; //초깃값
    DDRD=0x0FF;
    do{
        for(i=0;i<7;i++) //7번 반복
        {
            PORTD = ~LED;
            LED <<= 1;
              delay_ms(500);
        }
    }while(1);
}
```

위와 같이 예제를 더 구현한 것은 프로그램에는 정답이 없다는 것을 알려주기 위함이다. 즉 프로그래머가 가장 이해하기 쉽도록 coding하여 똑같은 결과를 낸다면 그것이 정답이 되는 것이다. 그러면 몇 가지 예제를 더 들어 보도록 하겠다.

6. LED 삼각파 형태 출력 1

표 1.12 Time chart

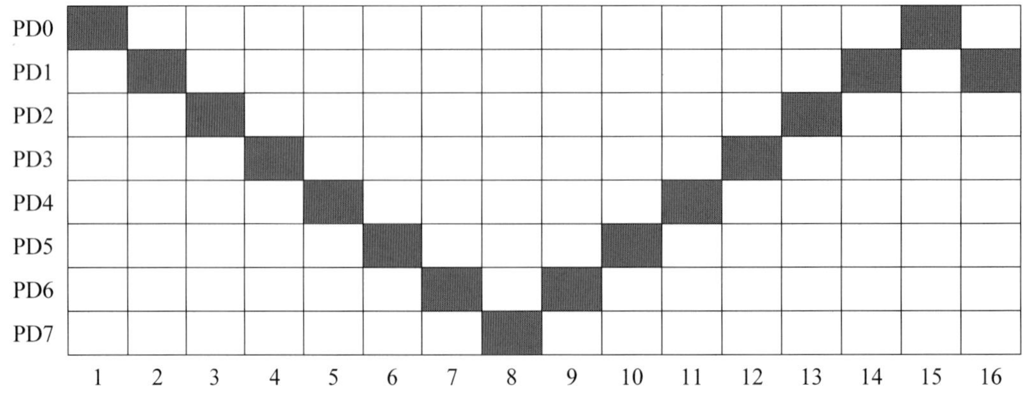

	1	2	3	4	5	6	7	8	9	10	11	12	13	14	15	16
PD0	■														■	
PD1		■												■		■
PD2			■										■			
PD3				■								■				
PD4					■						■					
PD5						■				■						
PD6							■		■							
PD7								■								

예제

```
#include <mega128.h>
#include <delay.h>
void main(void)
{
    int LED; //변수 선언
    int i;

    DDRD=0x0FF;
    LED=0x01; //초깃값
   do{
        for(i=0;i<7;i++)
        {
            PORTD = ~LED;
            LED <<= 1; // 왼쪽으로 shift
              delay_ms(500);
        }
        for(i=0;i<7;i++)
        {
            PORTD = ~LED;
            LED >>= 1; // 오른쪽으로 shift
              delay_ms(500);
       }

    }while(1);
}
```

위의 프로그램에서 어딘가 어색한 것을 느꼈을 것이다. 예제 3의 프로그램 스타일을 그대로 응용하려 했기 때문이다. 물론 동작은 올바르게 한다. 그러면 다음과 같이 수정해 보자.

예제

```
#include <mega128.h>
#include <delay.h>
void main(void)
{
    int LED; //변수 선언
    int i;

    DDRD=0x0FF;
    LED=0x01; //초깃값
```

(계속)

```
    do{
        for(i=0;i<14;i++)
        {
            PORTD = ~LED;
            if(i<7) LED <<= 1;
            else LED >>= 1;
              delay_ms(500);
        }
    }while(1);
}
```

프로그램이 훨씬 간단해졌다.

7. LED 삼각파 형태 출력 2

표 1.13 Time chart

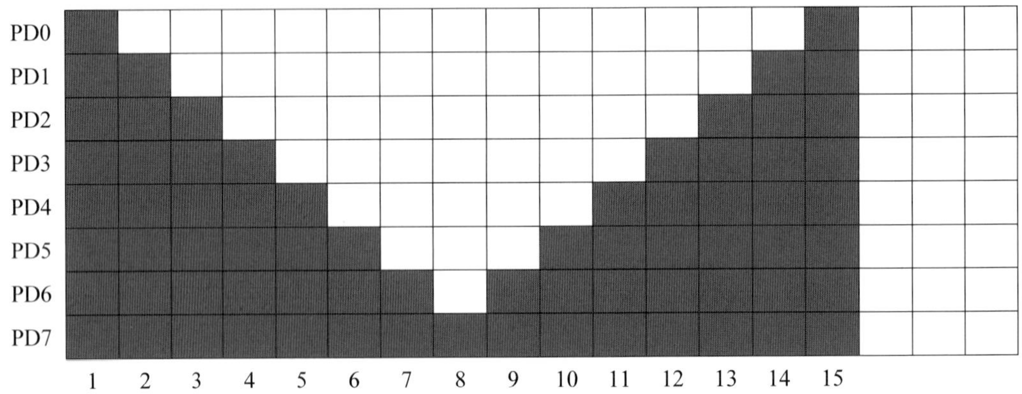

예제

```
#include <mega128.h>
#include <delay.h>
void main(void)
{
    int LED; //변수 선언
    int i;

    DDRD=0x0FF;
    LED=0x0FF; //초깃값
   do{
```

(계속)

```
        for(i=0;i<14;i++)
        {
            PORTD = ~LED;
            if(i<7) LED <<= 1;
            else LED >>= 1;
              delay_ms(500);
        }
    }while(1);
}
```

8. 어레이를 사용한 LED 출력

표 1.14 Time chart

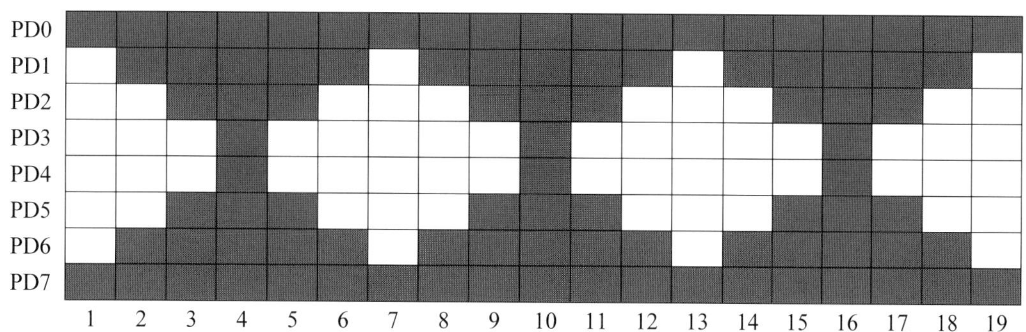

예제

```
#include <mega128.h>
#include <delay.h>
void main(void)
{
    int LED[7]={0x7E,0x3C,0x18,0,0x18,0x3C,0x7E}; //변수 선언
    int i;

    DDRD=0x0FF;
  do{
        for(i=0;i<7;i++)
        {
            PORTD = LED[i]; // PORTD 에는 LED의 i번째 행렬에 해당하는 값을 전송
              delay_ms(500);
        }
    }while(1);
}
```

어레이(Array)란 한 배열을 뜻하며 배열 안에 어떠한 값을 저장하여 필요한 때에 필요한 번지의 값을 불러올 수 있다. 예를 들면 PORTD=LED[2];을 수행하면 PORTD=0x18;를 수행하는 결과를 가져온다.

9. 타이머 0을 사용하여 0.5초 간격으로 LED 점/소등하기

지금까지 몇 가지 예제를 통해서 LED를 구동하였다. 그러나 실무에서는 LED를 이렇게 구동하지 않는다. 왜냐하면, LED를 ON에서 OFF로 가기까지 delay_ms(500);을 사용하였는데 이렇게 하면 500 ms라는 시간 동안 아무것도 할 수 없다. 이런 상황에서 다른 입력을 받거나 다른 출력을 낼 수 없게 된다.

(1) 타이머 인터럽트를 사용하기 위해 알아야 할 점

AVR은 많은 타이머 인터럽트를 제공하지만 여기서는 Timer 0에 대해서만 설명하겠다.

① Timer 0을 사용하기 위해 위와 같은 레지스터를 사용한다.

㉠ Timer/Counter0 Control Register(TCCR0) : Timer/Counter0 Control Register(TCCR0)는 Timer/Counter0의 동작을 설정하고 프리스케일러를 설정하는 등의 기능을 수행한다.

TCCR0								0×33(0×53)
Bit	7	6	5	4	3	2	1	0
	FOC0	WGM00	COM01	COM00	WGM01	CS02	CS01	CS00
Read/Write	R/W	R/W	R/W	R/W	R/W	R/W	R/W	R/W
초깃값	0	0	0	0	0	0	0	0

• BIT 7 : FOC0(Force Output Compare)

WGM 비트가 non-PWM 모드로 설정되어 있을 때 FOC0 비트는 활성화된다. 그러나 AVR의 상위 기종과 호환성을 유지하기 위해서 PWM 모드로 동작할 때는 "0"으로 설정되어야만 한다. 반면에 "1"로 설정하면 Waveform Generation Unit으로 동작한다.

• BIT 6, 3 : WGM01 : 0(Waveform Generation Mode)

이 비트를 조절하여 Counter의 카운팅 방향, Maximum(TOP) 카운터 값의 소스 및 어떤 Waveform Generation을 사용할지를 결정한다.

표 1.15 Waveform Generation Mode

Mode	WGM01 (CTC0)	WGM00 (PWM0)	Timer/Counter Mode of Operation	TOP	Update of OCR0	TOV0 Flag Set-on
0	0	0	Normal	0×FF	Immediate	MAX
1	0	1	PWM, Phase Correct	0×FF	TOP	BOTTOM
2	1	0	CTC	OCR0	Immediate	MAX
3	1	1	Fast PWM	0×FF	TOP	MAX

• BIT 5, 4 : COM01 : 0(Compare Match Output Mode)

이 비트를 조절하여 OC0핀의 동작을 조정한다. 이 핀을 출력으로 사용하기 위하여 DDR 레지스터를 출력으로 설정하여야 한다.

표 1.16 Compare Output Mode, non-PWM Mode

COM01	COM00	내용
0	0	Normal port operation, OC0 disconnected
0	1	Toggle OC0 on compare match
1	0	Clear OC0 on compare match
1	1	Set OC0 on compare match

표 1.17 Compare Output Mode, Fast PWM Mode

COM01	COM00	내용
0	0	Normal port operation, OC0 disconnected
0	1	예약
1	0	Clear OC0 on compare match, set OC0 at TOP
1	1	Set OC0 on compare match, clear OC0 at TOP

표 1.18 Compare Output Mode, Phase Correct PWM Mode

COM01	COM00	내용
0	0	Normal port operation, OC0 disconnected
0	1	예약
1	0	Set OC0 on compare match when up-counting. Set OC0 on compare match when downcounting
1	1	Set OC0 on compare match when up-counting. Clear OC0 on compare match when downcounting

• BIT 2, 1, 0 : CSO2, CSO1, CSO0 (Clock Select 0 bit 2, 1, 0)

클럭 선택 비트 2, 1, 0은 타이머0의 free-scaling source에 정의되어 있다.

ⓛ Timer/Counter0 Register (TCNT0) : Timer/Counter0 Register(TCNT0)는 imer/Counter0의 8비트 카운터 값을 저장하고 있는 레지스터이다.

TCNT0 0×32(0×52)

Bit	7	6	5	4	3	2	1	0
	TCNT0 [7 : 0]							
Read/Write	R/W	R/W	R/W	R/W	R/W	R/W	R/W	R/W
초깃값	0	0	0	0	0	0	0	0

• Timer/Counter0 Register는 읽고 쓰기 동작을 할 때 접근 가능하다.

ⓒ Timer/Counter Interrupt Mask Register (TIMSK) : Timer/Counter Interrupt Mask Register(TIMSK)는 Timer/Counter0, Timer/Counter1, Timer/Counter2가 발생하는 인터럽트를 개별적으로 enable하는 레지스터이다.

TIMSK 0×37(0×57)

Bit	7	6	5	4	3	2	1	0
	OCIE2	TOLE2	TICIE1	OCIE1A	OCIE1B	TOIE1	OCIE0	TOIE0
Read/Write	R/W	R/W	R/W	R/W	R/W	R/W	R/W	R/W
초깃값	0	0	0	0	0	0	0	0

• BIT 1 : OCIE0(Timer/Counter0 Output Compare Match Interrupt Enable)

OCIE0 비트가 "1"로 설정되고 SREG의 I 비트가 "1"로 설정되어 있으면 Timer/Counter0의 출력 비교 인터럽트가 enable로 된다. 이때 Timer/Counter0 출력 비교 인터럽트가 발생되어 TIMER 레지스터의 OCF0 비트가 "1"로 되면 이 인터럽트가 처리된다.

• BIT 0 : TOIE0(Timer/Counter0 Overflow Interrupt Enable)

TOIE0 비트가 "1"로 설정되고 SREG의 I 비트가 "1"로 설정되어 있으면 Timer/Counter0 Overflow Interrupt가 enable된다. Timer/Counter0가 overflow를 만나면, 즉 TIFR 레지스터의 TOV0 비트가 "1"로 셋되면 인터럽트 서비스 루틴이 실행된다.

(2) 사용 방법

```
////////////////Timer 0 Interrupt configure ////////////////
    TIMSK = 0x01; //Timer 0 인터럽트 enable
    TCCR0 = 0x07; // 프리스케일 = ck/1024
    TCNT0 = 0; // 타이머/카운터0 레지스터 초깃값
//////////////////////////////////////////////////////////////////////////
    SREG = 0x80; // 전역인터럽트 enable
```

(3) 인터럽트 서비스 루틴 만들기

인터럽트 서비스 루틴의 형식은 interrupt [인터럽트 소스명] void 인터럽트 함수명(void) 와 같은 형태로 구현한다.

```
interrupt [TIM0_OVF] void timer_int0(void)
{
  //처리할 내용
}
```

예제 프로그램을 통해서 좀 더 자세히 알아보도록 하자.

```
#include <mega128.h>
#include <delay.h>
int gTMR0_CNT;
interrupt [TIM0_OVF] void timer_int0(void) // timer0 인터럽트 서비스루틴
{
   // 1/clock * freescale * 256
   // = 1/16M * 1024 * 256 = 16.384ms
   gTMR0_CNT++;
   if(gTMR0_CNT >= 31)
   {
     // 16.384 * 31 = 0.5Sec
     // 16.384 * 61 = 1Sec
     // 16.384 * 6 =  약0.1Sec
     gTMR0_CNT = 0;
     PORTD.0 = ~PORTD.0; // portD의 1번째 비트을 반전
   }
}
void main(void)
{
   DDRD=0x0FF;
   PORTD = 0x0FF;
   //////////Timer 0 Interrupt configure //////////
   TIMSK = 0x01; //Timer 0 인터럽트 enable
   TCCR0 = 0x07; // 프리스케일 = ck/1024
   TCNT0 = 0; // 타이머/카운터0 레지스터 초깃값
   ////////////////////////////////////////////////////
   SREG = 0x80; // 전역인터럽트 enable
   while(1)
   {
    // 사용자 프로그램
   }
}
```

```
interrupt [TIM0_OVF] void timer_int0(void) // timer0 인터럽트 서비스 루틴
    {
      // 1/clock * freescale * 256
      // = 1/16M * 1024 * 256 = 16.384ms
      gTMR0_CNT++;
      if(gTMR0_CNT >= 31)
      {
        // 16.384 * 31 = 0.5Sec
        // 16.384 * 61 = 1Sec
        // 16.384 * 6 =  약0.1Sec
        gTMR0_CNT = 0;
        PORTD.0 = ~PORTD.0; // portD의 1번째 비트를 반전
      }
    }
```

main 함수에서 설정한 레지스터 값에 의해 Timer0는 16.383 ms마다 인터럽트가 걸리게 된다. Timer0의 인터럽트 시간은 다음 공식에서 볼 수 있듯이 현재 사용하고 있는 오실레이터 주파수와 프리스케일이라는 값에 의해 결정되어진다는 것을 알 수 있다.

1/clock * fresscale * 256

우리가 사용하고 있는 오실레이터는 16 MHz이고 프리스케일러 값이 1024이므로

1/16M * 1024 * 256 = 16.384 ms

이제 인터럽트는 16.383 ms마다 걸리게 되므로 여기에서 원하는 시간을 만들어 낼 수 있다.

16.384 * (gTMR0_CNT) 31 = 0.5 sec
16.384 * (gTMR0_CNT) 61 = 1 sec
16.384 * (gTMR0_CNT) 6 = 약 0.1 sec

03 Switch 입력 방법

Switch를 사용하기 위해 다음 회로를 구성해 보자.

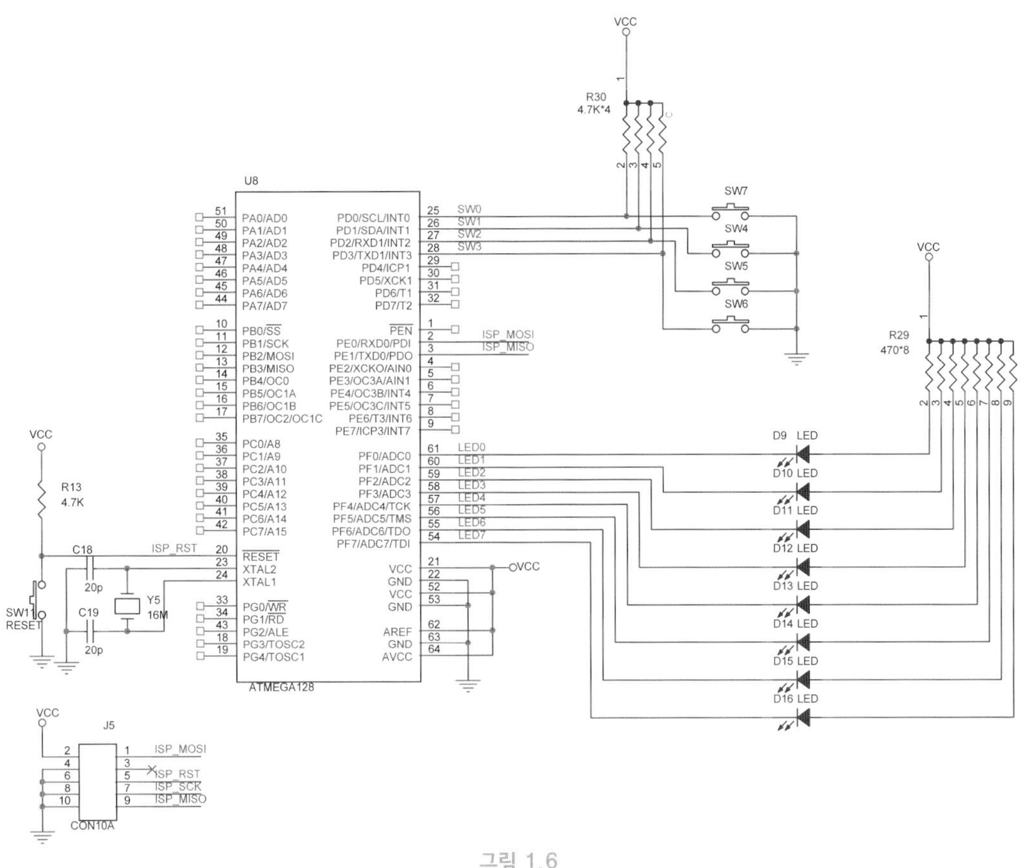

그림 1.6

1. BIT 단위로 제어하기

(1) 첫 번째 스위치를 입력받아서 LED를 On하는 프로그램

예제

```
#include <mega128.h>

void main(void)
{
    DDRD = 0; // D port all input
    PORTF=0x0FF;
    DDRF=0x0FF; // F port all output
```

(계속)

```
    while(1)
    {
        if(PIND.0==0) PORTF = 0x0FE; //만약 SW0가 눌러졌으면 LED ON
        else PORTF = 0x0FF; // 만약 SW0가 off 상태이면 LED OFF
    }
}
```

AVR에서 입력을 받기 위해서 LED 출력 예제와 같이 사용하고자 하는 포트의 방향을 설정해 주어야 한다. 스위치를 D port에 할당하였으므로 D port 방향 설정 레지스터 DDRD = 0;으로 하여 D port를 전부 입력으로 하였다. 우리가 사용하고자 하는 스위치는 눌러졌을 때가 0V 즉 로직 0이고 off 상태가 5V, 즉 로직 1이다.

```
if(!PIND.0) PORTD.0 = 0;
```

이것은 if(PIND.0 == 0) PORTF.0 = 0; 이렇게도 대치할 수 있다.

2. PORT 단위로 제어하기

(1) 4개의 스위치 중 어떤 스위치가 눌러졌는지 한 번에 판단하는 프로그램

예제

```
#include <mega128.h>

void main(void)
{
    DDRD=0; // D port all input
    DDRF=0xFF; // F port all output
    PORTF=0xFF;

    while(1)
    {
        switch(PIND) // PIND 포트 비교
        {
            case 0xFE : PORTF=0xFE; // 만약 SW0가 눌러졌으면 LED0 ON
            break;

            case 0xFD : PORTF=0xFD; // 만약 SW1가 눌러졌으면 LED1 ON
            break;
```

(계속)

```
            case 0xFB : PORTF=0xFB; // 만약 SW2가 눌러졌으면 LED2 ON
            break;

            case 0xF7 : PORTF=0xF7; // 만약 SW3가 눌러졌으면 LED3 ON
            break;

            default : PORTF=0xFF;  // 위의 경우가 아닐 때 모든 LED OFF
            break;
        }
    }
}
```

switch문으로 PORTD의 입력을 비교하여 LED를 출력하였다.

3. 인터럽트로 제어하기

■ 첫 번째 스위치를 외부 인터럽트로 입력받고 두 번째 스위치는 일반 모드로 읽기

예제

```
#include <mega128.h>

interrupt [EXT_INT0] void ext_int0_isr(void) // 만약 SW0가 눌려졌으면 한번 실행
{
    PORTF=0xFE;  // LED0 ON
}
void main(void)
{
    DDRD=0x00; // D port all input
    DDRF=0xFF; // F port all output
    PORTF=0xFF;

    EICRA=0x02; // 인터럽트 0 하강 에지 선택
    EIMSK=0x01; // 외부 인터럽트 0 인에이블
    #asm("sei") // 전역 인터럽트 인에이블

    while (1)
    {
        if(PIND.1==0) PORTF=0xFF; // 만약 SW1가 ON 상태이면 LED0 OFF
    }
}
```

외부 인터럽트의 하강 에지를 이용하여 LED를 제어 하였다. 첫 번째 스위치를 ON하면 LED가 ON이 되고 두 번째 스위치를 누르면 LED가 Off 한다.

㉠ Falling Edge(하강 에지) : 신호의 입력이 High에서 Low로 하강하는 신호를 인식하여 인터럽트를 실행한다.

㉡ Rising Edge(상승 에지) : 신호의 입력이 Low에서 High로 상승하는 신호를 인식하여 인터럽트를 실행한다.

㉢ Low Level(Low 볼트) : 신호의 입력이 Low(0 V) 신호를 인식하여 인터럽트를 실행한다.

① EXT_INT0를 사용하기 위해서는 이러한 레지스터를 사용한다.

㉠ EICRA(External Interrupt Control Register A) 레지스터 : EICRA(External Interrupt Control Register A) 레지스터는 interrupt sense control 및 MCU의 일반적인 기능을 설정하는 데 사용한다.

EICRA(External Interrupt Control Register A) 0×6A

Bit	7	6	5	4	3	2	1	0
	ISC31	ISC30	ISC21	ISC20	ISC11	ISC10	ISC01	ISC00
Read/Write	R/W	R/W	R/W	R/W	R/W	R/W	R/W	R/W
초깃값	0	0	0	0	0	0	0	0

• Bit 7~0 - ISC31, ISC30~ISC01, ISC00 : External Interrupt 3~0 Sense Control 비트 외부 인터럽트 3~0은 전역 인터럽트(SREG의 1 비트)와 EIMSK의 개별 인터럽트(INT3~INT0)를 설정함으로써 발생된다. 레벨과 에지에 대해서는 표 1.19에 나타내었다.

표 1.19 interrupt Sense Control

ISCn1	ISCn0	설명
0	0	INTn의 Low level에서 인터럽트를 발생한다.
0	1	예약
1	0	INTn의 하강 에지에서 인터럽트를 발생한다.
1	1	INTn의 상승 에지에서 인터럽트를 발생한다.

㉡ EICRB(External Interrupt Control Register B) 레지스터 : EICRB(External Interrupt Control Register B) 레지스터는 다기능 비트로 구성되어 있다.

EICRB(External Interrupt Control Register B) 0×3A(0×5A)

Bit	7	6	5	4	3	2	1	0
	ISC71	ISC70	ISC61	ISC60	ISC51	ISC50	ISC41	ISC40
Read/Write	R/W	R/W	R/W	R/W	R/W	R/W	R/W	R/W
초깃값	0	0	0	0	0	0	0	0

• Bit 7~0 - ISC71, ISC70~ISC41, ISC40 : External Interrupt 7~4 Sense Control 비트

외부 인터럽트 7~4는 전역 인터럽트(SREG의 I 비트)와 EIMSK의 개별 인터럽트(INT7~INT4)를 설정함으로써 발생된다. 레벨과 에지에 대해서는 표 1.20에 나타내었다.

표 1.20 interrupt Sense Control

ISCn1	ISCn0	설명
0	0	INTn의 Low level에서 인터럽트를 발생한다.
0	1	INTn 핀에 논리적인 변화가 발생할 경우
1	0	INTn의 하강 에지에서 인터럽트를 발생한다.
1	1	INTn의 상승 에지에서 인터럽트를 발생한다.

ⓒ EIMSK(External Interrupt Mask Register) 레지스터 : EIMSK(External Interrupt Mask Register) 레지스터는 INT0~INT7의 개별 인터럽트를 설정한다.

EIMSK(External Interrupt Mask Register) 0×39(0×59)

Bit	7	6	5	4	3	2	1	0
	INT7	INT6	INT5	INT4	INT3	INT2	INT1	INT0
Read/Write	R/W	R/W	R/W	R/W	R/W	R/W	R/W	R/W
초깃값	0	0	0	0	0	0	0	0

• Bit 7~0 - INT7~INT0 : External Interrupt Request 7~0 Enable

이 비트에 "1"을 쓰고, SREG 레지스터의 I 비트가 "1"로 설정되어 있으면 외부 인터럽트는 enable된다. EICRA와 EICRB 레지스터의 ISCn1과 ISCn0의 비트를 설정함으로써 에지 또는 레벨 방식을 선택할 수 있다.

ⓔ EIFR(External Interrupt Flag Register) 레지스터 : EIFR(External Interrupt Flag Register) 레지스터는 EIMSK 레지스터에서 설정한 개별 인터럽트의 상태를 나타낸다.

EIFR(External Interrupt Flag Register) 0×38(0×58)

Bit	7	6	5	4	3	2	1	0
	INTF7	INTF6	INTF5	INTF4	INTF3	INTF2	INTF1	INTF0
Read/Write	R/W	R/W	R/W	R/W	R/W	R/W	R/W	R/W
초깃값	0	0	0	0	0	0	0	0

• Bit 7~0 - INTF7~INTF0 : External Interrupt Flag 7~0

INT7~INT0핀에 에지 또는 논리적인 변화에서 트리거되어 인터럽트가 요구되면, INTF7~INTF0 비트는 "1"로 셋된다. SREG 레지스터의 I 비트와 EIMSK 레지스터의 INT7~INT0 비트가 "1"로 설정되어 있으면, MCU는 해당하는 인터럽트 벡터로 점프한다. 인터럽

트 서비스 루틴(ISR)이 실행되면 INTF7~INTF0 비트는 자동으로 “0”으로 클리어되고, 이 INTF7~INTF0 비트에 논리적으로 “1”을 쓰면 클리어가 된다. INT7~INT0이 레벨 인터럽트로 설정되면, INTF7~INTF0 비트는 자동으로 클리어된다.

04 FND 구동하기

1. Static Display 방식(Decoder 없는 경우)

정적인 표시(static display) 방식은 CPU가 각 자리의 7세그먼트 LED에 표시할 데이터를 출력하여 다음 변화가 있을 때까지 유지시켜 LED의 점등이 안정되게 지속되는 방식이다. 래치에 디코더 및 드라이버 기능을 가지는 논리 소자를 사용하는 경우에는 각 표시 문자에 대응되는

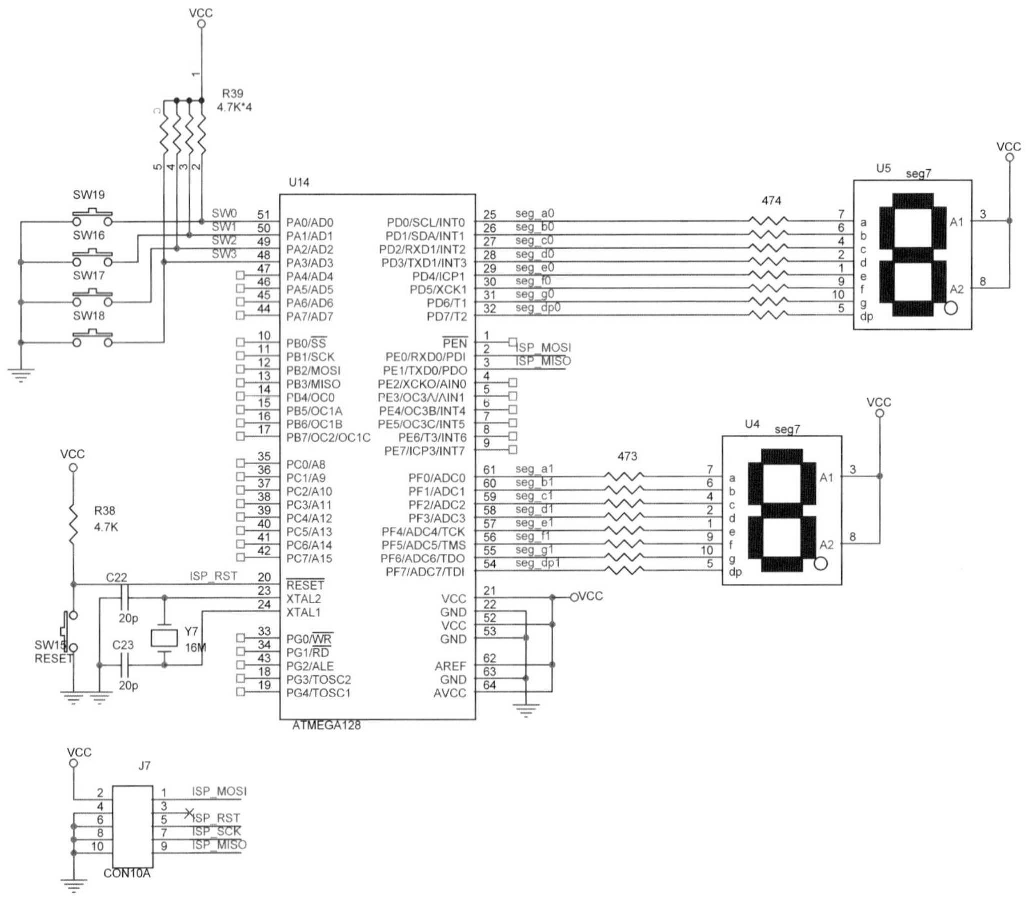

그림 1.7

입력 데이터가 4비트로 보다 간단하게 처리된다. 이 표시 방식은 CPU가 각 자리의 7세그먼트 LED에 표시할 데이터를 한 번씩 출력하는 것으로 동작이 완료되므로 CPU의 부담이 적다는 것이 장점이지만, 모든 LED가 항상 동시에 점등되어 있으므로 이에 따른 소비 전력이 매우 크며, 자릿수가 많아질수록 회로의 복잡성이 크게 증가한다는 단점을 가진다.

FND 구동을 하기 위해 회로를 구성해 보자(Decoder 없는 경우).

■ FND를 0~99까지 표시해 보자.

예제

```
#include <mega128.h>
#include <delay.h>

void main(void)
{
    unsigned char aFND[10]={0xc0,0xf9,0xa4,0xb0,0x99,0x92,0x83,0xf8,0x80,0x98}; // 문자 생성
    int i=0;
    unsigned char upper, lower;

    DDRD=0x0FF; // D Port all output
    DDRF=0x0FF; // F Port all output
    PORTD=0xFF;
    PORTF=0xFF;

    while (1)
    {
        for(i=0;i<100;i++) // 99번 반복 실행
        {
            upper=i/10; // i/10 값의 몫을 upper에 저장하여 10의 자리 사용
            lower=i%10; // i/10 값의 몫을 버리고 나머지만 lower에 저장하여 1의 자리 사용
            PORTD=aFND[lower]; // 1의 자리로 표시
            PORTF=aFND[upper]; // 10의 자리로 표시
            delay_ms(500); // 0.5 초간 시간 지연
        }
    };
}
```

10의 자리 계산은 증가된 데이터의 값을 10으로 나눈 값의 몫이 10의 자리가 되고, 1의 자리 계산은 증가된 데이터의 값을 10으로 나눈 나머지 값을 1의 자리로 사용할 수 있다.

aFND[10]={0xc0,0xf9,0xa4,0xb0,0x99,0x92,0x83,0xf8,0x80,0x98}; 의 어레이는 0~9까지의 숫자 표시를 나타낸다.

2. Static Display 방식(Decoder 있는 경우)

앞에서 우리가 실험해서 알아보았듯이 FND는 배열을 통해서 구동할 수 있다. 그러나 여기서는 74LS47(BCD-to-Seven-Segment Decoder/Driver)을 이용함에 따라 보다 쉽게 구동할 수 있다는 장점이 있다. 이런 점은 프로그램을 통해서 쉽게 알 수 있다. 그리고 74LS47은 에노우드 컴먼(Anode common) 형태의 FND를 구동하기 위한 드라이버라고 할 수 있다. 그리고 앞에서 잠깐 설명한 적도 있으나 여기서는 포트를 통해서 입력받기 위한 방법 중에서 인터럽트를 이용해서 했다는 것이다. 물론 이 책에서는 다양한 방법으로 입력 상태를 확인했으나 이 방법은 인터럽트가 무엇인지 아는 독자라면 '정말 쉽게 구성되어 있구나' 하는 생각을 할 것이다. 프로그램을 보면 스위치를 누르고 있을 때가 있고 그냥 한 번 ON → OFF 하면 동작하는 것이 있고 다양하다. 다음 상황들에 대해서 여러 가지 각도에서 생각하고 동작해 보도록 하자.

먼저 74LS47(BCD-to-Seven-Segment Decoder/Driver)의 핀 할당 그림을 보자. 그리고 여기서 가끔 논란이 되고 있는 것은 핀 3, 4 및 5번이다. 연결해 주지 않아도 큰 문제는 없으나 참고해서 사용하도록 하자. 여기 회로도에서는 연결하지 않았다. 여기서 소개한 74LS48과 연결된 회로에서 이들의 신호를 처리한 예를 자료를 통해서 확인한 것이니 이도 참조하기 바란다.

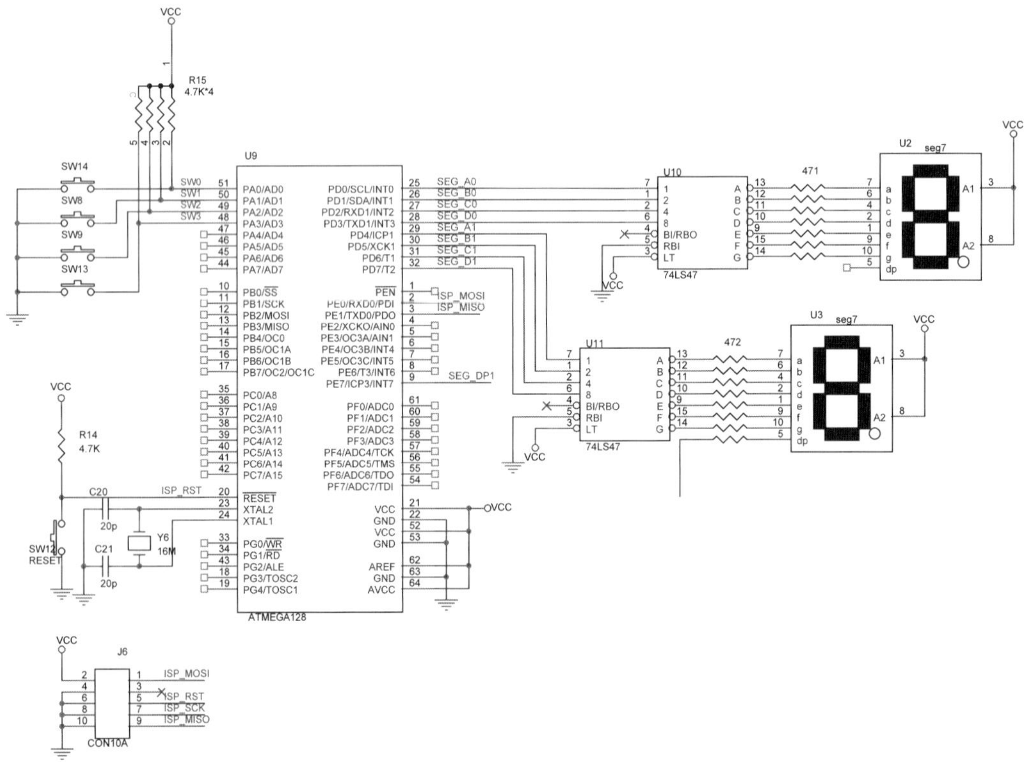

그림 1.8

그리고 노파심에서 말하지만 핀 16번은 Vcc로 핀 8번은 GND로 연결해야 한다. 회로도에는 표기하지 않아서 다시 한 번 언급한다. 그리고 프로그램에서 인터럽트를 이용했는데 참고해서 다른 과제를 수행할 때도 활용하면 편리할 것으로 본다.

FND 구동을 하기 위해 회로를 구성해 보자(decoder 74ls47 이용).

표 1.21 74LS47(BCD-to-Seven-Segment Decoder/Driver)의 진리표

십진수/기능	입력						BL/RBO	출력							비고
	LT	PBI	D	C	B	A		a	b	c	d	e	f	g	
0	H	H	L	L	L	L	H	1	1	1	1	1	1	0	
1	H	X	L	L	L	H	H	0	1	1	0	0	0	0	
2	H	X	L	L	H	L	H	1	1	0	1	1	0	1	
3	H	X	L	L	H	H	H	1	1	1	1	0	0	1	
4	H	X	L	H	L	L	H	0	1	1	0	0	1	1	
5	H	X	L	H	L	H	H	1	0	1	1	0	1	1	
6	H	X	L	H	H	L	H	0	0	1	1	1	1	1	
7	H	X	L	H	H	H	H	1	1	1	0	0	0	0	
8	H	X	H	L	L	L	H	1	1	1	1	1	1	1	
9	H	X	H	L	L	H	H	1	1	1	0	0	1	1	
10	H	X	H	L	H	L	H	0	0	0	1	1	0	1	
11	H	X	H	L	H	H	H	0	0	1	1	0	0	1	
12	H	X	H	H	L	L	H	0	1	0	0	0	1	1	
13	H	X	H	H	L	H	H	1	0	0	1	0	1	1	
14	H	X	H	H	H	L	H	0	0	0	1	1	1	1	
15	H	X	H	H	H	H	H	0	0	0	0	0	0	0	
BI	X	X	X	X	X	X	L	0	0	0	0	0	0	0	
RBI	H	L	L	L	L	L	L	0	0	0	0	0	0	0	
LT	L	X	X	X	X	X	H	1	1	1	1	1	1	1	

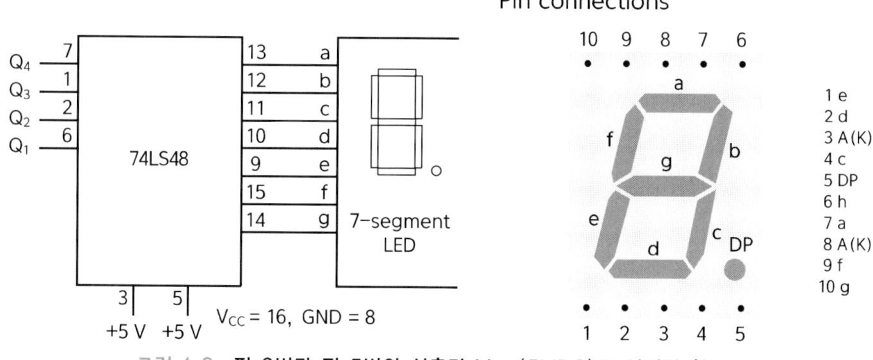

그림 1.9 핀 3번과 핀 5번의 신호가 Vcc(5VDC)로 연결된 회로도

■ 7447을 이용하여 FND를 0~99까지 카운터해 보자.

예제

```
#include <mega128.h>
#include <delay.h>

void main(void)
{
    int i=0;
    int upper, lower;

    PORTD=0x00; // D all output
    DDRD=0xFF;

    while (1)
    {
        for(i=0;i<100;i++)
        {
            upper=i/10;
            lower=i%10;
            PORTD=(upper<<4)&lower;
            delay_ms(1000);
        }
    };
}
```

7447을 사용한 FND 2개가 한 개의 포트로 할당되어 있기 때문에 10의 자리 숫자(upper)는 왼쪽으로 4bit 쉬프트하여 1의 자리 숫자(lower)와 AND 연산하여 숫자를 출력한다.

3. Dynamic Display(Decoder 없는 경우)

FND 구동을 하기 위해 회로를 구성해 보자(decoder 없음).

동적인 표시(dynamic display 또는 multiplexing display) 방식은 CPU가 각 자리의 7세그먼트 LED에 표시할 데이트를 반복적으로 출력하면서 한 번에 한 자리씩만을 점등하는 방식이다. 즉, 첫 번째로 digit 1에 표시할 데이터(segment pattern data) 및 digit 1의 위치를 선택하는 데이터(digit select data)를 출력하고 나서 잠시 지연시킨 후에, 두 번째로 digit 2에 표시할 데이터 및 digit 2의 위치를 선택하는 데이터를 출력하고 나서 마찬가지로 잠시 지연시키는 방법으로 모든 자리에 대하여 순차적으로 돌아가면서 점등하며, 이 후에는 digit 1부터 동작을 다시 반복

한다. 이렇게 되면 LED 소자의 잔상 시간과 사람 눈의 잔상 효과에 의하여 모든 자리의 문자들이 동시에 점등되어 있는 것과 같은 효과를 얻을 수 있다. 그러나 이때 LED 출력의 깜빡임 현상(flickering)이 없도록 하려면 LED 표시의 반복 주기를 짧게 하여 적어도 1초에 20회 이상 동작이 반복되도록 해야 하며, LED를 10~20[mA]의 전류로 동작시켜서는 static display 방식에 비하여 훨씬 흐리게 보이므로 LED의 동작 전류를 수십 [mA] 이상으로 증가시키는 것이 바람직하다. 이 표시 방식은 CPU가 각 자리의 7세그먼트 LED를 계속하여 표시하는 동작을 반복하고 있어야 하므로 CPU의 부담이 크다는 것이 단점이지만, 어느 순간에든지 LED는 1자리만 점등되어 있게 되므로 소비 전력이 작아지며, 표시 자릿수가 많아지더라도 회로가 간단하다는 장점을 가진다. 따라서 대부분의 트레이닝 키트에서는 이 방식을 사용한다.

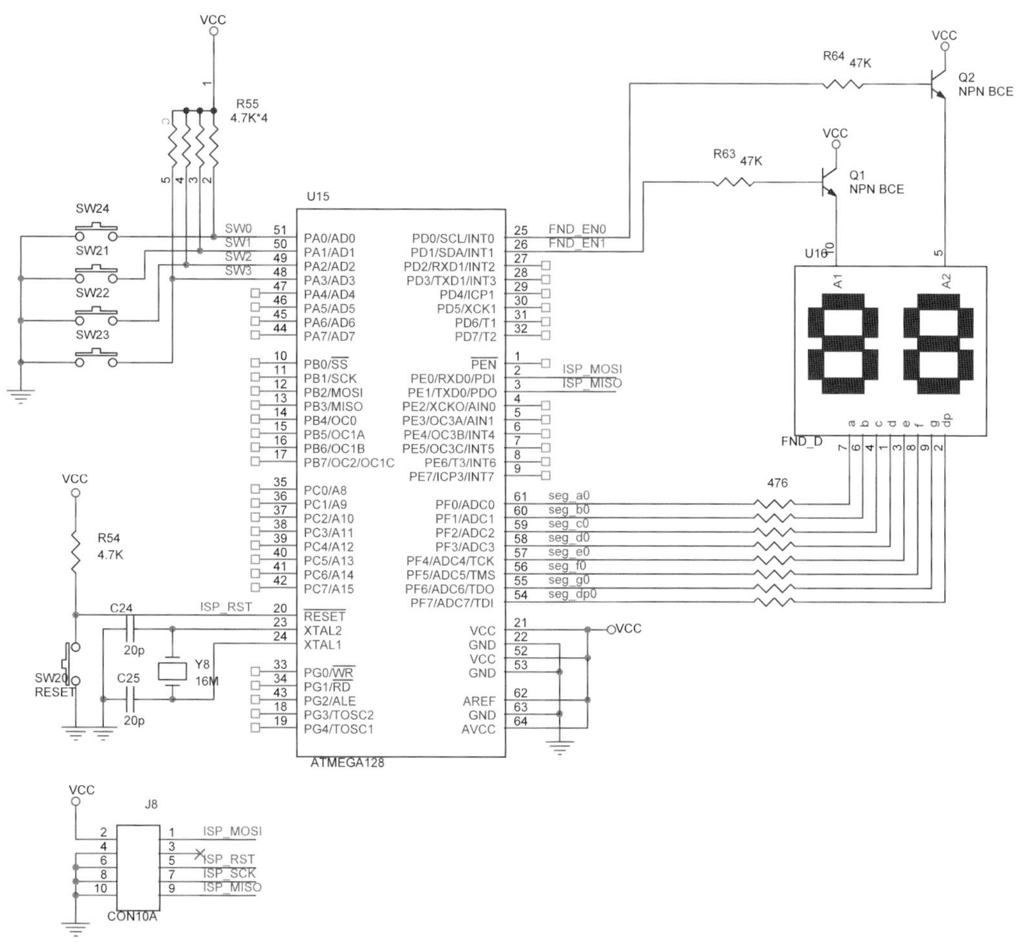

그림 1.10

■ FND를 SW를 누를 때마다 카운터해 보자.

표 1.22 Time chart

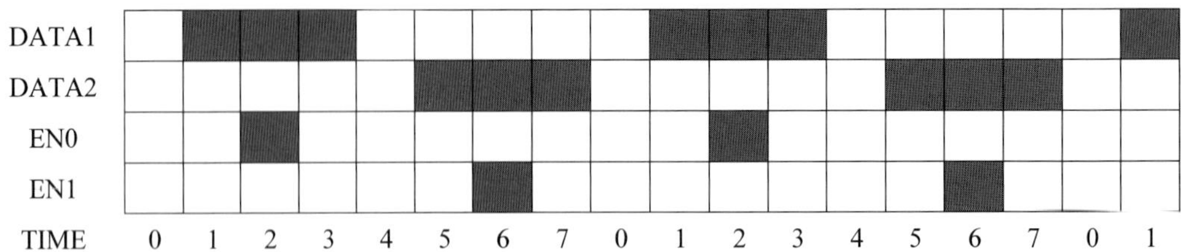

예제

```
#include <mega128.h>
#include <delay.h>

unsigned char aFND[10]={0xc0,0xf9,0xa4,0xb0,0x99,0x92,0x83,0xf8,0x80,0x98}; // 어레이 선언
unsigned char upper=0, lower=0; // 변수 선언
int i=0;;
int gCNT = 0;

interrupt [TIM0_OVF] void timer0_ovf_isr(void)
{
    gCNT++; // gCNT 증가
    switch(gCNT)
    {
        case 1 :
            PORTF = aFND[upper]; // 10의 자리 데이터 ON
        break;
        case 2 :
            PORTD.1=1; // 10의 자리 전원 ON
        break;
        case 3 :
            PORTD.1=0; // 10의 자리 전원 OFF
        break;
        case 4 :
            PORTF=0xff; // 데이터 OFF
        break;
        case 5 :
            PORTF=aFND[lower]; // 1의 자리 데이터 ON
        break;
        case 6 :
            PORTD.0=1; // 1의 자리 전원 ON
        break;
```

(계속)

```
        case 7 :
            PORTD.0=0; // 1의 자리 전원 ON
        break;
        case 8 :
            PORTF=0xff; // 데이터 OFF
            gCNT = 0; // 다시 시작
        break;
    }
}
void main(void)
{
    DDRA=0x00; // A Port all input
    DDRD=0xFF; // D Port all output
    DDRF=0xFF; // F Port all output
    PORTD=0x00;
    PORTF=0xC0; // FND에 0 표시 코드

    TCCR0=0x02; // clock/8 프리스케일링 설정
    TCNT0=0x00; // 8bit 카운터 값
    TIMSK=0x01; // 타이머 인터럽트 enable
    #asm("sei") // 전역 인터럽트 enable

    while (1)
    {
        if(PINA.0==0) // 만약 SW0가 눌렸을 경우
        {
            delay_ms(1); // 채터링 방지
            i++; // i 증가
            if(i>99)i=0; // i가 99보다 클 경우 i가 0 됨
            upper=i/10; // upper에 10의 자리 저장
            lower=i%10; // lower에 1의 자리 저장
            while(!PINA.0); //SW0 OFF 했을 경우
            delay_ms(1); // 채터링 방지
        }
        if(PINA.1==0) // 만약 SW1가 눌렸을 경우
        {
            delay_ms(1); // 채터링 방지
            i- -; // i 감소
            if(i<0)i=99; // i가 0보다 작을 경우 i가 99 됨
            upper=i/10; // upper에 10의 자리 저장
            lower=i%10; // lower에 1의 자리 저장
            while(!PINA.1); //SW0 OFF 했을 경우
            delay_ms(1); // 채터링 방지
        }
    };
}
```

05 Motor 구동하기

모터(전동기)는 전기 에너지를 기계 에너지로 변화시키는 일종의 변환기이다. 먼저 모터에 대한 분류부터 간단하게 살펴보도록 하자.

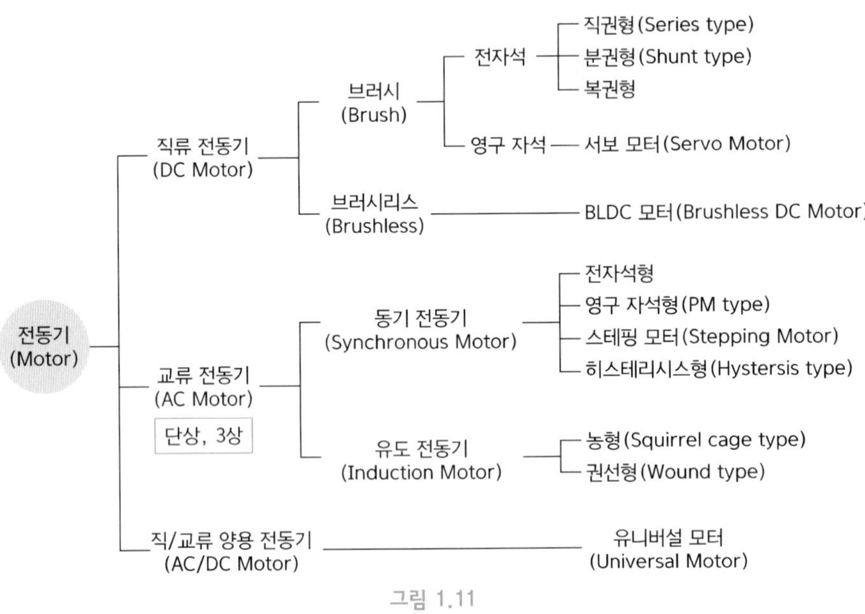

그림 1.11

DC 모터란, 고정자로 영구 자석을 사용하고, 회전자(전기자)로 코일을 사용하여 구성한 것으로, 전기자에 흐르는 전류의 방향을 전환함으로써 자력의 반발, 흡인력으로 회전력을 생성시키는 모터이다. 모형 자동차, 무선 조정용 장난감 등을 비롯하여 여러 방면에서 가장 널리 사용되고 있는 모터이다. 직류 전동기의 자속 방향은 그림 1.12와 같이 회전자 코일에 형성된 자속의 방향과 영구 자석의 자속의 방향이 직교할 때 최대 회전력이 생성된다.

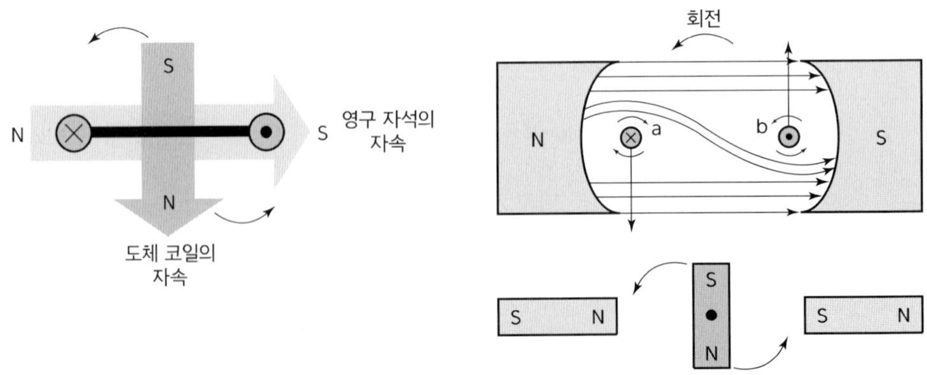

그림 1.12 **전기자 코일의 위치변화에 따른 발생 토크의 변화-1**

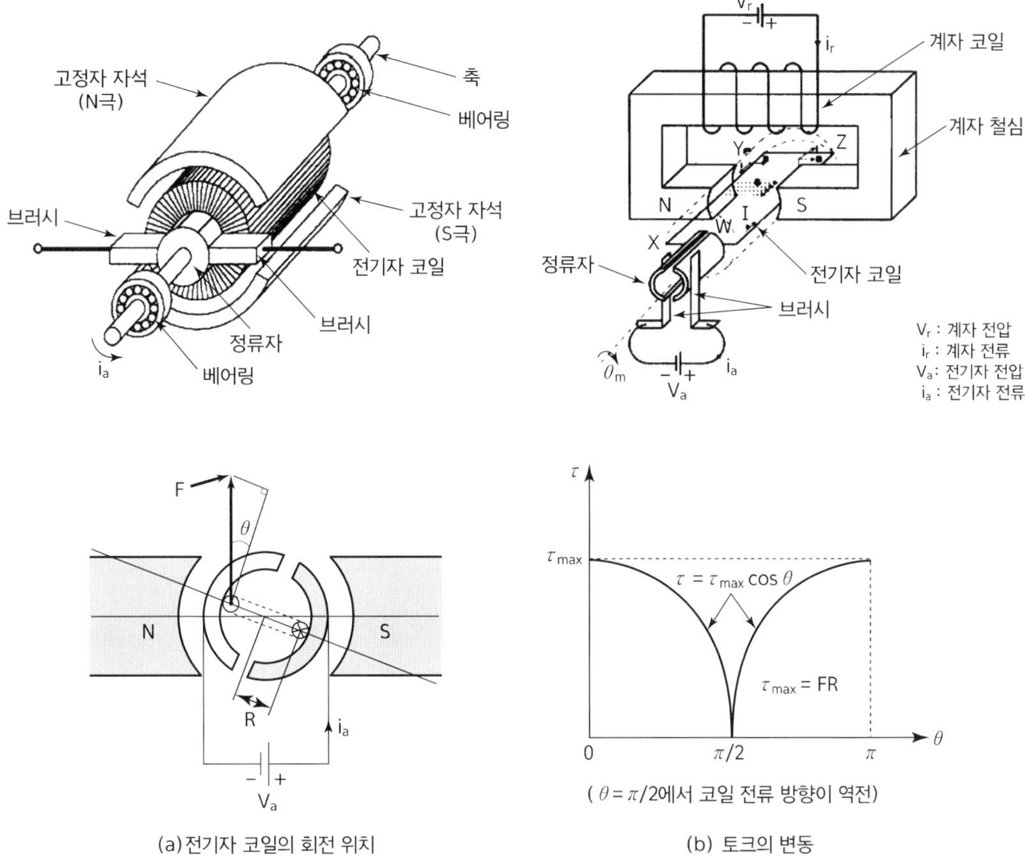

(a)전기자 코일의 회전 위치 (b) 토크의 변동

그림 1.13 전기자 코일의 위치 변화에 따른 발생 토크의 변화–2

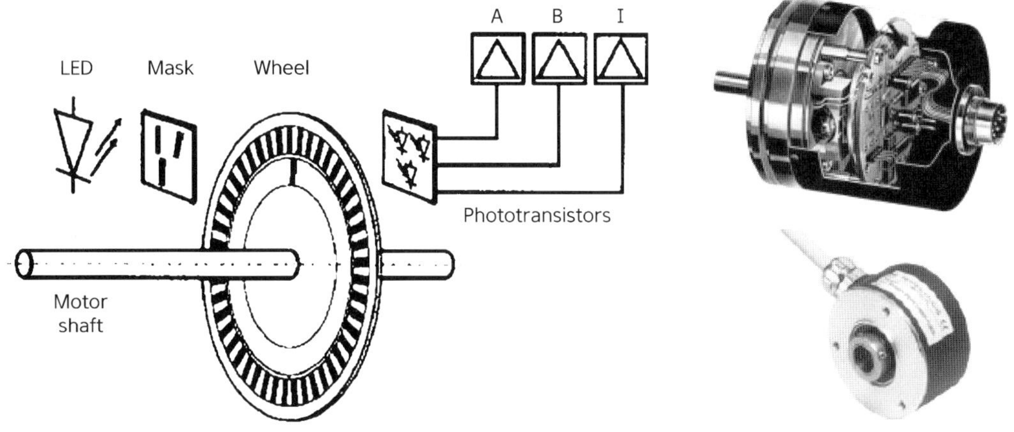

그림 1.14 Incremental type optical encoder의 내부 구성도

그림 1.15 Optical encoder의 외관

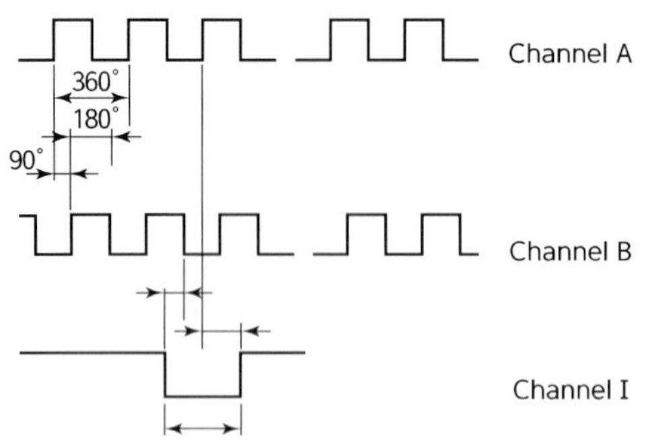

그림 1.16 Incremental type optical encoder의 출력 신호

- 출력 신호 파형의 주기 측정에 따른 속도 측정이 가능
- 펄스 개수를 계측하면 이동 거리도 측정 가능함

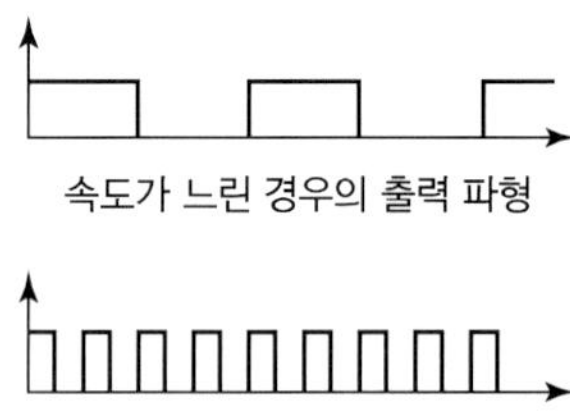

그림 1.17

그림 1.18

모형용 DC 모터(RE280) 저가격으로 구동력도 크며 사용하기 쉽다.

일반적으로 DC 모터는 회전 제어가 쉽고, 제어용 모터로서 아주 우수한 특성을 가지고 있다고 할 수 있다. 그러면 DC 모터는 어떤 점이 우수한가?

(1) DC 모터의 특성

DC 모터는 다음과 같은 특징이 있다.

① 기동 토크가 크다.
② 인가 전압에 대하여 회전 특성이 직선적으로 비례한다.
③ 입력 전류에 대하여 출력 토크가 직선적으로 비례하며, 또한 출력 효율이 양호하다.
④ 가격이 저렴하다.

제어성의 장점을 실제 특성면에서 보면 아래 그림과 같이 된다.

(2) T - I 특성(토크 대 전류)

흘린 전류에 대해 깨끗하게 직선적으로 토크가 비례한다. 즉, 큰 힘이 필요한 때는 전류를 많이 흘리면 되는 것이다.

(3) T - N 특성(토크 대 회전수)

토크에 대하여 회전수는 직선적으로 반비례한다. 이것에 의하면 무거운 것을 돌릴 때는 천천히 회전시키게 되고, 이것을 빨리 회전시키기 위해서는 전류를 많이 흘리게 된다. 그리고 인가 전압에 대해서도 비례하며, 그림과 같이 평행하게 이동시킨 그래프로 된다. 이들 2가지 특성은 서로 연동하고 있기 때문에 3가지 요소는 이 그래프에서 관계를 지을 수 있다.

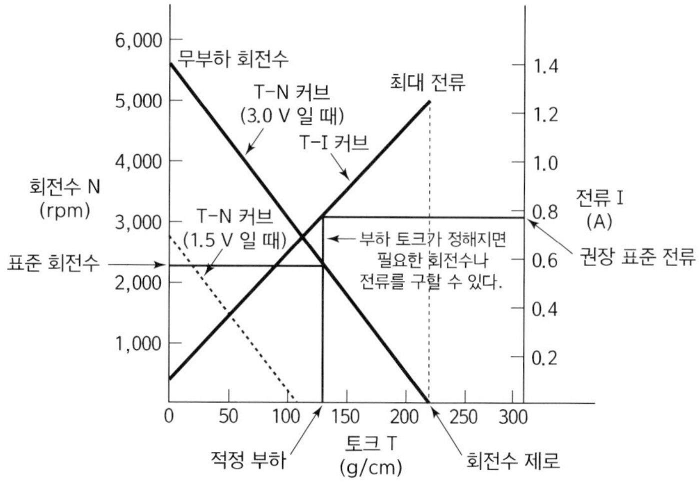

그림 1.19 **DC 모터의 특성표(T-N, T-I 곡선)**

이들 특성에서 알 수 있는 것은 회전수나 토크를 일정하게 하는 제어를 하려는 경우에는 여하튼 전류를 제어하면 양자를 제어할 수 있다는 것을 나타내고 있다. 이것은 제어 회로나 제어 방식을 생각할 때, 매우 단순한 회로나 방식으로 할 수 있는 것이다. 이것이 DC 모터는 제어하기 쉽다고 하는 이유이다.

(4) DC 모터의 결점

DC 모터의 가장 큰 결점으로는 그 구조상 브러시(brush)와 정류자(commutator)에 의한 기계식 접점이 있다는 점이다. 이것에 의한 영향은 전류(轉流) 시의 전기 불꽃(spark), 회전 소음, 수명이라는 형태로 나타난다. 그리고 마이크로컴퓨터 제어를 하려는 경우는 "노이즈"가 발생하게 된다. 따라서 이 노이즈 대책이 유일한 과제가 될 수 있다.

이 노이즈 대책을 위해서는 그림 1.20과 같이 각 단자와 케이스 사이에 0.01 μF~0.1 μF 정도의 세라믹 콘덴서를 직접 부착한다. 이것으로 정류자에서 발생하는 전기 불꽃을 흡수하여 노이즈를 억제할 수 있다. DC 모터의 노이즈 대책에는 콘덴서를 케이스와 단자 간에 직접 부착한다. 콘덴서의 리드는 가급적 짧게 한다.

그림 1.20

1. Transistor를 이용하여 구동하기

단방향 운전을 하기 위해 회로를 구성해 보자.

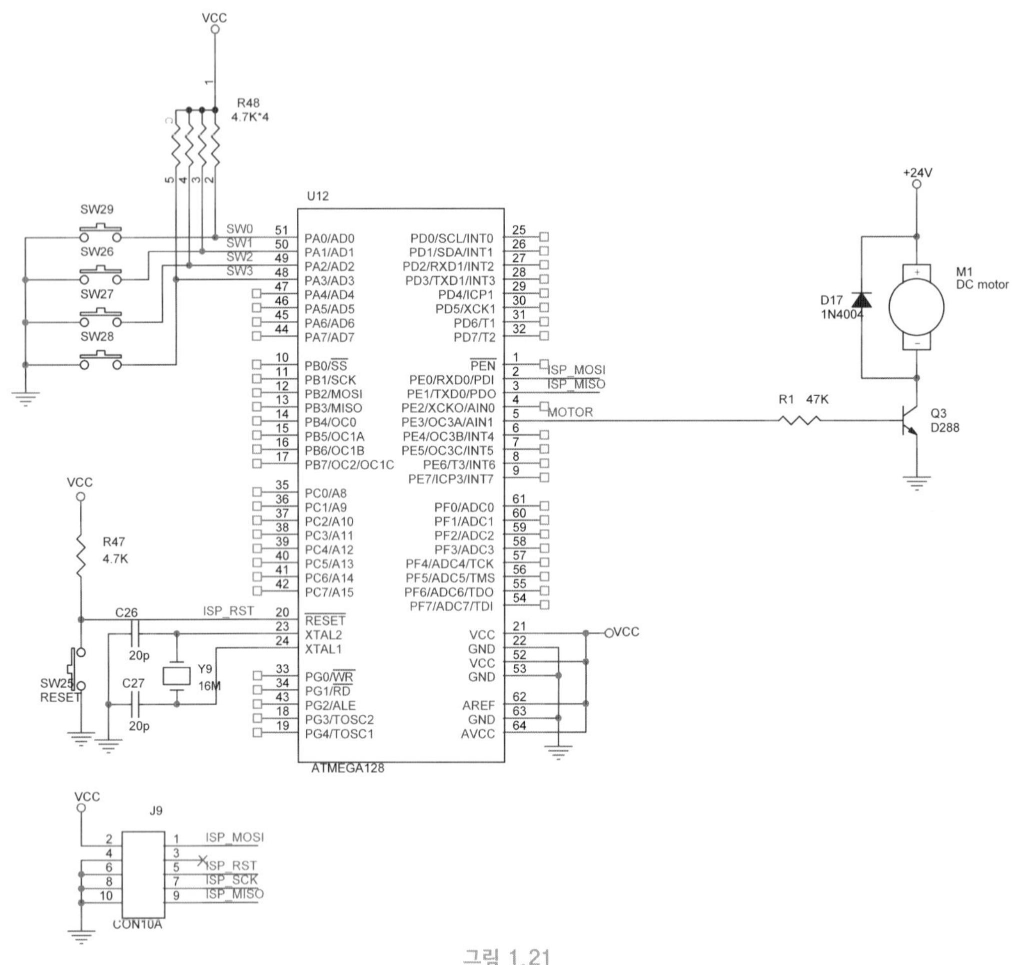

그림 1.21

(1) SW를 이용하여 모터를 구동시켜 보자.

예제

```
#include <mega128.h>

void main(void)
{
    DDRA=0x00; // A all input
    DDRE=0xFF; // E all output
    PORTE=0x00;
```

(계속)

```
    while (1)
    {
        if(PINA.0==0)PORTE.3=1; // 만약 SW0가 눌려지면 모터 회전
        if(PINA.1==0)PORTE.3=0; // 만약 SW1가 눌려지면 모터 정지
    };
}
```

(2) DC MOTOR 정/역 회전하는 방법

직류 모터의 정회전(Clock-wise, CW)과 역회전(Clock-Counter-wise, CCW)의 원리를 간단히 알아보도록 하자. 물론 스테핑 모터의 경우와 같다고 생각하면 된다. 다음 그림을 보고 이야기해 보자. 직류(DC) 모터 제어의 기본은 모터 전원을 바꾸어 주면 방향이 바뀌게 된다.

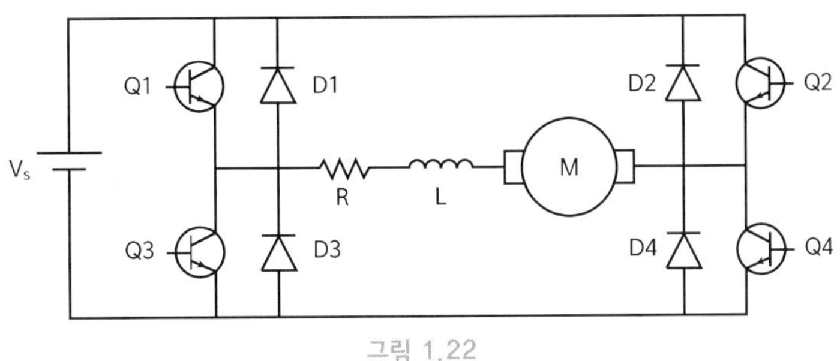

그림 1.22

위 그림을 기본으로 구동 방법을 그림으로 표현해서 구성해 보도록 한다.
Motor의 정방향 구동은 다음 그림과 같이 설명할 수 있다.

- Q1, Q4의 ON 상태에 따라 다음과 같이 전류가 흐르게 된다.
  Q1 → R → L → M → Q4 → Vs (Vs 전원에서 전력 공급)

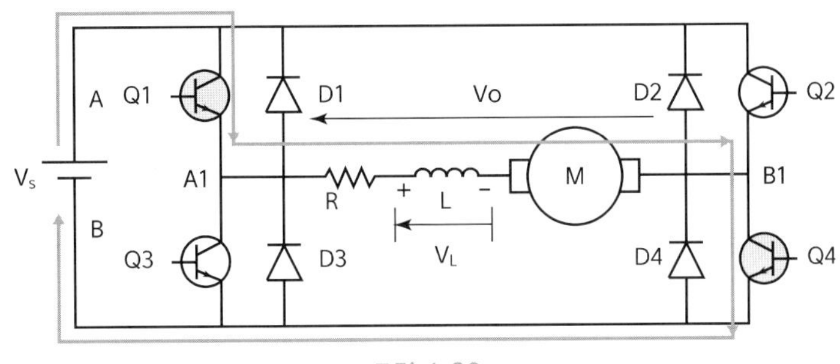

그림 1.23

• Q1 → On, Q4 → Off의 상태에 따라 L에 저장된 에너지는 전류가 흐름에 따라 저항 R에서 $W = I^2 R$로 열에너지로 소비되어진다.

L → M → D2 → Q1 → R(L에서 에너지 방출)

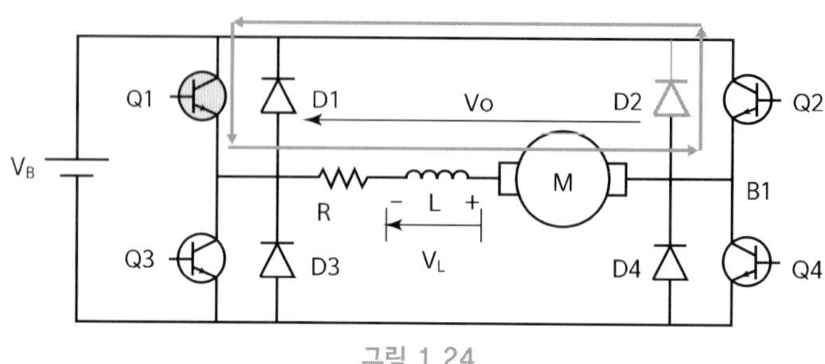

그림 1.24

Motor의 역방향 구동은 다음 그림과 같이 설명할 수 있다.

• Q2, Q3의 ON 상태에 따라 다음과 같이 전류가 흐르게 된다.

Q2 → M → L → R → Q3 → Vs(Vs 전원에서 전력 공급)

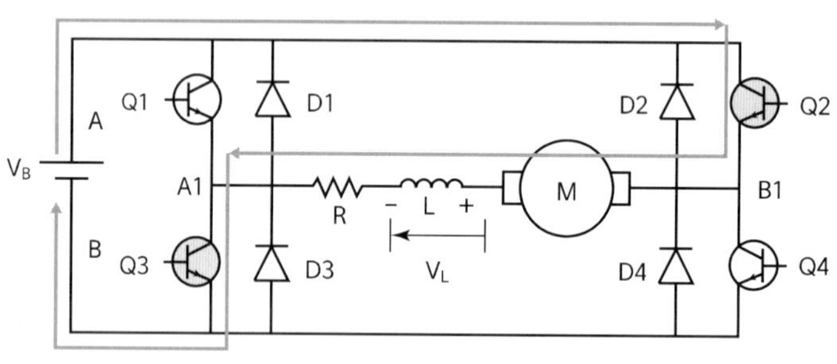

그림 1.25

• Q2 → On, Q3 → Off의 상태에 따라 L에 저장된 에너지는 전류가 흐름에 따라 저항 R에서 $W = I^2 R$로 열에너지로 소비되어진다.

L → R → D1 → Q2 → M(L에서 에너지 방출)

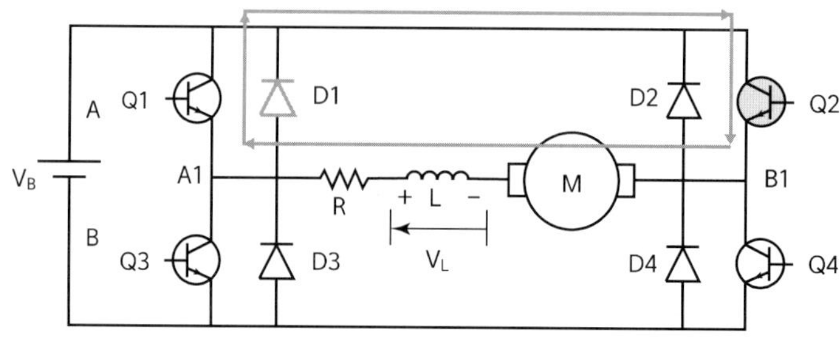

그림 1.26

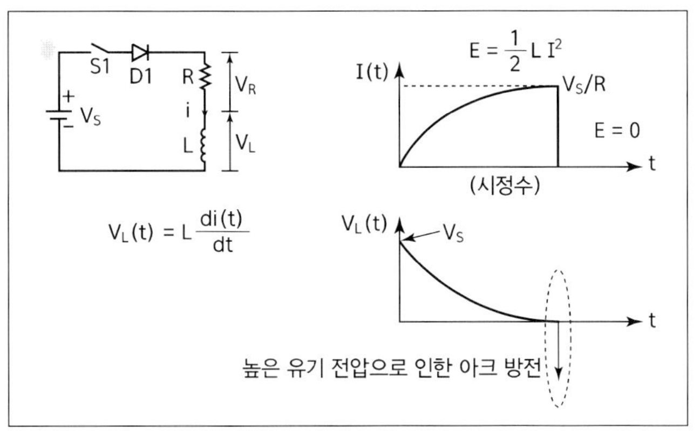

환류 다이오드(Freewheeling Diode) 없는 경우에 대한 역기전력의 상태를 보여주는 회로 설명

그림 1.27

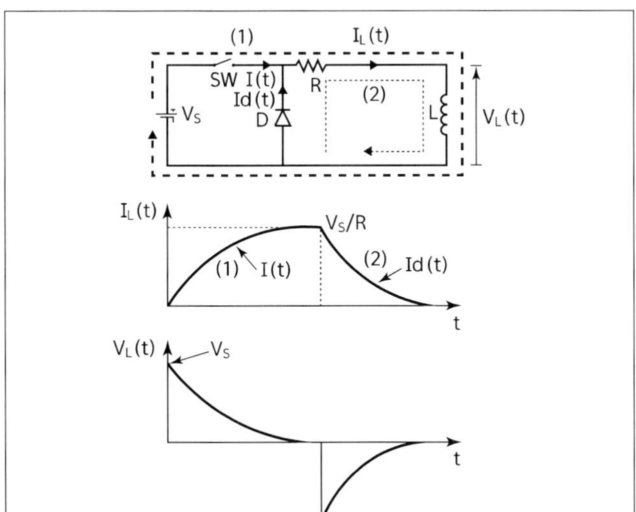

환류 다이오드(Freewheeling Diode) 있는 경우에 대한 역기전력의 상태를 보여주는 회로 설명

그림 1.28

(3) DC MOTOR 정/역 회전 원리

다음 그림을 참고해서 이해하면 될 것이나, 쇼트브레이크는 조금 생소할 수도 있을 것이다. 모터가 정지하는 데 좀 더 빨리 정지하여 관성으로부터 자유로워지기 위한 방법이다. 그럼 정회전과 역회전이 가능한 회로를 구성해 보도록 한다.

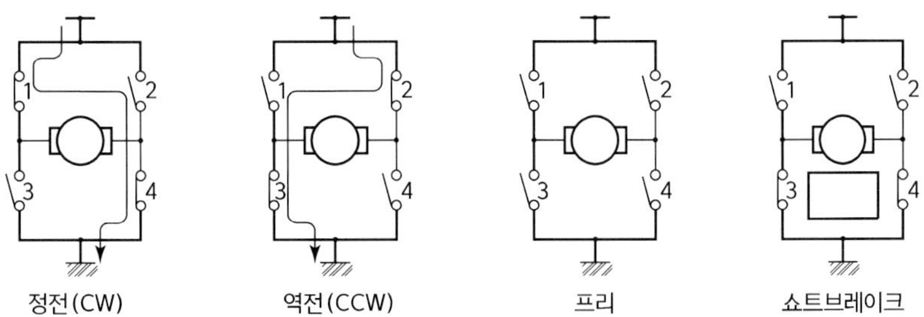

그림 1.29 **직류 모터(DC MOTOR)의 동작 원리**

정/역운전을 하기 위해 실질적인 회로를 구성해 보았다.

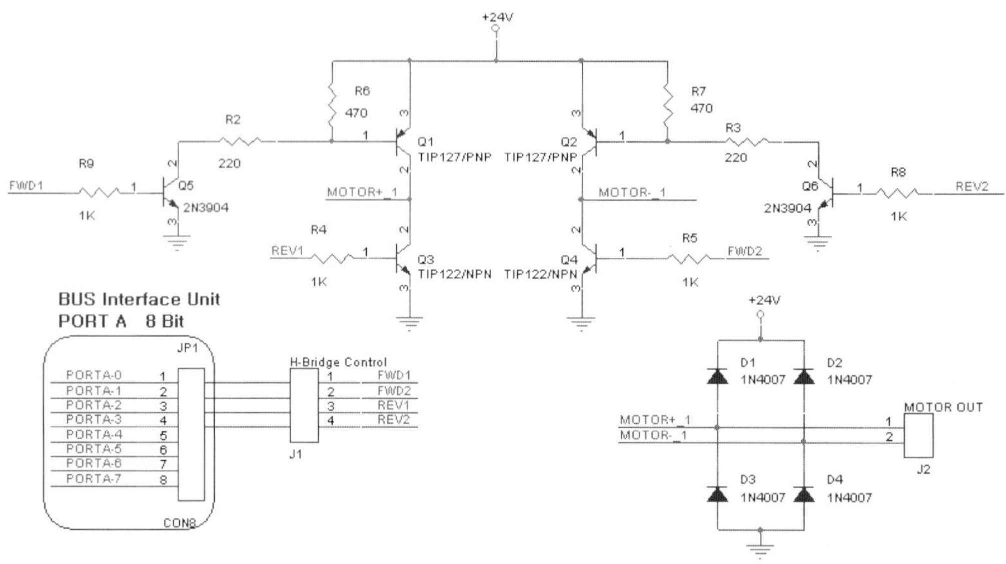

그림 1.30 H-Bridge 회로 연결도

위와 같은 H브리지 회로의 경우 DC 서보모터 정/역회전 제어에 주로 사용된다. 제어 방식으로는 다음 그림과 같이 일반적으로 사용되는 PWM 방식과 저전류 저전력에 사용되는 Linear 방식이 있다.

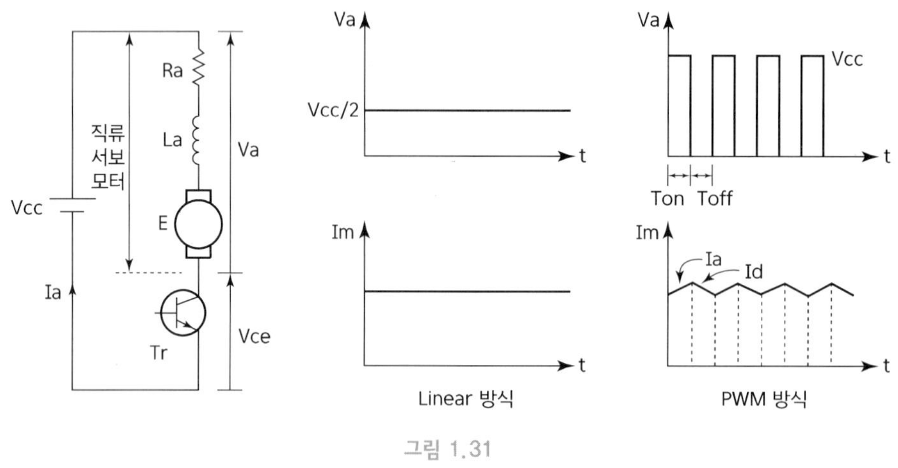

그림 1.31

Linear 방식과 PWM 방식은 표 1.23과 같이 비교해 볼 수 있다.

표 1.23

구분	장 점	단 점
Linear 방식	• 전류 리플리 없다. • 고속 응답이다. • 소전류 용량에 적합하다.	• 전력 소비가 많다. • 사이즈가 커진다.
PWM 방식	• 전력 소비가 적다. • 사이즈가 적다. • 대전류 용량에 적합하다.	• 전류 리플이 있다.

(4) SW를 이용하여 모터의 방향 제어를 해 보자.

```
#include <mega128.h>

void main(void)
{
    bit CW=0;
    bit CCW=0;

    DDRA=0x00; // A all input
    DDRD=0xFF; // D all output
    PORTD=0x00;

    while (1)
    {
        if(PINA.0==0) // 만약 SW0가 눌렸을 경우
        {
            CW=1;
            CCW=0;
        }
        else if(PINA.1==0) // 만약 SW1가 눌렸을 경우
        {
            CW=0;
            CCW=1;
        }
        else if(PINA.2==0) // 만약 SW2가 눌렸을 경우
        {
            PORTD=0x00; // 모터 정지
            CW=0;
            CCW=0;
        }
        if(CW==1) // 정방향 동작
```

(계속)

```
        {
            PORTD.0=1;
            PORTD.1=1;
            PORTD.2=0;
            PORTD.3=0;
        }
        if(CCW==1) // 역방향 동작
        {
            PORTD.0=0;
            PORTD.1=0;
            PORTD.2=1;
            PORTD.3=1;
        }
    };
}
```

(5) 모터를 쇼트브레이크 방식으로 정지해 보자.

```
#include <mega128.h>
#include <delay.h>

void main(void)
{
    bit CW=0;
    bit CCW=0;

    DDRA=0x00; // A all input
    DDRD=0xFF; // D all output
    PORTD=0x00;

    while (1)
    {   if(PINA.0==0) // 만약 SW0가 눌렸을 경우
        {
            CW=1; // 정방향 선택
            CCW=0;
        }
        else if(PINA.1==0) // 만약 SW1가 눌렸을 경우
        {
            CW=0; // 역방향 선택
            CCW=1;
```

(계속)

```
        }
        if(PINA.2==0) // 만약 SW2가 눌렸을 경우
        {
          PORTD.0=0;
          PORTD.1=1; // 모터 양쪽극에 0V인가
          PORTD.2=1; // 모터 양쪽극에 0V인가
          PORTD.3=0;
          delay_ms(1000);
          PORTD=0x00; // 모터 회전 정지
          CW=0; // 방향 해제
          CCW=0;
        }
        if(CW==1) // 정방향 동작
        {
          PORTD.0=1;
          PORTD.1=1;
          PORTD.2=0;
          PORTD.3=0;
        }
        if(CCW==1) // 역방향 동작
        {
          PORTD.0=0;
          PORTD.1=0;
          PORTD.2=1;
          PORTD.3=1;
        }
    };
}
```

DC 모터는 전원이 인가되면 회전하다가 전원을 차단하면 바로 정지하지 않고 회전 운동에 의하여 천천히 멈추게 된다. 이를 막기 위한 것이 쇼트브레이크 방식인데 이는 전원을 차단하기 전에 DC 모터의 양쪽 단에 같은 레벨의 전원을 인가하여 그 자리에서 모터를 정지하는 것을 말한다. 전류를 흘려보내어 전류의 방향에 따라 모터가 회전하는데 이때 양단에 같은 전원이 인가되면 전류의 흐름이 멈추면서 모터도 멈추어 버린다.

2. L298을 이용하여 구동하기

DC 모터를 드라이브하기 위해 L298을 사용한다. L298은 DC 모터를 드라이브하기 위한 회로가 2조 있으며, 1조당 2A까지 전류를 흘릴 수 있다. 2조를 병렬로 연결하면 4A까지도 가능하다. 또한 L298은 L297과 함께 스테핑 모터 드라이버로 사용되기도 한다. 8, 9번 핀에 5 V 전원

을 연결한다. 4번 핀에는 모터를 구동할 전압을 걸어주며 46 V까지 가능하다. 나머지 핀은 A조, B조를 나눠서 설명한다. ( ) 안은 핀 번호를 나타낸다.

표 1.24

A조	B조	설명
input1(5), input2(7)	input3(10), input4(12)	모터의 방향을 결정한다.
output1(2), output2(3)	output3(13), output4(14)	모터의 양단자에 연결한다.
enable A(6)	enable B(11)	모터의 on/off 역할 입력이 H일 때 on, L일 때 off.
current sensing A(1)	current sensing B(15)	0.5옴의 저항을 통해 GND로 연결. 정격전력이 높은 저항을 사용해야 한다.

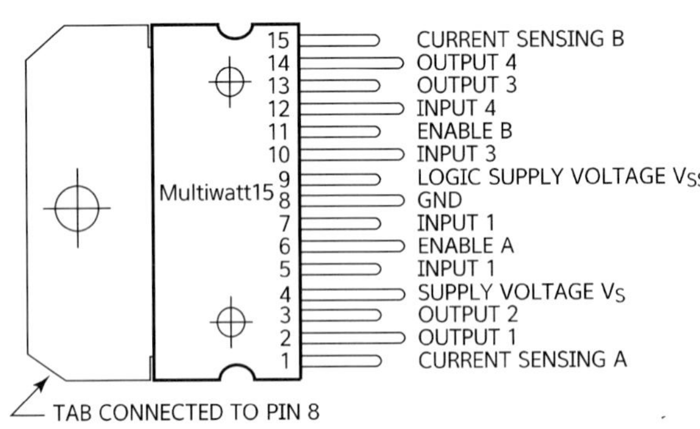

그림 1.32

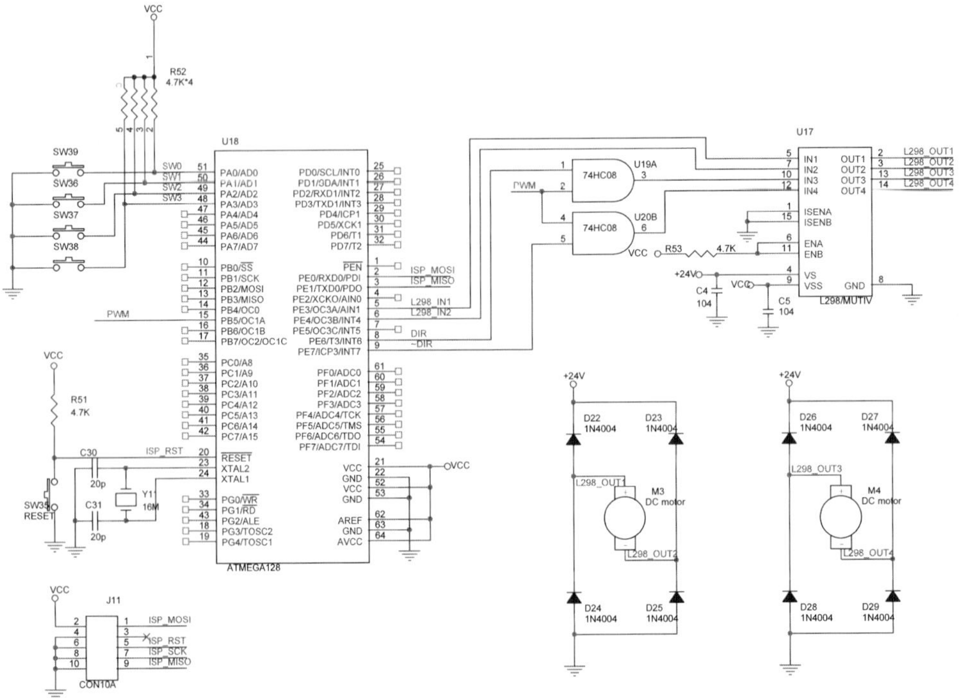

그림 1.33

(1) IC를 사용하여 DC 모터 제어하기

```
#include <mega128.h>

void main(void)
{
   DDRA=0x00; // A all input
   DDRE=0xFF; // E all output
   PORTE=0xFF;

   while (1)
   {
      if(PINA.0==0) // SW0이 눌렸을 때
      {
         PORTE.3=1; // 모터 정방향
         PORTE.4=0;
      }
      else if(PINA.1==0) // SW1이 눌렸을 때
      {
         PORTE.3=0; // 모터 역방향
         PORTE.4=1;
      }
      else if(PINA.2==0) // SW2가 눌렸을 때
      {
         PORTE.3=0; // 모터 정지
         PORTE.4=0;
      }
   };
}
```

(2) IC를 사용하여 PWM과 정 · 역회전 제어하기

```
#include <mega128.h>

void main(void)
{
   int PWM; // 변수 선언
   DDRA=0x00; // A all input
   DDRB=0xff; // B all output
```

(계속)

```
    PORTB=0xff;

    TCCR1A=0x83; // PWM 설정
    TCCR1B=0x09; // PWM 설정
    OCR1A=0x00; // PWM OUT
    #asm("sei")

    while (1)
    {
        if(PINA.0==0) // SW0이 눌렸을 때
        {
            PWM++; // 속도 증가
            if(PWM > 5)PWM=5; // 최대 속도 5
            while(PINA.0==0){}
        }
        else if(PINA.1==0) // SW1이 눌렸을 때
        {
            PWM - -; // 속도 감수
            if(PWM < 0)PWM=0; // 최소 속도(정지)
            while(PINA.1==0){}
        }
        if(PINA.2==0) // SW2가 눌렸을 때
        {
            PORTE.5=1; // 정방향
            PORTE.6=0;
        }
        else if(PINA.3==0) // SW3이 눌렸을 때
        {
            PORTE.5=0; // 역방향
            PORTE.6=1;
        }
        switch(PWM)
        {
            case 0 : OCR1A=0; // 정지
            break;
            case 1 : OCR1A=204; // 1단계 속도
            break;
            case 2 : OCR1A=409; // 2단계 속도
            break;
            case 3 : OCR1A=614; // 3단계 속도
            break;
            case 4 : OCR1A=819; // 4단계 속도
            break;
            case 5 : OCR1A=1023; // 5단계 속도
            break;
        }
    };
}
```

PWM 방식은 결과적으로는 구동 전압을 바꾸고 있는 것과 같은 효과를 내고 있지만, 그 방법이 펄스폭에 따르고 있으므로 **펄스폭 변조**(PWM: Pulse Width Modulation)라 부르고 있다. 구체적으로는 모터 구동 전원을 일정 주기로 On/Off 하는 펄스 형상으로 하고, 그 펄스의 duty비(On 시간과 Off 시간의 비)를 바꿈으로써 실현하고 있다. 이것은 DC 모터가 빠른 주파수의 변화에는 기계 반응을 하지 않는다는 것을 이용하고 있다.

기본 회로는 다음 그림과 같으며, 그림에서 트랜지스터를 일정 시간 간격으로 On/off 하면 구동전원이 On/Off 되는 것이다.

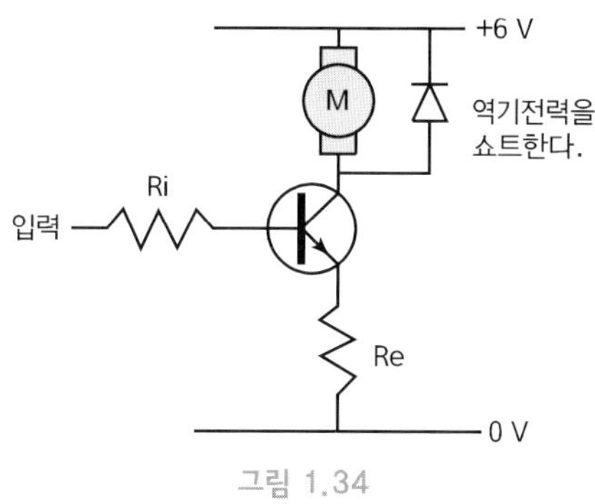

그림 1.34

이 펄스 형상의 전압으로 DC 모터를 구동했을 때의 실제 모터에 가해지는 전압 파형은 다음 그림과 같이 되며, 평균 전력, 전압을 생각하면 외관상, 구동 전압이 변화하고 있는 것이다.

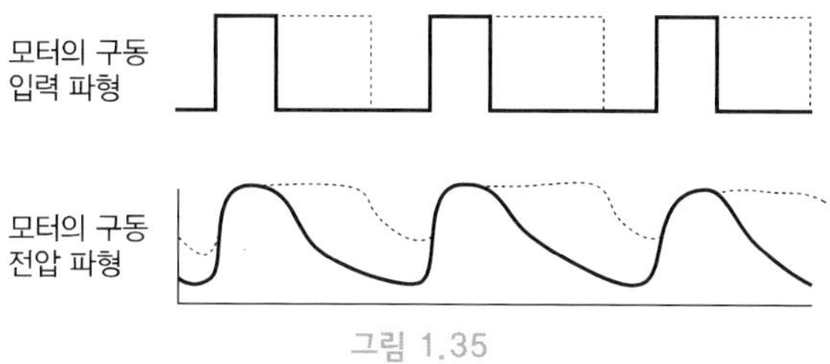

그림 1.35

여기서 중요한 기능을 담당하고 있는 것이 위의 회로도에 있는 다이오드이며, 일반적인 전원용 다이오드를 사용하지만, 그 동작 기능에 의해 flywheel diode라 부르고 있다.

즉, 트랜지스터가 Off로 되어 있는 동안, 모터의 코일에 축적된 에너지를 전류로 흘리는 작용을 한다(회생 전류라 부른다).

이 상태를 그림으로 나타내면 그림 1.36과 같이 되며, 이 플라이휠 효과에 의해, 모터에 흐르는 전류는 트랜지스터가 Off로 되어 있는 동안에도 쉬지 않고 흐르고 있는 것처럼 보이게 되며, 평균 전류도 On 시의 전류와 이 회생 전류의 합으로 된다.

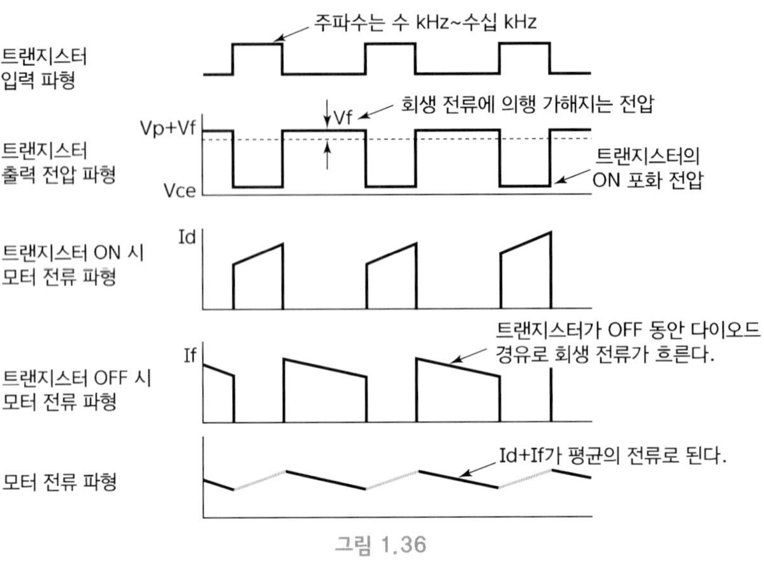

그림 1.36

06 Stepping Motor 운전하기

본 장에서는 스테핑 모터를 구동하기 위한 회로 및 구동 신호의 발생 방법에 대해서 알아 볼 것이다. 구동 신호를 어떻게 발생할 것이냐에 따라서 구동 회로가 달라질 것이다. 스테핑 모터 여자 방식의 선택에 있어서 구동 회로 구성의 간편성을 위한 GAL 사용법과 제어 간편성을 위한 L297과 같은 스테핑 모터 구동신호 생성 칩을 사용할 것이다. 또한 토크와 관련이 있는 권선에 전류를 흘려주는 방식에 따라서 유니폴라(Unipolar) 방식과 바이폴라(Bipolar) 방식이 있다. 그러나 여기서는 독자 여러분이 스테핑 모터에 내한 원리를 이해하는 데 도움을 주기위한 목적이니 유니폴라 구동 방식만을 소개할 것이다. 물론 토크가 더 필요한 경우는 바이폴러 방식으로 구동하면 좋다.

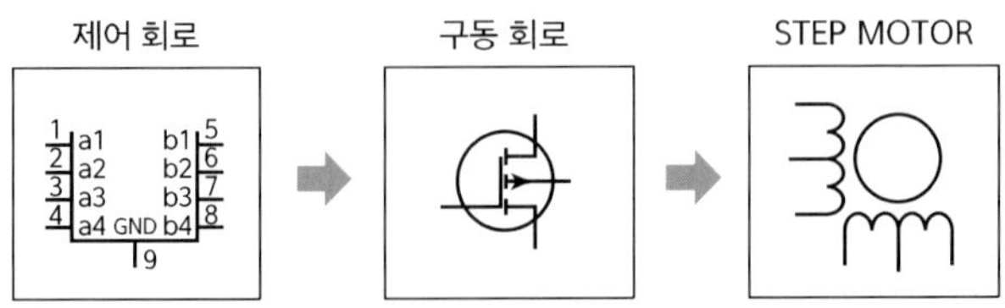

그림 1.37 **스테핑 모터 구동 시스템**

동기 전동기의 일종으로 각 코일에 전류를 흘리면 회전자(영구 자석 또는 철심)를 흡인하는 토크가 발생하여 회전한다. 이때 고정자 구조에 따라 회전자는 일정 각도를 이동한 후에 고정된 위치에서 정지하게 된다.

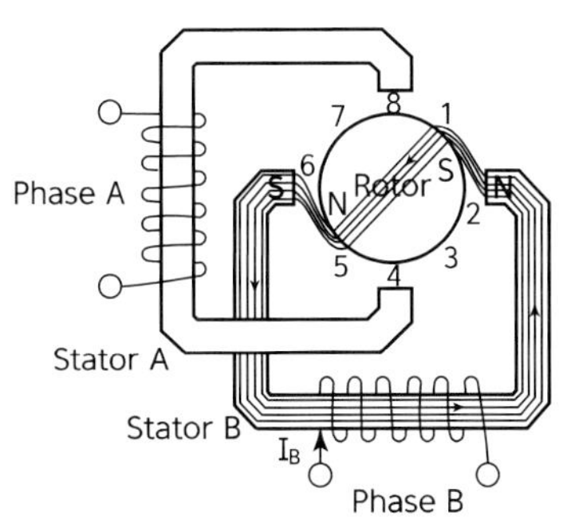

그림 1.38 2개의 극을 가진 스테핑 모터의 자력선 분포

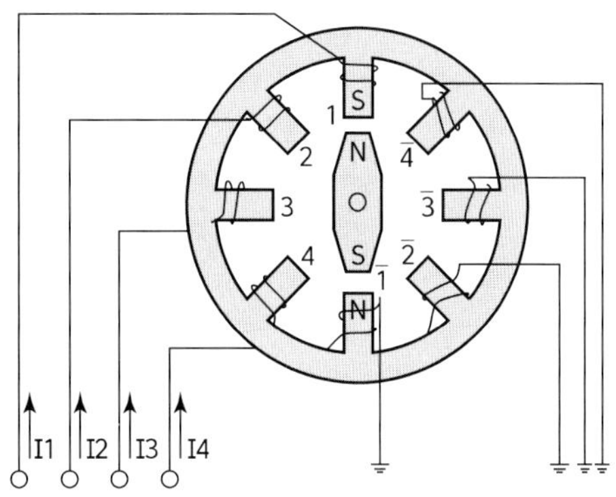

그림 1.39 스테핑 모터의 회전 원리

(1) 스테핑 모터의 장점

① motor의 총 회전각은 입력 pulse수의 총 수에 비례하고, motor의 속도는 초(sec)당 입력 pulse 수에 비례한다.

② 1 step당 각도 오차가 ±3분(0.05°) 이내이며 회전각 오차는 step마다 누적되지 않는다.

③ 회전각 검출을 위한 feedback이 불필요하여, 제어계가 간단해서 가격이 상대적으로 저렴하다.

④ DC motor 등과 같이 brush 교환 등과 같은 보수를 필요로 하지 않고 신뢰성이 높다.

⑤ 모터축에 직결함으로써 초저속 동기 회전이 가능하다.

⑥ 기동 및 정지 응답성이 양호하므로 servo motor로 사용이 가능하다.

(2) 스테핑 모터의 단점

① 어느 주파수에서는 진동, 공진 현상이 발생하기 쉽고, 관성이 있는 부하에 약하다.

② 고속 운전 시에 탈조하기 쉽다.

③ 보통의 driver도 구동 시에는 권선의 인덕턴스 영향으로 인하여 권선에 충분한 전류를 흘리게 할 수 없으므로 pulse비가 상승함에 따라 torque가 저하하며 DC motor에 비해 효율이 떨어진다. 또한 스테핑 모터는 그 내부를 구성하는 고정자라고 불리우는 극의 수(전기적인 권선상의 수)에 따라 단상(1상), 2상, 3상, 4상, 5상, 6상 등의 종류가 있으며, 기본적으로 이 극의 수에 따라 모터의 스텝각 등의 기본 특성이 달라진다.

④ 위치 제어 시 진동이 발생한다(P 제어만 사용하기 때문임).

(3) Variable Reluctance형

연철로 되어 이빨이 많이 있는 회전자와 권선이 감겨져 있는 고정자로 구성되어 있다. 고정자의 권선에 직류 전류를 흘리면 고정자의 폴(pole)이 자화된다. 회전자의 이빨은 자화된 고정자 폴에 의해 견인력을 받게 된다.

(4) Permanent Magnet 형

일명 tin can 또는 can stack 모터라 불린다. 영구 자석형 모터는 분해능(resolution)이 낮은 저가형에 많이 이용된다. 보통 이런 타입은 스텝각이 7.5 도에서 15도 정도이다(이를 1회전당 스텝으로 환산해 보면 48~24 스텝이 된다). 이름에서 알 수 있듯이 모터 구조를 보면 영구 자석이 포함되어 있다. VR형에서와 같은 회전자의 이빨은 여기서는 볼 수 없다. 대신 회전자는 N극과 S극으로 자화된 부분이 회전자의 축과 평행한 방향으로 존재한다. 이 지회된 회전자의 폴이 자력을 발생시키기 때문에 PM 모터는 VR 모터에 비해 토크가 좋다.

(5) hybrid형 PM형

보다 고가형이며 분해능, 토크 특성이 훨씬 우수하다. 보통 이런 타입의 스테핑 모터는 스텝각이 0.9도에서 3.6도(스텝수로 보면 100~400스텝에 해당)이다. 회전자는 VR모터처럼 이빨이 있고 축방향의 동축형(coaxial) 자석이 존재한다. 이 자석으로 인해 detent나 holding 및 dynamic torque 특성이 VR이나 PM보다 더 우수하다. 사실 가장 많이 쓰이는 두 종류를 보면 PM형과 Hybrid형이라 생각하면 된다. 가격을 생각한다면 PM형, 또 성능을 생각한다면 Hybrid형을 선택하기 때문이다.

(6) 구동 회로에 따른 분류 구동 방식(코일에 흐르는 전류 방향에 따른 분류)

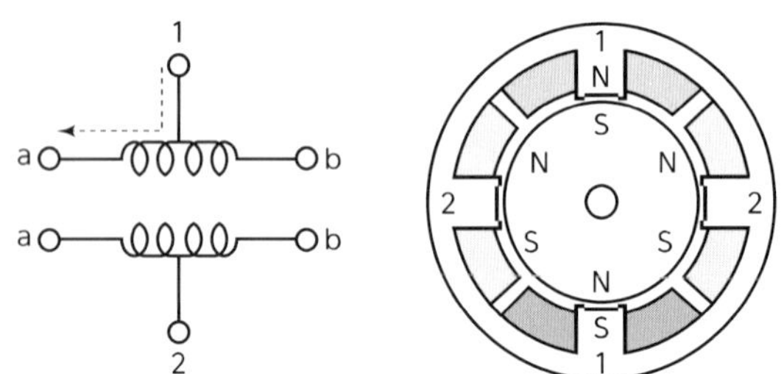

그림 1.40 유니폴라 방식(전류가 권선의 한 방향으로만 흐름)

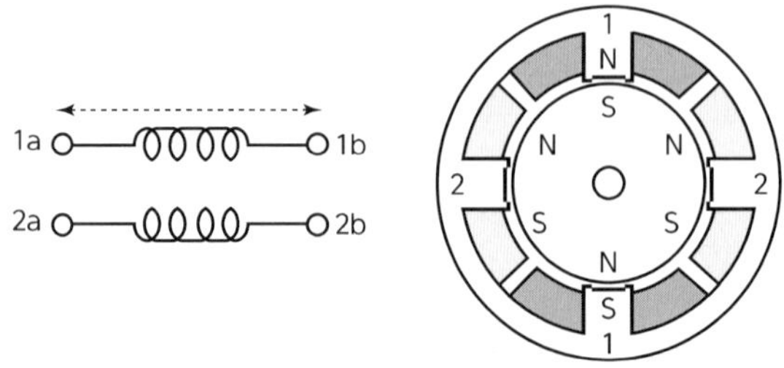

그림 1.41 바이폴라 방식(전류가 권선의 양방향으로 흐름)

(7) 운전 방식에 따는 분류 구동 방식

① 1상 여자 방식

동시에 1상만 전류를 흘리면서 동작 1 스텝 각도씩 이동하게 된다.

예 1.8도 스텝각을 가진 모터를 1상 여자 방식으로 구동하면 1.8도씩 이동하게 제어한다.

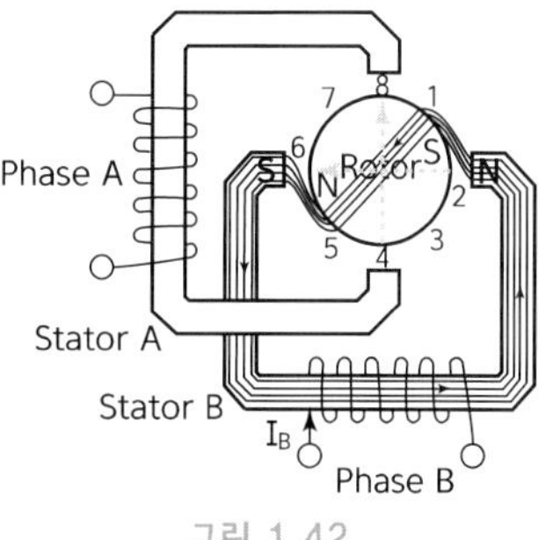

그림 1.42

② 2상 여자 방식

동시에 2상에 여자를 시키는 방식이다. 1 스텝(Full Step) 각도씩 이동하게 되나, 발생 토크가 더 커지고 정지하는 위치도 1상 여자 방식에 의한 위치의 중간에 정지하게 된다(동시에 2상이 여자되면 벡터 합에 의하여 발생한 자계의 위치가 2개의 극 사이에 위치하게 되는 효과가 발생한다).

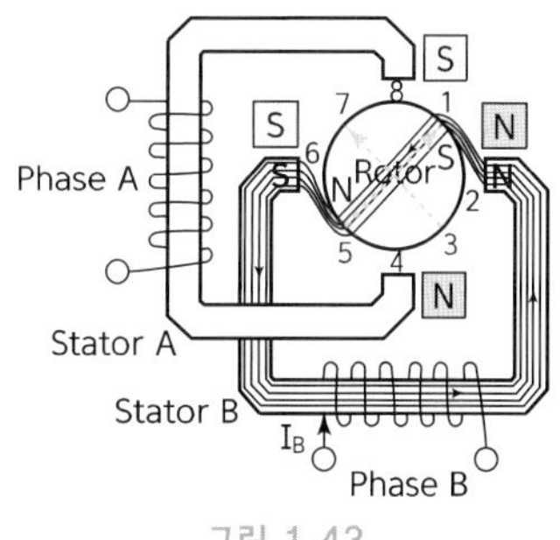

그림 1.43

③ 1-2상 여자 방식

1상 여자와 2상 여자를 번갈아 가며 적용함 0.5 스텝(Half Step) 각도 씩 이동함 토크 리플을 줄일 수 있으므로 진동이나 소음을 줄일 수 있는 여자 방식

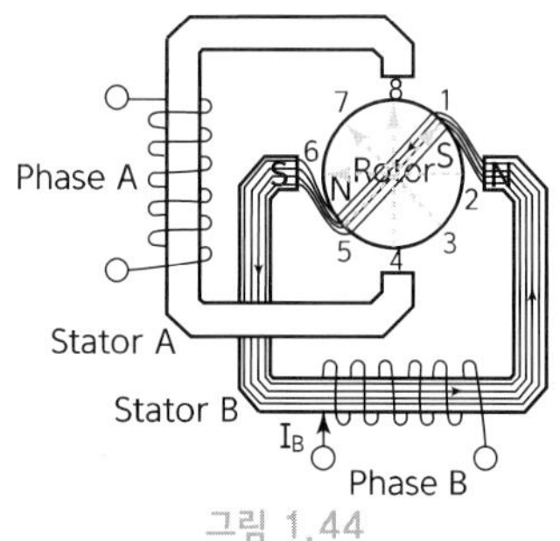

그림 1.44

④ 마이크로스텝 여자 방식

각 상에 흐르는 전류를 ON/OFF 방식이 아닌 전류 크기를 조정하는 방법 → 스텝 각도를 세분화하여 각 스텝 사이에 모터를 정지시킬 수 있는 여자 방식 각 상에 흐르는 전류의 크기 비를 $I_a : I_b = I\sin\theta : I\cos\theta$로 제어하면 항상 합성된 자계의 세기가 일정하게 유지되며 마이크로 스테핑을 할 수 있다. 최근 정밀도가 높은 자동화 설비에 많이 사용되고 있다.

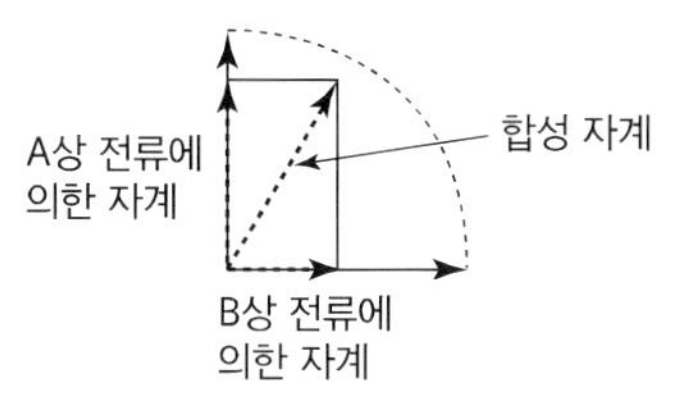

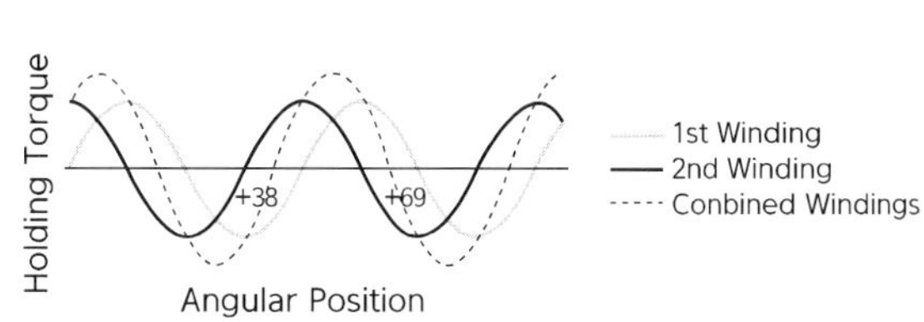

그림 1.45

1. Transistor를 이용하여 운전하기

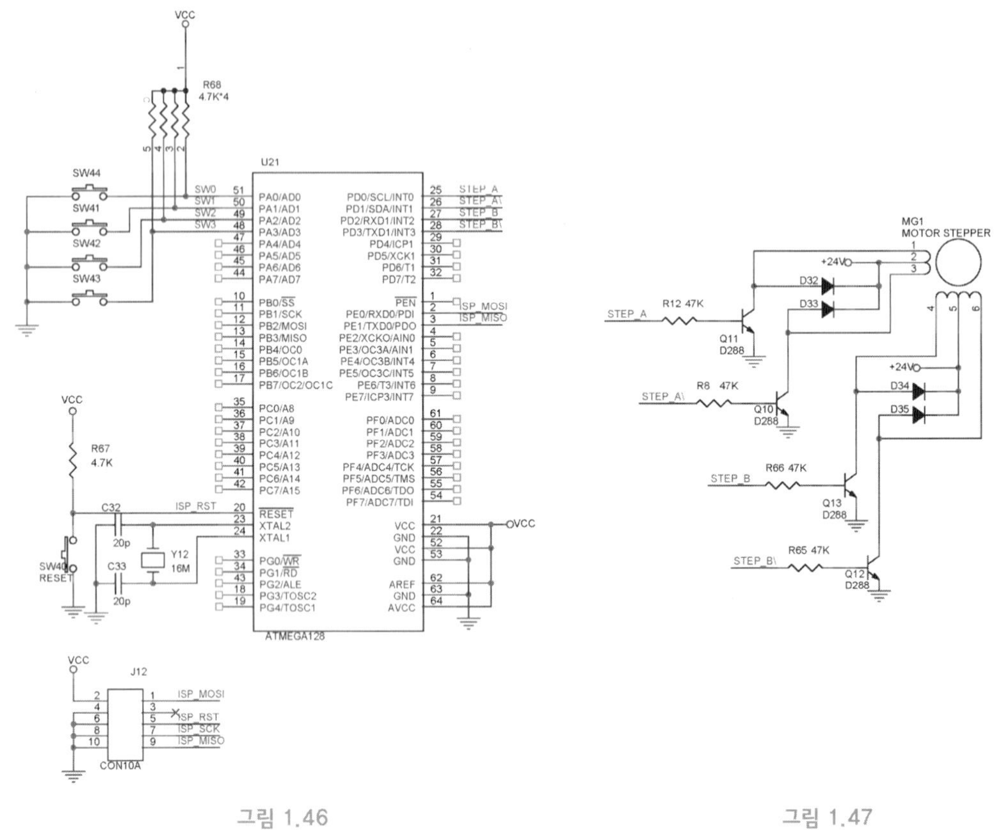

그림 1.46

그림 1.47

(1) 1상 여자 방식 제어

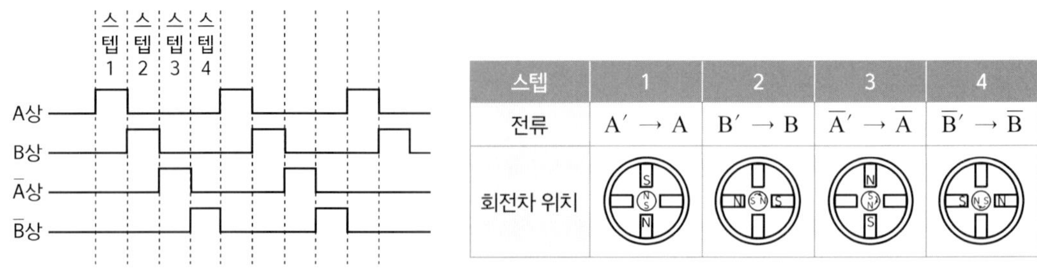

스텝	1	2	3	4
전류	A′ → A	B′ → B	$\overline{A}$′ → $\overline{A}$	$\overline{B}$′ → $\overline{B}$
회전차 위치				

그림 1.48 4상 motor의 1상 여자 동작

Step 1에서 transistor가 on 되고 A′ → A로 전류가 흐른다. coil에 전류가 흐름으로써 고정자의 이빨은 N, S극으로 여자된다. 이때 B 쪽에는 전류가 흐르고 있지 않으므로 B 쪽의 stator의 이빨은 비여자이지만, A쪽의 여자에 동반해서 회전자의 영구 자석은 각각 N과 S, S와 N이 결합해서 안정한 위치에 정지한다. 다음에 step 2로 진행하면 먼저 on 하고 있던 Tr1은 off가 되고,

대신에 Tr3가 on이 된다. Tr3가 on이 되면 B′ → B의 coil에 전류가 흘러 이번에는 90°씩 어긋나고 있는 고정자가 여자가 된다. 그리고 여자 위치가 이동한 것으로 회전자도 시계 방향으로 당겨져 90° 회전하게 된다. 같은 방법으로 step 3과 step 4의 동작을 함으로써 모터는 각 step 당 90°씩 진행시켜 회전시킬 수 있다.

① SW를 이용하여 STEP MOTOR를 구동해 보자.

```
#include <mega128.h>
#include <delay.h>

void main(void)
{
   bit CW=0;

   DDRA=0x00; // A all input
   DDRD=0xFF; // D all output
   PORTD=0x00;

   while (1)
   {
      if(PINA.0==0)CW=1; // 만약 SW0가 눌렸을 경우 STEP 회전
      if(CW==1) // STEP 회전
      {
         PORTD.3=0; // A 출력
         PORTD.0=1;
         delay_ms(20);
         PORTD.0=0; // B 출력
         PORTD.2=1;
         delay_ms(20);
         PORTD.2=0; // A/ 출력
         PORTD.1=1;
         delay_ms(20);
         PORTD.1=0; // B/ 출력
         PORTD.3=1;
         // A, B, A/, B/ 순으로 회전했을 때 다시 A부터 시작
      }
      else if(PINA.1==0)CW=0; // 만약 SW1가 눌렸을 경우 STEP 회전 정지
   };
}
```

② 어레이를 사용하여 스테핑 모터를 구동해 보자.

```
#include <mega128.h>
#include <delay.h>

void main(void)
{
    char aSTEP[]={0x01,0x04,0x02,0x08};
    char STEP=0;
    bit CW=0;

    DDRA=0x00; // A all input
    DDRD=0xFF; // D all output
    PORTD=0x00;

    while (1)
    {
        if(PINA.0==0)CW=1; // 만약 SW0가 눌렸을 경우 STEP 회전
        if(CW==1) // STEP 회전
        {
            PORTD=aSTEP[STEP]; // 스텝 출력
            STEP++; // 스텝 회전
            delay_ms(10); // 10ms 지연
            if(STEP>3)STEP=0;
            // A, B, A/, B/ 순으로 회전했을 때 다시 A부터 시작
        }
        else if(PINA.1==0)CW=0; // 만약 SW1이 눌렸을 경우 STEP 회전 정지
    };
}
```

③ 스테핑 모터의 각도를 제어해 보자.

```
#include <mega128.h>
#include <delay.h>

void main(void)
{
    char aSTEP[]={0x01,0x04,0x02,0x08}; // A, A/, B, B/ 순서의 어레이
    bit START=0; // 변수 선언
    int STEP=0;
```

(계속)

```
    int RATE_C=0;
    int RATE=0;

    DDRA=0x00; // A all input
    DDRD=0xFF; // D all output
    PORTD=0x00;

    while (1)
    {
        if(START==0) // 정지 상태일 때
        {
            switch(PINA)
            {
                case 0xfe : // SW0이 눌렸을 때
                    RATE=50;  // 90도 선택
                    START=1; // 시작
                break;
                case 0xfd : // SW1이 눌렸을 때
                    RATE=100; // 180도 선택
                    START=1; // 시작
                break;
                case 0xfb : // SW2가 눌렸을 때
                    RATE=150; // 270도 선택
                    START=1; // 시작
                break;
                case 0xf7 : // SW3이 눌렸을 때
                    RATE=200; // 300도 선택
                    START=1; // 시작
                break;
            }
        }
        if(RATE>0 && START==1) // 각도가 선택되고 시작
        {
            PORTA=aSTEP[STEP]; // 스텝 출력
            STEP++; // 스텝 회전
            delay_ms(10); // 10ms 지연
            if(STEP>3)STEP=0;
            // A, B, A/, B/ 순으로 회전했을 때 다시 A부터 시작
            RATE_C++; // 현재 각도 체크
        }
        if(RATE_C>=RATE) // 선택한 각도에 도달했을 경우
        {
            RATE_C=0; // 현재 각도 초기화
            RATE=0; // 설정 각도 초기화
            START=0; // 정지
        }
    };
}
```

④ 스테핑 모터의 속도를 제어해 보자.

```
#include <mega128.h>
#include <delay.h>

void main(void)
{
   char aSTEP[]={0x01,0x04,0x02,0x08}; // A, A/, B, B/ 순서의 어레이
   char aDEL[]={0, 12, 9, 7, 5,  3}; // 속도 순서의 어레이
   int STEP=0; // 변수 선언
   int SPEED=0;

   DDRA=0x00; // A all input
   DDRD=0xFF; // D all output
   PORTD=0x00;

   while (1)
   {
      if(PINA.0==0) // SW0이 눌렸을 때
      {
         delay_ms(1); // 채터링 방지
         SPEED++; // 속도 증가
         if(SPEED>5)SPEED=5; // 속도 상한치
         while(PINA.0==0); // SW0이 눌렸을 때 무한 동작
         delay_ms(1); // 채터링 방지
      }
      else if(PINA.1==0) // SW1이 눌렸을 때
      {
         delay_ms(1); // 채터링 방지
         SPEED--; // 속도 감소
         if(SPEED<0)SPEED=0; // 속도 하한치
         while(PINA.0==0); // SW1이 눌렸을 때 무한 동작
         delay_ms(1); // 채터링 방지
      }
      if(SPEED>0) // 속도가 0보다 클 때
      {
         PORTA=aSTEP[STEP]; // 스텝 출력
         STEP++; // 스텝 회전
         delay_ms(aDEL[SPEED]); // 속도 선택 지연
         if(STEP>3)STEP=0;
         // A, B, A/, B/ 순으로 회전했을 때 다시 A부터 시작
      }
   };
}
```

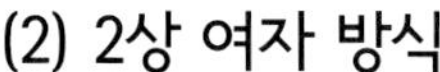

(2) 2상 여자 방식

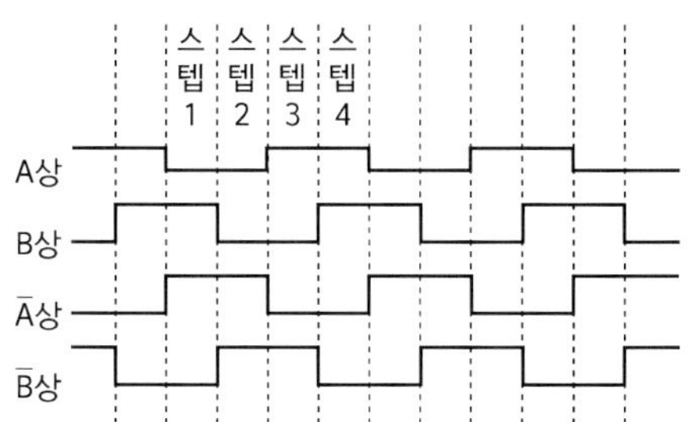

스텝	1	2	3	4
전류	$A' \to A$ $B' \to B$	$B' \to B$ $\bar{A}' \to A$	$\bar{A}' \to A$ $\bar{B}' \to B$	$\bar{B}' \to B$ $A' \to A$
회전차 위치				

그림 1.49 **4상 motor의 2상 여자 동작**

그림은 2상 여자의 동작을 나타내며, 2상 여자의 경우는 A, B쪽의 coil이 동시에 1가닥씩 여자된다.

우선 step 1에서는 $A' \to A$, $B' \to B$의 coil에 전류가 흐른다. 고정자의 극은 1상 여자와 같이 12시와 3시가 S극, 6시와 9시의 위치가 N극으로 여자된다. 그 결과로 회전자의 N극은 12시와 3시의 S극의 중간의 위치에 정지한다. 다음으로 step 2에서는 A상의 coil이 전환되고 $A' \to A$로 전류가 흐른다. 그리고 12시의 극이 N, 6시의 극이 S로 된다. 그 결과 회전자의 N극은 12시의 N극과 반발해서 3시와 6시의 S극의 중간 위치에 안정한다. 이렇게 해서 회전자는 시계 방향으로 90° 회전하는 셈이며, step 3, step 4에서도 마찬가지로 2장씩 같은 극으로 여자되어 회전자의 극이 그 중간 위치에서 정지하면서 회전하게 된다. 또한 2상 여자는 1상 여자와 비교해서 2배의 전류가 흐른다. 그러나 코일의 2상이 여자되어 있으므로 1상 여자에 비하면 정지상의 오버슈터나 언더슈터가 작고 과도 특성이 좋아진다.

① SW를 사용하여 STEP MOTOR의 방향을 제어해 보자.

```
#include <mega128.h>
#include <delay.h>

void main(void)
{
    char aSTEP[]={0x05,0x06,0x0a,0x09};
    int STEP=0;
    bit CW=0;
    bit CCW=0;

    DDRA=0x00; // A all input
    PORTD=0x00;
    DDRD=0xFF; // D all output
```

(계속)

```
while (1)
{
    if(PINA.0==0) // 만약 SW0가 눌렸을 경우
    {
        CW=1;
        CCW=0;
    }
    else if(PINA.1==0) // 만약 SW1이 눌렸을 경우
    {
      CCW=1;
      CW=0;
    else if(PINA.2==0)
    {
       CW=0; // 만약 SW2이 눌렸을 경우 STEP 회전 정지
       CCW=0;
    }
    if(CW==1) // STEP 정회전
    {
       PORTD=aSTEP[STEP]; // 스텝 출력
       STEP++; // 스텝 정회전
       delay_ms(10); // 10ms 지연
       if(STEP>3)STEP=0;
       // AB, BA/, A/B/, B/A 순으로 회전했을 때 다시 A부터 시작
    }
    else if(CCW==1) // STEP 역회전
    {
       PORTD=aSTEP[STEP]; // 스텝 출력
       STEP--; // 스텝 역회전
       delay_ms(10); // 10ms 지연
       if(STEP<0)STEP=3;
       // AB/, B/A/, A/B, BA 순으로 회전했을 때 다시 A부터 시작
    }
};
}
```

(3) 1 - 2상 여자 방식

그림의 1 - 2 상 여자는 전술한 1상 여자와 2상 여자가 교대로 반복하는 것이다. 따라서 회전자는 step마다 45° 회전한다. 즉 step각은 maker가 표시하는 각도의 1/2이 된다. 1 - 2상 여자는 1상 여자와 2상 여자의 특성을 갖고 있으므로 step rate는 배가 된다.

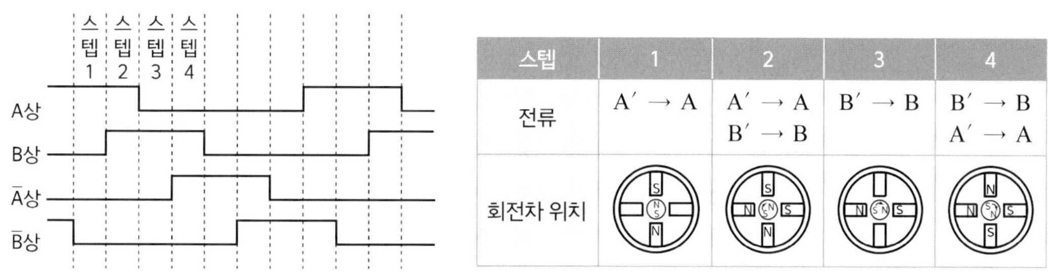

스텝	1	2	3	4
전류	A′ → A	A′ → A B′ → B	B′ → B	B′ → B A′ → A
회전자 위치				

그림 1.50 4상 motor의 1-2상 여자 동작

① SW를 사용하여 STEP MOTOR의 방향을 제어해 보자.

```
#include <mega128.h>
#include <delay.h>

void main(void)
{
    char aSTEP[]={0x01,0x05,0x04,0x06,0x02,0x0a,0x08,0x09};
    int STEP=0;
    bit CW=0;
    bit CCW=0;

    DDRA=0x00; // A all input
    PORTD=0x00;
    DDRD=0xFF; // D all output

    while (1)
    {
        if(PINA.0==0)// 만약 SW0가 눌렸을 경우
        {
            CW=1;
            CCW=0;
        }
        else if(PINA.1==0)  // 만약 SW1이 눌렸을 경우
        {
            CCW=1;
            CW=0;
        }
        else if(PINA.2==0)// 만약 SW2이 눌렸을 경우 STEP 회전 정지
        {
            CW=0;
            CCW=0;
```

(계속)

```
        }
        if(CW==1) // STEP 정회전
        {
            PORTD=aSTEP[STEP]; // 스텝 출력
            STEP++; // 스텝 정회전
            delay_ms(10); // 10ms 지연
            if(STEP>7)STEP=0;
            // A, AB, B, BA/, A/, A/B/, B/, B/A 순으로 회전했을 때 다시 A부터 시작
        }
        if(CCW==1) // STEP 역회전
        {
            PORTD=aSTEP[STEP]; // 스텝 출력
            STEP - -; // 스텝 역회전
            delay_ms(10); // 10ms 지연
            if(STEP<0)STEP=7;
            // A, AB/, B/, B/A/, A/, A/B, B, BA 순으로 회전했을 때 다시 A부터 시작
        }
    };
}
```

2. 전용 IC를 이용하여 운전하기

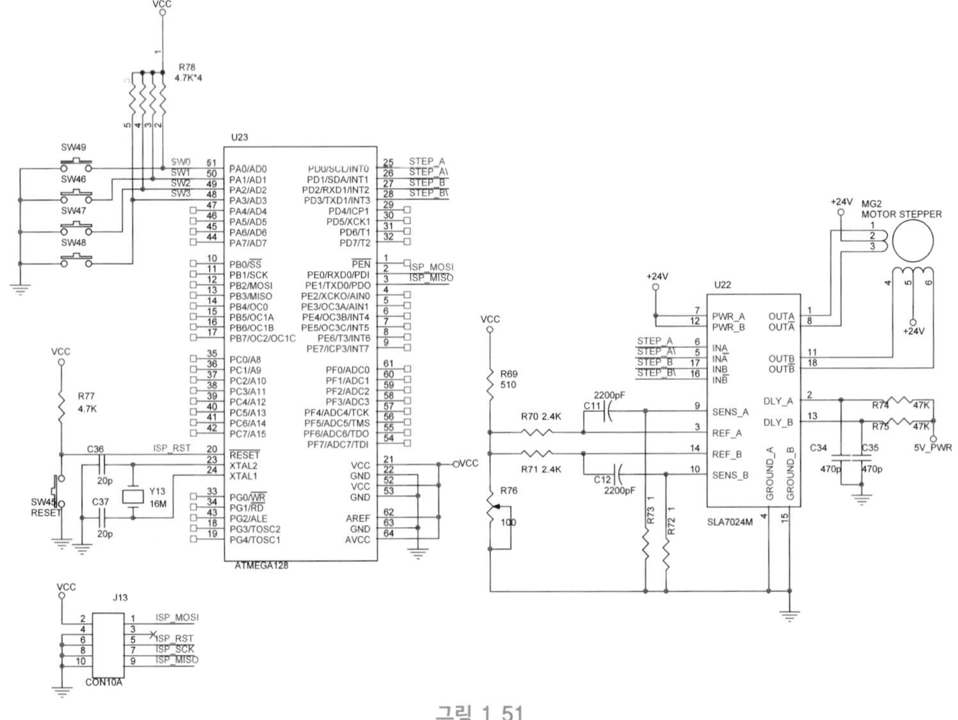

그림 1.51

■ SW를 사용하여 STEP MOTOR를 제어해 보자.

```
#include <mega128.h>
#include <delay.h>

void main(void)
{
    char aSTEP[]={0x01,0x04,0x02,0x08};
    char STEP=0;
    bit CW=0;

    DDRA=0x00; // A all input
    PORTD=0x00;
    DDRD=0xFF; // D all output

    while (1)
    {
        if(PINA.0==0)CW=1; // 만약 SW0가 눌렸을 경우 STEP 회전
        else if(PINA.1==0)CW=0; // 만약 SW1이 눌렸을 경우 STEP 회전 정지
        if(CW==1) // STEP 회전
        {
            PORTD=aSTEP[STEP]; // 스텝 출력
            STEP++; // 스텝 회전
            delay_ms(10); // 10ms 지연
            if(STEP>3)STEP=0;
            // A, B, A/, B/ 순으로 회전했을 때 다시 A부터 시작
        }
    };
}
```

07 AD Converter

1. Atmega128 AD Converter의 개요

ATmega128은 8채널 10비트 분해능의 축차 비교형(successive approximation) A/D 컨버터를 가지고 있다. 이들 8채널의 아날로그 입력 신호는 모두 포트 F와 동일한 단자를 사용하고 있으며, MCU 내부의 아날로그 멀티플렉서(analog multiplexer)에 의하여 선택된다. A/D 컨버

터의 앞단에는 샘플/홀드(sample and hold) 회로를 가지고 있어서 A/D 변환이 수행되고 있는 동안에 아날로그 전압이 일정하게 유지되도록 한다.

각 채널은 8개의 단극성(single ended) 아날로그 입력으로 사용될 수도 있고, 1개의 지정된 핀을 기준으로 하는 7개의 차동(differential) 입력으로 사용될 수도 있으며, 2가지의 차동 입력에 대해서는 입력된 아날로그 신호를 MCU 내부에서 10배 또는 200배 증폭하여 A/D 변환할 수도 있다. 한편, 아날로그 입력 신호 단자 ADC0~ADC7은 아날로그 비교기의 음극성 입력으로 사용될 수도 있다.

A/D 변환 시간은 사용 주파수 50 kHz~200 kHz에서 65~260 us 범위(최고 15 kSPS, sampling per second)에서 사용자가 설정할 수 있으며, 아날로그 입력 전압의 범위는 기본적으로 0~V_{ref}이지만 차동 입력의 경우에는 입력 전압 범위가 $-V_{ref}$~V_{ref}로 되며, 기준 전압 V_{ref}는 전원 전압 Vcc를 초과할 수 없다. A/D 컨버터의 기준 전압 V_{ref}에는 외부의 AREF 단자로 입력된 전압을 사용할 수도 있고, MCU 내부의 기준 전압 2.56 V를 사용할 수도 있다.

A/D 변환 모드에는 단일 변환 모드(single conversion mode)와 프리런닝 모드(free running mode)가 있으며, 변환이 완료되면 변환 결과가 저장되는 데이터 레지스터가 업데이트되면서 A/D 변환 완료 인터럽트(ADC Conversion Complete Interrupt)가 요청되며 ADCSRA 레지스터의 ADIF 플랙이 1로 세트된다.

A/D 컨버터에는 보다 안정된 동작을 위하여 MCU의 디지털 전원과 별도로 아날로그 회로의 전원 단자 AVCC를 가지고 있으며, A/D 변환에 필요한 기준전압 단자 AREF도 가지고 있다. AVCC의 전압은 VCC에 인가된 전압의 0.3 V 이내로 유지되어야 한다.

먼저 A/D와 D/A변환이 우리가 설계하는 제어 시스템에서 어떤 위치에 속하는지 블록 다이어그램에서 보여 주고 있다.

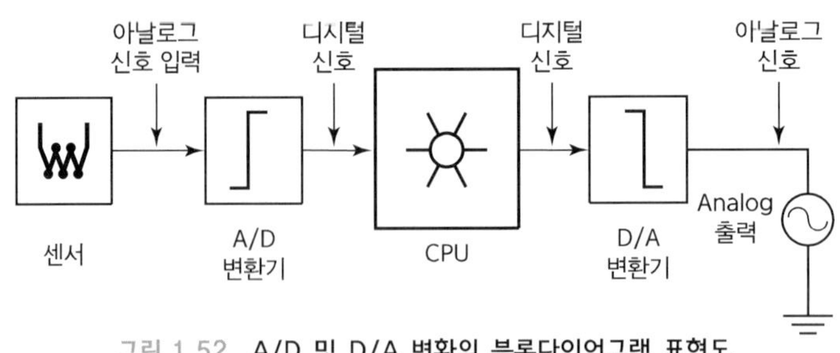

그림 1.52 A/D 및 D/A 변환의 블록다이어그램 표현도

그림에서와 같이 블록 다이어그램은 A/D와 D/A변화기의 역할에 대해서 알 수 있도록 나타낸 것이다. 컴퓨터(CPU)의 경우 계산을 위해서는 디지털 신호가 필요하다. 우리가 계산하는 방식과 같다고 생각하면 된다. 즉 연속되는 아날로그 값은 계산이 어렵다. 그러나 디지털로 된 숫자의 경우 계산이 가능하다. 그래서 컴퓨터가 연산을 실행할 수 있도록 센서 값의 아날로그 신호를 디지털 신호로 변형해 주는 것이다. 물론 우리 자연계는 연속적인 아날로그 신호들의 집합임에는

틀림없다. 그리고 컴퓨터에서 연산이 실행되고 나서 컴퓨터의 디지털 출력은 다시 D/A 변환기를 통해서 자연계에서 필요한 아날로그 신호로 변환된다. 물론 자연계에서 디지털 신호가 요구될 경우 디지털 신호를 그대로 이용할 수도 있다.

아날로그 신호를 디지털 신호로 변환해 주는 A/D 변환기(Analog to Digital Converter)는 PIC 칩에서 사용한 축차 비교형 A/D 변환기를 사용하고 아래 그림과 같이 D/A 변환기(D-A Converter), 콤퍼레이터, 축차 비교 레지스터(Succesive Approximation Register)로 구성되어 있다.

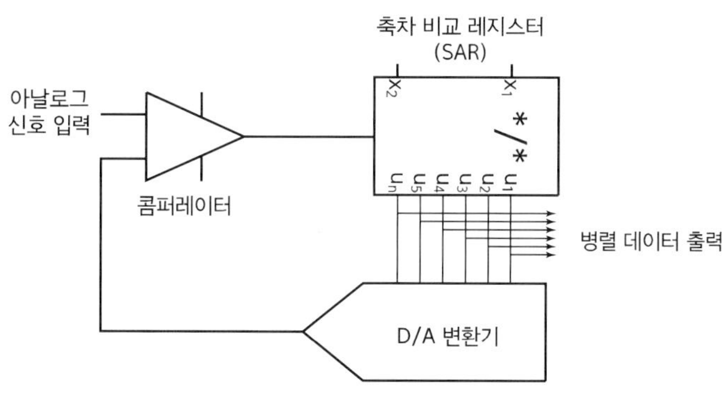

그림 1.53 **축차 비교형 6비트 A/D 변환기의 기본 구성**

축차 비교형 A/D 변환기가 변환하는 방법을 좀 더 쉽게 그래프를 통해서 설명해 보도록 하자. 입력 전압이 45.5인 아날로그 입력을 이용해서 확인해 보자.

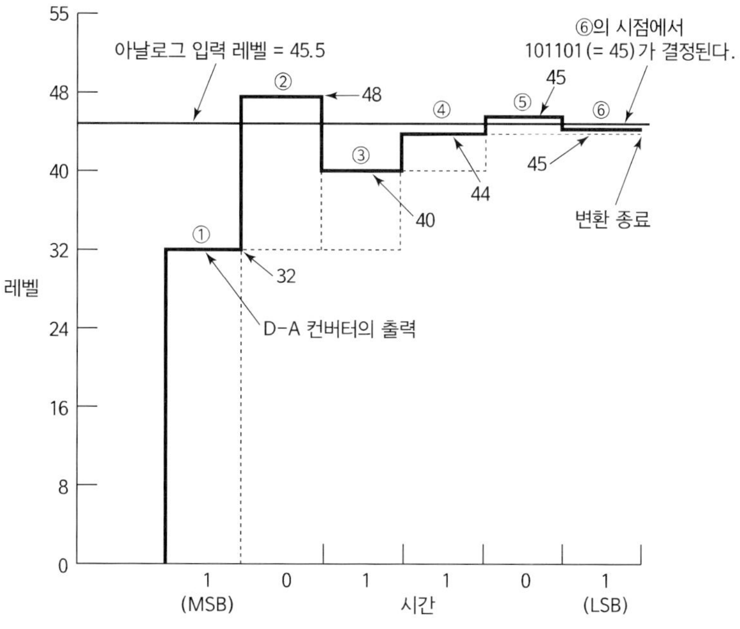

그림 1.54 **6비트 축차 비교형 A-D 변환기의 비교(변환) 처리 과정**

위 그래프를 통해서 축차 비교형 A/D 변환이 이루어지는 과정을 표 1.25를 통해서 확인해 보자.

표 1.25

조작 순서	SAR의 출력	D/A 변환기출력	아날로그 입력	비교 결과
①	100000	32	< 45.5	1
②	110000	48	> 45.5	0
③	101000	40	< 45.5	1
④	101100	44	< 45.5	1
⑤	101110	46	> 45.5	0
⑥	101101	45	< 45.5	1

표의 결과를 보면 2진수 101101로서 십진수로 계산해 보면 45 값이 출력된다. 이 값은 실젯값보다 0.5 적은 값으로서 6비트 A/D 변환기를 이용해서는 처리할 수 없음을 의미한다. 이렇게 A/D 변환 과정에서 어쩔수 없이 생기는 에러를 **양자화 에러**라고 한다. 이를 없애기 위해서는 분해능을 높여 주어야 한다. 천칭을 이용해서 설명해 놓은 것도 확인해 보면 이해가 쉽게 갈 것으로 본다.

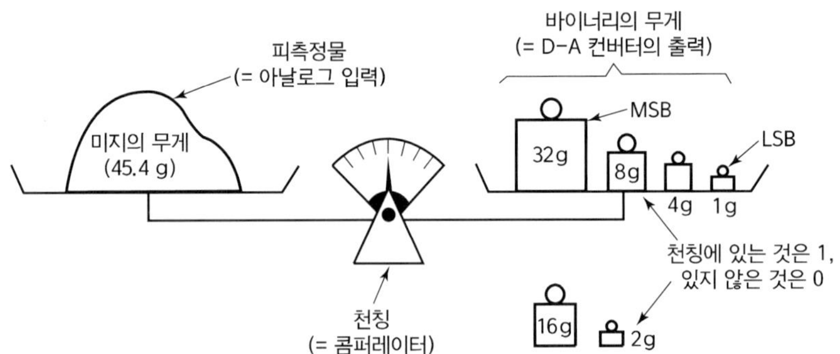

그림 1.55 **천칭을 이용한 축차 비교형 A-D 변환기의 처리 과정**

이러한 축차 비교형 A/D 변환기의 경우 전체적인 루트를 보면 아날로그 입력 신호가 앰프를 통해서 입력되면 다음은 멀티 플렉서를 거치고 샘플 & 홀드 과정을 거쳐서 콤퍼레이터로 공급된다.

A/D 변환이 가능하려면 그림과 같이 주변 회로와 조합을 이루어야 비로소 기증을 하게 된다. 자연계에서 얻어지는 아날로그 신호는 앰프를 통해서 증폭되고 이 신호는 멀티플렉서에 의해서 샘플링된다. 그리고 샘플링된 신호는 특성상 A/D 변환기의 변환 시 필요한 시간 동안 신호를 유지시켜 주어야 하는 축차 비교형 A/D 변환기의 특성 때문에 샘플 & 홀드회로가 필요한데, 바로 샘플링된 신호 레벨을 유지(홀드)하는 회로가 샘플 & 홀드 회로이다. 샘플 & 홀드 회로 출력은 A/D 변화기의 주 회로 중 하나인 콤퍼레이터로 제공되어서 변환이 완료될 때까지 신호를 유지하게 된다.

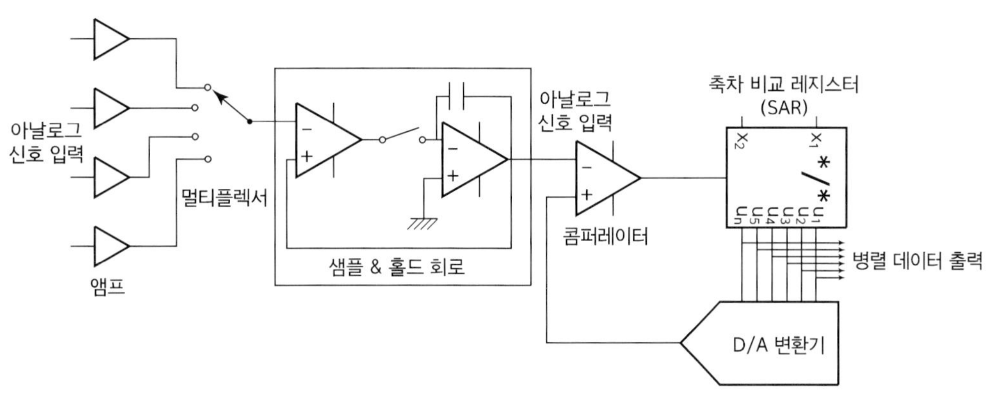

그림 1.56 **축차 비교형 A/D변환기와 주변 회로의 기본 구성**

이중 적분형 A/D 변환기는 입력 신호를 적분함으로써 그 값을 측정하는 형태임에 따라 상당히 높은 분해능으로 측정할 수 있다는 장점이 있다. 따라서 디지털멀티미터와 같은 측정기에는 최고 적합한 A/D 변환기이고 입력 신호에는 직류 신호만을 취급할 수 있다. 즉, 교류 신호나 높은 주파수의 A/D 변환에는 부적합하다. 그리고 비디오 관련 분야 등 계측기나 의료용 전자기기등 다양한 분야에서 사용되는 고속 A/D 변환기가 있다.

이와 반대로 D/A 변환기는 2진 입력에 따라 아날로그 출력 전압이 발생되는 것을 말한다. 이 D/A 변환기에는 2진수로 나타난 디지털 값을 그에 등가인 전압으로 변환하는 저항 분압형 D/A 변환기와 이 전압 분압형 D/A 변환기의 단점인 각 분압 회로의 저항값이 다르다는 것과, 최상위 비트와 최하위 비트와의 차가 크므로 실제적인 D/A 변환 회로의 구성이 어렵다는 점을 보완하여 저항 R과 2R만을 이용해서 2진수를 나타낸 디지털 값을 그에 등가인 아날로그 전압으로 변환하는 간단한 비트 2진 D/A 변환 회로인 사다리형 D/A 변환기가 있다.

■ A/D 컨버터 관련 레지스터

A/D 컨버터를 제어하기 위해서는 ADC 관련 레지스터(ADMUX, ADCSRA, ADCH/L)의 사용법을 알아야 한다.

① ADMUX(ADC Multiplexer Selection Register)

Bit	7	6	5	4	3	2	1	0	
	REFS7	REFS6	ADLAR	MUX4	MUX3	MUX2	MUX1	MUX0	ADMUX
Read/Write	R/W	R/W	R/W	R/W	R/W	R/W	R/W	R/W	
Initial Value	0	0	0	0	0	0	0	0	

- Bit 7, 6 – REFS1, REFS0(Reference Selection Bit)
  ADC에서 사용하는 기준 전압을 설정한다.

표 1.26

REFS1	REFS0	기준 접압
0	0	외부의 AREF 단자로 입력된 전압을 사용한다.
0	1	외부의 AVCC 단자로 입력된 전압을 사용한다.
1	0	–
1	1	내부의 2.56 V를 사용한다.

• Bit 5 – ADLAR(ADC Left Adjust Result)

ADLAR = 1 : 변환 결괏값을 ADCH/L에 저장할 때 좌측으로 끝을 맞추어 저장된다.

• Bit 4, 3, 2, 1, 0 – MUXn(Analog Channel and Gain Selection Bit)

표 1.27

MUX4..0	Single Ended Input	Positive Differential Input	Negative Differential Input	Gain
00000	ADC0			
00001	ADC1			
00010	ADC2			
00011	ADC3	N/A		
00100	ADC4			
00101	ADC5			
00110	ADC6			
00111	ADC7			
01000		ADC0	ADC0	10x
01001		ADC1	ADC0	10x
01010		ADC0	ADC0	200x
01011		ADC1	ADC0	200x
01100		ADC2	ADC2	10x
01101		ADC3	ADC2	10x
01110		ADC2	ADC2	1x
0111	N/A	ADC3	ADC2	1x
10000		ADC0	ADC1	1x
10001		ADC1	ADC1	1x
10010		ADC2	ADC1	1x
10011		ADC3	ADC1	1x
10100		ADC4	ADC1	1x
10101		ADC5	ADC1	1x
10110		ADC6	ADC1	1x
10111		ADC7	ADC1	1x

(계속)

MUX4..0	Single Ended Input	Positive Differential Input	Negative Differential Input	Gain
11000	N/A	ADC0	ADC2	1x
11001		ADC1	ADC2	1x
11010		ADC2	ADC2	1x
11011		ADC3	ADC2	1x
11100		ADC4	ADC2	1x
11101		ADC5	ADC2	1x
11110	1.23 V(V_{BG})	N/A		
11111	0 V(GND)			

② ADCSRA(ADC Control and Status Register A)

Bit	7	6	5	4	3	2	1	0	
	ADEN	ADSC	ADFR	ADIF	ADIF	ADPS2	ADPS1	ADPS0	ADCSRA
Read/Write	R/W	R/W	R/W	R/W	R/W	R/W	R/W	R/W	
Initial Value	0	0	0	0	0	0	0	0	

- Bit 7 – ADEN(ADC Enable)
  ADEN = 1 : ADC 활성화
- Bit 6 – ADSC(ADC Start Conversion)
  ADSC = 1 : ADC의 변환이 시작된다(단일 변환 모드일 때 단 한 번만 작동/프리런닝 모드일 때 변환 동작 반복).
- Bit 5 – ADFR(ADC Free Running Select)
  ADFR = 1 : 프리런닝 모드
  ADFR = 0 : 단일 변환 모드
- Bit 4 – ADIF(ADC Interrupt Flag)
  ADC 변환 완료 인터럽트가 요청되고 그 상태를 이 비트에 표시한다.
- Bit 3 – ADIE(ADC Interrupt Enable)
  ADIE = 1 : ADC Interrupt 활성화
- Bit 2, 1, 0 – ADPS 2~0(ADC Prescaler Select Bit)
  ADC에 인가되는 클럭의 분주비를 설정한다.

표 1.28

ADPS2	ADPS1	ADPS0	분주비
0	0	0	2
0	0	1	2
0	1	0	4
0	1	1	8
1	0	0	16
1	0	1	32
1	1	0	64
1	1	1	128

③ ADCH/L(ADC Data Register)

ADC의 변환 결과를 저장한다.

ADLAR = 0

Bit	15	14	13	12	11	10	9	8	
	–	–	–	–	–	–	ADC9	ADC8	ADCH
	ADC7	ADC6	ADC5	ADC4	ADC3	ADC2	ADC1	ADC0	ADCL
	7	6	5	4	3	2	1	0	
Read/Write	R	R	R	R	R	R	R	R	
	R	R	R	R	R	R	R	R	
Initial Value	0	0	0	0	0	0	0	0	
	0	0	0	0	0	0	0	0	

ADLAR = 1

Bit	15	14	13	12	11	10	9	8	
	ADC9	ADC8	ADC7	ADC6	ADC5	ADC4	ADC3	ADC2	ADCH
	ADC1	ADC0	–	–	–	–	–	–	ADCL
	7	6	5	4	3	2	1	0	
Read/Write	R	R	R	R	R	R	R	R	
	R	R	R	R	R	R	R	R	
Initial Value	0	0	0	0	0	0	0	0	
	0	0	0	0	0	0	0	0	

2. CPU의 ADC Port로 입력받기

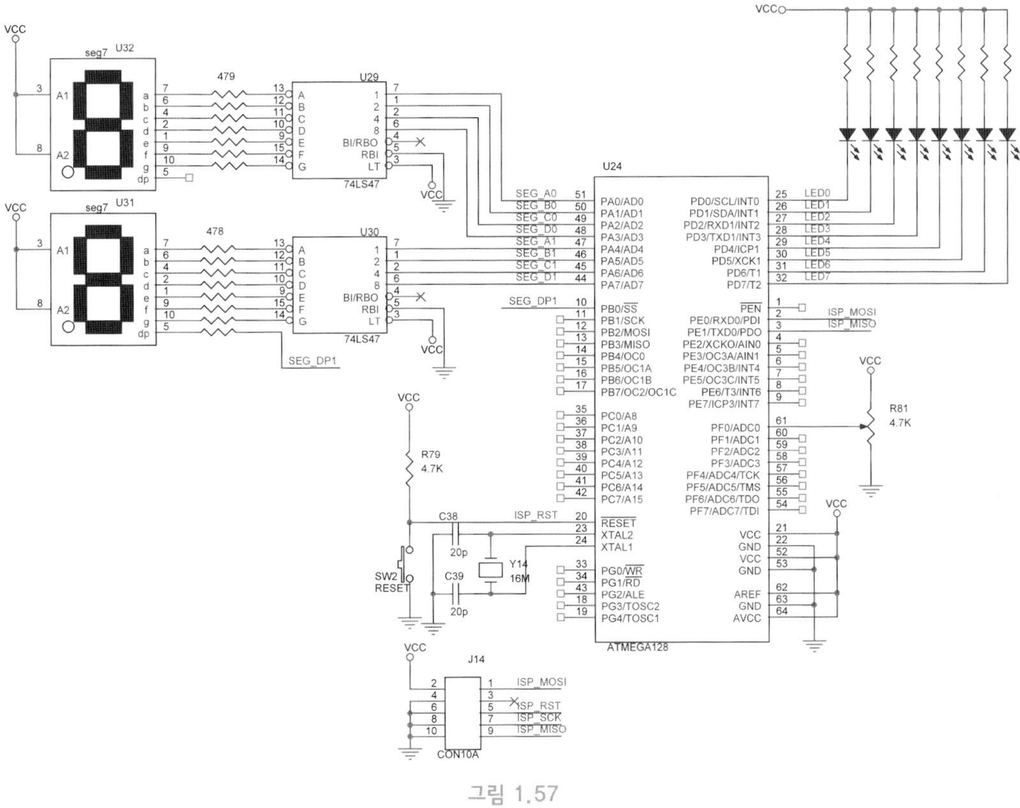

그림 1.57

(1) AD의 값에 따라 LED8 개로 레벨 단위로 표현해 보자.

```
#include <mega128.h>

unsigned char ADC_VAL; //변수 선언
char ADC;

interrupt [ADC_INT] void adc_isr(void) // AD 값을 프리스케일링으로 읽는다.
{
    ADC_VAL=ADCH; // ADC의 High bit 값을 ADC_VAL에 저장한다.
    ADC=ADC_VAL/28; // AD 값을 9단계로 나눠서 ADC에 저장한다.
}
void main(void)
{
    DDRD=0xFF; // D all output
    DDRF=0x00; // F all input
    PORTD=0xFF;
```

(계속)

```
    ACSR=0x80; // 아날로그 변환기 enable
    ADMUX=0x20; // ADC0 선택, AD 값 좌측부터 배열
    ADCSRA=0xFF; // ADC enable, 프리스케일링 : clock/128

    #asm("sei")

    while (1)
    {
       switch(ADC) // 8단계의 AD 값
       {
          case 0 : PORTD=0xFF; // 0레벨
          break;
          case 1 : PORTD=0xFE; // 1레벨
          break;
          case 2 : PORTD=0xFC; // 2레벨
          break;
          case 3 : PORTD=0xF8; // 3레벨
          break;
          case 4 : PORTD=0xF0; // 4레벨
          break;
          case 5 : PORTD=0xE0; // 5레벨
          break;
          case 6 : PORTD=0xC0; // 6레벨
          break;
          case 7 : PORTD=0x80; // 7레벨
          break;
          case 8 : PORTD=0x00; // 8레벨
       }
    };
}
```

ADC_VAL 값(255)을 28로 나누면 약 9조각(28.3씩)이 된다. 9조각으로 LED0~LED8까지 순차적으로 ON-OFF가 가능하도록 나누었다.

(2) AD의 값에 따라 LED 밝기 조절

LED 밝기 조절은 PWM 방식과 비슷한데, LED ON 시간이 길고 LED OFF 시간이 짧으면 밝게 조절이 되고 ON 시간이 짧고, OFF 시간이 길면 어둡게 조절이 된다.

ADC = ~ADC_VAL은 ADC_VAL의 값이 높아질수록 LED의 밝기는 밝아지고 값이 낮아지면 LED의 밝기는 어두워진다.

```
#include <mega128.h>

unsigned char ADC_VAL=0;
char ADC=0; //변수 선언
int i=0;

interrupt [ADC_INT] void adc_isr(void) // AD 값을 프리스케일링으로 읽는다.
{
    ADC_VAL=ADCH; // ADC의 High bit 값을 ADC_VAL에 저장한다.
    ADC=~ADC_VAL;
}
void main(void)
{
    DDRD=0xFF; // D all output
    DDRF=0x00; // F all input
    PORTD=0xFF;

    ACSR=0x80; // 아날로그 변환기 enable
    ADMUX=0x20; // ADC0 선택, AD 값 좌측부터 배열
    ADCSRA=0xFF; // ADC enable 프리스케일링 : clock/128

    #asm("sei")

    while (1)
    {
        PORTD=0x00; // LED ON
        for(i=0;i<ADC_VAL;i++); // delay
        PORTD=0xff; // LED OFF
        for(i=0;i<ADC;i++); // delay
    };
}
```

(3) AD 값을 FND에 표시해 보자.

최대 전압(5 V)/분해능(255)*ADC(AD 값)을 계산하면 현재 전압값으로 현재의 전압값을 구할 수 있다. 최대 전압/분해능한 값은 약 0.196이며 이곳에 ADC 값을 곱하면 현재의 전압값이 나오게 된다. 이에 10을 곱한 이유는 소수점을 표시할 수 없기에 10을 곱해서 0.1 V 단위로 표시할 수 있다.

```
#include <mega128.h>
#include <delay.h>

unsigned char ADC_VAL; //변수 선언
unsigned char ADC1;
float ADC=0;

void ADC_to_VOLT()
{
   ADC= 0.0196 * ADC_VAL; // Voltage 계산식
   ADC1 = ADC * 10; // Voltage 계산식
}
void FND_DISPLAY()
{
   PORTA=ADC1; // 전압 FND에 표시
   PORTB.0=0; // 소수점 표시
}
interrupt [ADC_INT] void adc_isr(void) // AD 값을 프리스케일링으로 읽는다.
{
   ADC_VAL=ADCH; // ADC의 High bit 값을 ADC_VAL에 저장한다.
}
void main(void)
{
   DDRA=0xFF; // A all output
   DDRD=0xFF; // D all output
   DDRF=0x00; // F all input
   PORTA=0x00;
   PORTD=0x00;

   ACSR=0x80; // 아날로그 변환기 enable
   ADMUX=0x20; // ADC0 선택, AD 값 8bit 사용
   ADCSRA=0xFF; // ADC enable 프리스케일링 : clock/128

   #asm("sei")

   while (1)
   {
      ADC_to_VOLT(); // 전압 체크
      FND_DISPLAY(); // 전압 표시
      delay_ms(100); // 100 ms 시간 지연
   };
}
```

08 Rotary Encoder Volume

■ Rotary Encoder Volume 사용 방법

과거에는 모든 시스템의 볼륨을 가변 저항을 이용했으나 지금은 엔코더를 이용한다. 따라서 여기서 간단하게 구성해서 동작시켜 보도록 하자.

여기서 사용한 엔코더는 DC12 V에서 DC24 V까지의 전압을 사용하는 것이므로 저항과 NOT 게이트를 사용했다. 그러나 DC5 V용 엔코더를 이용할 경우는 저항값을 더 작은 것으로 해서 바로 사용하면 될 것이다. 그럼 회로를 구성하고 프로그램해 보도록 하자. 이 책의 모든 부분에서 나타난 것을 보면 알겠지만 동작시키기 위해서 소개된 프로그램은 가장 간단하고 단순하게 구성해서 학생들의 이해를 돕고자 하는 데 있다. 여기에 소개한 프로그램 역시 간단하고 이해하기 쉽게 구성한 것이니 이 점을 참고해서 학습에 임했으면 한다. 그리고 이런 기초 회로를 통해서 메카트로닉스 기술을 확대해 나가면 될 것이다. 엔코더의 선들에 대해서 확인해 보고 회로를 구성해서 동작시켜 보도록 하자.

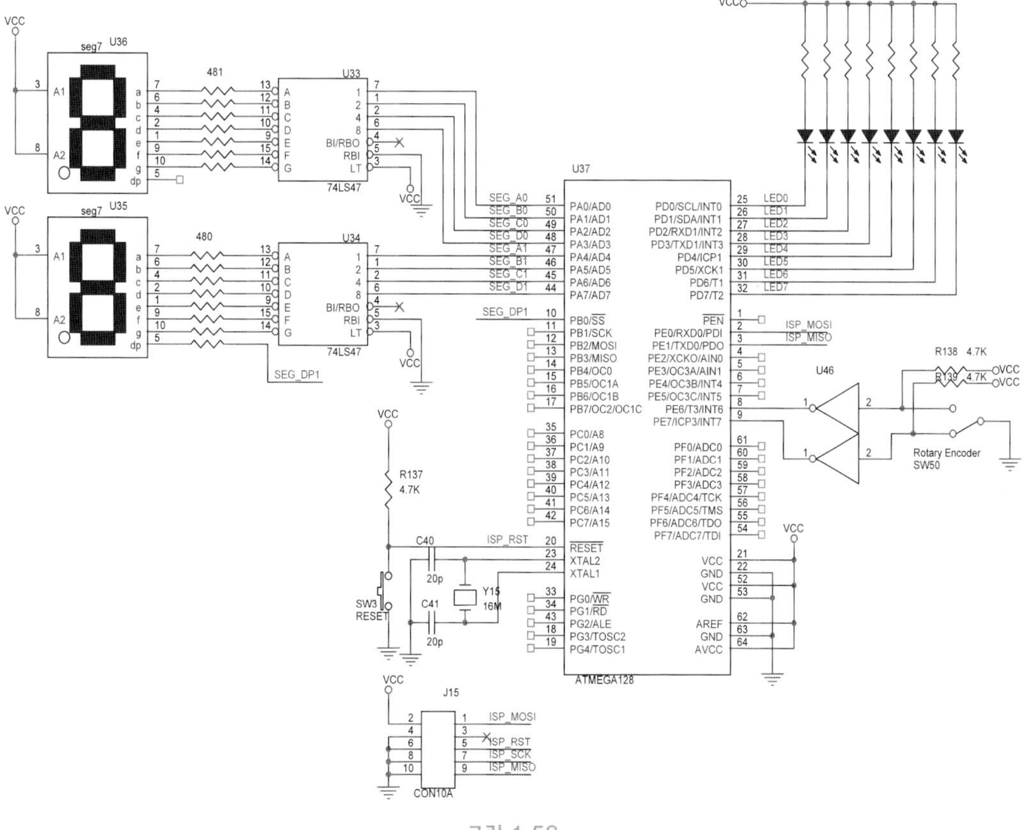

그림 1.58

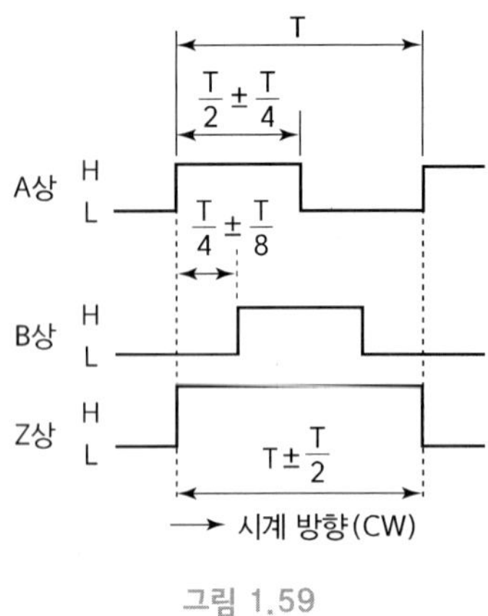

그림 1.59

(1) 방향 체크하기

D-플립플롭을 이해하고 있다면 쉽게 알아갈 수 있는 프로그램이다.

A 상이 먼저 감지되고 B 상이 나중에 감지되면 정방향이고, B 상이 먼저 감지되고 A 상이 나중에 감지되면 역방향이라는 것을 알 수 있다.

```
#include <mega128.h>

bit CW=0;
bit CCW=0;

interrupt [EXT_INT6] void ext_int6_isr(void) // 왼쪽 엔코더 감지
{
    if(PINE.7==1) // 오른쪽 엔코더 감지
    {
        CW=1; // 정방향 체크
        CCW=0;
    }
    else // 감지가 안 되었을 때
    {
        CW=0; // 역방향 체크
        CCW=1;
    }
}
void main(void)
{
    PORTD=0xFF;
    DDRD=0xFF;
```

(계속)

```
    PORTE=0x00;
    DDRE=0x00;

    EICRA=0x00;
    EICRB=0x30;
    EIMSK=0x40;
    EIFR=0;
    #asm("sei")

    while (1)
    {
        if(CW==1) // 정방향이 체크되었을 때
        {
            PORTD.0=0; // LED 1 ON
            PORTD.1=1; // LED 2 OFF
        }
        if(CCW==1)
        {
            PORTD.0=1; // LED 1 OFF
            PORTD.1=0; // LED 2 ON
        }
    };
}
```

(2) 회전 횟수 FND에 표시하기

방향을 분석한 뒤 방향에 맞게 카운터하여 회전수를 체크할 수 있다.

```
#include <mega128.h>

bit CW=0; // 변수 설정
bit CCW=0;
int EN_CNT=0;
int REV_CNT=0;

interrupt [EXT_INT6] void ext_int6_isr(void) // 왼쪽 엔코더 감지
{
    if(PINE.7==1) // 오른쪽 엔코더 감지되었을 때
```

(계속)

```
    {
        EN_CNT++; // 엔코더 카운터 증가
    }
    else // 오른쪽 엔코더 감지 안 되었을 때
    {
        EN_CNT--; // 엔코더 카운터 감소
    }
}
void main(void)
{
    DDRA=0xFF; // A all output
    DDRE=0x00; // E all input
    PORTA=0x00;

    EICRB=0x30; // 외부 인터럽트6 하강 에지 선택
    EIMSK=0x40; // 외부 인터럽트6 enable
    #asm("sei") // 전역 인터럽트 enable

    while (1)
    {
        if(EN_CNT>19) // 20개 카운터했을 때
        {
            REV_CNT++; // 회전수 증가
            if(REV_CNT>9)REV_CNT=9; // 9바퀴 이상 회전했을 때 9바퀴 유지
            EN_CNT=0; // 엔코더 카운터 리셋
        }
        if(EN_CNT<-19) // -20개 카운터했을 때
        {
            REV_CNT--; // 회전수 감소
            if(REV_CNT<0)REV_CNT=0; // 0바퀴 이하 회전했을 때 0바퀴 유지
            EN_CNT=0; // 엔코더 카운터 리셋
        }
        PORTA=REV_CNT; // 회전수 FND에 표시
    };
}
```

09 직렬 통신을 이용한 메카트로닉스 제어 기술

"Serial 통신" 하면 대부분의 독자들은 RS-232C를 떠올릴 것이다. 직렬 연결에 의한 통신을 말한다. 미국전자공업협회(EIA)에 의해 제정된 통신 방법 중의 하나이며, 이 방법은 컴퓨터를 기본으로 해서 많은 장치에 응용되고 있는 가장 보편적인 통신 방식이다. 이곳에서 통신을 이용해서 메카트로닉스 기술에 대해서 공부해 볼 것이다. RS232C와 RS485에 대한 공부를 통해서 메카트로닉스의 응용 분야에 대해서도 찾아볼 것이다. RS232C의 경우 15 m 정도의 거리를 통신하는 것이 최대의 거리로 볼 수 있고, RS485의 경우 약 1.2 km 정도로 먼 곳까지 통신이 가능하며 한 제어기에서 여러 장치를 한꺼번에 관리할 수 있는 장점이 있다.

1. RS-232C 직렬 통신

컴퓨터를 기준으로 설명을 하면 9핀과 25핀의 코넥터가 있다. 하지만 우리가 제작하는 별도의 원칩 마이컴이라면 크게 신경 쓸 필요 없이 3선을 통해서 연결만 해주면 된다. 컴퓨터와 통신을 하기 위해서는 9핀이나 25핀에 대한 핀 설명을 아래 그림에서 확인하도록 하자.

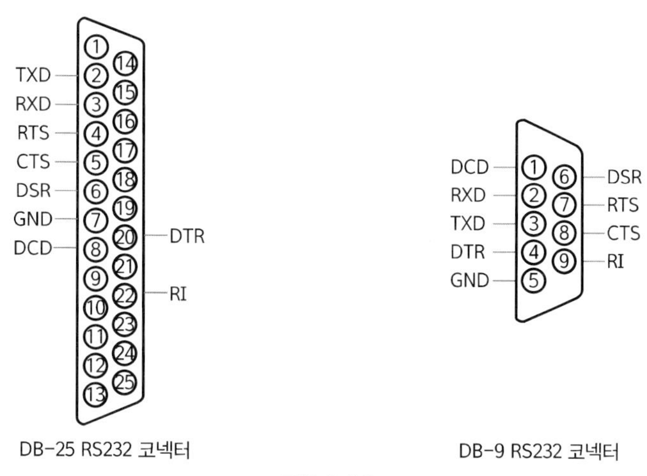

그림 1.60

RS232C에서 사용되는 신호선에 대한 설명은 다음과 같다.

- TXD(Transmit Data) : 직렬 통신 데이터가 나오는 신호선
- RXD(Receive Data) : 직렬 통신 데이터를 입력받는 신호선
- RTS(Ready To Send) : 데이터를 받을 준비가 되었음을 나타내는 신호선
- CTS(Clear To Send) : 데이터를 받을 준비가 되었음을 나타내는 신호선
- DTR(Data Terminal Ready) : 송수신 가능한 상태임을 알려 주는 신호선

- DSR(Data Set Ready) : 자신이 송수신 가능한 상태임을 알려 주는 신호선
- DCD(Data Carrier Detect) : 접속이 완료되었을 때 상대편 모뎀이 캐리어신 호를 보내오며 이 신호를 검출하였음을 컴퓨터 또는 터미널에 알려 주는 신호선
- RI(Ring Indicator) : 상대편 장치가 통신을 하기 위해서 먼저 전화를 걸어오고, 이 신호를 모뎀이 인식하여 컴퓨터 또는 터미널에 알려 주는 신호선

참고로 핀 할당을 표 1.29를 통해서 확인해 보도록 한다.

표 1.29

PC 및 장치 1 측				신호명	장치 2측
9핀 번호	25핀 번호	기호	특징		연결 신호 기호
1	8	DCD	입력	수신 캐리어 검출(Carrier Detect)	DCD
2	3	RXD	입력	수신 데이터(Receive Data)	TXD
3	2	TXD	출력	송신 데이터(Transmitted Data)	RXD
4	20	DTR	출력	데이터 단말기 준비(Data Terminal Ready)	DSR
5	7	GND	-	신호 접지(Signal Ground)	GND
6	6	DSR	입력	데이터 셋 레디(Data Set Ready)	DTR
7	4	RTS	출력	송신 요구(Request to Send)	CTR
8	5	CTS	입력	송신 허가(Clear to Send)	RTS
9	22	RI		RI(Ring Indicator)	

RS-232 직렬 통신 포트를 통하여 ASCLL 코트 형태로 "SOS" 문자열을 전송하는 경우 Bit 계열의 1.0을 나타내고, 각 비트 또는 비트 그룹이 나타내는 의미에 대하여 알아보자. 문자는 꼭 "SOS"가 아니어도 상관없으나 많이 사용되는 문자여서 여기서 다루기로 한다.

RS-232 직렬 통신에서 "SOS"를 보낼 때 비트열을 보내는 순서대로 전체 비트의 모양을 적어 보면 다음과 같다. 전체를 보이는 것이기는 하지만 각각의 문자를 구분하기 위해서 형태를 약간 달리 했다.

" **0 1 1 0 0 1 0 1 0 0 1** *0 1 1 1 1 0 0 1 0 1 1* **0 1 1 0 0 1 0 1 0 0 1** "

이 "SOS" 문자를 전송하기 위해 전체 각 문자당 11개의 비트씩 33개의 비트열이 전송된다. 이 문자를 짝수 패리티로 전송할 경우는 다음과 같이 설명할 수 있는데, 이것을 각 문자가 보내지는 비트 그룹별로 분리해 보면 다음과 같다.

'S' = 0**11001010**01　　'O' = 0**11110010**11　　'S' = 0**11001010**01

굵게 표시된 것이 데이터 비트인데 이렇게 데이터 비트가 거꾸로 나타나게 된 이유는 시간적

으로 데이터 비트의 최하위 비트(LSB)가 먼저 전송되기 때문이다. 여기서 패리티를 사용하지 않으면 각 그룹의 10번째 비트는 전송되지 않는다. 패리티 비트는 짝수 패리티일 경우와 홀수 패리티일 경우가 있는데 여기서 설명한 것과 같이 짝수 패리티일 때는 데이터와 패리티 비트를 포함하여 언제나 짝수 개의 '1'이 되도록 패리티 비트를 자동 조정하여 전송한다. 반대로 홀수 패리티일 경우에는 데이터와 패리티 비트를 포함하여 언제나 홀수 개의 '1'이 되도록 패리티 비트를 설정하여 전송한다. 즉, 문자야 아스키 값을 확인하면 되는 것이고, 중요한 것은 비트의 구성이며 최하위 비트(LSB)부터 전송된다는 것만 확실히 알면 된다. 그러면 그림을 통해서 전송하는 비트의 의미를 살펴보도록 하자. 위의 배열과 함께 보면,

(1) 첫 번째 비트 그룹 - 문자 'S'는

① 1번째 비트 → 0 // 스타트 비트로서 데이터의 시작을 알리는 비트임
② 2~9번째 비트 → 1100 1010 // 데이터 비트로서 53H(01010011)를 LSB부터 전송
③ 10번째 비트 → 0 // 패리티 비트로서 짝수로 맞추기 위한 비트임
④ 11번째 비트 → 1 // 스톱 비트로서 한 개 문자 전송 종료를 의미함

(2) 두 번째 비트 그룹 - 문자 'O'는

① 1번째 비트 → 0 // 스타트 비트로서 데이터의 시작을 알리는 비트임
② 2~9번째 비트 → 1111 0010 // 데이터 비트로서 4FH(01001111)를 LSB부터 전송
③ 10번째 비트 → 1 // 패리티 비트로서 짝수로 맞추기 위해 자신을 1로 함
④ 11번째 비트 → 1 // 스톱 비트로서 한 개 문자 전송 종료를 의미함

(3) 세 번째 비트 그룹 - 문자 'S'도 첫 문자와 마찬가지로 아래와 같이 나타낸다.

① 1번째 비트 → 0 // 스타트 비트로서 데이터의 시작을 알리는 비트임
② 2~9번째 비트 → 1100 1010 // 데이터 비트로서 53H(01010011)를 LSB부터 전송
③ 10번째 비트 → 0 // 패리티 비트로서 짝수로 맞추기 위한 비트임
④ 11번째 비트 → 1 // 스톱 비트로서 한 개 문자 전송 종료를 의미함

이와 같은 형식을 통해서 데이터의 전송이 이루어지는 RS232C 직렬 통신이 실질적으로 이루어지는 회로를 통해서 알아보도록 하자. 그리고 응용 분야를 스스로 찾아보도록 하자.

위 회로도를 이용해서 같게 2개를 만들어서 동작을 시켜 보면 된다. 물론 케이블은 크로스로 연결해야 한다.

그러면 프로그램을 참고해서 보도록 하자.

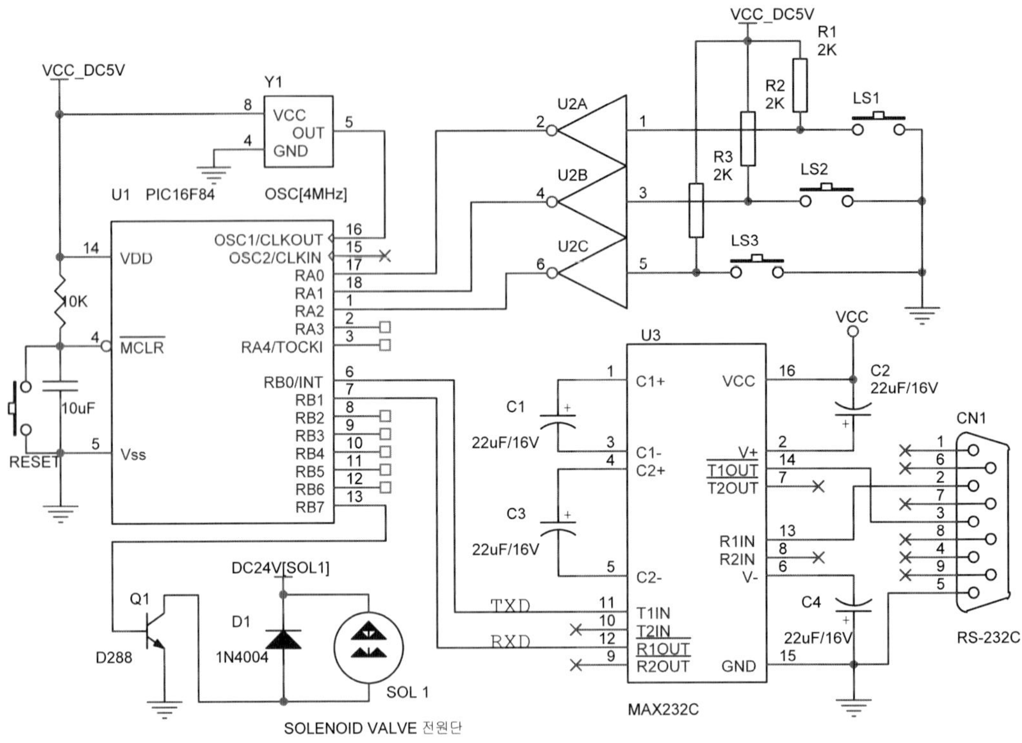

그림 1.61 **RS232C 통신 제어용 전자 회로도**

```
#include<16f84.h>
#fuse xt,nowdt,noprotect
#use delay(clock=4000000)
#use rs232(baud=1200, xmit=PIN_B0, rcv=PIN_B1

#bit OUT_AIR = PORTB.7

int h=0,i=0,j=0,k=0,l=0,m=0;

void wait(long int countdown){
    int d;
    while(--countdown!=0) d+=0;
}
void wait_for_key_PA0(){
      while (!(input(pin_a0))) k++;
      if(k>0) h++;
      k=0;
}
```

(계속)

```
void wait_for_key_PA1(){
        while (!(input(pin_a1))) l++;
        if(l>0) i++;
        l=0;
}
void wait_for_key_PA2(){
        while (!(input(pin_a1))) m++;
        if(m>0) j++;
        m=0;
}
#int_RTCC
void RTCC_isr()
{
        wait_for_key_PA0();
        wait_for_key_PA1();
        wait_for_key_PA2();
}

void main()
{
        trisa=0xff;
        trisb=0x00;

        setup_counters(RTCC_INTERNAL, RTCC_DIV_256);
        enable_interrupts(INT_RTCC);
        enable_interrupts(GLOBAL);
        porta=0x00;
        portb=0x00;

        while(1)
          {
          if(h>0){  put('1'); OUT_AIR=1; i=0; }
          if(i>0){  put('2'); OUT_AIR=0; j=0; }
          if(j>0){  put('3'); OUT_AIR=1; wait(1000); OUT_AIR=0; k=0; wait(1000);}

        }
}

#include<16f84.h>
#fuse xt,nowdt,noprotect
#use delay(clock=4000000)
#use rs232(baud=1200,xmit=PIN_B0,rcv=PIN_B1)
```

(계속)

```
#bit OUT_AIR = PORTB.7

void wait(long int countdown){
    int d;
    while(--countdown!=0) d+=0;
}

void main()
{
     int Val_rev=0;
      trisa=0xff;
      trisb=0x00;

     porta=0x00;
     portb=0x00;

     while(1)
        {
      Val_rev = getc();
        if(Val_rev=='1') OUT_AIR=1;
        if(Val_rev=='2') OUT_AIR=0;
        if(Val_rev=='3') {OUT_AIR=1; wait(1000); OUT_AIR=0;}
      }
}
```

위 프로그램은 키 값을 받아서 상대 장치로 값을 보내는 역할을 한다. 그러면 여기서 RS232C 통신을 통해서 값을 받고 공압 실린더를 구동하는 프로그램을 살펴보도록 한다.

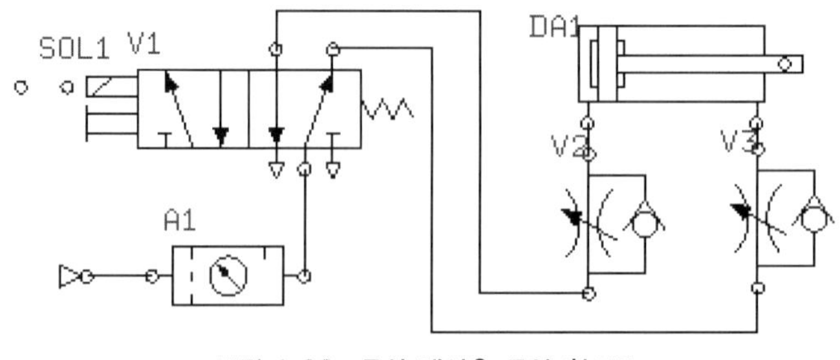

그림 1.62 **통신 제어용 공압 회로도**

2. 직렬 통신에 의한 LCD(Liquid Crystal Display) 구동

직렬 통신을 이용해서 구동하는 LCD(ELCD-162-BL)에 대해서 간략히 살펴보고 구동해 보도록 하자. 여기서 사용한 LCD[액정 디스플레이, liquid crystal display]는 가장 간단한 형태로서 “ELCD-162-BL”을 사용하며, 그 특징으로는 백라이트 16×2 시리얼 영문 LCD 모듈이다. 화면 전체 크기는 64.5×13.8 mm이다. 그러면 다음 회로도와 같이 연결하고 프로그램을 이용해서 구동해 보자. 그리고 메카트로닉스 분야에 적용하는 것은 그리 어려운 것이 아니기 때문에 여기서 굳이 응용 예를 보이지는 않겠다.

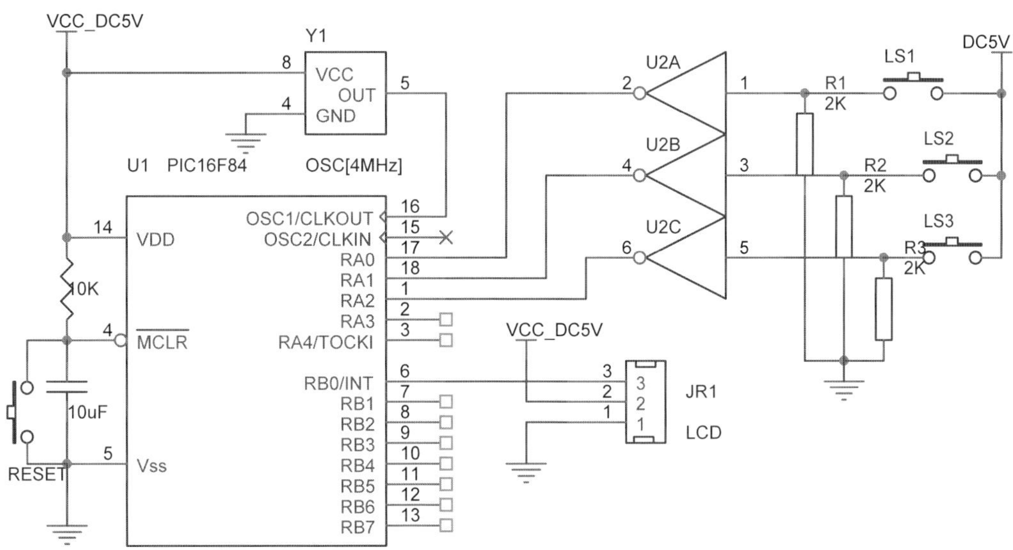

그림 1.63 LCD(ELCD-162-BL) 구동을 위한 전자 회로도

```
#include<16f84.h>
#byte porta=0x05
#byte portb=0x06
#byte trisa=0x85
#byte trisb=0x86

#use delay(clock=4000000)
#use rs232(baud =19200 ,xmit = pin_b0, rcv= pin_b1)
 /*LCD에는 입력선이 3개가 있는데 +, - 그리고 하얀 선인 신호선에 b0핀을 연결함.*/

void main()
{
```

(계속)

```
        trisa=0xff;
        trisb=0x00;
        delay_ms(200);
        printf("%c%c",0xa3,0xa1);

  while(1){
①       if((input(PIN_a1)==1)&&(input(PIN_a2)==0)){
                printf("%c%c%c",0xa1,0,0);
②               printf("%cGO    %c",0xa2,0);
                }
        if((input(PIN_a2)==1)&&(input(PIN_a1)==0)){
                printf("%c%c%c",0xa1,0,0);
                printf("%cBACK %c",0xa2,0);
               }

        if((input(PIN_a1)==1)&&(input(PIN_a2)==1)){
                printf("%c%c%c",0xa1,0,0);
                printf("%cLEFT %c",0xa2,0);
        }
       if((input(PIN_a0)==1)){
                printf("%c%c%c",0xa1,0,0);
                printf("%cRIGHT %c",0xa2,0);
               }
   }
  }
```

①번 라인의 설명을 보면, 프로그램에서 입력 핀을 3개 사용했는데 a0, a1, a2 핀이다. 일일이 a1, a2를 다 조건에 넣어 준 이유는 각각의 조건에서 동시 입력 시 센서로부터 받은 신호가 겹칠 것을 가정했기 때문이다. 예를 들어 a1핀과 a2핀 동시 입력 시 나타나는 글자인 LEFT와 a2만 5VDC를 입력하는 BACK 글자가 a1과 a2핀에 동시에 5v를 주었을 때 글씨가 겹쳐서 나오도록 했다.

②번 라인의 설명에서 글자 수에 따라 지워지지 않는 부분이 있는데 다음과 같이 하면 이상 없이 구동이 가능하다. "GO"라는 글자를 쓸 경우 "LEFT"를 바로 전에 썼다면 "GO"라는 글자는 2자리를 차지하기 때문에 "GOFT"라고 출력이 보인다. 그래서 공백을 두었다. 다른 문자를 쓸 때도 마찬가지이다.

그림 1.64 LCD 출력 화면 사진

3. 리모컨 신호 인터페이스 기술

리모컨은 무선으로 신호를 전달하는 기능을 한다. 일상생활에서 TV 등 많은 가전제품을 IR 리모컨을 이용해서 해결한다. 따라서 간단한 기술을 응용해서 여기서 해결해 보도록 하겠다.

(1) IR 리모컨을 이용한 인터페이스 기술

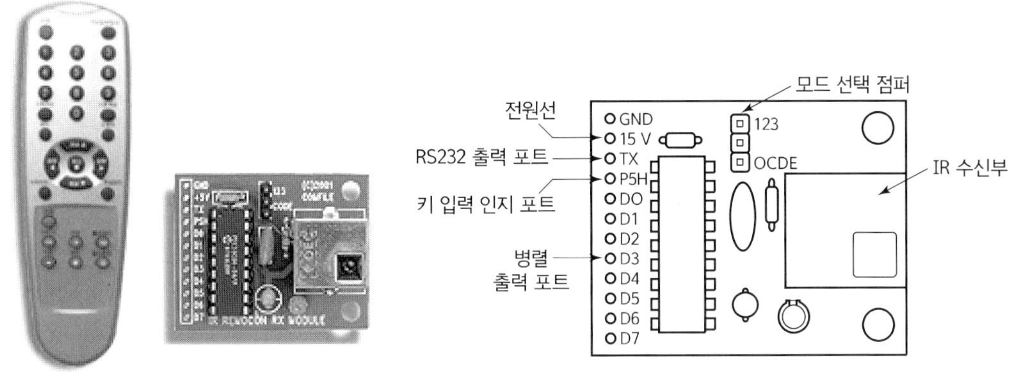

그림 1.65 IR 리모컨 송신기 및 수신기 모듈(수신기 부품 및 Pin Out 그림)

리모컨은 일방적으로 한쪽에서 신호를 보내면 한쪽에서 받아 처리하도록 구성되어 있다. 최근에 양방향성 기술이 있기는 하나 이곳에서는 단일 방향성 기술만을 이용한 예를 들어보도록 한다. 사진에서 보여 준 것과 같이 리모컨의 송신 장치로는 LG(670V00061 W)를 이용한고 수신 장치는 [IR REMOCON RX MODULE]을 이용하도록 한다. 둘 모두 컴파일러사[R03004]에서 구입이 가능하다. 복잡하게 송신 장치 리모컨의 모든 기능을 활용하지 않고 숫자만을 활용할 수 있도록 수신부에서 "123" 모드로 점퍼하여 구동하면 된다. 모드 변환을 위해서 3개의 단자가 준비되어 있는데, 가운데를 중심으로 가운데 선과 모드 "123"쪽의 단자를 점퍼로 연결하면 리모컨의 숫자만 표 1.30과 같이 출력되는 것을 확인할 수 있고 이를 이용하면 된다.

표 1.30

송신기 [리모컨]	1	2	3	4	5	6	7	8
수신기 [R03004]	D0	D1	D2	D3	D5	D6	D7	D8

정상적으로 회로가 연결된 상태에서 송신기의 숫자 버튼을 누르면 수신기 모드를 "123"으로 했을 경우 표와 같이 1번 버튼을 누르면 "D0"에 출력[+5 V]이 나타난다. 이를 이용해서 다음 회로를 구동할 수 있다. 복잡하게 모든 회로를 구성하자는 말은 하지 않겠지만 활용 가능함을 보이고자 하는 것이니 회로와 프로그램을 참고하도록 한다. 그리고 더 많은 신호를 제어하고자 한다면 제어용 마이컴 칩을 용량과 포트가 큰 것으로 바꾸면 될 것이다. 가장 간단히 설명하고자 해서 PIC16F84를 이용한 것이다.

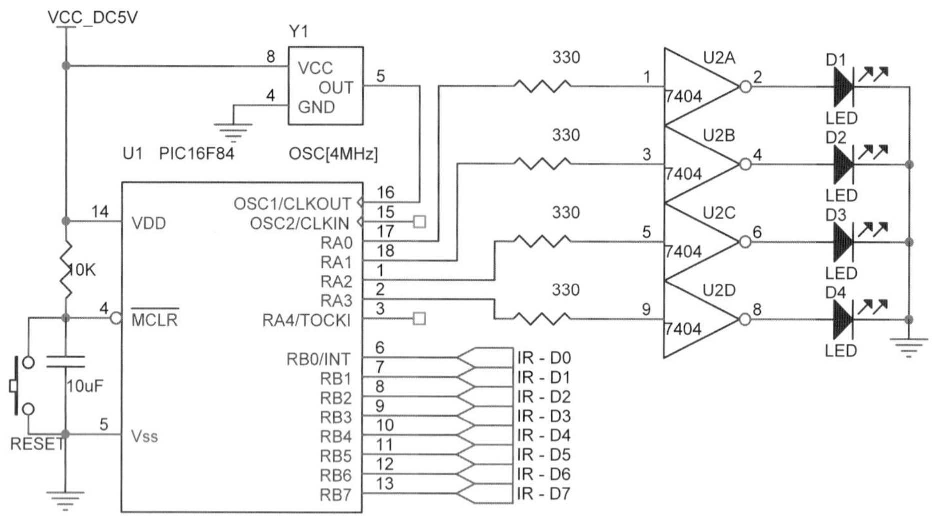

그림 1.66 IR 리모컨 구동을 위한 전자 회로도-1

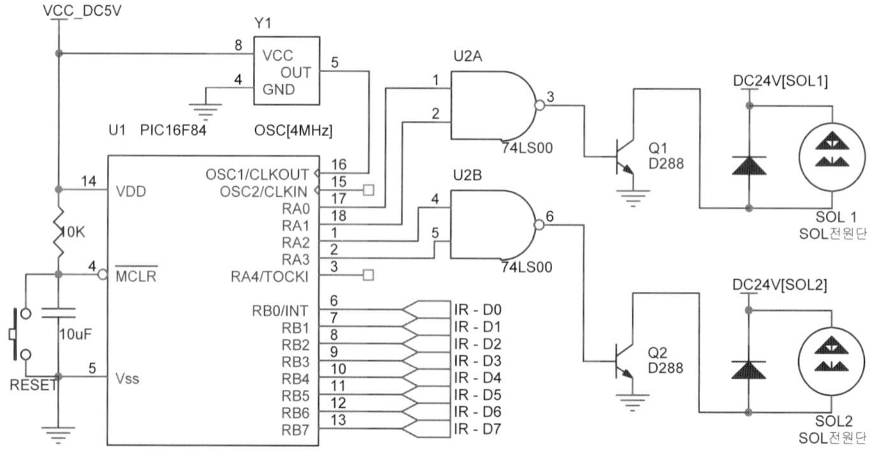

그림 1.67 IR 리모컨 구동을 위한 전자 회로도-2

```
#include<16f84.h>
#byte porta=0x05
#byte portb=0x06
#byte trisa=0x85
#byte trisb=0x86

#use delay(clock=4000000)

void main()
{        trisa=0x00;
         trisb=0xff;
         porta=0x00;
         portb=0x00;
         while(1)
         {
                  if(input(pin_b0)==1){ porta=0x01;
                                        delay_ms(5);
                                       }
                  if(input(pin_b1)==1){ porta=0x02;
                                        delay_ms(5);
                                       }
                  if(input(pin_b2)==1){ porta=0x03;
                                        delay_ms(5);
                                      }
                  if(input(pin_b3)==1){ porta=0x04;
                                      delay_ms(5);
                                       }
                  if(input(pin_b4)==1){ portb=0x05;
                                      delay_ms(5);
                                     }
                  if(input(pin_b5)==1){ portb=0x06;
                                      delay_ms(5);
                                     }
                  if(input(pin_b6)==1){ portb=0x07;
                                      delay_ms(5);
                                     }
                  if(input(pin_b7)==1){ portb=0x08;
                                      delay_ms(5);
                                     }

         }
}
```

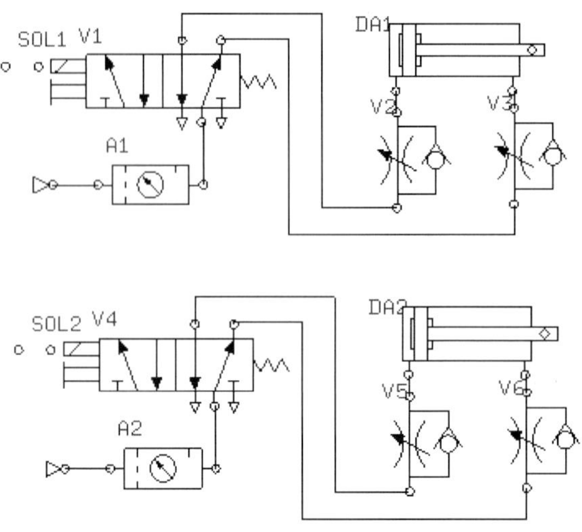

그림 1.68 리모컨을 이용한 인터페이스 기술용 공압 회로도

(2) RF 리모컨을 이용한 인터페이스 기술

앞에서 IR 리모컨에 대해서 알아보았다. IR 리모컨과 RF 리모컨의 큰 차이점이라고 하면 신호 특성일 것이다. IR 리모컨은 직선 거리만 되지만 RF 리모컨은 일정 거리 안에서는 가능하다는 것이다. 3 Key용 RF 리모컨에 대한 신호와 처리 과정을 알아보도록 하자.

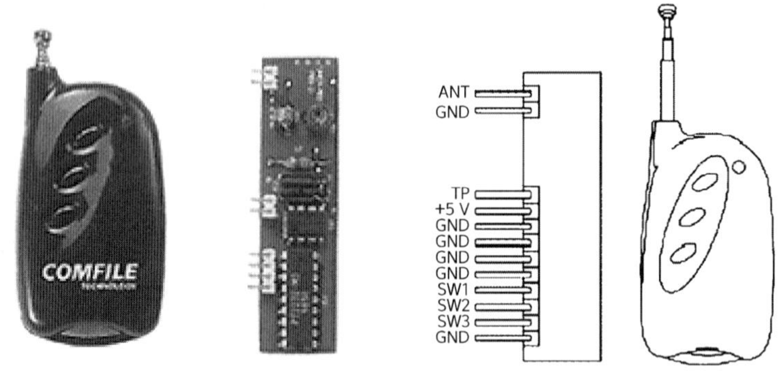

그림 1.69 RF 리모컨 송신기 및 수신기 모듈(수신기 부품 및 Pin Out 그림)

이 RF 리모컨은 주파수 대역을 사용함에 따라 한정된 공간에서 여러 개의 리모컨을 사용할 경우 충돌 문제가 발생하기 때문에 어드레스 조정이 필요하지만 여기서는 한 대만 사용함에 따라 그 부분은 설명을 생략하도록 하겠다. 그리고 송신기의 스위치를 누르면 SW1, SW2 그리고 SW3이 각각 해당되는 스위치와 같게 출력으로 나타나게 된다. 즉 송신기의 해당 스위치가 눌려지면 수신기의 해당 핀에 출력이 DC+5V로 나타나게 된다. 이것을 마이컴에서 입력으로 받아들여서 사용하면 된다. 그리고 3 Key RF 리모컨의 신호선을 보면 다음 표와 같다.

표 1.31

핀 이름	설명
ANT	안테나 연결핀(50~60 cm가 적당)
+5V	5VDC 전원 연결핀
GND	그라운드 연결핀
TP	테스트용(연결안함)
SW1~SW3	스위치 상태 출력핀(눌렀을 때 High가 됨)

다음 회로도를 이용해서 간략하게 구동해 보자. 그리고 필요에 따라 프로그램이나 전자 회로도를 변경하여 기능을 달리해서 구동해 보도록 하자. 앞 프로그램도 마찬가지이지만 키 값이 입력되면 값에 따른 결과는 래치(Latch)되도록 구성되어 있으니 변경이 필요하면 프로그램을 약간 수정해 주면 된다.

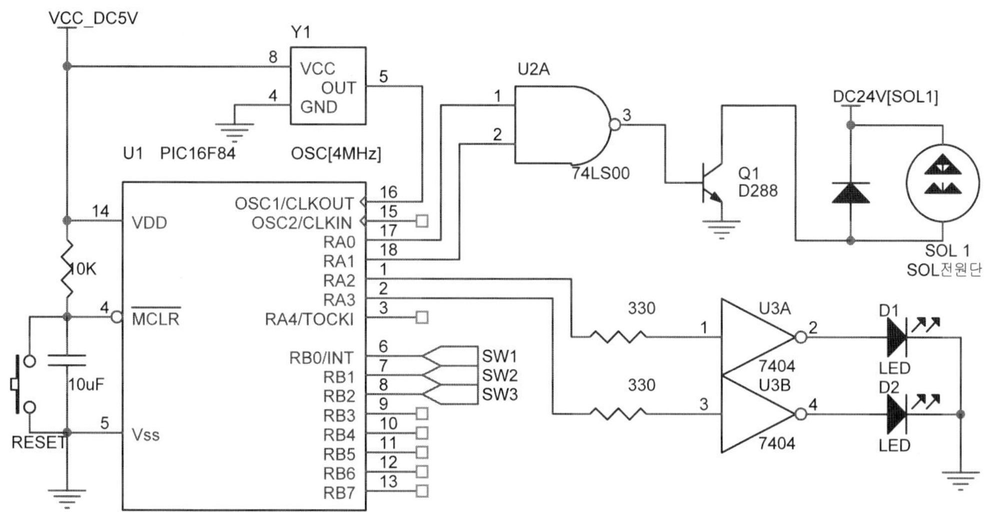

그림 1.70 RF 리모컨을 이용한 인터페이스용 전자 회로도

```
#include<16f84.h>
#byte porta=0x05
#byte portb=0x06
#byte trisa=0x85
#byte trisb=0x86

#use delay(clock=4000000)

void main()
{         trisa=0x00;
```

(계속)

```
            trisb=0xff;
            porta=0xff;
            portb=0x00;
            while(1)
            {
                        if(input(pin_b0)==1){  porta=0xfc;
                                                delay_ms(5);
                                              }
                        if(input(pin_b1)==1){  porta=0xf8;
                                                delay_ms(5);
                                              }
                        if(input(pin_b2)==1){  porta=0xf0;
                                                delay_ms(5);
                                             }
            }
    }
```

4. 74HC573[Octal D - Type transparent latch; 3 - state]을 이용한 출력 확장 기술

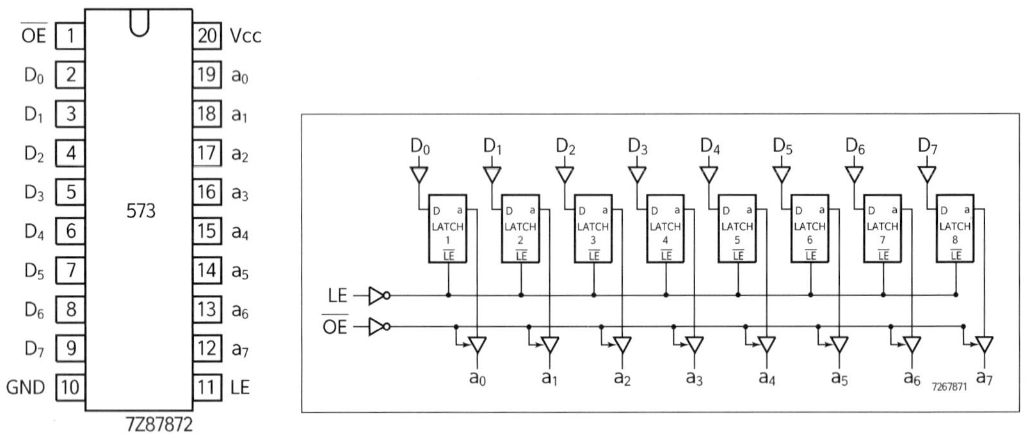

그림 1.71 입·출력 신호 확장을 위한 활용 IC PIN DESCRIPTION

마이크로컨트롤러의 입·출력은 한계가 있다. 이러한 한계를 극복하기 위한 방법으로 74HC 573[Octal D - Type transparent latch; 3 - state]과 같은 칩을 이용해서 확장하는 방법이 있다. 물론 이 74HC573과 비슷한 기능을 갖는 칩은 "373"과 "563"이 있지만 약간의 차이는 있다.

"373"의 경우 기능은 같으나 핀 배열이 다르고 "563"의 경우 인버티드(Inverted)된 출력을 갖는다. 74HC573은 D-type 래치(Latch)를 8개 내장하고 있으며, 8개 공통으로 출력 제어 입력인 $\overline{OC}$(1번 핀) 및 인에이블(enable) 입력 E(11번 핀)를 가지고 있다. E(11번 핀)가 "High"일 때 데이터 입력 "D"의 정보는 출력 "Q"에 나타나고, "D"의 신호를 변화시키면 "Q"에 나타나는 신호도 변화한다. "E"가 "High"에서 "Low"로 변화하였을 때 그 직전 "D"의 정보가 래치된다. "E"가 "Low"인 기간은 "D"의 신호가 변화되어도 "Q"의 상태는 변화하지 않는다. 그리고 $\overline{OC}$(1번 핀)를 "High"로 하면 다른 입력 신호의 여하에 관계없이 "1Q~8Q"는 모두 고 임피던스(High Impedance) 상태 "Z"로 된다. 이 상태에 있어서도 내부에 정보를 래치 할 수는 있다. 다음 회로를 구성해서 프로그램 해 보자. 그리고 74HC573의 동작을 확인해 보고 싶으면 별도의 회로만을 이용해서 관찰해 보도록 하자. 나름대로 소득이 있을 것으로 생각된다.

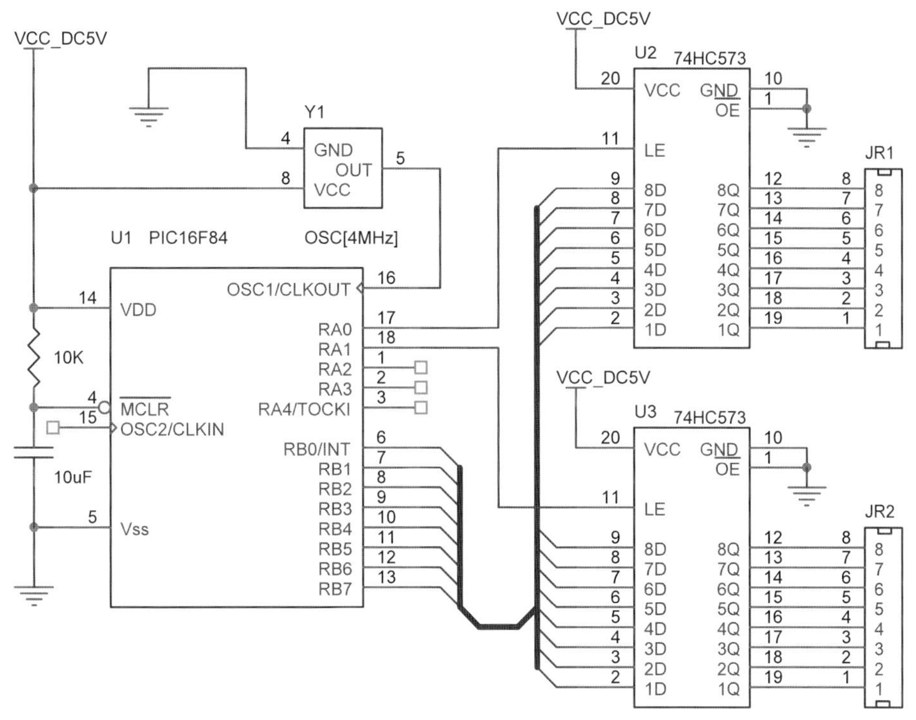

그림 1.72 도 출력 확장을 위한 전자 회로

```
#include<16f84.h>
#byte porta=0x05
#byte portb=0x06
#byte trisa=0x85
#byte trisb=0x86

#use delay(clock=4000000)
```

(계속)

```
void wait(long int countdown){
        int d=0;
        while(--countdown!=0) d+=0;
}

void main()
{       trisa=0x00;
        trisb=0x00;
        porta=0x00;
        portb=0x00;

        while(1)
        {

            portb = 0x0f;
            porta = 0x01; // U2에 값 출력
            wait(100);
            porta = 0x00;

            portb = 0xf0;
            porta = 0x02; // U3에 값 출력
            wait(100);
            porta = 0x00;

            portb = 0xf0;
            porta = 0x01; // U2에 값 출력
            wait(100);
            porta = 0x00;

            portb = 0x0f;
            porta = 0x02; // U3에 값 출력
            wait(100);
            porta = 0x00;

        }
}
```

5. 74HC573[Octal D - Type transparent latch; 3 - state]을 이용한 입력 확장 기술

앞의 출력 확장 기술 설명에서 74HC573에 대해서는 충분히 설명했다. 따라서 여기서는 그냥 응용하는 쪽으로만 하겠다. 그런데 보통 74HC573을 입력 장치로 사용한 사람은 없을 것이다.

그러나 이렇게 사용하니 정말 훌륭하다는 것을 느꼈다. 출력 장치에서는 $\overline{OC}$(1번 핀)를 GND로 고정해서 연결해 주었고 E(11번 핀)를 가지고 제어했었다. 그런데 여기서는 반대로 E(11번 핀)를 Vcc_5VDC로 고정하고 $\overline{OC}$(1번 핀)로 제어했다. 사용해 보면 알겠지만 정말 훌륭하다는 것을 알 수 있을 것이다. 물론 입력 장치로는 74HC245를 주로 이용한다. 하지만 74HC573을 이렇게 입력 장치로 이용할 수도 있다는 것에 참으로 편리하다는 것을 느낄 수 있을 것이다. 사용하는 순서는 프로그램을 보면 알 수 있을 것이지만, 설명하자면 포트 A의 신호에서 원하는 칩에만 "Low" 신호를 주고 나머지 칩에는 "High" 신호를 준다. 그러면 칩의 신호가 연결 포트로 제공되고, 이때 값을 적절한 변수에 저장하면 끝난다. 다음으로는 이런 작업을 반복적으로 하면 된다. 바로 $\overline{OC}$(1번 핀)를 "High"로 할 경우 다른 입력 신호의 여하에 관계없이 "1Q~8Q"는 모두 고임피던스(High Impedance) 상태 "Z"로 된다는 점을 응용한 것이다. 또한 간단하지만 이렇게 발상의 전환을 통해서 다른 용도로 이용할 수도 있다는 점을 알리고 싶기도 했다.

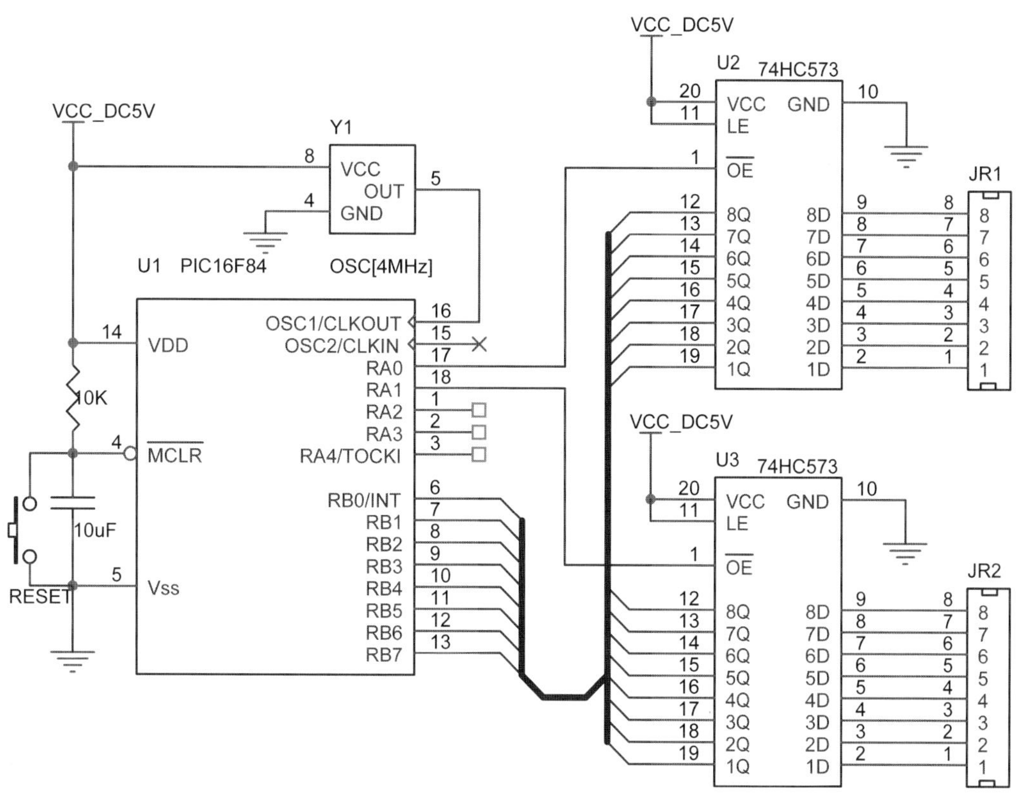

그림 1.73 **입력 신호 확장을 위한 전자 회로도**

프로그램은 간략하게 입력값을 받아들이는 것만 나타낸 것이니 추가로 응용을 하고자 하는 경우는 칩을 PIC16F874 또는 그 이상의 기능을 소유한 칩으로 교체해서 사용하면 된다.

```
#include<16f84.h>
#byte porta=0x05
#byte portb=0x06
#byte trisa=0x85
#byte trisb=0x86

#use delay(clock=4000000)

void wait(long int countdown){
      int d=0;
      while(--countdown!=0) d+=0;
}

void main()
{
         int data_u1,data_u2;
          trisa=0x00;
          trisb=0x00;
          porta=0x00;
          portb=0x00;

          while(1)
          {

                porta = 0xfe;
                wait(100);
                data_u1 = input(portb);
                wait(100);
                porta = 0xff;

                porta = 0xfd;
                wait(100);
                data_u2 = input(portb);
                wait(100);
                porta = 0xff;

                wait(100);
          }
}
```

6. IR 센서를 이용한 감지 유지 시스템 설계 기술

다른 시스템도 마찬 가지일 것으로 생각된다. 그러나 본 시스템 구성의 출발은 학생이 없는데도 교실에는 전등이 훤히 켜져 있는 것을 막고자 하는 데서 출발했다. 그런데 시중에서 판매되고 있는 적외선 센서는 신호를 계속해서 유지 시켜 주지 못한다는 것이다. 그리고 움직이지 않고 있을 경우 사람이 없는 것으로 간주해 버린다는 단점도 있다. 이런 점을 보완해서 시스템을 구성해 보고자 한다.

아래 회로를 보면 알겠지만 외부 인터럽트를 이용해서 IR 센서의 신호를 확인하고, 이를 토대로 내부에서 프로그램으로 원하는 동작을 하게 된다. 인터럽트 핀은 RB0/INT[핀 번호 6]이다. 그리고 회로에서 74LS32가 사용되었는데, 핀 할당은 TTL 게이트의 경우를 생각하면 되다. 7번 핀은 GND이고 14번 핀은 Vcc[DC5V]이다.

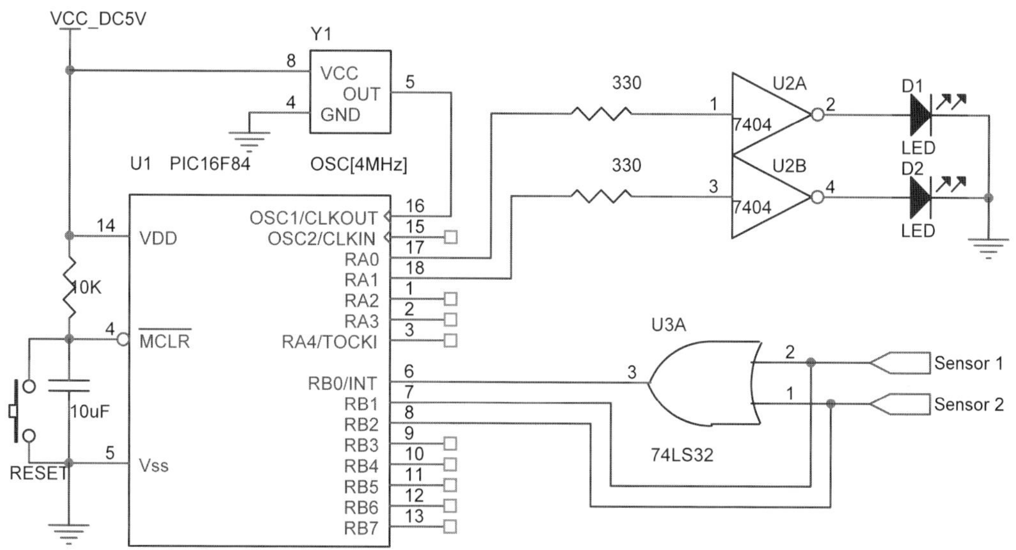

그림 1.74 IR 센서 응용을 위한 전자 회로도

```
#include <16F84A.h>
#use delay(clock=4000000)
#fuses NOWDT,HS, NOPUT, NOPROTECT

#byte PORTA     =     0x05
#byte PORTB     =     0x06

#byte TRISA     =     0x85
#byte TRISB     =     0x86
```

(계속)

```
#bit IO_A0    = PORTA.0        // 출력 핀
#bit IO_A1    = PORTA.1

#bit IO_B0    = PORTB.0
#bit IO_B1    = PORTB.1          //  5초간 ON 후 OFF되는 핀
#bit IO_B2    = PORTB.2          //  10초간 ON 후 OFF되는 핀

unsigned int time_50ms, sec;

① #int_EXT
EXT_isr()
{
  enable_interrupts(INT_TIMER0);
  set_timer0(61);        // 1클럭이 256us이기 때문에 195클럭이 실행되면 50ms이다
                          // 195클럭을 실행시키기 위해 256 - 196 = 61
  time_50ms=0;
  if(IO_B1==0) sec=100;        // key IO_B1이 입력되었을 경우 5초 (100=5초)
  else sec=200;                // key IO_B2가 입력되었을 경우 10초 (200=10초)
  IO_A0=1;                     // 출력 ON
  // 주의: 카운트 완료 전에 인터럽트가 다시 걸릴 시 처음부터 다시 카운트
}

 #int_TIMER0
TIMER0_isr()
{
  set_timer0(61);
  time_50ms++;
  if(time_50ms==sec)    // 50ms * 100 = 5초        // 50ms * 200 = 10초
  {
      disable_interrupts(INT_TIMER0);
      IO_A0=0;                 // 출력 OFF
  }
}


void main()
{

  setup_timer_0(RTCC_INTERNAL|RTCC_DIV_256);    // 1클럭=256us
  ext_int_edge(h_to_l);                          // 하강 EDGE 동작
  disable_interrupts(INT_TIMER0);
  enable_interrupts(INT_EXT);
```

(계속)

```
    enable_interrupts(GLOBAL);
    TRISA = 0x00;                    // PORTA 출력
    TRISB = 0xFF;                    // PORTB 입력
    IO_A0=0;                         // 초기 출력 OFF

    for(;;)
    {

    }
    // 또는 while(1);  ==> 무한 반복 구문이 없을 경우 마이컴 오류 발생
}
```

위 프로그램에 있어서 외부에서 B 포트로 입력되는 신호가 오픈 콜렉터 타입일 경우는 외부 풀업 또는 port_b_pullups(); 함수를 사용해야 한다. 물론 우리는 눈에 보이는 것이 좋기 때문에 풀업 또는 풀다운 저항을 이용해서 회로가 오픈 상태로 있는 것을 방지해야 한다. 그리고 여러 번 이야기했지만 메인 문에서는 반드시 무한 반복문이 있어야 한다. 그렇지 않으면 일정 기간 동안만 마이크로컨트롤러가 동작하고 바로 빠져나가 버리기 때문에 아무 일도 하지 않은 상태에서 대기하게 된다.

10 메카트로닉스 기술을 이용한 디지털시계 설계 기술

이번에는 디지털시계에 대해서 살펴보고 직접 만들어서 우리 기술에 접목해 보도록 할 것이다. 그리고 여기서는 몇 가지 새로운 부품이 나오는데 함께 알아본다. 먼저 DS1302 RTC BOARD이다. 이 보드는 DS1302(Trickle－Charge Timekeeping Chip)를 응용해서 만든 보드로서 시간의 기준을 잡기 위해 사용되는 보드이다. DS1302 칩은 초, 분, 시간, 월별 날짜, 월, 주별 날짜, 그리고 년(Year)까지 모든 시간과 관련된 데이터를 알 수 있도록 정보를 제공해 주는 칩이다. 따라서 DS1302 칩을 이용하면 쉽고 정확하게 시계를 만들 수 있다. 여기에서 필요한 기능을 하나씩 알아본다.

1. 키보드 처리 기술

우리는 여러 과정을 통해서 센서 신호를 처리했었다. 여기서 다루는 키보드 처리 기술이 센서 신호 처리 기술의 연장선상에서 좀 더 편리하게 처리할 수 있는 기술이라고 생각하면 적절할

것이다. 메카트로닉스 기술의 모든 면이 그렇듯이 소프트웨어가 없으면 아무 일도 하지 못한다. 바로 알고리즘의 중요성을 다시 한 번 강조하는 것이다. 그럼 회로도를 살펴보고 응용 방법에 대해서 확인해 보도록 하자. 아래 회로가 3×2 메트릭스를 응용한 키보드 회로도이다. 조그만 생각을 확장해 본다면 각각의 스위치 위치에 센서를 사용하면 바로 폭넓은 응용이 가능하다. 물론 프로그램 처리도 다음에 보여 주는 바와 같이 하면 되니 특별히 어려움을 느끼지 못할 것이다.

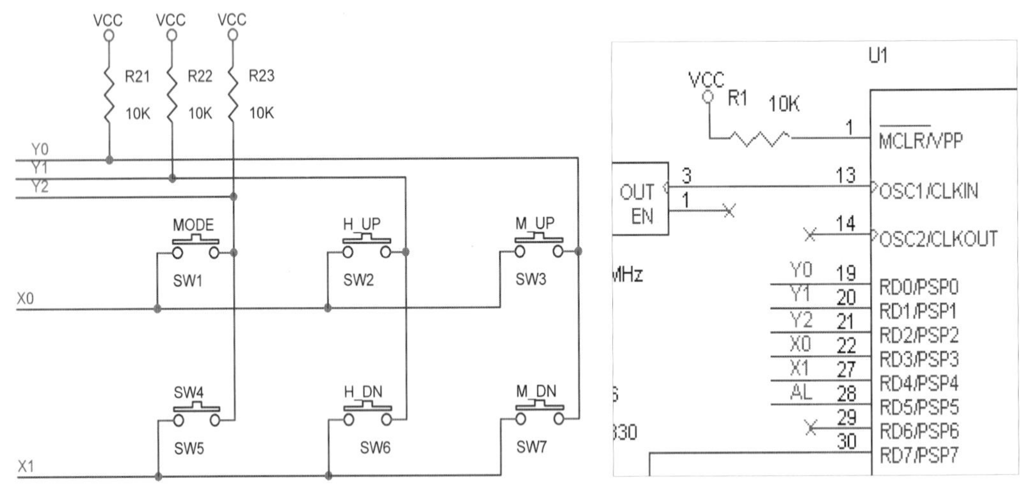

그림 1.75 **키보드 신호 처리를 위한 전자 회로도(우측 마이컴 연결 포트 회로)**

위 그림의 회로도 신호에서 입력 신호로 사용되는 것은 Y0, Y1, Y2 마이컴 출력 신호는 X0, X1의 신호이다. 이들 신호는 메트릭스 형태로 구성되어 있고 X0와 X1에 "0"과 "1"의 신호를 반복적으로 RD3(22)와 RD4(27) 단자를 통해서 출력 신호를 주면서 Y0, Y1, Y2에서 들어오는 신호를 확인해서 어떤 키가 눌려졌는지를 알아내는 방법이다. 우측 마이컴 연결도를 보면 더욱 편하게 볼 수 있다. 마이컴의 "22"번 단자와 "27"번 단자에 신호를 출력해 주면 눌린 키를 "19", "20" 그리고 "21" 단자를 통해서 받아보고 이를 확인하는 방법이다. 물론 한거번에 입력되는 신호는 조합해서 값을 읽으면 된다.

```
① #bit KEY_Y0 = PORTD.0
   #bit KEY_Y1 = PORTD.1
   #bit KEY_Y2 = PORTD.2
   #bit KEY_X0 = PORTD.3
   #bit KEY_X1 = PORTD.4
```

위의 ①번 라인 이하의 프로그램은 비트 지정자 선언을 통해서 포트 D를 보다 편리하게 제어하기 위해서 설정해 놓았다.

```
② TRISD = 0x27; // 0,1,2,5포트 입력,7,6,4,3포트 출력
```

그리고 ②번 라인 프로그램은 포트 D의 비트를 입력과 출력 중에 선정하는 레지스터이며 비트가 “0”이면 출력이고 “1”이면 입력으로 세팅된다. 아는 사실이기는 하지만 다시 한 번 상기 시키는 차원에서 그림 1.76을 통해서 보기로 하자. 참고로 D0 → Y0, D1 → Y1, D2 → Y2 그리고 D3 → X0, D4 → X1으로 회로가 연결되어 있다.

D7	D6	D5	D4	D3	D2	D1	D0
0	0	1	0	0	1	1	1

2 7

그림 1.76 **포트 D의 입출력 정의를 위한 레지스터 표현**

키 값 입력 관련 함수는 “key_scan()”이고 다음과 같이 구성되어 있다.

```
int key_scan()  // 키 스캔 함수
{

③ KEY_X0 = 0;
④ KEY_X1 = 1;

⑤ switch(PORTd & 0x07)
  {
⑥   case 0x06: return 1;     // 분 증가
⑦   case 0x05: return 2;     // 시간 증가
⑧   case 0x03: return 3;     // 알람 / 현재 시간 설정

  }

⑨ KEY_X0 = 1;
⑩ KEY_X1 = 0;

  switch(PORTd & 0x07)
  {
⑪     case 0x06: return 4;     // 분 감소
⑫     case 0x05: return 5;     // 시간 감소
⑬     case 0x03: return 6;     // SP
  }
```

위의 프로그램에서는 키가 눌린 상태를 스캐닝한다. 회로도에 나타낸 스위치는 SW1, SW2, SW3, SW5, SW6 그리고 SW7이다. 여기서 SW1, SW2 그리고 SW3은 프로그램 ③, ④ 라인을 통해서 스캐닝된다. 여기서 SW3이 눌릴 경우 Y0에 "0" 값이 입력됨에 따라 이때 3개의 비트 값은 0x06이 되므로 ⑥번 라인의 프로그램이 선택돼서 리턴 값이 "1"이 된다. 하나 더 설명해 보면 SW2가 눌리면 ⑦번 라인이 선택되어서 리턴 값이 "2"가 된다. 물론 여기서 switch~case 문을 이해하고 있어야 설명이 가능해진다. 또한 SW5, SW6 그리고 SW7은 프로그램 ⑨번 라인 이하에서 스캐닝된다. ⑨, ⑩번 라인의 값이 ③, ④번 라인의 값과 바뀐 것을 알 수 있을 것이다. 스캐닝하기 위한 준비를 한 것이다. PORTD의 값을 읽어서 리턴 값을 달리 해 줌으로써 다른 키가 눌렸음을 알 수 있다. 키보드 입력 기술뿐만 아니라 센서 값 입력 등 다양한 분야에서 응용이 가능하리라 본다.

2. 키 입력을 통한 증·감함수

위에서 키 값을 읽어들이는 방법에 대해서 알아보았다. 여기서는 읽어들인 값을 처리하는 방법에 대해서 알아본다. 먼저 분(minute) 증가함수이다.

```
void min_up()  // 분 증가함수
{
      int min_0 = 0;

①    disable_interrupts(INT_TIMER2);    // 인터럽트 정지(함수 내 동작 시 타이머와 충돌을 방지)

      min++;
      min_0 = min & 0x0f;

②  if(min_0 == 0x0a)                  // 만약 0x9가 증가하여 0xa 가 되면 6을 더해서 0으로 만듦
      {
            min = min + 0x06;
            min = min & 0xf0;
      }

③  if(min == 0x60) min = 0;            // 60분은 0분으로

④    if(alarm_set_bit) al_min = min;
            // 알람 비트가 1이면 알람용 변수에 저장하고 RTC에는 저장하지 않음.
      else  // 아니면 분을 RTC에 저장한다.
      {
```

(계속)

```
            rtc_set_datetime(0x26,0x08,0x05,0x05,hr,min);
        }

    ⑤  enable_interrupts(INT_TIMER2);

    ⑥  delay_ms(200);    // 버튼 누름 딜레이
    }
```

분(minute) 증가함수[min_up()]를 라인별로 살려보면, ①번 라인에서 일단 인터럽트를 정지 시켰다. 인터럽트를 정지하지 않을 경우 타이머 2의 인터럽트를 이용해서 시간을 계산하는데, 버튼 동작 시 시간 관련 동작이 일어나면 타이머 2의 동작과 충돌이 일어나서 정상적인 값을 표현하기 어렵다. 따라서 일단 타이머 2의 인터럽트가 일어나지 못하도록 디제이블한다. 그리고 시간 변수를 증가시키고, 다음 ②번 라인에서 값이 16진수 "a"가 되면 16진수 "10"이 되도록 만든다. 이렇게 16진수 "20", "30"으로 증가시키고, ③번 라인에서 16진수 "60"이 되면 "0"이 되서 다시 시작하도록 한다. 다음으로 ④번 라인에서는 입력되는 키 값이 알람 세팅을 위한 것인지 아니면 시간 세팅을 위한 것인지를 확인하고 적절한 일을 하도록 구성되어 있다. 그리고 rtc_set_ datetime() 함수는 rtc라는 부품에 값을 써 넣어 주는 함수이다. 물론 서로 신호를 주고받기 위해서 연결되는 핀은 컴파일사에서 제공해 주는 "ds1302.c"라는 파일을 보면 정의되어 있다.

여기서는 PIN_B1은 CLK, PIN_B2는 RST 그리고 PIN_B3은 IO에 사용하도록 구성되어 있다. DS1302(Trickle-Charge Timekeeping Chip) 칩은 실시간으로 시간을 카운트하는 칩으로서 시간과 관련된 초(seconds), 분(minutes), 시간(hours), 월별 날짜(date of the month), 달(month), 주차(day of weeks) 그리고 년(years)에 대한 데이터를 갖고 있는 칩이다. 물론 여기서는 모두 동작이 가능하도록 구성된 보드를 이용하지만 기본적인 특징들에 대해서만 살펴본다. 이곳에서는 시간과 분만을 이용했다.

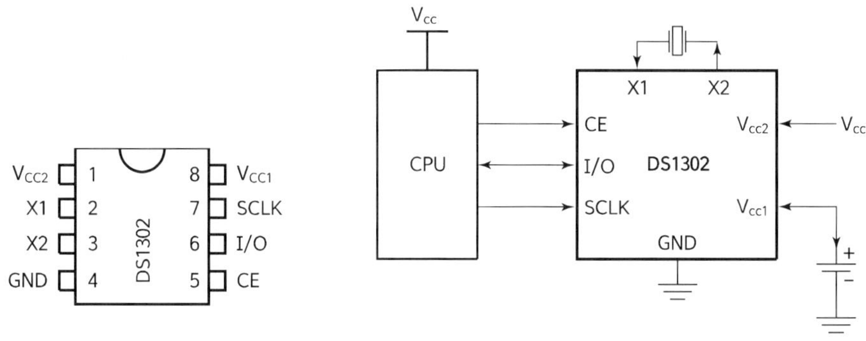

그림 1.77 DS1302 칩의 핀 할당 및 기본적인 회로 연결도

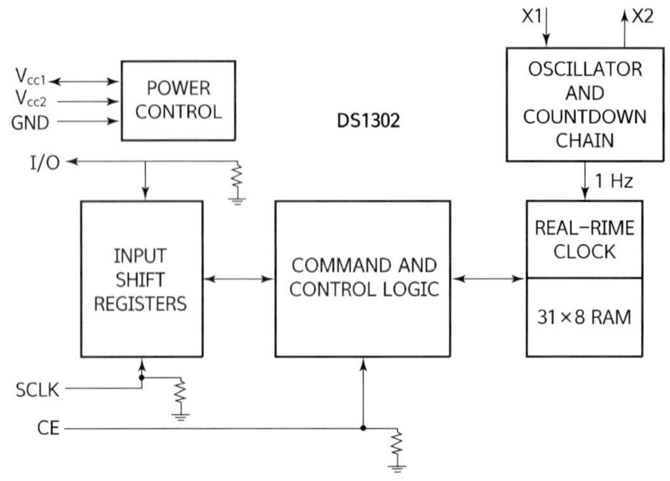

그림 1.78 DS1302(Trickle-Charge Timekeeping Chip) 칩의 블록 다이어그램

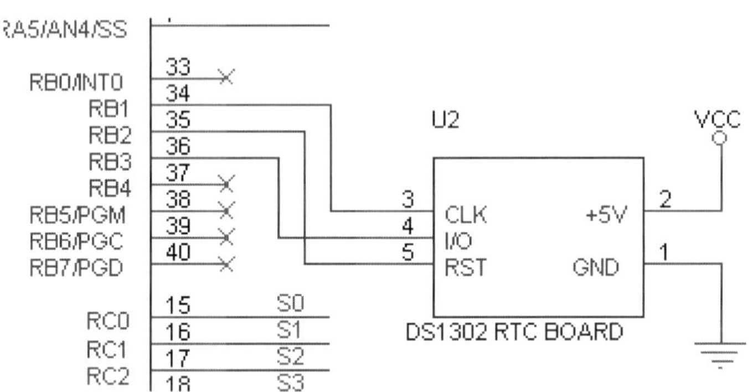

그림 1.79 본 교재에서 활용한 RTC 보드 회로 연결도

다음으로는 키보드 값 SW7에 대한 입력을 받아서 감소하는 프로그램을 확인해 본다. 물론 증가하는 프로그램과 큰 차이는 없고 거꾸로 간다는 차이점이 있다.

```
void min_down()  // 분 감소함수
{

      int min_0 = 0;
      disable_interrupts(INT_TIMER2);

①    if(min != 0x00)    // 분이 0이 아닐 때 -1을 해주고 0다음 0x0f가 나오면 -6을 뺀다.
      {
            min--;
            min_0=min & 0x0f;
```

(계속)

```
            if(min_0 == 0x0f) min = min - 0x06;
        }
    ②   else min = 0x59;

        if(alarm_set_bit) al_min = min;
          // 알람 비트가 1이면 알람용 변수에 저장하고 RTC에는 저장하지 않음.
        else                                    // 아니면 분을 RTC에 저장한다.
        {
            rtc_set_datetime(0x26,0x08,0x05,0x05,hr,min);
        }

        enable_interrupts(INT_TIMER2);

        delay_ms(200);     // 버튼 누름 딜레이
}
```

프로그램 라인 ①번 "if"문은 분(min)의 일의 자리가 "0"이 아닐 때 "-1"을 해 주고 "0" 다음 "0x0f"가 나오면 -6을 빼서 9가 되도록 했다. 그리고 min이 "0"이면 16진수 "59"가 되도록 대입해 주었다. 이로서 계속해서 동작이 가능하도록 했으며, 특히 유념해야 할 것은 분(minutes)에서 일의 자리만 계속 관찰하고 십의 자리는 감소하는 자체를 그대로 두었다. 이 점만 조심하면 어려움 없이 이해될 것으로 본다.

다음은 시간 변수를 UP, DOWN 하기 위한 함수이다. 시간 역시 프로그램의 알고리즘은 크게 문제되지 않지만 시간은 24시로 RTC 보드에서 제공된다는 차이점이 있다. 물론 여기서는 12시로 나타내고 AM과 PM을 LED 표시로 나타낸다.

```
void hr_up()  // 시간 증가함수, DS1302 함수가 제공하는 24시간 모드 기준. 00시부터 23시까지.
{
        int hr_0 = 0;

        disable_interrupts(INT_TIMER2);
        hr++;
        hr_0 = hr & 0x0f;

    ①   if(hr==0x24) hr = 0;            // 24시가 되면 0시로 변환
    ②   else if(hr_0 == 0x0a)
        {
            hr = hr + 0x06;
```

(계속)

```
            hr = hr & 0xf0;
        }
   ③    if(alarm_set_bit) al_hr = hr;
        else
        {
            rtc_set_datetime(0x26,0x08,0x05,0x05,hr,min);
        }

        enable_interrupts(INT_TIMER2);

        delay_ms(200);    // 버튼 누름 딜레이
}
```

시간 UP 함수 역시 분 관련 함수와 비슷한 알고리즘을 갖는다. 따라서 전체적으로 설명하지는 않고 중요한 부분만 설명하도록 하겠다. 먼저 ①번 라인에서는 시간은 24시까지만 한정되어 있음에 따라 24시가 되면 0시로 시간 변숫값을 바꾸어 주는 역할을 한다. 여기서 시간은 12시까지만 사용한다고 이야기했는데 24시를 이야기하니 조금 의아해할지 모르겠다. 그러나 12시로 시간을 바꿔주는 부분은 다음에 나오니 그곳에서 설명하도록 한다. ②번 라인문은 16진수 형태의 시간값을 10진수 형태로 바꾸어 주는 기능을 갖고 ③번 라인에서는 알람인지 아닌지를 확인해서 알맞게 변수에 대입해 주는 역할을 함으로써 시간 UP 함수는 정상적으로 동작한다. 다음 함수는 시간 DOWN 함수에 관한 것이다.

```
void hr_down()  // 시간 감소함수
{
        int hr_0 = 0;

        disable_interrupts(INT_TIMER2);

   ①    if(hr != 0x00)
        {
            hr--;
            hr_0 = hr & 0x0f;
            if(hr_0 == 0x0f) hr = hr - 0x06;
                        // 0에서 F로 값을 뺐을 때 -6을 빼 주면 0에서 9가 된다.
        }
        else hr = 0x23;
```

(계속)

```
        if(alarm_set_bit) al_hr = hr;
        else
        {
                rtc_set_datetime(0x26,0x08,0x05,0x05,hr,min);
        }

        enable_interrupts(INT_TIMER2);

        delay_ms(200); // 버튼 누름 딜레이
}
```

시간 다운(hr_down) 함수의 경우도 비슷하다. 따라서 한 가지 경우만 설명한다. 함수에서 시간 변수가 감소하는 데 사용한 ①번 라인의 “if” 문이다. 16진수이기는 하지만 “00”이 한 번 시행되고 나면 “23”으로 하고 다시 계속 감소하도록 구성되어 있다. 그리고 첫 비트가 “f”가 되면 거기서 6을 빼서 9가 되도록 10진수 형태로 바꾸기 위한 것이다. 이 외에는 다른 부분과 유사하다. 다음은 알람에 관한 것이다.

```
void alarm_on_off()    // 스위치를 누룰 때마다 시간 설정과 알람 설정을 전환하는 함수
{
        if(alarm_set_bit)
        {
                alarm_set_bit = 0;
        }
        else
        {
                alarm_set_bit = 1;
        }

        delay_ms(300); //버튼 누름 딜레이
}

//--------------------------------------------

① void alarm_event_on()  // 알람 시간과 현재 시간이 같을 때의 이벤트
    {
        LED = 0; // LED ON
    }
```

(계속)

```
//- - - - - - - - - - - - - - - - - - - - - - - - - - - - - - - - - - - - - - - - - - - -
② void alarm_event_off()  // 알람 이벤트 종료시
  {
      LED = 1;  // LED OFF
  }
```

위의 모든 함수에서 알람이 들어 있는 것을 확인할 것이다. “alarm_set_bit”에 따라서 알람을 설정할 것인지 시간을 설정할 것인지를 결정한다. 여기서는 둘 중 하나만 선택하면 되므로 항상 키보드 눌림 상태를 확인해서 현재 상태의 반대를 설정하도록 구성되어 있다. ①번 라인과 ②번 라인을 보면 알람 신호의 모든 것을 알 수 있다. 물론 LED는 포트 “PORTD.7”에 연결되어서 “0” 출력 시 LED카 ON 되도록 회로가 구성되어 있고, “OUTA”와 “OUTB”에 신호를 출력하기 위해서는 이 함수에 포함시키면 된다. 이 부분은 중요한 것이니 잘 응용하기 바란다. “OUTA”와 “OUTB”는 “PORTA.0”과 “PORTA.1”에 연결되어 있다.

3. 시간 계산 및 FND(Flexible Numeric Display)의 다이나믹 구동

타이머 응용 기술에 대해서 이미 알아보았다. 시간 계산하는 방볍이 조금 복잡했을 것으로 생각된다. 그러나 여기서는 앞에서 설명한 DS1302(Trickle－Charge Timekeeping Chip)을 이용해서 시간을 알 수 있으므로 쉽게 사용할 수 있다. 굳이 시간을 계산할 필요 없이 모든 것은 변수로 가져와서 사용만 하면 된다. 그리고 메인 함수와 시간 계산 함수는 달리 주었다는 것이다. 즉 메인 함수에서 키보드를 누르는 시간에 따라 FND(Flexible Numeric Display)에 시간 디스플레이가 깜박거림 현상이 발생할 수 있음에 따라 인터럽트를 이용해서, 해결했고 메인 함수에는 키보드 입력에 따른 그 결과만을 수행하도록 구성했다. 모든 함수를 확인해 보도록 한다. 먼저 인터럽트를 이용해서 시간 변수를 처리하는 함수부터 알아보자.

```
#int_TIMER2
void TIMER2_isr()
{
①    if(alarm_set_bit)
                // 알람 비트가 set 이면 알람 시간 설정 모드 아니면 현재 시간 설정 모드
      {
            min = al_min; hr = al_hr;
      }
      else
```

(계속)

```
        {
                rtc_get_time(hr,min,sec);
        }

②      if(seg_count == 1)
        {
                num1 = min;
                num = min & 0x0f;   //아래 4비트만 출력
                val_to_seg1();

③              COM0 = 1; // 시간 상위 출력 선택 비트
                COM1 = 1; // 시간 하위 출력 선택 비트
                COM2 = 1; // 분 상위 출력 선택  비트
                COM3 = 1; // 분 하위 출력 선택  비트

④              portc =seg_val;

⑤              COM3 = 0; // 잔상 제거를 위해 전체 클리어 후 다시 선택
⑥              seg_count = 2;
         }
⑦      else if(seg_count==2)
        {
                swap(num1);            // swap명령(swap(0xf0)==>(0x0f))
                num = num1 & 0x0f; // 디스플레이를 위한 변수 변환
                val_to_seg1();

                COM0 = 1;
                COM1 = 1;
                COM2 = 1 ;
                COM3 = 1;

                portc = seg_val;

                COM2 = 0;              // 분 상위 출력 선택  비트
                seg_count = 3;
        }
⑧      else if(seg_count==3)
        {
                num2 = hr;
                val_to_seg2();
                val_to_seg1();

                COM0 = 1;
                COM1 = 1;
                COM2 = 1;
```

(계속)

```
        COM3 = 1;

        portc = seg_val;

        COM1 = 0;           // 시간 하위 출력 선택 비트
        seg_count = 4;
    }
⑨   else
    {
        swap(num2);
        num = num2 & 0x0f;
        val_to_seg1();

        COM0 = 1;
        COM1 = 1;
        COM2 = 1;
        COM3 = 1;

        portc = seg_val;

        COM0 = 0;           // 시간 상위 출력 선택 비트
        seg_count = 1;
    }

⑩   if (alarm_set_bit)     // 알람 모드에서는 dot on, 현재 시간 모드에서는 dot on / off
    {
        SEG_DOT = 0;
    }
    else
    {
        dot_count++;
        if(dot_count == 100)
        {
            if (dot_bit)
            {
                dot_bit = 0;
                SEG_DOT = 0;
                dot_count = 0;
            }
            else
            {
                dot_bit = 1;
                SEG_DOT = 1;
                dot_count = 0;
            }
        }
    }
}
```

시간 변수를 읽어오고 FND(Flexible Numeric Display)에 표시하는 기능을 함께 다루다 보니 프로그램이 조금 길어서 어렵게 느껴질 것이다. 그러나 하나씩 비교 설명하다 보면 별거 아니구나 하는 생각이 들 것이다. 먼저 ①번을 보면 alarm_set_bit의 상태에 따라서 분(min)과 시간(hr)에 알람 시간(al_hr)과 알람 분(al_min)을 대입하고 아니면 “rtc”에서 분(min)과 시간(hr)을 읽어온다. ②번 라인에서는 분(min)의 아래 비트 폰트 값을 찾아오고, ③번 라인에서는 잔상 제거를 위해서 전체를 클리어하고, ④번 라인에서는 포트 C를 통해서 분(min)의 하위 비트 값을 출력하고, ⑤번 라인에서는 FND(Flexible Numeric Display)를 출력하고, ⑥번 라인에서는 분 상위 비트를 출력할 준비를 한다. ⑦번 라인에서는 분(min) 상위 비트를 분(min) 하위 비트와 같은 방법으로 출력하고, ⑧번 라인에서는 시간 하위 비트를 출력하고, ⑨번 라인에서는 시간 상위 비트를 출력한다. ⑩번 라인 이하에서는 알람 모드일 때 FND1(SCD337A)의 DOT를 “ON” 상태를 유지하고, 아니면 FND1(SCD337A)의 DOT를 “dot_count”가 각각 “100”에 해당하는 카운트 동안에 ON, OFF를 반복하도록 한다. 이게 DOT가 깜박거리게 나타나는 것이다. 좀 복잡하다고 느낄 수도 있겠지만 이런 방법들은 쉽게 응용도 가능하고 학생들과 하면서 오히려 이해가 빠르므로 이용한 것이니 독자 여러분의 불평은 없었으면 한다. 다음 프로그램은 변숫값을 변환해 주는 역할들을 한다. 프로그램을 보고 확인해 보자.

```
① void val_to_seg1()    // 변숫값을 7세그먼트 디스플레이 값으로 변환
   {
     switch(num)
     {
         case 0x00:
           seg_val = 0x40;   // Font 0
           break;
         case 0x01:
           seg_val = 0x79;   // Font 1
           break;
         case 0x02:
           seg_val = 0x24;   // Font 2
           break;
         case 0x03:
           seg_val = 0x30;   // Font 3
           break;
         case 0x04:
           seg_val = 0x19;   // Font 4
           break;
         case 0x05:
           seg_val = 0x12;   // Font 5
```

(계속)

```
                break;
            case 0x06:
                seg_val = 0x02;    // Font 6
                break;
            case 0x07:
                seg_val = 0x58;    // Font 7
                break;
            case 0x08:
                seg_val = 0x00;    // Font 8
                break;
            case 0x09:
                seg_val = 0x10;    // Font 9
        }
}

//-----------------------------------------------------------
```

② void val_to_seg2()   // 오전, 오후 선택 및 디스플레이용 변수 변환

```
    {

        if(num2 < 0x12)   // 12시 보다 적을 땐 AM 아니면 PM
        {
            AM = 0; PM = 1;
        }
        else
        {
            AM = 1; PM = 0;
        }
```

③

```
        if(num2 >= 0x13)   //20,21,22,23 val_to_seg()에서 변환하지 않고, 여기서 변환
        {
            if(num2 == 0x20) num2 = 0x08;
            else if(num2 == 0x21)num2=0x09;
            else if(num2 == 0x22)num2=0x10;
            else if(num2 == 0x23)num2=0x11;
            else num2 = num2 - 0x12;
        }

        if(num2 == 0x00) num2=0x12;                    //  0시가 되면 12로 변환

        num = num2 & 0x0f;
}
```

이 프로그램은 주로 값을 변환하는 기능을 보여 준다. 먼저 ①번 라인 이하의 프로그램은 변숫값을 7세그먼트 디스플레이 값으로 변환하는 역할을 한다. 앞에서 설명한 시간 변수들을 RTC에서 가져오고 거기서 FND에 숫자 표현값을 바로 여기서 만들어 주는 것이다. 기준은 시간(hr) 변수와 분(min) 변수에서 확인하고 그 값을 기준으로 FND의 폰트 값을 결정해 준다. 그리고 ②번 라인은 FND의 DOT에 출력을 하는 것으로서 오전과 오후를 나타낸다. 그리고 ③번 라인은 RTC에서 제공되는 시간이 24시를 기준으로 제공되므로 우리가 보기 편하게 12시를 기준으로 바꾸어 주기 위한 작업이다. 여기서는 FND의 값을 출력하도록 구성된 프로그램이고 하드웨어의 회로도는 그림 1.80과 같이 되어 있다.

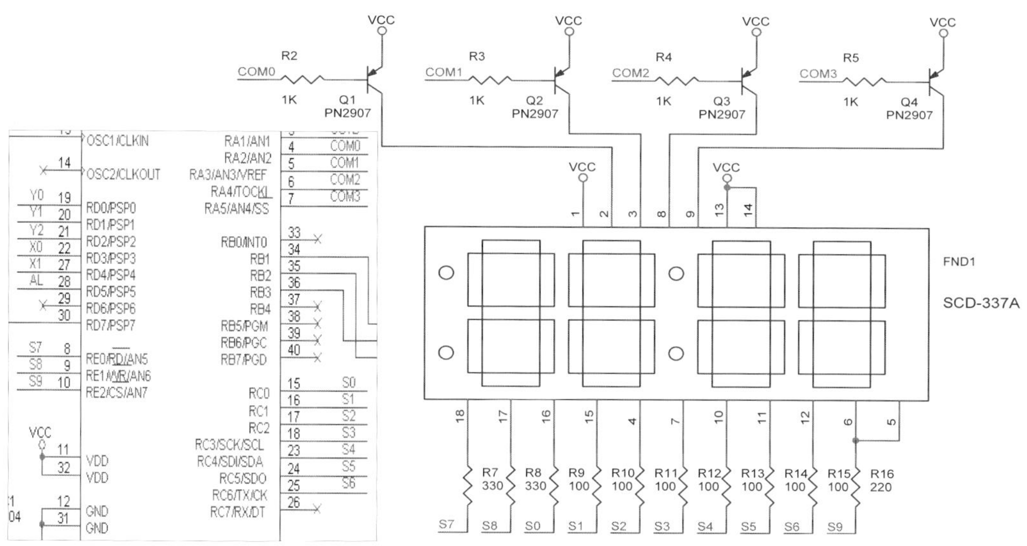

그림 1.80 FND의 다이나믹 구동을 위한 회로도

4. 메인 함수

프로그램에서 메인 함수에 대해서 이야기하는 것은 당연한 것이다. 함수 형태로 분리해 두지 않을 때는 메인 하나만 가지고 프로그램을 하기 때문이다. 본 과제에서 메인 함수의 역할은 키 값을 읽어서 적절히 동작을 수행해 주는 것이다. 그리고 시간함수와 메인 함수를 분리해서 동작한 것은 바로 키 값 처리하는 동안 FND(Flexible Numeric Display)의 떨림이 발생하지 않게 하기 위해서이다. FND(Flexible Numeric Display)는 다이나믹 방식으로 동작하기 때문에 잔상을 이용해서 값을 유지하므로 계속해서 일정한 속도로 값을 출력해 주어야 한다.

바로 이런 이유 때문에 메인에서 처리하지 않은 것이다. 그럼 메인 함수 중 주요 부분만 살펴보기로 한다.

```
    while(1)
    {
①       key_val = key_scan();  // 키 스캔

②       if(key_val == 1) min_up();                  // 분 증가함수를 호출한다.

③       else if(key_val == 2) hr_up();              // 시간 증가함수를 호출한다.

④       else if(key_val == 3) alarm_on_off();  // 알람 설정 on / off 함수를 호출한다.

⑤       else if(key_val == 5) hr_down();            // 시간 감소함수를 호출한다.

⑥       else if(key_val == 4) min_down();           // 분 감소함수를 호출한다.

⑦          if (hr == al_hr && min == al_min && key_val == 7 && !alarm_set_bit)
        alarm_event_on();
⑧         else alarm_event_off();
⑨         key_val = 8;
    }
```

위 프로그램은 메인 함수의 주요 부분 중 하나이다. ①번 라인은 키 값을 읽어오고, ②번 라인부터 ⑥번 라인까지는 키 값에 따라 관련 함수를 호출하여 실행한다. 그리고 ⑦번과 ⑧번 라인에서는 알람 설정값과 같을 때는 알람을 실행하고 그렇지 않을 때는 실행하지 않도록 구성되어 있다. 알람 시 이벤트는 alarm_event_on() 함수에 넣고, 알람 스위치 OFF 시 이벤트는 alarm_event_off()에 넣어서 실행하면 된다. 현재 알람은 시간과 분이 같은 1분간만 지속되며, 알람이 유지되는 한 이벤트 함수는 계속 실행된다. 만약 한 번만 실행을 원하거나 기타 다른 방식을 원하면 프로그램을 수정하면 되고 현재는 LED만 켜지도록 구성했다.

5. 메카트로닉스 기술을 이용한 시계 구성

우리는 앞에서 프로그램에 대해서 살펴보았다. 여기서는 전자 회로와 공압 회로와 함께 구성할 것이다. 디지털시계가 메카트로닉스 기술에서 필요한 이유는 많을 것이다. 그중 하나를 말한다면 바로 시간 정보이다. 모든 일은 시간에 맞추어서 하게 되므로 기준을 잡아 줄 수 있다. 이런 점에서 디지털시계가 필요하고 우리가 여기서 공부해야 하는 이유이다. 또한 학교 공부를 하면서 이런 디지털시계를 하나 정도 갖고 있다면 학교생활에서 나름대로 전공에 대한 즐거움이 더해지지 않을까 하는 생각을 해 본다. 아주 매끄럽게 프로그램된 것은 아니지만 비교적 쉽게 구성되어 있다. 또한 여러 가지 기술이 소개되므로 주어진 업무에 적용하면 다양한 응용 분야를 찾을

수 있으리라 본다. 특히 CMOS-FET를 이용한 공압 실린더 구동 회로는 포토커플러를 이용해서 절연시켜 놓은 것을 볼 수 있다. 앞에서 TR-D288을 이용한 경우와는 다름을 알 수 있을 것이다. 우리가 여기서 공부하는 데는 편리함을 위해서 TR을 사용했으며, 여기서는 직접 현장 실무에 적용이 가능하도록 회로를 구성한 것이다. 그렇다고 TR 회로가 문제가 있는 것은 아니니 걱정할 필요는 없다. 회로를 구성하고 동작을 살펴보도록 하자.

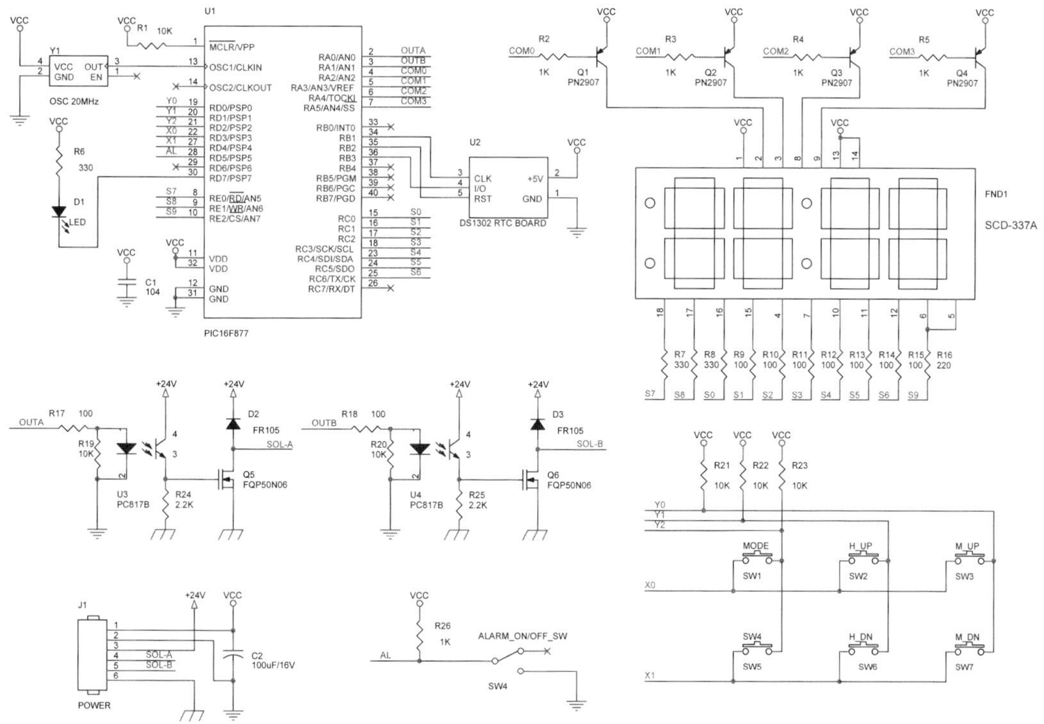

그림 1.81 **메카트로닉스 기술을 이용한 디지털시계 전자 회로도**

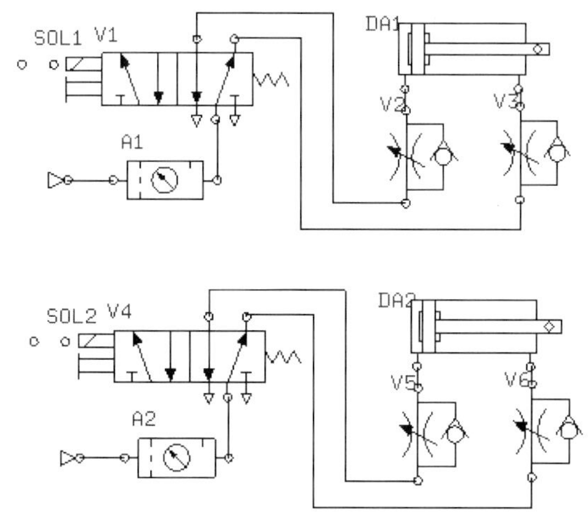

그림 1.82 **메카트로닉스 기술을 이용한 디지털시계 공압 회로도**

제작에 참고할 몇 가지 자료를 살펴보면, 본 회로도에서 사용된 FQP50N06(60V N-Channel MOSFET), PN2907(PNP Silicon Transistor) 그리고 1채널 포토커플러(Photocoupler)인 PC817에 대한 기본적인 자료만 살펴보도록 한다. 여기서 사용한 FQP50N06은 NPN 트렌지스터와 같다고 생각하면 무리가 없을 것이다.

그림 1.83 FQP50N06(60V N-Channel MOSFET) 핀 커넥션

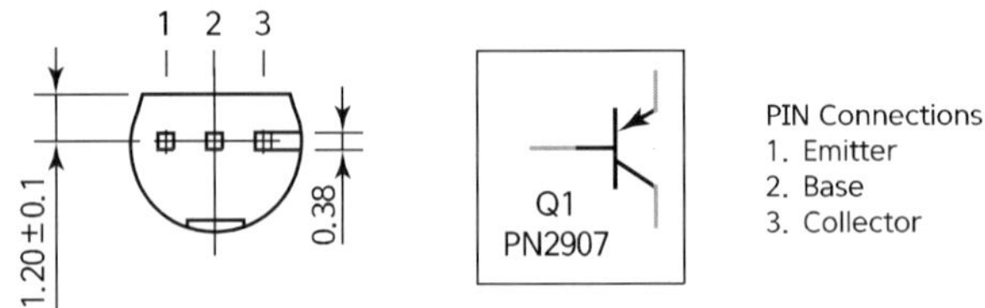

그림 1.84 PN2907(PNP Silicon Transistor)의 핀 커넥션(Bottom 방향에서본 그림)

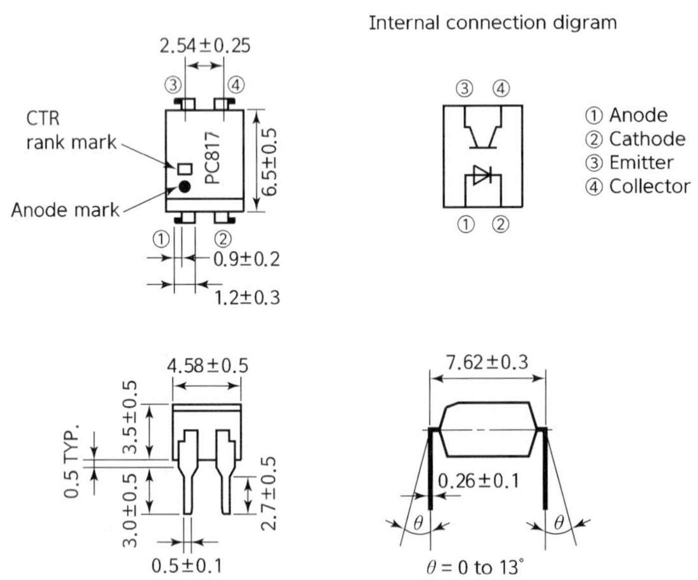

그림 1.85 PC817(High Density Mounting Type Photocoupler)

6. 프로그램

회로와 프로그램의 주요 부분을 살펴보았다. 여기서는 전체적인 프로그램을 소개하는 것으로 마치도록 하겠다. 여기서 다룬 메카트로닉스 기술을 이용한 디지털시계 설계 기술은 어떤 시스템이든 설계 시 응용이 가능하리라 본다. 키보드 기술은 스위치 대신 센서를 연결하면 센서 입력을 받아서 처리할 수 있고, 공압 실린더를 구동하는 것은 오픈 콜렉터 형태를 갖고 있으므로 다양한 전압의 Actuator 구동 응용 기술에 사용될 수 있을 것이다. 그리고 시계 기술은 인간생활의 기본이 되는 시간을 활용해서 무슨 일이든 가능하게 해 줄 것이다. 본 과제를 다용도로 응용해서 사용할 수 있도록 관심을 보여 줄 것을 부탁한다. 그러면 전체적인 프로그램을 소개하는 것으로 본 챕터를 마치도록 하겠다.

```
#include <16F877.h>
#fuses HS,NOWDT,PROTECT, CPD, NOLVP, PUT, NOBROWNOUT
#use delay(clock=20000000)

#include <ds1302.c>  // DS1302 RTC 사용을 위한 함수 삽입

// PIC16F877의 레지스터 맵
#byte PORTA = 0x05
#byte PORTB = 0x06
#byte PORTC = 0x07
#byte PORTD = 0x08
#byte PORTE = 0x09

#byte TRISA = 0x85
#byte TRISB = 0x86
#byte TRISC = 0x87
#byte TRISD = 0x88
#byte TRISE = 0x89

#bit COM0 = PORTA.2
#bit COM1 = PORTA.3
#bit COM2 = PORTA.4
#bit COM3 = PORTA.5

//#bit OUTA = PORTA.0
//#bit OUTB = PORTA.1

#bit KEY_Y0 = PORTD.0
#bit KEY_Y1 = PORTD.1
```

(계속)

```
#bit KEY_Y2 = PORTD.2
#bit KEY_X0 = PORTD.3
#bit KEY_X1 = PORTD.4
#bit KEY_ALARM = PORTD.5
//#bit IO_D6 = PORTD.6
//#bit IO_D7 = PORTD.7

#bit AM    = PORTE.0
#bit PM    = PORTE.1
#bit SEG_DOT = PORTE.2
#bit LED = PORTD.7

// 시간 관련 변수
int hr;         //시간
int min;        //분
int sec;        //초
int year;       //년
int mth;        //월
int day;        //날짜
int dow;        //요일

// 알람 시간 분에 관련 변수
int al_hr;               //알람 시간 변수
int al_min;              //알람 분의 변수
short alarm_set_bit = 0;  //알람 설정 변수

//  7세그먼트 디스플레이 관련 변수
short dot_bit = 0;
int dot_count = 0;
int seg_val;      // 7세그먼트에 출력되는 변수
int seg_count;    // 디스플레이되는 7세그먼트 순서 변수
int num;          // 디스플레이를 위한 변환 변수
int num1;         // 디스플레이를 위한 변환 변수
int num2;         // 디스플레이를 위한 변환 변수
int key_val;      // 키 스캔 값을 저장하는 변수
//-----------------------------------------------------
int key_scan()  // 키 스캔 함수
{
   KEY_X0 = 0;
   KEY_X1 = 1;
   switch(PORTd & 0x07)
   {
      case 0x06: return 1;     // 분 증가
```

(계속)

```
        case 0x05: return 2;     // 시간 증가
        case 0x03: return 3;     // 알람 / 현재 시간 설정
    }
    KEY_X0 = 1;
    KEY_X1 = 0;
    switch(PORTd & 0x07)
    {
        case 0x06: return 4;     // 분 감소
        case 0x05: return 5;        // 시간 감소
     //case 0x03: return 6;     // SP
    }
    if (KEY_ALARM == 0) return 7;     // 알람 on/off
    return 8;  //키 입력이 없을 때의 리턴 값
}
//------------------------------------------------
void val_to_seg1()    // 변숫값을 7세그먼트 디스플레이 값으로 변환
{
        switch(num)
        {
                case 0x00:
                    seg_val = 0x40;    // Font 0
                    break;
                case 0x01:
                    seg_val = 0x79;    // Font 1
                    break;
                case 0x02:
                    seg_val = 0x24;    // Font 2
                    break;
                case 0x03:
                    seg_val = 0x30;    // Font 3
                    break;
                case 0x04:
                    seg_val = 0x19;    // Font 4
                    break;
                case 0x05:
                    seg_val = 0x12;    // Font 5
                    break;
                case 0x06:
                    seg_val = 0x02;    // Font 6
                    break;
                case 0x07:
                    seg_val = 0x58;    // Font 7
                    break;
```

(계속)

```
            case 0x08:
                seg_val = 0x00;    // Font 8
                break;
            case 0x09:
                seg_val = 0x10;    // Font 9
        }
}
//-----------------------------------------------------------------
void val_to_seg2()   // 오전, 오후 선택 및 디스플레이용 변수 변환
{
        if(num2 < 0x12)  // 12시보다 적을 땐 AM 아니면 PM
        {
            AM = 0; PM = 1;
        }
        else
        {
            AM = 1; PM = 0;
        }
        if(num2 >= 0x13)
        {
            if(num2 == 0x20) num2 = 0x08;
            else if(num2 == 0x21)num2=0x09;
            else if(num2 == 0x22)num2=0x10;
            else if(num2 == 0x23)num2=0x11;
            else num2 = num2 - 0x12;
        }
        if(num2 == 0x00) num2=0x12;                    //  0시가 되면 12로 변환
        num = num2 & 0x0f;
}
//-----------------------------------------------------------------
#int_TIMER2
void TIMER2_isr()
{
        if(alarm_set_bit)
        {
            min = al_min; hr = al_hr;
        }
        else
        {
            rtc_get_time(hr,min,sec);
        }
        if(seg_count == 1)
        {
```

(계속)

```
        num1 = min;
        num = min & 0x0f;  //아래 4비트만 출력
        val_to_seg1();
        COM0 = 1; // 시간 상위 출력 선택 비트
        COM1 = 1; // 시간 하위 출력 선택 비트
        COM2 = 1; // 분 상위 출력 선택  비트
        COM3 = 1; // 분 하위 출력 선택  비트
        portc =seg_val;
        COM3 = 0; // 잔상 제거를 위해 전체 클리어 후 다시 선택
        seg_count = 2;
  }
else if(seg_count==2)
{
        swap(num1);             // swap명령(swap(0xf0)==>(0x0f))
        num = num1 & 0x0f; // 디스플레이를 위한 변수 변환
        val_to_seg1();
        COM0 = 1;
        COM1 = 1;
        COM2 = 1 ;
        COM3 = 1;
        portc = seg_val;
        COM2 = 0;               // 분 상위 출력 선택  비트
        seg_count = 3;
}
else if(seg_count==3)
{
        num2 = hr;
        val_to_seg2();
        val_to_seg1();
        COM0 = 1;
        COM1 = 1;
        COM2 = 1;
        COM3 = 1;
        portc = seg_val;
        COM1 = 0;             // 시간 하위 출력 선택 비트
        seg_count = 4;
}
else
{
        swap(num2);
        num = num2 & 0x0f;
        val_to_seg1();
        COM0 = 1;
```

(계속)

```
            COM1 = 1;
            COM2 = 1;
            COM3 = 1;
            portc = seg_val;
            COM0 = 0;          // 시간 상위 출력 선택 비트
            seg_count = 1;
        }
        if (alarm_set_bit)    // 알람 모드에서는 dot on, 현재 시간 모드에서는 dot on / off
        {
          SEG_DOT = 0;
        }
        else
        {
          dot_count++;
          if(dot_count == 100)
          {
            if (dot_bit)
            {
              dot_bit = 0;
              SEG_DOT = 0;
              dot_count = 0;
            }
            else
            {
              dot_bit = 1;
              SEG_DOT = 1;
              dot_count = 0;
            }
          }
        }
}
//------------------------------------------------------------------
void min_up()  // 분 증가함수
{
        int min_0 = 0;
        disable_interrupts(INT_TIMER2);
        min++;
        min_0 = min & 0x0f;
        if(min_0 == 0x0a)
        {
                min = min + 0x06;
                min = min & 0xf0;
        }
```

(계속)

```
        if(min == 0x60) min = 0;                  // 60분은 0분으로
        if(alarm_set_bit) al_min = min;
        else                                      // 아니면 분을 RTC에 저장한다.
        {
                rtc_set_datetime(0x26,0x08,0x05,0x05,hr,min);
        }
        enable_interrupts(INT_TIMER2);
        delay_ms(200);   // 버튼 누름 딜레이
}
//- - - - - - - - - - - - - - - - - - - - - - - - - - - - - - - - - - - - - - - -
void min_down()  // 분 감소함수
{
        int min_0 = 0;
        disable_interrupts(INT_TIMER2);
        if(min != 0x00)
        {
                min--;
                min_0=min & 0x0f;
                if(min_0 == 0x0f) min = min - 0x06;
        }
        else min = 0x59;
        if(alarm_set_bit) al_min = min;
        else                                      // 아니면 분을 RTC에 저장한다.
        {
                rtc_set_datetime(0x26,0x08,0x05,0x05,hr,min);
        }
        enable_interrupts(INT_TIMER2);
        delay_ms(200);   // 버튼 누름 딜레이
}
//- - - - - - - - - - - - - - - - - - - - - - - - - - - - - - - - - - - - - - - -
void hr_up()
{
        int hr_0 = 0;
        disable_interrupts(INT_TIMER2);
        hr++;
        hr_0 = hr & 0x0f;
        if(hr==0x24) hr = 0;                      // 24시가 되면  0시로 변환
        else if(hr_0 == 0x0a)
        {
                hr = hr + 0x06;
                hr = hr & 0xf0;
        }
        if(alarm_set_bit) al_hr = hr;
```

(계속)

```
        else
        {
                rtc_set_datetime(0x26,0x08,0x05,0x05,hr,min);
        }
        enable_interrupts(INT_TIMER2);
        delay_ms(200);    // 버튼 누름 딜레이
}
//-------------------------------------------------------------------
void hr_down()  // 시간 감소함수
{
        int hr_0 = 0;
        disable_interrupts(INT_TIMER2);
        if(hr != 0x00)
        {
                hr--;
                hr_0 = hr & 0x0f;
                if(hr_0 == 0x0f) hr = hr - 0x06;
        }
        else hr = 0x23;
        if(alarm_set_bit) al_hr = hr;
        else
        {
                rtc_set_datetime(0x26,0x08,0x05,0x05,hr,min);
        }
        enable_interrupts(INT_TIMER2);
        delay_ms(200); // 버튼 누름 딜레이
}
//-------------------------------------------------------------------
void alarm_on_off()   // 스위치를 누룰 때 마다 시간 설정과 알람 설정을 전환하는 함수
{
        if(alarm_set_bit)
        {
                alarm_set_bit = 0;
        }
        else
        {
                alarm_set_bit = 1;
        }
        delay_ms(300); //버튼 누름 딜레이
}
//-------------------------------------------------------------------
void alarm_event_on()  // 알람 시간과 현재 시간이 같을 때의 이벤트
{
```

(계속)

```
//-------------------------------------------------------------
void alarm_event_off()  // 알람 이벤트 종료 시
{
      LED = 1;  // LED OFF
}
//-------------------------------------------------------------
void main()
{
      setup_adc_ports(NO_ANALOGS);
      setup_spi(FALSE);
      setup_psp(PSP_DISABLED);
      setup_ccp1(CCP_OFF);
      setup_ccp2(CCP_OFF);
      setup_timer_2(T2_DIV_BY_16,255,5);

      enable_interrupts(INT_TIMER2);
      enable_interrupts(GLOBAL);

      rtc_init();    // DS1320  초기화

      rtc_get_time(hr,min,sec);  // rtc 오동작을 체크하여 초깃값 설정
      if(hr >= 0x24)hr=0x12;
      if(min >= 0x60)min=0x00;


      TRISA = 0x00; // 모든 A포트 출력
      TRISC = 0x00; // 모든 C포트 출력
      TRISD = 0x27; // 0,1,2,5포트 입력,7,6,4,3포트 출력
      TRISE = 0x00; // 모든 E 포트 출력

      AM = 1;
      PM = 1;
      LED = 1;

      al_hr=0x12;   // 알람 시간 초깃값
      al_min=0x00;  // 알람 분  초깃값
      enable_interrupts(INT_TIMER2);

      while(1)
      {
            key_val = key_scan();  // 키 스캔
            if(key_val == 1) min_up();              // 분 증가함수를 호출한다.
            else if(key_val == 2) hr_up();          // 시간 증가함수를 호출한다.
```

(계속)

```
            else if(key_val == 3) alarm_on_off();
            else if(key_val == 5) hr_down();          // 시간 감소함수를 호출한다.
            else if(key_val == 4) min_down();         // 분 감소함수를 호출한다.
            if (hr == al_hr && min == al_min && key_val == 7 && !alarm_set_bit)
            alarm_event_on(); else alarm_event_off();
            key_val = 8;
        }
    }
```

그림 1.86 메카트로닉스 기술을 이용한 디지털시계

11 포토 인터럽트를 이용한 DC 모터 속도 제어 기술

1. PWM(Pulse Width Modulation) 모드를 이용한 응용 기술

PWM은 펄스 폭 변조를 나타내는 말로서, 그림과 같이 주파수 즉 펄스의 주기는 일정하게 하면서 듀티비만을 조정해서 전체적인 평균치를 이용해서 제어하는 데 사용하는 것이다. 이런

PWM 방식은 여러 곳에서 사용되는데, 과거 필자가 자동차 엔진에 연료를 공급할 때 이러한 PWM 방식을 이용했던 기억이 난다. 그리고 일반적으로 회전체의 속도나 위치를 제어하고자 할 때 주로 사용되는 방식이며, 경우에 따라서는 DC - DC 컨버터와 D/A(Digital to Analog) 컨버터용으로도 이용된다. setup_ccp1(mode); 명령어에서 CCP_PWM은 Pulse Width Modulator를 인에이블한다. PWM과 관련된 명령어는 다음 표와 같고 PWM의 의미는 그림을 통해서 확인해 보자.

```
void setup_pwm(){
①       setup_ccp1(CCP_PWM);
②       setup_timer_2(T2_DIV_BY_16,255,1);
③      set_pwm1_duty(con_val);
}
```

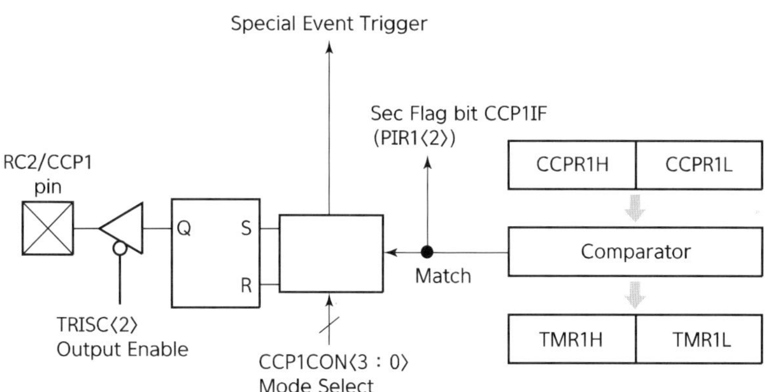

그림 1.87 Compare 모드 시 동작 블록다이어그램

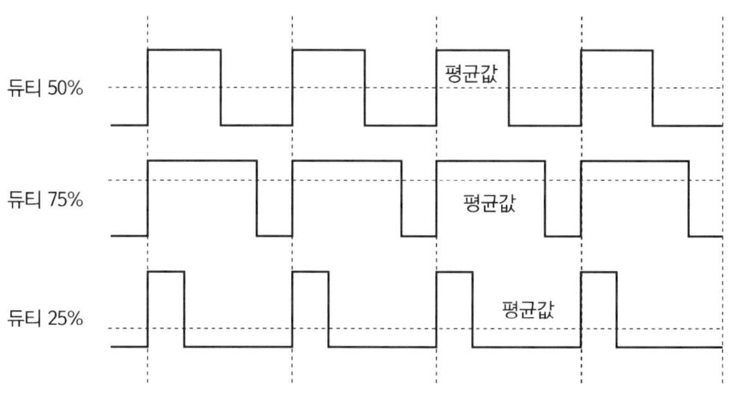

그림 1.88 PWM(Pulse Width Modulation)의 구성 원리

2. L298을 이용한 PWM 응용 기술

이런 기능을 이용해서 간단히 제어해 보도록 하자. 먼저 관련 회로부터 살펴보자. 물론 여기서는 DC 모터이므로 파워 TR을 사용해야 되고 L298(Dual Full-Bridge Driver)이 가장 적절하리라 생각해서 L298을 선정했다. 물론 L298은 매뉴얼에 나와 있는 회로도를 참고해서 구성해 보도록 하자. 간단히 회로도를 설명하자면 포토 인터럽트의 출력은 74HC14의 4번을 통해서 PIC16F874의 6번 핀으로 입력된다. 여기서 다루는 회로는 L298의 특징에 대해서 먼저 알아보는 것이 더 나을 것 같으니 확인해 보도록 하자. L298(Dual Full-Bridge Driver)은 오래전부터 사용되어 온 꽤 전통이 있는 소자이다. 전압과 전류를 살펴보면 전압은 DC46V까지 가능하고 전류는 전체 4[A]까지 가능한 15핀짜리 통합된 단일 TR 회로이다. L298은 표준 TTL 레벨의 입력으로 다음과 같은 코일 성분의 부하들인 릴레이(relay), 솔레노이드(solenoid), 직류 모터(DC Motor) 그리고 스테핑 모터(stepping motor)를 구동할 수 있는 고전압, 고전류를 취급할 수 있는 풀브리지형 드라이버이다.

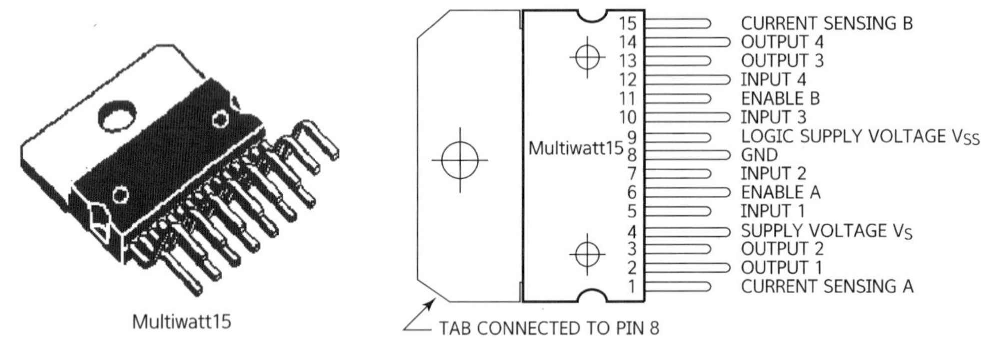

그림 1.89 L298(Dual Full-Bridge Driver)의 외형도

외형도뿐만 아니라 내부 회로도를 참고하면 더욱 이해가 쉬울 것으로 생각된다. 그리고 이 책에서 제공한 회로도를 참고해서 학습해 보도록 하자. 우리가 DC 모터 구동 시 많이 사용한 브리지 형태의 회로가 내부에 있다는 것을 쉽게 알 수 있을 것이다. 핀 번호 2, 3과 13, 14는 부하를 연결하면 되고, 9번과 4번은 Vcc 전압을 공급해 주는데 9번은 로직 구동을 위한 DC5V 전압을 공급해 주면 되고, 4번은 부하에 가할 전압을 공급해 주면 된다. 이 4번핀과 관여해서 각각의 GND 핀은 회로 A는 1번 핀이고 회로 B는 15번 핀이다. 그리고 회로의 파워 TR이 교번적으로 동작해 야함에 따라 10번 핀과 12번 핀의 신호는 서로 방대 형태로 공급되야 한다. 그렇지 않으면 같은 전원이 공급되어서 동작하지 않는다. 즉 한쪽이 Vcc에 연결되면 다른 한쪽은 GND로 연결되어야 함을 의미한다. 같은 의미로서 핀 5번과 7번에 해당된다. 그리고 출력 인에이블하기 위해서는 회로 A는 핀 6번 그리고 회로 B는 핀 11번이 해당된다. 다음 그림은 기본 회로도를 나타낸다.

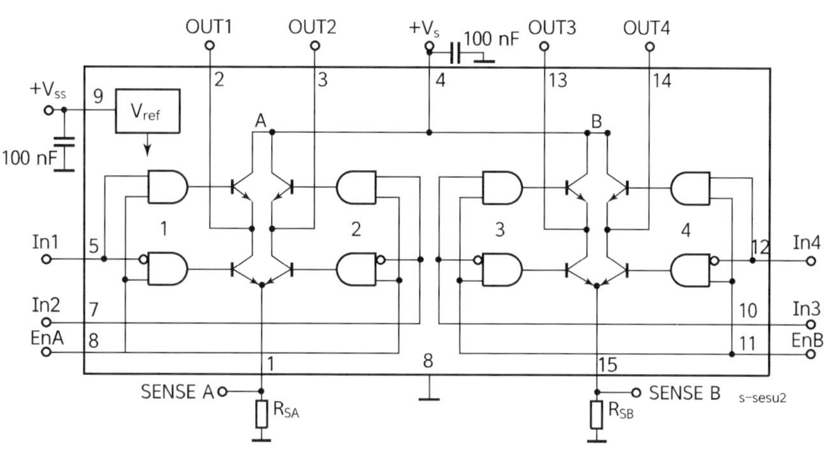

그림 1.90 L298(Dual Full-Bridge Driver)의 내부 회로도

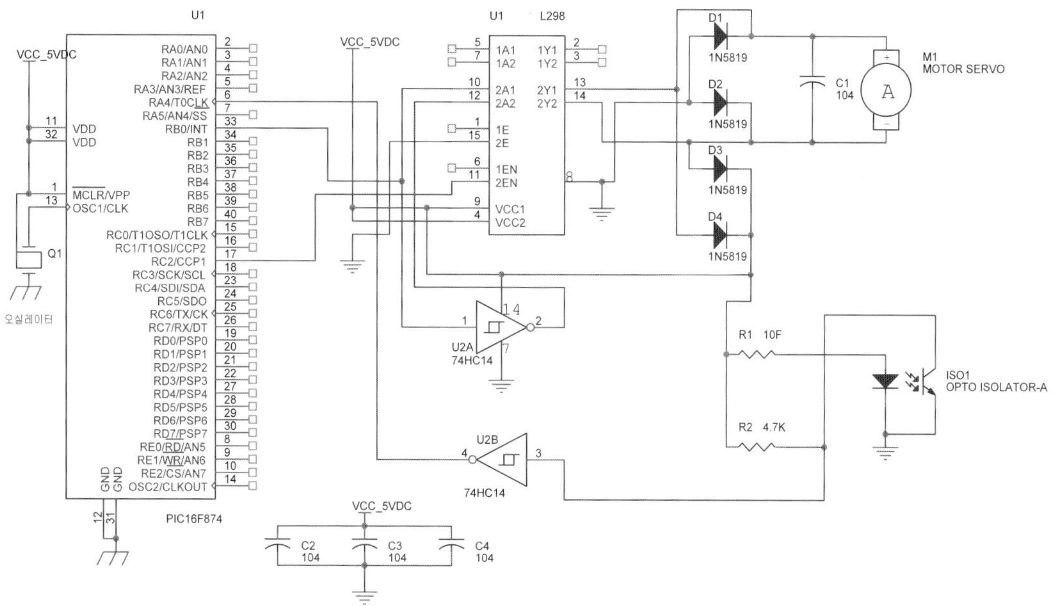

그림 1.91 DC 모터 제어를 위한 전자 회로도

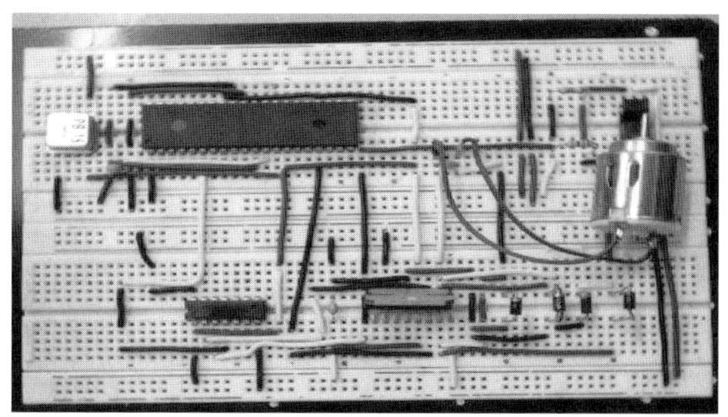

그림 1.92 모터 속도 제어를 위한 구성 회로도

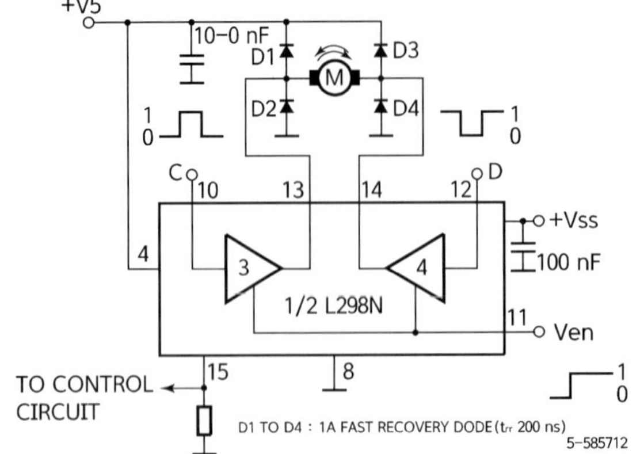

Inputs		Function
V_{en} = H	C = H ; D = L	Forward
	C = L ; D = H	Reverse
	C = D	Fast Motor Stop
V_{en} = L	C = X ; D = X	Free Running Motor Stop

L = Low, H = High, X = Don't care

그림 1.93 **모터 구동을 위한 추천 회로도 및 표**

```
#include <16f874.h>
#fuses xt,nowdt,noprotect

#use delay(clock=4000000)
#use rs232(baud=1200, xmit=PIN_A3, rcv=PIN_A2)

#byte port_b=6
void timer0_setup(){

        setup_counters(RTCC_EXT_L_TO_H , WDT_2304MS);
        set_timer0(0);
}

void setup_pwm(){
        setup_ccp1(CCP_PWM);
        setup_timer_2(T2_DIV_BY_16,255,1);
}

void main() {
        int con_val=50,old_val=0,dev=0,dev_val=0;

        set_tris_d(0xcf);
        set_tris_b(0x00);
        port_b=0;

        setup_pwm();
  while(TRUE) {

        set_pwm1_duty(con_val);
         delay_ms(500);

          }
}
```

다음으로는 실질적인 메카트로닉스 작업이라고 해도 좋을 것 같다. 모터의 회전 속도를 알아내기 위해서는 아크릴을 이용해서 모터 회전판과 모터를 기판에 고정할 구조물을 만들어야 하기 때문이다. 비교적 간단하게 생각했다 할지라도 그리 쉽지만은 않을 것이다. 모터 제어를 위한 것이니만큼 오실레이터도 20 MHz로 높였고 PIC16F877A로 했다. L298의 경우 앞에서 설명했으니 참고하면 되고 좀 특이한 부품은 포토 인터럽트이다. DC5V용으로 기판에 고정이 가능한 [SG23FF]를 사용한다. 그림의 사진과 같이 "ㄷ"자 형태이다. 아래 그림을 보면 실물 사진과 핀 설명 그림을 볼 수 있다. 그리고 납땜을 해서 구성해 놓은 회로 실물 사진을 보면 더 편하게 볼 수 있을 것이다.

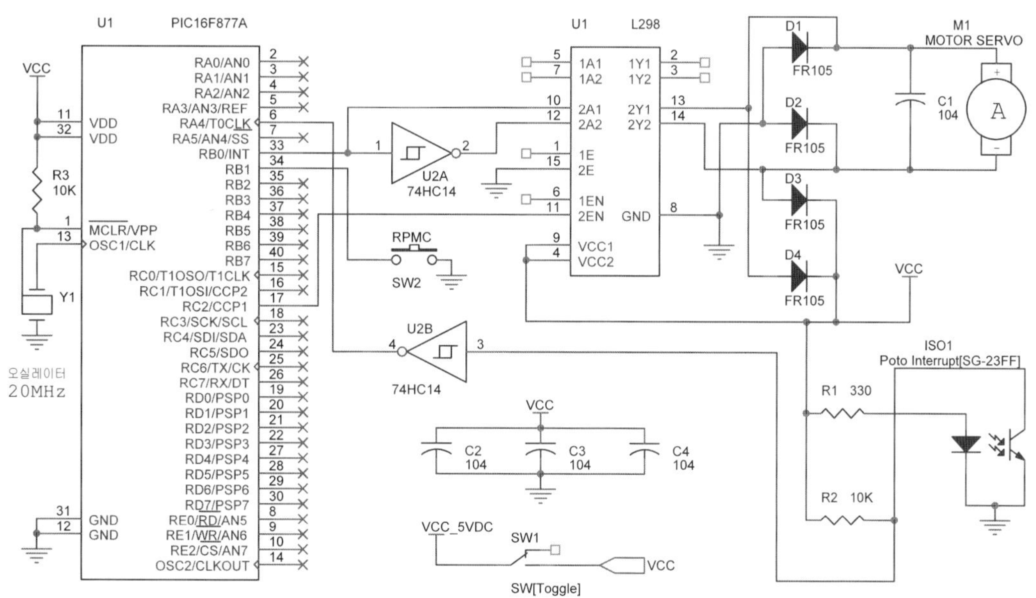

그림 1.94 **모터 속도 제어를 위한 전자 회로도**

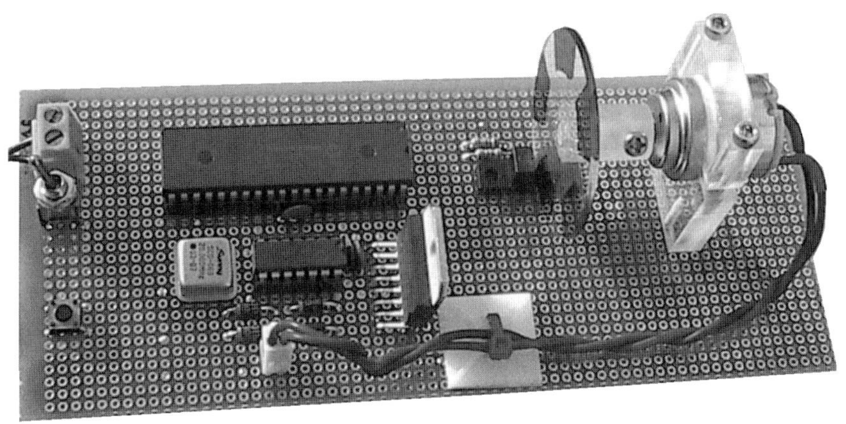
그림 1.95 **모터 속도 제어를 위한 실물 기판 제작 사진**

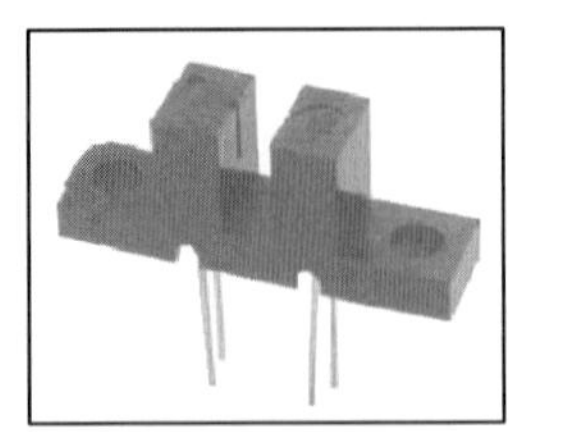

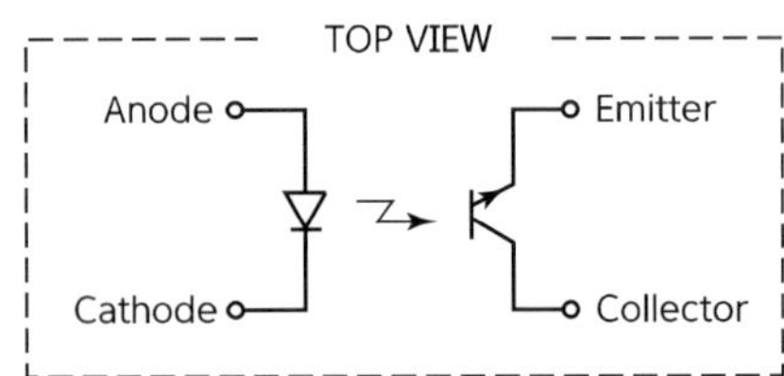

그림 1.96 **포토 인터럽트(Photo Interrupt, SG-23FF, 투과형 포토 인터럽트) 외형도**

전자 회로를 구성하는 것은 특별한 어려움 없이 가능할 것으로 생각된다. 기판의 배열에서 모터를 고정할 부분과 포토 인터럽트가 위치할 곳을 미리 선정해 주어야 어려움이 없을 것이다. 모터가 고속 회전하기 때문에 회전판이 포토 인터럽트와 간섭이 생긴다면 견뎌내지 못할 것이다. 그리고 회전판이나 회전판 고정 구조물과 모터 고정 구조물 역시 사진과 같이 제작이 잘 되어야 회전판의 회전 균형에 좋은 영향을 줄 수 있을 것이다.

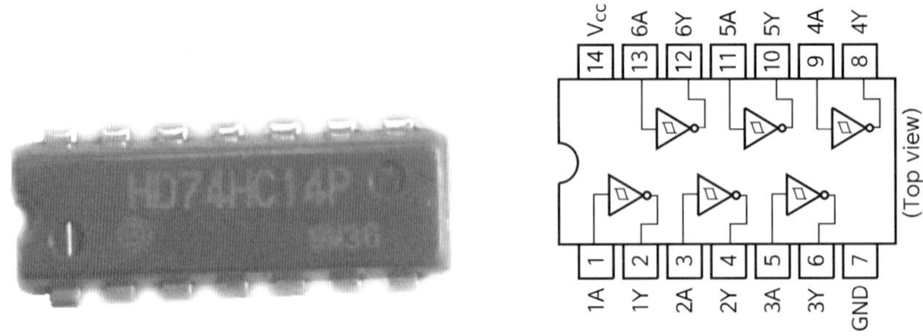

그림 1.97 **74HC14(Hex schmitt-trigger Inverters)의 실물 사진 및 내부 회로도**

모터 고정 구조물 및 회전판 제작하는 도면을 참고로 제작 과정을 설명해 보도록 하자. 먼저 전체적인 도면이다. 회전 원판은 5개짜리를 이용할 것이다. 그리고 모터 고정용 윗부분 고정용과 아랫부분 지지용이 있다. 여기의 라운드 "R"은 "10.5"인데 DC 모터의 크기가 다를 경우 반경을 조정해 주면 되는데 이때 고정 나사 홀에 간섭이 없어야 한다.

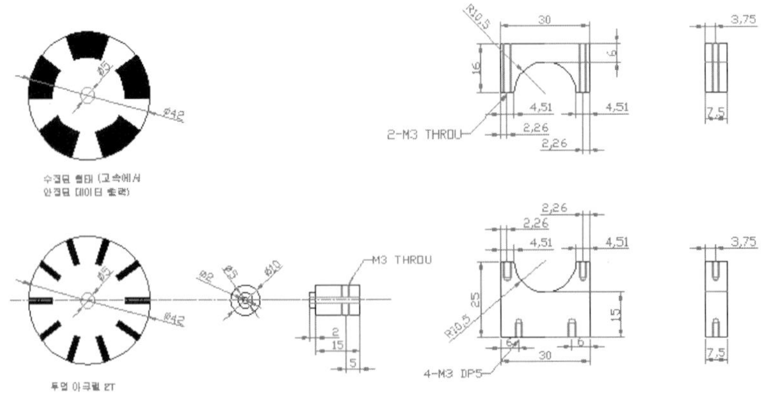

그림 1.98 **회전판 및 모터 고정을 위한 아크릴 가공 전체 도면**

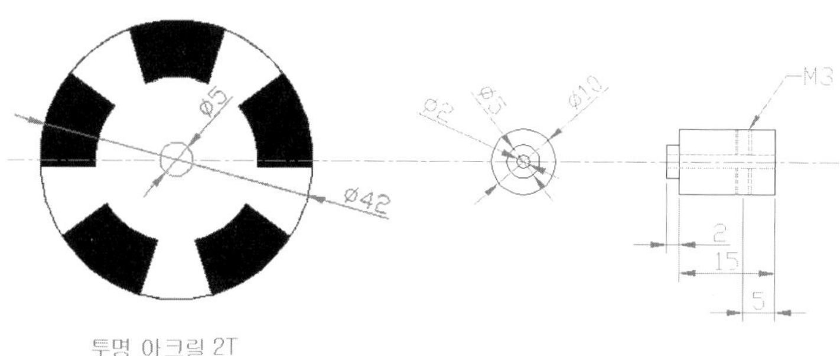

그림 1.99 회전 원판과 모터 축 고정을 위한 구조물 아크릴 도면

위 그림은 포토 인터럽트에서 회전할 회전판과 회전판의 중심에 고정되어서 모터 샤프트와 연결할 것의 도면이다. 직접 만들어 보든지 아니면 도면이 있으니 외주를 주어서 구성하면 될 것이다.

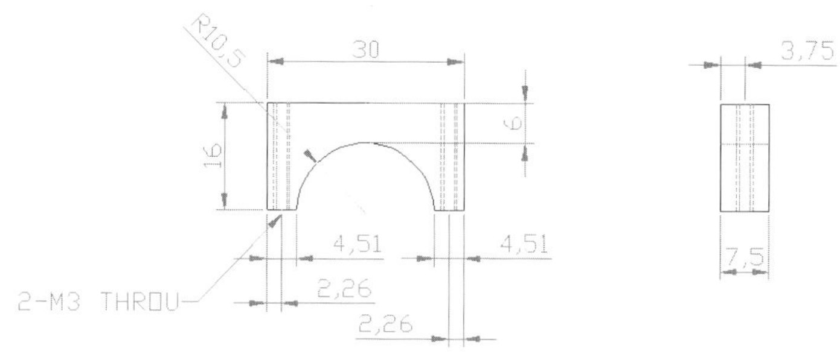

그림 1.100 모터 고정을 위한 윗부분 고정용 아크릴 도면

도면은 모터를 고정할 상판 지그이다. 만약 모터를 달리 사용한다면 그 크기에 맞춰서 "R"을 조정하면 된다. 아래 그림은 기판에 고정할 지그이다. 따라서 기판에 고정할 나사 홀을 만들어 주어야 한다. 그런데 나사 홀을 굳이 만들 필요 없이 적절한 크기로 홀만 만들어 주면 강제로 나사를 고정할 수 있으니 참고하면 편리할 것이다.

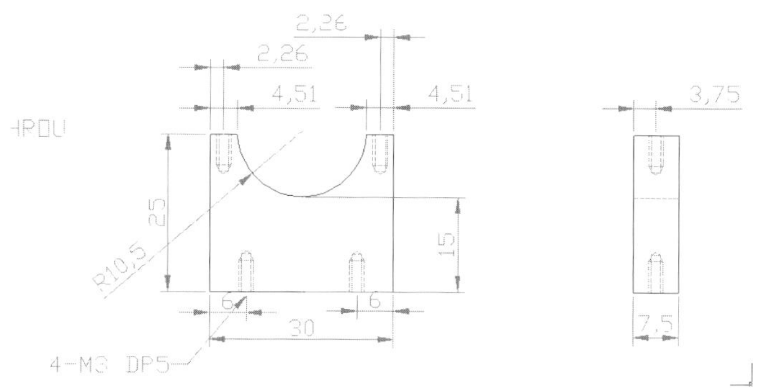

그림 1.101 모터 지지를 위한 기판 고정용 구조물 아크릴 도면

하드웨어적인 제작물과 회로 구성이 끝났으면 프로그램을 해서 구동해 보자. 여기서 소개하는 프로그램의 특징은 칩에서 제공하는 PWM 기능을 이용한 것이 아니라 약 10 Hz 정도 되는 PWM 신호를 만들었다. 각각의 함수에 대해서 하나씩 알아보도록 한다. 다음에 설명할 타이머 2 인터럽트 함수에 의해서는 목표 회전수를 구하는 등 실질적으로 속도 제어를 하는 함수이다.

```
#int_timer2
timer2_isr()
{
①  nCnt++;
②  rtcc += get_rtcc();
③  set_rtcc(0); // RTCC 카운터 초기화

④  if(nCnt==100) // 100ms일 때
    {
⑤      step=toRpm(rpm);
⑥      if(!state)
        {
⑦          if(rtcc > step) // 현재 회전수가 목표 회전수보다 클 때
            {
             speed-=0.1; //  모터 가동 주기를 줄인다.
            }
⑧          else if(rtcc < step) // 현재 회전수가 목표 회전수보다 작을 때
            {
             speed+=0.1; //  모터 가동 주기를 늘린다.
            }
⑨          else // rtcc == step // 현재 회전수가 목표 회전수와 같을 때
            {
             state = 1;
            }

        }
⑩      else
        {
         if(rtcc != step) // 목표 회전수와 현재 체크된 회전수 비교
             state = 0;
        }
      rtcc=0;
      nCnt=0;
    }
```

(계속)

```
⑪  if(nCnt < speed) // speed가 클수록 모터 가동 시간이 길어짐
    {
     IO_C2 = 1; // 모터 가동
    }
⑫  else
    {
     IO_C2 = 0; // 모터 정지
    }
}
```

이 프로그램은 1 ms마다 인터럽트가 걸리도록 타이머 2를 세팅했다. 따라서 1 ms마다 ① nCnt 변수는 1씩 증가하게 된다. 따라서 ④ if(nCnt==100)에서 PWM의 주파수를 결정해 줄 수 있다. 현재는 100 ms로 설정되어 있다.

그리고 ②번 라인은 하드웨어상에 연결(6, RA4/T0CLK)된 포토 인터럽트의 신호이다. 이 신호는 ②번 라인함수를 이용해서 100 ms 동안 신호를 읽어들이고, 이 신호의 크기에 따라 ⑥, ⑦, ⑧, ⑨ 그리고 ⑩에서 PWM에서 구동시켜 줄 ON 타이밍을 결정해 준다. ⑪과 ⑫는 모터 구동을 결정해 준다.

```
long int toRpm(float r)
{
①  r=r/120;
②  return r;
}
```

프로그램을 보면 알 수 있겠지만 100 ms의 PWM 신호를 이용하고 있다. 따라서 목표치의 값도 100 ms에 맞게 바꾸어 주어야 한다. 바로 ①번 라인에서 바꾸어 주고 ②번 라인에서 값을 리턴해 준다. 도면을 보면 회전판에 무늬가 5이다. 그러므로 한 회전하면 5개의 신호가 포토 인터럽트에서 출력된다. RMS에서 0.1 RPM으로 단위를 바꾸면 값이 변하는데 바로 여기서 이 변하는 값을 찾아준다. 물론 하드웨어 시스템이나 프로그램의 기준 시간이 변하게 되면 기준 식만 바꾸어 주면 된다. 계산 식을 확인해 보자. 원판이 한 바퀴 도는 데 5개의 신호가 출력되므로 2,000 RPM이 목표 회전수라고 가정하면, 100 ms의 회전수는 다음과 같다.

$$RPmS = \frac{RPM}{ms} \times PULSE$$

$RPmS$: 0.1초의 회전수, ms : 0.1초 단위의 시간수, $PULSE$: 회전당 펄스수

$$0.1초의\ 회전수 = \frac{2,000}{60 \times 10} \times 5$$

60 : 1분을 60초, 10 : 1초를 0.1초로, 5 : 회전당 펄스수

그러면 이번에는 메인 함수를 비롯해서 전체적인 프로그램을 확인해 보도록 하자. 메인 함수에는 특별한 것은 없다. 타이머 설정하고, 포트 입출력 결정하고 인터럽트 허가하는 등의 일이다. 특별히 추가된 것은 버튼 값을 읽어들이는 것이다. 특징으로는 포트 B에 연결된 버튼 스위치의 입력이 마이컴 내부에서 풀업되어 있다는 것이 조금 다르다.

```
#include "C:\DC_Motor.h"

#byte PORTA     =     0x05
#byte PORTB     =     0x06
#byte PORTC     =     0x07

#byte TRISA     =     0x85
#byte TRISB     =     0x86
#byte TRISC     =     0x87

#bit IO_B0 = PORTB.0
#bit IO_B1 = PORTB.1

#bit IO_C2 = PORTC.2

int nCnt=0; // 1ms 타이머를 이용해 100 ms마다 체크하기 위한 변수
float speed=10; // 초기 모터 가동 속도
int state=0; // 목표 회전수와 현재 회전수기 같을 때 속도 유지를 위한 변수
int nRpm=1; // 버튼으로 RPM 변환을 위한 변수
long int rtcc=0; // 현재 회전수(포토인터럽터 체크. 1회전일 때 5번)
float rpm=2000; // 속도 RPM(1분당)
long int step=0; //// 100 ms에 맞는 목표 회전수
long int toRpm(float r); // RPM을 100 ms에 맞게 변환하는 함수

#int_timer2
timer2_isr()
{
   nCnt++;
  rtcc += get_rtcc();
  set_rtcc(0);
```

(계속)

```
    if(nCnt==100) // 100 ms일 때
    {
        step=toRpm(rpm);
        if(!state){
            if(rtcc > step) speed--=0.1;
            else if(rtcc < step) speed+=0.1;
            else state = 1;
            }
        else{
            if(rtcc != step) state = 0;
            }
        rtcc=0;
        nCnt=0;
    }
    if(nCnt < speed)  IO_C2 = 1; // 모터 가동
    else IO_C2 = 0; // 모터 정지
}

long int toRpm(float r)
{
    r=r/120;
    return r;
}

void main()
{
    TRISA = 0xff; // PORT A의 입출력 설정
    TRISB = 0x02; // PORT B의 입출력 설정
    TRISC = 0x00; // PORT C의 입출력 설정

    PORT_B_PULLUPS(0xff); // PORT B 풀업
    IO_B0 = 1; // 정방향(0일 때 역방향)
    IO_C2 = 0;
    delay_ms(10);

    setup_counters(RTCC_EXT_H_TO_L, WDT_18MS); // RTCC 카운터 설정(분주비 1 : 1)

    setup_timer_2(T2_DIV_BY_16,20,15); // 1 ms 타이머(회전수 카운터)

    enable_interrupts(int_rtcc); // RTCC 인터럽터 사용
    enable_interrupts(int_timer2); // TIMER2 인터럽터 사용

    enable_interrupts(global);
```

(계속)

```
    while(1)
    {
        if (!IO_B1) // 버튼 클릭시
        {
            switch(nRpm)
            {
                case 0:
                    rpm=2000; //RPM 2000
                    speed-=3;
                    nRpm++;
                    break;
                case 1:
                    rpm=4000; //RPM 4000
                    nRpm++;
                    break;
                case 2:
                    rpm=6000; //RPM 6000
                    nRpm=0;
                    break;
            }
            delay_ms(500); // 0.5초
        }
    }
}
```

그리고 간단하게나마 헤더 파일은 만들었다. 특별한 것은 없지만 파일을 함께 사용하는 법을 익히기 위함이라 생각하면 좋을 것이다.

```
#include <16F877A.h>
#device adc=8
#use delay(clock=20000000)
#fuses NOWDT,HS, NOPUT, NOPROTECT, BROWNOUT, NOLVP, NOCPD, NOWRT,
NODEBUG
```

Chapter

02

라인트레이서

라인트레이서 회로 구성은 제작자들마다 특징이 있지만 일반적인 형태로서는 크게 4가지 부분으로 나누어서 구성된다. 전체적인 제어를 담당하며 필요한 데이터를 수집하고 처리하는 MCU부, 마이크로마우스가 미로를 탐색할 때 인간의 눈의 역할을 하게 되는 센서부, 인간의 다리 역할을 담당하는 구동부, 그리고 배터리로부터 전원을 공급받아 각 회로부에 전력을 공급하는 전원부의 총 4가지 회로부로 구성되게 된다. 이 장에서는 각 회로부의 구성 및 관련 소자 등에 대해서 알아본다.

그림 2.1

01 라인트레이서의 회로 구성

1. Atmega128 MCU 회로

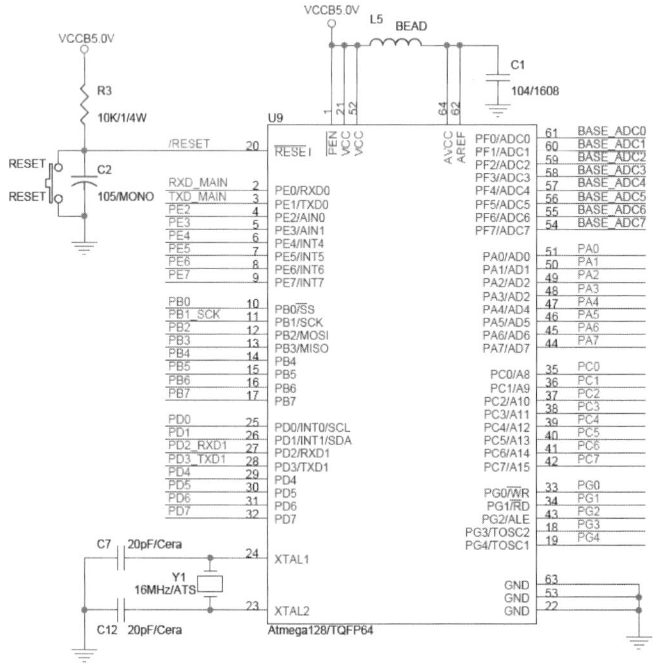

그림 2.2 Atmega128 MCU 회로 구성

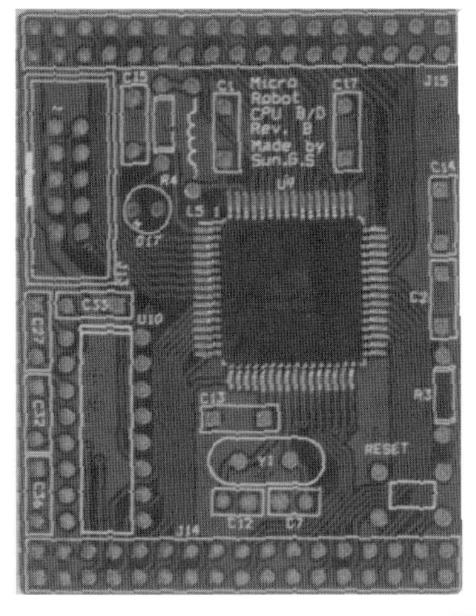

그림 2.3

ATmega128 마이크로프로세서는 Atmel사의 8 bit 마이크로프로세서로서 RISC 구조를 채택하고 있어 최대 16 MIPS의 고속의 처리 속도를 지원한다. 또한 128 Kbyte의 프로그램 flash memory와 4 Kbyte의 data memory를 가지고 있어 고용량의 펌웨어 프로그램 작성에도 용이하다. ATmega128 마이크로프로세서의 특징과 개요는 다음과 같다.

(1) ATmega128 특징과 개요

① RISC구조 CPU로서 16 MHz에서 16 MIPS 처리

② 8 bit Micro controller

③ 133개의 강력한 명령어, 단일 사이클 명령 실행 - RISC 구조

④ 32×8의 범용 작업용 레지스터 + 주변 장치의 제어 레지스터

㉠ 비휘발성 프로그램과 데이터 메모리

- 프로그램 가능한 128 Kbytes의 Flash 메모리 내장 -10,000번 쓰기/지우기 가능
- 4K Bytes EEPROM - 100,000번 쓰기/지우기 가능
- 4K Bytes의 내장 SRAM
- 소프트웨어 안전을 위한 프로그래밍 잠금 장치
- 내부 프로그래밍을 위한 SPI 인터페이스

㉡ JTAG Interface

- Boundary-scan Capabilities According to the JTAG Standard
- Extensive On-chip Debug Support
- JTAG Interface를 통한 Fuses, Lock Bits, EEPROM, Flash의 프로그래밍

㉢ Peripheral Features

- 2개의 8-bit 타이머/카운터

• 2개의 확장된 16 - bit 타이머/카운터
• 실시간 카운터의 분리된 오실레이터
• 두 개의 8 - bit PWM Channels
• 8 - channel, 10 - bit ADC
• Dual Programmable Serial USARTs
• Master/Slave SPI Serial Interface
• Programmable Watchdog Timer with On - chip Oscillator

㉣ Special Micro - controller Features

• Power - on Reset and Programmable Brown - out Detection
• RC Oscillator 조정 기능 내장
• 외부와 내부 인터럽트 소스

㉤ I/O and Packages

• 프로그램 가능한 53개의 I/O 라인, 64핀의 TQFP 패키지

㉥ Operating Voltages

• 4.5~5.5V(ATmega 128)
• 2.7~5.5V(ATmega 128L)

㉦ Speed Grades

• 0~8 MHz(ATmega 128L)
• 0~16 MHz(ATmega 128)

㉧ Pin 구조

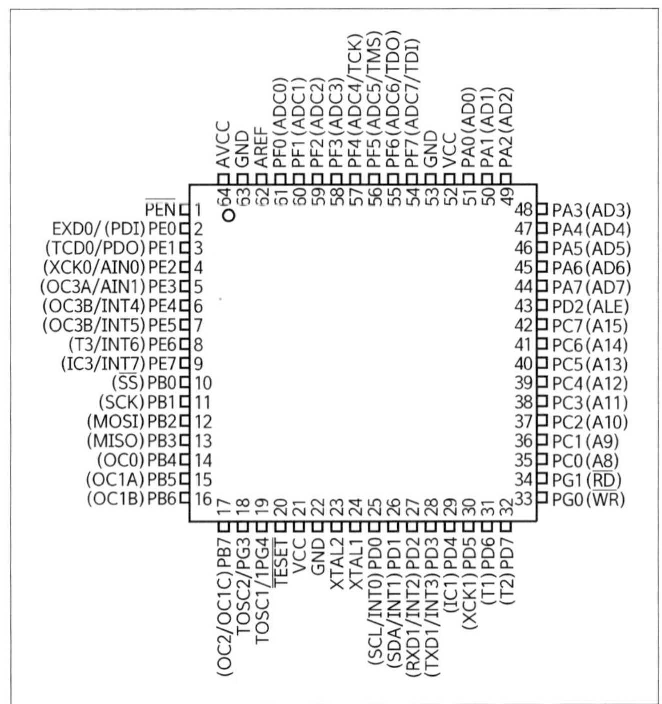

그림 2.4 ATmega128 MCU 핀 구성

㉧ Port A(PA7..PA0)

- 내부 풀업 저항을 가지는 8-bit 양방향 I/O 포트이다.
- Port A는 RESET 상태에서 tri-stated가 된다.
- Port B~Port E까지 PORTA와 같다.

㉨ Port F(PF7..PF0)

- Port F는 A/D Converter에 analog input을 담당한다.
- JTAG 인터페이스의 기능도 제공한다.
- 나머지는 다른 Port와 같다.

㉩ Port G(PG4..PG0)

- Port G는 내부 풀업 저항을 가지는 5-bit 양방향 I/O 포트이다.
- Port G는 RESET 상태에서 tri-stated가 된다.

㉪ XTAL 1

- Input to the inverting Oscillator amplifier and input to the internal clock operating circuit.

㉫ XTAL 2

- Output from the inverting Oscillator amplifier.

㉬ AREF

- AREF is the analog reference pin for the A/D Converter.

(2) ISP 인터페이스 회로

ISP 인터페이스는 ATmega128 마이크로프로세서에 실행 프로그램을 적재할 대 사용하는 인터페이스이다. 10Pin 박스 커넥터로 장착되어 있으며, 다운로드 케이블을 이용하여 PC와 연결할 수 있도록 되어 있다. 포니프로그2000 프로그램을 사용하여 다운로드 시 LED(D17)가 점등되어 프로그램 동작 중인 상태를 표시하게 된다.

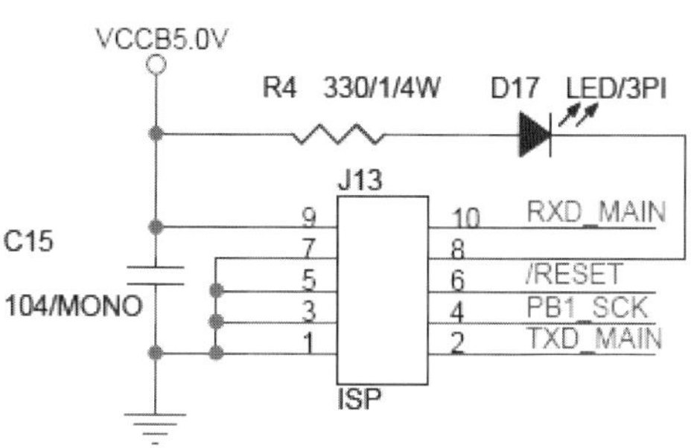

그림 2.5 ISP 커넥터 회로 및 사진(CPU 보드에 있음)

(3) RS - 232 Serial 인터페이스 회로

통신용 라인드라이버/리시버와 A/D 컨버터류의 제작사로 유명한 MAXIM사의 RS-232C 통신용 MAX232칩으로 구성된 RS232용 시리얼 통신 회로이다. 여기서 **전이중** 방식이란 데이터를 전송할 때 동시에 양방향으로 송수신할 수 있는 것을 말하며, 한 번에 한쪽 방향으로만 데이터를 보내는 것을 반이중 방식(Half-Duplex)이라 한다. 전이중 방식과 달리 반이중 방식은 일정 블록의 송신을 끝내고 나서 상대측이 수신 모드에 들어갈 때까지 송신 중지 명령을 보낼 수 없기 때문에 송수신 반응이 늦지만, 전이중 방식이 네 가닥의 전선을 사용하는 것에 비해 반이중 방식은 두 가닥의 선을 이용하므로 나름대로 장단점이 있다고 하겠다. 일반적으로 RS-232C 통신은 수 미터의 거리 내에서 통신이 가능하다. ATmega128에는 USART0와 USART1의 두 개의 RS-232 시리얼 인터페이스가 있으며, USART0는 유선으로 PC또는 다른 주변 장치와 통신을 할 수 있도록 MAX232 IC를 통해 커넥터로 연결 처리되어 있으며, USART0는 블루투스 모듈을 이용해 무선으로 연결될 수 있도록 블루투스 모듈과 직접적으로 연결되어 있다. 블루투스 모듈과의 인터페이스는 다음 장에서 설명한다.

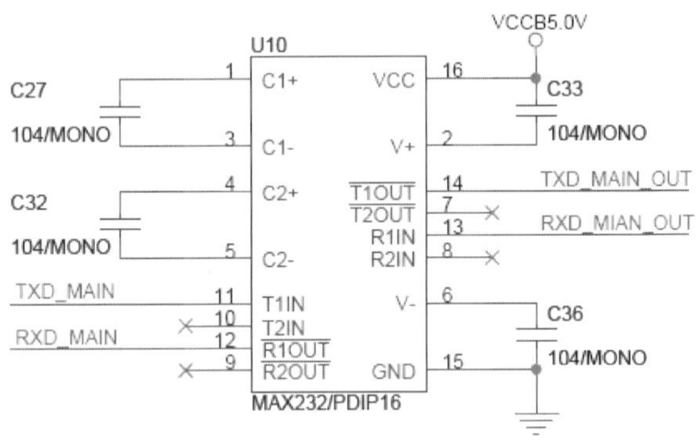

그림 2.6 **RS232 Serial 인터페이스 회로 및 사진**

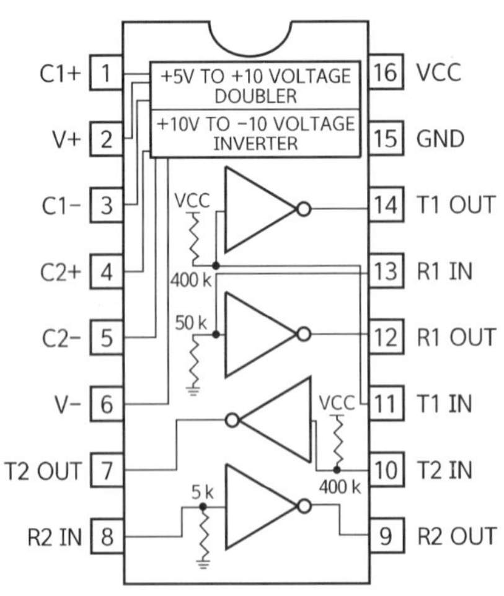

데이터 통신에서 TTL 레벨을 표준 EIA 레벨로 변환하려면 ±12[V] 전원을 사용하는 라인드라이버/리시버 IC (MC1488, MC1489 등)를 이용해야 한다.
하지만, MAX232칩의 경우는 +5[V]의 단일 전원 입력으로도 자체적으로 ±12[V]를 만들어 주므로 현재 널리 이용된다. 최초 개발사는 MAXIM사이나, 호환성을 가진 칩들이 다수 업체에서 생산되고 있다.

그림 2.7 **관련 소자-MAX232**

표 2.1 MAX232의 각 핀의 기능

핀 번호	심벌	기능
16	VCC	+전원(5 V)
15	GND	접지(0 V)
1, 2, 3, 4, 5, 6		DC / DC 컨버터용 커패시터 접속 단자
13, 12	R1 IN / OUT	수신 채널 1 입력 / 출력
8, 9	R2 IN / OUT	수신 채널 2 입력 / 출력
11, 14	T1 IN / OUT	송신 채널 1 입력 / 출력
10, 7	T2 IN / OUT	송신 채널 2 입력 / 출력

(4) 외부 확장 인터페이스 회로

외부 확장 인터페이스 회로는 메인 MCU 보드와 마이크로마우스용 베이스보드 또는 라인트레이서용 보드와 각종 I/O와 통신 그리고 전원을 연결하는 통로로 사용된다. 메인 MCU 보드의 상하로 34핀 2line 핀헤더 소켓으로 처리되어 있으며, 이는 2.54 mm 핀간 피치로 장착되어 있기 때문에 베이스보드 외에도 다른 범용 기판에 확장 장착하여 사용할 수 있도록 설계되어 있다.

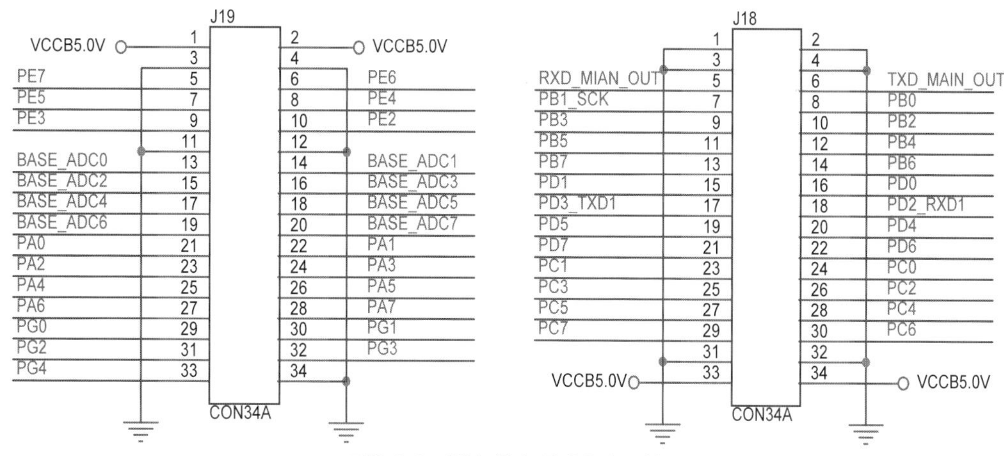

그림 2.8 외부 확장 인터페이스 회로

2. 라인트레이서 보디(Body)

본 라인트레이서에서 사용한 보디는 LCD 회로부, 블루 모듈 회로, 구동부, 전원부로 구성되어 있다. 아래 PCB는 전체 보디를 나타낸 PCB와 부품이 장착된 PCB이다.

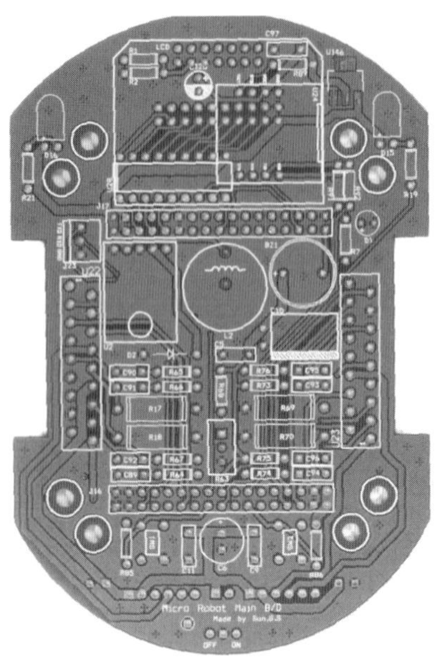

그림 2.9

(1) Character LCD 회로

여기에서 사용한 라인트레이서용 베이스보드와 뒤에서 소개할 마이크로마우스용 베이스보드에는 그림에서와 같이 8×2 사이즈의 캐릭터 LCD가 장착되어 각종 정보의 표시 및 디버깅 시 사용할 수 있다. 회로 우측의 R1과 R2는 캐릭터 LCD의 밝기를 조정하는 레퍼런스 전압을 생성하며, 현재는 고정되어 있으나 만약 밝기를 변화시키려면 R2의 값을 바꾸면 된다. 캐릭터 LCD와 ATmega128 MCU와의 연결은 범용 I/O를 이용하여 연결되어 있으며, LCD 구동용 프로그램은 예제 프로그램을 통해서 참조할 수 있다.

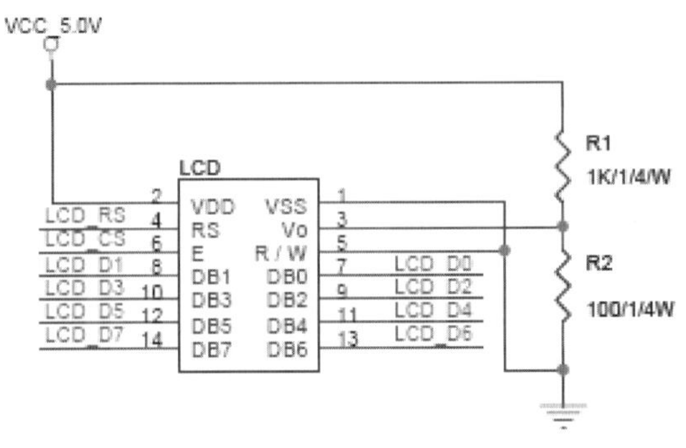

그림 2.10

(2) ACODE - 300A 블루투스 모듈 회로

ACODE-300A는 컴파일테크놀러지사(www.comfile.co.kr)에서 판매하고 있는 블루투스 모듈이다. 약 20 mm×20 mm 정도의 작은 사이즈와 칩 안테나를 적용하여 30 m의 전송 거리를 가지며, RS-232 시리얼 인터페이스를 지원하고 있다. 사용 가능한 전송 속도는 9,600 bps~115,200 bps이다. 블루투스 모듈 사용 시에는 반드시 두 개의 블루투스 모듈이 있어야 하며, 컴파일테크놀러지사에서 제공하는 셋업 유틸리티를 이용하여 서로 연결되는 블루투스 모듈을 설정할수 있다. 마찬가지로 통신 속도와 같은 각 옵션들도 설정이 가능하다. 현재 각 블루투스 모듈은 페어링(Pairring)되어 있으며, 통신 속도는 9,600 bps로 설정되어 사용되고 있다.

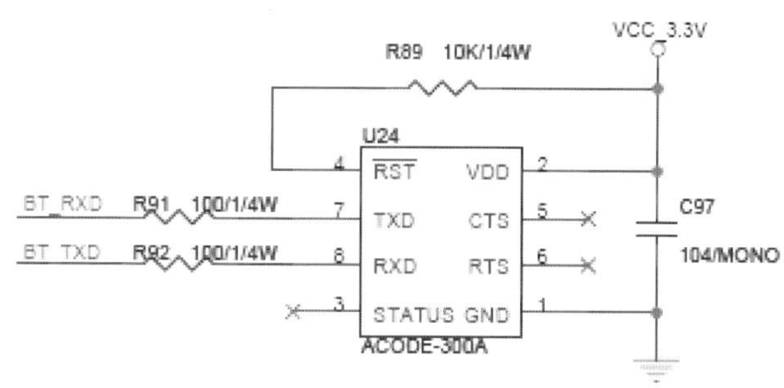

그림 2.11

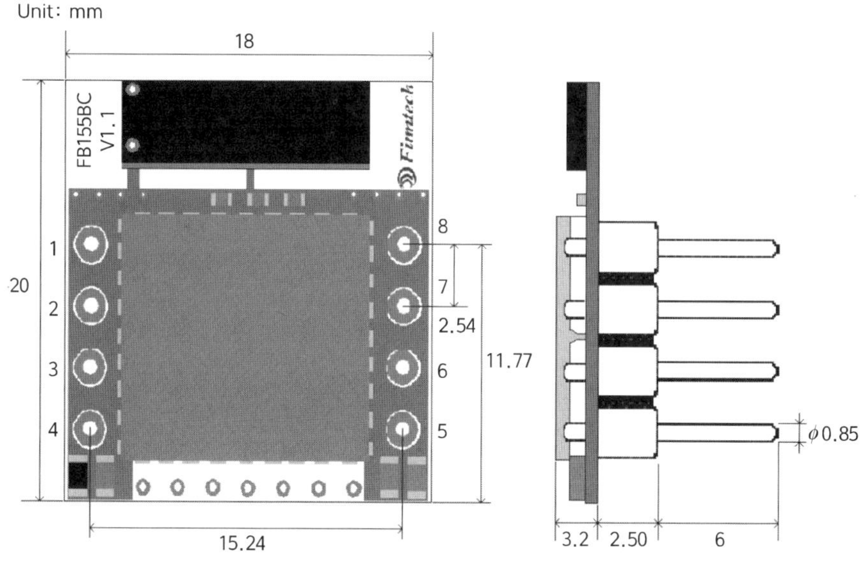

그림 2.12 관련 소자-ACODE-300A

표 2.2 ACODE-300A의 각 핀의 기능

핀 번호	심벌	기능
1	GND	접지(0 V)
2	VCC	+전원(5 V)
3	status	상태 출력 신호
4	Reset	Reset for FB155BC(FULL UP)
5	CTS	UART Clear To Send(TTL)
6	RTS	UART Ready To Send(TTL)
7	TXD	Transfer Data
8	RXD	Received Data

(3) 구동부

구동부는 마이크로마우스 또는 라인트레이서의 발 역할을 하게 되는 부분으로, 스테핑 모터가 사용된다. 산요기전의 H546 2상 42각 스테핑 모터가 사용되었으며, 구동 드라이버로는 산켄사의 대표적인 스테핑 모터 구동 드라이버인 SLA7024가 사용되었다. 2상 스테핑 모터를 구동하는 방법으로는 1상 여자 방식, 2상 여자 방식과 그리고 1-2상 여자 방식이 있다. 1상 여자 방식의 경우 간편하게 각 상을 순서(A-B-/A-/B)대로 인가하면 되지만, 토크가 크지 않고 2상 여자 방식의 경우에는 각 상은 두 상(AB-B/A-/A/B-/BA)씩 여자하는 방식으로 토크가 크지만 전력 소비가 크다.

1상과 2상의 여자 방식을 합친 것이 1-2상 여자 방식인데, 순서는 A-AB-B-B/A-/A-/A/B-/B-/BA로서 전력 소모가 크지 않으면서 큰 토크를 얻을 수 있어서 주로 사용되는 방법이다. 여기에서도 모터 구동 시 1-2상 여자 방식을 채택하고 있다. 또한 2상 스테핑 모터의 기본 스텝각이 1.8도인데 1상과 2상 여자 방식의 경우 기본 스텝각대로 각 상이 여자될 때 1.8도씩 회전하지만, 1-2상 여자 방식의 경우 0.9도씩 회전하게 되므로 로봇의 움직임을 더 미세하게 조정할 수 있다.

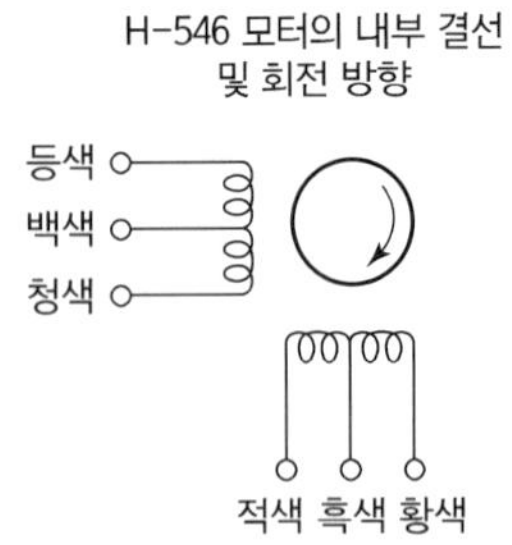

		리드선색				
		백, 흑색	등색	적색	청색	황색
스텝	1	+	-	-		
	2	+		-	-	
	3	+			-	-
	4	+				-

그림 2.13 H546 스테핑 모터의 결선도와 구동 순서

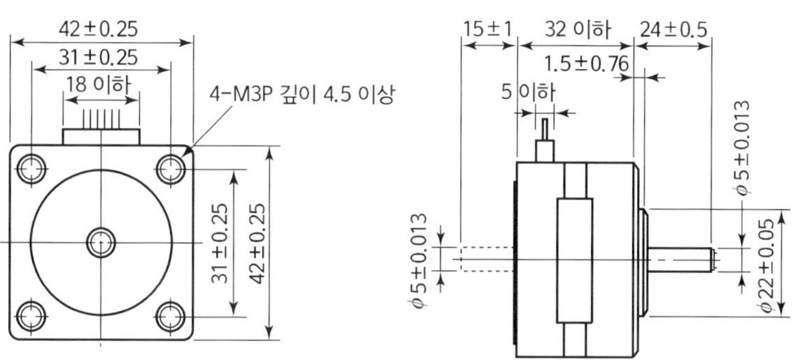

그림 2.14 H546 스테핑 모터의 외형도

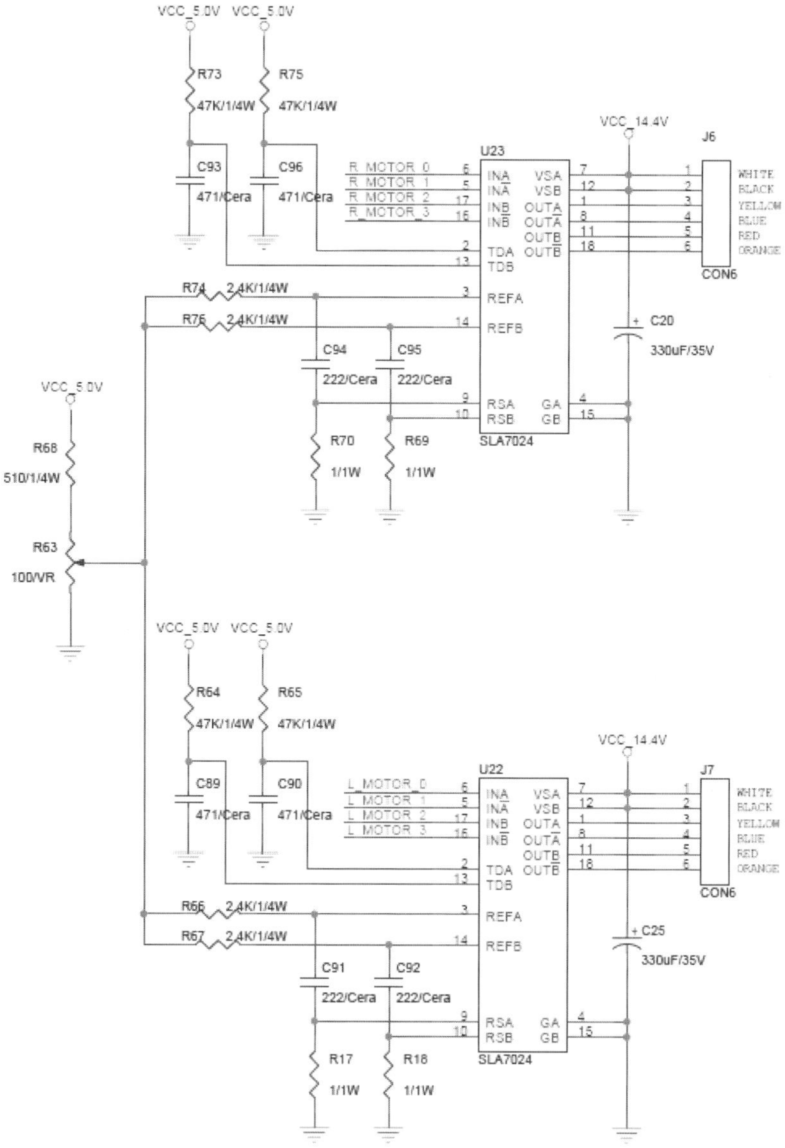

그림 2.15 SLA7024를 이용한 스테핑 모터 구동 회로

- 관련 소자 - SLA7024 : SLA7024는 유니폴라 방식의 스테핑 모터 구동 드라이버로서 18핀의 구성을 갖는다. 스테핑 모터를 구동시킬 때 입력 Pulse를 프로세서에서 인가하면 그것이 모터 드라이버 SLA7024로 입력되고 모터 드라이버는 신호를 모터로 보내서 모터를 구동 SLA7024는 N CHANNEL MOSFET로 되어 있어, DRAIN과 BODY 사이에 구조적으로 DIODE가 생성되므로 모터의 INDUCTOR에서 발생하는 역기전압 제거용 DIODE가 필요 없어서, 외부에서 달아 주어야 하는 TTL 구조의 L298에 비해 유리하다. 작동 원리는 L298과 같이 CHOPPING 구동을 한다.

내부적으로는 1 OHM의 저항에서 측정된 전류의 양을 FEEDBACK시켜 Pulse WIDTH MODULATION을 해서 고속 회전 시 전류를 충분히 공급할 수 있게 한다. 이런 회로를 사용하는 이유는 모터가 INDUCTOR로 되어 있기 때문이다. 최대 구동 전압은 46V이고 SLA7024는 1.5A, SLA7026은 3A의 전류 구동 능력을 가진다.

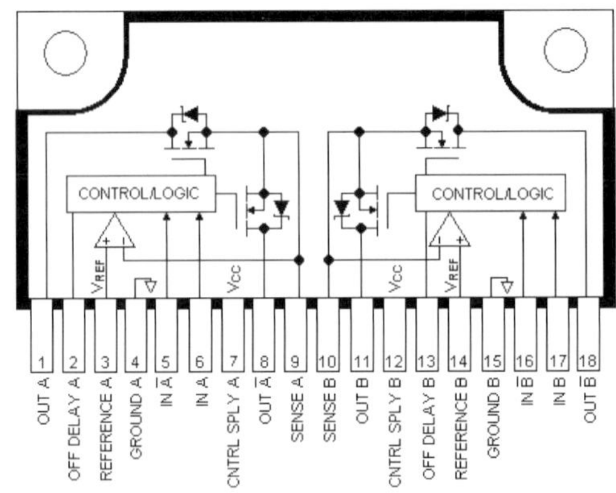

그림 2.16 SLA7024의 핀 및 외형도

표 2.3 1상 여자 방식의 경우 상 여자 순서

Sequence	0	1	2	3	0
Input A	H	L	L	L	H
Input $\overline{A}$	L	L	H	L	L
Input B	L	H	L	L	L
Input $\overline{B}$	L	L	L	H	L
Output ON	A	B	$\overline{A}$	$\overline{B}$	A

표 2.4 2상 여자 방식의 경우 상 여자 순서

Sequence	0	1	2	3	0
Input A	H	L	L	H	H
Input $\overline{A}$	L	H	H	L	L
Input B	H	H	L	L	H
Input $\overline{B}$	L	L	H	H	L
Output ON	AB	$\overline{A}B$	$\overline{A}\overline{B}$	$A\overline{B}$	AB

표 2.5 1-2상 여자 방식의 경우 상 여자 순서

Sequence	0	1	2	3	4	5	6	7	0
Input A	H	H	L	L	L	L	L	H	H
Input $\overline{A}$ or t_{dA}*	L	L	L	H	H	H	L	L	L
Input B	L	H	H	H	L	L	L	L	L
Input $\overline{B}$ or t_{dB}*	L	L	L	L	L	H	H	H	L
Output(s) ON	A	AB	B	$\overline{A}$B	$\overline{A}$	$\overline{AB}$	$\overline{B}$	A$\overline{B}$	A

(4) 전원부

라인트레이서 또는 마이크로마우스에는 1.2 V 2차 충전지가 총 12조가 직렬로 조합된 배터리를 전원으로 사용하고 있다. 모터를 제외한 MCU를 비롯한 주변 IC의 기본적인 동작 전압은 5 V이므로 배터리로부터의 전압을 직접적으로 사용할 수는 없다. 따라서 14.4 V로부터 5 V를 만들어서 보드에 공급해 주어야 한다. 그림 2.20의 LM2575라는 IC는 스텝-다운(Step-down) 레귤레이터로 약 50 Khz의 주파수로 스위칭하여 5 V를 생성하는 스위칭 레귤레이터이다. 리니어 IC와는 달리 전원 사용 시 열이 없기 때문에 사용하기 편리하다.

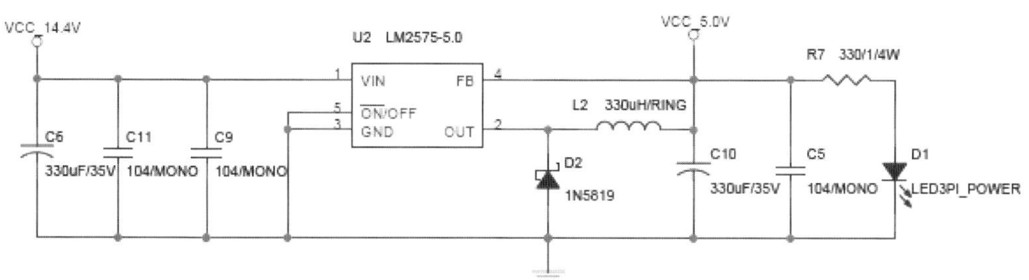

그림 2.17 LM2575-5.0V를 이용한 전원부 회로

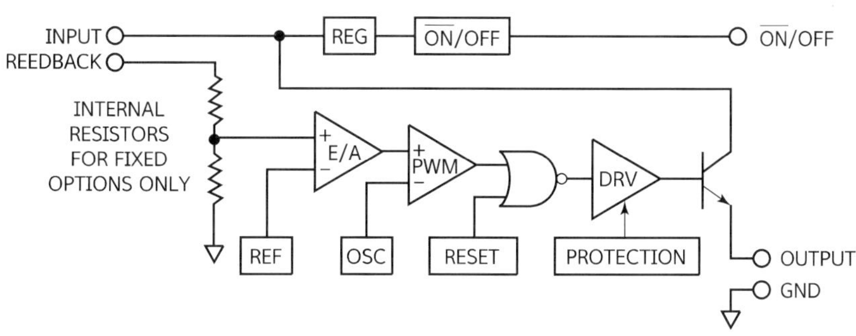

그림 2.18 LM2575-5.0V의 블록다이어그램

그림 2.19 **구동부 및 전원부의 PCB 그림**

3. 센서부

센서부는 마이크로마우스 또는 라인트레이서가 미로 또는 라인 위를 주행할 때 인간의 눈과 같은 역할을 해 주는 회로이다. 여기서 사용되는 센서는 적외선 포토 다이오드(Photo diode)와 적외선 감지용 포토 트랜지스터(Photo transistor)가 한 조로 사용된다. 마이크로마우스는 총 6조를 사용하며, 라인트레이서는 총 7조의 적외선 센서를 장착하고 있다.

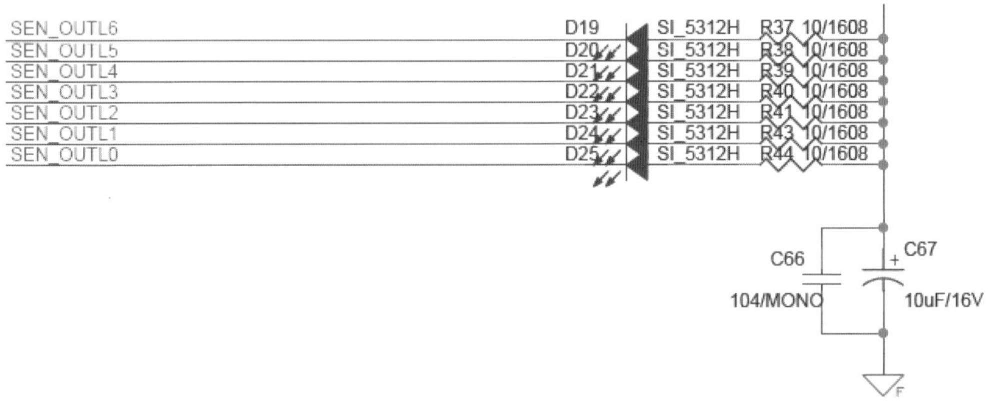

그림 2.20 **적외선 포토 다이오드(Photo diode) 회로**

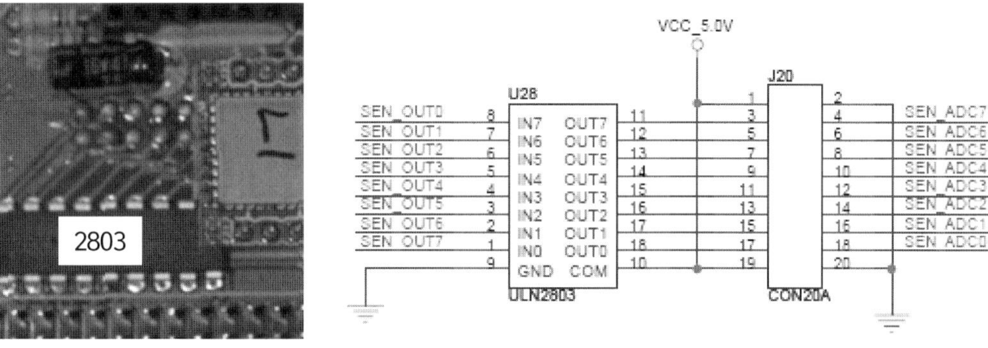

그림 2.21 **적외선 포토 다이오드(Photo diode) 구동을 위한 증폭 회로**

ULN2803은 500 mA까지 구동 가능한 달링턴 트랜지스터 8조를 내장하고 있는 트랜지스터 IC로서 적외선 포토 다이오드를 밝게 구동하기 위하여 사용된다.

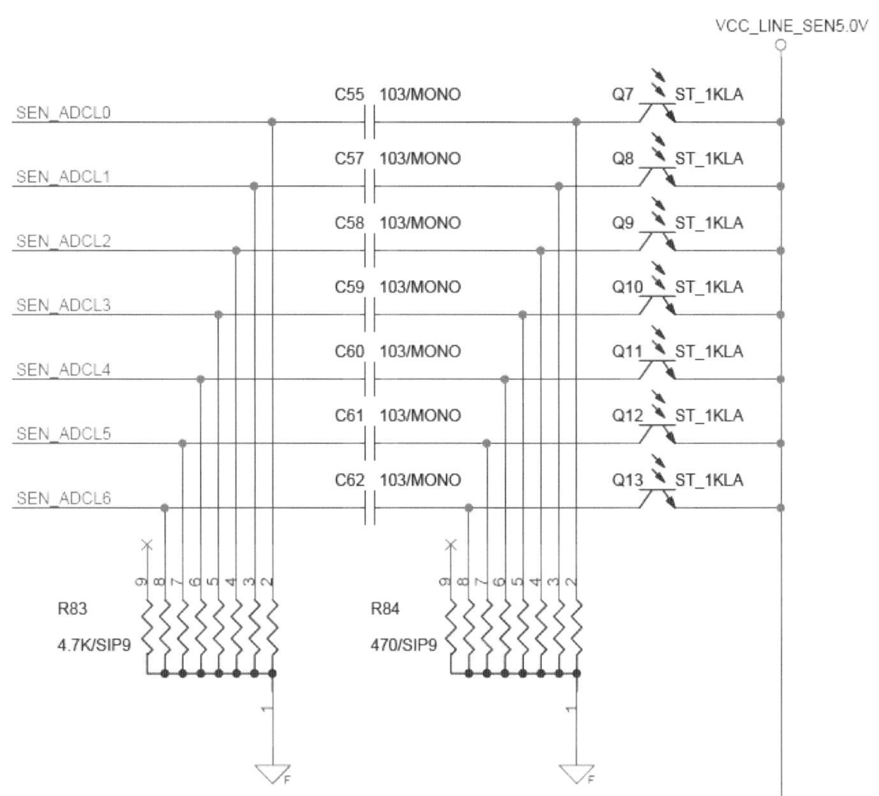

그림 2.22 **적외선 포토 트랜지스터(Photo transistor) 회로**

일반적으로 적외선 포토 트랜지스터는 베이스 신호가 빛의 강도로 빛의 강도에 따라 저항 성분이 달라지는 특성으로 적외선의 강도를 측정하게 된다. R88는 각 센서와 연결되어 빛의 강도에 따라 센서의 저항이 달라지므로 저항 간 전압 분배에 따라 R88에 걸리는 전압이 달라지게 된다. 이를 MCU의 ADC에 연결하여 거리를 측정하게 된다. 회로 중앙의 커패시터와 R87은 하이패스 필터를 구성하고 있는데, 이는 적외선 포토 다이오드를 통해 발광되는 적외선의 주파수에 맞추어 설계되어 있으며 그보다 낮은 주파수 성분(형광등)과 같은 저주파 성분의 적외선을 제거하여 신호의 노이즈를 제거하는 역할을 하게 된다.

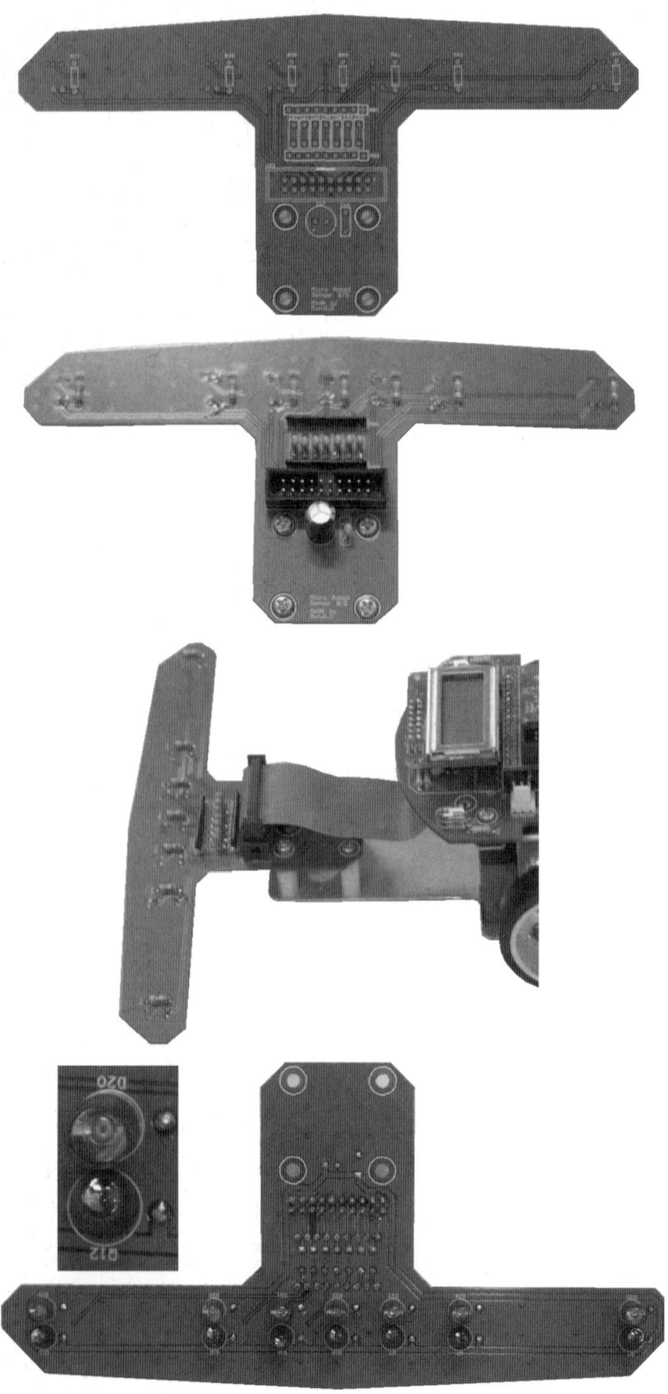

그림 2.23

4. 전체 회로도

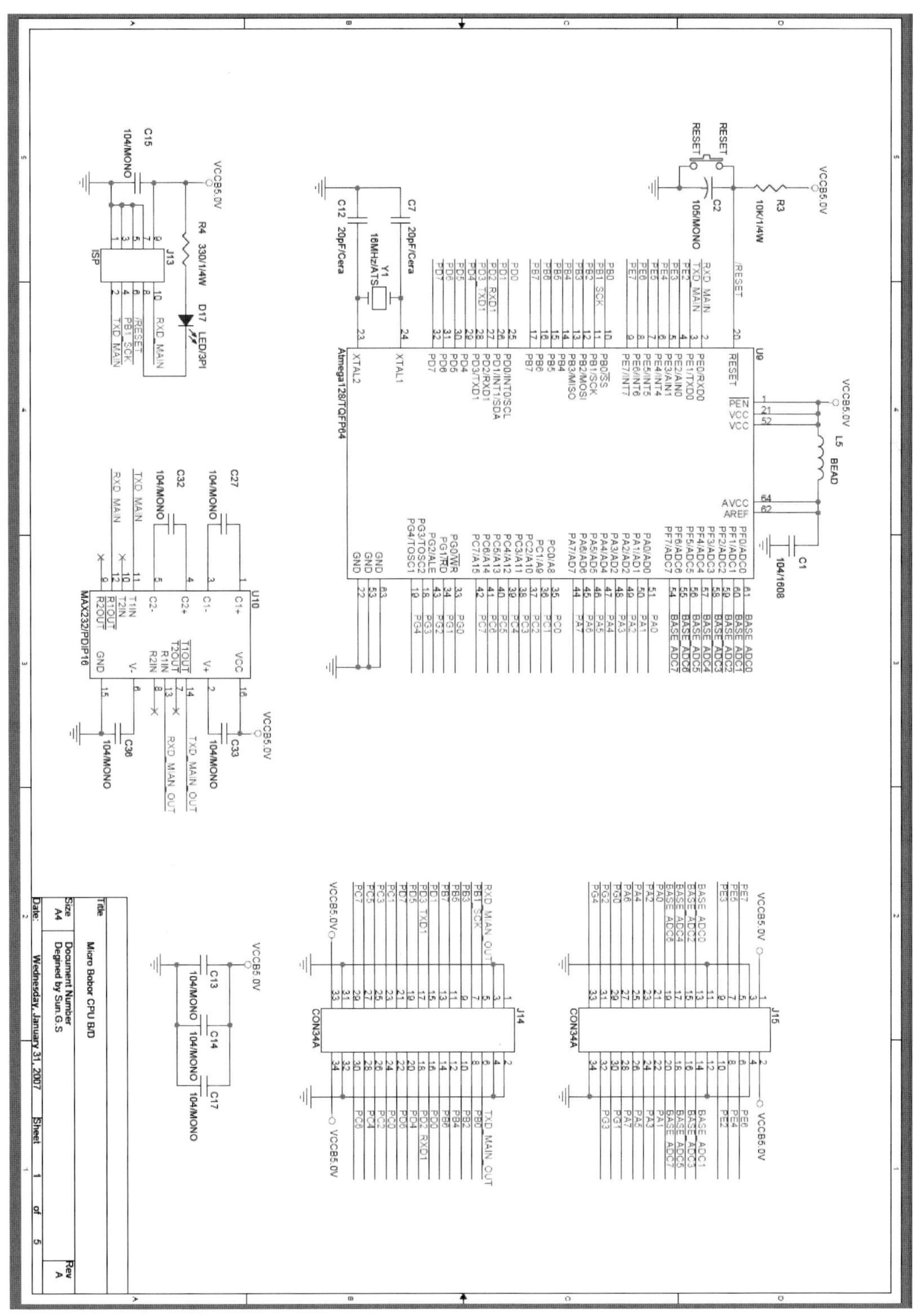

그림 2.24

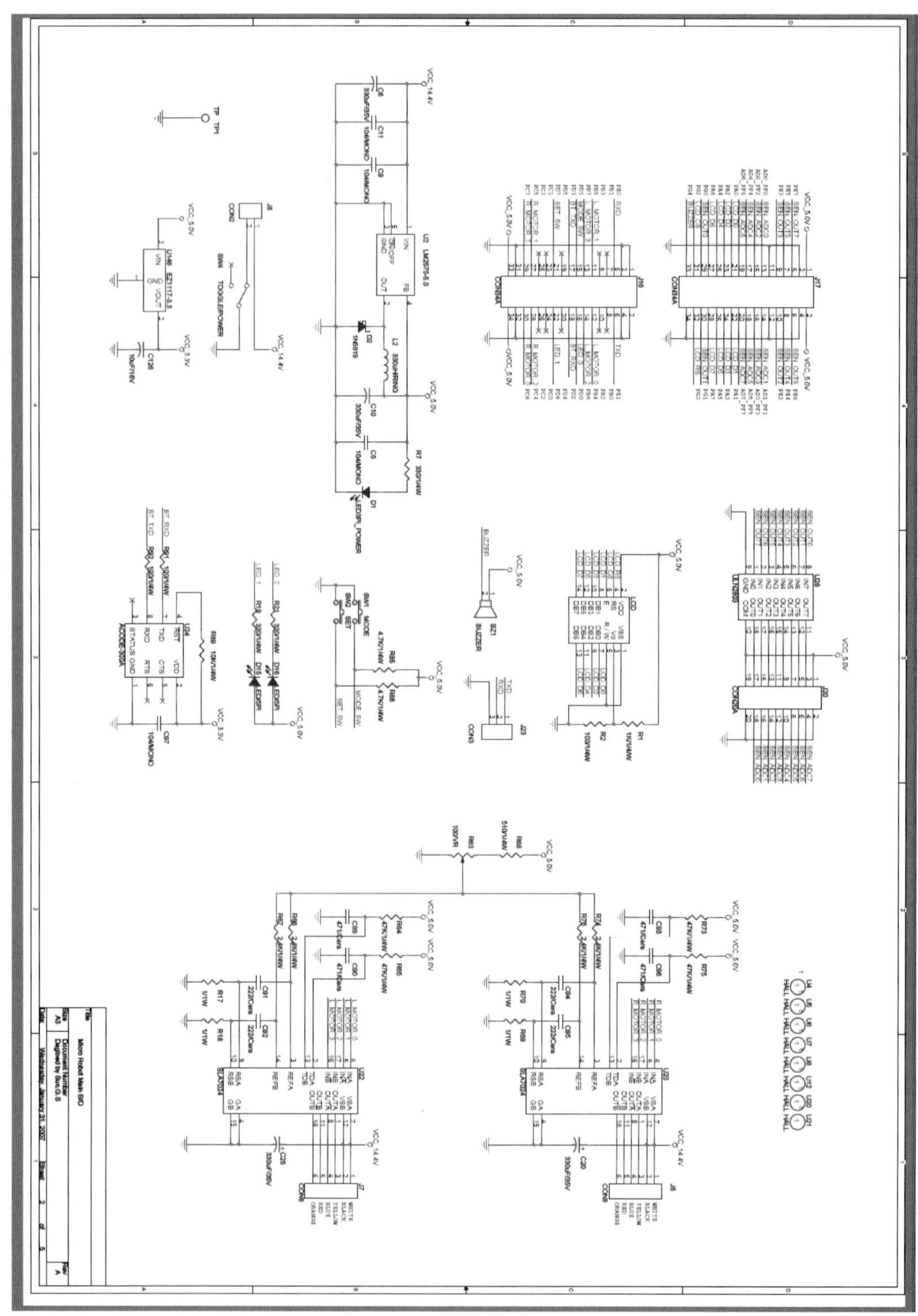

그림 2.25

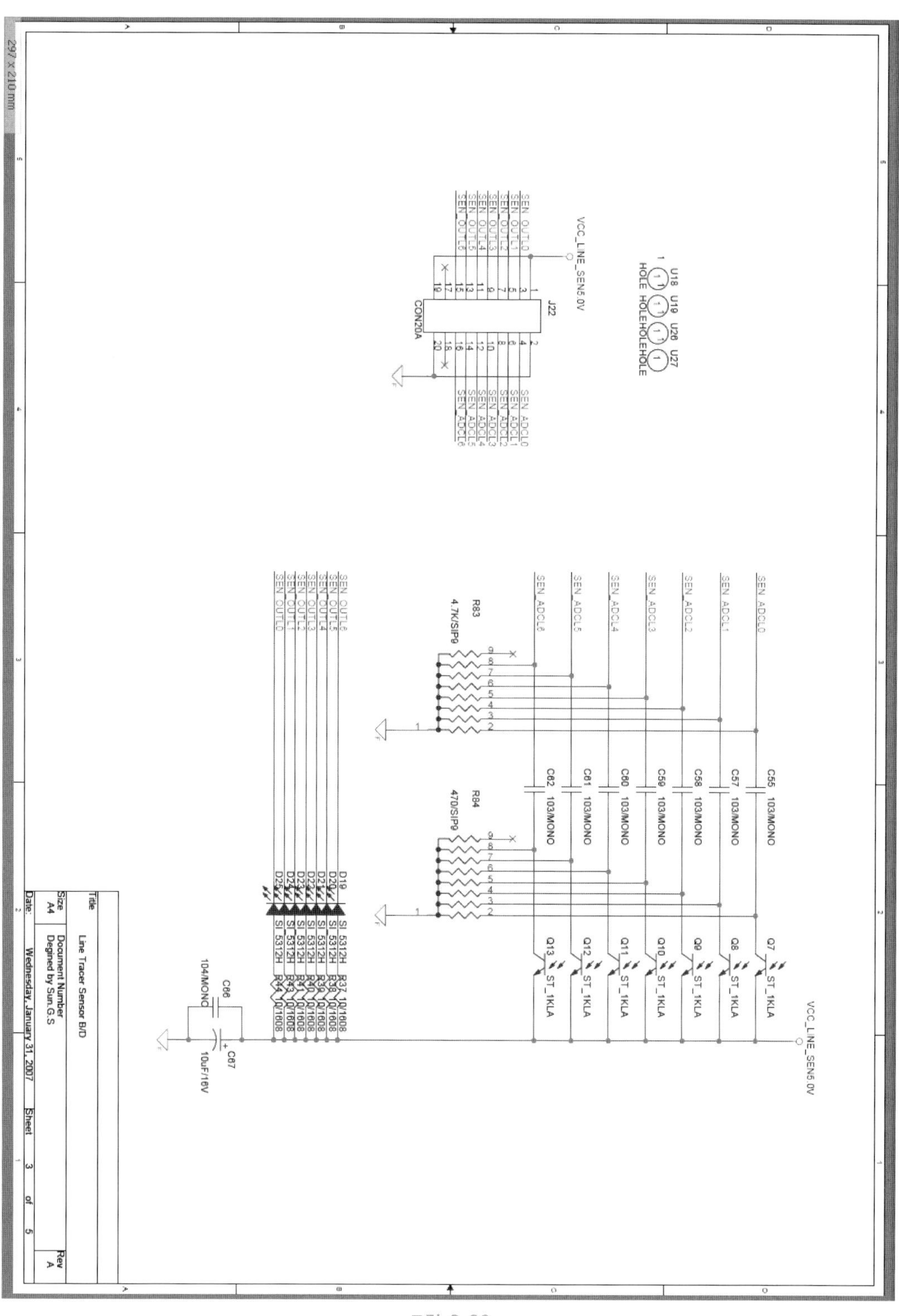
297 x 210 mm
VCC_LINE_SEN5.0V
U18 U19 U26 U27
HOLE HOLE HOLE HOLE
J22
CON20A
SEN_OUTL0
SEN_OUTL1
SEN_OUTL2
SEN_OUTL3
SEN_OUTL4
SEN_OUTL5
SEN_OUTL6
SEN_ADCL0
SEN_ADCL1
SEN_ADCL2
SEN_ADCL3
SEN_ADCL4
SEN_ADCL5
SEN_ADCL6
R83
4.7K/SIP9
R84
470/SIP9
C55 103/MONO
C57 103/MONO
C58 103/MONO
C59 103/MONO
C60 103/MONO
C61 103/MONO
C62 103/MONO
Q7 ST_1KLA
Q8 ST_1KLA
Q9 ST_1KLA
Q10 ST_1KLA
Q11 ST_1KLA
Q12 ST_1KLA
Q13 ST_1KLA
D19 SI_5312H
D20
D21
D22
D23
D24
D25
R37 10/1608
R44 10/1608
C66 104/MONO
C67 10uF/16V
Title
Line Tracer Sensor B/D
Size A4
Document Number
Degined by Sun.G.S
Rev A
Date: Wednesday, January 31, 2007
Sheet 3 of 5

그림 2.26

02 라인트레이서의 예제 프로그램

예제 프로그램은 총 11가지로 구성되며, 각각의 프로그램은 LED, LCD 등과 같은 외부 주변 장치들을 제어하는 예제, 타이머 인터럽트, ADC와 같은 내부 장치를 제어하는 예제들로 이루어져 있다. 그리고 마지막으로 종합적으로 라인트레이서를 구동하는 종합 프로그램으로 구성되어 있다. 다음은 예제 프로그램 리스트이다.

표 2.6 **예제 프로그램 리스트**

예제 번호	제목	개요
1	IO_TEST	GPIO를 제어하여 LED 및 부저 테스트 예제
2	SWITCH_TEST	스위치 입력 사용 예제
3	UART_TEST	비동기 시리얼 통신 예제
4	LCD_TEST	8x2 CHAR LCD 사용 예제
5	EEPROM_TEST	EEPROM 저장 예제
6	TIMER_TEST	타이머 인터럽트 사용 예제
7	ADC_TEST	포토 다이오드 및 포토 트랜지스터를 이용한 ADC 예제
8	ADC_INT_TEST	타이머 인터럽트를 이용한 ADC 예제
9	MOTOT_TEST	스테핑 모터 구동 예제
10	MOTOR_INTERRUPT_TEST	타이머 인터럽트를 이용한 모터 구동
11	PROGRAM	종합적인 로봇 프로그램

1. IO_TEST 프로그램

GPIO 장치를 제어하여 LED 및 부저 테스트 예제이다. 기본적인 CPU 상태 설정을 통해 GPIO 장치를 입출력 장치로 설정하여 로봇에 장착된 LED 2조와 부저를 각각 1초 단위로 깜박이고 부저음을 발생시키는 예제이다. 이 예제를 통하여 GPIO를 제어하는 방법을 익힐 수 있겠다. I/O TEST 예제 프로그램은 main.c 프로그램만으로 구성되어 있다.

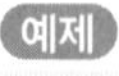

```
#include <iom128.h>
#include <ina90.h>

/*************************************************************************************
    변수형 선언
*************************************************************************************/
```

(계속)

```
typedef unsigned char     BYTE;
typedef unsigned int      WORD;
typedef unsigned long     DWORD;
typedef float             FLOAT;

/*****************************************************************************
    시간 지연 함수 - micro second 단위 시간 지연 함수
*****************************************************************************/
void Delay_us(WORD c)
{
        WORD i;
        for(i = 0; i < c; i++);
}

/*****************************************************************************
    시간 지연 함수 -  mili second 단위 시간 지연 함수
*****************************************************************************/
void Delay_ms(WORD c)
{
        WORD i,ii;
        for(i = 0 ; i < c ; i++)
        {
            for(ii = 0 ; ii < 2000 ; ii++);
        }
}

/*****************************************************************************
    시간 지연 함수 -  1 second 단위 시간 지연 함수
*****************************************************************************/
void Delay_OneSec(WORD c)
{
        WORD i;
        for(i = 0 ; i < c ; i++) Delay_ms(1000);
}

/*****************************************************************************
    입출력 포트 상태 정의 함수 - 초기 부팅 시 항상 실행해 주어야 한다.
*****************************************************************************/
void Init_Gpio(void)
{
        DDRA    = 0xff;        // DATA BUS PORT    LCD DATA BUS
        PORTA   = 0xff;
```

(계속)

```
        DDRB   = 0xFF;          // LEFT MOTOR
        PORTB  = 0x00;

      DDRC   = 0xFF;            // RIGHT MOTOR
        PORTC  = 0x00;

        DDRD   = 0x79;          // LED, SW, UART1
        PORTD  = 0xff;

        DDRE   = 0xFF;          // SENSOR
        PORTE  = 0x00;

        DDRF   = 0x00;          // ADC 입력
        PORTF  = 0x00;

        DDRG   = 0xFF;                // 센서 BUZZER
        PORTG  = 0xFC;

}

void main(void)
{
    Init_Gpio();            // 포트 상태 정의

    while(1)
    {
        PORTD &= ~0x01;           // LEFT LED ON
        Delay_OneSec(1);
        PORTD |= 0x01;            // LEFT LED OFF
        Delay_OneSec(1);

        PORTD &= ~0x40;           // RIGHT LED ON
        Delay_OneSec(1);
        PORTD |= 0x40;            // RIGHT LED OFF
        Delay_OneSec(1);

        PORTD &= ~0x41;           // LEFT & RIGHT LED ON
        Delay_OneSec(1);
        PORTD |= 0x41;            // LEFT & RIGHT LED OFF
        Delay_OneSec(1);

        PORTG &= ~0x10;           // BUZZER ON
        Delay_OneSec(1);
        PORTG |= 0x10;            // BUZZER OFF
        Delay_OneSec(1);
    }
}
```

2. SWITCH_TEST 프로그램

스위치 입력을 처리하는 예제이다. GPIO의 상태를 입력으로 설정하고 연결된 스위치의 상태를 입력받는다. 모드 스위치와 세트 스위치의 상태를 입력받아서 각각 좌우 LED를 ON/OFF하는 예제이다. SWITCH_TEST 프로그램은 main.c 파일만으로 구성되어 있다.

예제

```
#include <iom128.h>
#include <ina90.h>

/**************************************************************************
    변수형 선언
**************************************************************************/
typedef unsigned char   BYTE;
typedef unsigned int    WORD;
typedef unsigned long   DWORD;
typedef float           FLOAT;

/**************************************************************************
    전처리문 선언
**************************************************************************/
#define LEFT            1
#define RIGHT           2
#define BOTH            3
#define ON              4
#define OFF             5

#define MODE_SW         1
#define SET_SW          2

/**************************************************************************
    시간 지연 함수 - micro second 단위 시간 지연 함수
**************************************************************************/
void Delay_us(WORD c)
{
        WORD i;
        for(i = 0; i < c; i++) ;
}

/**************************************************************************
    시간 지연 함수 -  mili second 단위 시간 지연 함수
**************************************************************************/
```

(계속)

```
void Delay_ms(WORD c)
{
        WORD i,ii;
        for(i=0;i<c;i++)
        for(ii=0;ii<2000;ii++);
}

/*******************************************************************************
    시간 지연 함수 -  1 second 단위 시간 지연 함수
*******************************************************************************/
void Delay_OneSec(WORD c)
{
        WORD i;
        for(i=0;i<c;i++) Delay_ms(1000);
}

/*******************************************************************************
 LED ON/OFF 함수 변수 ch는 좌우 LED를 지정하고 st는 ON/OFF를 결정하는 변수임
*******************************************************************************/
void LED(BYTE ch, BYTE st)
{
    if(ch == LEFT)
    {
        if(st == ON) PORTD &= ~0x01;
        else PORTD |= 0x01;
    }
    else if(ch == RIGHT)
    {
        if(st == ON) PORTD &= ~0x40;
        else PORTD |= 0x40;
    }
    else
    {
        if(st == ON) PORTD &= ~0x41 ;
        else  PORTD |= 0x41;
    }
}

/*******************************************************************************
    부저음 발생 함수 - 약 100ms 동안 부저음을 발생시킨다.
*******************************************************************************/
void Buzzer(void)
{
```

(계속)

```
    PORTG &= ~0x10;
    Delay_ms(100);
    PORTG |= 0x10;
}

/****************************************************************************
    GPIO 입력 상태를 체크하여 스위치의 상태를 체크하여 반환한다.
****************************************************************************/
BYTE Get_Switch(void)
{
    if(!(PIND&0x02)){ Buzzer(); return MODE_SW;}
    else if(!(PIND&0x80)) { Buzzer(); return SET_SW; }
    else return 0;
}

/****************************************************************************
    입출력 포트 상태 정의 함수 - 초기 부팅 시 항상 실행해 주어야 한다.
****************************************************************************/
void Init_Gpio(void)
{
        DDRA  = 0xff;         // DATA BUS PORT   LCD DATA BUS
        PORTA = 0xff;         //

        DDRB  = 0xFF;         // LEFT MOTOR
        PORTB = 0x00;

       DDRC  = 0xFF;          // RIGHT MOTOR
        PORTC = 0x00;

        DDRD  = 0x79;         // LED, SW, UART1
        PORTD = 0xff;

        DDRE  = 0xFF;         // SENSOR
        PORTE = 0x00;

        DDRF  = 0x00;         // ADC 입력
        PORTF = 0x00;              //

        DDRG  = 0xFF;              //
        PORTG = 0xFC;                  // 센서 BUZZER
}

void main(void)
```

(계속)

```
{
    Init_Gpio();                              // 포트 상태 정의

    while(1)                                  // 무한 루프
    {
        if(Get_Switch() == MODE_SW)           // 스위치 입력 상태를 읽는다.
        {                                     // 모드 스위치가 눌렸는지 확인
            LED(LEFT,ON);                     // 왼쪽 LED ON
            LED(RIGHT,OFF);                   // 오른쪽 LED OFF
        }
        else if(Get_Switch() == SET_SW) // 스위치 입력 상태를 읽는다.
        {                                     // 세트 스위치가 눌렸는지 확인
            LED(LEFT,OFF);                    // 왼쪽 LED OFF
            LED(RIGHT,ON);                    // 오른쪽 LED ON
        }
    }
}
```

3. UART_TEST 프로그램

UART 장치를 이용하여 비동기 시리얼 통신을 테스트하는 예제이다. UART0 장치를 설정하여 활성화시킨 후 데이터가 수신되면 UART 수신 인터럽트를 이용 데이터를 수신하고 이를 리턴하는 프로그램이다. UART_TEST 프로그램은 편의상 "main.c"와 "uart.c"인 두 개로 구성해 두었다. 참고해서 보도록 한다.

예제

```
// ************************  main.c 프로그램 ****************
#include <iom128.h>
#include <ina90.h>
#include "uart.c"

/*************************************************************************************
    전처리문 선언
*************************************************************************************/
#define LEFT            1
#define RIGHT           2
#define BOTH            3
#define ON              4
#define OFF             5
```

(계속)

```
#define MODE_SW          1
#define SET_SW          2

/********************************************************************************
    시간 지연 함수 - micro second 단위 시간 지연 함수
********************************************************************************/
void Delay_us(WORD c)
{
        WORD i;
        for(i = 0; i < c; i++) ;
}

/********************************************************************************
    시간 지연 함수 -  mili second 단위 시간 지연 함수
********************************************************************************/
void Delay_ms(WORD c)
{
        WORD i,ii;
        for(i=0;i<c;i++)
        for(ii=0;ii<2000;ii++);
}

/********************************************************************************
    시간 지연 함수 - 1 second 단위 시간 지연 함수
********************************************************************************/
void Delay_OneSec(WORD c)
{
        WORD i;
        for(i=0;i<c;i++) Delay_ms(1000);
}

/********************************************************************************
    LED ON/OFF 함수 변수 ch는 좌우 LED를 지정하고 st는 ON/OFF를 결정하는 변수이다.
********************************************************************************/
void LED(BYTE ch, BYTE st)
{
    if(ch == LEFT)
    {
        if(st == ON) PORTD &= ~0x01;
        else PORTD |= 0x01;
    }
    else if(ch == RIGHT)
    {
```

(계속)

```
        if(st == ON) PORTD &= ~0x40;
        else PORTD |= 0x40;
    }
    else
    {
        if(st == ON) PORTD &= ~0x41 ;
        else  PORTD |= 0x41;
    }
}

/*******************************************************************************
    부저음 발생 함수 - 약 100ms 동안 부저음을 발생시킨다.
*******************************************************************************/
void Buzzer(void)
{
    PORTG &= ~0x10;
    Delay_ms(100);
    PORTG |= 0x10;
}

/*******************************************************************************
    GPIO 입력 상태를 체크하여 스위치의 상태를 체크하여 반환한다.
*******************************************************************************/
BYTE Get_Switch(void)
{
    if(!(PIND&0x02)){ Buzzer(); return MODE_SW;}
    else if(!(PIND&0x80)) { Buzzer(); return SET_SW; }
    else return 0;
}

/*******************************************************************************
    입출력 포트 상태 정의 함수 - 초기 부팅 시 항상 실행해 주어야 한다.
*******************************************************************************/
void Init_Gpio(void)
{
        DDRA   = 0xff;        // DATA BUS PORT   LCD DATA BUS
        PORTA  = 0xff;        //

        DDRB   = 0xFF;        // LEFT MOTOR
        PORTB  = 0x00;

    DDRC   = 0xFF;            // RIGHT MOTOR
        PORTC  = 0x00;
```

(계속)

```
        DDRD   = 0x79;        // LED, SW, UART1
        PORTD  = 0xff;

        DDRE   = 0xFF;        // SENSOR
        PORTE  = 0x00;

        DDRF   = 0x00;        // ADC 입력
        PORTF  = 0x00;        //

        DDRG   = 0xFF;        //
        PORTG  = 0xFC;        // 센서 BUZZER
}

void main(void)
{
    Init_Gpio();                       // 포트 상태 정의
    Init_Uart_0(BAUD9600);             // UART 0번을 설정하여 활성화시킨다.
    Init_Uart_1(BAUD9600);             // UART 1번을 설정하여 활성화시킨다.

   _SEI();                             // Enable Global interrupt

    while(1)                           // 무한 루프
    {
        if(receive_flag)               // UART 입력이 있는지 체크
        {
            TX_Char_1(RxData_1);       // 수신된 문자를 리턴한다.
            receive_flag = 0;          // 수신확인 플래그를 클리어한다.
        }
        Delay_ms(100);                 // 시간 지연
    }
}



// ***************  uart.c 프로그램  ***************************

typedef unsigned char   BYTE;
typedef unsigned int    WORD;
typedef unsigned long   DWORD;
typedef float           FLOAT;
```

(계속)

```
/*****************************************************************************
    Baudrate 관련 정의  - System clock 16Mhz 기준
*****************************************************************************/

#define BAUD9600            103
#define BAUD14400           103
#define BAUD38400           103
#define BAUD57600           103
#define BAUD115200          103

/*****************************************************************************
    통신을 위한 변수
*****************************************************************************/

#define TRANSMIT_BUF_COUNT_0                    10
#define TRANSMIT_BUF_COUNT_1                    TRANSMIT_BUF_COUNT_0
#define STX                            0x02
#define ETX                            0x03

/*****************************************************************************
    통신을 위한 변수
*****************************************************************************/

BYTE RxData_0 = 0x00, RxData_1 = 0x00;
BYTE RxData_Index_0 = 0, RxData_Index_1 = 0;
BYTE                          TxData_Buf_0[TRANSMIT_BUF_COUNT_0],
TxData_Buf_1[TRANSMIT_BUF_COUNT_1];
BYTE                          RxData_Buf_0[TRANSMIT_BUF_COUNT_0],
RxData_Buf_1[TRANSMIT_BUF_COUNT_1];

BYTE ii = 0;
BYTE stx_flag = 0;
BYTE rcv_count = 0;
BYTE receive_flag = 0;

/*****************************************************************************
    UART0 장치 설정 함수
*****************************************************************************/

void Init_Uart_0(BYTE baudrate)
{
    UBRR0H = 0;
```

(계속)

```
    UBRR0L = baudrate;
    UCSR0A = 0x00;
    UCSR0B = 0x98;                          //인터럽트 방식
        UCSR0C = 0x06;                          // n, 8, 1
}

/***********************************************************************************
    UART1 장치 설정 함수
***********************************************************************************/
void Init_Uart_1(BYTE baudrate)
{
    UBRR1H = 0;
        UBRR1L = baudrate;
        UCSR1A = 0x00;
        UCSR1B = 0x98;                          //인터럽트 방식
        UCSR1C = 0x06;
}

/***********************************************************************************
    UART0 장치 1byte 데이터 송신 함수
***********************************************************************************/

void TX_Char_0(BYTE data)
{
        while((UCSR0A & 0x20) == 0x00);
        UDR0 = data;
}

/***********************************************************************************
    UART0 장치 스트링 데이터 송신 함수
***********************************************************************************/
void TX_String_0(BYTE *string)
{
        while(*string != '\0')
        {
                TX_Char_0(*string);
                string++;
        }
}

/***********************************************************************************
    UART1 장치 1byte 데이터 송신 함수
***********************************************************************************/
```

(계속)

```
void TX_Char_1(BYTE data)
{
		while((UCSR1A & 0x20) == 0x00);
		UDR1 = data;
}

/*******************************************************************************
	UART1 장치 스트링 데이터 송신 함수
*******************************************************************************/
void TX_String_1(BYTE *string)
{
		while(*string != '\0')
		{
				TX_Char_1(*string);
				string++;
		}
}

/*******************************************************************************
	UART0 장치 수신 인터럽트 함수
*******************************************************************************/

#pragma vector = USART0_RXC_vect
__interrupt void RX0(void)
{
    RxData_0 = UDR0;
}

/*******************************************************************************
	UART1 장치 수신 인터럽트 함수
*******************************************************************************/
#pragma vector = USART1_RXC_vect
__interrupt void RX1(void)
{
    RxData_1 = UDR1;
    receive_flag = 1;
}
```

4. LCD_TEST 프로그램

로봇 전면 상부에 부착된 8x2 CHAR LCD 사용 예제이다. LCD에 연결된 GPIO를 각각 입출력 상태를 정의하고 LCD 데이터 인터페이스 타이밍에 맞게 데이터를 출력하여 LCD에 문자를 디스플레이한다.

예제

```
//******************   main.c   ****************************

#include <iom128.h>
#include <ina90.h>
#include "lcd.c"

/*****************************************************************************
    전처리문 선언
*****************************************************************************/
#define LEFT          1
#define RIGHT         2
#define BOTH          3
#define ON            4
#define OFF           5

#define MODE_SW          1
#define SET_SW           2

/*****************************************************************************
    시간 지연 함수 - micro second 단위 시간 지연 함수
*****************************************************************************/
void Delay_us(WORD c)
{
        WORD i;
        for(i = 0; i < c; i++) ;
}

/*****************************************************************************
    시간 지연 함수 -  mili second 단위 시간 지연 함수
*****************************************************************************/
void Delay_ms(WORD c)
{
        WORD i,ii;
        for(i=0;i<c;i++)
        for(ii=0;ii<2000;ii++);
}
```

(계속)

```
/******************************************************************************
    시간 지연 함수 -  1 second 단위 시간 지연 함수
******************************************************************************/
void Delay_OneSec(WORD c)
{
        WORD i;
        for(i=0;i<c;i++) Delay_ms(1000);
}

/******************************************************************************
 LED ON/OFF 함수 변수 ch는 좌우 LED를 지정하고 st는 ON/OFF를 결정하는 변수
******************************************************************************/
void LED(BYTE ch, BYTE st)
{
    if(ch == LEFT)
    {
        if(st == ON) PORTD &= ~0x01;
        else PORTD |= 0x01;
    }
    else if(ch == RIGHT)
    {
        if(st == ON) PORTD &= ~0x40;
        else PORTD |= 0x40;
    }
    else
    {
        if(st == ON) PORTD &= ~0x41 ;
        else  PORTD |= 0x41;
    }
}

/******************************************************************************
    부저음 발생 함수 - 약 100ms 동안 부저음을 발생시킨다.
******************************************************************************/
void Buzzer(void)
{
    PORTG &= ~0x10;
    Delay_ms(100);
    PORTG |= 0x10;
}

/******************************************************************************
    GPIO 입력 상태를 체크하여 스위치의 상태를 체크하여 반환한다.
******************************************************************************/
```

(계속)

```
BYTE Get_Switch(void)
{
    if(!(PIND&0x02)){ Buzzer(); return MODE_SW;}
    else if(!(PIND&0x80)) { Buzzer(); return SET_SW; }
    else return 0;
}

/*******************************************************************************
    입출력 포트 상태 정의 함수 - 초기 부팅 시 항상 실행해 주어야 한다.
*******************************************************************************/
void Init_Gpio(void)
{
        DDRA    = 0xff;       // DATA BUS PORT   LCD DATA BUS
        PORTA   = 0xff;       //

        DDRB    = 0xFF;       // LEFT MOTOR
        PORTB   = 0x00;

       DDRC    = 0xFF;        // RIGHT MOTOR
        PORTC   = 0x00;

        DDRD    = 0x79;       // LED, SW, UART1
        PORTD   = 0xff;

        DDRE    = 0xFF;       // SENSOR
        PORTE   = 0x00;

        DDRF    = 0x00;       // ADC 입력
        PORTF   = 0x00;       //

        DDRG    = 0xFF;       //
        PORTG   = 0xFC;       // 센서 BUZZER
}

void main(void)
{
    Init_Gpio();                  // 포트 상태 정의
    Init_Char_LCD();              // CHAR LCD 설정 함수
    Delay_ms(500);                // 시간 지연

    lcd_printf(0,0,"CHAR LCD"); // CHAR LCD의 위쪽 라인테 문자 출력
    lcd_printf(1,0,"TESTING!"); // CHAR LCD의 아래쪽 라인테 문자 출력

    while(1)
    {}
}
```

```
//*************************  lcd.c  ******************************
/*****************************************************************************
    변수형 선언
*****************************************************************************/
typedef unsigned char    BYTE;
typedef unsigned int     WORD;
typedef unsigned long    DWORD;
typedef float            FLOAT;

/*****************************************************************************
    전처리문 선언
*****************************************************************************/
#define     LCD_E                    0x04
#define     LCD_RS                   0x08

/*****************************************************************************
    함수 원형 선언
*****************************************************************************/
void Delay_us(WORD c);
void Delay_ms(WORD c);
void Delay_OneSec(WORD c);

/*****************************************************************************
    CHAR LCD instruction 출력 함수
*****************************************************************************/
void instruction_set(BYTE inst)          // command(instruction) write routine
{
    PORTG &= ~LCD_RS;                       // LCD RS = 0;
    PORTG &= ~LCD_E;                        // LCD E  = 0;
    PORTA = inst;                         // PORTA에 데이터 출력
    PORTG |= LCD_E;                         // LCD E  = 1;
    Delay_us(120);                        // 시간 지연
    PORTG &= ~LCD_E;                        // LCD E  = 0;
}

/*****************************************************************************
    CHAR LCD 데이터 출력 함수
*****************************************************************************/
void lcd_ch(BYTE ch)                      // a character output routine
{
    PORTG |= LCD_RS;                        // LCD RS = 1;
    PORTG &= ~LCD_E;                        // LCD E  = 0;
```

(계속)

```
    PORTA = ch;                                  // PORTA에 데이터 출력
    PORTG |= LCD_E;                               // LCD E  = 1;
    Delay_us(120);                             // 시간 지연
    PORTG &= ~LCD_E;                                // LCD E  = 0;
}

/*******************************************************************************
    CHAR LCD 스트링 출력 함수
*******************************************************************************/
void lcd_printf(BYTE y,BYTE x, BYTE *str)        // a character output routine
{
    if(y) instruction_set(0xc0 + x);             // y가 1이면 아래 라인
        else  instruction_set(0x80 + x);             // y가 0이면 위쪽 라인
        while(*str)lcd_ch(*str++);                      // 데이터 출력
}

/*******************************************************************************
    CHAR LCD 초기화 함수
*******************************************************************************/
void Init_Char_LCD(void)
{
    instruction_set(0x38);      // FUNCTION SET instruction
    Delay_us(50);
    instruction_set(0x38);      // FUNCTION SET instruction
    Delay_us(200);
    instruction_set(0x38);      // FUNCTION SET instruction
    instruction_set(0x38);      // FUNCTION SET instruction
    instruction_set(0x0f);      // DISPLAY ON instruction
    instruction_set(0x01);      // CLEAR DISPLAY instruction
        Delay_us(200);
    instruction_set(0x06);      // MODE SET instruction
}
```

5. EEPROM_TEST 프로그램

CPU 내부 장치인 EEPROM에 데이터를 저장하고 또 저장된 데이터를 읽어내는 EEPROM 사용 예제이다. EEPROM의 특정 번지에 데이터를 저장하고 이를 읽어서 CHAR LCD에 출력하는 예제 프로그램이다. 본 예제는 “main.c”, “lcd.c” 그리고 “eeprom.c”의 3개 파일로 구성된다.

예제

```
//************************** main.c ************************

#include <iom128.h>
#include <ina90.h>
#include "lcd.c"
#include "eeprom.c"

/*********************************************************************************
    전처리문 선언
*********************************************************************************/
#define LEFT            1
#define RIGHT           2
#define BOTH            3
#define ON              4
#define OFF             5

#define MODE_SW             1
#define SET_SW              2

/*********************************************************************************
    시간 지연 함수 - micro second 단위 시간 지연 함수
*********************************************************************************/
void Delay_us(WORD c)
{
        WORD i;
        for(i = 0; i < c; i++) ;
}

/*********************************************************************************
    시간 지연 함수 -  mili second 단위 시간 지연 함수
*********************************************************************************/
void Delay_ms(WORD c)
{
        WORD i,ii;
        for(i=0;i<c;i++)
        for(ii=0;ii<2000;ii++);
}

/*********************************************************************************
    시간 지연 함수 -  1 second 단위 시간 지연 함수
*********************************************************************************/
void Delay_OneSec(WORD c)
```

(계속)

```
{
        WORD i;
        for(i=0;i<c;i++) Delay_ms(1000);
}


/*******************************************************************************
 LED ON/OFF 함수 변수 ch는 좌우 LED를 지정하고 st는 ON/OFF를 결정하는 변수
*******************************************************************************/
void LED(BYTE ch, BYTE st)
{
    if(ch == LEFT)
    {
        if(st == ON) PORTD &= ~0x01;
        else PORTD |= 0x01;
    }
    else if(ch == RIGHT)
    {
        if(st == ON) PORTD &= ~0x40;
        else PORTD |= 0x40;
    }
    else
    {
        if(st == ON) PORTD &= ~0x41 ;
        else  PORTD |= 0x41;
    }
}

/*******************************************************************************
    부저음 발생 함수 - 약 100ms 동안 부저음을 발생시킨다.
*******************************************************************************/
void Buzzer(void)
{
    PORTG &= ~0x10;
    Delay_ms(100);
    PORTG |= 0x10;
}

/*******************************************************************************
    GPIO 입력 상태를 체크하여 스위치의 상태를 체크하여 반환한다.
*******************************************************************************/
BYTE Get_Switch(void)
{
```

(계속)

```
    if(!(PIND&0x02)){ Buzzer(); return MODE_SW;}
    else if(!(PIND&0x80)) { Buzzer(); return SET_SW; }
    else return 0;
}

/*******************************************************************************
    입출력 포트 상태 정의 함수 - 초기 부팅 시 항상 실행해 주어야 한다.
*******************************************************************************/
void Init_Gpio(void)
{
        DDRA   = 0xff;        // DATA BUS PORT   LCD DATA BUS
        PORTA  = 0xff;          //

        DDRB   = 0xFF;        // LEFT MOTOR
        PORTB  = 0x00;

    DDRC   = 0xFF;               // RIGHT MOTOR
        PORTC  = 0x00;

        DDRD   = 0x79;          // LED, SW, UART1
        PORTD  = 0xff;

        DDRE   = 0xFF;          // SENSOR
        PORTE  = 0x00;

        DDRF   = 0x00;          // ADC 입력
        PORTF  = 0x00;        //

        DDRG   = 0xFF;        //
        PORTG  = 0xFC;        // 센서 BUZZER
}

void main(void)
{
    BYTE data = 0;
    BYTE buf[8] = {' ',' ',' ',' ',' ',' ',' ',' '};
    Init_Gpio();                              // 포트 상태 정의
    Init_Char_LCD();                            // CHAR LCD 설정 함수
    Delay_ms(500);

    lcd_printf(0,0,"EEP DATA");             // CHAR LCD 출력
    lcd_printf(1,0,"            ");
```

(계속)

```
    data = EEPROM_Read(0);                // EEPROM 의 0번지 데이터를 읽는다.

    buf[0] = data/10+0x30;
    buf[1] = data%10+0x30;

    lcd_printf(1,0,buf);              // EEPROM에서 읽은 데이터를 LCD에 출력한다.


    while(1)
    {   // 모드 스위치를 눌러서 EEPROM의 0번지에 19라는 값을 저장한다.
        if(Get_Switch() == MODE_SW)
        {   // 저장 후 리셋을 수행하게 되면 19라는 데이터가 읽히는 것을 볼 수 있다.
            EEPROM_Write(0,19);
        }
         Delay_ms(100);
    }
}



//******************  eeprom.c  ******************************
/******************************************************************************
        EEPROM 제어 기능 정의
******************************************************************************/
#define     EEMWE                   EECR |= 0x04        // EEPROM 마스터 쓰기 동작 정의
#define     EEWE            EECR |= 0x02        // EEPROM 쓰기 동작 정의
#define     EERE            EECR |= 0x01        // EEPROM 읽기 동작 정의

/******************************************************************************
      EEPROM 어드레스 정의
******************************************************************************/
#define     EEP_SETF_L_0                    0
#define     EEP_SETF_L_1                    1
#define     EEP_SETF_L_2                    2
#define     EEP_SETF_L_3                    3
#define     EEP_SETF_L_4                    4
#define     EEP_SETF_L_5                    5
#define     EEP_SETF_L_6                    6
#define     EEP_SETF_L_7                    7

#define     EEP_SETF_R_0                    8
#define     EEP_SETF_R_1                    9
```

(계속)

```
#define    EEP_SETF_R_2        10
#define    EEP_SETF_R_3        11
#define    EEP_SETF_R_4        12
#define    EEP_SETF_R_5        13
#define    EEP_SETF_R_6        14
#define    EEP_SETF_R_7        15

#define    EEP_SET90_L_0       16
#define    EEP_SET90_L_1       17
#define    EEP_SET90_L_2       18
#define    EEP_SET90_L_3       19
#define    EEP_SET90_L_4       20
#define    EEP_SET90_L_5       21
#define    EEP_SET90_L_6       22
#define    EEP_SET90_L_7       23

#define    EEP_SET90_R_0       24
#define    EEP_SET90_R_1       25
#define    EEP_SET90_R_2       26
#define    EEP_SET90_R_3       27
#define    EEP_SET90_R_4       28
#define    EEP_SET90_R_5       29
#define    EEP_SET90_R_6       30
#define    EEP_SET90_R_7       31

#define    EEP_SET45_L_0       32
#define    EEP_SET45_L_1       33
#define    EEP_SET45_L_2       34
#dcfine    EEP_SET45_L_3       35
#define    EEP_SET45_L_4       36
#define    EEP_SET45_L_5       37
#define    EEP_SET45_L_6       38
#define    EEP_SET45_L_7       39

#define    EEP_SET45_R_0       40
#define    EEP_SET45_R_1       41
#define    EEP_SET45_R_2       42
#define    EEP_SET45_R_3       43
#define    EEP_SET45_R_4       44
#define    EEP_SET45_R_5       45
#define    EEP_SET45_R_6       46
#define    EEP_SET45_R_7       47
```

(계속)

```
/*******************************************
            EEPROM 쓰기
*******************************************/
void EEPROM_Write(WORD addr, BYTE dat)
{
//          Delay_ms(10);
    while(EECR & 0x02);
            EEAR = addr;
            EEDR = dat&0xff;
            EEMWE;
            EEWE;
}

/*******************************************
            EEPROM 읽기
*******************************************/
BYTE EEPROM_Read(WORD addr)
{
//          Delay_ms(10);
            while(EECR & 0x02);
            EEAR = addr;
            EERE;
            return (EEDR&0xff);
}

/*******************************************
        EEPROM 워드 데이터 쓰기
*******************************************/
void EEPROM_Word_Write(WORD addr, WORD dat)
{
            EEPROM_Write(addr, dat >> 8);
            EEPROM_Write(addr+1, dat & 0xff);
}

/*******************************************
       EEPROM 더블 워드 데이터 쓰기
*******************************************/
void EEPROM_DWORD_Write(WORD addr, DWORD dat)
{
            EEPROM_Write(addr, dat >> 24);
            EEPROM_Write(addr+1, (dat >> 16) & 0xff);
            EEPROM_Write(addr+2, (dat >> 8) & 0xff);
            EEPROM_Write(addr+3, dat & 0xff);
```

(계속)

```
}

/*********************************************
           EEPROM 워드 데이터 읽기
*********************************************/
WORD EEPROM_Word_Read(WORD addr)
{
        WORD dat;

        dat = EEPROM_Read(addr);
        dat <<= 8;
        dat |= EEPROM_Read(addr+1);

        return dat;
}

/*********************************************
        EEPROM 더블 워드 데이터 읽기
*********************************************/
DWORD EEPROM_DWORD_Read(WORD addr)
{
        DWORD dat;

        dat = EEPROM_Read(addr);
        dat <<= 8;
        dat |= EEPROM_Read(addr+1);
        dat <<= 8;
        dat |= EEPROM_Read(addr+2);
        dat <<= 8;
        dat |= EEPROM_Read(addr+3);

        return dat;
}


//******************** lcd.c ********************
예제 lcd.c 와 동일함
```

6. TIMER_TEST 프로그램

CPU 내부 장치인 타이머를 이용하여 인터럽트를 발생시키는 예제이다. CPU 내부의 타이머 중 0번, 1번, 3번을 각각 주기에 맞추어 설정하고 스위치 입력을 통해 인터럽트를 발생시키고 정지시키는 프로그램 예제이다. 본 예제는 “main.c”와 “uart.c”로 구성되어 있다.

예제

```
//********************** main.c ******************
#include <iom128.h>
#include <ina90.h>
#include "uart.c"

/*******************************************************************************
    전처리문 선언
*******************************************************************************/
#define LEFT          1
#define RIGHT         2
#define BOTH          3
#define ON            4
#define OFF           5

#define MODE_SW           1
#define SET_SW        2

#define TIMER0_ENABLE       TIMSK  |= 0x02; // Enable Timer0
#define   TIMER1_ENABLE     TIMSK  |= 0x10;    // Enable Timer1
#define   TIMER3_ENABLE     ETIMSK |= 0x10;    // Enable Timer3

#define TIMER0_DISABLE      TIMSK  &= ~0x02;        // Disable Timer0
#define   TIMER1_DISABLE    TIMSK  &= ~0x10;  // Disable Timer1
#define   TIMER3_DISABLE    ETIMSK &= ~0x10;        // Disable Timer3

/*******************************************************************************
    시간 지연 함수 - micro second 단위 시간 지연 함수
*******************************************************************************/
void Delay_us(WORD c)
{
        WORD i;
        for(i = 0; i < c; i++) ;
}

/*******************************************************************************
    시간 지연 함수 -  mili second 단위 시간 지연 함수
*******************************************************************************/
```

(계속)

```
void Delay_ms(WORD c)
{
        WORD i,ii;
        for(i=0;i<c;i++)
        for(ii=0;ii<2000;ii++);
}

/***************************************************************************
    시간 지연 함수 -   1 second 단위 시간 지연 함수
***************************************************************************/
void Delay_OneSec(WORD c)
{
        WORD i;
        for(i=0;i<c;i++) Delay_ms(1000);
}

/***************************************************************************
 LED ON/OFF 함수 변수 ch는 좌우 LED를 지정하고 st는 ON/OFF를 결정하는 변수
***************************************************************************/
void LED(BYTE ch, BYTE st)
{
    if(ch == LEFT)
    {
        if(st == ON) PORTD &= ~0x01;
        else PORTD |= 0x01;
    }
    else if(ch == RIGHT)
    {
        if(st == ON) PORTD &= ~0x40;
        else PORTD |= 0x40;
    }
    else
    {
        if(st == ON) PORTD &= ~0x41 ;
        else  PORTD |= 0x41;
    }
}

/***************************************************************************
    부저음 발생 함수 - 약 100ms 동안 부저음을 발생시킨다.
***************************************************************************/
void Buzzer(void)
{
```

(계속)

```
    PORTG &= ~0x10;
    Delay_ms(100);
    PORTG |= 0x10;
}

/*************************************************************************************
    GPIO 입력 상태를 체크하여 스위치의 상태를 체크하여 반환한다.
*************************************************************************************/
BYTE Get_Switch(void)
{
    if(!(PIND&0x02)){ Buzzer(); return MODE_SW;}
    else if(!(PIND&0x80)) { Buzzer(); return SET_SW; }
    else return 0;
}

/*************************************************************************************
    입출력 포트 상태 정의 함수 - 초기 부팅 시 항상 실행해 주어야 한다.
*************************************************************************************/
void Init_Gpio(void)
{
        DDRA   = 0xff;        // DATA BUS PORT   LCD DATA BUS
        PORTA  = 0xff;          //

        DDRB   = 0xFF;        // LEFT MOTOR
        PORTB  = 0x00;

       DDRC   = 0xFF;     // RIGHT MOTOR
        PORTC  = 0x00;

        DDRD   = 0x79;   // LED, SW, UART1
        PORTD  = 0xff;

        DDRE   = 0xFF;   // SENSOR
        PORTE  = 0x00;

        DDRF   = 0x00;   // ADC 입력
        PORTF  = 0x00;        //

        DDRG   = 0xFF;        //
        PORTG  = 0xFC;        // 센서 BUZZER
}
```

(계속)

```
/*************************************************************************
   타이머 초기화 함수
*************************************************************************/
void Init_Timer(void)
{
/***********************************************************************
            TIMER0 FOR SENSOR
***********************************************************************/
        TCCR0 = 0x47;       // CTC mode       16,000,000 / 1024 = 15,625
//      TCCR0 = 0x42;       // CTC mode       16,000,000 / 8    = 2,000,000
  /*
  BIT2-CS02   BIT1-CS01   BIT0-CS00
  0           0           0           클럭 입력 정지
  0           0           1           CLKtos / 1
  0           1           0           CLKtos / 8
  0           1           1           CLKtos / 32
  1           0           0           CLKtos / 64
  1           0           1           CLKtos / 128
  1           1           0           CLKtos / 256
  1           1           1           CLKtos / 1024
                                  */

        OCR0  = 0xFF;

  /***********************************************************************
            TIMER1 FOR LEFT MOTOR
   ***********************************************************************/
   TCCR1A = 0x00;
        TCCR1B = 0x0d;  // CTC mode       16,000,000 / 1024 = 15,625
//      TCCR1B = 0x0a;  // CTC mode       16,000,000 / 8    = 2,000,000
  /*
  BIT2-CS12   BIT1-CS11   BIT0-CS10
  0           0           0           클럭 입력 정지
  0           0           1           CLKtos / 1
  0           1           0           CLKtos / 8
  0           1           1           CLKtos / 64
  1           0           0           CLKtos / 256
  1           0           1           CLKtos / 1024
  1           1           0           Tn 클럭에서 입력되는 외부 클럭(하강 에지)
  1           1           1           Tn 클럭에서 입력되는 외부 클럭(상승 에지)
                                  */
```

(계속)

```
        TCCR1C = 0x00;
       OCR1A   = 0xFFFF;

        /**********************************************************************
          TIMER3 FOR RIGHT MOTOR
        **********************************************************************/
        TCCR3A = 0x00;
        TCCR3B = 0x0d;  // CTC mode          16,000,000 / 1024 = 15,625
//      TCCR3B = 0x0a;  // CTC mode          16,000,000 / 8    = 2,000,000
    /*
    BIT2-CS32    BIT1-CS31    BIT0-CS30
    0            0            0           클럭 입력 정지
    0            0            1           CLKtos / 1
    0            1            0           CLKtos / 8
    0            1            1           CLKtos / 64
    1            0            0           CLKtos / 256
    1            0            1           CLKtos / 1024
    1            1            0           Tn 클럭에서 입력되는 외부 클럭(하강 에지)
    1            1            1           Tn 클럭에서 입력되는 외부 클럭(상승 에지)
                                      */

        TCCR3C = 0x00;
       OCR3A   = 0xFFFF;

        TIMSK = 0x00;
        ETIMSK = 0x00;
        TIFR = 0x00;

}

/**************************************************************************
    타이머 0 인터럽트 서비스 루틴
**************************************************************************/
#pragma vector = TIMER0_COMP_vect
__interrupt void Timer0(void)
{
    TCNT0  = 0;
    OCR0   = 0xff;                  //  15625/255 = 61 Hz
    TX_String_1("T0\n\r");
}

/**************************************************************************
    타이머 1 인터럽트 서비스 루틴
**************************************************************************/
```

(계속)

```
#pragma vector = TIMER1_COMPA_vect
__interrupt void Timer1(void)         // 16bit timer 왼쪽 모터에 할당
{
    TCNT1  = 0;
    OCR1A = 0x1ff;                                    // 15625 / 511  = 30Hz
    TX_String_1("T1\n\r");
}

/*******************************************************************************
    타이머 3 인터럽트 서비스 루틴
*******************************************************************************/
#pragma vector = TIMER3_COMPA_vect
__interrupt void Timer3(void)         // 16bit timer  오른쪽 모터에 할당
{
    TCNT3  = 0;
    OCR3A  = 0x2ff;                 // 15625 / 767  = 20Hz
    TX_String_1("T3\n\r");
}

void main(void)
{
    Init_Gpio();
    Init_Uart_0(BAUD9600);                    // UART0 활성화
    Init_Uart_1(BAUD9600);                    // UART1 활성화
    Init_Timer();                            // 타이머 초기화

     _SEI();                                     // 전체 인터럽트 허용

    while(1)                                   // 무한 루프
    {
        if(Get_Switch() == MODE_SW)// 모드 스위치가 입력되면 모든 타이머 활성화
        {
            TIMER0_ENABLE;
            TIMER1_ENABLE;
            TIMER3_ENABLE;
        }
        else if(Get_Switch()==SET_SW) //세트 스위치가 입력되면 모든 타이머 활성화
        {
            TIMER0_DISABLE;
            TIMER1_DISABLE;
            TIMER3_DISABLE;
        }
    }
}
```

7. ADC_TEST 프로그램

CPU 내부 장치인 ADC를 사용하는 예제로서 포토 다이오드 및 포토 트랜지스터를 이용하여 센서 입력을 테스트하는 예제이다. 마우스의 왼쪽 전방 센서를 이용해서 ADC 변환 데이터를 얻어서 CHAR LCD에 그 결과를 출력하는 프로그램 예제이다. 본 예제는 "main.c"와 "lcd.c"의 두 파일로 구성되어 있다.

예제

```
/**************************** main.c ************************/
#include <iom128.h>
#include <ina90.h>
#include "lcd.c"

#define LEFT            1
#define RIGHT           2
#define BOTH            3
#define ON              4
#define OFF             5

#define MODE_SW          1
#define SET_SW           2

void Delay_us(WORD c)
{
        WORD i;
        for(i = 0; i < c; i++) ;
}

void Delay_ms(WORD c)
{
        WORD i,ii;
        for(i=0;i<c;i++)
        for(ii=0;ii<2000;ii++);
}

void Delay_OneSec(WORD c)
{
        WORD i;
        for(i=0;i<c;i++) Delay_ms(1000);
}
```

(계속)

```
void LED(BYTE ch, BYTE st)
{
    if(ch == LEFT)
    {
        if(st == ON) PORTD &= ~0x01;
        else PORTD |= 0x01;
    }
    else if(ch == RIGHT)
    {
        if(st == ON) PORTD &= ~0x40;
        else PORTD |= 0x40;
    }
    else
    {
        if(st == ON) PORTD &= ~0x41 ;
        else  PORTD |= 0x41;
    }
}

void Buzzer(void)
{
    PORTG &= ~0x10;
    Delay_ms(100);
    PORTG |= 0x10;
}

BYTE Get_Switch(void)
{
    if(!(PIND&0x02)){ Buzzer(); return MODE_SW;}
    else if(!(PIND&0x80)) { Buzzer(); return SET_SW; }
    else return 0;
}

void Init_Gpio(void)
{
        DDRA  = 0xff;        // DATA BUS PORT   LCD DATA BUS
        PORTA  = 0xff;        //

        DDRB   = 0xFF;       // LEFT MOTOR
        PORTB  = 0x00;

    DDRC   = 0xFF;           // RIGHT MOTOR
        PORTC  = 0x00;
```

(계속)

```
        DDRD    = 0x79;          // LED, SW, UART1
        PORTD   = 0xff;

        DDRE    = 0xFF;          // SENSOR
        PORTE   = 0x00;

        DDRF    = 0x00;          // ADC 입력
        PORTF   = 0x00;            //

        DDRG    = 0xFF;            //
        PORTG   = 0xFC;            // 센서 BUZZER
}

void Init_ADC(void)
{
   ADMUX = 0x00;  // Use VREF, ADLAR = 0, 단극성 ACD0 Channel only
   ADCSR = 0xc5;
          // ADEN=1, ADSC=1, ADFR=0, ADIF=0, ADFR=0, AD Prescaler 128
}

void main(void)
{
    BYTE data = 0;
    BYTE value = 0;
    BYTE buf[8] = {' ',' ',' ',' ',' ',' ',' ',' '};

    Init_Gpio();
    Init_ADC();
    Init_Char_LCD();
    Delay_ms(500);

    lcd_printf(0,0,"ADC DATA");
    lcd_printf(1,0,"          ");

    while(1)
    {
       PORTE |= 0x40;                          // SEN OUT 5, PE5 LEFT edge
                data = ADC >> 2;
                ADMUX = 0x01;
                Delay_us(30);
                ADCSR |= 0x40;
```

(계속)

```
                PORTE = 0x00;

        value = data&0x0f;
            if(value>=0x0a) buf[1] = value+0x57;                    // char
            else buf[1] = value+0x30;                               // dec
            value = data&0xf0;
            value >>= 4;
            if(value>=0x0a) buf[0] = value+0x57;
         else buf[0] = value+0x30;

            lcd_printf(1,0,buf);
            Delay_ms(100);
    }
}
```

8. ADC_INT_TEST 프로그램

GPIO를 이용하여 스테핑 모터를 구동하는 신호를 발생시키는 예제이다. GPIO를 이용하여 스테핑 모터를 구동하는 프로그램 예제로서 각각 1상, 2상, 12상으로 구동할 수 있다. 본 예제는 "main.c"와 "lcd.c"의 두 파일로 구성되어 있다. lcd.c 파일은 앞의 예제와 공통이다.

예제

```
/**************************** main.c ******************************/
#include <iom128.h>
#include <ina90.h>
#include "lcd.c"

#define LEFT            1
#define RIGHT           2
#define BOTH            3
#define ON              4
#define OFF             5

#define MODE_SW         1
#define SET_SW          2

#define TIMER0_ENABLE       TIMSK  |= 0x02;     // Enable Timer0
#define TIMER1_ENABLE       TIMSK  |= 0x10;
#define TIMER3_ENABLE       ETIMSK |= 0x10;
```

(계속)

```
#define TIMER0_DISABLE    TIMSK   &= ~0x02;     // Disable Timer0
#define TIMER1_DISABLE    TIMSK   &= ~0x10;     // Disable Timer1
#define TIMER3_DISABLE    ETIMSK &= ~0x10;      // Disable Timer3

/*****************************************************************************
      라인트레이서 센서 주소
*****************************************************************************/
#define     ADC_L_EDGE                   0x01
#define     ADC_L_SIDE2                  0x02
#define     ADC_L_SIDE1                  0x03
#define     ADC_CENTER                   0x04
#define     ADC_R_SIDE1                  0x05
#define     ADC_R_SIDE2                  0x06
#define     ADC_R_EDGE                   0x07

BYTE l_edge, l_side2, l_side1, center, r_side1, r_side2, r_edge;
BYTE lcd_c[3] = {' ',};

void Delay_us(WORD c)
{
        WORD i;
        for(i = 0; i < c; i++) ;
}

void Delay_ms(WORD c)
{
        WORD i,ii;
        for(i=0;i<c;i++)
        for(ii=0;ii<2000;ii++);
}

void Delay_OneSec(WORD c)
{
        WORD i;
        for(i=0;i<c;i++) Delay_ms(1000);
}


void LED(BYTE ch, BYTE st)
{
    if(ch == LEFT)
    {
        if(st == ON) PORTD &= ~0x01;
```

(계속)

```
        else PORTD |= 0x01;
    }
    else if(ch == RIGHT)
    {
        if(st == ON) PORTD &= ~0x40;
        else PORTD |= 0x40;
    }
    else
    {
        if(st == ON) PORTD &= ~0x41 ;
        else  PORTD |= 0x41;
    }
}

void Buzzer(void)
{
    PORTG &= ~0x10;
    Delay_ms(100);
    PORTG |= 0x10;
}

BYTE Get_Switch(void)
{
    if(!(PIND&0x02)){ Buzzer(); return MODE_SW;}
    else if(!(PIND&0x80)) { Buzzer(); return SET_SW; }
    else return 0;
}

void Init_Gpio(void)
{
        DDRA   = 0xff;        // DATA BUS PORT   LCD DATA BUS
        PORTA  = 0xff;        //

        DDRB   = 0xFF;        // LEFT MOTOR
        PORTB  = 0x00;

       DDRC   = 0xFF;         // RIGHT MOTOR
        PORTC  = 0x00;

        DDRD   = 0x79;        // LED, SW, UART1
        PORTD  = 0xff;

        DDRE   = 0xFF;        // SENSOR
```

(계속)

```
        PORTE   = 0x00;

        DDRF    = 0x00;          // ADC 입력
        PORTF   = 0x00;          //

        DDRG    = 0xFF;          //
        PORTG   = 0xFC;          // 센서 BUZZER
}

void Init_Timer(void)
{
        /*****************************************************************
            TIMER0 FOR SENSOR
        *****************************************************************/
        TCCR0 = 0x42;   // CTC mode   16,000,000 / 8    = 2,000,000
    /*
      BIT2 - CS02     BIT1 - CS01     BIT0 - CS00
          0               0               0           클럭 입력 정지
          0               0               1           CLKtos / 1
          0               1               0           CLKtos / 8
          0               1               1           CLKtos / 32
          1               0               0           CLKtos / 64
          1               0               1           CLKtos / 128
          1               1               0           CLKtos / 256
          1               1               1           CLKtos / 1024
    */
        OCR0  = 0xFF;

   /*****************************************************************
            TIMER1 FOR LEFT MOTOR
   *****************************************************************/
   TCCR1A = 0x00;
        TCCR1B = 0x0d;  // CTC mode      16,000,000 / 1024 = 15,625
//      TCCR1B = 0x0a;  // CTC mode      16,000,000 / 8    = 2,000,000
  /*
    BIT2-CS12    BIT1-CS11   BIT0-CS10
       0            0           0        클럭 입력 정지
       0            0           1        CLKtos / 1
       0            1           0        CLKtos / 8
       0            1           1        CLKtos / 64
       1            0           0        CLKtos / 256
       1            0           1        CLKtos / 1024
       1            1           0        Tn 클럭에서 입력되는 외부 클럭(하강 에지)
```

(계속)

```
    1           1           1         Tn 클럭에서 입력되는 외부 클럭(상승 에지)
 */

        TCCR1C = 0x00;
    OCR1A  = 0xFFFF;

/************************************************************************
            TIMER3 FOR RIGHT MOTOR
************************************************************************/
        TCCR3A = 0x00;
        TCCR3B = 0x0d;   // CTC mode        16,000,000 / 1024 = 15,625
//      TCCR3B = 0x0a;   // CTC mode        16,000,000 / 8    = 2,000,000
 /*
  BIT2-CS32   BIT1-CS31   BIT0-CS30
     0           0           0         클럭 입력 정지
     0           0           1         CLKtos / 1
     0           1           0         CLKtos / 8
     0           1           1         CLKtos / 64
     1           0           0         CLKtos / 256
     1           0           1         CLKtos / 1024
     1           1           0         Tn 클럭에서 입력되는 외부 클럭(하강 에지)
     1           1           1         Tn 클럭에서 입력되는 외부 클럭(상승 에지)
 */

        TCCR3C = 0x00;
      OCR3A  = 0xFFFF;

        TIMSK = 0x00;
        ETIMSK = 0x00;
        TIFR = 0x00;
}

#define sen_delay    10
WORD sensor_count = 0;

#pragma vector = TIMER0_COMP_vect
__interrupt void Timer0(void)
{
    TCNT0  = 0;
    OCR0  = 0xff;

        switch(sensor_count++)
        {
```

(계속)

```
case 0      :       PORTE |= 0x40;            // SEN OUT 6
                        r_edge = ADC >> 2;
                        Delay_us(sen_delay);
                        ADMUX = ADC_L_EDGE;
                        ADCSR |= 0x40;
                        break;

case 1      :       PORTE |= 0x20;            // SEN OUT 5
                    l_edge = ADC >> 2;
                        Delay_us(sen_delay);
                        ADMUX = ADC_L_SIDE2;
                        ADCSR |= 0x40;
                        break;

case 2      :       PORTE |= 0x10;            // SEN OUT 4
                       l_side2 = ADC >> 2;
                        Delay_us(sen_delay);
                        ADMUX = ADC_L_SIDE1;
                        ADCSR |= 0x40;
                        break;

case 3      :       PORTE |= 0x08;            // SEN OUT 3
                       l_side1 = ADC >> 2;
                        Delay_us(sen_delay);
                        ADMUX = ADC_CENTER;
                        ADCSR |= 0x40;
                        break;

case 4      :       PORTE |= 0x04;            // SEN OUT 2
                      center = ADC >> 2;
                        Delay_us(sen_delay);
                        ADMUX = ADC_R_SIDE1;
                        ADCSR |= 0x40;
                        break;

case 5      :       PORTG |= 0x02;            // SEN OUT 1
                       r_side1 = ADC >> 2;
                        Delay_us(sen_delay);
                        ADMUX = ADC_R_SIDE2;
                        ADCSR |= 0x40;
                       PORTG &= ~0x02;  // SEN OUT 1
                        break;
```

(계속)

```
		case 6		:		PORTG |= 0x01;
						r_side2 = ADC >> 2;
						  Delay_us(sen_delay);
						  ADMUX = ADC_R_EDGE;
						  ADCSR |= 0x40;
						PORTG &= ~0x01;  // SEN OUT 1
						  sensor_count = 0;
						  break;
	} PORTE = 0x00;

}

#pragma vector = TIMER1_COMPA_vect
__interrupt void Timer1(void)		// 16bit timer 왼쪽 모터에 할당
{
	TCNT1  = 0;
	OCR1A = 0x1ff;					// 15625 / 511  = 30Hz
}

#pragma vector = TIMER3_COMPA_vect
__interrupt void Timer3(void)		// 16bit timer  오른쪽 모터에 할당
{
	TCNT3  = 0;
	OCR3A  = 0x2ff;			// 15625 / 767  = 20Hz
}

void Init_ADC(void)
{
	ADMUX = 0x00;  // Use VREF, ADLAR = 0, 단극성 ACD0 Channel only
	ADCSR = 0xc5;
	// ADEN = 1, ADSC = 1, ADFR = 0, ADIF = 0, ADFR = 0, AD Prescaler 128
}

void constant(BYTE data)
{
		BYTE value;
		value = data&0x0f;
		if(value>=0x0a) lcd_c[1] = value+0x57;			// char
		else lcd_c[1] = value+0x30;				// dec
		value = data&0xf0;
		value >>= 4;
		if(value>=0x0a) lcd_c[0] = value+0x57;
		else lcd_c[0] = value+0x30;
```

(계속)

```
}

void sen_view_tracer(void)
{
    lcd_printf(0,0,"          ");
    lcd_printf(1,0,"          ");
          Delay_ms(100);
          while(1)
          {
                    constant(l_side2);lcd_printf(0,0,lcd_c);
                    constant(l_side1);lcd_printf(0,3,lcd_c);
                    constant(r_side2);lcd_printf(0,6,lcd_c);

                    constant(l_edge);lcd_printf(1,0,lcd_c);
                    constant(r_side1);lcd_printf(1,3,lcd_c);
                    constant(r_edge);lcd_printf(1,6,lcd_c);
                    Delay_ms(10);
                    if(Get_Switch()) { Delay_ms(100); break; }
          }
}


void main(void)
{
    Init_Gpio();
    Init_Char_LCD();
    Init_ADC();
    Init_Timer();

     _SEI();
    TIMER0_ENABLE;

    sen_view_tracer();

    while(1)
    {
    }
}
```

9. MOTOR_TEST 프로그램

GPIO를 이용하여 스테핑 모터를 구동하는 신호를 발생시키는 예제이다. GPIO를 이용하여 스테핑 모터를 구동하는 프로그램 예제로서 각각 1상, 2상, 12상으로 구동할 수 있다. 본 예제는 "main.c"와 "lcd.c"의 두 파일로 구성되어 있다. lcd.c 파일은 앞의 예제와 공통이다.

예제

```
#include <iom128.h>
#include <ina90.h>
#include "lcd.c"

/**************************************************************************************
    전처리문 선언
**************************************************************************************/
#define LEFT                    1
#define RIGHT                   2
#define BOTH                    3
#define ON                      4
#define OFF                     5

#define MODE_SW                 1
#define SET_SW                  2

#define TIMER0_ENABLE       TIMSK  |= 0x02;         // Enable Timer0
#define   TIMER1_ENABLE     TIMSK  |= 0x10;         // Enable Timer1
#define   TIMER3_ENABLE  ETIMSK |= 0x10;       // Enable Timer3

#define TIMER0_DISABLE    TIMSK  &= ~0x02;          // Disable Timer0
#define   TIMER1_DISABLE TIMSK  &= ~0x10;       // Disable Timer1
#define   TIMER3_DISABLE ETIMSK &= ~0x10;          // Disable Timer3

/**************************************************************************************
    모터 구동용 테이블 선언
**************************************************************************************/
BYTE MOTOR_PULSE_1[4] = {0x10,0x20,0x40,0x80};              // 1상
BYTE MOTOR_PULSE_2[4] = {0x30,0x60,0xC0,0x90};             // 2상
BYTE MOTOR_PULSE_12[8]={0x10,0x30,0x20,0x60,0x40,0xC0,0x10,0x90};//12상

/**************************************************************************************
    시간 지연 함수 - micro second 단위 시간 지연 함수
**************************************************************************************/
void Delay_us(WORD c)
{
```

(계속)

```
        WORD i;
        for(i = 0; i < c; i++) ;
}

/********************************************************************************
    시간 지연 함수 -  mili second 단위 시간 지연 함수
********************************************************************************/
void Delay_ms(WORD c)
{
        WORD i,ii;
        for(i=0;i<c;i++)
        for(ii=0;ii<2000;ii++);
}

/********************************************************************************
    시간 지연 함수 -  1 second 단위 시간 지연 함수
********************************************************************************/
void Delay_OneSec(WORD c)
{
        WORD i;
        for(i=0;i<c;i++) Delay_ms(1000);
}

/********************************************************************************
    LED ON/OFF 함수 변수 ch는 좌우 LED를 지정하고 st는 ON/OFF를 결정하는 변수이다.
********************************************************************************/
void LED(BYTE ch, BYTE st)
{
    if(ch == LEFT)
    {
        if(st == ON) PORTD &= ~0x01;
        else PORTD |= 0x01;
    }
    else if(ch == RIGHT)
    {
        if(st == ON) PORTD &= ~0x40;
        else PORTD |= 0x40;
    }
    else
    {
        if(st == ON) PORTD &= ~0x41 ;
        else  PORTD |= 0x41;
    }
```

(계속)

```
}

/*****************************************************************************
    부저음 발생 함수 - 약 100ms 동안 부저음을 발생시킨다.
*****************************************************************************/
void Buzzer(void)
{
    PORTG &= ~0x10;
    Delay_ms(100);
    PORTG |= 0x10;
}

/*****************************************************************************
    GPIO 입력 상태를 체크하여 스위치의 상태를 체크하여 반환한다.
*****************************************************************************/
BYTE Get_Switch(void)
{
    if(!(PIND&0x02)){ Buzzer(); return MODE_SW;}
    else if(!(PIND&0x80)) { Buzzer(); return SET_SW; }
    else return 0;
}

/*****************************************************************************
    입출력 포트 상태 정의 함수 - 초기 부팅 시 항상 실행해 주어야 한다.
*****************************************************************************/
void Init_Gpio(void)
{
        DDRA  = 0xff;       // DATA BUS PORT    LCD DATA BUS
        PORTA = 0xff;       //

        DDRB  = 0xFF;       // LEFT MOTOR
        PORTB = 0x00;

        DDRC  = 0xFF;       // RIGHT MOTOR
        PORTC = 0x00;

        DDRD  = 0x79;       // LED, SW, UART1
        PORTD = 0xff;

        DDRE  = 0xFF;       // SENSOR
        PORTE = 0x00;

        DDRF  = 0x00;       // ADC 입력
```

(계속)

```
        PORTF  = 0x00;          //

        DDRG   = 0xFF;          //
        PORTG  = 0xFC;          // 센서 BUZZER
}

/*****************************************************************************
   타이머 초기화 함수
*****************************************************************************/
void Init_Timer(void)
{
/*********************************************************************
          TIMER0 FOR SENSOR
*********************************************************************/
        TCCR0 = 0x42;          // CTC mode        16,000,000 / 8    = 2,000,000
 /*
  BIT2 - CS02     BIT1 - CS01     BIT0 - CS00
   0               0               0             클럭 입력 정지
   0               0               1             CLKtos / 1
   0               1               0             CLKtos / 8
   0               1               1             CLKtos / 32
   1               0               0             CLKtos / 64
   1               0               1             CLKtos / 128
   1               1               0             CLKtos / 256
   1               1               1             CLKtos / 1024
 */
        OCR0  = 0xFF;

/*********************************************************************
          TIMER1 FOR LEFT MOTOR
*********************************************************************/
        TCCR1A = 0x00;
         TCCR1B = 0x0d;   // CTC mode        16,000,000 / 1024 = 15,625
//       TCCR1B = 0x0a;   // CTC mode        16,000,000 / 8    = 2,000,000
 /*
   BIT2-CS12   BIT1-CS11   BIT0-CS10
   0           0           0             클럭 입력 정지
   0           0           1             CLKtos / 1
   0           1           0             CLKtos / 8
   0           1           1             CLKtos / 64
   1           0           0             CLKtos / 256
   1           0           1             CLKtos / 1024
   1           1           0             Tn 클럭에서 입력되는 외부 클럭(하강 에지)
```

(계속)

```
 1              1              1             Tn 클럭에서 입력되는 외부 클럭(상승 에지)
 */

        TCCR1C = 0x00;
       OCR1A  = 0xFFFF;

/*************************************************************************
          TIMER3 FOR RIGHT MOTOR
*************************************************************************/
        TCCR3A = 0x00;
        TCCR3B = 0x0d;  // CTC mode    16,000,000 / 1024 = 15,625
//      TCCR3B = 0x0a;  // CTC mode    16,000,000 / 8    = 2,000,000
 /*
 BIT2-CS32   BIT1-CS31   BIT0-CS30
  0           0           0          클럭 입력 정지
  0           0           1          CLKtos / 1
  0           1           0          CLKtos / 8
  0           1           1          CLKtos / 64
  1           0           0          CLKtos / 256
  1           0           1          CLKtos / 1024
  1           1           0          Tn 클럭에서 입력되는 외부 클럭(하강 에지)
  1           1           1          Tn 클럭에서 입력되는 외부 클럭(상승 에지)
*/

        TCCR3C = 0x00;
       OCR3A  = 0xFFFF;

        TIMSK = 0x00;
        ETIMSK = 0x00;
        TIFR = 0x00;
}

/*********************************************************************************
    타이머 0 인터럽트 서비스 루틴
*********************************************************************************/
#pragma vector = TIMER0_COMP_vect
__interrupt void Timer0(void)
{
    TCNT0  = 0;
    OCR0  = 0xff;
}
```

(계속)

```
/*****************************************************************************
    타이머 1 인터럽트 서비스 루틴
*****************************************************************************/
#pragma vector = TIMER1_COMPA_vect
__interrupt void Timer1(void)        // 16bit timer 왼쪽 모터에 할당
{
    TCNT1  = 0;
    OCR1A  = 0x1ff;                                    // 15625 / 511  = 30Hz
}

/*****************************************************************************
    타이머 3 인터럽트 서비스 루틴
*****************************************************************************/
#pragma vector = TIMER3_COMPA_vect
__interrupt void Timer3(void)        // 16bit timer  오른쪽 모터에 할당
{
    TCNT3  = 0;
    OCR3A  = 0x2ff;                  // 15625 / 767  = 20Hz
}

/*****************************************************************************
    모터 1상 구동 함수
*****************************************************************************/
void MOTOR_1PHASE(void)
{
    lcd_printf(0,0,"MOTOR    ");
    lcd_printf(1,0,"1 PHASE ");

    while(1)
    {
        PORTB = MOTOR_PULSE_1[0];
        Delay_ms(5);
        PORTB = MOTOR_PULSE_1[1];
        Delay_ms(5);
        PORTB = MOTOR_PULSE_1[2];
        Delay_ms(5);
        PORTB = MOTOR_PULSE_1[3];
        Delay_ms(5);
    }
}

/*****************************************************************************
    모터 2상 구동 함수
*****************************************************************************/
```

(계속)

```
void MOTOR_2PHASE(void)
{
    lcd_printf(0,0,"MOTOR     ");
    lcd_printf(1,0,"2 PHASE  ");

    while(1)
    {
        PORTB = MOTOR_PULSE_2[0];
        Delay_ms(2);
        PORTB = MOTOR_PULSE_2[1];
        Delay_ms(2);
        PORTB = MOTOR_PULSE_2[2];
        Delay_ms(2);
        PORTB = MOTOR_PULSE_2[3];
        Delay_ms(2);
    }
}

/**************************************************************************************
    모터 12상 구동 함수
**************************************************************************************/
void MOTOR_12PHASE(void)
{
    lcd_printf(0,0,"MOTOR     ");
    lcd_printf(1,0,"12 PHASE");

    while(1)
    {
        PORTB = MOTOR_PULSE_12[0];
        Delay_ms(1);
        PORTB = MOTOR_PULSE_12[1];
        Delay_ms(1);
        PORTB = MOTOR_PULSE_12[2];
        Delay_ms(1);
        PORTB = MOTOR_PULSE_12[3];
        Delay_ms(1);
        PORTB = MOTOR_PULSE_12[4];
        Delay_ms(1);
        PORTB = MOTOR_PULSE_12[5];
        Delay_ms(1);
        PORTB = MOTOR_PULSE_12[6];
        Delay_ms(1);
        PORTB = MOTOR_PULSE_12[7];
```

(계속)

```
            Delay_ms(1);
        }
}

void main(void)
{
        Init_Gpio();
        Init_Timer();
        Init_Char_LCD();

         _SEI();
         Delay_ms(100);

        lcd_printf(0,0,"MOTOR       ");
        lcd_printf(1,0,"TEST        ");

        while(1)
        {
         //     if(Get_Switch() == MODE_SW)   MOTOR_1PHASE();          // 1상 구동
               if(Get_Switch() == MODE_SW)   MOTOR_2PHASE();          // 2상 구동
        //      if(Get_Switch() == MODE_SW)   MOTOR_12PHASE();         // 12상 구동

        }
}
```

10. MOTOR_INTERRUPT_TEST 프로그램

스테핑 모터를 구동하는 신호를 타이머 인터럽트를 이용하여 발생시키는 예제이다. 1상, 2상, 12상으로 구동하는 신호를 타이머 인터럽트와 연동하여 스테핑 모터를 구동할 수 있는 예제이다. 본 예제는 “main.c”와 “lcd.c”의 두 파일로 구성되어 있다. lcd.c 파일은 앞의 예제와 공통이다.

예제

```
#include <iom128.h>
#include <ina90.h>
#include "lcd.c"

/*****************************************************************************
    전처리문 선언
*****************************************************************************/
```

(계속)

```
#define LEFT                    1
#define RIGHT                   2
#define BOTH                    3
#define ON                      4
#define OFF                     5

#define MODE_SW                 1
#define SET_SW                  2

#define   TIMER0_ENABLE  TIMSK  |= 0x02;  // Enable Timer0
#define   TIMER1_ENABLE  TIMSK  |= 0x10;
#define   TIMER3_ENABLE  ETIMSK |= 0x10;

#define   TIMER0_DISABLE  TIMSK  &= ~0x02;         // Disable Timer0
#define   TIMER1_DISABLE  TIMSK  &= ~0x10;    // Disable Timer1
#define   TIMER3_DISABLE  ETIMSK &= ~0x10;         // Disable Timer3

/*******************************************************************************
    모터 구동용 테이블 선언
*******************************************************************************/
BYTE MOTOR_PULSE_1[4] = {0x10,0x20,0x40,0x80};       // 1상
BYTE MOTOR_PULSE_2[4] = {0x30,0x60,0xC0,0x90};       // 2상
BYTE MOTOR_PULSE_12[8]={0x10,0x30,0x20,0x60,0x40,0xC0,0x10,0x90};//12상

/*******************************************************************************
    시간 지연 함수 - micro second 단위 시간 지연 함수
*******************************************************************************/
void Delay_us(WORD c)
{
        WORD i;
        for(i = 0; i < c; i++) ;
}

/*******************************************************************************
    시간 지연 함수 -  mili second 단위 시간 지연 함수
*******************************************************************************/
void Delay_ms(WORD c)
{
        WORD i,ii;
        for(i=0;i<c;i++)
        for(ii=0;ii<2000;ii++);
}
```

(계속)

```
/*******************************************************************************
    시간 지연 함수 -  1 second 단위 시간 지연 함수
*******************************************************************************/
void Delay_OneSec(WORD c)
{
        WORD i;
        for(i=0;i<c;i++) Delay_ms(1000);
}

/*******************************************************************************
    LED ON/OFF 함수 변수 ch는 좌우 LED를 지정하고 st는 ON/OFF를 결정하는 변수이다.
*******************************************************************************/
void LED(BYTE ch, BYTE st)
{
    if(ch == LEFT)
    {
        if(st == ON) PORTD &= ~0x01;
        else PORTD |= 0x01;
    }
    else if(ch == RIGHT)
    {
        if(st == ON) PORTD &= ~0x40;
        else PORTD |= 0x40;
    }
    else
    {
        if(st == ON) PORTD &= ~0x41 ;
        else  PORTD |= 0x41;
    }
}

/*******************************************************************************
    부저음 발생 함수 - 약 100ms 동안 부저음을 발생시킨다.
*******************************************************************************/
void Buzzer(void)
{
    PORTG &= ~0x10;
    Delay_ms(100);
    PORTG |= 0x10;
}

/*******************************************************************************
    GPIO 입력 상태를 체크하여 스위치의 상태를 체크하여 반환한다.
*******************************************************************************/
```

(계속)

```
BYTE Get_Switch(void)
{
    if(!(PIND&0x02)){ Buzzer(); return MODE_SW;}
    else if(!(PIND&0x80)) { Buzzer(); return SET_SW; }
    else return 0;
}

/*************************************************************************************
    입출력 포트 상태 정의 함수 - 초기 부팅 시 항상 실행해 주어야 한다.
*************************************************************************************/
void Init_Gpio(void)
{
        DDRA   = 0xff;        // DATA BUS PORT   LCD DATA BUS
        PORTA  = 0xff;        //

        DDRB   = 0xFF;        // LEFT MOTOR
        PORTB  = 0x00;

        DDRC   = 0xFF;        // RIGHT MOTOR
        PORTC  = 0x00;

        DDRD   = 0x79;        // LED, SW, UART1
        PORTD  = 0xff;

        DDRE   = 0xFF;        // SENSOR
        PORTE  = 0x00;

        DDRF   = 0x00;        // ADC 입력
        PORTF  = 0x00;        //

        DDRG   = 0xFF;        //
        PORTG  = 0xFC;        // 센서 BUZZER
}

/*************************************************************************************
    타이머 초기화 함수
*************************************************************************************/
void Init_Timer(void)
{
        /*********************************************************************
            TIMER0 FOR SENSOR
        *********************************************************************/
        TCCR0 = 0x42;        // CTC mode        16,000,000 / 8    = 2,000,000
/*
```

(계속)

```
  BIT2 - CS02     BIT1 - CS01     BIT0 - CS00
   0               0               0              클럭 입력 정지
   0               0               1              CLKtos / 1
   0               1               0              CLKtos / 8
   0               1               1              CLKtos / 32
   1               0               0              CLKtos / 64
   1               0               1              CLKtos / 128
   1               1               0              CLKtos / 256
   1               1               1              CLKtos / 1024
  */

        OCR0  = 0xFF;

/***********************************************************************
          TIMER1 FOR LEFT MOTOR
***********************************************************************/
    TCCR1A = 0x00;
//      TCCR1B = 0x0d;  // CTC mode      16,000,000 / 1024 = 15,625
        TCCR1B = 0x0a;  // CTC mode      16,000,000 / 8    = 2,000,000
                                       /*
  BIT2-CS12    BIT1-CS11    BIT0-CS10
  0             0             0             클럭 입력 정지
  0             0             1             CLKtos / 1
  0             1             0             CLKtos / 8
  0             1             1             CLKtos / 64
  1             0             0             CLKtos / 256
  1             0             1             CLKtos / 1024
  1             1             0             Tn 클럭에서 입력되는 외부 클럭(하강 에지)
  1             1             1             Tn 클럭에서 입력되는 외부 클럭(상승 에지)
  */

    TCCR1C = 0x00;
    OCR1A  = 0xFFFF;

/***********************************************************************
          TIMER3 FOR RIGHT MOTOR
***********************************************************************/
        TCCR3A = 0x00;
        TCCR3B = 0x0d;  // CTC mode      16,000,000 / 1024 = 15,625
//      TCCR3B = 0x0a;  // CTC mode      16,000,000 / 8    = 2,000,000
/*
 BIT2-CS32    BIT1-CS31    BIT0-CS30
  0             0             0             클럭 입력 정지
```

(계속)

```
  0           0           1           CLKtos / 1
  0           1           0           CLKtos / 8
  0           1           1           CLKtos / 64
  1           0           0           CLKtos / 256
  1           0           1           CLKtos / 1024
  1           1           0           Tn 클럭에서 입력되는 외부 클럭(하강 에지)
  1           1           1           Tn 클럭에서 입력되는 외부 클럭(상승 에지)
*/
        TCCR3C = 0x00;
       OCR3A  = 0xFFFF;

        TIMSK = 0x00;
        ETIMSK = 0x00;
        TIFR = 0x00;
}

#pragma vector = TIMER0_COMP_vect
__interrupt void Timer0(void)
{
    TCNT0  = 0;
    OCR0  = 0xff;
}

WORD COUNT = 0;
#pragma vector = TIMER1_COMPA_vect
__interrupt void Timer1(void)        // 16bit timer 왼쪽 모터에 할당
{
    TCNT1  = 0;
    OCR1A = 0xfff;                              // 15625 / 511  = 30Hz
//    PORTB = MOTOR_PULSE_1[COUNT++%4];
//    PORTB = MOTOR_PULSE_2[COUNT++%4];
     PORTB = MOTOR_PULSE_12[COUNT++%8];
}

#pragma vector = TIMER3_COMPA_vect
__interrupt void Timer3(void)        // 16bit timer  오른쪽 모터에 할당
{
    TCNT3  = 0;
    OCR3A  = 0x2ff;                 // 15625 / 767  = 20Hz
}

void main(void)
{
```

(계속)

```
    Init_Gpio();
    Init_Timer();
    Init_Char_LCD();

     _SEI();
     Delay_ms(100);

    lcd_printf(0,0,"MOTOR     ");
    lcd_printf(1,0,"INT  TEST");

    while(1)
    {

        if(Get_Switch() == MODE_SW) TIMER1_ENABLE;

    }
}
```

11. 라인트레이서 구동용 종합 프로그램

라인트레이서 구동을 위한 종합 프로그램이다. 본 프로그램은 “tracer_main.c”, “init.c”, “uart.c”, “lcd.c”, “table.c”, “trim.c” 그리고 “eeprom.c”의 7개 파일로 구성되어 있다.

(1) tracer_main.c 프로그램 파일

예제

```
#include <iom128.h>
#include <ina90.h>
#include "init.c"
#include "lcd.c"
#include "eeprom.c"
#include "uart.c"
#include "trim.c"
#include "table.h"

/*******************************************************************************
    각각의 타이머 주파수
    센서 : 8KHZ
    모터 : 각각 가감속에 다른 속도 변화에 대응
*******************************************************************************/
```

(계속)

```
BYTE r_edge_flag = 0;
BYTE l_edge_flag = 0;


/*****************************************************************************
    LINE TRACER 용 센서 인터럽트 루틴.
*****************************************************************************/
#pragma vector = TIMER0_COMP_vect
__interrupt void Timer0(void)          // 센서 인터럽트 주기 약 7Khz
{
    TCNT0  = 0;
    OCR0   = 0xff;

        sen_count++;
        switch(sensor_count++)
        {
                case 0    :         PORTE |= 0x40;    // SEN OUT 6
                                    r_edge = ADC >> 2;
                                    Delay_us(sen_delay);
                                    ADMUX = ADC_L_EDGE;
                                    ADCSR |= 0x40;

                                    if(r_edge >= r_edge_off_line_value + 0x20)
                                    {
                                            if(r_edge_flag == 0) RUN_COUNT_R++;
                                             r_edge_flag = 1;
                                             r_step = l_step = 0;
                                             LED(RIGHT,ON);
                                             }
                                    else
                                    {
                                             r_edge_flag = 0;
                                 LED(RIGHT,OFF);
                                       }
                                  break;

                case 1    :         PORTE |= 0x20;    // SEN OUT 5
                                    l_edge = ADC >> 2;
                                    Delay_us(sen_delay);
                                    ADMUX = ADC_L_SIDE2;
                                    ADCSR |= 0x40;

                                    if(l_edge >= l_edge_off_line_value + 0x20)
```

(계속)

```
                        {
                            if(l_edge_flag == 0) RUN_COUNT_L++;
                            l_edge_flag = 1;
                            r_step = l_step = 0;
                            LED(LEFT,ON);
                        }
                        else
                        {
                            l_edge_flag = 0;
                            LED(LEFT,OFF);
                        }
                    }
                        break;

        case 2      :   PORTE |= 0x10;     // SEN OUT 4
                        l_side2 = ADC >> 2;
                        Delay_us(sen_delay);
                        ADMUX = ADC_L_SIDE1;
                        ADCSR |= 0x40;
                        break;

        case 3      :   PORTE |= 0x08;     // SEN OUT 3
                        l_side1 = ADC >> 2;
                        Delay_us(sen_delay);
                        ADMUX = ADC_CENTER;
                        ADCSR |= 0x40;
                        break;

        case 4      :   PORTE |= 0x04;     // SEN OUT 2
                        center = ADC >> 2;
                        Delay_us(sen_delay);
                        ADMUX = ADC_R_SIDE1;
                        ADCSR |= 0x40;
                        break;

        case 5      :   PORTG |= 0x02;     // SEN OUT 1
                        r_side1 = ADC >> 2;
                        Delay_us(sen_delay);
                        ADMUX = ADC_R_SIDE2;
                        ADCSR |= 0x40;
                        PORTG &= ~0x02; // SEN OUT 1
                        break;
```

(계속)

```
                case 6      :           PORTG |= 0x01;
                                        r_side2 = ADC >> 2;
                                        Delay_us(sen_delay);
                                        ADMUX = ADC_R_EDGE;
                                        ADCSR |= 0x40;
                                        PORTG &= ~0x01; // SEN OUT 1
                                        sensor_count = 0;
                                        break;
        } PORTE = 0x00;
}

DWORD temp_data = 0;

#pragma vector = TIMER1_COMPA_vect
__interrupt void Timer1(void)       // 16bit timer 왼쪽 모터에 할당
{
    TCNT1  = 0;

    PORTB = MOTOR_PULSE_L[l_pulse++&0x07];

    if (l_step >= l_dist - s_limit)  current_speed--;
        else if(current_speed < s_limit)  current_speed++;

        l_step++;
        if(l_step >= l_dist)
        {
            L_M_STOP
        }
        else if(L_TRIM)
        {
                temp_data         =         ((DWORD)(handle[HANDLE+trim_l])          *
(DWORD)(ACC_TBL[current_speed]) )>>14;
                m_speed = (WORD)(temp_data&0xffff);
                L_TRIM  = FALSE;
        }
        else m_speed = ACC_TBL[current_speed];

    OCR1A = m_speed;
}

#pragma vector = TIMER3_COMPA_vect
__interrupt void Timer3(void)       // 16bit timer  오른쪽 모터에 할당
{
```

(계속)

```
    TCNT3  = 0;

    PORTC = MOTOR_PULSE_R[r_pulse++&0x07];

    if(current_speed > s_limit) current_speed--;

    r_step++;
        if(r_step >= r_dist)
        {
            R_M_STOP
    }
        else if(R_TRIM)
        {
                    temp_data    =    ((DWORD)(handle[HANDLE+trim_r])    *
(DWORD)(ACC_TBL[current_speed]) )>>14;
            m_speed = (WORD)(temp_data&0xffff);
            R_TRIM  = FALSE;
        }
        else m_speed = ACC_TBL[current_speed];
    OCR3A  = m_speed;
}


void move(WORD s,WORD dist)
{
        current_speed = 0;
        r_pulse = l_pulse = 0;
       r_step = l_step = 0;

        R_TRIM = L_TRIM = FALSE;
        R_MODE = L_MODE = TRUE;

       s_limit = s;
       r_dist = l_dist = dist;

        M_START;
}

void Run(WORD SPEED)
{
    motor_set(TRUE);
    Delay_ms(1000);
```

(계속)

```
    move(SPEED,40000);
    RUN_COUNT_L = 0;
    RUN_COUNT_R = 0;

    while(1)
    {
        trim();
        if(RUN_COUNT_L >= RUN_COUNT || RUN_COUNT_R >= RUN_COUNT)
        {
            set_dist(SPEED+10);
            break;
        }
    }

    while(R_MODE && L_MODE)
    {
        trim();
    }
    M_STOP;

    lcd_printf(0,0,"TRACE is ");
    lcd_printf(1,0,"DONE     ");

}

void Sensor_Set(void)
{
    lcd_printf(0,0,"SENSOR   ");
    lcd_printf(1,0,"SETTING  ");
    Delay_ms(1000);

    lcd_printf(0,0,"PUT SENS ");
    lcd_printf(1,0,"ON LINE  ");
    Delay_ms(1000);

    lcd_printf(0,0,"         ");
    lcd_printf(1,0,"         ");

    while(1)
    {
        constant(l_side2); lcd_printf(0,0,lcd_c);
        constant(l_side1); lcd_printf(0,3,lcd_c);
        constant(l_edge);  lcd_printf(1,0,lcd_c);
```

(계속)

```
        constant(r_side2);  lcd_printf(0,6,lcd_c);
        constant(r_side1);  lcd_printf(1,3,lcd_c);
        constant(r_edge);   lcd_printf(1,6,lcd_c);

      if(Get_Switch())
      {
          l_side2_on_line_value = l_side2;
          l_side1_on_line_value = l_side1;
          l_edge_on_line_value = l_edge;

          r_side2_on_line_value = r_side2;
          r_side1_on_line_value = r_side1;
          r_edge_on_line_value = r_edge;

          constant(l_side2_on_line_value);lcd_printf(0,0,lcd_c);
            constant(l_side1_on_line_value);lcd_printf(0,3,lcd_c);
            constant(l_edge_on_line_value);lcd_printf(1,0,lcd_c);

            constant(r_side2_on_line_value);lcd_printf(0,6,lcd_c);
            constant(r_side1_on_line_value);lcd_printf(1,3,lcd_c);
            constant(r_edge_on_line_value);lcd_printf(1,6,lcd_c);

          break;
      }
        Delay_ms(10);
  }

  Delay_ms(1000);
  lcd_printf(0,0,"PUT SENS ");
  lcd_printf(1,0,"OFF LINE ");
  Delay_ms(1000);
  lcd_printf(0,0,"         ");
  lcd_printf(1,0,"         ");

  while(1)
  {
        constant(l_side2);lcd_printf(0,0,lcd_c);
        constant(l_side1);lcd_printf(0,3,lcd_c);
        constant(l_edge);lcd_printf(1,0,lcd_c);

        constant(r_side2);lcd_printf(0,6,lcd_c);
        constant(r_side1);lcd_printf(1,3,lcd_c);
        constant(r_edge);lcd_printf(1,6,lcd_c);
```

(계속)

```
        if(Get_Switch())
        {
            l_side2_off_line_value = l_side2;
            l_side1_off_line_value = l_side1;
            l_edge_off_line_value = l_edge;

            r_side2_off_line_value = r_side2;
            r_side1_off_line_value = r_side1;
            r_edge_off_line_value = r_edge;

            constant(l_side2_off_line_value);lcd_printf(0,0,lcd_c);
             constant(l_side1_off_line_value);lcd_printf(0,3,lcd_c);
             constant(l_edge_off_line_value);lcd_printf(1,0,lcd_c);

             constant(r_side2_off_line_value);lcd_printf(0,6,lcd_c);
             constant(r_side1_off_line_value);lcd_printf(1,3,lcd_c);
             constant(r_edge_off_line_value);lcd_printf(1,6,lcd_c);

            break;
        }
          Delay_ms(10);
    }
    Write_Sensor_Data_to_EEPROM();
    make_trim_table();
    lcd_printf(0,0,"SENS SET");
    lcd_printf(1,0,"DONE      ");
          Delay_ms(1000);
}

void Count_Set(void)
{
    BYTE data = 0;
    BYTE buf[9] = {' ',' ',' ',' ',' ',' ',' ',' ',0};

    SENSOR_OFF;


    while(1)
    {
        if(Get_Switch() == MODE_SW)
        {
             EEPROM_Write(RUN_COUNT_PAGE,data);
             break;
```

(계속)

```
            }
            else if(Get_Switch() == SET_SW) data++;


            buf[0] = data/10+0x30;
            buf[1] = data%10+0x30;
            lcd_printf(1,0,buf);
            Delay_ms(10);
        }
        lcd_printf(1,0,"DONE        ");
        Delay_ms(500);
        SENSOR_ON;
    }

    void main(void)
    {
        BYTE c = 0;
        Init_Gpio();
        Init_Uart_0(BAUD9600);
        Init_Uart_1(BAUD9600);
        Init_ADC();
        Init_Timer();
        Init_Char_LCD();

        Read_Sensor_Data_from_EEPROM();
        make_trim_table();

        LED(BOTH,ON);

         _SEI();                                    //Global interrupt enable
        Delay_ms(200);

        SENSOR_ON;
        sen_view_tracer();

        RUN_COUNT = EEPROM_Read(RUN_COUNT_PAGE)+1;

        lcd_printf(0,0,"MEGA128 ");
        lcd_printf(1,0,"TRACER!!");


        while(1)
        {
```

(계속)

```
        switch(Get_Switch())
        {
        case MODE_SW : switch((c++)%5)
                       {
                        case 0 : lcd_printf(0,0,"SENS SET"); break;
                        case 1 : lcd_printf(0,0,"RUN CNT "); break;
                        case 2 : lcd_printf(0,0,"RUN SLOW"); break;
                        case 3 : lcd_printf(0,0,"RUN NORM"); break;
                        case 4 : lcd_printf(0,0,"RUN FAST"); break;
                       }

        lcd_printf(1,0,"TRACER!!"); break;

            case SET_SW : switch((c - 1)%5)
                        {
                        case 0      :      Sensor_Set(); break;
                        case 1      :      Count_Set(); break;
                        case 2      :      Run(SPEED_SLOW); break;
                        case 3      :      Run(SPEED_NORMAL); break;
                        case 4      :      Run(SPEED_FAST); break;
                        } break;
            } Delay_ms(100);
    }
}
```

(2) init.c 프로그램 파일

예제

```
typedef unsigned char    BYTE;
typedef unsigned int     WORD;
typedef unsigned long    DWORD;
typedef float            FLOAT;

/*****************************************************************************
            TIMER CONTROL FUNCTION DEFINITION
*****************************************************************************/
#define         SENSOR_ON       TIMSK  |= 0x02;    // Enable Timer0
#define         L_M_START       TIMSK  |= 0x10;
#define         R_M_START       ETIMSK |= 0x10;
#define         M_START         L_M_START; R_M_START;
```

(계속)

```
#define          SENSOR_OFF       TIMSK   &= ~0x02;            // Disable Timer0
#define         L_M_STOP  TIMSK &= ~0x10; L_MODE=FALSE;//DisableTimer2
#define          R_M_STOP  ETIMSK &= ~0x10; R_MODE=FALSE; // Disable Timer1
#define          M_STOP            L_M_STOP; R_M_STOP;

#define    LEFT                       1
#define    RIGHT                      2
#define    BOTH                       3
#define    ON                         4
#define    OFF                        5
#define    MODE_SW                    1
#define    SET_SW                     2

#define   FORWARD        1
#define   BACKWARD       0
#define   TRUE            1
#define   FALSE           0
#define   GOAL            1
#define   HOME            0
#define   SEARCH   1
#define   SECOND   2
#define   THIRD           3
#define   FOURTH   4
#define   FIFTH           5
#define   READ      10
#define          SET             200

#define   SPEED_SLOW        100
#define   SPEED_NORMAL       500
#define   SPEED_FAST           900

/*****************************************************************************
      라인트레이서 센서 주소
*****************************************************************************/
#define    ADC_L_EDGE              0x01
#define    ADC_L_SIDE2             0x02
#define    ADC_L_SIDE1             0x03
#define    ADC_CENTER              0x04
#define    ADC_R_SIDE1             0x05
#define    ADC_R_SIDE2             0x06
#define    ADC_R_EDGE              0x07
```

(계속)

```
/*****************************************************************************
        발광 센서 ON TIME용 딜레이
*****************************************************************************/
#define      sen_delay                     15

void Delay_ms(WORD c);
void Delay_us(WORD c);
void Delay_OneSec(WORD c);
void lcd_printf(BYTE x,BYTE y,BYTE *pt);

BYTE lcd_c[3] = {' ',};
BYTE RUN_COUNT_L = 0;
BYTE RUN_COUNT_R = 0;
BYTE RUN_COUNT = 0;

WORD s_limit;
BYTE movement;
BYTE r_dir,l_dir;
WORD r_dist,l_dist;
WORD r_pulse = 0, l_pulse = 0;
BYTE TURN = FALSE,TURN_WAY;
int handle_l,handle_r,point;
WORD l_step=0, r_step=0, current_speed_l, current_speed_r,current_speed;
WORD m_speed, handle_value, turn_dist, TURN_DIST;
BYTE L_MODE = FALSE,R_MODE = FALSE;
BYTE MOTOR_PULSE_L[8] = {0x80,0xa0,0x20,0x60,0x40,0x50,0x10,0x90};
BYTE MOTOR_PULSE_R[8] = {0x40,0x50,0x10,0x30,0x20,0xa0,0x80,0xc0};

// variables for sensor setting
BYTE setf_l[8],setf_r[8];
BYTE set90_l[8],set90_r[8];
BYTE set45_l[8],set45_r[8];

DWORD sen_count = 0;
BYTE sensor_count = 0;
BYTE l_edge, l_side2, l_side1, center, r_side1, r_side2, r_edge;
WORD c_s, aver_s;
WORD aver_rf,aver_lf,aver_r45,aver_l45,aver_r90,aver_l90;
BYTE l_side2_on_line_value = 0;
BYTE l_side1_on_line_value = 0;
BYTE l_edge_on_line_value = 0;

BYTE r_side2_on_line_value = 0;
```

(계속)

```
BYTE r_side1_on_line_value = 0;
BYTE r_edge_on_line_value = 0;

BYTE l_side2_off_line_value = 0;
BYTE l_side1_off_line_value = 0;
BYTE l_edge_off_line_value = 0;

BYTE r_side2_off_line_value = 0;
BYTE r_side1_off_line_value = 0;
BYTE r_edge_off_line_value = 0;

// variables for trimming
int trim_l, trim_r;
BYTE R_TRIM = FALSE, L_TRIM = FALSE;
BYTE tbl_l_side2[256] ={0,};
BYTE tbl_l_side1[256] ={0,};
BYTE tbl_r_side2[256] ={0,};
BYTE tbl_r_side1[256] ={0,};

void set_dist(WORD dist)
{
        r_step = l_step;
        l_dist = r_dist = (l_step + dist);
}

void set_speed(WORD speed)
{
        s_limit = speed;
}

void motor_set(BYTE st)
{
        if(st)
        {
                r_pulse = l_pulse = 0;
            PORTB = MOTOR_PULSE_L[l_pulse];
       PORTC = MOTOR_PULSE_R[r_pulse];
        } else PORTB = PORTC = 0x00;
}
void Delay_us(WORD c)
{
        WORD i;
        for(i = 0; i < c; i++) ;
```

(계속)

```
}

void Delay_ms(WORD c)
{
        WORD i,ii;
        for(i=0;i<c;i++)
        for(ii=0;ii<2000;ii++);
}

void Delay_OneSec(WORD c)
{
        WORD i;
        for(i=0;i<c;i++) Delay_ms(1000);
}

void LED(BYTE ch, BYTE st)
{
    if(ch == LEFT)
    {
        if(st == ON) PORTD &= ~0x01;
        else PORTD |= 0x01;
    }
    else if(ch == RIGHT)
    {
        if(st == ON) PORTD &= ~0x40;
        else PORTD |= 0x40;
    }
    else
    {
        if(st == ON) PORTD &= ~0x41 ;
        else  PORTD |= 0x41;
    }
}

void Buzzer(void)
{
    PORTD  = 0xff;
    PORTG &= ~0x10;
    Delay_ms(100);
    PORTG |= 0x10;
}

BYTE Get_Switch(void)
```

(계속)

```
{
    if(!(PIND&0x02)){ Buzzer(); return MODE_SW;}
    else if(!(PIND&0x80)) { Buzzer(); return SET_SW; }
    else return 0;
}

void constant(BYTE data)
{
        BYTE value;
        value = data&0x0f;
        if(value>=0x0a) lcd_c[1] = value+0x57;                    // char
        else lcd_c[1] = value+0x30;                               // dec
        value = data&0xf0;
        value >>= 4;
        if(value>=0x0a) lcd_c[0] = value+0x57;
        else lcd_c[0] = value+0x30;
}

void sen_view_tracer(void)
{
    lcd_printf(0,0,"         ");
    lcd_printf(1,0,"         ");
        Delay_ms(100);

        while(1)
        {
                constant(l_side2);lcd_printf(0,0,lcd_c);
                constant(l_side1);lcd_printf(0,3,lcd_c);
                constant(l_edge);lcd_printf(1,0,lcd_c);

                constant(r_side2);lcd_printf(0,6,lcd_c);
                constant(r_side1);lcd_printf(1,3,lcd_c);
                constant(r_edge);lcd_printf(1,6,lcd_c);
                Delay_ms(10);
                if(Get_Switch()) { Delay_ms(100); break; }
        }
}


void Init_Timer(void)
{
/*******************************************************************
            TIMER0 FOR SENSOR
*******************************************************************/
```

(계속)

```
        TCCR0 = 0x42;        // CTC mode    16,000,000 / 8   = 2,000,000
/*
      BIT2  -  CS02       BIT1  -  CS01      BIT0  -  CS00
           0                  0                  0              클럭 입력 정지
           0                  0                  1              CLKtos / 1
           0                  1                  0              CLKtos / 8
           0                  1                  1              CLKtos / 32
           1                  0                  0              CLKtos / 64
           1                  0                  1              CLKtos / 128
           1                  1                  0              CLKtos / 256
           1                  1                  1              CLKtos / 1024
*/
        OCR0  = 0xFF;

/**********************************************************************
            TIMER1 FOR LEFT MOTOR
**********************************************************************/
       TCCR1A = 0x00;
        TCCR1B = 0x0a;    // CTC mode          16,000,000 / 8      = 2,000,000
/*
     BIT2 - CS12      BIT1 - CS11    BIT0 - CS10
        0                0               0          클럭 입력 정지
        0                0               1          CLKtos / 1
        0                1               0          CLKtos / 8
        0                1               1          CLKtos / 64
        1                0               0          CLKtos / 256
        1                0               1          CLKtos / 1024
        1                1               0          Tn 클럭에서 입력되는 외부 클럭(하강 에지)
        1                1               1          Tn 클럭에서 입력되는 외부 클럭(상승 에지)
  */

        TCCR1C = 0x00;
       OCR1A   = 0xFFFF;

/**********************************************************************
            TIMER3 FOR RIGHT MOTOR
**********************************************************************/
        TCCR3A = 0x00;
        TCCR3B = 0x0a;    // CTC mode    16,000,000 / 8      = 2,000,000
/*
 BIT2 - CS32    BIT1 - CS31    BIT0 - CS30
  0               0              0              클럭 입력 정지
  0               0              1              CLKtos / 1
```

(계속)

```
  0          1          0          CLKtos / 8
  0          1          1          CLKtos / 64
  1          0          0          CLKtos / 256
  1          0          1          CLKtos / 1024
  1          1          0          Tn 클럭에서 입력되는 외부 클럭(하강 에지)
  1          1          1          Tn 클럭에서 입력되는 외부 클럭(상승 에지)
*/

        TCCR3C = 0x00;
       OCR3A  = 0xFFFF;

        TIMSK = 0x00;
        ETIMSK = 0x00;
        TIFR = 0x00;

}

void Init_ADC(void)
{
        ADMUX = 0x00;          // Use VREF, ADLAR = 0, 단극성 ACD0 Channel only
        ADCSR = 0xc5;        // ADEN = 1, ADSC = 1, ADFR = 0, ADIF = 0, ADFR = 0,
AD Prescaler 128
}

void Init_Gpio(void)
{
        DDRA    = 0xff;         // DATA BUS PORT   LCD DATA BUS
        PORTA   = 0xff;

        DDRB    = 0xFF;         // LEFT MOTOR
        PORTB   = 0x00;

       DDRC    = 0xFF;          // RIGHT MOTOR
        PORTC   = 0x00;

        DDRD    = 0x79;         // LED, SW, UART1
        PORTD   = 0xff;

        DDRE    = 0xFF;         // SENSOR
        PORTE   = 0x00;

        DDRF    = 0x00;         // ADC 입력
        PORTF   = 0x00;
```

(계속)

```
        DDRG    = 0xFF;         // 센서 BUZZER
        PORTG   = 0xFC;
}


void read_sensor(WORD count)
{
        WORD tmp_count=0;
        sen_count = aver_rf = aver_lf = aver_r45 = aver_l45 = aver_r90 = aver_l90 =0;

        while(tmp_count  < count)
        {
                if(sen_count++ > 6 )
                {
                        tmp_count++;
                        sen_count = 0;
//                      aver_rf += r_f;
//                      aver_lf += l_f;
//                      aver_r45 += r_45;
//                      aver_l45 += l_45;
//                      aver_r90 += r_90;
//                      aver_l90 += l_90;
                }
        }
        aver_rf /= count;
        aver_lf /= count;
        aver_r45 /= count;;
        aver_l45 /= count;
        aver_r90 /= count;
        aver_l90 /= count;
}
```

(3) uart.c 프로그램 파일

예제

```
/*********************************************************************************
    Baudrate 관련 정의  - System clock 16Mhz 기준
*********************************************************************************/
#define BAUD9600            103
#define BAUD14400           103
#define BAUD38400           103
```

(계속)

```
#define BAUD57600          103
#define BAUD115200         103

/*****************************************************************************
    통신을 위한 변수
*****************************************************************************/
#define TRANSMIT_BUF_COUNT_0                  10
#define TRANSMIT_BUF_COUNT_1                  TRANSMIT_BUF_COUNT_0
#define STX                               0x02
#define ETX                               0x03

/*****************************************************************************
    통신을 위한 변수
*****************************************************************************/
BYTE RxData_0 = 0x00, RxData_1 = 0x00;
BYTE RxData_Index_0 = 0, RxData_Index_1 = 0;
BYTE                              TxData_Buf_0[TRANSMIT_BUF_COUNT_0],
TxData_Buf_1[TRANSMIT_BUF_COUNT_1];
BYTE                              RxData_Buf_0[TRANSMIT_BUF_COUNT_0],
RxData_Buf_1[TRANSMIT_BUF_COUNT_1];

BYTE ii = 0;
BYTE stx_flag = 0;
BYTE rcv_count = 0;
BYTE receive_flag = 0;

void Init_Uart_0(BYTE baudrate)
{
    UBRR0H = 0;
    UBRR0L = baudrate;
    UCSR0A = 0x00;
    UCSR0B = 0x98;                    //인터럽트 방식
    UCSR0C = 0x06;                    // n, 8, 1
}

void Init_Uart_1(BYTE baudrate)
{
        UBRR1H = 0;
         UBRR1L = baudrate;
         UCSR1A = 0x00;
         UCSR1B = 0x98;                    //인터럽트 방식
         UCSR1C = 0x06;
}
```

(계속)

```
void TX_Char_0(BYTE data)
{
        while((UCSR0A & 0x20) == 0x00);
        UDR0 = data;
}

void TX_String_0(BYTE *string)
{
        while(*string != '\0')
        {
                TX_Char_0(*string);
                string++;
        }
}

void TX_Char_1(BYTE data)
{
        while((UCSR1A & 0x20) == 0x00);
        UDR1 = data;
}

void TX_String_1(BYTE *string)
{
        while(*string != '\0')
        {
                TX_Char_1(*string);
                string++;
        }
}

#pragma vector = USART0_RXC_vect
__interrupt void RX0(void)
{
    RxData_0 = UDR0;
}

#pragma vector = USART1_RXC_vect
__interrupt void RX1(void)
{
    RxData_1 = UDR1;
}
```

(4) lcd.c 프로그램 파일

```
#define     LCD_E                              0x04
#define     LCD_RS                             0x08

void Delay_us(WORD c);
void Delay_ms(WORD c);
void Delay_OneSec(WORD c);

void instruction_set(BYTE inst)            // command(instruction) write routine
{
    PORTG &= ~LCD_RS;
    PORTG &= ~LCD_E;
    PORTA = inst;
    PORTG |= LCD_E;
    Delay_us(120);
    PORTG &= ~LCD_E;
}

void lcd_ch(BYTE ch)                          // a character output routine
{
          PORTG |= LCD_RS;
        PORTG &= ~LCD_E;
        PORTA = ch;
        PORTG |= LCD_E;
        Delay_us(120);
        PORTG &= ~LCD_E;
}

void lcd_printf(BYTE y,BYTE x, BYTE *str)        // a character output routine
{
    if(y) instruction_set(0xc0 + x);
          else  instruction_set(0x80 + x);
          while(*str)lcd_ch(*str++);
}

void Init_Char_LCD(void)
{
    instruction_set(0x38);      // FUNCTION SET instruction
    Delay_us(50);
    instruction_set(0x38);      // FUNCTION SET instruction
    Delay_us(200);
    instruction_set(0x38);      // FUNCTION SET instruction
```

(계속)

```
    instruction_set(0x38);          // FUNCTION SET instruction
    instruction_set(0x0f);          // DISPLAY ON instruction
    instruction_set(0x01);          // CLEAR DISPLAY instruction
    Delay_us(200);
    instruction_set(0x06);          // MODE SET instruction
}
```

(5) table.h 프로그램 파일

예제

```
__flash WORD ACC_TBL[] =
{
/*  0xFFFF,   //0번째 속도는 63.5843mm/s       65535
    0xD773,   //1번째 속도는 75.5507mm/s       55155
    0xE773,   //2번째 속도는 75.5507mm/s       55155
    0xCB54,   //3번째 속도는 98.4664mm/s       42319
    0xC054,   //4번째 속도는 98.4664mm/s       42319
    0xB64F,   //5번째 속도는 98.4664mm/s       42319
    0xA54F,   //6번째 속도는 98.4664mm/s       42319
    0xA04F,   //7번째 속도는 98.4664mm/s       42319
    0x9ACF,   //8번째 속도는 132.5424mm/s      31439
    0x9ACF,   //9번째 속도는 132.5424mm/s      31439
    0x8ACF,   //10번째 속도는 132.5424mm/s     31439
    0x8ACF,   //11번째 속도는 132.5424mm/s     31439
    0x7FCF,   //12번째 속도는 132.5424mm/s     31439
    0x7801,   //13번째 속도는 146.6376mm/s     28417
    0x7001,   //14번째 속도는 146.6376mm/s     28417
    0x6F01,   //15번째 속도는 146.6376mm/s     28417
    0x6A01,   //16번째 속도는 146.6376mm/s     28417
    0x661C,   //17번째 속도는 159.4109mm/s     26140
    0x631C,   //18번째 속도는 159.4109mm/s     26140
    0x5F09,   //19번째 속도는 171.2771mm/s     24329
    0x5942,   //20번째 속도는 182.3632mm/s     22850
    0x546C,   //21번째 속도는 192.8096mm/s     21612
    0x5043,   //22번째 속도는 202.8033mm/s     20547
    0x4CB9,   //23번째 속도는 212.1582mm/s     19641
    0x498D,   //24번째 속도는 221.3076mm/s     18829
    0x46CB,   //25번째 속도는 229.9288mm/s     18123
    0x444C,   //26번째 속도는 238.3322mm/s     17484
    0x420F,   //27번째 속도는 246.4077mm/s     16911
    0x4008,   //28번째 속도는 254.2094mm/s     16392
    0x3E29,   //29번째 속도는 261.8614mm/s     15913
```

(계속)

```
0x3C7F,    //30번째 속도는 269.0644mm/s        15487
0x3AE2,    //31번째 속도는 276.4362mm/s        15074
0x396D,    //32번째 속도는 283.4501mm/s        14701
0x3813,    //33번째 속도는 290.2821mm/s        14355
0x36D3,    //34번째 속도는 296.9006mm/s        14035
0x35A1,    //35번째 속도는 303.5181mm/s        13729
0x3489,    //36번째 속도는 309.8372mm/s        13449
0x337F,    //37번째 속도는 316.0889mm/s        13183
0x3282,    //38번째 속도는 322.2738mm/s        12930
0x31A0,    //39번째 속도는 328.0069mm/s        12704
0x30BD,    //40번째 속도는 333.9745mm/s        12477
0x2FE8,    //41번째 속도는 339.775mm/s        12264
0x2F13,    //42번째 속도는 345.7804mm/s        12051
0x2E59,    //43번째 속도는 351.201mm/s        11865
0x2D9E,    //44번째 속도는 356.8248mm/s        11678
0x2CF1,    //45번째 속도는 362.1904mm/s        11505
0x2C44,    //46번째 속도는 367.7197mm/s        11332
0x2BA4,    //47번째 속도는 372.986mm/s        11172
0x2B12,    //48번째 속도는 377.9249mm/s        11026
0x2A7F,    //49번째 속도는 383.0315mm/s        10879
0x29ED,    //50번째 속도는 388.2419mm/s        10733
0x2968,    //51번째 속도는 393.1132mm/s        10600
0x28E2,    //52번째 속도는 398.1464mm/s        10466
0x285D,    //53번째 속도는 403.2711mm/s        10333
0x27E5,    //54번째 속도는 408.0094mm/s        10213
0x276E,    //55번째 속도는 412.8195mm/s        10094
0x2703,    //56번째 속도는 417.2424mm/s        9987
0x2621,    //57번째 속도는 426.903mm/s        9761
0x25B6,    //58번째 속도는 431.6346mm/s        9654
0x2559,    //59번째 속도는 435.8331mm/s        9561
0x24FC,    //60번째 속도는 440.1141mm/s        9468
0x249F,    //61번째 속도는 444.48mm/s        9375
0x2441,    //62번째 속도는 448.9818mm/s        9281
0x23E4,    //63번째 속도는 453.5263mm/s        9188
0x2337,    //64번째 속도는 462.2296mm/s        9015
0x22E7,    //65번째 속도는 466.3682mm/s        8935
0x2297,    //66번째 속도는 470.5816mm/s        8855
0x2205,    //67번째 속도는 478.4705mm/s        8709
0x21B5,    //68번째 속도는 482.9065mm/s        8629
0x2172,    //69번째 속도는 486.6854mm/s        8562
0x2130,    //70번째 속도는 490.4661mm/s        8496
0x20E0,    //71번째 속도는 495.1283mm/s        8416
0x209D,    //72번째 속도는 499.1017mm/s        8349
```

(계속)

```
    0x2068,    //73번째 속도는 502.2903mm/s        8296
    0x2025,    //74번째 속도는 506.3799mm/s        8229
    0x1FE3,    //75번째 속도는 510.4741mm/s        8163
    0x1FAE,    //76번째 속도는 513.8101mm/s        8110
    0x1F36,    //77번째 속도는 521.5269mm/s        7990
    0x1EF3,    //78번째 속도는 525.9371mm/s        7923
    0x1EBE,    //79번째 속도는 529.479mm/s        7870
    0x1E89,    //80번째 속도는 533.069mm/s        7817
    0x1E1E,    //81번째 속도는 540.4669mm/s        7710
    0x1DE9,    //82번째 속도는 544.2079mm/s        7657
    0x1DC1,    //83번째 속도는 547.0658mm/s        7617
    0x1D8C,    //84번째 속도는 550.899mm/s        7564
    0x1D56,    //85번째 속도는 554.8602mm/s        7510
    0x1D2E,    //86번째 속도는 557.8313mm/s        7470
    0x1CF9,    //87번째 속도는 561.8174mm/s        7417
    0x1C9C,    //88번째 속도는 568.9514mm/s        7324
    0x1C74,    //89번째 속도는 572.0758mm/s        7284
    0x1C4C,    //90번째 속도는 575.2347mm/s        7244
    0x1C24,    //91번째 속도는 578.4287mm/s        7204
    0x1BFC,    //92번째 속도는 581.6583mm/s        7164
    0x1BD4,    //93번째 속도는 584.9242mm/s        7124
    0x1B9F,    //94번째 속도는 589.3084mm/s        7071
    0x1B84,    //95번째 속도는 591.5673mm/s        7044
    0x1B34,    //96번째 속도는 598.363mm/s        6964
    0x1B0C,    //97번째 속도는 601.8198mm/s        6924
    0x1AE4,    //98번째 속도는 605.3167mm/s        6884
    0x1ABC,    //99번째 속도는 608.8545mm/s        6844
*/
    0x1A7A,    //100번째 속도는 614.7831mm/s        6778
    0x1A52,    //101번째 속도는 618.4328mm/s        6738
    0x1A37,    //102번째 속도는 620.9209mm/s        6711
    0x1A0F,    //103번째 속도는 624.644mm/s        6671
    0x19F5,    //104번째 속도는 627.088mm/s        6645
    0x19B2,    //105번째 속도는 633.4752mm/s        6578
    0x198A,    //106번째 속도는 637.3509mm/s        6538
    0x1970,    //107번째 속도는 639.8956mm/s        6512
    0x1955,    //108번째 속도는 642.5598mm/s        6485
    0x193A,    //109번째 속도는 645.2462mm/s        6458
    0x1912,    //110번째 속도는 649.2677mm/s        6418
    0x18F8,    //111번째 속도는 651.9086mm/s        6392
    0x18DD,    //112번째 속도는 654.674mm/s        6365
    0x18A8,    //113번째 속도는 660.1711mm/s        6312
    0x1880,    //114번째 속도는 664.3814mm/s        6272
```

(계속)

```
0x1865,    //115번째 속도는 667.2538mm/s        6245
0x1830,    //116째 속도는 672.9651mm/s        6192
0x1815,    //117번째 속도는 675.9124mm/s        6165
0x17FB,    //118번째 속도는 678.775mm/s        6139
0x17C5,    //119번째 속도는 684.7987mm/s        6085
0x17AB,    //120번째 속도는 687.7373mm/s        6059
0x179E,    //121번째 속도는 689.216mm/s        6046
0x1783,    //122번째 속도는 692.3077mm/s        6019
0x1768,    //123번째 속도는 695.4272mm/s        5992
0x174E,    //124번째 속도는 698.4579mm/s        5966
0x1733,    //125번째 속도는 701.6333mm/s        5939
0x1726,    //126번째 속도는 703.1725mm/s        5926
0x170B,    //127번째 속도는 706.3909mm/s        5899
0x16F0,    //128번째 속도는 709.639mm/s        5872
0x16D6,    //129번째 속도는 712.7951mm/s        5846
0x16C8,    //130번째 속도는 714.5062mm/s        5832
0x16AE,    //131번째 속도는 717.7058mm/s        5806
0x1693,    //132번째 속도는 721.059mm/s        5779
0x1686,    //133번째 속도는 722.6847mm/s        5766
0x166B,    //134번째 속도는 726.0847mm/s        5739
0x165E,    //135번째 속도는 727.7331mm/s        5726
0x1643,    //136번째 속도는 731.1809mm/s        5699
0x1629,    //137번째 속도는 734.532mm/s        5673
0x161B,    //138번째 속도는 736.3492mm/s        5659
0x1601,    //139번째 속도는 739.7479mm/s        5633
0x15F3,    //140번째 속도는 741.591mm/s        5619
0x15D9,    //141번째 속도는 745.0384mm/s        5593
0x15CB,    //142번째 속도는 746.908mm/s        5579
0x15B1,    //143번째 속도는 750.4052mm/s        5553
0x15A4,    //144번째 속도는 752.1661mm/s        5540
0x1596,    //145번째 속도는 754.0717mm/s        5526
0x157C,    //146번째 속도는 757.6364mm/s        5500
0x156E,    //147번째 속도는 759.5698mm/s        5486
0x1554,    //148번째 속도는 763.1868mm/s        5460
0x1546,    //149번째 속도는 765.1487mm/s        5446
0x1539,    //150번째 속도는 766.9796mm/s        5433
0x151E,    //151번째 속도는 770.8102mm/s        5406
0x1511,    //152번째 속도는 772.6683mm/s        5393
0x1504,    //153번째 속도는 774.5353mm/s        5380
0x14E9,    //154번째 속도는 778.442mm/s        5353
0x14DC,    //155번째 속도는 780.3371mm/s        5340
0x14CE,    //156번째 속도는 782.3883mm/s        5326
0x14B4,    //157번째 속도는 786.2264mm/s        5300
```

(계속)

```
0x14A7,    //158번째 속도는 788.1596mm/s         5287
0x1499,    //159번째 속도는 790.2522mm/s         5273
0x148C,    //160번째 속도는 792.2053mm/s         5260
0x1471,    //161번째 속도는 796.2928mm/s         5233
0x1464,    //162번째 속도는 798.2759mm/s         5220
0x1457,    //163번째 속도는 800.2689mm/s         5207
0x1449,    //164번째 속도는 802.4263mm/s         5193
0x143C,    //165번째 속도는 804.4402mm/s         5180
0x1421,    //166번째 속도는 808.6552mm/s         5153
0x1414,    //167번째 속도는 810.7004mm/s         5140
0x1407,    //168번째 속도는 812.756mm/s         5127
0x13F9,    //169번째 속도는 814.9814mm/s         5113
0x13EC,    //170번째 속도는 817.0588mm/s         5100
0x13DF,    //171번째 속도는 819.1468mm/s         5087
0x13D1,    //172번째 속도는 821.4075mm/s         5073
0x13C4,    //173번째 속도는 823.5178mm/s         5060
0x13B7,    //174번째 속도는 825.639mm/s         5047
0x139C,    //175번째 속도는 830.0797mm/s         5020
0x138F,    //176번째 속도는 832.2349mm/s         5007
0x1382,    //177번째 속도는 834.4013mm/s         4994
0x1374,    //178번째 속도는 836.747mm/s         4980
0x1367,    //179번째 속도는 838.937mm/s         4967
0x135A,    //180번째 속도는 841.1385mm/s         4954
0x134C,    //181번째 속도는 843.5223mm/s         4940
0x133F,    //182번째 속도는 845.7479mm/s         4927
0x1332,    //183번째 속도는 847.9853mm/s         4914
0x1324,    //184번째 속도는 850.4082mm/s         4900
0x1317,    //185번째 속도는 852.6703mm/s         4887
0x130A,    //186번째 속도는 854.9446mm/s         4874
0x12FC,    //187번째 속도는 857.4074mm/s         4860
0x12EF,    //188번째 속도는 859.707mm/s         4847
0x12E2,    //189번째 속도는 862.019mm/s         4834
0x12D4,    //190번째 속도는 864.5228mm/s         4820
0x12C7,    //191번째 속도는 866.8608mm/s         4807
0x12BA,    //192번째 속도는 869.2115mm/s         4794
0x12AC,    //193번째 속도는 871.7573mm/s         4780
0x12AC,    //194번째 속도는 871.7573mm/s         4780
0x129F,    //195번째 속도는 874.1347mm/s         4767
0x1292,    //196번째 속도는 876.525mm/s         4754
0x1285,    //197번째 속도는 878.9285mm/s         4741
0x1277,    //198번째 속도는 881.5316mm/s         4727
0x126A,    //199번째 속도는 883.9627mm/s         4714
0x125D,    //200번째 속도는 886.4071mm/s         4701
```

(계속)

```
    0x124F,    //201번째 속도는 889.0548mm/s      4687
    0x1242,    //202번째 속도는 891.5276mm/s      4674
    0x1242,    //203번째 속도는 891.5276mm/s      4674
    0x1235,    //204번째 속도는 894.0142mm/s      4661
    0x1227,    //205번째 속도는 896.7076mm/s      4647
    0x121A,    //206번째 속도는 899.2231mm/s      4634
    0x120D,    //207번째 속도는 901.7529mm/s      4621
    0x11FF,    //208번째 속도는 904.4932mm/s      4607
    0x11F2,    //209번째 속도는 907.0527mm/s      4594
    0x11F2,    //210번째 속도는 907.0527mm/s      4594
    0x11E5,    //211번째 속도는 909.6267mm/s      4581
    0x11D7,    //212번째 속도는 912.4152mm/s      4567
    0x11CA,    //213번째 속도는 915.0198mm/s      4554
    0x11BD,    //214번째 속도는 917.6393mm/s      4541
    0x11BD,    //215번째 속도는 917.6393mm/s      4541
    0x11AF,    //216번째 속도는 920.4771mm/s      4527
// <************ 첫번째 반블럭 *************>

    0x11A7,    //217번째 속도는 922.1067mm/s      4519
    0x119F,    //218번째 속도는 923.742mm/s      4511
    0x1197,    //219번째 속도는 925.3831mm/s      4503
    0x118F,    //220번째 속도는 927.03mm/s      4495
    0x1187,    //221번째 속도는 928.6829mm/s      4487
    0x117F,    //222번째 속도는 930.3416mm/s      4479
    0x1177,    //223번째 속도는 932.0063mm/s      4471
    0x116F,    //224번째 속도는 933.6769mm/s      4463
    0x1167,    //225번째 속도는 935.3535mm/s      4455
    0x115F,    //226번째 속도는 937.0362mm/s      4447
    0x1157,    //227번째 속도는 938.7249mm/s      4439
    0x114F,    //228번째 속도는 940.4198mm/s      4431
    0x1148,    //229번째 속도는 941.9078mm/s      4424
    0x1141,    //230번째 속도는 943.4005mm/s      4417
    0x113A,    //231번째 속도는 944.898mm/s      4410
    0x1133,    //232번째 속도는 946.4002mm/s      4403
    0x112C,    //233번째 속도는 947.9072mm/s      4396
    0x1125,    //234번째 속도는 949.419mm/s      4389
    0x111E,    //235번째 속도는 950.9356mm/s      4382
    0x1117,    //236번째 속도는 952.4571mm/s      4375
    0x1110,    //237번째 속도는 953.9835mm/s      4368
    0x1109,    //238번째 속도는 955.5148mm/s      4361
    0x1102,    //239번째 속도는 957.051mm/s      4354
    0x10FB,    //240번째 속도는 958.5921mm/s      4347
    0x10F4,    //241번째 속도는 960.1382mm/s      4340
```

(계속)

```
0x10ED,    //242번째 속도는 961.6894mm/s       4333
0x10E6,    //243번째 속도는 963.2455mm/s       4326
0x10DF,    //244번째 속도는 964.8067mm/s       4319
0x10D8,    //245번째 속도는 966.3729mm/s       4312
0x10D1,    //246번째 속도는 967.9443mm/s       4305
0x10CA,    //247번째 속도는 969.5207mm/s       4298
0x10C3,    //248번째 속도는 971.1023mm/s       4291
0x10BC,    //249번째 속도는 972.6891mm/s       4284
0x10B5,    //250번째 속도는 974.281mm/s      4277
0x10AE,    //251번째 속도는 975.8782mm/s       4270
0x10A7,    //252번째 속도는 977.4806mm/s       4263
0x10A0,    //253번째 속도는 979.0883mm/s       4256
0x1099,    //254번째 속도는 980.7013mm/s       4249
0x1092,    //255번째 속도는 982.3197mm/s       4242
0x108B,    //256번째 속도는 983.9433mm/s       4235
0x1084,    //257번째 속도는 985.5724mm/s       4228
0x107D,    //258번째 속도는 987.2068mm/s       4221
0x1077,    //259번째 속도는 988.6121mm/s       4215
0x1071,    //260번째 속도는 990.0214mm/s       4209
0x106B,    //261번째 속도는 991.4347mm/s       4203
0x1065,    //262번째 속도는 992.852mm/s      4197
0x105F,    //263번째 속도는 994.2734mm/s       4191
0x1059,    //264번째 속도는 995.6989mm/s       4185
0x1053,    //265번째 속도는 997.1285mm/s       4179
0x104D,    //266번째 속도는 998.5622mm/s       4173
0x1047,    //267번째 속도는 1000mm/s      4167
0x1041,    //268번째 속도는 1001.442mm/s       4161
0x103B,    //269번째 속도는 1002.8881mm/s       4155
0x1035,    //270번째 속도는 1004.3384mm/s       4149
0x102F,    //271번째 속도는 1005.7929mm/s       4143
0x1029,    //272번째 속도는 1007.2516mm/s       4137
0x1023,    //273번째 속도는 1008.7146mm/s       4131
0x101D,    //274번째 속도는 1010.1818mm/s       4125
0x1017,    //275번째 속도는 1011.6533mm/s       4119
0x1011,    //276번째 속도는 1013.1291mm/s       4113
0x100B,    //277번째 속도는 1014.6092mm/s       4107
0x1005,    //278번째 속도는 1016.0936mm/s       4101
0xFFF,    //279번째 속도는 1017.5824mm/s       4095
0xFF9,    //280번째 속도는 1019.0756mm/s       4089
0xFF3,    //281번째 속도는 1020.5731mm/s       4083
0xFED,    //282번째 속도는 1022.0751mm/s       4077
0xFE7,    //283번째 속도는 1023.5814mm/s       4071
0xFE1,    //284번째 속도는 1025.0923mm/s       4065
```

(계속)

```
0xFDB,   //285번째 속도는 1026.6075mm/s    4059
0xFD5,   //286번째 속도는 1028.1273mm/s    4053
0xFCF,   //287번째 속도는 1029.6516mm/s    4047
0xFC9,   //288번째 속도는 1031.1804mm/s    4041
0xFC3,   //289번째 속도는 1032.7138mm/s    4035
0xFBD,   //290번째 속도는 1034.2517mm/s    4029
0xFB7,   //291번째 속도는 1035.7942mm/s    4023
0xFB1,   //292번째 속도는 1037.3413mm/s    4017
0xFAB,   //293번째 속도는 1038.893mm/s     4011
0xFA5,   //294번째 속도는 1040.4494mm/s    4005
0xF9F,   //295번째 속도는 1042.0105mm/s    3999
0xF99,   //296번째 속도는 1043.5763mm/s    3993
0xF94,   //297번째 속도는 1044.8847mm/s    3988
0xF8F,   //298번째 속도는 1046.1963mm/s    3983
0xF8A,   //299번째 속도는 1047.5113mm/s    3978
0xF85,   //300번째 속도는 1048.8296mm/s    3973
0xF80,   //301번째 속도는 1050.1512mm/s    3968
0xF7B,   //302번째 속도는 1051.4762mm/s    3963
0xF76,   //303번째 속도는 1052.8044mm/s    3958
0xF71,   //304번째 속도는 1054.1361mm/s    3953
0xF6C,   //305번째 속도는 1055.4711mm/s    3948
0xF67,   //306번째 속도는 1056.8095mm/s    3943
0xF62,   //307번째 속도는 1058.1513mm/s    3938
0xF5D,   //308번째 속도는 1059.4966mm/s    3933
0xF58,   //309번째 속도는 1060.8452mm/s    3928
0xF53,   //310번째 속도는 1062.1973mm/s    3923
0xF4E,   //311번째 속도는 1063.5528mm/s    3918
0xF49,   //312번째 속도는 1064.9118mm/s    3913
0xF44,   //313번째 속도는 1066.2743mm/s    3908
0xF3F,   //314번째 속도는 1067.6403mm/s    3903
0xF3A,   //315번째 속도는 1069.0097mm/s    3898
0xF35,   //316번째 속도는 1070.3827mm/s    3893
0xF30,   //317번째 속도는 1071.7593mm/s    3888
0xF2B,   //318번째 속도는 1073.1393mm/s    3883
0xF26,   //319번째 속도는 1074.5229mm/s    3878
0xF21,   //320번째 속도는 1075.9101mm/s    3873
0xF1C,   //321번째 속도는 1077.3009mm/s    3868
0xF17,   //322번째 속도는 1078.6953mm/s    3863
0xF12,   //323번째 속도는 1080.0933mm/s    3858
0xF0D,   //324번째 속도는 1081.4949mm/s    3853
0xF08,   //325번째 속도는 1082.9002mm/s    3848
0xF03,   //326번째 속도는 1084.3091mm/s    3843
0xEFE,   //327번째 속도는 1085.7217mm/s    3838
```

(계속)

```
0xEF9,   //328번째 속도는 1087.138mm/s     3833
0xEF4,   //329번째 속도는 1088.558mm/s     3828
0xEEF,   //330번째 속도는 1089.9817mm/s    3823
0xEEA,   //331번째 속도는 1091.4091mm/s    3818
0xEE5,   //332번째 속도는 1092.8403mm/s    3813
0xEE0,   //333번째 속도는 1094.2752mm/s    3808
0xEDB,   //334번째 속도는 1095.7139mm/s    3803
0xED6,   //335번째 속도는 1097.1564mm/s    3798
0xED1,   //336번째 속도는 1098.6027mm/s    3793
0xECC,   //337번째 속도는 1100.0528mm/s    3788
0xEC7,   //338번째 속도는 1101.5067mm/s    3783
0xEC2,   //339번째 속도는 1102.9645mm/s    3778
0xEBD,   //340번째 속도는 1104.4262mm/s    3773
0xEB8,   //341번째 속도는 1105.8917mm/s    3768
0xEB3,   //342번째 속도는 1107.3611mm/s    3763
0xEAE,   //343번째 속도는 1108.8345mm/s    3758
0xEA9,   //344번째 속도는 1110.3118mm/s    3753
0xEA4,   //345번째 속도는 1111.793mm/s     3748
0xE9F,   //346번째 속도는 1113.2781mm/s    3743
0xE9A,   //347번째 속도는 1114.7673mm/s    3738
0xE95,   //348번째 속도는 1116.2604mm/s    3733
0xE91,   //349번째 속도는 1117.4578mm/s    3729
0xE8D,   //350번째 속도는 1118.6577mm/s    3725
0xE89,   //351번째 속도는 1119.8603mm/s    3721
0xE85,   //352번째 속도는 1121.0654mm/s    3717
0xE81,   //353번째 속도는 1122.2731mm/s    3713
0xE7D,   //354번째 속도는 1123.4834mm/s    3709
0xE79,   //355번째 속도는 1124.6964mm/s    3705
0xE75,   //356번째 속도는 1125.9119mm/s    3701
0xE71,   //357번째 속도는 1127.1301mm/s    3697
0xE6D,   //358번째 속도는 1128.3509mm/s    3693
0xE69,   //359번째 속도는 1129.5744mm/s    3689
0xE65,   //360번째 속도는 1130.8005mm/s    3685
0xE61,   //361번째 속도는 1132.0293mm/s    3681
0xE5D,   //362번째 속도는 1133.2608mm/s    3677
0xE59,   //363번째 속도는 1134.495mm/s     3673
0xE55,   //364번째 속도는 1135.7318mm/s    3669
0xE51,   //365번째 속도는 1136.9714mm/s    3665
0xE4D,   //366번째 속도는 1138.2136mm/s    3661
0xE49,   //367번째 속도는 1139.4586mm/s    3657
0xE45,   //368번째 속도는 1140.7063mm/s    3653
0xE41,   //369번째 속도는 1141.9567mm/s    3649
0xE3D,   //370번째 속도는 1143.2099mm/s    3645
```

(계속)

```
0xE39,    //371번째 속도는 1144.4658mm/s    3641
0xE35,    //372번째 속도는 1145.7245mm/s    3637
0xE31,    //373번째 속도는 1146.986mm/s    3633
0xE2D,    //374번째 속도는 1148.2502mm/s    3629
0xE29,    //375번째 속도는 1149.5172mm/s    3625
0xE25,    //376번째 속도는 1150.7871mm/s    3621
0xE21,    //377번째 속도는 1152.0597mm/s    3617
0xE1D,    //378번째 속도는 1153.3352mm/s    3613
0xE19,    //379번째 속도는 1154.6135mm/s    3609
0xE15,    //380번째 속도는 1155.8946mm/s    3605
0xE11,    //381번째 속도는 1157.1786mm/s    3601
0xE0D,    //382번째 속도는 1158.4654mm/s    3597
0xE09,    //383번째 속도는 1159.7551mm/s    3593
0xE05,    //384번째 속도는 1161.0476mm/s    3589
0xE01,    //385번째 속도는 1162.3431mm/s    3585
0xDFD,    //386번째 속도는 1163.6414mm/s    3581
0xDF9,    //387번째 속도는 1164.9427mm/s    3577
0xDF5,    //388번째 속도는 1166.2469mm/s    3573
0xDF1,    //389번째 속도는 1167.5539mm/s    3569
0xDED,    //390번째 속도는 1168.864mm/s    3565
0xDE9,    //391번째 속도는 1170.1769mm/s    3561
0xDE5,    //392번째 속도는 1171.4928mm/s    3557
0xDE1,    //393번째 속도는 1172.8117mm/s    3553
0xDDD,    //394번째 속도는 1174.1336mm/s    3549
0xDD9,    //395번째 속도는 1175.4584mm/s    3545
0xDD5,    //396번째 속도는 1176.7862mm/s    3541
0xDD1,    //397번째 속도는 1178.117mm/s    3537
0xDCD,    //398번째 속도는 1179.4509mm/s    3533
0xDC9,    //399번째 속도는 1180.7878mm/s    3529
0xDC5,    //400번째 속도는 1182.1277mm/s    3525
0xDC1,    //401번째 속도는 1183.4706mm/s    3521
0xDBD,    //402번째 속도는 1184.8166mm/s    3517
0xDB9,    //403번째 속도는 1186.1657mm/s    3513
0xDB5,    //404번째 속도는 1187.5178mm/s    3509
0xDB1,    //405번째 속도는 1188.873mm/s    3505
0xDAD,    //406번째 속도는 1190.2314mm/s    3501
0xDA9,    //407번째 속도는 1191.5928mm/s    3497
0xDA5,    //408번째 속도는 1192.9573mm/s    3493
0xDA1,    //409번째 속도는 1194.325mm/s    3489
0xD9D,    //410번째 속도는 1195.6958mm/s    3485
0xD99,    //411번째 속도는 1197.0698mm/s    3481
0xD95,    //412번째 속도는 1198.4469mm/s    3477
0xD91,    //413번째 속도는 1199.8272mm/s    3473
```

(계속)

```
    0xD8D,   //414번째 속도는 1201.2107mm/s     3469
    0xD89,   //415번째 속도는 1202.5974mm/s     3465
    0xD85,   //416번째 속도는 1203.9873mm/s     3461
    0xD81,   //417번째 속도는 1205.3804mm/s     3457
    0xD7D,   //418번째 속도는 1206.7767mm/s     3453
    0xD79,   //419번째 속도는 1208.1763mm/s     3449
    0xD75,   //420번째 속도는 1209.5791mm/s     3445
    0xD71,   //421번째 속도는 1210.9852mm/s     3441
    0xD6D,   //422번째 속도는 1212.3945mm/s     3437
    0xD69,   //423번째 속도는 1213.8072mm/s     3433
    0xD66,   //424번째 속도는 1214.8688mm/s     3430
    0xD63,   //425번째 속도는 1215.9323mm/s     3427
    0xD60,   //426번째 속도는 1216.9977mm/s     3424
    0xD5D,   //427번째 속도는 1218.0649mm/s     3421
    0xD5A,   //428번째 속도는 1219.134mm/s     3418
    0xD57,   //429번째 속도는 1220.205mm/s     3415
    0xD54,   //430번째 속도는 1221.2778mm/s     3412
    0xD51,   //431번째 속도는 1222.3526mm/s     3409
    0xD4E,   //432번째 속도는 1223.4292mm/s     3406

// <************ 나머지 반블럭 *************>

    0xD4A,   //433번째 속도는 1224.8677mm/s     3402
    0xD46,   //434번째 속도는 1226.3096mm/s     3398
    0xD42,   //435번째 속도는 1227.7549mm/s     3394
    0xD3E,   //436번째 속도는 1229.2035mm/s     3390
    0xD3A,   //437번째 속도는 1230.6556mm/s     3386
    0xD36,   //438번째 속도는 1232.1112mm/s     3382
    0xD32,   //439번째 속도는 1233.5702mm/s     3378
    0xD2E,   //440번째 속도는 1235.0326mm/s     3374
    0xD2A,   //441번째 속도는 1236.4985mm/s     3370
    0xD26,   //442번째 속도는 1237.9679mm/s     3366
    0xD22,   //443번째 속도는 1239.4408mm/s     3362
    0xD1E,   //444번째 속도는 1240.9172mm/s     3358
    0xD1A,   //445번째 속도는 1242.3971mm/s     3354
    0xD16,   //446번째 속도는 1243.8806mm/s     3350
    0xD12,   //447번째 속도는 1245.3676mm/s     3346
    0xD0E,   //448번째 속도는 1246.8582mm/s     3342
    0xD0A,   //449번째 속도는 1248.3523mm/s     3338
    0xD06,   //450번째 속도는 1249.85mm/s     3334
    0xD02,   //451번째 속도는 1251.3514mm/s     3330
    0xCFE,   //452번째 속도는 1252.8563mm/s     3326
    0xCFA,   //453번째 속도는 1254.3648mm/s     3322
```

(계속)

```
0xCF6,    //454번째 속도는 1255.877mm/s     3318
0xCF2,    //455번째 속도는 1257.3929mm/s    3314
0xCEE,    //456번째 속도는 1258.9124mm/s    3310
0xCEA,    //457번째 속도는 1260.4356mm/s    3306
0xCE6,    //458번째 속도는 1261.9624mm/s    3302
0xCE2,    //459번째 속도는 1263.493mm/s     3298
0xCDE,    //460번째 속도는 1265.0273mm/s    3294
0xCDA,    //461번째 속도는 1266.5653mm/s    3290
0xCD7,    //462번째 속도는 1267.7213mm/s    3287
0xCD4,    //463번째 속도는 1268.8794mm/s    3284
0xCD1,    //464번째 속도는 1270.0396mm/s    3281
0xCCE,    //465번째 속도는 1271.202mm/s     3278
0xCCB,    //466번째 속도는 1272.3664mm/s    3275
0xCC8,    //467번째 속도는 1273.533mm/s     3272
0xCC5,    //468번째 속도는 1274.7017mm/s    3269
0xCC2,    //469번째 속도는 1275.8726mm/s    3266
0xCBF,    //470번째 속도는 1277.0457mm/s    3263
0xCBC,    //471번째 속도는 1278.2209mm/s    3260
0xCB9,    //472번째 속도는 1279.3982mm/s    3257
0xCB6,    //473번째 속도는 1280.5778mm/s    3254
0xCB3,    //474번째 속도는 1281.7595mm/s    3251
0xCB0,    //475번째 속도는 1282.9433mm/s    3248
0xCAD,    //476번째 속도는 1284.1294mm/s    3245
0xCAA,    //477번째 속도는 1285.3177mm/s    3242
0xCA7,    //478번째 속도는 1286.5082mm/s    3239
0xCA4,    //479번째 속도는 1287.7009mm/s    3236
0xCA1,    //480번째 속도는 1288.8958mm/s    3233
0xC9E,    //481번째 속도는 1290.0929mm/s    3230
0xC9B,    //482번째 속도는 1291.2922mm/s    3227
0xC98,    //483번째 속도는 1292.4938mm/s    3224
0xC95,    //484번째 속도는 1293.6976mm/s    3221
0xC92,    //485번째 속도는 1294.9037mm/s    3218
0xC8F,    //486번째 속도는 1296.112mm/s     3215
0xC8C,    //487번째 속도는 1297.3225mm/s    3212
0xC89,    //488번째 속도는 1298.5354mm/s    3209
0xC86,    //489번째 속도는 1299.7505mm/s    3206
0xC83,    //490번째 속도는 1300.9678mm/s    3203
0xC80,    //491번째 속도는 1302.1875mm/s    3200
0xC7D,    //492번째 속도는 1303.4094mm/s    3197
0xC7A,    //493번째 속도는 1304.6337mm/s    3194
0xC77,    //494번째 속도는 1305.8602mm/s    3191
0xC74,    //495번째 속도는 1307.0891mm/s    3188
0xC71,    //496번째 속도는 1308.3203mm/s    3185
```

(계속)

```
0xC6E,   //497번째 속도는 1309.5537mm/s      3182
0xC6B,   //498번째 속도는 1310.7896mm/s      3179
0xC68,   //499번째 속도는 1312.0277mm/s      3176
0xC65,   //500번째 속도는 1313.2682mm/s      3173
0xC62,   //501번째 속도는 1314.511mm/s       3170
0xC5F,   //502번째 속도는 1315.7562mm/s      3167
0xC5C,   //503번째 속도는 1317.0038mm/s      3164
0xC59,   //504번째 속도는 1318.2537mm/s      3161
0xC56,   //505번째 속도는 1319.506mm/s       3158
0xC53,   //506번째 속도는 1320.7607mm/s      3155
0xC50,   //507번째 속도는 1322.0178mm/s      3152
0xC4D,   //508번째 속도는 1323.2772mm/s      3149
0xC4A,   //509번째 속도는 1324.5391mm/s      3146
0xC47,   //510번째 속도는 1325.8034mm/s      3143
0xC44,   //511번째 속도는 1327.0701mm/s      3140
0xC41,   //512번째 속도는 1328.3392mm/s      3137
0xC3E,   //513번째 속도는 1329.6107mm/s      3134
0xC3B,   //514번째 속도는 1330.8847mm/s      3131
0xC38,   //515번째 속도는 1332.1611mm/s      3128
0xC35,   //516번째 속도는 1333.44mm/s        3125
0xC32,   //517번째 속도는 1334.7213mm/s      3122
0xC2F,   //518번째 속도는 1336.0051mm/s      3119
0xC2C,   //519번째 속도는 1337.2914mm/s      3116
0xC29,   //520번째 속도는 1338.5801mm/s      3113
0xC26,   //521번째 속도는 1339.8714mm/s      3110
0xC23,   //522번째 속도는 1341.1651mm/s      3107
0xC20,   //523번째 속도는 1342.4613mm/s      3104
0xC1D,   //524번째 속도는 1343.7601mm/s      3101
0xC1A,   //525번째 속도는 1345.0613mm/s      3098
0xC17,   //526번째 속도는 1346.3651mm/s      3095
0xC14,   //527번째 속도는 1347.6714mm/s      3092
0xC11,   //528번째 속도는 1348.9803mm/s      3089
0xC0E,   //529번째 속도는 1350.2916mm/s      3086
0xC0B,   //530번째 속도는 1351.6056mm/s      3083
0xC08,   //531번째 속도는 1352.9221mm/s      3080
0xC05,   //532번째 속도는 1354.2411mm/s      3077
0xC02,   //533번째 속도는 1355.5628mm/s      3074
0xBFF,   //534번째 속도는 1356.887mm/s       3071
0xBFC,   //535번째 속도는 1358.2138mm/s      3068
0xBF9,   //536번째 속도는 1359.5432mm/s      3065
0xBF6,   //537번째 속도는 1360.8752mm/s      3062
0xBF3,   //538번째 속도는 1362.2099mm/s      3059
0xBF0,   //539번째 속도는 1363.5471mm/s      3056
```

(계속)

```
0xBED,   //540번째 속도는 1364.887mm/s    3053
0xBEA,   //541번째 속도는 1366.2295mm/s   3050
0xBE7,   //542번째 속도는 1367.5747mm/s   3047
0xBE4,   //543번째 속도는 1368.9225mm/s   3044
0xBE1,   //544번째 속도는 1370.2729mm/s   3041
0xBDE,   //545번째 속도는 1371.6261mm/s   3038
0xBDB,   //546번째 속도는 1372.9819mm/s   3035
0xBD8,   //547번째 속도는 1374.3404mm/s   3032
0xBD5,   //548번째 속도는 1375.7016mm/s   3029
0xBD2,   //549번째 속도는 1377.0654mm/s   3026
0xBCF,   //550번째 속도는 1378.432mm/s    3023
0xBCC,   //551번째 속도는 1379.8013mm/s   3020
0xBC9,   //552번째 속도는 1381.1734mm/s   3017
0xBC6,   //553번째 속도는 1382.5481mm/s   3014
0xBC3,   //554번째 속도는 1383.9256mm/s   3011
0xBC0,   //555번째 속도는 1385.3059mm/s   3008
0xBBD,   //556번째 속도는 1386.6889mm/s   3005
0xBBA,   //557번째 속도는 1388.0746mm/s   3002
0xBB7,   //558번째 속도는 1389.4632mm/s   2999
0xBB4,   //559번째 속도는 1390.8545mm/s   2996
0xBB1,   //560번째 속도는 1392.2486mm/s   2993
0xBAE,   //561번째 속도는 1393.6455mm/s   2990
0xBAB,   //562번째 속도는 1395.0452mm/s   2987
0xBA8,   //563번째 속도는 1396.4477mm/s   2984
0xBA5,   //564번째 속도는 1397.8531mm/s   2981
0xBA2,   //565번째 속도는 1399.2612mm/s   2978
0xB9F,   //566번째 속도는 1400.6723mm/s   2975
0xB9C,   //567번째 속도는 1402.0861mm/s   2972
0xB99,   //568번째 속도는 1403.5029mm/s   2969
0xB96,   //569번째 속도는 1404.9225mm/s   2966
0xB93,   //570번째 속도는 1406.3449mm/s   2963
0xB90,   //571번째 속도는 1407.7703mm/s   2960
0xB8D,   //572번째 속도는 1409.1985mm/s   2957
0xB8A,   //573번째 속도는 1410.6297mm/s   2954
0xB87,   //574번째 속도는 1412.0637mm/s   2951
0xB84,   //575번째 속도는 1413.5007mm/s   2948
0xB81,   //576번째 속도는 1414.9406mm/s   2945
0xB7E,   //577번째 속도는 1416.3834mm/s   2942
0xB7B,   //578번째 속도는 1417.8292mm/s   2939
0xB79,   //579번째 속도는 1418.7947mm/s   2937
0xB77,   //580번째 속도는 1419.7615mm/s   2935
0xB75,   //581번째 속도는 1420.7296mm/s   2933
0xB73,   //582번째 속도는 1421.6991mm/s   2931
```

(계속)

```
0xB71,   //583번째 속도는 1422.6699mm/s   2929
0xB6F,   //584번째 속도는 1423.642mm/s    2927
0xB6D,   //585번째 속도는 1424.6154mm/s   2925
0xB6B,   //586번째 속도는 1425.5901mm/s   2923
0xB69,   //587번째 속도는 1426.5662mm/s   2921
0xB67,   //588번째 속도는 1427.5437mm/s   2919
0xB65,   //589번째 속도는 1428.5225mm/s   2917
0xB63,   //590번째 속도는 1429.5026mm/s   2915
0xB61,   //591번째 속도는 1430.484mm/s    2913
0xB5F,   //592번째 속도는 1431.4668mm/s   2911
0xB5D,   //593번째 속도는 1432.451mm/s    2909
0xB5B,   //594번째 속도는 1433.4365mm/s   2907
0xB59,   //595번째 속도는 1434.4234mm/s   2905
0xB57,   //596번째 속도는 1435.4116mm/s   2903
0xB55,   //597번째 속도는 1436.4012mm/s   2901
0xB53,   //598번째 속도는 1437.3922mm/s   2899
0xB51,   //599번째 속도는 1438.3845mm/s   2897
0xB4F,   //600번째 속도는 1439.3782mm/s   2895
0xB4D,   //601번째 속도는 1440.3733mm/s   2893
0xB4B,   //602번째 속도는 1441.3698mm/s   2891
0xB49,   //603번째 속도는 1442.3676mm/s   2889
0xB47,   //604번째 속도는 1443.3668mm/s   2887
0xB45,   //605번째 속도는 1444.3674mm/s   2885
0xB43,   //606번째 속도는 1445.3694mm/s   2883
0xB41,   //607번째 속도는 1446.3728mm/s   2881
0xB3F,   //608번째 속도는 1447.3776mm/s   2879
0xB3D,   //609번째 속도는 1448.3837mm/s   2877
0xB3B,   //610번째 속도는 1449.3913mm/s   2875
0xB39,   //611번째 속도는 1450.4003mm/s   2873
0xB37,   //612번째 속도는 1451.4107mm/s   2871
0xB35,   //613번째 속도는 1452.4224mm/s   2869
0xB33,   //614번째 속도는 1453.4356mm/s   2867
0xB31,   //615번째 속도는 1454.4503mm/s   2865
0xB2F,   //616번째 속도는 1455.4663mm/s   2863
0xB2D,   //617번째 속도는 1456.4837mm/s   2861
0xB2B,   //618번째 속도는 1457.5026mm/s   2859
0xB29,   //619번째 속도는 1458.5229mm/s   2857
0xB27,   //620번째 속도는 1459.5447mm/s   2855
0xB25,   //621번째 속도는 1460.5678mm/s   2853
0xB23,   //622번째 속도는 1461.5924mm/s   2851
0xB21,   //623번째 속도는 1462.6185mm/s   2849
0xB1F,   //624번째 속도는 1463.6459mm/s   2847
0xB1D,   //625번째 속도는 1464.6749mm/s   2845
```

(계속)

```
0xB1B,    //626번째 속도는 1465.7052mm/s    2843
0xB19,    //627번째 속도는 1466.7371mm/s    2841
0xB17,    //628번째 속도는 1467.7703mm/s    2839
0xB15,    //629번째 속도는 1468.8051mm/s    2837
0xB13,    //630번째 속도는 1469.8413mm/s    2835
0xB11,    //631번째 속도는 1470.8789mm/s    2833
0xB0F,    //632번째 속도는 1471.9181mm/s    2831
0xB0D,    //633번째 속도는 1472.9586mm/s    2829
0xB0B,    //634번째 속도는 1474.0007mm/s    2827
0xB09,    //635번째 속도는 1475.0442mm/s    2825
0xB07,    //636번째 속도는 1476.0893mm/s    2823
0xB05,    //637번째 속도는 1477.1358mm/s    2821
0xB03,    //638번째 속도는 1478.1838mm/s    2819
0xB01,    //639번째 속도는 1479.2332mm/s    2817
0xAFF,    //640번째 속도는 1480.2842mm/s    2815
0xAFD,    //641번째 속도는 1481.3367mm/s    2813
0xAFB,    //642번째 속도는 1482.3906mm/s    2811
0xAF9,    //643번째 속도는 1483.4461mm/s    2809
0xAF7,    //644번째 속도는 1484.503mm/s    2807
0xAF5,    //645번째 속도는 1485.5615mm/s    2805
0xAF3,    //646번째 속도는 1486.6215mm/s    2803
0xAF1,    //647번째 속도는 1487.683mm/s    2801
0xAEF,    //648번째 속도는 1488.746mm/s    2799
0xAED,    //649번째 속도는 1489.8105mm/s    2797
0xAEB,    //650번째 속도는 1490.8766mm/s    2795
0xAE9,    //651번째 속도는 1491.9441mm/s    2793
0xAE7,    //652번째 속도는 1493.0133mm/s    2791
0xAE5,    //653번째 속도는 1494.0839mm/s    2789
0xAE3,    //654번째 속도는 1495.1561mm/s    2787
0xAE1,    //655번째 속도는 1496.2298mm/s    2785
0xADF,    //656번째 속도는 1497.3051mm/s    2783
0xADD,    //657번째 속도는 1498.3819mm/s    2781
0xADB,    //658번째 속도는 1499.4602mm/s    2779
0xAD9,    //659번째 속도는 1500.5402mm/s    2777
0xAD7,    //660번째 속도는 1501.6216mm/s    2775
0xAD5,    //661번째 속도는 1502.7047mm/s    2773
0xAD3,    //662번째 속도는 1503.7892mm/s    2771
0xAD1,    //663번째 속도는 1504.8754mm/s    2769
0xACF,    //664번째 속도는 1505.9631mm/s    2767
0xACD,    //665번째 속도는 1507.0524mm/s    2765
0xACB,    //666번째 속도는 1508.1433mm/s    2763
0xAC9,    //667번째 속도는 1509.2358mm/s    2761
0xAC7,    //668번째 속도는 1510.3298mm/s    2759
```

(계속)

```
0xAC5,    //669번째 속도는 1511.4255mm/s    2757
0xAC3,    //670번째 속도는 1512.5227mm/s    2755
0xAC1,    //671번째 속도는 1513.6215mm/s    2753
0xABF,    //672번째 속도는 1514.7219mm/s    2751
0xABD,    //673번째 속도는 1515.8239mm/s    2749
0xABB,    //674번째 속도는 1516.9276mm/s    2747
0xAB9,    //675번째 속도는 1518.0328mm/s    2745
0xAB7,    //676번째 속도는 1519.1396mm/s    2743
0xAB5,    //677번째 속도는 1520.2481mm/s    2741
0xAB3,    //678번째 속도는 1521.3582mm/s    2739
0xAB1,    //679번째 속도는 1522.4699mm/s    2737
0xAAF,    //680번째 속도는 1523.5832mm/s    2735
0xAAD,    //681번째 속도는 1524.6981mm/s    2733
0xAAB,    //682번째 속도는 1525.8147mm/s    2731
0xAA9,    //683번째 속도는 1526.9329mm/s    2729
0xAA7,    //684번째 속도는 1528.0528mm/s    2727
0xAA5,    //685번째 속도는 1529.1743mm/s    2725
0xAA3,    //686번째 속도는 1530.2975mm/s    2723
0xAA1,    //687번째 속도는 1531.4223mm/s    2721
0xA9F,    //688번째 속도는 1532.5487mm/s    2719
0xA9D,    //689번째 속도는 1533.6768mm/s    2717
0xA9B,    //690번째 속도는 1534.8066mm/s    2715
0xA99,    //691번째 속도는 1535.9381mm/s    2713
0xA97,    //692번째 속도는 1537.0712mm/s    2711
0xA95,    //693번째 속도는 1538.206mm/s    2709
0xA93,    //694번째 속도는 1539.3424mm/s    2707
0xA91,    //695번째 속도는 1540.4806mm/s    2705
0xA8F,    //696번째 속도는 1541.6204mm/s    2703
0xA8D,    //697번째 속도는 1542.7619mm/s    2701
0xA8B,    //698번째 속도는 1543.9052mm/s    2699
0xA89,    //699번째 속도는 1545.0501mm/s    2697
0xA87,    //700번째 속도는 1546.1967mm/s    2695
0xA85,    //701번째 속도는 1547.345mm/s    2693
0xA83,    //702번째 속도는 1548.495mm/s    2691
0xA81,    //703번째 속도는 1549.6467mm/s    2689
0xA7F,    //704번째 속도는 1550.8001mm/s    2687
0xA7D,    //705번째 속도는 1551.9553mm/s    2685
0xA7B,    //706번째 속도는 1553.1122mm/s    2683
0xA79,    //707번째 속도는 1554.2708mm/s    2681
0xA77,    //708번째 속도는 1555.4311mm/s    2679
0xA75,    //709번째 속도는 1556.5932mm/s    2677
0xA73,    //710번째 속도는 1557.757mm/s    2675
0xA71,    //711번째 속도는 1558.9226mm/s    2673
```

(계속)

```
0xA6F,   //712번째 속도는 1560.0899mm/s      2671
0xA6D,   //713번째 속도는 1561.2589mm/s      2669
0xA6B,   //714번째 속도는 1562.4297mm/s      2667
0xA69,   //715번째 속도는 1563.6023mm/s      2665
0xA67,   //716번째 속도는 1564.7766mm/s      2663
0xA65,   //717번째 속도는 1565.9526mm/s      2661
0xA63,   //718번째 속도는 1567.1305mm/s      2659
0xA61,   //719번째 속도는 1568.3101mm/s      2657
0xA5F,   //720번째 속도는 1569.4915mm/s      2655
0xA5D,   //721번째 속도는 1570.6747mm/s      2653
0xA5B,   //722번째 속도는 1571.8597mm/s      2651
0xA59,   //723번째 속도는 1573.0464mm/s      2649
0xA57,   //724번째 속도는 1574.235mm/s      2647
0xA55,   //725번째 속도는 1575.4253mm/s      2645
0xA53,   //726번째 속도는 1576.6175mm/s      2643
0xA51,   //727번째 속도는 1577.8114mm/s      2641
0xA4F,   //728번째 속도는 1579.0072mm/s      2639
0xA4D,   //729번째 속도는 1580.2048mm/s      2637
0xA4B,   //730번째 속도는 1581.4042mm/s      2635
0xA49,   //731번째 속도는 1582.6054mm/s      2633
0xA47,   //732번째 속도는 1583.8084mm/s      2631
0xA45,   //733번째 속도는 1585.0133mm/s      2629
0xA43,   //734번째 속도는 1586.22mm/s      2627
0xA41,   //735번째 속도는 1587.4286mm/s      2625
0xA3F,   //736번째 속도는 1588.639mm/s      2623
0xA3D,   //737번째 속도는 1589.8512mm/s      2621
0xA3B,   //738번째 속도는 1591.0653mm/s      2619
0xA39,   //739번째 속도는 1592.2812mm/s      2617
0xA37,   //740번째 속도는 1593.499mm/s      2615
0xA35,   //741번째 속도는 1594.7187mm/s      2613
0xA33,   //742번째 속도는 1595.9403mm/s      2611
0xA31,   //743번째 속도는 1597.1637mm/s      2609
0xA2F,   //744번째 속도는 1598.389mm/s      2607
0xA2D,   //745번째 속도는 1599.6161mm/s      2605
0xA2B,   //746번째 속도는 1600.8452mm/s      2603
0xA29,   //747번째 속도는 1602.0761mm/s      2601
0xA27,   //748번째 속도는 1603.309mm/s      2599
0xA25,   //749번째 속도는 1604.5437mm/s      2597
0xA23,   //750번째 속도는 1605.7803mm/s      2595
0xA21,   //751번째 속도는 1607.0189mm/s      2593
0xA1F,   //752번째 속도는 1608.2594mm/s      2591
0xA1D,   //753번째 속도는 1609.5017mm/s      2589
0xA1B,   //754번째 속도는 1610.746mm/s      2587
```

(계속)

```
0xA19,    //755번째 속도는 1611.9923mm/s        2585
0xA17,    //756번째 속도는 1613.2404mm/s        2583
0xA15,    //757번째 속도는 1614.4905mm/s        2581
0xA13,    //758번째 속도는 1615.7425mm/s        2579
0xA11,    //759번째 속도는 1616.9965mm/s        2577
0xA0F,    //760번째 속도는 1618.2524mm/s        2575
0xA0D,    //761번째 속도는 1619.5103mm/s        2573
0xA0B,    //762번째 속도는 1620.7701mm/s        2571
0xA09,    //763번째 속도는 1622.0319mm/s        2569
0xA07,    //764번째 속도는 1623.2957mm/s        2567
0xA05,    //765번째 속도는 1624.5614mm/s        2565
0xA03,    //766번째 속도는 1625.8291mm/s        2563
0xA01,    //767번째 속도는 1627.0988mm/s        2561
0x9FF,    //768번째 속도는 1628.3705mm/s        2559
0x9FD,    //769번째 속도는 1629.6441mm/s        2557
0x9FB,    //770번째 속도는 1630.9198mm/s        2555
0x9F9,    //771번째 속도는 1632.1974mm/s        2553
0x9F7,    //772번째 속도는 1633.4771mm/s        2551
0x9F5,    //773번째 속도는 1634.7587mm/s        2549
0x9F3,    //774번째 속도는 1636.0424mm/s        2547
0x9F1,    //775번째 속도는 1637.3281mm/s        2545
0x9EF,    //776번째 속도는 1638.6158mm/s        2543
0x9ED,    //777번째 속도는 1639.9055mm/s        2541
0x9EB,    //778번째 속도는 1641.1973mm/s        2539
0x9E9,    //779번째 속도는 1642.4911mm/s        2537
0x9E7,    //780번째 속도는 1643.787mm/s        2535
0x9E5,    //781번째 속도는 1645.0849mm/s        2533
0x9E3,    //782번째 속도는 1646.3848mm/s        2531
0x9E1,    //783번째 속도는 1647.6868mm/s        2529
0x9DF,    //784번째 속도는 1648.9909mm/s        2527
0x9DD,    //785번째 속도는 1650.297mm/s        2525
0x9DB,    //786번째 속도는 1651.6052mm/s        2523
0x9D9,    //787번째 속도는 1652.9155mm/s        2521
0x9D7,    //788번째 속도는 1654.2279mm/s        2519
0x9D5,    //789번째 속도는 1655.5423mm/s        2517
0x9D3,    //790번째 속도는 1656.8588mm/s        2515
0x9D1,    //791번째 속도는 1658.1775mm/s        2513
0x9CF,    //792번째 속도는 1659.4982mm/s        2511
0x9CD,    //793번째 속도는 1660.821mm/s        2509
0x9CB,    //794번째 속도는 1662.146mm/s        2507
0x9C9,    //795번째 속도는 1663.4731mm/s        2505
0x9C7,    //796번째 속도는 1664.8022mm/s        2503
0x9C5,    //797번째 속도는 1666.1335mm/s        2501
```

(계속)

```
0x9C3,   //798번째 속도는 1667.467mm/s    2499
0x9C1,   //799번째 속도는 1668.8026mm/s   2497
0x9BF,   //800번째 속도는 1670.1403mm/s   2495
0x9BD,   //801번째 속도는 1671.4801mm/s   2493
0x9BB,   //802번째 속도는 1672.8222mm/s   2491
0x9B9,   //803번째 속도는 1674.1663mm/s   2489
0x9B7,   //804번째 속도는 1675.5127mm/s   2487
0x9B5,   //805번째 속도는 1676.8612mm/s   2485
0x9B3,   //806번째 속도는 1678.2118mm/s   2483
0x9B1,   //807번째 속도는 1679.5647mm/s   2481
0x9AF,   //808번째 속도는 1680.9197mm/s   2479
0x9AE,   //809번째 속도는 1681.5981mm/s   2478
0x9AD,   //810번째 속도는 1682.2769mm/s   2477
0x9AC,   //811번째 속도는 1682.9564mm/s   2476
0x9AB,   //812번째 속도는 1683.6364mm/s   2475
0x9AA,   //813번째 속도는 1684.3169mm/s   2474
0x9A9,   //814번째 속도는 1684.998mm/s    2473
0x9A8,   //815번째 속도는 1685.6796mm/s   2472
0x9A7,   //816번째 속도는 1686.3618mm/s   2471
0x9A6,   //817번째 속도는 1687.0445mm/s   2470
0x9A5,   //818번째 속도는 1687.7278mm/s   2469
0x9A4,   //819번째 속도는 1688.4117mm/s   2468
0x9A3,   //820번째 속도는 1689.0961mm/s   2467
0x9A2,   //821번째 속도는 1689.781mm/s    2466
0x9A1,   //822번째 속도는 1690.4665mm/s   2465
0x9A0,   //823번째 속도는 1691.1526mm/s   2464
0x99F,   //824번째 속도는 1691.8392mm/s   2463
0x99E,   //825번째 속도는 1692.5264mm/s   2462
0x99D,   //826번째 속도는 1693.2141mm/s   2461
0x99C,   //827번째 속도는 1693.9024mm/s   2460
0x99B,   //828번째 속도는 1694.5913mm/s   2459
0x99A,   //829번째 속도는 1695.2807mm/s   2458
0x999,   //830번째 속도는 1695.9707mm/s   2457
0x998,   //831번째 속도는 1696.6612mm/s   2456
0x997,   //832번째 속도는 1697.3523mm/s   2455
0x996,   //833번째 속도는 1698.044mm/s    2454
0x995,   //834번째 속도는 1698.7362mm/s   2453
0x994,   //835번째 속도는 1699.429mm/s    2452
0x993,   //836번째 속도는 1700.1224mm/s   2451
0x992,   //837번째 속도는 1700.8163mm/s   2450
0x991,   //838번째 속도는 1701.5108mm/s   2449
0x990,   //839번째 속도는 1702.2059mm/s   2448
0x98F,   //840번째 속도는 1702.9015mm/s   2447
```

(계속)

```
    0x98E,    //841번째 속도는 1703.5977mm/s          2446
    0x98D,    //842번째 속도는 1704.2945mm/s          2445
    0x98C,    //843번째 속도는 1704.9918mm/s          2444
    0x98B,    //844번째 속도는 1705.6897mm/s          2443
    0x98A,    //845번째 속도는 1706.3882mm/s          2442
    0x989,    //846번째 속도는 1707.0873mm/s          2441
    0x988,    //847번째 속도는 1707.7869mm/s          2440
    0x987,    //848번째 속도는 1708.4871mm/s          2439
    0x986,    //849번째 속도는 1709.1879mm/s          2438
    0x985,    //850번째 속도는 1709.8892mm/s          2437
    0x984,    //851번째 속도는 1710.5911mm/s          2436
    0x983,    //852번째 속도는 1711.2936mm/s          2435
    0x982,    //853번째 속도는 1711.9967mm/s          2434
    0x981,    //854번째 속도는 1712.7004mm/s          2433
    0x980,    //855번째 속도는 1713.4046mm/s          2432
    0x97F,    //856번째 속도는 1714.1094mm/s          2431
    0x97E,    //857번째 속도는 1714.8148mm/s          2430
    0x97D,    //858번째 속도는 1715.5208mm/s          2429
    0x97C,    //859번째 속도는 1716.2273mm/s          2428
    0x97B,    //860번째 속도는 1716.9345mm/s          2427
    0x97A,    //861번째 속도는 1717.6422mm/s          2426
    0x979,    //862번째 속도는 1718.3505mm/s          2425
    0x978,    //863번째 속도는 1719.0594mm/s          2424
    0x977,    //864번째 속도는 1719.7689mm/s          2423
    0x976,    //865번째 속도는 1720.4789mm/s          2422

// <*************** 2번째 블럭 ****************>

    0x974,    //866번째 속도는 1721.9008mm/s          2420
    0x972,    //867번째 속도는 1723.3251mm/s          2418
    0x970,    //868번째 속도는 1724.7517mm/s          2416
    0x96E,    //869번째 속도는 1726.1806mm/s          2414
    0x96C,    //870번째 속도는 1727.6119mm/s          2412
    0x96A,    //871번째 속도는 1729.0456mm/s          2410
    0x968,    //872번째 속도는 1730.4817mm/s          2408
    0x966,    //873번째 속도는 1731.9202mm/s          2406
    0x964,    //874번째 속도는 1733.3611mm/s          2404
    0x963,    //875번째 속도는 1734.0824mm/s          2403
    0x962,    //876번째 속도는 1734.8043mm/s          2402
    0x961,    //877번째 속도는 1735.5269mm/s          2401
    0x960,    //878번째 속도는 1736.25mm/s          2400
    0x95F,    //879번째 속도는 1736.9737mm/s          2399
    0x95E,    //880번째 속도는 1737.6981mm/s          2398
```

(계속)

```
0x95D,  //881번째 속도는 1738.423mm/s    2397
0x95C,  //882번째 속도는 1739.1486mm/s   2396
0x95B,  //883번째 속도는 1739.8747mm/s   2395
0x95A,  //884번째 속도는 1740.6015mm/s   2394
0x959,  //885번째 속도는 1741.3289mm/s   2393
0x958,  //886번째 속도는 1742.0569mm/s   2392
0x957,  //887번째 속도는 1742.7854mm/s   2391
0x956,  //888번째 속도는 1743.5146mm/s   2390
0x955,  //889번째 속도는 1744.2445mm/s   2389
0x954,  //890번째 속도는 1744.9749mm/s   2388
0x953,  //891번째 속도는 1745.7059mm/s   2387
0x952,  //892번째 속도는 1746.4376mm/s   2386
0x951,  //893번째 속도는 1747.1698mm/s   2385
0x950,  //894번째 속도는 1747.9027mm/s   2384
0x94F,  //895번째 속도는 1748.6362mm/s   2383
0x94E,  //896번째 속도는 1749.3703mm/s   2382
0x94D,  //897번째 속도는 1750.105mm/s    2381
0x94C,  //898번째 속도는 1750.8403mm/s   2380
0x94B,  //899번째 속도는 1751.5763mm/s   2379
0x94A,  //900번째 속도는 1752.3129mm/s   2378
0x949,  //901번째 속도는 1753.0501mm/s   2377
0x948,  //902번째 속도는 1753.7879mm/s   2376
0x947,  //903번째 속도는 1754.5263mm/s   2375
0x946,  //904번째 속도는 1755.2654mm/s   2374
0x945,  //905번째 속도는 1756.0051mm/s   2373
0x944,  //906번째 속도는 1756.7454mm/s   2372
0x943,  //907번째 속도는 1757.4863mm/s   2371
0x942,  //908번째 속도는 1758.2278mm/s   2370
0x941,  //909번째 속도는 1758.97mm/s     2369
0x940,  //910번째 속도는 1759.7128mm/s   2368
0x93F,  //911번째 속도는 1760.4563mm/s   2367
0x93E,  //912번째 속도는 1761.2003mm/s   2366
0x93D,  //913번째 속도는 1761.945mm/s    2365
0x93C,  //914번째 속도는 1762.6904mm/s   2364
0x93B,  //915번째 속도는 1763.4363mm/s   2363
0x93A,  //916번째 속도는 1764.1829mm/s   2362
0x939,  //917번째 속도는 1764.9301mm/s   2361
0x938,  //918번째 속도는 1765.678mm/s    2360
0x937,  //919번째 속도는 1766.4265mm/s   2359
0x936,  //920번째 속도는 1767.1756mm/s   2358
0x935,  //921번째 속도는 1767.9253mm/s   2357
0x934,  //922번째 속도는 1768.6757mm/s   2356
0x933,  //923번째 속도는 1769.4268mm/s   2355
```

(계속)

```
0x932,    //924번째 속도는 1770.1784mm/s       2354
0x931,    //925번째 속도는 1770.9307mm/s       2353
0x930,    //926번째 속도는 1771.6837mm/s       2352
0x92F,    //927번째 속도는 1772.4373mm/s       2351
0x92E,    //928번째 속도는 1773.1915mm/s       2350
0x92D,    //929번째 속도는 1773.9464mm/s       2349
0x92C,    //930번째 속도는 1774.7019mm/s       2348
0x92B,    //931번째 속도는 1775.458mm/s       2347
0x92A,    //932번째 속도는 1776.2148mm/s       2346
0x929,    //933번째 속도는 1776.9723mm/s       2345
0x928,    //934번째 속도는 1777.7304mm/s       2344
0x927,    //935번째 속도는 1778.4891mm/s       2343
0x926,    //936번째 속도는 1779.2485mm/s       2342
0x925,    //937번째 속도는 1780.0085mm/s       2341
0x924,    //938번째 속도는 1780.7692mm/s       2340
0x923,    //939번째 속도는 1781.5306mm/s       2339
0x922,    //940번째 속도는 1782.2926mm/s       2338
0x921,    //941번째 속도는 1783.0552mm/s       2337
0x920,    //942번째 속도는 1783.8185mm/s       2336
0x91F,    //943번째 속도는 1784.5824mm/s       2335
0x91E,    //944번째 속도는 1785.347mm/s       2334
0x91D,    //945번째 속도는 1786.1123mm/s       2333
0x91C,    //946번째 속도는 1786.8782mm/s       2332
0x91B,    //947번째 속도는 1787.6448mm/s       2331
0x91A,    //948번째 속도는 1788.412mm/s       2330
0x919,    //949번째 속도는 1789.1799mm/s       2329
0x918,    //950번째 속도는 1789.9485mm/s       2328
0x917,    //951번째 속도는 1790.7177mm/s       2327
0x916,    //952번째 속도는 1791.4875mm/s       2326
0x915,    //953번째 속도는 1792.2581mm/s       2325
0x914,    //954번째 속도는 1793.0293mm/s       2324
0x913,    //955번째 속도는 1793.8011mm/s       2323
0x912,    //956번째 속도는 1794.5736mm/s       2322
0x911,    //957번째 속도는 1795.3468mm/s       2321
0x910,    //958번째 속도는 1796.1207mm/s       2320
0x90F,    //959번째 속도는 1796.8952mm/s       2319
0x90E,    //960번째 속도는 1797.6704mm/s       2318
0x90D,    //961번째 속도는 1798.4463mm/s       2317
0x90C,    //962번째 속도는 1799.2228mm/s       2316
0x90B,    //963번째 속도는 1800mm/s       2315
0x90A,    //964번째 속도는 1800.7779mm/s       2314
0x909,    //965번째 속도는 1801.5564mm/s       2313
0x908,    //966번째 속도는 1802.3356mm/s       2312
```

(계속)

```
        0x907,    //967번째 속도는 1803.1155mm/s      2311
        0x906,    //968번째 속도는 1803.8961mm/s      2310
        0x905,    //969번째 속도는 1804.6773mm/s      2309
        0x904,    //970번째 속도는 1805.4593mm/s      2308
        0x903,    //971번째 속도는 1806.2419mm/s      2307
        0x902,    //972번째 속도는 1807.0252mm/s      2306
        0x901,    //973번째 속도는 1807.8091mm/s      2305
        0x900,    //974번째 속도는 1808.5938mm/s      2304
        0x8FF,    //975번째 속도는 1809.3791mm/s      2303
        0x8FE,    //976번째 속도는 1810.1651mm/s      2302
        0x8FD,    //977번째 속도는 1810.9518mm/s      2301
        0x8FC,    //978번째 속도는 1811.7391mm/s      2300
        0x8FB,    //979번째 속도는 1812.5272mm/s      2299
        0x8FA,    //980번째 속도는 1813.3159mm/s      2298
        0x8F9,    //981번째 속도는 1814.1054mm/s      2297
        0x8F8,    //982번째 속도는 1814.8955mm/s      2296
        0x8F7,    //983번째 속도는 1815.6863mm/s      2295
        0x8F6,    //984번째 속도는 1816.4778mm/s      2294
        0x8F5,    //985번째 속도는 1817.27mm/s      2293
        0x8F4,    //986번째 속도는 1818.0628mm/s      2292
        0x8F3,    //987번째 속도는 1818.8564mm/s      2291
        0x8F2,    //988번째 속도는 1819.6507mm/s      2290
        0x8F1,    //989번째 속도는 1820.4456mm/s      2289
        0x8F0,    //990번째 속도는 1821.2413mm/s      2288
        0x8EF,    //991번째 속도는 1822.0376mm/s      2287
        0x8EE,    //992번째 속도는 1822.8346mm/s      2286
        0x8ED,    //993번째 속도는 1823.6324mm/s      2285
        0x8EC,    //994번째 속도는 1824.4308mm/s      2284
        0x8EB,    //995번째 속도는 1825.23mm/s        2283
        0x8EA,    //996번째 속도는 1826.0298mm/s      2282
        0x8E9,    //997번째 속도는 1826.8303mm/s      2281
        0x8E8,    //998번째 속도는 1827.6316mm/s      2280
        0x8E7,    //999번째 속도는 1828.4335mm/s      2279
        0x8E6,    //1000번째 속도는 1829.2362mm/s      2278
        0x8E5,    //1001번째 속도는 1830.0395mm/s      2277
        0x8E4,    //1002번째 속도는 1830.8436mm/s      2276
};

#define HANDLE          132

__flash WORD handle[] =
{
      0xFF49, 0xFF49, 0xFF49, 0xF1C8, 0xE637, 0xDC29, 0xD35C, 0xCB7F, 0xC480,
```

(계속)

```
        0xBE23, 0xB855, 0xB312, 0xAE32, 0xA9C3, 0xA597, 0xA1BD, 0x9E24, 0x9AC7,
        0x979F, 0x94A1, 0x91D2, 0x8F2D, 0x8CA9, 0x8A42, 0x87FF, 0x85D6, 0x83C5,
        0x81D1, 0x7FEC, 0x7E22, 0x7C65, 0x7AB9, 0x7925, 0x779B, 0x7620, 0x74B4, 0x7356,
        0x7200, 0x70B7, 0x6F7B, 0x6E4A, 0x6D1F, 0x6C00, 0x6AE6, 0x69D6, 0x68D1,
        0x67D0, 0x66D8, 0x65E5, 0x64FA, 0x6418, 0x6336, 0x625F, 0x618C, 0x60BC, 0x5FF4,
        0x5F2E, 0x5E70, 0x5DB4, 0x5CFC, 0x5C49, 0x5B99, 0x5AEF, 0x5A48, 0x59A3,
        0x5903, 0x5866, 0x57CB, 0x5735, 0x56A1, 0x560E, 0x5581, 0x54F6, 0x546C, 0x53E7,
        0x5363, 0x52E1, 0x5261, 0x51E5, 0x516A, 0x50F1, 0x507C, 0x5008, 0x4F95, 0x4F24,
        0x4EB6, 0x4E47, 0x4DDC, 0x4D74, 0x4D0B, 0x4CA6, 0x4C41, 0x4BDE, 0x4B7B,
        0x4B1C, 0x4ABD, 0x4A60, 0x4A04, 0x49A8, 0x494F, 0x48F8, 0x48A1, 0x484B,
        0x47F5, 0x47A3, 0x4751, 0x4700, 0x46B0, 0x4660, 0x4613, 0x45C5, 0x4579, 0x452F,
        0x44E4, 0x449A, 0x4453, 0x440B, 0x43C5, 0x437F, 0x433A, 0x42F6, 0x42B4, 0x4270,
        0x422F, 0x41EF, 0x41AE, 0x416F, 0x4130, 0x40F1, 0x40B5, 0x4077, 0x403B, 0x4000,
        0x3FC5, 0x3F8B, 0x3F51, 0x3F19, 0x3EE0, 0x3EA9, 0x3E72, 0x3E3C, 0x3E06, 0x3DD0,
        0x3D9B, 0x3D66, 0x3D32, 0x3D00, 0x3CCC, 0x3C9A, 0x3C68, 0x3C36, 0x3C05,
        0x3BD4, 0x3BA5, 0x3B75, 0x3B47, 0x3B17, 0x3AE9, 0x3ABB, 0x3A8E, 0x3A61,
        0x3A34, 0x3A09, 0x39DC, 0x39B0, 0x3986, 0x395C, 0x3930, 0x3907, 0x38DD, 0x38B4,
        0x388B, 0x3862, 0x383B,  0x3812, 0x37EB, 0x37C4, 0x379D, 0x3776, 0x3750, 0x372A,
        0x3704, 0x36DF, 0x36B9, 0x3696, 0x3671, 0x364C, 0x3629, 0x3604, 0x35E2, 0x35BF,
        0x359B, 0x3579, 0x3556, 0x3534, 0x3513, 0x34F1, 0x34D0, 0x34AF, 0x348E, 0x346E,
        0x344D, 0x342D, 0x340D, 0x33ED, 0x33CE, 0x33AF, 0x3390, 0x3371, 0x3353, 0x3334,
        0x3316, 0x32F8, 0x32DB, 0x32BD, 0x32A0, 0x3282, 0x3266, 0x3248, 0x322C, 0x3210,
        0x31F4, 0x31D7, 0x31BB, 0x31A0, 0x3185, 0x316A, 0x314E, 0x3133, 0x3118, 0x30FE,
        0x30E3, 0x30CA, 0x30AF, 0x3096, 0x307C, 0x3062, 0x3049, 0x302F, 0x3016, 0x2FFE,
        0x2FE5, 0x2FCC, 0x2FB3, 0x2F9B, 0x2F82, 0x2F6B, 0x2F53, 0x2F3B, 0x2F23, 0x2F0C,
        0x2EF5, 0x2EDD, 0x2EC6, 0x2EAF, 0x2E98, 0x2E81, 0x2E6B, 0x2E54, 0x2E3E,
        0x2E28, 0x2E12, 0x2DFC, 0x2DE6, 0x2E87,
};
```

(6) trim.c 프로그램 파일

예제

```
void trim(void)
{
    if(r_side2 > 0x50 && r_side2 > l_side2)
    {
        trim_l =  90;
                trim_r = -trim_l;
                R_TRIM = L_TRIM = TRUE;
    }
    else if(r_side2 > 0x40 && r_side2 > l_side2)
```

(계속)

```
{
        trim_l =   70;
                    trim_r =  -trim_l;
                    R_TRIM = L_TRIM = TRUE;
}
else if(r_side2 > 0x30&& r_side2 > l_side2)
{
        trim_l =   60;
                    trim_r =  -trim_l;
                    R_TRIM = L_TRIM = TRUE;
}
else if(r_side1 > 0x40&& r_side1 > l_side1)
{
        trim_l =   15;
                    trim_r =  -trim_l;
                    R_TRIM = L_TRIM = TRUE;
}
else if(r_side1 > 0x30&& r_side1 > l_side1)
{
        trim_l =   10;
                    trim_r =  -trim_l;
                    R_TRIM = L_TRIM = TRUE;
}


else if(l_side2 > 0x50&& l_side2 > r_side2)
{
        trim_r =   90;
                    trim_l =  -trim_r;
                    R_TRIM = L_TRIM = TRUE;
}  else if(l_side2 > 0x40&& l_side2 > r_side2)
{
        trim_r =   70;
                    trim_l =  -trim_r;
                    R_TRIM = L_TRIM = TRUE;
}  else if(l_side2 > 0x30&& l_side2 > r_side2)
{
        trim_r =   60;
                    trim_l =  -trim_r;
                    R_TRIM = L_TRIM = TRUE;
}
else if(l_side1 > 0x40&& l_side1 > r_side1)
{
```

(계속)

```
        trim_r =  15;
                  trim_l = -trim_r;
                  R_TRIM = L_TRIM = TRUE;
    }else if(l_side1 > 0x30 && l_side1 > r_side1)
    {
        trim_r =  10;
                  trim_l = -trim_r;
                  R_TRIM = L_TRIM = TRUE;
    }
}

#define MAX_TRIM_RATE2        80
#define MIN_TRIM_RATE2        50
#define MAX_TRIM_RATE1        50
#define MIN_TRIM_RATE1        20

/*
void make_trim_table(void)
{
    BYTE i = 0;
    BYTE j = 0;
    float ratio;


    j = 0;
    ratio = (float)((MAX_TRIM_RATE)/(l_side2_on_line_value - l_side2_off_line_value));
    for(i = l_side2_off_line_value ; i < l_side2_on_line_value ; i++) tbl_l_side2[i] =
MIN_TRIM_RATE+(int)(ratio*j++);
    for(i = l_side2_on_line_value ; i < 256 ; i++) tbl_l_side2[i] = MAX_TRIM_RATE;

    j = 0;
    ratio = (float)((MAX_TRIM_RATE)/(l_side1_on_line_value - l_side1_off_line_value));
    for(i = l_side1_off_line_value ; i < l_side1_on_line_value ; i++) tbl_l_side1[i] =
MIN_TRIM_RATE+(int)(ratio*j++);
    for(i = l_side1_on_line_value ; i < 256 ; i++) tbl_l_side1[i] = MAX_TRIM_RATE;

    j = 0;
    ratio = (float)((MAX_TRIM_RATE)/(r_side2_on_line_value - r_side2_off_line_value));
    for(i = r_side2_off_line_value ; i < r_side2_on_line_value ; i++) tbl_r_side2[i] =
MIN_TRIM_RATE+(int)(ratio*j++);
    for(i = r_side2_on_line_value ; i < 256 ; i++) tbl_r_side2[i] = MAX_TRIM_RATE;

    j = 0;
```

(계속)

```
    ratio = (float)((MAX_TRIM_RATE)/(r_side1_on_line_value - r_side1_off_line_value));
    for(i = r_side1_off_line_value ; i < r_side1_on_line_value ; i++) tbl_r_side1[i] =
MIN_TRIM_RATE+(int)(ratio*j++);
    for(i = r_side1_on_line_value ; i < 256 ; i++) tbl_r_side1[i] = MAX_TRIM_RATE;
}*/

void make_trim_table(void)
{
    BYTE i = 0;
    BYTE j = 0;

    j = MIN_TRIM_RATE2;
    for(i = l_side2_off_line_value ; i < l_side2_on_line_value ; i++)
    {
        if(j <= MAX_TRIM_RATE2) j++;
        tbl_l_side2[i] = j;
    }
    for(i = l_side2_on_line_value ; i < 255 ; i++) tbl_l_side2[i] = MAX_TRIM_RATE2;

    j = MIN_TRIM_RATE1;
    for(i = l_side1_off_line_value ; i < l_side1_on_line_value ; i++)
    {
        if(j <= MAX_TRIM_RATE1) j++;
        tbl_l_side1[i] = j;
    }
    for(i = l_side1_on_line_value ; i < 255 ; i++) tbl_l_side1[i] = MAX_TRIM_RATE1;

    j = MIN_TRIM_RATE2;
    for(i = r_side2_off_line_value ; i < r_side2_on_line_value ; i++)
    {
        if(j <= MAX_TRIM_RATE2) j++;
        tbl_r_side2[i] = j;
    }
    for(i = r_side2_on_line_value ; i < 255 ; i++) tbl_r_side2[i] = MAX_TRIM_RATE2;

    j = MIN_TRIM_RATE1;
    for(i = r_side1_off_line_value ; i < r_side1_on_line_value ; i++)
    {
        if(j <= MAX_TRIM_RATE1) j++;
        tbl_r_side1[i] = j;
    }
    for(i = r_side1_on_line_value ; i < 255 ; i++) tbl_r_side1[i] = MAX_TRIM_RATE1;
}
```

(계속)

```
#define TRIM_OFFSET            0x30

void trim_1(void)
{
    if(l_side2 >= l_side2_off_line_value+TRIM_OFFSET)
    {
        trim_r =  tbl_l_side2[l_side2];
        trim_l = -trim_r;
        R_TRIM = L_TRIM = TRUE;
    }
     else if(l_side1 >= l_side1_off_line_value+TRIM_OFFSET)
    {
        trim_r =  tbl_l_side1[l_side1];
        trim_l = -trim_r;
        R_TRIM = L_TRIM = TRUE;
    }
    else if(r_side2 >= r_side2_off_line_value+TRIM_OFFSET)
    {
        trim_l =  tbl_r_side2[r_side2];
        trim_r = -trim_l;
        R_TRIM = L_TRIM = TRUE;
    }

    else if(r_side1 >= r_side1_off_line_value+TRIM_OFFSET)
    {
        trim_l =  tbl_r_side1[r_side1];
        trim_r = -trim_l;
        R_TRIM = L_TRIM = TRUE;
    }
}
```

(7) eeprom.c 프로그램 파일

예제

```
/********************************************************************************
            EEPROM 제어 기능 정의
********************************************************************************/
#define     EEMWE           EECR |= 0x04    // EEPROM 마스터 쓰기 동작 정의
#define     EEWE    EECR |= 0x02    // EEPROM 쓰기 동작 정의
#define     EERE    EECR |= 0x01    // EEPROM 읽기 동작 정의
```

(계속)

```
/*************************************************************************************
        EEPROM 데이터 어드레스 정의 - 라인트레이서용
*************************************************************************************/
#define     L_SIDE2_ON_LINE_PAGE            0
#define     L_SIDE1_ON_LINE_PAGE            1
#define     L_EDGE_ON_LINE_PAGE             2
#define     R_SIDE2_ON_LINE_PAGE            3
#define     R_SIDE1_ON_LINE_PAGE            4
#define     R_EDGE_ON_LINE_PAGE             5
#define     L_SIDE2_OFF_LINE_PAGE           6
#define     L_SIDE1_OFF_LINE_PAGE           7
#define     L_EDGE_OFF_LINE_PAGE            8

#define     R_SIDE2_OFF_LINE_PAGE           9
#define     R_SIDE1_OFF_LINE_PAGE           10
#define     R_EDGE_OFF_LINE_PAGE            11

#define     RUN_FLAG_PAGE                   12
#define     RUN_COUNT_PAGE                  13


/*********************************************
                EEPROM 쓰기
*********************************************/
void EEPROM_Write(WORD addr, BYTE dat)
{
    while(EECR & 0x02);
        EEAR = addr;
        EEDR = dat&0xff;
        EEMWE;
        EEWE;
}

/*********************************************
                EEPROM 읽기
*********************************************/
BYTE EEPROM_Read(WORD addr)
{
        while(EECR & 0x02);
        EEAR = addr;
        EERE;
        return (EEDR&0xff);
}
```

(계속)

```
/*********************************************
        EEPROM 워드 데이터 쓰기
*********************************************/
void EEPROM_Word_Write(WORD addr, WORD dat)
{
        EEPROM_Write(addr, dat >> 8);
        EEPROM_Write(addr+1, dat & 0xff);
}

/*********************************************
        EEPROM 더블 워드 데이터 쓰기
*********************************************/
void EEPROM_DWORD_Write(WORD addr, DWORD dat)
{
        EEPROM_Write(addr, dat >> 24);
        EEPROM_Write(addr+1, (dat >> 16) & 0xff);
        EEPROM_Write(addr+2, (dat >> 8) & 0xff);
        EEPROM_Write(addr+3, dat & 0xff);
}

/*********************************************
        EEPROM 워드 데이터 읽기
*********************************************/
WORD EEPROM_Word_Read(WORD addr)
{
        WORD dat;

        dat = EEPROM_Read(addr);
        dat <<= 8;
        dat |= EEPROM_Read(addr+1);

        return dat;
}

/*********************************************
        EEPROM 더블 워드 데이터 읽기
*********************************************/
DWORD EEPROM_DWORD_Read(WORD addr)
{
        DWORD dat;

        dat = EEPROM_Read(addr);
        dat <<= 8;
```

(계속)

```
        dat |= EEPROM_Read(addr+1);
        dat <<= 8;
        dat |= EEPROM_Read(addr+2);
        dat <<= 8;
        dat |= EEPROM_Read(addr+3);

        return dat;
}

void Write_Sensor_Data_to_EEPROM(void)
{
    EEPROM_Write(L_SIDE2_ON_LINE_PAGE, l_side2_on_line_value);
    EEPROM_Write(L_SIDE1_ON_LINE_PAGE, l_side1_on_line_value);
    EEPROM_Write(L_EDGE_ON_LINE_PAGE,  l_edge_on_line_value);

    EEPROM_Write(R_SIDE2_ON_LINE_PAGE, r_side2_on_line_value);
    EEPROM_Write(R_SIDE1_ON_LINE_PAGE, r_side1_on_line_value);
    EEPROM_Write(R_EDGE_ON_LINE_PAGE,  r_edge_on_line_value);

    EEPROM_Write(L_SIDE2_OFF_LINE_PAGE, l_side2_off_line_value);
    EEPROM_Write(L_SIDE1_OFF_LINE_PAGE, l_side1_off_line_value);
    EEPROM_Write(L_EDGE_OFF_LINE_PAGE,  l_edge_off_line_value);

    EEPROM_Write(R_SIDE2_OFF_LINE_PAGE, r_side2_off_line_value);
    EEPROM_Write(R_SIDE1_OFF_LINE_PAGE, r_side1_off_line_value);
    EEPROM_Write(R_EDGE_OFF_LINE_PAGE,  r_edge_off_line_value);
}

void Read_Sensor_Data_from_EEPROM(void)
{
    l_side2_on_line_value  = EEPROM_Read(L_SIDE2_ON_LINE_PAGE);
    l_side1_on_line_value  = EEPROM_Read(L_SIDE1_ON_LINE_PAGE);
    l_edge_on_line_value   = EEPROM_Read(L_EDGE_ON_LINE_PAGE);
    r_side2_on_line_value  = EEPROM_Read(R_SIDE2_ON_LINE_PAGE);
    r_side1_on_line_value  = EEPROM_Read(R_SIDE1_ON_LINE_PAGE);
    r_edge_on_line_value   = EEPROM_Read(R_EDGE_ON_LINE_PAGE);

    l_side2_off_line_value = EEPROM_Read(L_SIDE2_OFF_LINE_PAGE);
    l_side1_off_line_value = EEPROM_Read(L_SIDE1_OFF_LINE_PAGE);
    l_edge_off_line_value  = EEPROM_Read(L_EDGE_OFF_LINE_PAGE);
    r_side2_off_line_value = EEPROM_Read(R_SIDE2_OFF_LINE_PAGE);
    r_side1_off_line_value = EEPROM_Read(R_SIDE1_OFF_LINE_PAGE);
    r_edge_off_line_value  = EEPROM_Read(R_EDGE_OFF_LINE_PAGE);
}
```

Chapter

03

비전 기술 응용

비전 기술을 이용한 라인트레이서는 센서 부분을 비전으로 교체한 형태로 설명이 가능하다. 산업 기술의 전반적인 추세가 그렇듯이 비전은 많은 분야에서 사용된다. 그 기본적인 신호 처리 과정으로서 Vision을 이용한 라인트레이서 로봇을 제작해 보도록 한다.

로봇에 장착된 CMUcam은 비전 처리 기능을 가진 카메라 센서 모듈이다. 비전 처리된 데이터는 시리얼 통신을 통하여 ATmega128 CPU에 전송되고, ATmega128 CPU는 수신된 영상 데이터를 필요한 영상 처리 기법을 사용하여 색상을 구별하여 물체를 인식한다. 인식된 물체의 위치에 따라 ATmega128 CPU는 좌우 모터의 속도를 조정하여 물체를 추적하게 된다.

그림 3.1

CMUcam은 시리얼 포트로 ASCII문으로 데이터를 전송한다. 전송이 성공되면 "ACK" 문자가 전송되고, 실패하면 "NCK"가 전송된다. 모든 명령의 전송은 '\r' 문자가 전송된 이후에 처리된다(ex. 색상값을 전송하라는 명령어 DF는 "DF\r"을 보내면 컬러 데이터가 전송된다.). 전송된 RGB 값을 판단하여 일정 색상값 이상의 데이터를 추출한다. 이 데이터의 위치를 파악하여 그에 따라 모터를 움직인다.

01 비전트레이서의 특징

1. 비전트레이서 사양

① MAIN CPU : AVR(ATmega128)

② CAMARA 모듈 : CMUcam

③ 구동부 : stepping motor(H-546)

④ 모터 구동부 : SLA7024

⑤ MAIN POWER : NIMH 배터리 14Ea 직렬 - 14.4 V

2. 비전트레이서 세부 특징

(1) AVR(ATmega128) 주요 특징

① 고성능, 저전력 8Bit 마이크로컨트롤러이다.
② 진보된 RISC 구조를 가지고 있다.
③ 비휘발성의 프로그램(FLASH), 데이터 메모리(EEPROM)를 가지고 있다.
④ 2개의 8bit 타이머/카운터, 확장된 2개의 16bit 타이머/카운터가 있다.
⑤ 8채널 10bit ADC가 있다.
⑥ 2개의 전이중 시리얼 통신 포트가 있다.
⑦ 53개의 설정 가능한 입출력(I/O) 포트가 있다.

(2) CMUcam 주요 특징

① 이미지 또는 물체의 RGB 값과 YUV 값을 측정할 수 있다.
② 시리얼 포트로 이미지 정보를 완벽하게 전송할 수 있다.
③ 초당 17프레임의 비전 처리 속도를 가지고 있다.
④ 카메라의 해상도는 80×143 Pixel이다.
⑤ 115200, 38400, 19200, 9600 bps의 BAUDRATE로 시리얼 통신을 한다.

3. 카메라와의 연결

(1) RS232 레벨 시리얼 데이터 송수신

① CMUcam은 영상 데이터를 RS232 시리얼 통신을 통해 출력해 준다.
② RS232 레벨 시리얼 데이터를 송수신할 경우 보드의 CON1 포트와 CMUcam의 JP1을 연결한다.

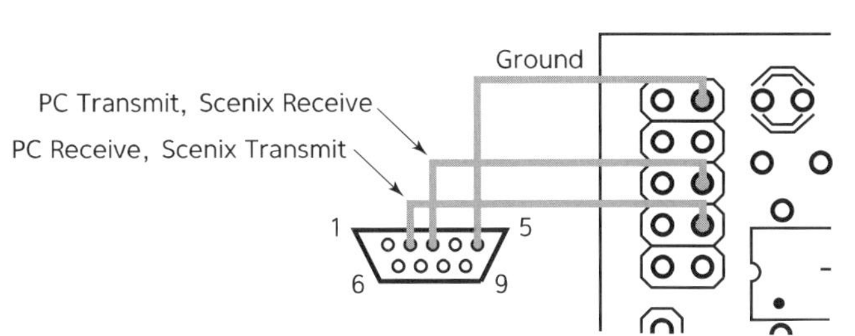

그림 3.2 RS232 시리얼 통신 연결

(2) 전원선 연결

CMUcam은 5V를 이용하므로 보드에서 직접 전원을 공급할 수 있다.

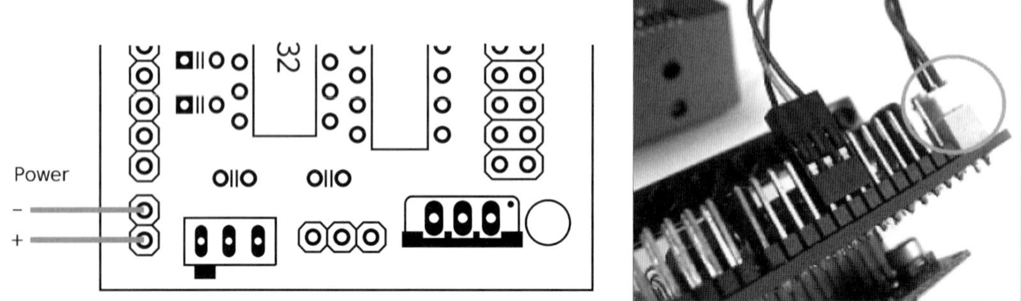

그림 3.3 CMUcam 모듈의 전원 공급

4. 윈도우에서 화면 출력

■ 카메라의 동작 확인과 영상 확인

① CMUcam은 영상 데이터를 RS232 시리얼 통신을 통해 출력해 준다.

② 카메라 제조사에서 공급하는 소프트웨어를 이용해 윈도우 상에서 영상을 확인해 볼 수 있다.

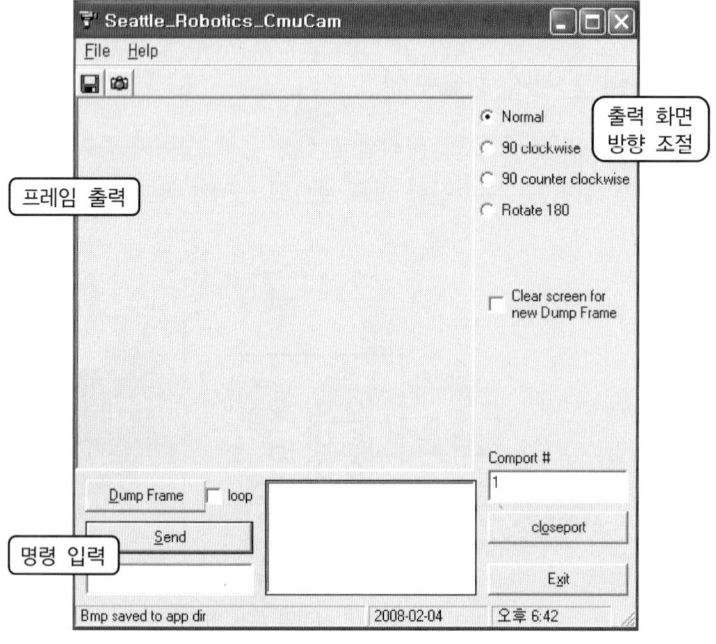

그림 3.4 영상 확인용 소프트웨어

5. 카메라의 출력 data 형식

① ACK : 카메라에 명령이 정상적으로 수신되었을 때 ACK라는 문자를 반환함.

② NCK : 카메라에 명령이 실패하였을 때 NCK라는 문자를 반환함.

※ 자세한 사항은 첨부된 CMUcam의 user 매뉴얼을 참조

6. 카메라 실행 명령

① CR \r : 카메라의 내장 레지스트리를 설정한다.

Reg	Value	Effect
3 (Sautration)	0-255(default : 128)	
5 (Contrast)	0-255(default : 72)	
6 (Brightest)	0-255(default : 128)	
18 (Color Mode)	36	YCrCb Auto White Balance On
	32	YCrCb Auto White Balance Off
	44	RGB Auto White Balance On
	40	RGB Auto White Balance Off
17 (Clock Speed)		
	2	17fps (default)
	3	13fps
	4	11fps
	5	9fps
	6	8fps
	7	7fps
	8	6fps
	10	5fps
	12	4fps
19 (Auto Exposure)		
	32	Auto Gain Off
	33	Auto Gain On (default)

```
:CR 17 5
ACK
```

② DF \r : 시리얼 포트로 프레임 값을 출력하고 프레임은 RGB 값으로 출력된다. 이 때 카메라는 115,200 baud rate에서 최고속도(초당 17 column)로 출력한다.

packet format

1 – new frame

2 – new col

3 – end of frame

```
:DF
ACK
1 2 r g b r g b ... r g b r g b 2 r g b r g b ... r g b r g b 3
```

③ L1 value \r : 카메라 모듈에 부착되어 있는 LED를 on/off할 경우 설정한다. value의 값이 0일 경우 off, value의 값이 1일 경우 on이 된다.

```
:L1 1
ACK
:L1 0
ACK
```

④ GM \r : 평균 색상값을 출력한다.

packet format

S R(평균) G(평균) B(평균) R(편차) G(편차) B(편차)

```
:GM
ACK
S 89 90 67 5 6 3
S 89 91 67 5 6 2
          :
```

⑤ RS \r : 카메라 모듈을 리셋시킨다.

```
:RS
ACK
CMUcam v1.12
```

⑥ SW[x y x2 y2] \r : 카메라 창 사이즈를 조절할 수 있다. x의 값은 1~80, y의 값은 1~143의 범위 내에서 사이즈를 조절할 수 있다.

```
:SW 35 65 45 75
ACK
```

※ 자세한 사항은 첨부된 CMUcam의 user 매뉴얼 참조

7. 비전 로봇의 영상 처리

■ 영상 처리 과정

① CMUcam은 영상 정보만을 제공하는 카메라 모듈이므로 획득된 영상에서 원하는 정보만을 추출하기 위해서는 일련의 영상 처리 과정이 필요하다.

② 영상 처리 기법에는 다양한 기법들이 있으나 비전 트레이서에서는 라벨링이라는 기법을 이용하여 획득된 영상에서 라인의 위치를 찾아낸다.

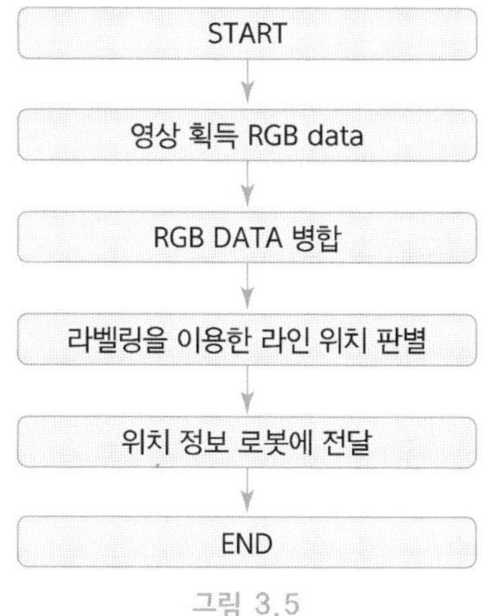

그림 3.5

여기서 라벨링이 어떤 것인지 알아보도록 한다.

(1) 라벨링이란?

라벨링은 영상 내에서 서로 떨어져 있는 물체 영역들을 구별하고자 할 때 사용되는 영상 처리 알고리즘을 말한다. 즉, 영상 내에 여러 종류의 물체가 있는 경우 라벨링이라는 과정을 통해 물체마다 고유 번호(픽셀 값)를 붙일 수 있게 된다. 이후에 관심 있는 물체만을 화면에 출력하고자 할 때는 물체에 해당하는 고유 번호를 가진 화소들만 출력하면 되는 것이다.

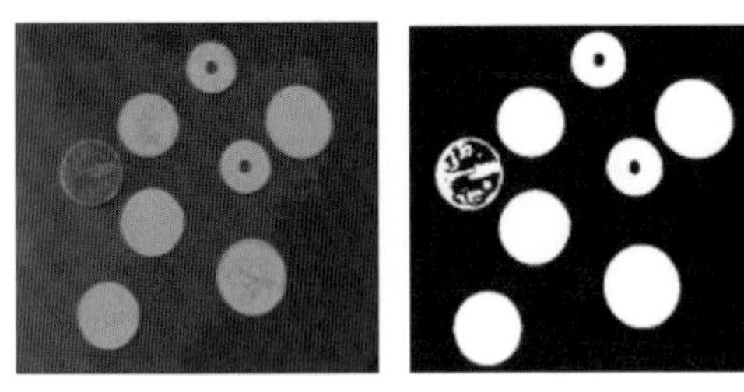

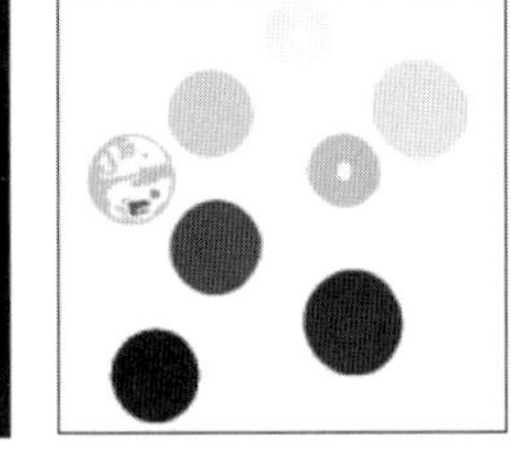

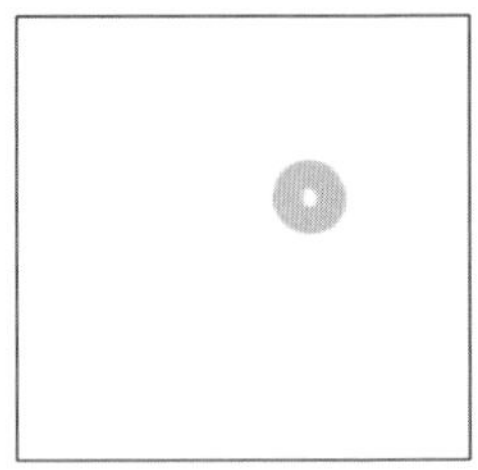

입력 영상 이진화된 영상 라벨링된 영상 하나의 라벨링 영역

그림 3.6

일단 그림 3.6은 입력 영상을 이진화시킨 후 라벨링 처리를 하는데, 이진 영상에서 픽셀의 연결성을 분석하여 각 물체를 구성하는 개개의 픽셀들을 하나의 영역으로 묶어냄으로써 서로 연결된 인접 화소 영역들은 통일한 픽셀 값을 갖고, 다른 인접 영역 성분은 또 다른 픽셀 값을 갖도록 한다. 또한 이러한 작용으로 동일 픽셀의 개수 즉 면적을 구할 수도 있다.

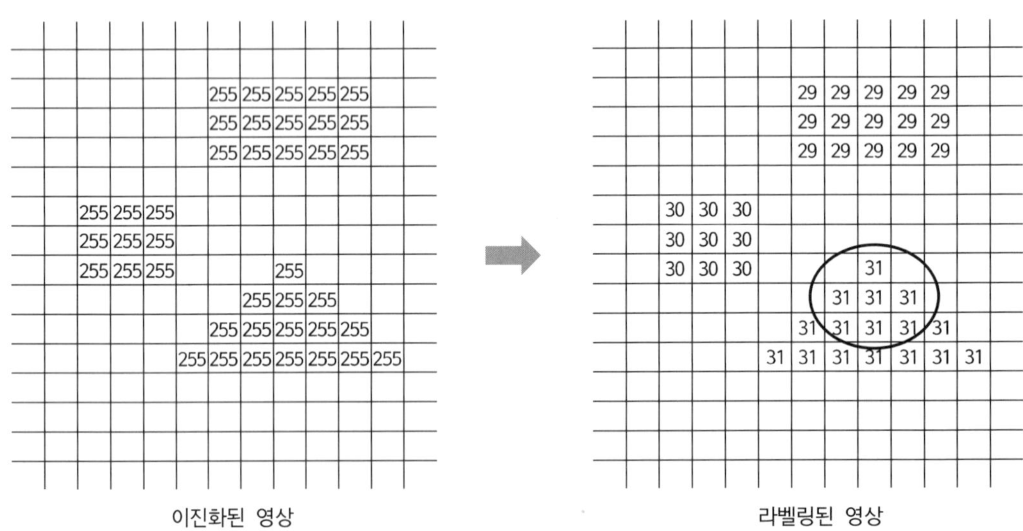

그림 3.7

(2) 라벨링 처리

그림 3.7과 같이 라벨링 처리를 위해서는 영상을 이루는 화소들의 연결 분석, 즉 연결된 화소들을 구별하는 방법이 있는데 대개 4근방 또는 8근 방화소를 이용한다.

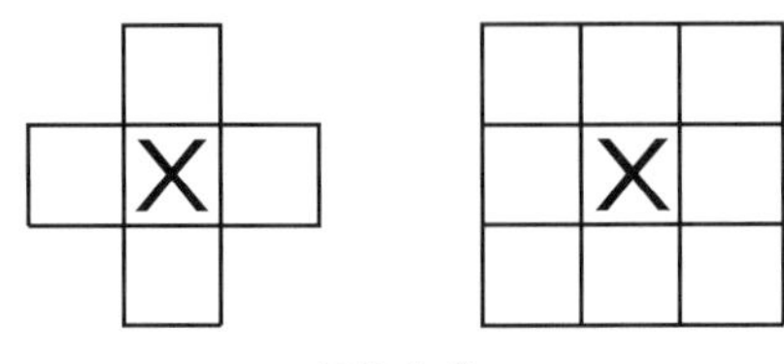

그림 3.8

그림 3.8에서 x 표시가 된 화소의 좌표를 (x, y)라 할 때 (x+1, y), (x-1, y), (x, y+1), (x, y-1)의 4개의 이웃 화소를 갖는 것이 4근방 화소가 되고 (x+1, y), (x-1, y), (x, y+1), (x, y-1)뿐만아니라 (x+1, y+1), (x+1, y-1), (x-1, y+1), (x-1, y-1) 좌표, 즉 x 표시의 대각선 방향의 4개의 이웃 화소까지 갖는 것이 8근방 화소이다.

1	1	1	0	0	0	0	0	0	0
1	1	1	0	0	0	0	0	0	0
1	1	1	0	0	0	0	0	0	0
1	1	1	0	0	1	1	0	0	0
1	1	1	0	0	1	1	0	0	0
1	1	1	0	0	0	0	1	0	0
1	1	1	0	0	0	0	1	0	0
1	1	1	0	0	0	0	1	0	0
1	1	1	0	0	0	1	0	0	0
1	1	1	0	0	0	0	0	0	0

4근 방화소방식에 연결성분

1	1	1	0	0	0	0	0	0	0
1	1	1	0	0	0	0	0	0	0
1	1	1	0	0	0	0	0	0	0
1	1	1	0	0	1	1	0	0	0
1	1	1	0	0	1	1	0	0	0
1	1	1	0	0	0	0	1	0	0
1	1	1	0	0	0	0	1	0	0
1	1	1	0	0	0	0	1	0	0
1	1	1	0	0	0	1	0	0	0
1	1	1	0	0	0	0	0	0	0

8근 방화소방식에 연결성분

1	1	1	0	0	0	0	0	0	0
1	1	1	0	0	0	0	0	0	0
1	1	1	0	0	0	0	0	0	0
1	1	1	0	0	2	2	0	0	0
1	1	1	0	0	2	2	0	0	0
1	1	1	0	0	0	0	3	0	0
1	1	1	0	0	0	0	3	0	0
1	1	1	0	0	0	0	3	0	0
1	1	1	0	0	0	4	0	0	0
1	1	1	0	0	0	0	0	0	0

4근 방화소방식에 의한 라벨링

1	1	1	0	0	0	0	0	0	0
1	1	1	0	0	0	0	0	0	0
1	1	1	0	0	0	0	0	0	0
1	1	1	0	0	2	2	0	0	0
1	1	1	0	0	2	2	0	0	0
1	1	1	0	0	0	0	2	0	0
1	1	1	0	0	0	0	2	0	0
1	1	1	0	0	0	0	2	0	0
1	1	1	0	0	0	2	0	0	0
1	1	1	0	0	0	0	0	0	0

8근 방화소방식에 의한 라벨링

그림 3.9

(3) Grassfire 알고리즘

라벨링 알고리즘 중 재귀 알고리즘으로 잔디에서 불이 번져나가는 모양과 비슷하게 화소를 라벨링하는 알고리즘을 Grassfire 알고리즘이라고 한다. 이 방법은 영상의 라벨링이 끝날 때까지 자기 호출을 반복하기 때문에 큰 물체 영역을 라벨링하는 경우에는 과도한 자기 호출에 인해 처리 속도가 저하되는 등의 문제가 있다.

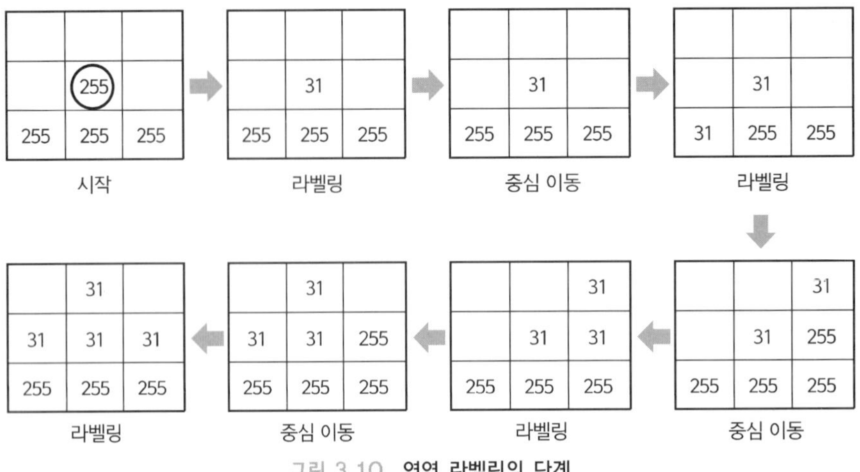

그림 3.10 **영역 라벨링의 단계**

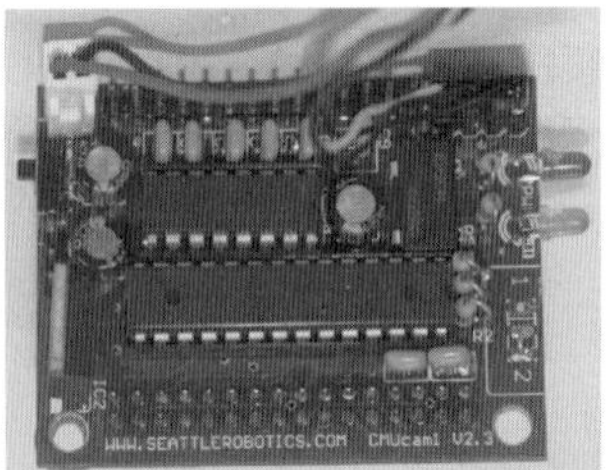

그림 3.11

02 비전트레이서 회로 구성

비전트레이서 회로 구성은 제작자들마다 특징이 있지만 일반적인 형태로서는 크게 4가지 부분으로 나누어서 구성된다. 전체적인 제어를 담당하며 필요한 데이터를 수집하고 처리하는 MCU부, 로봇이 움직이게 되는 경로를 탐색할 때 사람 눈의 역할을 하게 되는 카메라부, 사람의 다리 역할을 담당하는 구동부, 그리고 배터리로부터 전원을 공급받아 각 회로부에 전력을 공급하는 전원부의 총 4가지 회로부로 구성된다. 이 장에서는 각 회로부의 구성 및 관련 소자 등에 대해서 알아본다. 기본 회로도는 라인트레이서와 같으니 참고해서 제작하도록 한다.

1. MCU 부

(1) Atmega128 MCU 회로

마이크로프로세서부의 경우 본 서에서 거론하는 모든 로봇에 동일하게 사용된다. 단지 2족 로봇에서는 특성상 회로가 조금 다른 면이 있다. 따라서 여기서는 많은 부분을 거론하지 않을 것이다. 앞 절인 라인트레이서에서 소개한 CPU를 참조하기 바란다.

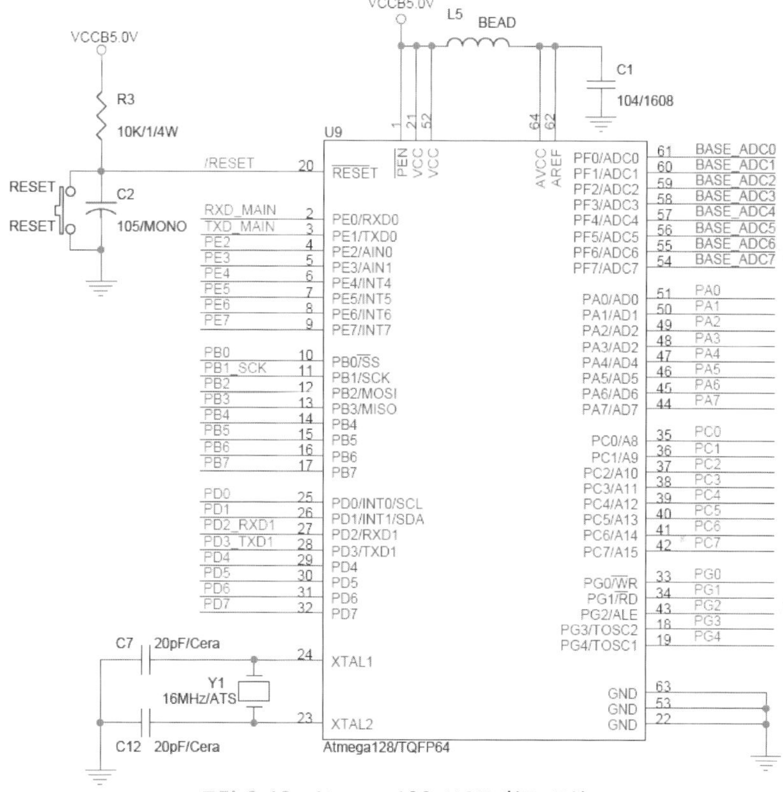

그림 3.12 Atmega128 MCU 회로 구성

그림 3.13

(2) 외부 확장 인터페이스 회로

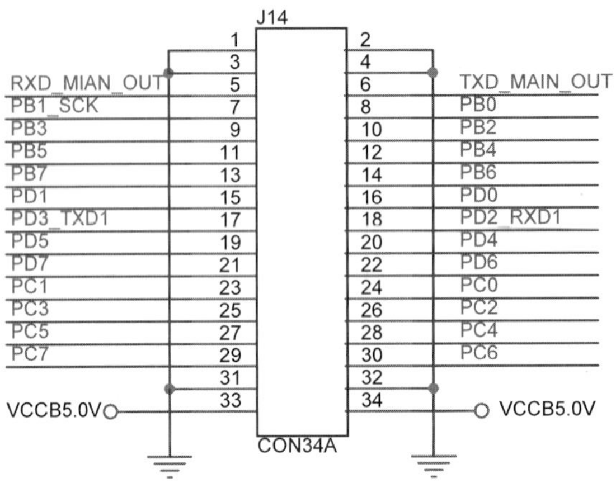

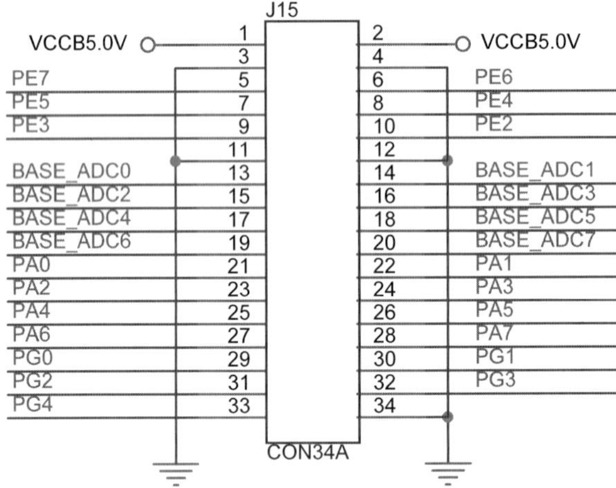

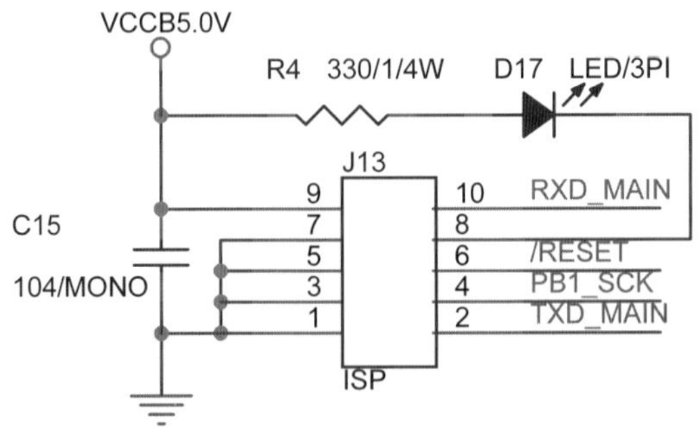

그림 3.14 **외부 확장 인터페이스 회로**

외부 확장 인터페이스 회로는 메인 MCU 보드와 마이크로마우스용 베이스보드 또는 라인트레이서용 보드와 각종 I/O, 통신 그리고 전원을 연결하는 통로로 사용된다. 메인 MCU 보드의 상하로 34핀 2line 핀헤더 소켓으로 처리되어 있으며, 이는 2.54 mm 핀간 피치로 장착되어 있기 때문에 베이스보드 외에도 다른 범용 기판에 확장 장착하여 사용할 수 있도록 설계되어 있다.

(3) 구동부

구동부는 마이크로마우스 또는 라인트레이서의 발 역할을 하는 부분으로서 스테핑 모터가 사용된다. 산요기전의 H546 2상 42각 스테핑 모터가 사용되었으며 구동 드라이버로는 산켄사의 대표적인 스테핑 모터 구동 드라이버인 SLA7024가 사용되었다. 2상 스테핑 모터를 구동하는 방법으로는 1상 여자 방식, 2상 여자 방식 그리고 12상 여자 방식이 있다. 1상 여자 방식의 경우 간편하게 각 상을 순서(A－B－/A－/B)대로 인가하면 되지만 토크가 크지 않고, 2상 여자 방식의 경우에는 각 상은 두상(AB－B/A－/A/B－/BA)씩 여자하는 방식으로 토크가 크지만 전력 소비가 크다. 1상과 2상의 여자 방식을 합친 것이 12상 여자 방식인데 순서는 A－AB－B－B/A－/A－/A/B－/B－/BA로서 전력 소모가 크지 않으면서 큰 토크를 얻을 수 있어서 주로 사용되는 방법이다. 여기에서도 모터 구동 시 12상 여자 방식을 채택하고 있다. 또한 2상 스테핑 모터의 기본 스텝각이 1.8도인데 1상과 2상 여자 방식의 경우 기본 스텝각대로 각 상이 여자될 때 1.8도씩 회전하지만 12상 여자 방식의 경우 0.9도씩 회전하게 되므로 로봇의 움직임을 더 미세하게 조정할 수 있다.

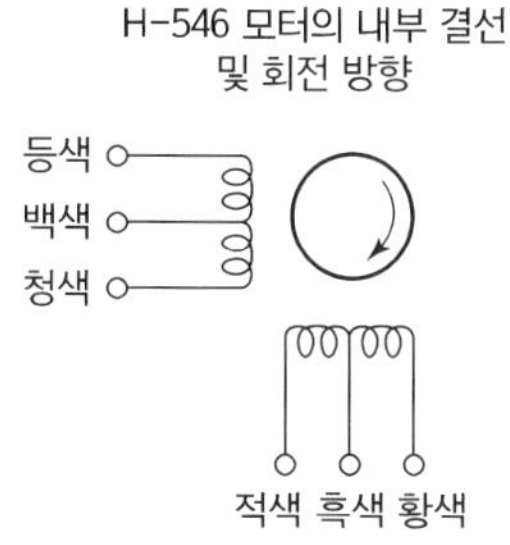

		리드선색				
		백, 흑색	등색	적색	청색	황색
스텝	1	+	－	－		
	2	+		－	－	
	3	+			－	－
	4	+				－

그림 3.15 H546 스테핑 모터의 결선도와 구동 순서

그림 3.16

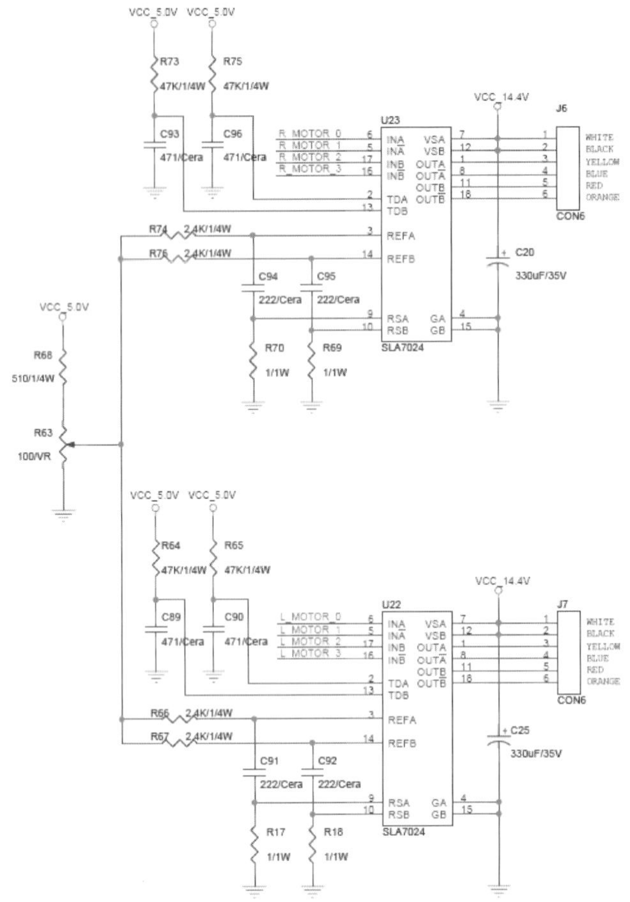

그림 3.17 SLA7024를 이용한 스테핑 모터 구동 회로

그림 3.18

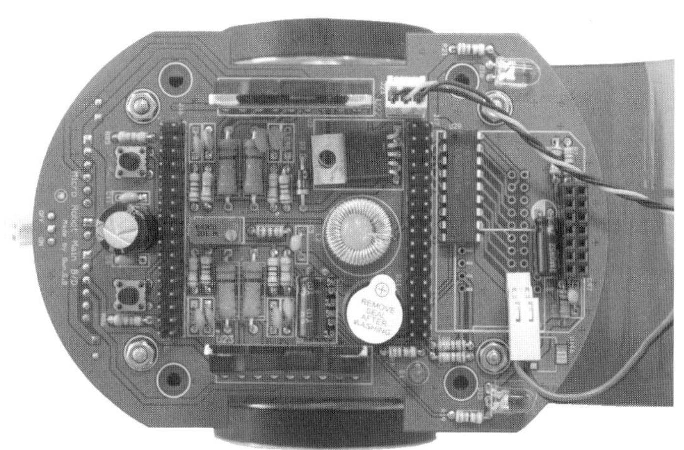

그림 3.19

(4) 전원부

마이크로마우스 또는 라인트레이서에는 1.2 V 2차 충전지 총 12조가 직렬로 조합된 배터리를 전원으로 사용하고 있다. 모터를 제외한 MCU를 비롯한 주변 IC의 기본적인 동작 전압은 5 V이므로 배터리로부터 전압을 직접 사용할 수는 없다. 따라서 14.4 V로부터 5 V를 만들어서 보드에 공급해 주어야 한다. 다음의 LM2575라는 IC는 스텝-다운(Step-down) 레귤레이터로 약 50 Khz의 주파수로 스위칭하여 5 V를 생성하는 스위칭 레귤레이터이다.

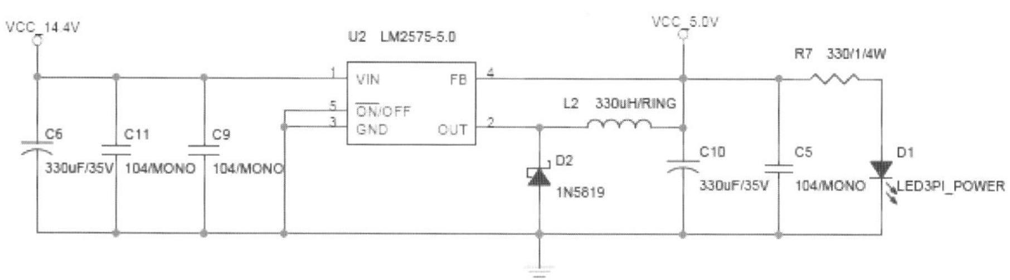

그림 3.20 LM2575-5.0V를 이용한 전원부 회로

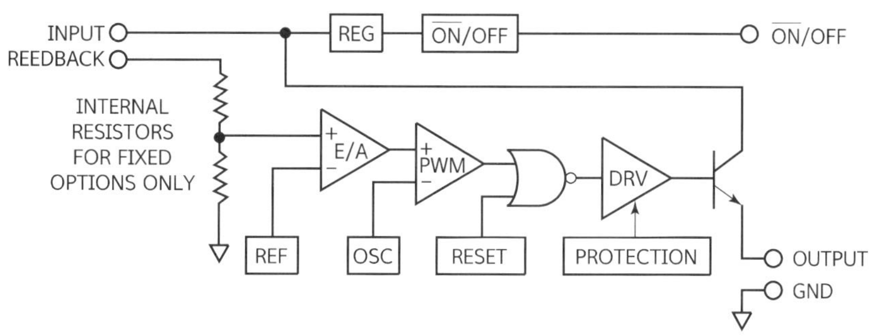

그림 3.21 LM2575-5.0V의 블록다이어그램

2. 비전 트레이서 전체 회로도

(1) 비전 트레이서 회로도

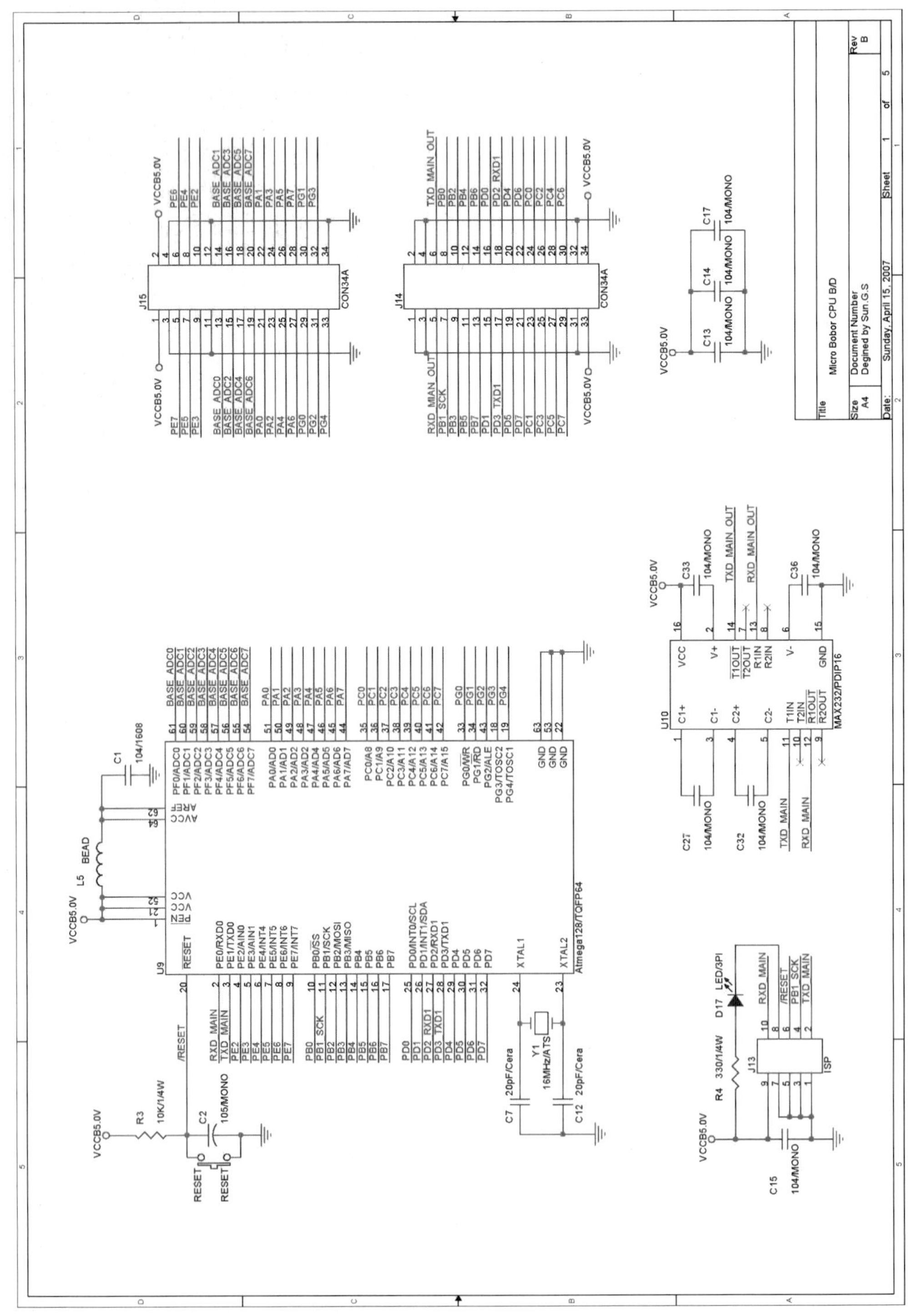

그림 3.22 CPU 보드 회로도

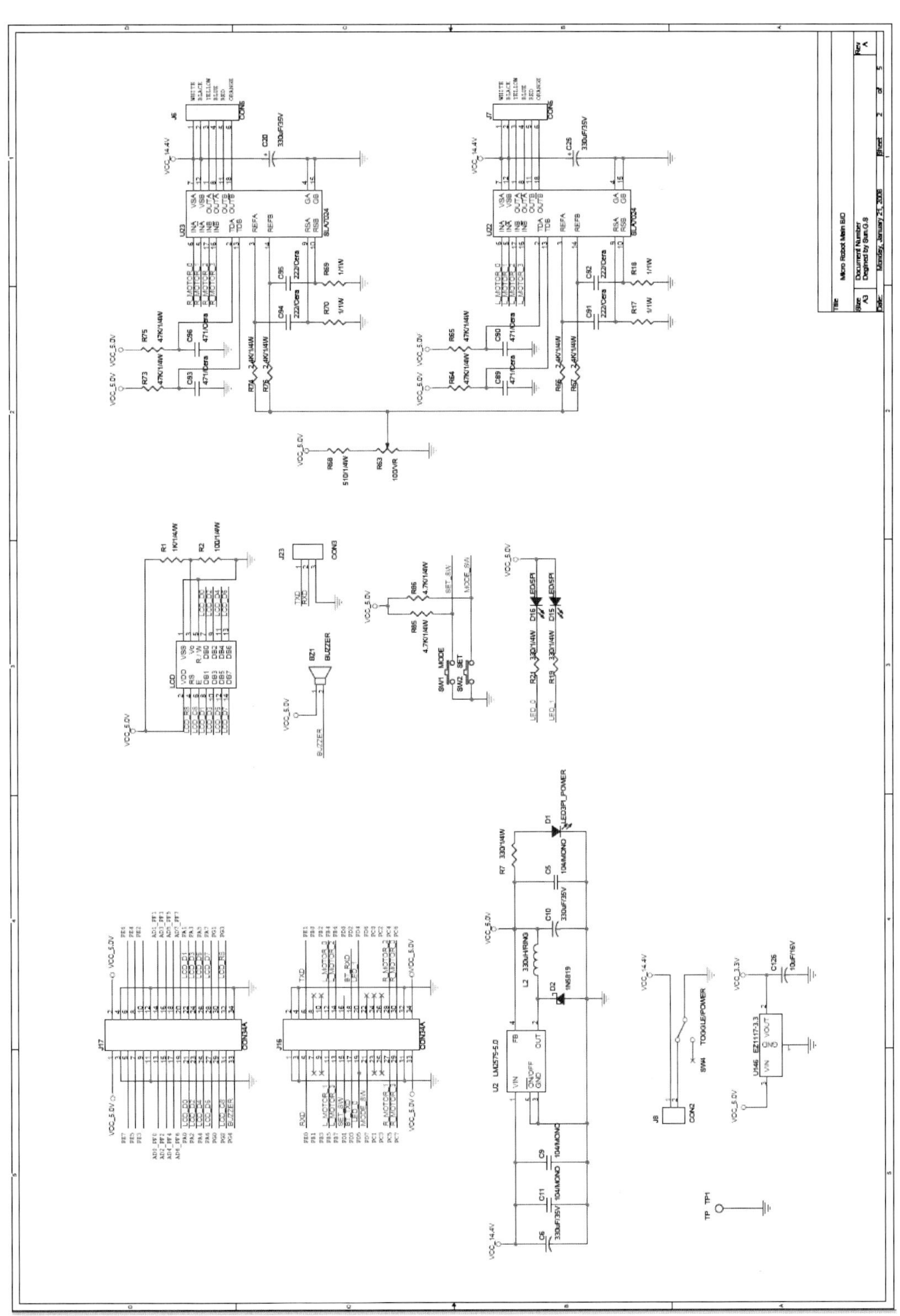

그림 3.23 BASE 보드 회로도

(2) 비전 트레이서의 예제 프로그램 List 및 개요

예제 프로그램은 총 9가지로 구성되며 각 프로그램은 LED, LCD 등과 같은 외부 주변 장치들을 제어하는 예제, 타이머 인터럽트, ADC와 같은 내부 장치를 제어하는 예제들로 이루어져 있다. 그리고 마지막으로 종합적으로 라인트레이서를 구동하는 종합 프로그램으로 구성되어 있다. 다음은 예제 프로그램 리스트이다.

표 3.1 **예제 프로그램 리스트**

예제 번호	제목	개요
1	IO_TEST	GPIO를 제어하여 LED 및 부저 테스트 예제
2	SWITCH_TEST	스위치 입력 사용 예제
3	UART_TEST	비동기 시리얼 통신 예제
4	LCD_TEST	8x2 CHAR LCD 사용 예제
5	EEPROM_TEST	EEPROM 저장 예제
6	TIMER_TEST	타이머 인터럽트 사용 예제
9	MOTOT_TEST	스테핑 모터 구동 예제
10	MOTOR_INTERRUPT_TEST	타이머 인터럽트를 이용한 모터 구동
11	PROGRAM	종합적인 로봇 프로그램

① IO_TEST

GPIO 장치를 제어하며 LED 및 부저 테스트 예제이다. 기본적인 CPU 상태 설정을 통해 GPIO 장치를 입출력 장치로 설정하여 로봇에 장착된 LED 2조와 부저를 각각 1초 단위로 깜박이고 부저음을 발생시키는 예제이다. 이 예제를 통하여 GPIO를 제어하는 방법을 익힐 수 있다. 프로그램은 2장의 라인트레이서와 같으니 참고해서 활용하도록 한다.

② SWITCH_TEST

스위치 입력을 처리하는 예제이다. GPIO의 상태를 입력으로 설정하고 연결된 스위치의 상태를 입력받는다. 모드 스위치와 세트 스위치의 상태를 입력받아서 각각 좌우 LED를 ON/OFF하는 예제이다. 프로그램은 2장의 라인트레이서와 같으니 참고해서 활용하도록 한다.

③ UART_TEST

UART 장치를 이용하여 비동기 시리얼 통신을 테스트하는 예제이다. UART0 장치를 설정하여 활성화시킨 후 데이터가 수신되면 UART 수신 인터럽트를 이용하여 데이터를 수신하고 이를 리턴하는 프로그램이다. 본 예제는 “main.c”와 “uart.c”인 두 개의 파일로 구성되어 있고, 라인트레이서 예제와 같으니 참고하기 바란다. 지면 관계상 이곳에서는 제시하지 못했다.

④ LCD_TEST

로봇 전면 상부에 부착된 8x2 CHAR LCD 사용 예제이다. LCD에 연결된 GPIO를 각각 입출력 상태를 정의하고 LCD 데이터 인터페이스 타이밍에 맞게 데이터를 출력하여 LCD에 문자를 디스플레이한다. 본 예제는 "main.c"와 "lcd.c"인 두 개의 파일로 구성되어 있고, 라인트레이서 예제와 같으니 참고하기 바란다. 지면 관계상 이곳에서는 제시하지 못했다.

⑤ EEPROM_TEST

CPU 내부 장치인 EEPROM에 데이터를 저장하고 또 저장된 데이터를 읽어내는 EEPROM 사용 예제이다. EEPROM의 특정 번지에 데이터를 저장하고 이를 읽어서 CHAR LCD에 출력하는 예제 프로그램이다. 본 예제는 "main.c", "eeprom.c" 그리고 "lcd.c"인 세 개의 파일로 구성되어 있고, 라인트레이서 예제와 같으니 참고하기 바란다. 지면 관계상 이곳에서는 제시하지 못했다.

⑥ TIMER_TEST

CPU 내부 장치인 타이머를 이용하여 인터럽트를 발생시키는 예제이다. CPU 내부의 타이머 중 0번, 1번, 3번을 각각 주기에 맞추어 설정하고 스위치 입력을 통해 인터럽트를 발생시키고 정지시키는 프로그램 예제이다. 본 예제는 "main.c"와 "uart.c"인 두 개의 파일로 구성되어 있고, 라인트레이서 예제와 같으니 참고하기 바란다. 지면 관계상 이곳에서는 제시하지 못했다.

⑦ MOTOR_TEST

개요에서 설명한 바와 같이 GPIO를 이용하여 스테핑 모터를 구동하는 신호를 발생시키는 예제이다. GPIO를 이용하여 스테핑 모터를 구동하는 프로그램 예제로서 각각 1상, 2상, 12상으로 구동할 수 있다. 본 예제는 "main.c"와 "lcd.c"의 두 개의 파일로 구성되어 있고, 라인트레이서 예제 프로그램에서는 9번 예제로서 프로젝트 이름은 "MOTOR_TEST"로 같다.

⑧ MOTOR_INTERRUPT_TEST

스테핑 모터를 구동하는 신호를 타이머 인터럽트를 이용하여 발생시키는 예제이다. 1상, 2상, 12상으로 구동하는 신호를 타이머 인터럽트와 연동하여 스테핑 모터를 구동할 수 있는 예제이다. 본 예제는 "main.c"와 "lcd.c"의 두 개의 파일로 구성되어 있고, 라인트레이서 예제 프로그램에서는 10번 예제로서 프로젝트 이름은 "MOTOR_INTERRUPT_TEST"로 같다.

⑨ PROGRAM(VisionTracer)

비전트레이서 구동용 종합 프로그램이다. 본 프로그램은 "VisionTracer_main.c", "eeprom.c", "init.c", "lcd.c", "table.c" 그리고 "uart.c"인 6개의 파일로 구성된 비전트레이서 구동용 종합 프로그램이다. 프로그램 중 라인트레이서와 완전히 일치하는 경우는 이곳에서 소개하지 않을 것이니 참고하기 바란다. 참고할 프로젝트 이름은 "TRACER" 이다. 즉 "TRACER" 프로젝트에 속해 있는 파일을 참조하지 않고 예제 파일을 참조할 경우 수정하지 않으면 정상 동작하지 않을 것이다.

㉠ “VisionTracer_main.c” 파일

```
#include <iom128.h>
#include <ina90.h>
#include "init.c"                    // 각종 설정용 함수 모음
#include "lcd.c"                     // LCD 관련 함수 모음
#include "eeprom.c"                  // 내부의 eeprom 관련 함수 모음
#include "uart.c"                    // 내부의 uart0와 UART1 장치 관련 함수 모음
#include "table.h"                   // 로봇의 속도 관련 테이블

/*********************************************************************************
    TIMER0 인터럽트 루틴. - 사용하지 않음
*********************************************************************************/
#pragma vector = TIMER0_COMP_vect
__interrupt void Timer0(void)        // 센서 인터럽트 주기 약 7Khz
{
    TCNT0  = 0;
    OCR0   = 0xff;
}

/*********************************************************************************
    TIMER1 인터럽트 루틴. - 왼쪽 모터
*********************************************************************************/
DWORD temp_data = 0;
#pragma vector = TIMER1_COMPA_vect
__interrupt void Timer1(void)        // 16bit timer 왼쪽 모터에 할당
{
    TCNT1  = 0;

    PORTB = MOTOR_PULSE_L[l_pulse++&0x07];

    if (l_step >= l_dist - s_limit)  current_speed--;
         else if(current_speed < s_limit) current_speed++;

         l_step++;
         if(l_step >= l_dist)
         {
             L_M_STOP
         }
         else if(L_TRIM)
```

(계속)

```
#include <iom128.h>
#include <ina90.h>
#include "init.c"                    // 각종 설정용 함수 모음
#include "lcd.c"                     // LCD 관련 함수 모음
#include "eeprom.c"                  // 내부의 eeprom 관련 함수 모음
#include "uart.c"                    // 내부의 uart0와 UART1 장치 관련 함수 모음
#include "table.h"                   // 로봇의 속도 관련 테이블

/*****************************************************************************
    TIMER0 인터럽트 루틴. - 사용하지 않음
*****************************************************************************/
#pragma vector = TIMER0_COMP_vect
__interrupt void Timer0(void)          // 센서 인터럽트 주기 약 7Khz
{
    TCNT0  = 0;
    OCR0   = 0xff;
}

/*****************************************************************************
    TIMER1 인터럽트 루틴. - 왼쪽 모터
*****************************************************************************/
DWORD temp_data = 0;
#pragma vector = TIMER1_COMPA_vect
__interrupt void Timer1(void)          // 16bit timer 왼쪽 모터에 할당
{
    TCNT1  = 0;

    PORTB = MOTOR_PULSE_L[l_pulse++&0x07];

    if (l_step >= l_dist - s_limit)  current_speed--;
          else if(current_speed < s_limit) current_speed++;

          l_step++;
          if(l_step >= l_dist)
          {
               L_M_STOP
          }
          else if(L_TRIM)
          {
                    temp_data          =          ((DWORD)(handle[HANDLE+trim_l])          *
(DWORD)(ACC_TBL[current_speed]))>>14;
                    m_speed = (WORD)(temp_data&0xffff);
          }
```

(계속)

```
        else m_speed = ACC_TBL[current_speed];

    OCR1A = m_speed;
}

/*************************************************************************************
    TIMER3 인터럽트 루틴. - 오른쪽 모터
*************************************************************************************/
#pragma vector = TIMER3_COMPA_vect
__interrupt void Timer3(void)        // 16bit timer  오른쪽 모터에 할당
{
    TCNT3  = 0;

    PORTC = MOTOR_PULSE_R[r_pulse++&0x07];

    if(current_speed > s_limit) current_speed--;

    r_step++;
        if(r_step >= r_dist)
        {
            R_M_STOP
    }
        else if(R_TRIM)
        {
                        temp_data     =     ((DWORD)(handle[HANDLE+trim_r])     *
(DWORD)(ACC_TBL[current_speed]))>>14;
            m_speed = (WORD)(temp_data&0xffff);
        }
        else m_speed = ACC_TBL[current_speed];

    OCR3A  = m_speed;
}

/*************************************************************************************
    로봇을 원하는 속도로 원하는 거리만큼 이동시키는 함수
*************************************************************************************/
void move(WORD s,WORD dist)
{
        current_speed = 0;
        r_pulse = l_pulse = 0;
    r_step = l_step = 0;

        R_TRIM = L_TRIM = FALSE;
```

(계속)

```
        R_MODE = L_MODE = TRUE;
    s_limit = s;
    r_dist = l_dist = dist;
        M_START;
}

/******************************************************************************
    카메라로부터 영상을 획득하도록 하는 함수
    1. 영상 전송 명령을 전송한다.
    2. 데이터 수신이 완료될 때까지 기다린다.
    3. 수신이 완료되면 정보를 RGB 색별로 분리한다.
******************************************************************************/
void Get_RGB_Data(void)
{
    BYTE i = 0;
    WORD count = 0;

    rcv_count = 0;
    TX_String_0("DF\r");                // 프레임 출력 명령 전송
    Delay(22);                          // 명령이 수신되도록 기다림
    while(rcv_count < 428);             // 수신된 데이터의 개수를 보고 완료 판단

    for(count = 5 ; count < 425 ; count+=3)        // RGB 영상을 색별로 분리
    {
        Rcolor[i] = rx_buff[count];
        Gcolor[i] = rx_buff[count+1];
        Bcolor[i++] = rx_buff[count+2];
    }
}

/******************************************************************************
    RGB 값을 이용한 영상 처리
    라벨링 기법을 이용해 사물의 시작과 끝은 찾아낸다.
******************************************************************************/
void Labeling(void)
{
    BYTE i = 0;

    max =  max_label = 0;
    left_to_edge = right_to_edge = 0;

    for(i=0 ; i < FRAME_SIZE ; i++) temp_label[i] = cnt[i] = 0;
```

(계속)

```
    for(i = 0 ; i < FRAME_SIZE ; i++)          // 라벨 값 지정
    {
        if((Rcolor[i] > col_max) && (Gcolor[i] > col_max) && (Bcolor[i] > col_max))
temp_label[i] = i;
        if(temp_label[i] && temp_label[i-1])
        {
            temp_label[i] = temp_label[i-1];
            cnt[temp_label[i]]++;
        }
    }

/*************************************************************************************
        가장 많은 수의 라벨 값을 찾는다.
*************************************************************************************/

    for(i = 0 ; i < FRAME_SIZE ; i++)
    {
        if(cnt[i] > max)
        {
            max = cnt[i];
            max_label = i;
        }
    }

/*************************************************************************************
        라벨 값을 기준으로 왼쪽에서 라인의 끝을 찾아낸다.
*************************************************************************************/

    for(i = 0 ; i < FRAME_SIZE ; i++)
    {
        if(temp_label[i] == max_label)
        {
            left_to_edge = i;
            break;
        }
    }

/*************************************************************************************
        라벨 값을 기준으로 오른쪽에서 라인의 끝을 찾아낸다.
*************************************************************************************/
    for(i = 0 ; i < FRAME_SIZE ; i++)
    {
        if(temp_label[FRAME_SIZE-i] == max_label)
```

(계속)

```
            {
                right_to_edge = i;
                break;
            }
        }
    }

/*****************************************************************************
    왼쪽부터의 라인 위치와 오른쪽 부터의 라인 위치 값을 기준으로
    상황에 따른 좌우 모터의 속도 조절
*****************************************************************************/
void Select(void)
{
        if(left_to_edge > right_to_edge + 3 )
        {
            if(right_to_edge - left_to_edge > 25) trim_l = 100;
        else if(right_to_edge - left_to_edge > 20) trim_l = 90;
        else if(right_to_edge - left_to_edge > 15) trim_l = 80;
        else if(right_to_edge - left_to_edge > 10) trim_l = 70;
        else if(right_to_edge - left_to_edge > 5) trim_l = 60;
        else trim_l = 40;

        trim_r = -trim_l;
         R_TRIM = L_TRIM = TRUE;

                 LED(RIGHT, OFF);
        LED(LEFT,  ON);
        }
        else if(right_to_edge > left_to_edge + 3 )
        {
        if(left_to_edge - right_to_edge > 25) trim_r = 100;
        else if(left_to_edge - right_to_edge > 20) trim_r = 90;
        else if(left_to_edge - right_to_edge > 15) trim_r = 80;
        else if(left_to_edge - right_to_edge > 10) trim_r = 70;
        else if(left_to_edge - right_to_edge > 5) trim_r = 60;
        else trim_r = 40;

         trim_l = -trim_r;
                 R_TRIM = L_TRIM = TRUE;
        LED(LEFT, OFF);
                 LED(RIGHT, ON);

        }
        else
```

(계속)

```
        {
    LED(LEFT, OFF);
            LED(RIGHT, OFF);
        }
}

/**************************************************************************
    카메라로부터 데이터를 획득하여 평균 색상을 알 수가 있다.
**************************************************************************/
void Cam_Data_View(void)
{
    BYTE i, max = 0, min = 0xFF;
    WORD temp = 0;
    lcd_printf(0,0,"            ");
    lcd_printf(1,0,"            ");

    while(1)
    {
        Get_RGB_Data();                    // 색상 검출
        Labeling();                      // 라벨링한다.

        temp = 0;
        for(i = 30 ; i < FRAME_SIZE - 30 ; i++)
                // 프레임의 중심부 데이터를 사용하여 평균 색상을 보여 준다.
        {
            temp += (Rcolor[i] + Gcolor[i] + Bcolor[i] )/3;
        }

        temp = temp / (FRAME_SIZE-60);          // 색상 평균치
        if(temp > max) max = temp;            // 색상 최댓값
        if(temp < min) min = temp;            // 색상 최솟값

        constant(temp); lcd_printf(0,0,lcd_c);
        constant(min); lcd_printf(0,3,lcd_c);
        constant(max); lcd_printf(0,6,lcd_c);

                lcd_cc[0] = (left_to_edge/100)+0x30;    // 왼쪽 라인까지의 픽셀수
                lcd_cc[1] = (left_to_edge%100)/10+0x30;
                lcd_cc[2] = (left_to_edge%100)%10+0x30;
                lcd_printf(1,0,lcd_cc);

                lcd_cc[0] = (right_to_edge/100)+0x30; //오른쪽 라인까지의 픽셀수
```

(계속)

```
                lcd_cc[1] = (right_to_edge%100)/10+0x30;
                lcd_cc[2] = (right_to_edge%100)%10+0x30;
                lcd_printf(1,5,lcd_cc);

    }
}

/*******************************************************************************
    카메라로부터 전송된 데이터를 시리얼로 모니터링할 수 있도록 하는 함수
*******************************************************************************/
void Cam_Data_View_Serial(void)
{
    BYTE value = 0;
    BYTE temp_ch = 0;
    WORD temp = 0;

    lcd_printf(0,0,"            ");
    lcd_printf(1,0,"            ");

    while(1)
    {
        if(Get_Switch() == MODE_SW)
        {
            Get_RGB_Data();             // 영상 획득
            Labeling();                 // 라벨링

/*******************************************************************************
            카메라로부터 수신된 모든 데이터들을 보여 준다.
*******************************************************************************/
            TX_String_1("\n\n\rALLDATA\n\r");
            for(temp = 5; temp < 425 ; temp++)
            {

                value = rx_buff[temp]&0xf0;             // 상위 니블
                    value >>= 4;
             if(value>=0x0a) temp_ch = value+0x57;
                                        // CHAR LCD에 출력 가능한 형태로 변환
                  else temp_ch = value+0x30;
                    TX_Char_1(temp_ch);
                    value = rx_buff[temp]&0x0f;     // char 하위 니블
             if(value>=0x0a) temp_ch = value+0x57;
                            // CHAR LCD에 출력 가능한 형태로 변환
```

(계속)

```
            else temp_ch = value+0x30;
                TX_Char_1(temp_ch);
                    TX_Char_1(' ');
        }

/*******************************************************************************
        수신된 데이터를 RED COLOR 정보를 보여 준다.
*******************************************************************************/
        TX_String_1("\n\n\rRED COLOR      :    ");
        for(temp = 0; temp < FRAME_SIZE ; temp+=2)
        {

            value = Rcolor[temp]&0xf0;          // 상위 니블
                value >>= 4;
          if(value>=0x0a) temp_ch = value+0x57;
                                        // CHAR LCD에 출력 가능한 형태로 변환
                else temp_ch = value+0x30;
                    TX_Char_1(temp_ch);

                    value = Rcolor[temp]&0x0f;     // char 하위 니블
          if(value>=0x0a) temp_ch = value+0x57;
                                // CHAR LCD에 출력 가능한 형태로 변환
          else temp_ch = value+0x30;
              TX_Char_1(temp_ch);
                  TX_Char_1(' ');
        }

/*******************************************************************************
        수신된 데이터를 GREEN COLOR 정보를 보여 준다.
*******************************************************************************/
        TX_String_1("\n\rGREEN COLOR    :    ");
        for(temp = 0; temp < FRAME_SIZE ; temp+=2)
        {

            value = Gcolor[temp]&0xf0;          // 상위 니블
                value >>= 4;
          if(value>=0x0a) temp_ch = value+0x57;
                                        // CHAR LCD에 출력 가능한 형태로 변환
                else temp_ch = value+0x30;
                    TX_Char_1(temp_ch);

                    value = Gcolor[temp]&0x0f;     // char 하위 니블
```

(계속)

```
            if(value>=0x0a) temp_ch = value+0x57;
                        // CHAR LCD에 출력 가능한 형태로 변환
            else temp_ch = value+0x30;
              TX_Char_1(temp_ch);
                  TX_Char_1(' ');
                }

/********************************************************************************
          수신된 데이터를 BLUE COLOR 정보를 보여 준다.
********************************************************************************/
          TX_String_1("\n\rBLUE COLOR     :    ");
          for(temp = 0; temp < FRAME_SIZE ; temp+=2)
          {

                value = Bcolor[temp]&0xf0;        // 상위 니블
                  value >>= 4;
            if(value>=0x0a) temp_ch = value+0x57;
                              // CHAR LCD에 출력 가능한 형태로 변환
                   else temp ch = value+0x30;
                  TX_Char_1(temp_ch);

                  value = Bcolor[temp]&0x0f;      // char 하위 니블
            if(value>=0x0a) temp_ch = value+0x57;
                        // CHAR LCD에 출력 가능한 형태로 변환
            else temp_ch = value+0x30;
                 TX_Char_1(temp_ch);
                  TX_Char_1(' ');
          }

/********************************************************************************
          라벨링 기법을 이용해 라벨링 된 후의 데이터를 보여 준다.
********************************************************************************/
          TX_String_1("\n\rLABEL DATA     :   ");
          for(temp = 0; temp < FRAME_SIZE ; temp+=2)
          {
              value = temp_label[temp]&0xf0;        // 상위 니블
               value >>= 4;
        if(value>=0x0a) temp_ch = value+0x57;
                           // CHAR LCD에 출력 가능한 형태로 변환
                else temp_ch = value+0x30;
              TX_Char_1(temp_ch);

              value = temp_label[temp]&0x0f;           // char 하위 니블
```

(계속)

```
        if(value>=0x0a) temp_ch = value+0x57;
                            // CHAR LCD에 출력 가능한 형태로 변환
        else temp_ch = value+0x30;
            TX_Char_1(temp_ch);
             TX_Char_1(' ');
          }

/*******************************************************************************
        라벨링 데이터 중 가장 큰 라벨 넘버를 보여 준다.
*******************************************************************************/
          TX_String_1("\n\n\rMAX LABEL        :  ");
          {
            value = max_label&0xf0;           // 상위 니블
             value >>= 4;
        if(value>=0x0a) temp_ch = value+0x57;
                                    // CHAR LCD에 출력 가능한 형태로 변환
               else temp_ch = value+0x30;
             TX_Char_1(temp_ch);
             value = max_label&0x0f;         // char 하위 니블
        if(value>=0x0a) temp_ch = value+0x57;
                            // CHAR LCD에 출력 가능한 형태로 변환
        else temp_ch = value+0x30;
            TX_Char_1(temp_ch);
             TX_Char_1(' ');
          }

/*******************************************************************************
라벨링 데이터를 기초로 왼쪽 끝에서 라인 EDGE의 위치를 찾아낸다. 이때 수치는 pixel 수치이다.
*******************************************************************************/
          TX_String_1("\n\rLEFT to EDGE  :  ");
          {
            value = left_to_edge/100+0x30;
            TX_Char_1(value);
            value = left_to_edge%100/10+0x30;
            TX_Char_1(value);
            value = left_to_edge%100%10+0x30;
            TX_Char_1(value);
          }

/*******************************************************************************
 라벨링 데이터를 기초로 오른쪽 끝에서 라인 EDGE의 위치를 찾아낸다. 이때 수치는 pixel 수치이다.
*******************************************************************************/
          TX_String_1("\n\rRIGHT to EDGE :  ");
```

(계속)

```
            {
                value = right_to_edge/100+0x30;
                TX_Char_1(value);
                value = right_to_edge%100/10+0x30;
                TX_Char_1(value);
                value = right_to_edge%100%10+0x30;
                TX_Char_1(value);
            }

        }

        lcd_cc[0] = (rcv_count/100)+0x30;  // 수신된 데이터의 개수를 보여 준다.
                    lcd_cc[1] = (rcv_count%100)/10+0x30;
                    lcd_cc[2] = (rcv_count%100)%10+0x30;
                    lcd_printf(1,5,lcd_cc);
    }
}

/******************************************************************************
    라인 판별에 사용될 색상 판별 기준값을 설정한다.
******************************************************************************/
void Cam_Data_Level_Set(void)
{
    lcd_printf(0,0,"            ");
    lcd_printf(1,0,"            ");

    while(1)
    {
        constant(col_max); lcd_printf(0,0,lcd_c);

        if(Get_Switch() == MODE_SW)      // 모드 스위치가 눌려지면 기준값 증가
        {
            col_max++;
            Write_Color_Data_to_EEPROM();
        }
        else if(Get_Switch() == SET_SW)  // 셋 스위치가 눌려지면 기준값 감소
        {
            col_max--;
            Write_Color_Data_to_EEPROM();
        }
        Delay_ms(100);
    }
}
```

(계속)

```
/*****************************************************************************
    로봇을 출발시킨다.
*****************************************************************************/
void Run(WORD SPEED)
{
    while(1)
    {
        Get_RGB_Data();                              // 색상 분리
        Labeling();                                  // labeling
        Select();                                    // 값에 따른 모터 값 조절

        if(Get_Switch() == SET_SW)                   // 로봇 출발
        {
            motor_set(TRUE);
            Delay_ms(1000);
            move(SPEED,20000);
            break;
        }
    }

    while(R_MODE && L_MODE)
    {
        Get_RGB_Data();                              // 색상 분리
        Labeling();                                  // labeling
        Select();                                    // 값에 따른 모터 값 조절
    }
    M_STOP;

    lcd_printf(0,0,"TRACE is");
    lcd_printf(1,0,"     DONE");
}
/*****************************************************************************
   MAIN 함수 - 각종 주변 장치들을 초기화하고 매뉴를 실행시켜 로봇을 동작시킨다.
  초기화 부분
  - Init_Gpio()       - 각 GPIO 들을 필요한 용도로 입력, 출력, 특수 기능 등으로 설정
  - Init_Uart_0()      - UART1을 설정한다. 카메라용
  - Init_Uart_1()      - UART1을 설정한다.  데이터 모니터링용
  - Init_ADC();        - ATmega128 내부의 ADC 장치를 세팅한다. 사용하지는 않음
  - Init_Char_LCD();  - 디스플레이용 캐릭터 lcd 를 설정한다.
  - Init_CMUcam();     - 카메라를 설정한다.
*****************************************************************************/
void main(void)
```

(계속)

```
{
    BYTE c = 0;

    Init_Gpio();
    Init_Uart_0(BAUD115200);
    Init_Uart_1(BAUD115200);
    Init_ADC();
    Init_Timer();
    Init_Char_LCD();
    Init_CMUcam();

    Read_Color_Data_from_EEPROM(); //저장되어 있는 색상 판별 기준값을 읽어들인다.

     _SEI();                              // Global interrupt enable
    Delay_ms(100);

    lcd_printf(0,0," VISION!");                  // 로고 출력
    lcd_printf(1,0," TRACER!");

    while(1)
    {
        switch(Get_Switch())
        {
            case MODE_SW   : switch((c++)%6)
                             {
                                  case 0 : lcd_printf(0,0,"CAMVIEW0"); break;
                                  case 1 : lcd_printf(0,0,"CAMVIEW1"); break;
                                  case 2 : lcd_printf(0,0,"CAM  SET"); break;
                                  case 3 : lcd_printf(0,0,"RUN SLOW"); break;
                                  case 4 : lcd_printf(0,0,"RUN NORM"); break;
                                  case 5 : lcd_printf(0,0,"RUN FAST"); break;
                               }
                             lcd_printf(1,0," TRACER!"); break;

            case SET_SW : switch((c - 1)%6)
                             {
                                  case 0 : Cam_Data_View(); break;
                      // lcd 를 통해 현재 보고 있는 영상의 데이터를 모니터링한다.
                                  case 1 : Cam_Data_View_Serial(); break;
                      // 시리얼 통신을 통해 영상 데이터를 모니터링할 수 있다.
                                  case 2 : Cam_Data_Level_Set(); break;
                      // 영상 판별 기준값을 설정하는 함수
```

(계속)

```
                        case 3 : Run(SPEED_SLOW); break;
                // 로봇을 느린 속도로 움직인다.
                        case 4 : Run(SPEED_NORMAL); break;
                // 로봇을 보통 속도로 움직인다.
                        case 5 : Run(SPEED_FAST); break;
                // 로봇을 빠른 속도로 움직인다.
                    }

                    break;
            } Delay_ms(100);
    }
}
```

㉡ "init.c" 파일

```
typedef unsigned char    BYTE;
typedef unsigned int     WORD;
typedef unsigned long    DWORD;
typedef float            FLOAT;

/*******************************************************************************
        TIMER CONTROL FUNCTION DEFINITION
*******************************************************************************/
#define        SENSOR_ON     TIMSK  |= 0x02;      // Enable Timer0
#define        L_M_START     TIMSK  |= 0x10;
#define        R_M_START     ETIMSK |= 0x10;
#define        M_START       L_M_START; R_M_START;

#define    SENSOR_OFF  TIMSK  &= ~0x02; // Disable Timer0
#define    L_M_STOP    TIMSK &= ~0x10; L_MODE = FALSE; // Disable Timer2
#define    R_M_STOP    ETIMSK &= ~0x10; R_MODE = FALSE; // Disable Timer1
#define        M_STOP        L_M_STOP; R_M_STOP;

#define    LEFT                 1
#define    RIGHT                2
#define    BOTH                 3
#define    ON                   4
#define    OFF                  5
#define    MODE_SW              1
#define    SET_SW               2
```

(계속)

```
#define    TRUE                              1
#define    FALSE                             0

#define    SPEED_SLOW               100
#define    SPEED_NORMAL                      140
#define    SPEED_FAST               180

#define      CAM_LED_ON                      TX_String_0("L1 1\r");
#define      CAM_LED_OFF                     TX_String_0("L1 0\r");

#define      rx_buff_size                430       //수신 데이터 버퍼 크기
#define      FRAME_SIZE                      140


void Delay_ms(WORD c);
void Delay_us(WORD c);
void Delay_OneSec(WORD c);
void lcd_printf(BYTE x,BYTE y,BYTE *pt);
void TX_String_0(BYTE *string);
void TX_String_1(BYTE *string);

BYTE lcd_c[3] = {' ',};
BYTE lcd_cc[6] = {' ',' ',' ',' ',' ',0};

WORD s_limit;
BYTE movement;
BYTE r_dir,l_dir;
WORD r_dist,l_dist;
WORD r_pulse = 0, l_pulse = 0;
int handle_l,handle_r,point;
WORD l_step=0, r_step=0, current_speed_l, current_speed_r,current_speed;
WORD m_speed, handle_value, turn_dist, TURN_DIST;
BYTE L_MODE = FALSE,R_MODE = FALSE;
BYTE MOTOR_PULSE_L[8] = {0x90,0x10,0x50,0x40,0x60,0x20,0xa0,0x80};
BYTE MOTOR_PULSE_R[8] = {0xc0,0x80,0xa0,0x20,0x30,0x10,0x50,0x40};

// variables for trimming
int trim_l, trim_r;
BYTE R_TRIM = FALSE, L_TRIM = FALSE;

volatile char rx_buff[rx_buff_size];
volatile unsigned char Rcolor[FRAME_SIZE] = {0,}, Gcolor[FRAME_SIZE] = {0,},
Bcolor[FRAME_SIZE] = {0,};
```

(계속)

```
volatile unsigned char col_max = 0;  //색상 한계치
BYTE temp_label[FRAME_SIZE], cnt[FRAME_SIZE];
BYTE max = 0, max_label = 0;
BYTE left_to_edge = 0;
BYTE right_to_edge = 0;

void set_dist(WORD dist)
{
        r_step = l_step;
        l_dist = r_dist = (l_step + dist);
}

void set_speed(WORD speed)
{
        s_limit = speed;
}

void motor_set(BYTE st)
{
        if(st)
        {
                r_pulse = l_pulse = 0;
            PORTB = MOTOR_PULSE_L[l_pulse];
        PORTC = MOTOR_PULSE_R[r_pulse];
        } else PORTB = PORTC = 0x00;
}

void Delay_us(WORD c)
{
        WORD i;
        for(i = 0; i < c; i++) ;
}
void Delay_ms(WORD c)
{
        WORD i,ii;
        for(i=0;i<c;i++)
        for(ii = 0 ; ii < 2000 ; ii++);
}

void Delay_OneSec(WORD c)
{
        WORD i;
```

(계속)

```
            for(i=0;i<c;i++) Delay_ms(1000);
}

void Delay(unsigned int temp)
{
    unsigned int i,j;

    for(i = 0;i < temp;i++)
        for(j=0 ;j < 10000 ; j++);
}

void LED(BYTE ch, BYTE st)
{
    if(ch == LEFT)
    {
        if(st == ON) PORTD &= ~0x01;
        else PORTD |= 0x01;
    }
    else if(ch == RIGHT)
    {
        if(st == ON) PORTD &= ~0x40;
        else PORTD |= 0x40;
    }
    else
    {
        if(st == ON) PORTD &= ~0x41 ;
        else  PORTD |= 0x41;
    }
}

void Buzzer(void)
{
    PORTD  = 0xff;
    PORTG &= ~0x10;
    Delay_ms(50);
    PORTG |= 0x10;
}

BYTE Get_Switch(void)
{
    if(!(PIND&0x02)){ Buzzer(); return MODE_SW;}
    else if(!(PIND&0x80)) { Buzzer(); return SET_SW; }
    else return 0;
```

(계속)

```
}
void constant(BYTE data)
{
        BYTE value;
        value = data&0x0f;
        if(value>=0x0a) lcd_c[1] = value+0x57;                    // char
        else lcd_c[1] = value+0x30;                               // dec
        value = data&0xf0;
        value >>= 4;
        if(value>=0x0a) lcd_c[0] = value+0x57;
        else lcd_c[0] = value+0x30;
}

void Init_Timer(void)
{
/************************************************************************
            TIMER0 FOR SENSOR
************************************************************************/
        TCCR0 = 0x42;       // CTC mode       16,000,000 / 8    = 2,000,000
/*
  BIT2 - CS02     BIT1 - CS01     BIT0 - CS00
   0               0               0          클럭 입력 정지
   0               0               1          CLKtos / 1
   0               1               0          CLKtos / 8
   0               1               1          CLKtos / 32
   1               0               0          CLKtos / 64
   1               0               1          CLKtos / 128
   1               1               0          CLKtos / 256
   1               1               1          CLKtos / 1024
 */

        OCR0  = 0xFF;
/************************************************************************
            TIMER1 FOR LEFT MOTOR
************************************************************************/
    TCCR1A = 0x00;
    TCCR1B = 0x0a;          // CTC mode       16,000,000 / 8    = 2,000,000
/*
   BIT2-CS12   BIT1-CS11   BIT0-CS10
   0           0           0         클럭 입력 정지
   0           0           1         CLKtos / 1
   0           1           0         CLKtos / 8
   0           1           1         CLKtos / 64
```

(계속)

```
  1              0              0              CLKtos / 256
  1              0              1              CLKtos / 1024
  1              1              0              Tn 클럭에서 입력되는 외부 클럭(하강 에지)
  1              1              1              Tn 클럭에서 입력되는 외부 클럭(상승 에지)
 */

    TCCR1C = 0x00;
    OCR1A  = 0xFFFF;

/****************************************************************************
            TIMER3 FOR RIGHT MOTOR
****************************************************************************/
   TCCR3A = 0x00;
   TCCR3B = 0x0a;  // CTC mode        16,000,000 / 8     = 2,000,000
/*
 BIT2-CS32   BIT1-CS31   BIT0-CS30
  0              0              0              클럭 입력 정지
  0              0              1              CLKtos / 1
  0              1              0              CLKtos / 8
  0              1              1              CLKtos / 64
  1              0              0              CLKtos / 256
  1              0              1              CLKtos / 1024
  1              1              0              Tn 클럭에서 입력되는 외부 클럭(하강 에지)
  1              1              1              Tn 클럭에서 입력되는 외부 클럭(상승 에지)
*/
        TCCR3C = 0x00;
        OCR3A  = 0xFFFF;

        TIMSK = 0x00;
        ETIMSK = 0x00;
        TIFR = 0x00;
}

void Init_ADC(void)
{
        ADMUX = 0x00;  // Use VREF, ADLAR = 0, 단극성 ACD0 Channel only
        ADCSR = 0xc5;
   // ADEN = 1, ADSC = 1, ADFR = 0, ADIF = 0, ADFR = 0, AD Prescaler 128
}

void Init_Gpio(void)
{
```

(계속)

```
    DDRA   = 0xff;        // DATA BUS PORT   LCD DATA BUS
    PORTA  = 0xff;

    DDRB   = 0xFF;        // LEFT MOTOR
    PORTB  = 0x00;

    DDRC   = 0xFF;        // RIGHT MOTOR
    PORTC  = 0x00;

    DDRD   = 0x79;        // LED, SW, UART1
    PORTD  = 0xff;

    DDRE   = 0xFF;        // SENSOR
    PORTE  = 0x00;

    DDRF   = 0x00;        // ADC 입력
    PORTF  = 0x00;

    DDRG   = 0xFF;        // 센서 BUZZER
    PORTG  = 0xFC;
}

/******************************************************************************
    CMUcam 모듈을 사용하기 위해 초기화시키는 함수
******************************************************************************/
void Init_CMUcam(void)
{
  BYTE count = 0;

  TX_String_0("RS\r");                    //  CMUcam reset
  Delay(10);
  for(count = 0 ; count < 5 ; count++)
                        // 카메라 모듈의 동작 확인을 위하여 LED를 깜박인다.
  {
      CAM_LED_ON;
      LED(BOTH,ON);
      Delay_ms(100);
      CAM_LED_OFF;
      LED(BOTH,OFF);
      Delay_ms(100);
  }

  TX_String_0("SW 50 1 50 140\r");
```

(계속)

```
                // 카메라로부터 수신될 데이터의 위치를 정한다.
    Delay(10);
}
```

㉢ "eeprom.c" 파일

```
/*************************************************************************
            EEPROM 제어 기능 정의
*************************************************************************/
#define     EEMWE       EECR |= 0x04        // EEPROM 마스터 쓰기 동작 정의
#define     EEWE        EECR |= 0x02        // EEPROM 쓰기 동작 정의
#define     EERE        EECR |= 0x01        // EEPROM 읽기 동작 정의

/*************************************************************************
        EEPROM  비전 트레이서용
*************************************************************************/

#define     COLOR_LEVEL                     0

/*******************************************
                EEPROM 쓰기
*******************************************/
void EEPROM_Write(WORD addr, BYTE dat)
{
    while(EECR & 0x02);
            EEAR = addr;
            EEDR = dat&0xff;
            EEMWE;
            EEWE;
}

/*******************************************
                EEPROM 읽기
*******************************************/
BYTE EEPROM_Read(WORD addr)
{
            while(EECR & 0x02);
            EEAR = addr;
            EERE;
            return (EEDR&0xff);
}
```

(계속)

```
/*********************************************
            EEPROM 워드 데이터 쓰기
*********************************************/
void EEPROM_Word_Write(WORD addr, WORD dat)
{
        EEPROM_Write(addr, dat >> 8);
        EEPROM_Write(addr+1, dat & 0xff);
}

/*********************************************
        EEPROM 더블 워드 데이터 쓰기
*********************************************/
void EEPROM_DWORD_Write(WORD addr, DWORD dat)
{
        EEPROM_Write(addr, dat >> 24);
        EEPROM_Write(addr+1, (dat >> 16) & 0xff);
        EEPROM_Write(addr+2, (dat >> 8) & 0xff);
        EEPROM_Write(addr+3, dat & 0xff);
}

/*********************************************
            EEPROM 워드 데이터 읽기
*********************************************/
WORD EEPROM_Word_Read(WORD addr)
{
        WORD dat;

        dat = EEPROM_Read(addr);
        dat <<= 8;
        dat |= EEPROM_Read(addr+1);
        return dat;
}

/*********************************************
        EEPROM 더블 워드 데이터 읽기
*********************************************/
DWORD EEPROM_DWORD_Read(WORD addr)
{
        DWORD dat;

        dat = EEPROM_Read(addr);
        dat <<= 8;
```

(계속)

```
        dat |= EEPROM_Read(addr+1);
        dat <<= 8;
        dat |= EEPROM_Read(addr+2);
        dat <<= 8;
        dat |= EEPROM_Read(addr+3);

        return dat;
}

void Write_Color_Data_to_EEPROM(void)
{
    EEPROM_Write(COLOR_LEVEL, col_max);
}

void Read_Color_Data_from_EEPROM(void)
{
    col_max  = EEPROM_Read(COLOR_LEVEL);

    if(col_max >= 0xf0) col_max = 0x58;
}
```

㉣ "lcd.c" 파일

```
#define    LCD_E                  0x04
#define    LCD_RS                 0x08
#define    Function_Set           0x38
#define    Display_On             0x0E
#define    Display_Clear          0x01
#define    Entry_Mode_Set         0x06
#define    Cursor_Home            0x80
#define    Cursor_2nd             0xC0

#define    LCD_DELAY              110

void Delay_us(WORD c);
void Delay_ms(WORD c);
void Delay_OneSec(WORD c);

void instruction_set(BYTE inst)          // command(instruction) write routine
{
```

(계속)

```
    PORTG &= ~LCD_RS;
    PORTG &= ~LCD_E;
    PORTA = inst;
    PORTG |= LCD_E;
    Delay_us(LCD_DELAY);
    PORTG &= ~LCD_E;
}

void lcd_ch(BYTE ch)                              // a character output routine
{
        PORTG |= LCD_RS;
    PORTG &= ~LCD_E;
    PORTA = ch;
    PORTG |= LCD_E;
    Delay_us(LCD_DELAY);
    PORTG &= ~LCD_E;
}

void lcd_printf(BYTE y,BYTE x, BYTE *str)         // a character output routine
{
    if(y) instruction_set(0xc0 + x);
        else  instruction_set(0x80 + x);
        while(*str)lcd_ch(*str++);
}

void Init_Char_LCD(void)
{
    instruction_set(0x38);       // FUNCTION SET instruction
    Delay_us(50);
    instruction_set(0x38);       // FUNCTION SET instruction
    Delay_us(200);
    instruction_set(0x38);       // FUNCTION SET instruction
    instruction_set(0x38);       // FUNCTION SET instruction
    instruction_set(0x0E);       // DISPLAY ON instruction
    instruction_set(0x01);       // CLEAR DISPLAY instruction
        Delay_us(200);
    instruction_set(0x06);       // MODE SET instruction
}
```

㉤ "uart.c" 파일

```
/****************************************************************************
    Baudrate 관련 정의  - System clock 16Mhz 기준
****************************************************************************/
#define BAUD9600                    103
#define BAUD14400                   103
#define BAUD38400                   103
#define BAUD57600                   103
#define BAUD115200                  8

/****************************************************************************
    통신을 위한 변수
****************************************************************************/
#define TRANSMIT_BUF_COUNT_0            10
#define TRANSMIT_BUF_COUNT_1            TRANSMIT_BUF_COUNT_0
#define STX                         0x02
#define ETX                         0x03

/****************************************************************************
    통신을 위한 변수
****************************************************************************/
BYTE RxData_0 = 0x00, RxData_1 = 0x00;
//BYTE RxData_Index_0 = 0, RxData_Index_1 = 0;
//BYTE                        TxData_Buf_0[TRANSMIT_BUF_COUNT_0],
TxData_Buf_1[TRANSMIT_BUF_COUNT_1];
//BYTE                        RxData_Buf_0[TRANSMIT_BUF_COUNT_0],
RxData_Buf_1[TRANSMIT_BUF_COUNT_1];

WORD rcv_count = 0;

void Init_Uart_0(BYTE baudrate)
{
    UBRR0H = 0;
    UBRR0L = baudrate;
    UCSR0A = 0x00;
    UCSR0B = 0x98;                  //인터럽트 방식
    UCSR0C = 0x06;                  // n, 8, 1
}

void Init_Uart_1(BYTE baudrate)
{
```

(계속)

```
        UBRR1H = 0;
        UBRR1L = baudrate;
        UCSR1A = 0x00;
        UCSR1B = 0x98;                          //인터럽트 방식
        UCSR1C = 0x06;
}

void TX_Char_0(BYTE data)
{
        while((UCSR0A & 0x20) == 0x00);
        UDR0 = data;
}

void TX_String_0(BYTE *string)
{
        while(*string != '\0')
        {
                TX_Char_0(*string);
                string++;
        }
}

void TX_Char_1(BYTE data)
{
        while((UCSR1A & 0x20) == 0x00);
        UDR1 = data;
}

void TX_String_1(BYTE *string)
{
        while(*string != '\0')
        {
                TX_Char_1(*string);
                string++;
        }
}

#pragma vector = USART0_RXC_vect
__interrupt void RX0(void)
{
    rx_buff[rcv_count++] = UDR0&0xff;     //들어온 데이터를 버퍼에 저장
}
```

(계속)

```
#pragma vector = USART1_RXC_vect
__interrupt void RX1(void)
{
    RxData_1 = UDR1;
}
```

ⓑ "table.c" 파일 : "table.c" 파일은 로봇의 속도를 테이블화해 놓은 파일로서 라인트레이서의 "table.c" 파일과 동일하므로 참고하기 바란다. 지면 관계상 이곳에서는 제시하지 않을 것이다.

Chapter

04

마이크로마우스 제작 기술

01 개요

마이크로마우스는 스스로 미로를 탐색해서 목표점까지 찾아가는 로봇을 말한다. 따라서 이 로봇은 스스로 미로를 감지하고 기억하고, 길을 찾아서 자신의 동력으로 미로를 완주해야 할 것이다. 이를 위해서는 눈에 해당하는 센서, 발에 해당하는 모터, 머리라고 할 수 있는 프로세서 부분의 구성이 필요하다. 또한 이러한 마이크로마우스가 잘 운용되어, 보다 효율적으로 빨리 움직일 수 있도록 프로그램을 개발해야 한다. 마이크로마우스는 꽤 오래 전부터 알려져 있던 로봇이라서 각종 대회가 매년 열리고, 또 가지각색의 로봇도 출전하고 있다. 여기서는 마이크로마우스의 중급 정도 기술을 가지고 공부하는 독자와 함께 하기 위한 과정이라 생각하면 될 것이다.

마이크로마우스는 스스로 움직인다. 또 스스로 미로를 탐색한다. 미로 위를 움직이면서 마우스는 자신의 위치를 알아야 하고, 미로의 데이터를 기억하고 목표점까지 찾아가야 한다. 이 탐색 과정이 빠른 알고리즘을 사용해야 마우스가 길을 빨리 찾을 것이다. 또 최단 경로를 찾아서 가장 빠르게 갈 수 있어야 한다. 또 주행 중에 벽에 부딪히지 않아야 한다. 벽에 부딪히는 순간 마우스는 길을 잃기 때문이다. 따라서 마우스는 항상 자신의 자세를 보정해야 한다. 또 바퀴의 미끄러짐이 생길 수도 있기 때문에 자신이 움직인 거리에 대해서도 보정을 해 주어야 한다. 즉 정확한 자신의 좌표를 알기 위한 부분이 필요하고 자신의 방향을 알아야 하며 벽의 데이터를 저장해야 한다. 또한 Hardware적으로 대회에 참가할 경우 규정을 만족하는 로봇을 만들어야 한다.

이 마우스는 5조의 적외선 센서로 벽을 감지하고, 여기서 2조는 자세를 보정하는 데 사용되 나머지 3조는 옆벽과 앞벽 사이의 거리를 측정하는 데 사용된다. 모터는 step motor를 사용하여 제어가 쉽도록 하였다.

그림 4.1

02 주행 및 보정 알고리즘

1. 속도 제어 및 속도 테이블

우리가 제작한 마우스는 스테핑 모터를 사용한다. 스테핑 모터는 펄스를 넣어 주어야 구동이 가능한데, 이는 하드웨어적인 interrupt를 사용해서 모두 처리한다. 그림 4.2와 같다.

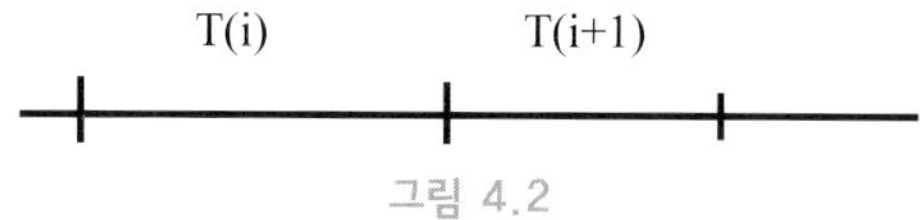

그림 4.2

즉, 일정 시간 후에 인터럽트가 발생하도록 하여 펄스를 만들어 주는 것이다. 이 시간은 speed table의 시정수가 결정한다. 또 현재 속도를 지정하면 루틴은 자동적으로 모터를 가속하거나 감속하게 된다. 메인 프로그램에서는 목표 속도만 지정하면 되기 때문에 이 방식을 사용했다. 여기서 가속 상수와 감속 상수는 지정된 가속도/감속도와의 비를 말한다. 빨리 감속하기 위해서는 감속 상수를 올려 주면 된다(smooth turn시, 혹은 급제동 시에 사용한다.).

스테핑 모터는 갑작스럽게 모터의 속도를 변화시킬 수 없기 때문에 위와 같은 가속/감속 과정이 필요하다. 갑자기 빠른 clock을 넣으면 motor는 탈조를 일으키고 회전하지 않게 된다. 가속을 위해서는 입력 clock의 주기(혹은 frequency)를 바꾸어 주어야 하는데, 이 값을 직접 구하기 위해서는 약간 복잡한 계산 과정이 다음과 같이 필요하다. 따라서 CPU의 부담을 줄이기 위해서 위의 루틴에서처럼 time table을 만들어서 속도를 바꿀 때, table의 값을 그대로 가져다 쓰도록 하는 방식을 사용한다. 이 table을 만드는 프로그램은 간단히 만들 수 있다. 여기서 고려해야 할 점은 motor의 torque가 회전 속도에 따라 달라진다는 점이다. 속도가 빨라질수록 torque는 작아지기 때문에, 속도가 커지면 가속도를 작게 해야 할 것이다. 그렇지 않으면 motor가 충분한 힘을 공급할 수 없어서 탈조가 일어난다.

가속 table을 만들기 위해서는 다음의 계산이 필요하다.

mouse의 속도 v는

$$v(i) = \frac{2\pi r}{200} f(i) = \frac{2\pi r}{200} \frac{1}{T(i)}$$ (step motor는 200 step에 한 바퀴 회전한다.)

가속도는,

$$a = K \frac{\left\{ \frac{1}{T(i+1)} - \frac{1}{T(i)} \right\}}{T(i)}$$

따라서, $T(i+1) = \dfrac{T(i)}{\left\{ 1 + \frac{a}{K} T(i)^2 \right\}}$ 가 된다$\left(K = \dfrac{2\pi r}{200} \right)$.

그리고 HSO time에 reload되어야 할 값 TR(i)는,

$$TR(i) = T(i)/\left(8\times\frac{2}{20MHz}\right) \text{ (internal timer clock source = 8 state times)}$$

이 되므로, 가속도에 따른 값을 간단한 program으로 구할 수 있다.
여기서 가속도 a는 속도(혹은 입력 frequency)에 대한 일차함수로 가정하고 table을 만들었다. a는 다음과 같은 식으로 표현할 수 있다. A_{f0}는 정지시 최대 가속도이고, $f_{\lim}$은 선형화시켰을 때 가속도가 0이 되는 한계를 뜻한다.

$$a = A_{f0}\left(1-\frac{f}{f_{\text{limit}}}\right) = A_{f0}\left(1 - \frac{v}{f_{\text{limit}}K}\right)$$

따라서 이 식과 위의 주기 식을 이용하면 선형화된 가속도에 따른 주기를 구할 수 있다. 이때 정지 상태에서 특정 속도까지의 마우스의 속력은 다음 식에서 구해진다.

$$a = \frac{dv}{dt} = A_{f0}\left(1 - \frac{v}{f_{\text{limit}}K}\right)$$

$$\frac{dv}{dt} + \frac{A_{f0}}{f_{\text{limit}}K}v = A_{f0}$$

여기서

$$v(t) = f_{\text{limit}}K\left(1 - e^{-\frac{A_{f0}}{f_{\text{limit}}K}t}\right)$$

$$a(t) = A_{f0}\,e^{-\frac{A_{f0}}{f_{\text{limit}}K}t}$$

가 된다.

A_{f0}의 값은 모터의 holding torque를 이용해서 구했다.

$$\tau_{hold} = 1.6\,\text{kg}\cdot\text{cm} = Fr \geq mA_{f0}r$$

$$A_{f0} \leq \frac{\tau_{hold}}{mr} = \frac{1.6g\,\text{kg}\,\text{m/s}^2\cdot\text{cm}}{1\text{kg}\cdot 26\text{mm}} \simeq 6\text{m/s}^2$$

과 같게 된다. 실제로는 5 m/s^{2}을 사용했고 f_{limit}은 3 kHz(v = 2.45 m/s)를 사용해서 table을 만들었다. 이 경우 모터의 속도와 가속도는 다음 그래프와 같다(정지 상태에서 출발).

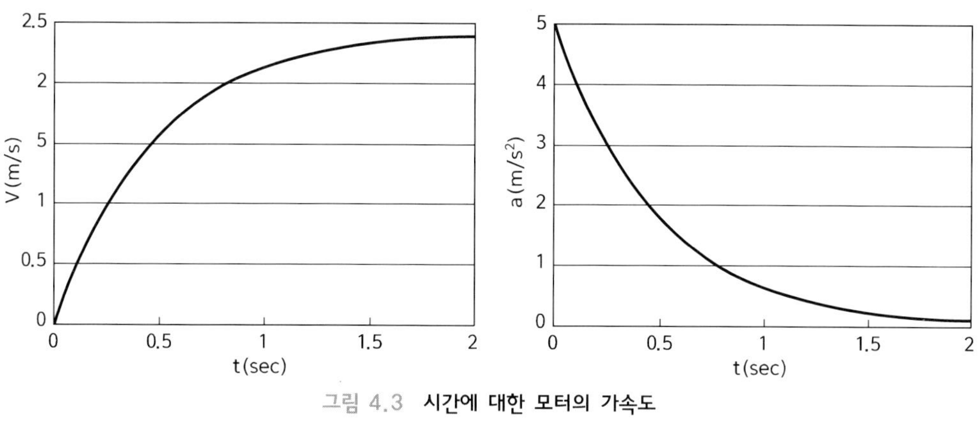

그림 4.3 시간에 대한 모터의 가속도

이를 step수에 따른 속도로 나타내보면 다음과 같다.

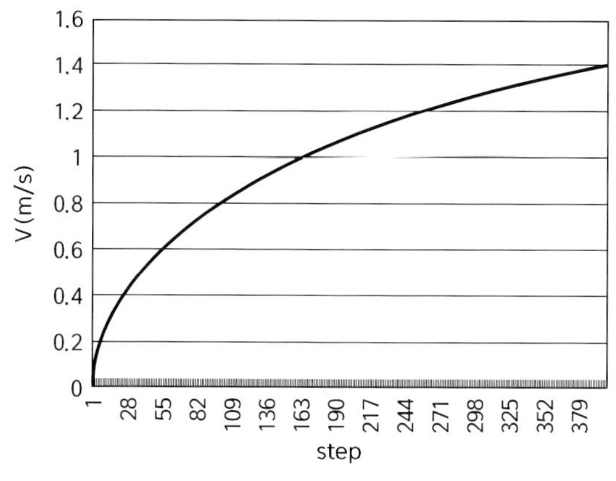

그림 4.4 Step에 따른 motor의 속력

2. Smooth turn

마이크로마우스는 회전할 때 멈추지 않고 부드럽게 회전한다. 탐색 시간을 단축하기 위해서이다. 그러나 직각 turn하는 경우보다 시간을 훨씬 단축할 수도 있지만, 그에 따른 문제점도 많게 된다. 정확히 90도를 회전해야 하고, 또 양쪽 바퀴의 속도가 갑자기 변하지 않는 한 마우스의 궤적이 원이 안 된다는 것, 또 회전 중의 자세 보정이 어렵다는 점, 턴 진입에 따라 회전이 달라질 수 있다는 점, 모터의 가감속에 따라 바퀴가 미끄러질 수도 있다는 점 등이 문제가 된다. 그러나 smooth turn의 이점도 많다. 특히 빠르고 시원시원하게 달리는 마우스를 만들기 위해서 smooth turn을 하도록 만들어야 한다. 최근 대회의 마우스들은 모두 smooth turn을 할 뿐만 아니라 더 빨리 진행하기 위해서 대각 주행까지 시도한다. 그림 4.5는 smooth turn시의 mouse의 궤도이다.

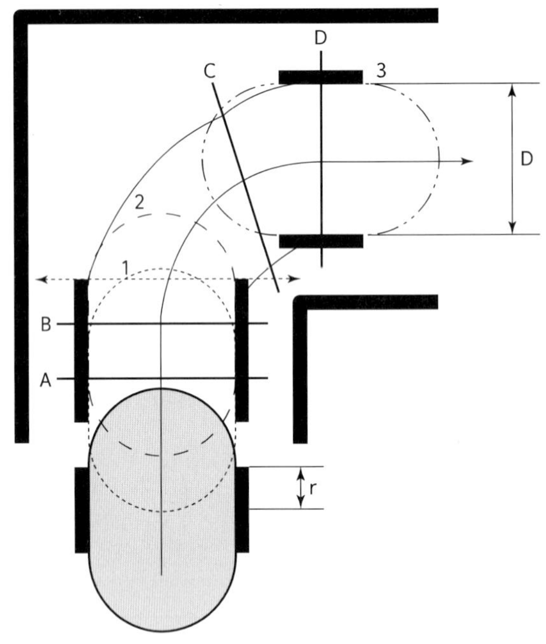

그림 4.5 smooth turn

그림에서 A는 벽의 없어짐을 검사할 때의 바퀴 회전축의 위치이고, 1은 그때의 마우스의 위치이다. 이때 마우스는 벽이 없어진 것을 알고 마우스가 2의 위치가 될 때까지 턴 진입을 위해서 바퀴의 속도를 진입 속도에 맞추게 된다. B는 그때의 축의 위치이다. 마우스는 축이 B의 위치에 있을 때부터 턴을 시작한다. 축이 C의 위치에 올 때까지 왼쪽 바퀴는 가속, 오른쪽 바퀴는 감속시킨다. 축이 C의 위치에 오면 다시 오른쪽 바퀴를 가속시키고 왼쪽 바퀴를 감속시켜서 원래의 속도로 만든다. 축이 D의 위치에 오면 회전은 끝나게 된다.

그러나 여기서 모터의 속도가 갑자기 변하지 않는 한 이 회전은 완전한 원 궤도를 그리지 못한다. B~C 구간에서 왼쪽 바퀴는 가속하고 오른쪽 바퀴는 감속하며, C~D 구간에서 왼쪽 바퀴가 감속되고 오른쪽 바퀴는 가속하게 된다. 스테핑 모터의 경우 갑작스럽게 가속/감속을 할 수가 없기 때문이다. 또 한 가지 문제가 있다. 속도 테이블을 만들 때 가속도를 일정하게 두지 않았기 때문에(모터의 회전 속도에 따라 토크가 달라지므로) 속도에 따라 가속도가 계속 변하게 된다.

이를 계산하는 것은 무리라 판단하고, 여기서 다음과 같이 이 궤도를 원 궤도라 가정하고 해결을 보았다(턴 진입은 보정이 완벽한 상태라고 생각한다.).

왼쪽 바퀴의 이동 거리를 d_l , 오른쪽 바퀴의 이동 거리를 d_r , 바퀴의 반지름을 r , 마우스의 폭을 D, 미로의 폭을 W, 왼쪽과 오른쪽의 step수를 각각 n_l, n_r, step당 모터의 회전각을 u (=1.8°/step)라 하면, 마우스는 90도의 회전을 해야하므로, $d_l = rn_lu$, $d_r = rn_ru$가 되고, 두 바퀴의 이동거리의 차이는

$$d_l - d_r = ru(n_l - n_r) = \frac{1}{4} \cdot 2\pi D$$

가 되어야 한다.

이를 계산해 보면, $n_l - n_r = 156\ \text{step}$, $n_l = 237\ \text{step}$, $n_r = 81\ \text{step}$이 된다.

실험에 의해 얻어진 회전 시의 양쪽 바퀴의 속도를 그래프로 나타내면 다음과 같다(이는 실제 마우스에서의 속도변화이다.).

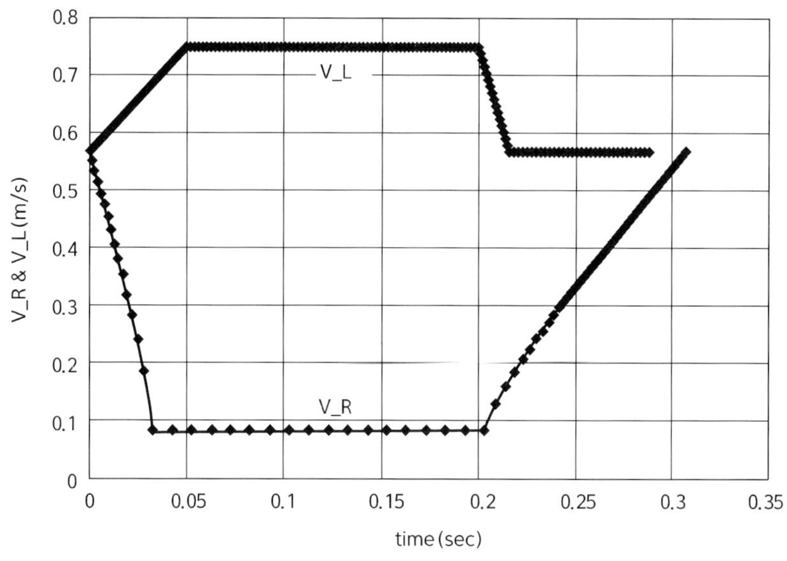

그림 4.6 Smooth Turn 시의 양쪽 바퀴의 속도

그림 4.6의 그래프는 시간을 기준으로 양쪽 바퀴의 속도 변화를 본 것인데, V_L 아랫부분의 면적이 d_l이 되고, V_R 아랫부분의 면적이 d_r이 된다. 이 차이는 $d_l - d_r$이 되는데, 이 차이만 일정하면 마우스의 회전각은 일정하게 된다(이는 원 궤도가 아니어도 성립한다.). V_L은 턴 최고 속도가 제한되어 있기 때문에 가속이 다 된 후에는 일정값을 얼마간 유지하게 된다. V_R역시 최저 속도가 제한되어 있기 때문이다. 속도가 일정하게 유지되는 구간에서 마우스는 완전한 원 궤도를 그린다. 대부분의 구간에서 일정 속도가 유지되므로 위에서처럼 원 궤도로 approximation하는 것이 그다지 큰 오차를 만들지는 않았다. 여기서 가속도와 감속도가 틀린 것을 알 수 있는데, 이는 속도를 줄이는 것은 모터의 탈조를 일으킬 수 없기 때문에, 되도록 원 궤도를 그릴 수 있도록 하기 위해서 모터의 속도를 빨리 떨어뜨린 것이다. Smooth Turn 시의 양쪽 바퀴의 속도 그래프는 실험을 통해서 얻어진 값을 적용한 것이다. 그래프에서 턴이 끝나는 부분에서 양쪽 바퀴의 속도가 같지 않음을 알 수 있다. 이는 프로그래밍할 때 위의 계산만으로 approximation하여 어느 정도 턴이 되는 값을 찾아내었기 때문인데, 가끔 턴이 완벽하지 못하는 경우가 생기는 원인이다. 그래프는 Excel을 이용하여 만든 것이며 실제 마우스가 움직일 때와

완전히 동일하다. 여기서 오차를 해결하기 위해서는 마우스를 더 정교하게 만들어야 할 것으로 생각된다. 필요할 경우 독자 여러분은 좀 더 정교한 마우스를 만들면 될 것이다.

3. 마이크로마우스 자세 보정

마우스가 직선 주행 중에 벽에 부딪히지 않기 위해서는 정확히 길 가운데로 가도록 자세를 보정해 주어야 한다. 마우스의 자세가 틀어진 경우를 다음과 같이 생각해 볼 수 있다.

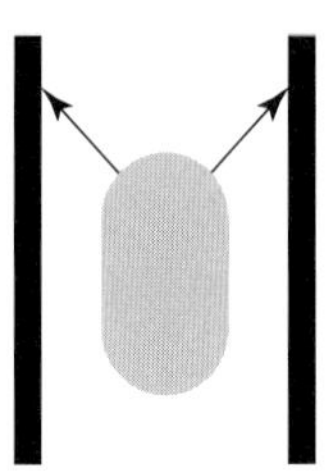

그림 4.7 **보통 상태**

그림 4.7(보통 상태)은 보정이 필요하지 않은 경우이다. 그림 4.8에서 case 1과 2는 마우스는 중앙에 있고 비틀어진 경우, case 3과 4는 비틀어져 있지 않지만 중앙에 있지 않는 경우, case 5와 7은 중앙에 있지 않고 바깥쪽으로 비틀어져 있는 경우, case 6과 8은 중앙에 있지 않고 중앙으로 향하고 있는 경우이다. 여기서 case 1, 2, 3, 4는 즉시 보정이 필요하지만 보정해야 할 크기는 작은 경우이고 case 5, 7은 즉시 많은 양의 보정을 해 주어야 하는 경우이다. case 6과 8은 보정을 하지 않으면 잠시 후 case 1, 2의 형태로 될 것이기 때문에 보정이 필요한 경우이다. 그림에서 이를 비교해보면 대각선 센서의 거리 차이에 따라서 보정해야 할 정도가 결정된다는 것을 알 수 있다. 따라서 마우스에서는 대각선 센서의 거리에 따라서 보정량을 판단한다. 양쪽 대각선 센서의 차가 크면 보정을 많이 하고 차가 적으면 보정을 조금만 하게 된다.

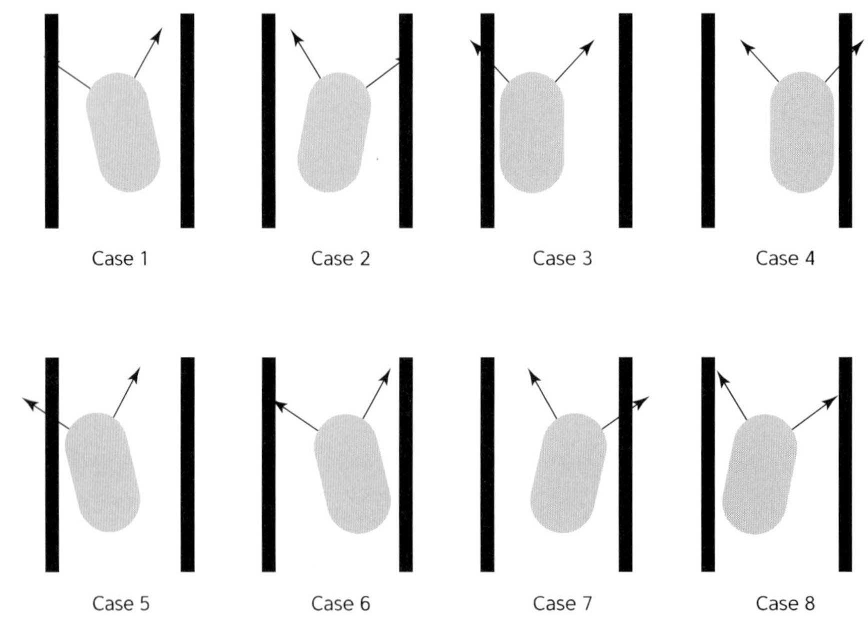

그림 4.8 **자세 보정이 필요한 경우**

그런데 단순히 양쪽 바퀴의 속도만 변화시키면 보정을 할 수가 없다. 비틀어짐에 따라서 속도를 계속 변화시키면 속도가 한없이 증가해 버리거나 한없이 감소할 것이기 때문이다. 그러므로 마우스에서는 제한 속도를 정해 놓고, 일정한 주기마다 속도를 바꾸어 주고 다시 원래 속도로 되돌려주는 과정이 필요하게 된다. 본 마우스에서는 14.25 mm(17 step)마다 자세 보정을 하도록 되어있다. 여기서 양쪽 센서의 거리 차이에 따라서 단계를 세 가지 경우로 나누고 그에 따라 보정량을 결정하는 방식을 사용한다. 그리고 차이가 작으면 보정을 하지 않는다. 여기서 각 단계를 나누어서 보정했는데, 이를 단계를 내지 않고 그 차이만으로 보정을 하면 더 좋을 것 같은 생각이 든다. 그렇게 되면 보다 더 부드럽게 보정을 할 수가 있을 것이다. 그러나 그렇게 하지 않은 이유는 비틀어진 경우의 센서의 거리가 정확한 거리라는 보장을 할 수가 없기 때문에, (비틀어진 경우 적외선이 모두 반사되어 돌아오지 않기 때문에) 실험에 의한 단계를 만들어서 그에 따라 보정을 하도록 했다. 이렇게 해도 결과는 만족할 만했다. 또 보정 주기를 좀 더 짧게 잡으면 좋을 것 같지만 주기를 짧게 하면 같은 자세에서 여러 번의 보정을 하고 이에 따라 자세가 더 비틀어지게 될 수도 있기 때문에, 적당한 값을 찾아서 보정한 것이다.

이는 직선 주행 시의 자세 보정 방법이다. smooth turn 시에는 보정을 하지 않게 되어 있다. turn할 때에는 보정이 힘들기 때문이다. 따라서 정확한 turn을 하도록 하고 보정을 하지 않는다.

4. 마이크로마우스 거리 보정

마우스는 자신이 갔던 곳을 기억하고, 자신이 얼마만큼 이동했고, 또 자신이 지금 어느 위치에 있는지 판단해야 한다. 이는 모터의 회전수와 회전에 따른 이동 거리를 알면 구할 수 있다. 그러나 바퀴의 미끄러짐이나 회전 시의 오차 때문에(smooth turn을 하므로 오차가 많아진다.) 이를 보정해 주는 과정도 필요하다(거리 보정). 이 마우스에서는 다음과 같은 방법으로 좌표를 기억하고 좌표를 이동한다.

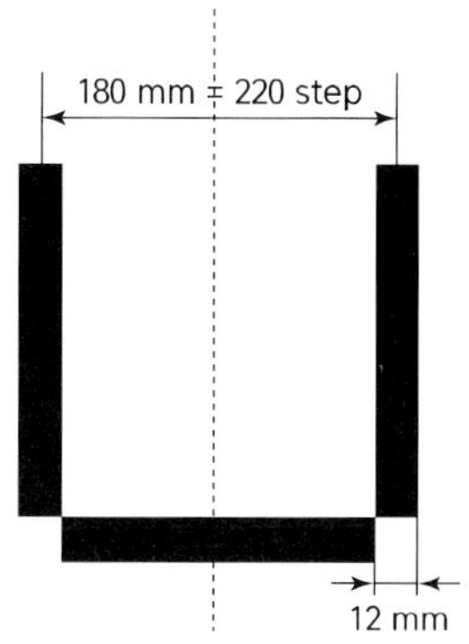

그림 4.9 미로의 한 블럭

미로의 한 블록의 길이는 180 mm로 고정되어 있다. 그리고 벽의 폭은 12 mm이다. 마우스의 Wheel의 반지름이 26 mm이고 모터가 한 step당 1.8도 회전하는 것을 이용하면 한 블록을 직진 하는 경우 필요한 step수는 $180/(2\pi r/200) = 220$ step이 된다.

직선 주행 시에는 이 값만으로 보정이 가능하다. 매 220 step마다 거리 카운터를 update해 주면 되기 때문이다. motor interrupt routine에서는 각각의 모터에 해당하는 카운터를 한 번씩 올려 준다(매 step마다). 따라서 이 값을 판단하여 자신이 얼마나 이동했는지 알 수 있다.

이 마우스에서는 220 step이 끝나는 부분을 check point로 하여 이때에 벽의 존재를 판단한 후 좌표를 update하고 벽 정보를 저장하고 다음 가야할 곳, 즉 어떤 action을 할 것인가를 결정한다. 만약 직진인 경우는 counter 값을 0으로 만들어서 다음 한 block(다음 check point)까지 갈 수 있도록 한다. 마우스는 출발 위치가 다음 그림 4.10과 같기 때문에 초기 counter 값을 설정해 주어야 한다.

이 거리가 약 4 cm 정도 되므로 초깃값은 $220 - 40/(2\pi r/200) \simeq 170$ step가 된다. 그리고 모터가 회전해서 220이 되면 이 마우스는 다음 block으로 넘어가게 된다. 이때 좌표 update를 하고 sensor 값을 비교해서 벽의 존재를 판단하고 좌표에 해당하는 address에 데이터를 저장한다.

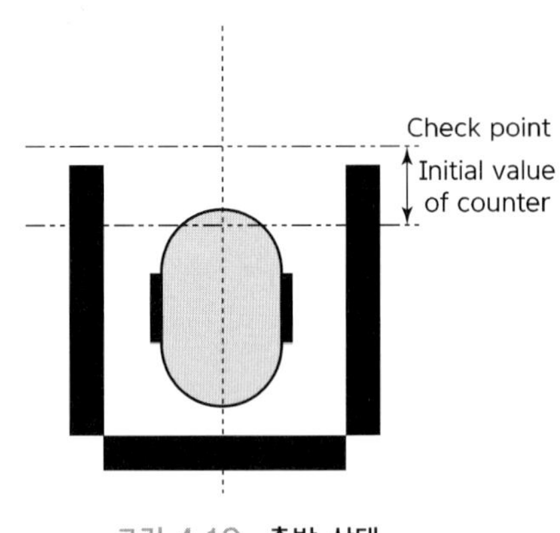

그림 4.10 **출발 상태**

그런데 직진 주행을 계속할 경우 오차가 생기게 마련이다. 또 turn한 후에도 역시 오차가 생길 수 있다. 따라서 보정이 필요한데 이 마우스는 turn할 곳(옆벽이 비어 있는 곳)이 나타나면, 보정을 하게 된다. 직진 주행 시 오차가 생기는 경우를 생각해 보면 다음과 같다.

그림 4.11(거리 오차가 생기는 경우)에서 (a)의 경우는 Ideal한 check point에 도착하기 전에 counter 값이 220을 넘어서 +error가 발생하는 경우이고, (b)는 Ideal한 check point를 넘어서서 counter 값이 220을 넘는 경우이다. 모두 정확한 위치에서 check point가 발생하지 않은 경우이다. 따라서 이를 보정하기 위해서는 직진 중에 계속 센서를 check해서 옆벽이 없어지지 않았는지 또는 앞벽이 나타나지 않았는지 확인해야 한다. 그렇지 않으면 오차가 생겼을 경우 앞벽에 충돌하거나 정확한 timing에 회전하지 못할 것이다.

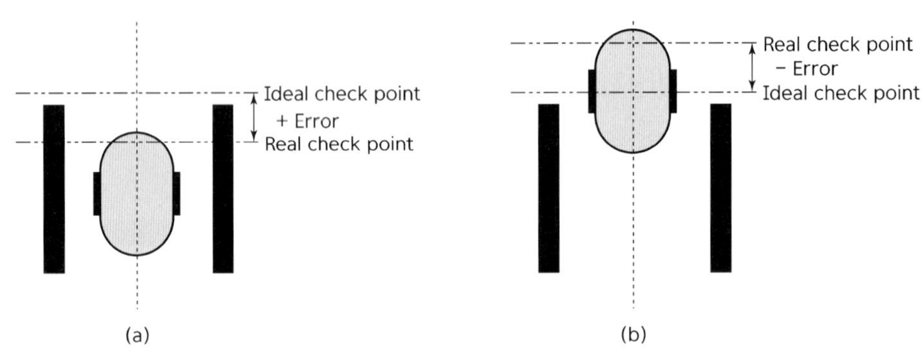

그림 4.11 **거리 오차가 생기는 경우**

이런 이유로 직진 주행 중에는 계속 옆벽과 앞벽을 check한다. 그리고 옆벽이 없어지거나 앞벽이 나타난 경우, 그때의 error가 어느 한계(70step, 약 57 mm) 이하이면 이를 error라고 판단하고 여기에서 벽을 check하여 저장하고 다음 행동에 들어간다. (a)의 경우에는 check point를 한 번 지난 후 +error 후에 또 check point를 지나게 되는데, 이 경우 좌표 update가 한 번 더 될 수도 있으므로 error라고 판단되면 update를 하지 않는다. 물론 벽 정보도 저장하지 않는다.

(b)의 경우는 이미 한 block을 왔다고 판단하면 된다.

회전할 때에는 좌표 보정을 하지 않는다. 단 회전 후에 counter 값을 적당한 값으로 초기화시킨다(check point를 지났기 때문에).

이 과정은 다음과 같이 생각할 수 있다.

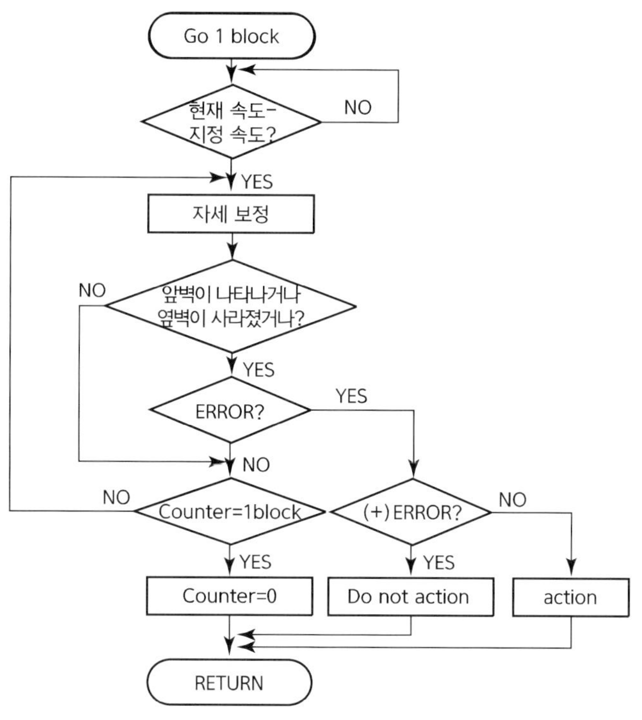

그림 4.12 **직진 시의 거리 보정**

5. 좌표 인식 및 좌표 이동

마우스가 현재 자신의 좌표를 알기 위해서는 지금까지 어떤 경로로 왔는지를 알아야 한다. 미로의 크기는 16*16이기 때문에, 좌표는 1 byte로 표시할 수 있다. 여기서는 상위 4 byte는 미로의 x 좌표로 하위 4 byte는 y 좌표로 변수를 두고 사용한다. 초기 좌표는 0으로 하고 각각의 action마다 좌표를 update하면서 한 block씩 이동한다. 물론 이 처리 과정(벽을 판단하고 저장하고 좌표를 update하는)은 매우 짧기 때문에 마우스는 정지하지 않은 상태로 계속 이동한다. 좌표를 update하기 위해서는 절대적인 현재의 진행 방향을 알아야 한다. 여기서는 미로를 아래에서 봤다고 했을 때 북쪽, 동쪽, 서쪽, 남쪽의 네 방향으로 방향을 설정하고, 각 방향의 경우 각 action마다 update를 틀리게 하여 좌표를 인식한다.

현재 좌표를 나타내는 변수는 다음과 같다.

현재 x 좌표	현재 y 좌표
상위 4 bit	하위 4 bit

따라서 hexadecimal로 00H∼0FFH까지의 값을 갖게 된다.

현재 방향은 다음과 같은 byte 값을 갖도록 설정했다.

North : 40H, East : 80H, West : 0H, South : 0C0H

이렇게 설정한 이유는 방향 update가 쉽기 때문이다. 오른쪽으로 turn을 하는 경우는 현재 방향에 40H를 더하면 다음 방향이 되고, 왼쪽으로 turn하는 경우는 현재 방향에서 40H를 빼면 다음 방향이 된다. 뒤로 도는 경우는 80H를 더하거나 빼면 다음 방향이 된다.

이제 이 방향 data와 현재의 action을 이용해서 좌표를 구하면 되는데 이는 다음과 같은 방법을 사용한다. 이는 action 후에 update를 하는 것이다. 따라서 그때의 방향만으로 좌표를 update 할 수 있다. 이렇게 마우스는 자신의 현재 위치를 알 수 있다.

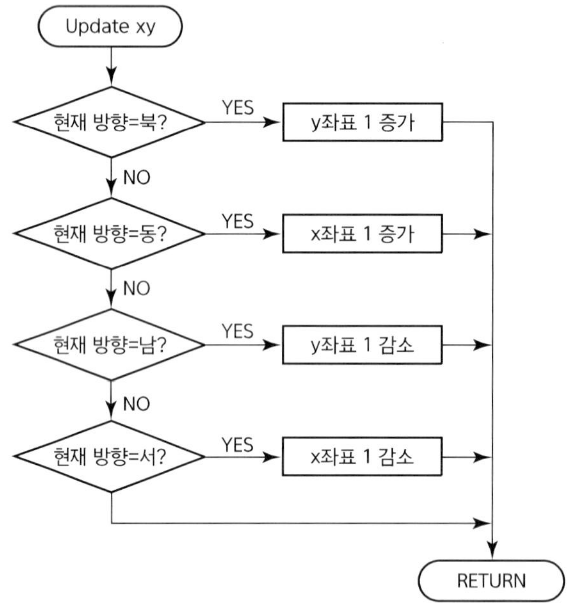

그림 4.13 **좌표의 update**

6. 데이터 저장

마우스는 각각의 block에 대한 벽의 정보를 저장해야 한다. 어느 벽이 막혀 있고 어느 벽이 뚫려 있는지, 그리고 왔던 곳인지 아닌지를 구분해야 한다. 새로운 곳이면 데이터를 저장하고, 왔던 곳이면 데이터 저장을 하지 않는다.

미로의 정보를 저장하기 위해서 다음과 같은 방식을 사용한다. 각각의 block에 대한 정보는 8bit로 나타낸다.

arrived	X	X	X	West	North	East	South

bit 7은 그 block에 왔는지 아닌지를 판단하기 위해서 사용한다. 왔던 곳이면 1, 새로운 곳이면 0이 된다. 따라서 이 bit가 1일 때만 미로의 정보가 유효한 것이다. 하위의 4bit는 각 block에서 절대적인 방향에 대한 정보를 나타낸다. West, North, East, South는 절대 방향을 나타낸다. 막혀 있으면 1로, 뚫려 있으면 0으로 기록한다. 한 block당 이와 같은 1 byte가 필요하므로 16*16 미로 전체를 저장하기 위해서는 256 byte의 메모리가 필요하다. 이 마우스에서는 0F000H~0F0FFH까지를 이 데이터를 저장하기 위한 공간으로 사용한다.

이 데이터를 저장하는 것은 마우스가 check point에 도착한 후 벽을 check하고, 좌표를 update한 후에 바로 저장한다.

벽을 check하는 부분은 앞벽과 오른쪽벽, 왼쪽벽이 있는지 없는지를 reference와 비교하여 판단하고 특정 변수에 이를 기록한다. 이때 뒤로 돌지 않은 상황에서는 뒤쪽벽은 기록할 필요가 없다. 열려 있기 때문에 그 block으로 들어올 수 있었기 때문이다. 따라서 세 개의 비트에 이를 표시한다(아래 그림).

Left wall	Forward wall	Right wall	Back wall(always '0' except for turn back)

데이터를 저장하는 routine(save_info)에서는 이 데이터를 미로의 절대적인 방향으로 바꾼 후 저장해야 한다. 이는 간단하다. 현재의 방향에 대해 이 4 bit의 데이터를 rotate시켜서 저장한다. 이 과정은 아래 그림 4.14와 같은 방법을 사용한다.

이렇게 절대적 방향에 대해 변환된 4 bit data는 위의 벽 data 의 하위 4 bit로 쓰이고 최상위 bit는 1로 만들어서 저장하게 된다.

예를 들면 오른쪽 그림과 같다.

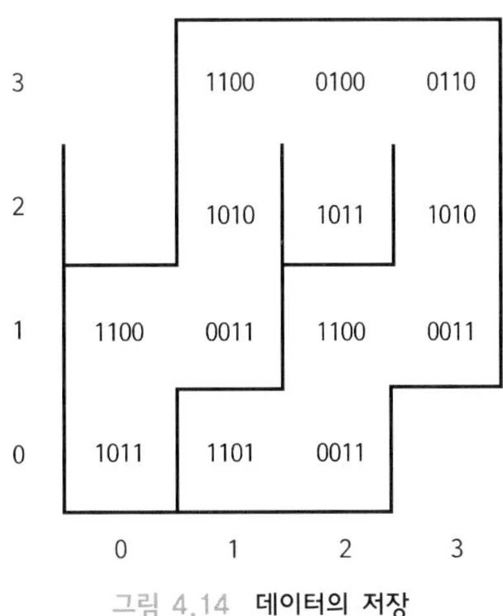

그림 4.14 데이터의 저장

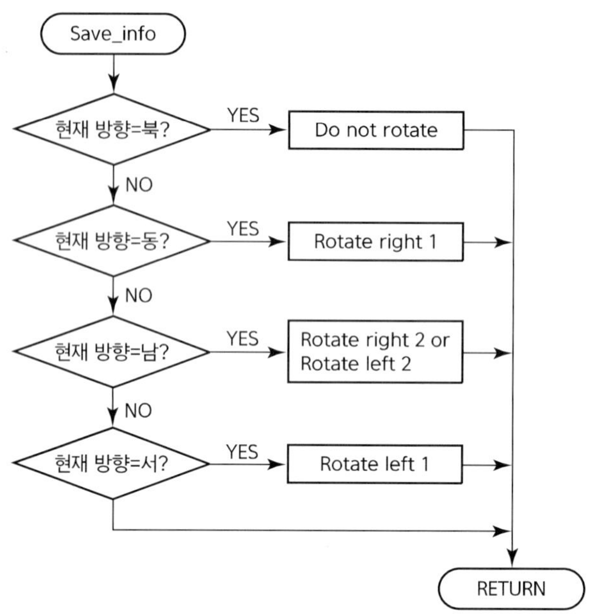

그림 4.15 **현재의 벽 정보를 절대적인 방향에 대한 data로 바꾸기**

7. 목표점 찾아가기, 미로 탐색 알고리즘

마우스는 1차 주행에서 미로의 목표점((7, 7), (7, 8), (8, 7), (8, 8))까지 찾아가야 한다. 물론 가는 길의 모든 데이터는 저장해야 한다. 앞에서 설명한 모든 부분을 사용하여 main routine은 구성된다. 실제로 가 보지 않은 부분을 탐색하면서 목표점까지 찾아가야 한다.

지금 사용하고 있는 main routine은 다음 그림 4.16과 같이 구성되어 있다(1차 주행). 그리고 우선 순위는 오른쪽, 왼쪽, 직진의 순서로 되어있다.

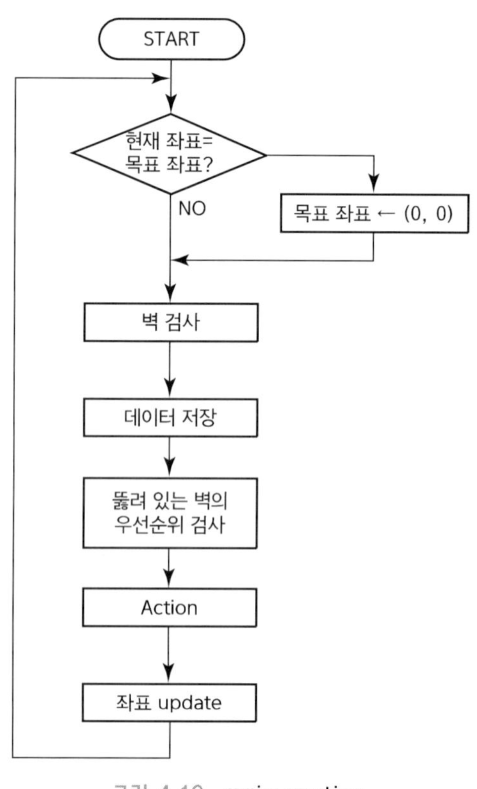

그림 4.16 **main routine**

8. 구심법에 의한 미로 탐색 알고리즘

구심법은 미로의 각 block마다 별개의 우선순위를 주는 방법으로 가운데 목표 지점의 우선순위가 가장 높게 설정하는 방법이다. 이는 확률상으로 마우스가 가장 빨리 가운데 지점까지 탐색할 수 있는 방법이다. 다음은 중앙으로 갈수록 우선순위가 높아지도록 만든 것이다.

14	13	12	11	10	9	8	7	7	8	9	10	11	12	13	14
13	12	11	10	9	8	7	6	6	7	8	9	10	11	12	13
12	11	10	9	8	7	6	5	5	6	7	8	9	10	11	12
11	10	9	8	7	6	5	4	4	5	6	7	8	9	10	11
10	9	8	7	6	5	4	3	3	4	5	6	7	8	9	10
9	8	7	6	5	4	3	2	2	3	4	5	6	7	8	9
8	7	6	5	4	3	2	1	1	2	3	4	5	6	7	8
7	6	5	4	3	2	1	0	0	1	2	3	4	5	6	7
7	6	5	4	3	2	1	0	0	1	2	3	4	5	6	7
8	7	6	5	4	3	2	1	1	2	3	4	5	6	7	8
9	8	7	6	5	4	3	2	2	3	4	5	6	7	8	9
10	9	8	7	6	5	4	3	3	4	5	6	7	8	9	10
11	10	9	8	7	6	5	4	4	5	6	7	8	9	10	11
12	11	10	9	8	7	6	5	5	6	7	8	9	10	11	12
13	12	11	10	9	8	7	6	6	7	8	9	10	11	12	13
14	13	12	11	10	9	8	7	7	8	9	10	11	12	13	14

여기서는 갈림길에서 뚫려 있는 벽의 우선순위가 같아질 수도 있게 된다. 따라서 더 정확한 우선순위 table은 위에서 같은 우선순위의 지점에 대해서 다시 우선순위를 나누어서 만들어야 한다. 이를 만들어 보면 다음과 같다.

210	211	212	213	214	215	216	217	218	219	220	221	222	223	224	225
209	156	157	158	159	160	161	162	163	164	165	166	167	168	169	226
208	155	111	112	113	114	115	116	117	118	119	120	121	122	170	227
207	154	110	73	74	75	76	77	78	79	80	81	82	123	171	228
206	153	109	72	43	44	45	46	47	48	49	50	83	124	172	229
205	152	108	71	42	21	22	23	24	25	26	51	84	125	173	230
204	151	107	70	41	20	7	8	9	10	27	52	85	126	174	231
203	150	106	69	40	19	6	1	2	11	28	53	86	127	175	232
202	149	105	68	39	18	5	0	3	12	29	54	87	128	176	233
201	148	104	67	38	17	4	15	14	13	30	55	88	129	177	234
200	147	103	66	37	16	35	34	33	32	31	56	89	130	178	235
199	146	102	65	36	63	62	61	60	59	58	57	90	131	179	236
198	145	101	64	99	98	97	96	95	94	93	92	91	132	180	237
197	144	100	143	142	141	140	139	138	137	136	135	134	133	181	238
196	195	194	193	192	191	190	189	188	187	186	185	184	183	182	239
255	254	253	252	251	250	249	248	247	246	245	244	243	242	241	240

이렇게 우선순위 table을 만들면 어느 위치에서든지 우선순위가 결정된다. 따라서 이 방법을 사용할 것이다.

03 마이크로마우스의 Hardware 구성

마이크로마우스의 회로는 제작자들마다 특징이 있지만 일반적인 형태로서는 크게 4가지 부분으로 나누어서 구성된다. 전체적인 제어를 담당하며 필요한 데이터를 수집하고 처리하는 MCU부, 마이크로마우스가 미로를 탐색할 때 사람의 눈 역할을 하게 되는 센서부, 사람의 다리 역할을 담당하는 구동부, 그리고 배터리로부터 전원을 공급받아 각 회로부에 전력을 공급하는 전원부의 총 4가지 회로부로 구성되게 된다. 이 장에서는 각 회로부의 구성 및 관련 소자 등에 대해서 알아본다.

1. MCU 부

(1) Atmega128 MCU 회로

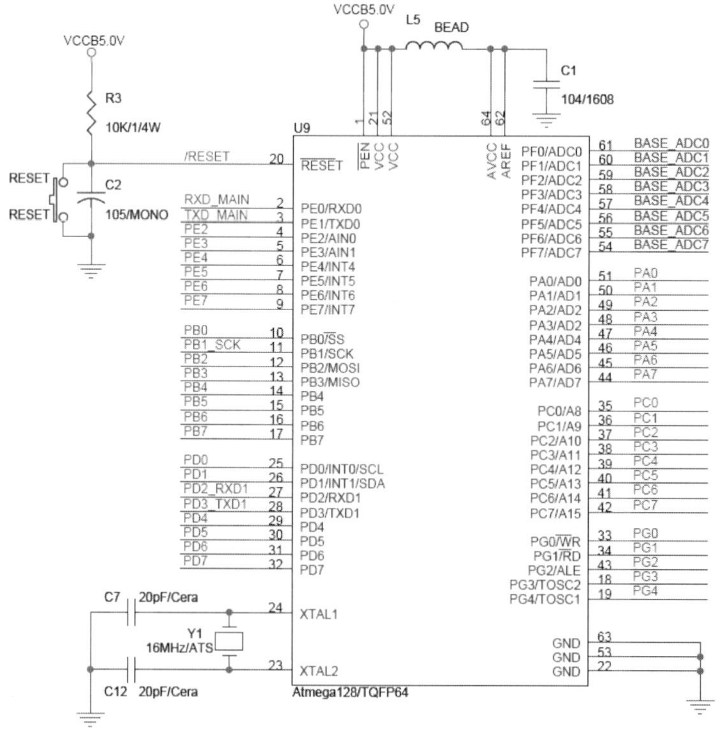

그림 4.17 Atmega128 MCU 회로 구성

그림 4.18

ATmega128 마이크로프로세서는 Atmel사의 8 bit 마이크로프로세서로서 RISC 구조를 채택하고 있어 최대 16 MIPS의 고속의 처리 속도를 지원한다. 또한 128 Kbyte의 프로그램 flash memory와 4 Kbyte의 data memory를 가지고 있어 고용량의 펌웨어 프로그램 작성에도 용이하다. ATmega128 마이크로프로세서의 특징과 개요는 다음과 같다.

(2) ATmega128 특징과 개요

- RISC구조 CPU로서 16MHz에서 16MIPS 처리
- 8 bit Micro controller
- 133개의 강력한 명령어, 단일 사이클 명령 실행 - RISC 구조
- 32 x 8의 범용 작업용 레지스터 + 주변 장치의 제어 레지스터

① 비휘발성 프로그램과 데이터 메모리

㉠ 프로그램 가능한 128 KBytes 의 Flash 메모리 내장 - 10,000번 쓰기/지우기 가능

㉡ 4K Bytes EEPROM - 100,000번 쓰기/지우기 가능

㉢ 4K Bytes의 내장 SRAM

㉣ 소프트웨어 안전을 위한 프로그래밍 잠금 장치

㉤ 내부 프로그래밍을 위한 SPI 인터페이스

② JTAG Interface

㉠ Boundary-scan Capabilities According to the JTAG Standard

㉡ Extensive On-chip Debug Support

㉢ JTAG Interface를 통한 Fuses, Lock Bits, EEPROM, Flash의 프로그래밍

③ Peripheral Features

㉠ 2개의 8-bit 타이머/카운터

㉡ 2개의 확장된 16-bit 타이머/카운터

㉢ 실시간 카운터의 분리된 오실레이터

㉣ 두개의 8-bit PWM Channels

㉤ 8-channel, 10-bit ADC

㉥ Dual Programmable Serial USARTs

㉦ Master/Slave SPI Serial Interface

㉧ Programmable Watchdog Timer with On-chip Oscillator

④ Special Micro-controller Features

㉠ Power-on Reset and Programmable Brown-out Detection

㉡ RC Oscillator 조정 기능 내장

㉢ 외부와 내부 인터럽트 소스

⑤ I/O and Packages

프로그램 가능한 53개의 I/O 라인, 64핀의 TQFP 패키지

⑥ Operating Voltages

㉠ 4.5~5.5 V(ATmega 128)

㉡ 2.7~5.5 V(ATmega 128L)

⑦ Speed Grades

㉠ 0~8 MHz(ATmega 128L)

㉡ 0~16 MHz(ATmega 128)

⑧ Pin 구조

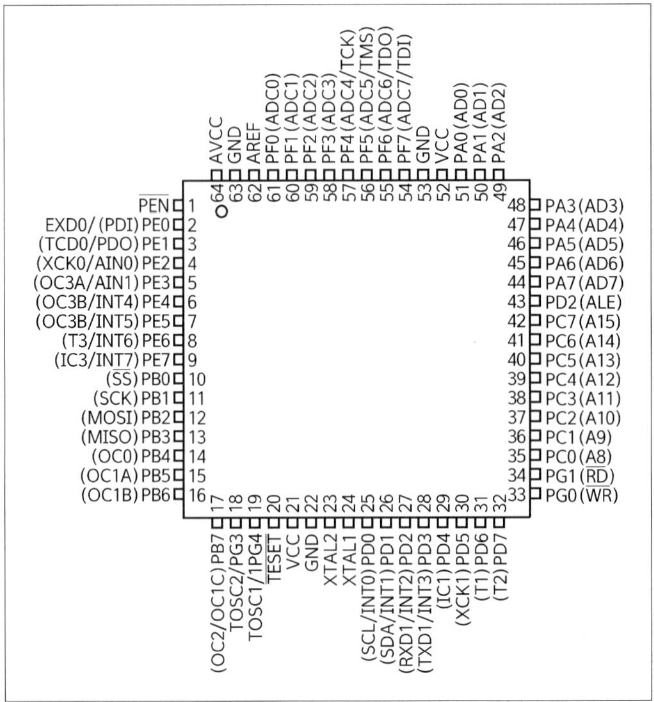

그림 4.19 ATmega128 MCU 핀 구성

⑨ Port A(PA7..PA0)

㉠ 내부 풀업 저항을 가지는 8-bit 양방향 I/O 포트이다.

㉡ Port A는 RESET 상태에서 tri-stated가 된다.

㉢ Port B ~ Port E 까지 PORTA와 같다.

⑩ Port F(PF7..PF0)

㉠ Port F는 A/D Converter에 analog input을 담당한다.

㉡ JTAG 인터페이스의 기능도 제공한다.

㉢ 나머지는 다른 Port와 같다.

⑪ Port G(PG4..PG0)

㉠ Port G는 내부 풀업 저항을 가지는 5-bit 양방향 I/O 포트이다.

㉡ Port G는 RESET 상태에서 tri-stated가 된다.

⑫ XTAL 1

Input to the inverting Oscillator amplifier and input to the internal clock operating circuit.

⑬ XTAL 2

Output from the inverting Oscillator amplifier.

⑭ AREF

AREF is the analog reference pin for the A/D Converter.

(3) ISP 인터페이스 회로

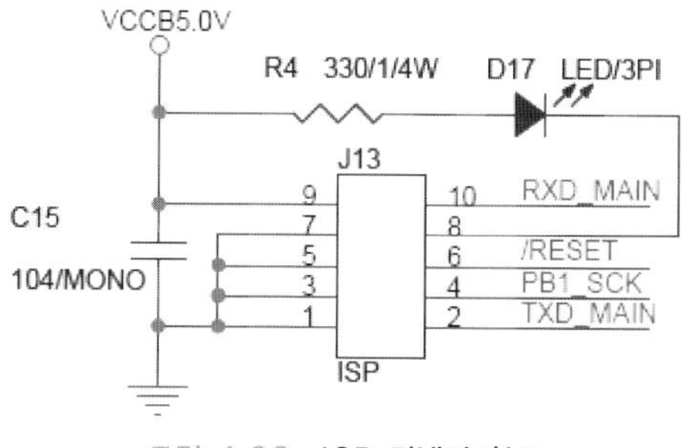

그림 4.20 ISP 커넥터 회로

ISP 인터페이스는 ATmega128 마이크로프로세서에 실행 프로그램을 적재할 때 사용하는 인터페이스이다. 10 Pin 박스 커넥터로 장착되어 있으며, 다운로드 케이블을 이용하여 PC와 연결할 수 있도록 되어 있다. 포니프로그2000 프로그램을 사용하여 다운로드 시 LED(D17)가 점등되어 프로그램 동작 중인 상태를 표시하게 된다.

(4) RS-232 Serial 인터페이스 회로

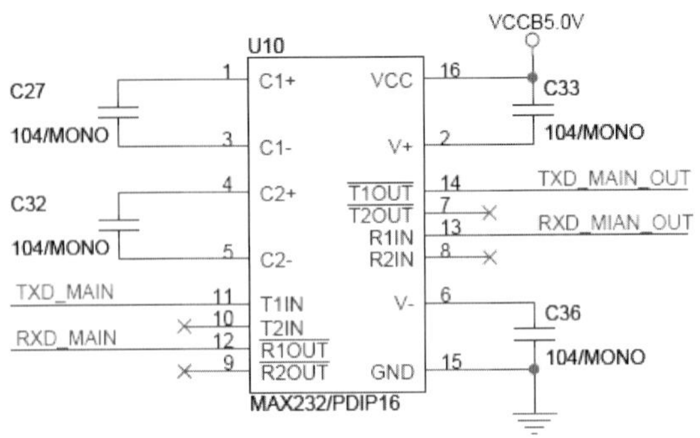

그림 4.21 RS232 Serial 인터페이스 회로

통신용 라인 드라이버/리시버와 A/D 컨버터류의 제작사로 유명한 MAXIM사의 RS-232C 통신용 MAX232칩으로 구성된 RS232용 시리얼 통신 회로이다. 여기서 전이중 방식이란 데이터를 전송할 때 동시에 양방향으로 송수신할 수 있는 것을 말하며, 한 번에 한쪽 방향으로만 데이터를 보내는 것을 반이중 방식(Half-Duplex)이라 한다. 전이중 방식과 달리 반이중 방식은 일정 블록의 송신을 끝내고 나서 상대측이 수신 모드에 들어갈 때까지 송신 중지 명령을 보낼 수 없기 때문에 송수신 반응이 늦지만, 전이중 방식이 네 가닥의 전선을 사용하는 것에 비해 반이중 방식은 두 가닥의 선을 이용하므로 나름대로 장단점이 있다고 하겠다. 일반적으로 RS-232C 통신은 수 미터의 거리 내에서 통신이 가능하다. ATmega128에는 USART0와 USART1의 두 개의 RS-232 시리얼 인터페이스가 있으며, USART0는 유선으로 PC 또는 다른 주변장치와 통신을 할 수 있도록 MAX232 IC를 통해 커넥터로 연결 처리되어 있고, USART0는 블루투스 모듈을 이용해 무선으로 연결될 수 있도록 블루투스 모듈과 직접적으로 연결되어 있다. 블루투스 모듈과의 인터페이스는 다음 장에서 설명한다.

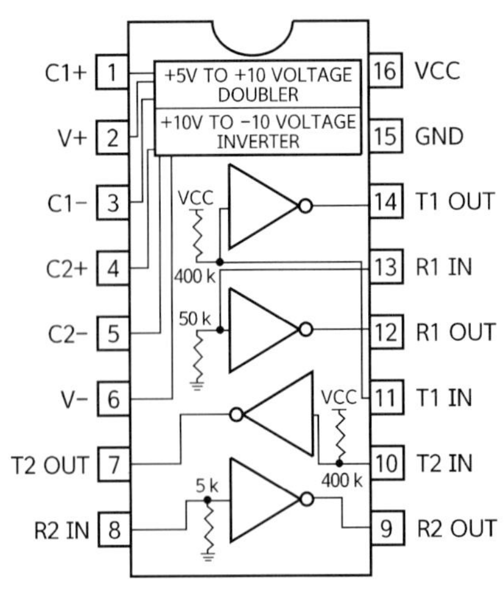

데이터 통신에서 TTL 레벨을 표준 EIA 레벨로 변환하려면 ±12[V] 전원을 사용하는 라인 드라이버/리시버 IC(MC1488, MC1489 등)를 이용해야 한다. 하지만, MAX232칩의 경우는 +5[V]의 단일 전원 입력으로도 자체적으로 ±12[V]를 만들어 주므로 현재 널리 이용된다. 최초 개발사는 MAXIM사이나, 호환성을 가진 칩들이 다수 업체에서 생산되고 있다.

그림 4.22 관련 소자 – MAX232

표 4.1 MAX232의 각 핀의 기능

핀 번호	심벌	기능
16	VCC	+전원(5 V)
15	GND	접지(0 V)
1, 2, 3, 4, 5, 6		DC/DC 컨버터용 캐패시터 접속 단자
13, 12	R1 IN / OUT	수신 채널 1 입력 / 출력
8, 9	R2 IN / OUT	수신 채널 2 입력 / 출력
11, 14	T1 IN / OUT	송신 채널 1 입력 / 출력
10, 7	T2 IN / OUT	송신 채널 2 입력 / 출력

(5) CPU 보드의 외부 확장 인터페이스 회로

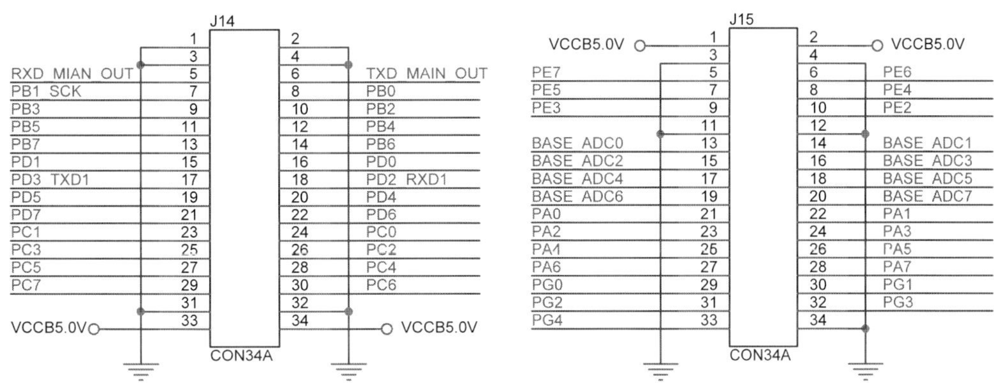

그림 4.23 외부 확장 인터페이스 회로

그림 4.24

외부 확장 인터페이스 회로는 메인 MCU 보드와 마이크로마우스용 베이스보드 또는 라인트레이서용 보드와 각종 I/O, 통신 그리고 전원을 연결하는 통로로 사용된다. 메인 MCU 보드의 상하로 34핀 2line 핀헤더 소켓으로 처리되어 있으며 이는 2.54 mm 핀간 피치로 장착되어 있기 때문에 베이스보드 외에도 다른 범용기판에 확장 장착하여 사용할 수 있도록 설계되어 있다.

(6) Character LCD 회로

마이크로마우스용 베이스보드와 라인트레이서용 베이스보드에는 8x2 사이즈의 캐릭터 LCD가 장착되어 각종 정보의 표시 및 디버깅 시 사용할 수 있다. 회로 우측의 R1과 R2는 캐릭터 LCD의 밝기를 조정하는 레퍼런스 전압을 생성하며, 현재는 고정되어 있으나 만약 밝기를 변화시키려면 R2의 값을 바꾸면 된다. 캐릭터 LCD와 ATmega128 MCU와의 연결은 범용 I/O를 이용하여 연결되어 있으며, LCD 구동용 프로그램은 첨부되는 예제 프로그램을 참조할 수 있다.

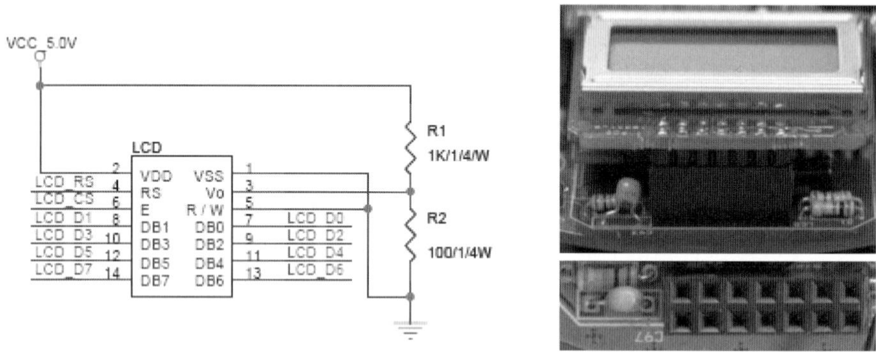

그림 4.25 Character LCD 회로

(7) ACODE - 300A 블루투스 모듈 회로

ACODE-300A는 컴파일테크놀러지사(www.comfile.co.kr)에서 판매하고 있는 블루투스 모듈이다. 약 20 mm x 20 mm 정도의 작은 사이즈와 칩 안테나를 적용하여 30 m의 전송 거리를 가지며 RS-232 시리얼 인터페이스를 지원하고 있다. 사용 가능한 전송 속도는 9,600 bps~115,200 bps이다. 블루투스 모듈 사용 시에는 반드시 두 개의 블루투스 모듈이 있어야 하며, 컴파일테크놀러지사에서 제공하는 셋업 유틸리티를 이용하여 서로 연결되는 블루투스 모듈을 설정할수 있으며, 마찬가지로 통신 속도와 같은 각 옵션들도 설정이 가능하다. 현재 각 블루투스 모듈은 페어링(Pairring)되어 있으며, 통신 속도는 9,600 bps 설정되어 사용되고 있다.

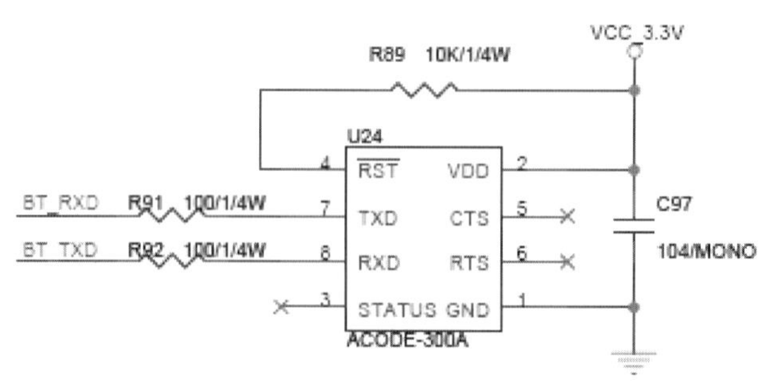

그림 4.26 ACODE-300A 블루투스 모듈 회로

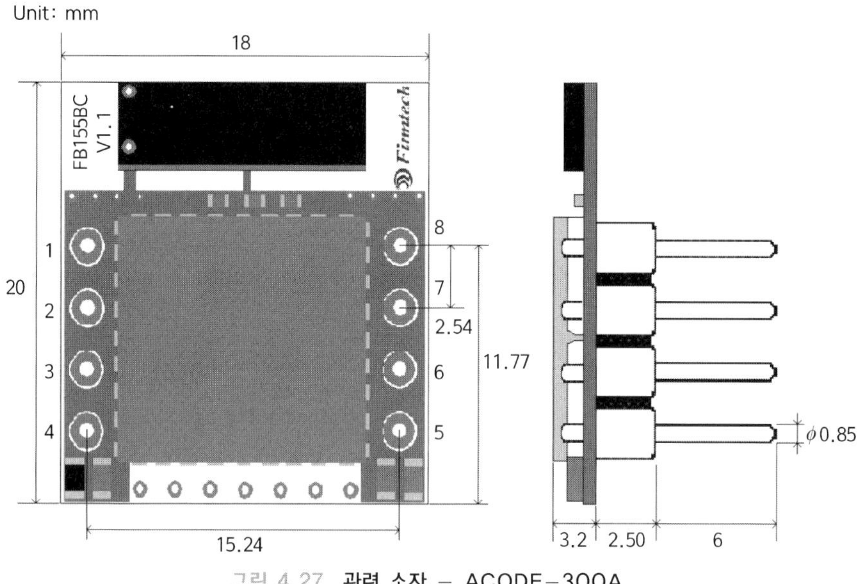

그림 4.27 관련 소자 – ACODE-300A

표 4.2 ACODE-300A의 각 핀의 기능

핀 번호	심벌	기능
1	GND	접지(0V)
2	VCC	+전원(5V)
3	status	상태 출력 신호
4	Reset	Reset for FB155BC(FULL UP)
5	CTS	UART Clear To Send(TTL)
6	RTS	UART Ready To Send(TTL)
7	TXD	Transfer Data
8	RXD	Received Data

2. 센서부

센서부는 마이크로마우스 또는 라인트레이서가 미로 또는 라인 위를 주행할 때 인간의 눈과 같은 역할을 해 주는 회로이다. 여기서 사용되는 센서는 적외선 포토 다이오드(Photo diode)와 적외선 감지용 포토 트랜지스터(Photo transistor)가 한조로서 사용된다. 마이크로마우스는 총 6조를 사용하며 라인트레이서는 총 7조의 적외선 센서를 장착하고 있다.

센서부에서는 약 150 us마다 각 channel을 trigger하고 이를 AD conversion하여 특정 메모리 영역에 저장하도록 하고 있다. 따라서 모든 channel을 triggering하고 AD conversion하여 메모리에 저장하는 데에는 750 us가 소요된다. 또 이 부분은 중간 리포트에서도 설명한 바 있지만, 모두 interrupt로 처리하기 때문에 CPU의 부담을 덜어 주고 main routine에 영향을 주지 않는다. main routine에서는 conversion된 값을 필요한 때에 읽고 처리하면 된다.

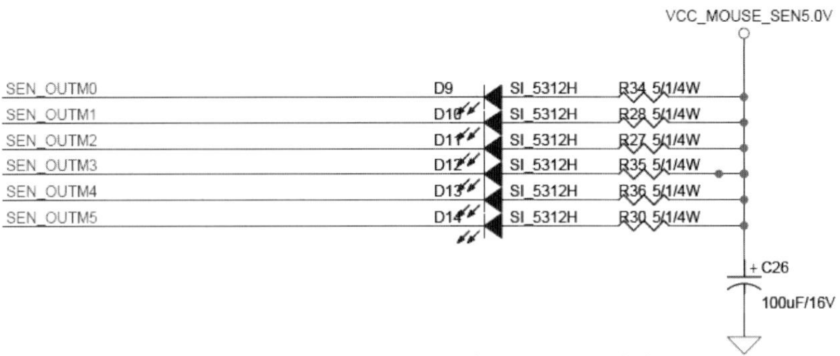

그림 4.28 **적외선 포토 다이오드(Photo diode) 회로**

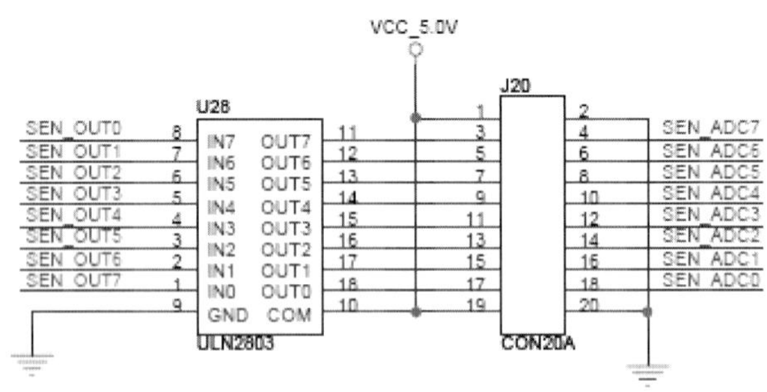

그림 4.29 **적외선 포토 다이오드(Photo diode) 구동을 위한 증폭 회로**

ULN2803은 500 mA까지 구동 가능한 달링턴 트랜지스터 8조를 내장하고 있는 트랜지스터 IC로서 적외선 포토 다이오드를 밝게 구동하기 위하여 사용된다.

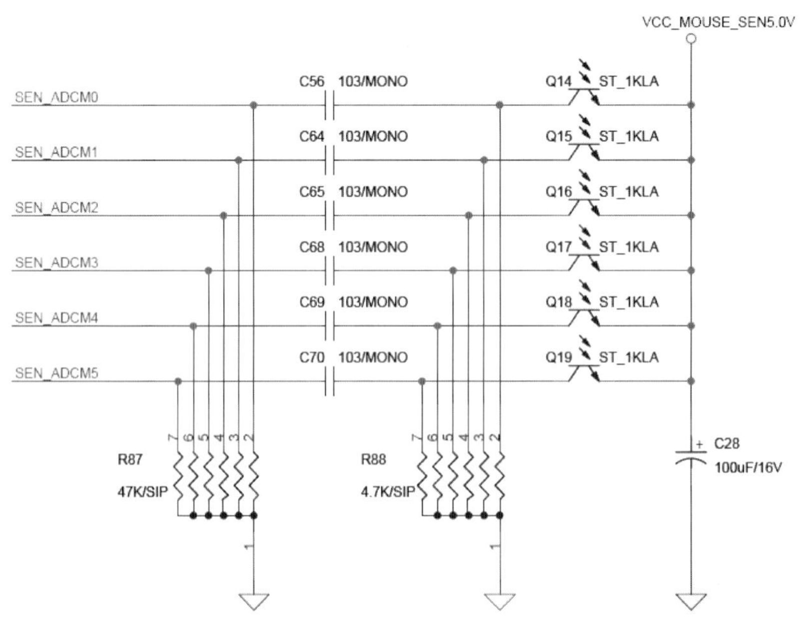

그림 4.30 **적외선 포토 트랜지스터(Photo transistor) 회로**

일반적으로 적외선 포토 트랜지스터는 베이스 신호가 빛의 강도로 빛의 강도에 따라 저항 성분이 달라지는 특성으로 적외선의 강도를 측정하게 된다. R88는 각 센서와 연결되어 빛의 강도에 따라 센서의 저항이 달라지므로 저항 간 전압 분배에 따라 R88에 걸리는 전압이 달라지게 된다. 이를 MCU의 ADC에 연결하여 거리를 측정하게 된다. 회로 중앙의 커패시터와 R87은 하이패스 필터를 구성하고 있는데, 이는 적외선 포토 다이오드를 통해 발광되는 적외선의 주파수에 맞추어 설계되어 있으며 그보다 낮은 주파수 성분(형광등)과 같은 저주파 성분의 적외선을 제거하여 신호의 노이즈를 제거하는 역할을 하게 된다.

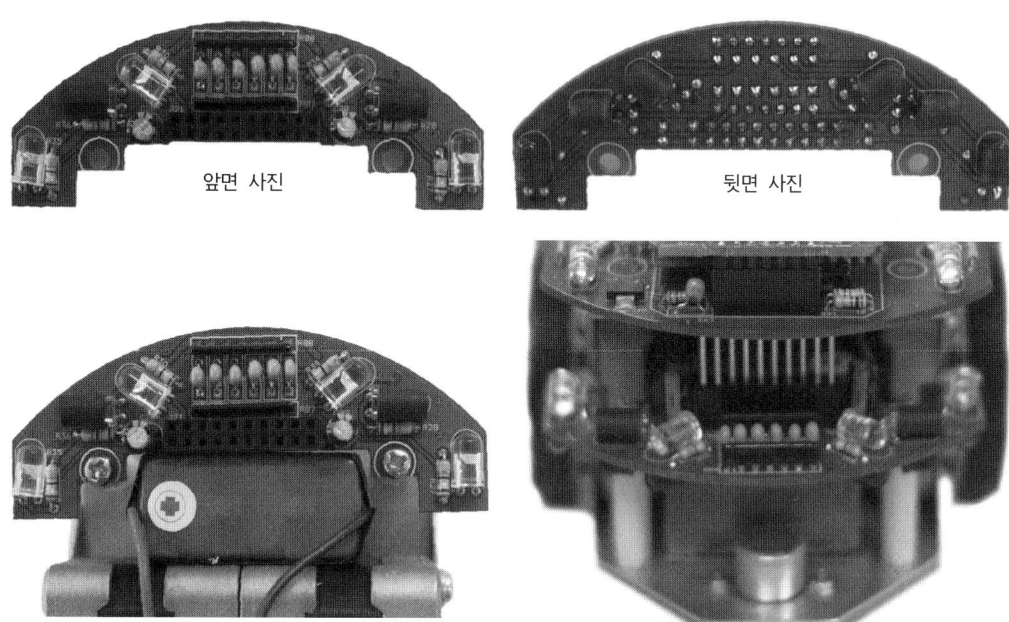

그림 4.31

3. 구동부

구동부는 마이크로마우스 또는 라인트레이서의 발 역할을 하게 되는 부분으로서 스테핑 모터가 사용된다. 산요기전의 H546 2상 42각 스테핑 모터가 사용되었으며, 구동 드라이버로는 산켄사의 대표적인 스테핑 모터 구동 드라이버인 SLA7024가 사용되었다. 2상 스테핑 모터를 구동하는 방법으로는 1상 여자 방식, 2상 여자 방식과 그리고 12상 여자 방식이 있다. 1상 여자 방식의 경우 간편하게 각 상을 순서(A – B – /A – /B)대로 인가하면 되지만 토크가 크지 않고 2상 여자 방식의 경우에는 각 상은 두 상(AB – B/A – /A/B – /BA)씩 여자하는 방식으로 토크가 크지만 전력 소비가 크다. 1상과 2상의 여자 방식은 합친 것이 12상 여자 방식인데 순서는 A – AB – B – B/A – /A – /A/B – /B – /BA로서 전력 소모가 크지 않으면서 큰 토크를 얻을 수 있어서 주로 사용되는 방법으로 여기에서도 모터 구동 시 12상 여자 방식을 채택하고 있다. 또한 2상 스테핑 모터의 기본 스텝각이 1.8도인데 1상과 2상 여자 방식의 경우 기본 스텝각대로 각 상이 여자될 때 1.8도씩 회전하지만, 12상 여자 방식의 경우 0.9도씩 회전하게 되므로 로봇의 움직임을 더 미세하게 조정할 수 있다.

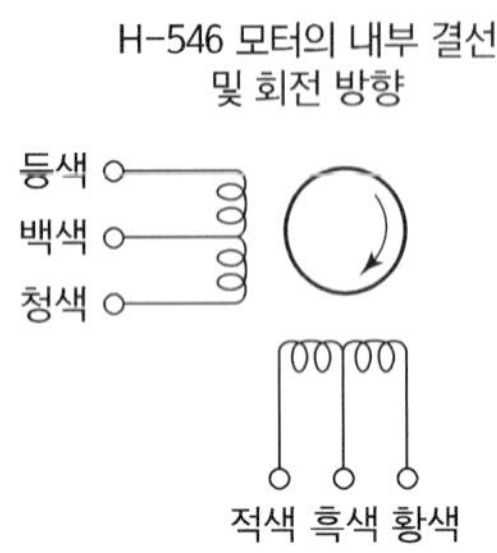

		리드선색				
		백, 흑색	등색	적색	청색	황색
스텝	1	+	−	−		
	2	+		−	−	
	3	+			−	−
	4	+				−

그림 4.32 **H546 스테핑 모터의 결선도와 구동 순서**

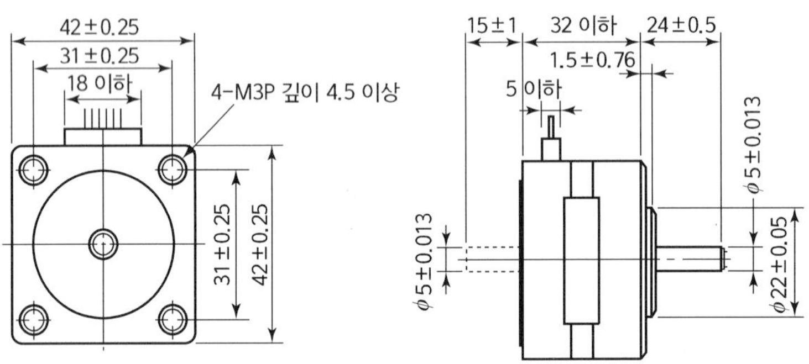

그림 4.33 **H546 스테핑 모터의 외형도**

그림 4.34

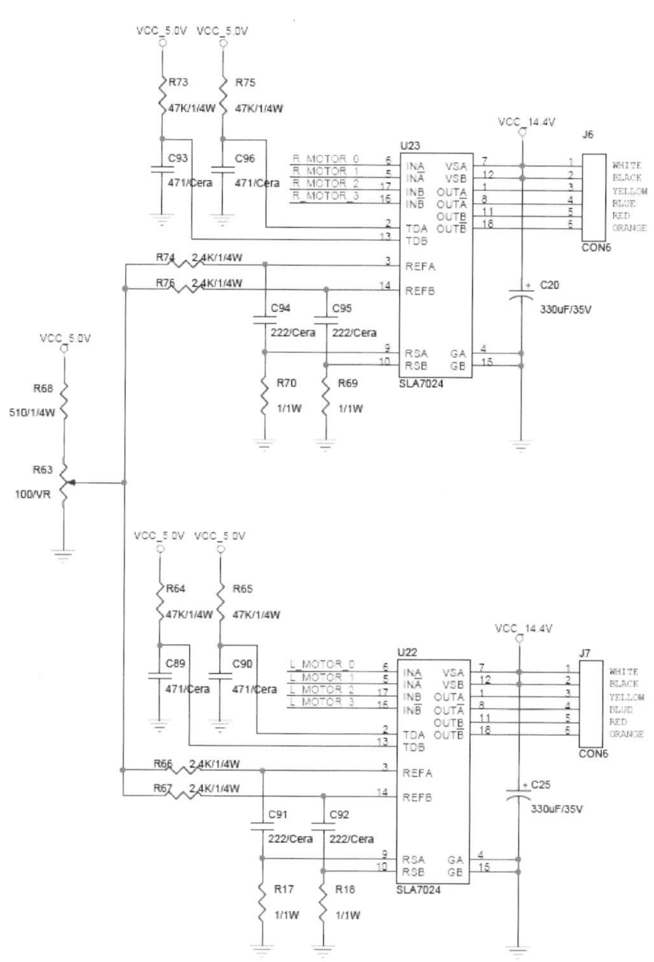

그림 4.35 SLA7024를 이용한 스테핑 모터 구동회로

■ 관련 소자 - SLA7024

SLA7024는 유니폴라 방식의 스테핑 모터 구동 드라이버로서 18핀의 구성을 갖는다. 스테핑 모터를 구동시킬 때 입력 Pulse를 프로세서에서 인가하면, 그것이 모터 드라이버 SLA7024로 입력되고 모터 드라이버는 신호를 모터로 보내서 모터를 구동 SLA7024는 N CHANNEL MOSFET로 되어 있어 DRAIN과 BODY 사이에 구조적으로 DIODE가 생성되므로 모터의 INDUCTOR에서 발생하는 역기전압 제거용 DIODE가 필요 없어서, 외부에서 달아 주어야 하는 TTL 구조의 L298에 비해 유리하다. 작동 원리는 L298과 같이 CHOPPING 구동을 한다.

내부적으로는 1 OHM의 저항에서 측정된 전류의 양을 FEEDBACK시켜 Pulse WIDTH MODULATION을 해서 고속 회전 시 전류를 충분히 공급할 수 있게 한다. 이런 회로를 사용하는 이유는 모터가 INDUCTOR로 되어 있기 때문이다.

최대 구동 전압은 46 V이고 SLA7024는 1.5 A, SLA7026은 3 A의 전류 구동 능력을 가진다.

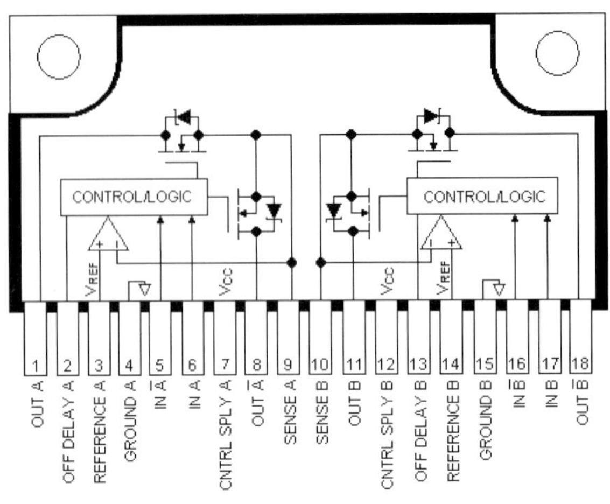

그림 4.36 SLA7024의 핀 및 외형도

표 4.3 1상 여자 방식의 경우 상 여자 순서

Sequence	0	1	2	3	0
Input A	H	L	L	L	H
Input $\overline{A}$	L	L	H	L	L
Input B	L	H	L	L	L
Input $\overline{B}$	L	L	L	H	L
Input ON	A	B	$\overline{A}$	$\overline{B}$	A

표 4.4 2상 여자 방식의 경우 상 여자 순서

Sequence	0	1	2	3	0
Input A	H	L	L	H	H
Input $\overline{A}$	L	H	H	L	L
Input B	H	H	L	L	H
Input $\overline{B}$	L	L	H	H	L
Input ON	AB	$\overline{A}$B	$\overline{A}\overline{B}$	A$\overline{B}$	AB

표 4.5 12상 여자 방식의 경우 상 여자 순서

Sequence	0	1	2	3	4	5	6	7	0
Input A	H	H	L	L	L	L	L	H	H
Input $\overline{A}$ or t_{dA}*	L	L	L	H	H	H	L	L	L
Input B	L	H	H	H	L	L	L	L	L
Input $\overline{B}$ or t_{dB}*	L	L	L	L	L	H	H	H	L
Input(s) ON	A	AB	B	$\overline{A}$B	$\overline{A}$	$\overline{A}\overline{B}$	$\overline{B}$	A$\overline{B}$	A

4. 전원부

마이크로마우스 또는 라인트레이서에는 1.2 V 2차 충전지가 총 12조가 직렬로 조합된 배터리를 전원으로 사용하고 있다. 모터를 제외한 MCU를 비롯한 주변 IC의 기본적인 동작 전압은 5 V이므로 배터리로부터의 전압을 직접적으로 사용할 수는 없다. 따라서 14.4 V로부터 5 V를 만들어서 보드에 공급해 주어야 한다. 아래의 LM2575라는 IC는 스텝-다운(Step-down) 레귤레이터로 약 50 Khz의 주파수로 스위칭하여 5 V를 생성하는 스위칭 레귤레이터이다.

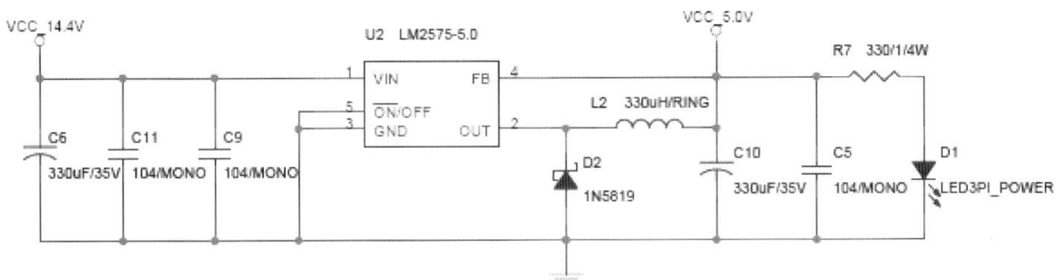

그림 4.37 LM2575-5.0V를 이용한 전원부 회로

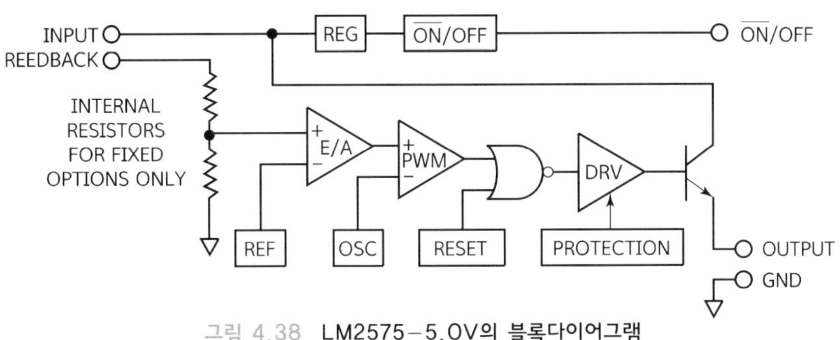

그림 4.38 LM2575-5.0V의 블록다이어그램

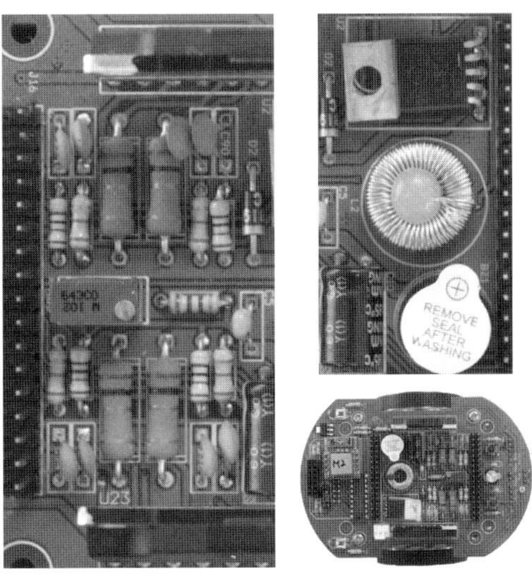

그림 4.39

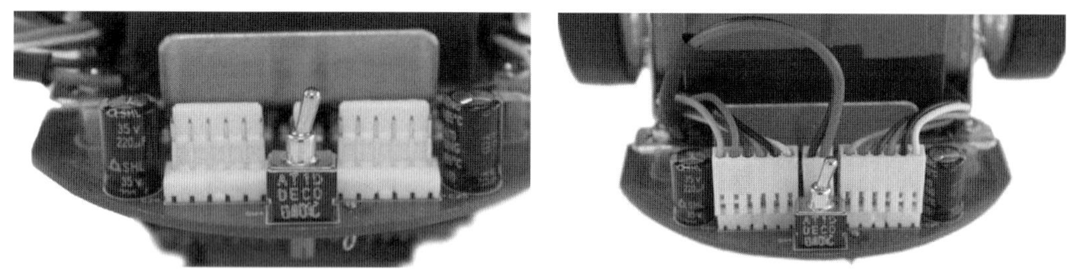

그림 4.40 Motor 및 POWER Body PCB 커넥터(전원 스위치, 아래에서 본 모습)

5. 마이크로마우스의 예제 프로그램 List 및 개요

예제 프로그램은 총 11가지로 구성되며 각 프로그램은 LED, LCD 등과 같은 외부 주변 장치들을 제어하는 예제, 타이머 인터럽트, ADC와 같은 내부 장치를 제어하는 예제들로 이루어져 있다. 그리고 마지막으로 종합적으로 라인트레이서를 구동하는 종합 프로그램으로 구성되어 있다. 다음은 예제 프로그램 리스트이다.

표 4.6 예제 프로그램 리스트

예제 번호	제목	개요
1	IO_TEST	GPIO를 제어하여 LED 및 부저 테스트 예제
2	SWITCH_TEST	스위치 입력 사용 예제
3	UART_TEST	비동기 시리얼 통신 예제
4	LCD_TEST	8x2 CHAR LCD 사용 예제
5	EEPROM_TEST	EEPROM 저장 예제
6	TIMER_TEST	타이머 인터럽트 사용 예제
7	ADC_TEST	포토 다이오드 및 포토 트랜지스터를 이용한 ADC 예제
8	ADC_INT_TEST	타이머 인터럽트를 이용한 ADC 예제
9	MOTOT_TEST	스테핑 모터 구동 예제
10	MOTOR_INTERRUPT_TEST	타이머 인터럽트를 이용한 모터 구동
11	PROGRAM	종합적인 마이크로마우스 프로그램

(1) IO_TEST

GPIO장치를 제어하며 LED 및 부저 테스트 예제이다. 기본적인 CPU 상태 설정을 통해 GPIO장치를 입출력 장치로 설정하여 로봇에 장착된 LED 2조와 부저를 각각 1초 단위로 깜박이고 부저음을 발생시키는 예제이다. 이 예제를 통하여 GPIO를 제어하는 방법을 익힐 수 있다. 프로그램은 2장의 라인트레이서와 같으니 참고해서 활용하도록 한다.

(2) SWITCH_TEST

스위치 입력을 처리하는 예제이다. GPIO의 상태를 입력으로 설정하고 연결된 스위치의 상태를 입력받는다. 모드 스위치와 세트 스위치의 상태를 입력받아서 각각 좌우 LED를 ON/OFF하는 예제이다. 프로그램은 2장의 라인트레이서와 같으니 참고해서 활용하도록 한다.

(3) UART_TEST

UART 장치를 이용하여 비동기 시리얼 통신을 테스트하는 예제이다. UART0장치를 설정하여 활성화시킨 후 데이터가 수신되면 UART 수신 인터럽트를 이용하여 데이터를 수신하고 이를 리턴하는 프로그램이다. 본 예제는 “main.c"와 uart.c"인 두 개의 파일로 구성되어 있고, 라인트레이서 예제와 같으니 참고하기 바란다. 지면 관계상 이곳에서는 제시하지 못했다.

(4) LCD_TEST

로봇 전면 상부에 부착된 8x2 CHAR LCD 사용 예제이다. LCD에 연결된 GPIO를 각각 입출력 상태를 정의하고 LCD 데이터 인터페이스 타이밍에 맞게 데이터를 출력하여 LCD에 문자를 디스플레이 한다. 본 예제는 “main.c”와 “lcd.c”인 두 개의 파일로 구성되어 있고, 라인트레이서 예제와 같으니 참고하기 바란다. 지면 관계상 이곳에서는 제시하지 못했다.

(5) EEPROM_TEST

CPU 내부 장치인 EEPROM에 데이터를 저장하고 또저장된 데이터를 읽어내는 EEPROM 사용 예제이다. EEPROM의 특정 번지에 데이터를 저장하고 이를 읽어서 CHAR LCD에 출력하는 예제 프로그램이다. 본 예제는 “main.c”, “eeprom.c” 그리고 “lcd.c”인 세 개의 파일로 구성되어 있고, 라인트레이서 예제와 같으니 참고하기 바란다. 지면 관계상 이곳에서는 제시하지 못했다.

(6) TIMER_TEST

CPU 내부 장치인 타이머를 이용하여 인터럽트를 발생시키는 예제이다. CPU 내부의 타이머 중 0번, 1번, 3번을 각각 주기에 맞추어 설정하고 스위치 입력을 통해 인터럽트를 발생시키고 정지시키는 프로그램 예제이다. 본 예제는 “main.c”와 “uart.c”인 두 개의 파일로 구성되어 있고, 라인트레이서 예제와 같으니 참고하기 바란다. 지면 관계상 이곳에서는 제시하지 못했다.

(7) ADC_TEST 프로그램

CPU 내부 장치인 ADC를 사용하는 예제로서 포토 다이오드 및 포토 트랜지스터를 이용하여 센서 입력을 테스트하는 예제이다. 마우스의 왼쪽 전방 센서를 이용해서 ADC 변환 데이터를 얻어서 CHAR LCD에 그 결과를 출력하는 프로그램 예제이다. 본 예제는 "main.c"와 "lcd.c"의 두 파일로 구성되어 있고, 라인트레이서 예제와 같으니 참고하기 바란다. 지면 관계상 이곳에서는 제시하지 못했다.

(8) ADC_INT_TEST 프로그램

GPIO를 이용하여 스테핑 모터를 구동하는 신호를 발생시키는 예제이다. GPIO를 이용하여 스테핑 모터를 구동하는 프로그램 예제로서 각각 1상, 2상, 12상으로 구동할 수 있다. 본 예제는 "main.c"와 "lcd.c"의 두 파일로 구성되어 있다. lcd.c 파일은 앞의 예제와 공통이고, 라인트레이서 예제와 같으니 참고하기 바란다. 지면 관계상 이곳에서는 제시하지 못했다.

(9) MOTOR_TEST

개요에서 설명한 바와 같이 GPIO를 이용하여 스테핑 모터를 구동하는 신호를 발생시키는 예제 이다. GPIO를 이용하여 스테핑 모터를 구동하는 프로그램 예제로서 각각 1상, 2상, 12상으로 구동할 수 있다. 본 예제는 "main.c"와 "lcd.c"의 두 개의 파일로 구성되어 있고, 라인트레이서의 예제 프로그램에서는 9번 예제로서 프로젝트 이름은 "MOTOR_TEST"로 같으니 참고해서 작업하기 바란다. 지면 관계상 이곳에서는 제시하지 못했다.

(10) MOTOR_INTERRUPT_TEST

스테핑 모터를 구동하는 신호를 타이머 인터럽트를 이용하여 발생시키는 예제이다. 1상, 2상, 12상으로 구동하는 신호를 타이머 인터럽트와 연동하여 스테핑 모터를 구동할 수 있는 예제이다. 본 예제는 "main.c"와 "lcd.c"의 두 개의 파일로 구성되어 있고, 라인트레이서 예제 프로그램에서는 10번 예제로서 프로젝트 이름은 "MOTOR_INTERRUPT_TEST"로 같으니 참고해서 작업하기 바란다. 지면 관계상 이곳에서는 제시하지 못했다.

(11) 라인트레이서 구동용 종합 프로그램

마이크로마우스에서 구동을 위한 종합 프로그램이다. 본 프로그램은 "mouse_main.c", "init.c", "lcd.c", "eeprom.c", "uart.c", "algo.c", "setting.c", "trim.c", "movement.c", "search.c" 그리고 "table.h"의 11개 파일로 구성되어 있다. 앞 절에서 언급한 내용이 같은 파일의 경우 이곳에서는 생략하고, 내용이 추가 삭제로 인해 다르거나 새로운 것만 이곳에서 언급할 것이다.

① mouse_main.c 프로그램 파일

```
#include <iom128.h>
#include <ina90.h>
#include "init.c"
#include "lcd.c"
#include "eeprom.c"
#include "uart.c"
#include "algo.c"          // maze searching algorithm
#include "setting.c"               // all basic setting routines
#include "trim.c"                  // trimming routines..
#include "movement.c"                  // routines for all of movement
#include "search.c"          // searching run routine
#include "table.h"

/*******************************************************************************
    MICRO MOUSE 용 센서 인터럽트 루틴.
*******************************************************************************/
#pragma vector = TIMER0_COMP_vect
__interrupt void Timer0(void)                // 8bit timer 센서 인터럽틍 사용
{
    TCNT0  = 0;
    OCR0   = 0xff;

        sen_count++;
        switch(sensor_count++)
        {
                case 0    :        PORTE |= 0x20; // SEN OUT 5, PE5 LEFT front
                                        r_90 = ADC >> 2;
                                        ADMUX = ADC_LF;
                                        Delay_us(40);
                                        ADCSR |= 0x40;
                                        break;

                case 1    :        PORTG |= 0x01;  // SEN OUT 0, PG0 RIGHT 45
                                    l_f = ADC >> 2;
                                        ADMUX = ADC_R45;
                                        Delay_us(50);
                                        ADCSR |= 0x40;
                                        PORTG &= ~0x01;
                                        break;

        case 2    :        PORTE |= 0x40;        // SEN OUT 6, PE6, LEFT 90
```

(계속)

```
                              r_45 = ADC >> 2;
                                  ADMUX = ADC_L90;
                                  Delay_us(30);
                                  ADCSR |= 0x40;
                                  break;

        case 3      :         PORTE |= 0x04;     // SEN OUT 2, PE2, RIGHT front
                              l_90 = ADC >> 2;
                                  ADMUX = ADC_RF;
                                  Delay_us(40);
                                  ADCSR |= 0x40;
                                  break;

        case 4      :         PORTE |= 0x80;     // SEN OUT 7, LEFT 45
                              r_f = ADC >> 2;
                                  ADMUX = ADC_L45;
                                  Delay_us(50);
                                  ADCSR |= 0x40;
                                  break;

        case 5      :         PORTG |= 0x02;     // SEN OUT 1, RIGHT 90
                              l_45 = ADC >> 2;
                                  ADMUX = ADC_R90;
                                  Delay_us(30);
                                  ADCSR |= 0x40;
                              PORTG &= ~0x02;            // SEN OUT 1
                                  sensor_count = 0;
                                  break;

    } PORTE = 0x00;
}

DWORD temp_data = 0;
#pragma vector = TIMER1_COMPA_vect
__interrupt void Timer1(void)          // 16bit timer 왼쪽 모터에 할당
{
    TCNT1  = 0;
    if(L_MODE)
        {
            if(l_dir) PORTB = MOTOR_PULSE_L[l_pulse++&0x07];
            else PORTB = MOTOR_PULSE_L[l_pulse--&0x07];

            if(TURN)
```

(계속)

```
                {
                        if(TURN_WAY == RIGHT)
                        {
                        turn_dist++;
                        handle_l = point;
                        if(turn_dist > TURN_DIST - handle_value) point--;
                        else if(point == handle_value) point = handle_value;
                        else point++;
                        } else handle_l = -point;

                          temp_data   =   ((DWORD)(handle[HANDLE+handle_l])    *
(DWORD)(ACC_TBL[current_speed]) ) >> 14;
                        m_speed = (WORD)(temp_data&0xffff);
                }
                else
                {
                        l_step++;
                        if (l_step >= l_dist - s_limit)  current_speed--;
                        else if(current_speed < s_limit)  current_speed++;

                        if(l_step >= l_dist)
                        {
                    L_M_STOP
            }
                        else if(L_TRIM)
                        {
                                temp_data  =  ((DWORD)(handle[HANDLE+trim_l])  *
(DWORD)(ACC_TBL[current_speed]) ) >> 14;
                            m_speed = (WORD)(temp_data&0xffff);
                        L_TRIM  = FALSE;
                        } else m_speed = ACC_TBL[current_speed];
                }
            OCR1A = m_speed;      }
}


#pragma vector = TIMER3_COMPA_vect
__interrupt void Timer3(void)        // 16bit timer  오른쪽 모터에 할당
{

    TCNT3  = 0;
    if(R_MODE)
    {
```

(계속)

```
		if(r_dir) PORTC = MOTOR_PULSE_R[r_pulse++&0x07];
		else PORTC = MOTOR_PULSE_R[r_pulse--&0x07];

		if(TURN)
		{
			if(TURN_WAY == LEFT)
			{
			turn_dist++;
			handle_r = point;
			if(turn_dist > TURN_DIST - handle_value) point--;
			else if(point == handle_value) point = handle_value;
			else point++;
			}
			else handle_r = -point;
			  temp_data = ((DWORD)(handle[HANDLE+handle_r]) *
(DWORD)(ACC_TBL[current_speed]) ) >> 14;
		    m_speed = (WORD)(temp_data&0xffff);
		}
		else
		{
			r_step++;
			if(current_speed > s_limit) current_speed--;

			if(r_step >= r_dist)
			{
	    R_M_STOP
	}
			else if(R_TRIM)
			{
				temp_data = ((DWORD)(handle[HANDLE+trim_r]) *
(DWORD)(ACC_TBL[current_speed]) ) >> 14;
			    m_speed = (WORD)(temp_data&0xffff);
				R_TRIM = FALSE;
			} else m_speed = ACC_TBL[current_speed];
		}
		OCR3A = m_speed;
	}
}

void Turn_Test(void)
{
    WORD temp;
    while(1)
```

(계속)

```
    {
        if(Get_Switch() == SET_SW)
        {
            motor_set(TRUE);
            Delay_ms(500);
            move(1,1,SPEED_SEARCH,2000);
            while(R_MODE)
            {
                trim_r45();
                if(l_step > 200) break;
            }

            while(1)
            {
                trim_r45();
                if(l_90 < set90_ll)
                {
                    temp = l_step;
                    while(l_step < temp + 100)          trim_r45();

                    break;
                }
            }
            l_turn();

            set_dist(300);
            while(R_MODE);
        }
    }
}

void main(void)
{
    BYTE c = 0;

    Init_Gpio();
    Init_Uart_0(BAUD9600);
    Init_Uart_1(BAUD9600);
    Init_ADC();
    Init_Timer();
    Init_Char_LCD();

    Read_Front_Sensor_Data_from_EEPROM();
```

(계속)

```
    Read_Side_Sensor_Data_from_EEPROM();
    make_trim_table();

     _SEI();                                    // Enable Global interrupt
    SENSOR_ON;                                 // Enable sensor timer interrupt
    sen_view_mouse();

    lcd_printf(0,0,"MEGA128 ");
    lcd_printf(1,0,"MOUSE~!!");

    while(1)
    {

        switch(Get_Switch())
                {
                 case MODE_SW : switch((c++)%5)
                                {
                                case 0 : lcd_printf(0,0,"FRNT SET"); break;
                                case 1 : lcd_printf(0,0,"SIDE_SET"); break;
                                case 2 : lcd_printf(0,0,"SEARCH  "); break;
                                case 3 : lcd_printf(0,0,"RUN!    "); break;
                                case 4 : lcd_printf(0,0,"TURNTEST"); break;

                                } lcd_printf(1,0,"MOUSE   "); break;
                  case SET_SW : switch((c-1)%5)
                                {
                                case 0 : front_set(); break;
                                case 1 : side_set();  break;
                                case 2 : run(); break;
                                case 3 : run(); break;
                                case 4 : Turn_Test(); break;

                                } break;
            } Delay_ms(100);
    }
}
```

② init.c 프로그램 파일

마이크로마우스 구동용 프로그램에서의 초기화 파일은 조금 차이가 있다. 따라서 여기서 모두 소개하니 참고해서 작업하기 바란다.

예제

```
typedef unsigned char    BYTE;
typedef unsigned int     WORD;
typedef unsigned long    DWORD;
typedef float            FLOAT;

/*******************************************************************************
          TIMER CONTROL FUNCTION DEFINITION
*******************************************************************************/
#define   SENSOR_ON    TIMSK  |= 0x02;      // Enable Timer0
#define   L_M_START       { TCNT1 = 0; OCR1A = 0xFFFF; TIMSK  |= 0x10; }
#define   R_M_START       { TCNT3 = 0; OCR3A = 0xFFFF; ETIMSK |= 0x10; }

#define   M_START         L_M_START; R_M_START;

#define   SENSOR_OFF      TIMSK  &= ~0x02;         // Disable Timer0
#define   L_M_STOP  { TIMSK  &= ~0x10; L_MODE = FALSE; }// Disable Timer2
#define   R_M_STOP  { ETIMSK &= ~0x10; R_MODE = FALSE; }//Disable Timer1
#define   M_STOP L_M_STOP; R_M_STOP;

#define     LEFT                          1
#define     RIGHT                         2
#define     BOTH                          3
#define     ON                            4
#define     OFF                           5

#define     MODE_SW                        1
#define     SET_SW                         2

#define   CLEAR_WALL_FLAG         f_wall  =  l_wall  =  r_wall  =  ls_wall  =  rs_wall  =
empty_wall  = branch_wall = 0;

#define   ORT                                            1
#define   DIA                                            2
#define   BEFORE                               1
#define   AFTER                                          2
#define   FORWARD                              1
#define   BACKWARD                             0
```

(계속)

```
#define    TRUE                                    1
#define    FALSE                                   0
#define    GOAL                                    1
#define    HOME                                    0
#define    SEARCH                          1
#define    SECOND                          2
#define    THIRD                                   3
#define    FOURTH                          4
#define    FIFTH                                   5
#define    READ                            10
#define              SET                                        200
#define    MAX_WEIGHT                              999

#define    SPEED_SEARCH                            220

#define    EAST                                    0
#define    WEST                                    1
#define    SOUTH                                   2
#define    NORTH                                   3

#define    EAST_WALL                               0x02

#define    WEST_WALL                               0x08
#define    SOUTH_WALL                              0x04
#define    NORTH_WALL                              0x01
#define    KNOWN                                   0x80

#define    FRONT                                   'F'
#define    RIGHT_TURN                              'R'
#define    LEFT_TURN                               'L'
#define    U_TURN                                  'U'

#define    ORT_BLOCK_STEP                  460
#define    UTURN_STEP                              305
#define    HALF_STEP                               155

/*********************************************************************************
       마이크로마우스용 센서 주소
*********************************************************************************/
#define      ADC_LF                     0x00
#define      ADC_L90                    0x01
#define      ADC_L45                    0x02
#define      ADC_R45                    0x05
```

(계속)

```
#define     ADC_R90                     0x06
#define     ADC_RF                      0x07

/*****************************************************************************
        발광 센서 ON TIME용 딜레이
*****************************************************************************/
#define     sen_delay                   25

void trim_corner(BYTE st);
void side_wall_check_l(void);
void side_wall_check_r(void);
void change_ort_position(void);
void get_known_wall_data(void);
void lcd_printf(BYTE x,BYTE y,BYTE *pt);
void move(BYTE l, BYTE r, WORD s,WORD d);
void read_sensor(WORD count);
void TX_String_1(BYTE *string);
void trim_c(void);

void Delay_ms(WORD c);
void Delay_us(WORD c);
void Delay_OneSec(WORD c);

BYTE lcd_c[3] = {' ',};
BYTE trans_buf[10];                     // 데이터 전송용 버퍼

WORD s_limit;
BYTE movement;
BYTE r_dir,l_dir;
WORD r_dist,l_dist;
WORD r_pulse = 0, l_pulse = 0;
BYTE TURN = FALSE,TURN_WAY;
int handle_l,handle_r,point;
WORD l_step = 0, r_step = 0, current_speed;
BYTE L_MODE = FALSE,R_MODE = FALSE;
WORD m_speed, handle_value, turn_dist, TURN_DIST;
BYTE MOTOR_PULSE_L[8] = {0x80,0xa0,0x20,0x60,0x40,0x50,0x10,0x90};
BYTE MOTOR_PULSE_R[8] = {0x40,0x50,0x10,0x30,0x20,0xa0,0x80,0xc0};

#define set90_ll    set90_l[7]
#define set90_rr    set90_r[7]
#define set45_ll    set45_l[7]
#define set45_rr    set45_r[7]
```

(계속)

```
// variables for sensor setting
DWORD sen_count = 0;
BYTE setf_l[8],setf_r[8];
BYTE set90_l[8],set90_r[8];
BYTE set45_l[8],set45_r[8];
BYTE l_f, l_90, l_45, r_45, r_90, r_f, sensor_count = 0;
BYTE l_edge_on = 0, r_edge_on = 0;
BYTE left, right, right_45, left_45, left_90, right_90;
WORD aver_rf,aver_lf,aver_r45,aver_l45,aver_r90,aver_l90;
WORD c_s, aver_s;

// variables for trimming
int trim_l, trim_r;
int tbl_l45[256], tbl_r45[256];
BYTE corner_trim = TRUE;
BYTE R_TRIM = FALSE, L_TRIM = FALSE;

// variables for algorithm
BYTE path_data[256];
BYTE maze_data[256];
BYTE t_weight = 3,f_weight = 3;

// variables for running
BYTE M_DIR,M_POS;
BYTE ort_forward = FALSE, dia_forward = FALSE;
BYTE          l_wall=FALSE,r_wall=FALSE,f_wall=FALSE,ls_wall=FALSE,rs_wall=FALSE,
branch_wall=FALSE,empty_wall=FALSE;

// tables for error control
BYTE add_c[4]       = {0x01,0x04,0x02,0x08};
BYTE add_n[4]       = {0x04,0x01,0x08,0x02};
BYTE erase_c[4]     = {0xfe,0xfb,0xfd,0xf7};
BYTE erase_n[4]     = {0xfb,0xfe,0xf7,0xfd};
int side_l[4]           = {0x01,-0x01,0x10,-0x10,};
int side_r[4]           = {-0x01,0x01,-0x10,0x10,};

//tables for algo & driving
BYTE head_table[4] = {0x02,0x08,0x04,0x01};
                                      //current position`s wall to E W S N
int front_block[4] = {0x10,-0x10,-0x01,0x01};
                                          // E W S N // next block`s position
int back_block[4] = {-0x10,0x10,0x01,-0x01};
                                          // E W S N // next block`s position
```

(계속)

```
BYTE remove_table[4]     = {0xf7,0xfd,0xfe,0xfb};
BYTE opposite_table[4]  = {0x08,0x02,0x01,0x04};    // mirror table

//tables for changing direction
BYTE change_l[4]        = {3,2,0,1};
BYTE change_r[4]        = {2,3,1,0};
BYTE change_u[4]        = {1,0,3,2};
BYTE change_r45in[4]     = {7,5,6,4};
BYTE change_l45in[4]     = {4,6,7,5};

//****************************************
// parameters for search run    speed = 67   &   57
//****************************************
#define R90_DIST           520
#define L90_DIST           520
#define R90_HANDLE         124
#define L90_HANDLE         124

/*
16x16미로용
void set_maze(void)
{
        WORD x;
        for(x=0;x<256;x++) maze_data[x] = 0x00;
        for(x=0;x<16;x++)
        {
                maze_data[(x<<4)+0x0f] |= NORTH_WALL;
                maze_data[(x<<4)] |= SOUTH_WALL;
                maze_data[0xf0+x] |= EAST_WALL;
                maze_data[x] |= WEST_WALL;
        }
        maze_data[0x00] |= EAST_WALL|KNOWN;  // start position
        maze_data[0x10] |= WEST_WALL;
}
*/

// 5x5미로용
void set_maze(void)
{
        WORD x;
        for(x=0;x<256;x++) maze_data[x] = 0x00;
        for(x=0;x<16;x++)
        {
```

(계속)

```
                    maze_data[(x<<4)+0x0f] |= NORTH_WALL;
                    maze_data[(x<<4)] |= SOUTH_WALL;
                    maze_data[0xf0+x] |= EAST_WALL;
                    maze_data[x] |= WEST_WALL;
          }
          maze_data[0x00] |= EAST_WALL|KNOWN;  // start position
          maze_data[0x10] |= WEST_WALL;
}

void set_mouse(void)
{
          M_POS = 0x00;
          M_DIR  = NORTH;
}

void set_dist(WORD dist)
{
          r_step = l_step;
          l_dist = r_dist = (l_step + dist);
}

void set_speed(WORD speed)
{
          s_limit = speed;
}

void motor_set(BYTE st)
{
          if(st)
          {
                    r_pulse = l_pulse = 0;
              PORTB = MOTOR_PULSE_L[l_pulse];
        PORTC = MOTOR_PULSE_R[r_pulse];
          } else PORTB = PORTC = 0x00;
}
void Delay_us(WORD c)
{
          WORD i;
          for(i = 0; i < c; i++) ;
}

void Delay_ms(WORD c)
{
```

(계속)

```
        WORD i,ii;
        for(i=0;i<c;i++)
        for(ii=0;ii<2000;ii++);
}

void Delay_OneSec(WORD c)
{
        WORD i;
        for(i=0;i<c;i++) Delay_ms(1000);
}


void LED(BYTE ch, BYTE st)
{
    if(ch == LEFT)
    {
        if(st == ON) PORTD &= ~0x01;
        else PORTD |= 0x01;
    }
    else if(ch == RIGHT)
    {
        if(st == ON) PORTD &= ~0x40;
        else PORTD |= 0x40;
    }
    else
    {
        if(st == ON) PORTD &= ~0x41;
        else  PORTD |= 0x41;
    }
}

void Buzzer(void)
{
    PORTG &= ~0x10;
    Delay_ms(100);
    PORTG |= 0x10;
}

BYTE Get_Switch(void)
{
    if(!(PIND&0x02)){ Buzzer(); return MODE_SW;}
    else if(!(PIND&0x80)) { Buzzer(); return SET_SW; }
    else return 0;
```

(계속)

```
}

void constant(BYTE data)
{
        BYTE value;
        value = data&0x0f;
        if(value>=0x0a) lcd_c[1] = value+0x57;                  // char
        else lcd_c[1] = value+0x30;                             // dec
        value = data&0xf0;
        value >>= 4;
        if(value>=0x0a) lcd_c[0] = value+0x57;
        else lcd_c[0] = value+0x30;
}

void sen_view_mouse(void)
{
//    BYTE data = 0;
      lcd_printf(0,0,"        ");
      lcd_printf(1,0,"        ");
      Delay_ms(100);

        while(1)
        {
                constant(l_90);lcd_printf(0,0,lcd_c);
                constant(r_45);lcd_printf(0,3,lcd_c);
                constant(r_90);lcd_printf(0,6,lcd_c);
                constant(l_f);lcd_printf(1,0,lcd_c);
                constant(l_45);lcd_printf(1,3,lcd_c);
                constant(r_f);lcd_printf(1,6,lcd_c);
                Delay_ms(10);
                if(Get_Switch()) { Delay_ms(100); break; }

/*              read_sensor(200);
                data = (BYTE)aver_rf;
                constant(data);
          TX_String_1(lcd_c);
          TX_String_1("\r");*/
    }
}

void Init_Timer(void)
{
```

(계속)

```
/**********************************************************************
            TIMER0 FOR SENSOR
**********************************************************************/
        TCCR0 = 0x42;        // CTC mode   16,000,000 / 8  = 2,000,000
/*
     BIT2 - CS02     BIT1 - CS01     BIT0 - CS00
         0              0               0           클럭 입력 정지
         0              0               1           CLKtos / 1
         0              1               0           CLKtos / 8
         0              1               1           CLKtos / 32
         1              0               0           CLKtos / 64
         1              0               1           CLKtos / 128
         1              1               0           CLKtos / 256
         1              1               1           CLKtos / 1024
*/
        OCR0  = 0xFF;

/**********************************************************************
            TIMER1 FOR LEFT MOTOR
**********************************************************************/
       TCCR1A = 0x00;
        TCCR1B = 0x0a;   // CTC mode        16,000,000 / 8     = 2,000,000
/*
    BIT2-CS12     BIT1-CS11    BIT0-CS10
      0             0            0         클럭 입력 정지
      0             0            1         CLKtos / 1
      0             1            0         CLKtos / 8
      0             1            1         CLKtos / 64
      1             0            0         CLKtos / 256
      1             0            1         CLKtos / 1024
      1             1            0         Tn 클럭에서 입력되는 외부 클럭(하강 에지)
      1             1            1         Tn 클럭에서 입력되는 외부 클럭(상승 에지)
  */

        TCCR1C = 0x00;
       OCR1A  = 0xFFFF;

/**********************************************************************
            TIMER3 FOR RIGHT MOTOR
**********************************************************************/
        TCCR3A = 0x00;
        TCCR3B = 0x0a;   // CTC mode   16,000,000 / 8    = 2,000,000
/*
```

(계속)

```
 BIT2 - CS32    BIT1 - CS31    BIT0 - CS30
  0             0              0           클럭 입력 정지
  0             0              1           CLKtos / 1
  0             1              0           CLKtos / 8
  0             1              1           CLKtos / 64
  1             0              0           CLKtos / 256
  1             0              1           CLKtos / 1024
  1             1              0           Tn 클럭에서 입력되는 외부 클럭(하강 에지)
  1             1              1           Tn 클럭에서 입력되는 외부 클럭(상승 에지)
*/

        TCCR3C = 0x00;
       OCR3A  = 0xFFFF;

        TIMSK = 0x00;
        ETIMSK = 0x00;
        TIFR = 0x00;

}

void Init_ADC(void)
{
   ADMUX = 0x00;    // Use VREF, ADLAR = 0, 단극성 ACD0 Channel only
   ADCSR = 0xc5;
   // ADEN = 1, ADSC = 1, ADFR = 0, ADIF = 0, ADFR = 0, AD Prescaler 128
}

void Init_Gpio(void)
{
        DDRA    = 0xff;          // DATA BUS PORT    LCD DATA BUS
        PORTA   = 0xff;

        DDRB    = 0xFF;          // LEFT MOTOR
        PORTB   = 0x00;

       DDRC    = 0xFF;           // RIGHT MOTOR
        PORTC   = 0x00;

        DDRD    = 0x79;          // LED, SW, UART1
        PORTD   = 0xff;

        DDRE    = 0xFF;          // SENSOR
        PORTE   = 0x00;
        DDRF    = 0x00;          // ADC 입력
```

(계속)

```
        PORTF   = 0x00;

        DDRG    = 0xFF;         // 센서 BUZZER
        PORTG   = 0xFC;
}
```

③ lcd.c 프로그램 파일

라인트레이서에서 제시한 파일과 내용이 동일함에 따라 이곳에서는 소개하지 않을 것이다. 참고해서 작업하기 바란다.

④ eeprom.c 프로그램 파일

예제

```
/**************************************************************************
            EEPROM 제어 기능 정의
**************************************************************************/
#define     EEMWE    EECR |= 0x04   // EEPROM 마스터 쓰기 동작 정의
#define     EEWE     EECR |= 0x02   // EEPROM 쓰기 동작 정의
#define     EERE     EECR |= 0x01   // EEPROM 읽기 동작 정의

/**************************************************************************
        EEPROM 어드레스 정의
**************************************************************************/
#define     EEP_SETF_L_0                    0
#define     EEP_SETF_L_1                    1
#define     EEP_SETF_L_2                    2
#define     EEP_SETF_L_3                    3
#define     EEP_SETF_L_4                    4
#define     EEP_SETF_L_5                    5
#define     EEP_SETF_L_6                    6
#define     EEP_SETF_L_7                    7

#define     EEP_SETF_R_0                    8
#define     EEP_SETF_R_1                    9
#define     EEP_SETF_R_2                    10
#define     EEP_SETF_R_3                    11
#define     EEP_SETF_R_4                    12
#define     EEP_SETF_R_5                    13
#define     EEP_SETF_R_6                    14
#define     EEP_SETF_R_7                    15
```

(계속)

```
#define     EEP_SET90_L_0                16
#define     EEP_SET90_L_1                17
#define     EEP_SET90_L_2                18
#define     EEP_SET90_L_3                19
#define     EEP_SET90_L_4                20
#define     EEP_SET90_L_5                21
#define     EEP_SET90_L_6                22
#define     EEP_SET90_L_7                23

#define     EEP_SET90_R_0                24
#define     EEP_SET90_R_1                25
#define     EEP_SET90_R_2                26
#define     EEP_SET90_R_3                27
#define     EEP_SET90_R_4                28
#define     EEP_SET90_R_5                29
#define     EEP_SET90_R_6                30
#define     EEP_SET90_R_7                31

#define     EEP_SET45_L_0                32
#define     EEP_SET45_L_1                33
#define     EEP_SET45_L_2                34
#define     EEP_SET45_L_3                35
#define     EEP_SET45_L_4                36
#define     EEP_SET45_L_5                37
#define     EEP_SET45_L_6                38
#define     EEP_SET45_L_7                39

#define     EEP_SET45_R_0                40
#define     EEP_SET45_R_1                41
#define     EEP_SET45_R_2                42
#define     EEP_SET45_R_3                43
#define     EEP_SET45_R_4                44
#define     EEP_SET45_R_5                45
#define     EEP_SET45_R_6                46
#define     EEP_SET45_R_7                47


/*********************************************
              EEPROM 쓰기
*********************************************/
void EEPROM_Write(WORD addr, BYTE dat)
{
//          Delay_ms(10);
```

(계속)

```
    while(EECR & 0x02);
        EEAR = addr;
        EEDR = dat&0xff;
        EEMWE;
        EEWE;
}

/*******************************************
            EEPROM 읽기
*******************************************/
BYTE EEPROM_Read(WORD addr)
{
//      Delay_ms(10);
        while(EECR & 0x02);
        EEAR = addr;
        EERE;
        return (EEDR&0xff);
}

/*******************************************
        EEPROM 워드 데이터 쓰기
*******************************************/
void EEPROM_Word_Write(WORD addr, WORD dat)
{
        EEPROM_Write(addr, dat >> 8);
        EEPROM_Write(addr+1, dat & 0xff);
}

/*******************************************
      EEPROM 더블 워드 데이터 쓰기
*******************************************/
void EEPROM_DWORD_Write(WORD addr, DWORD dat)
{
        EEPROM_Write(addr, dat >> 24);
        EEPROM_Write(addr+1, (dat >> 16) & 0xff);
        EEPROM_Write(addr+2, (dat >> 8) & 0xff);
        EEPROM_Write(addr+3, dat & 0xff);
}

/*******************************************
        EEPROM 워드 데이터 읽기
*******************************************/
WORD EEPROM_Word_Read(WORD addr)
```

(계속)

```
{
        WORD dat;

        dat = EEPROM_Read(addr);
        dat <<= 8;
        dat |= EEPROM_Read(addr+1);

        return dat;
}

/*******************************************
        EEPROM 더블 워드 데이터 읽기
*******************************************/
DWORD EEPROM_DWORD_Read(WORD addr)
{
        DWORD dat;

        dat = EEPROM_Read(addr);
        dat <<= 8;
        dat |= EEPROM_Read(addr+1);
        dat <<= 8;
        dat |= EEPROM_Read(addr+2);
        dat <<= 8;
        dat |= EEPROM_Read(addr+3);

        return dat;
}

void Write_Front_Sensor_Data_to_EEPROM(void)
{
    EEPROM_Write(EEP_SETF_L_0,setf_l[0]);
    EEPROM_Write(EEP_SETF_L_1,setf_l[1]);
    EEPROM_Write(EEP_SETF_L_2,setf_l[2]);
    EEPROM_Write(EEP_SETF_L_3,setf_l[3]);
    EEPROM_Write(EEP_SETF_L_4,setf_l[4]);
    EEPROM_Write(EEP_SETF_L_5,setf_l[5]);
    EEPROM_Write(EEP_SETF_L_6,setf_l[6]);
    EEPROM_Write(EEP_SETF_L_7,setf_l[7]);

    EEPROM_Write(EEP_SETF_R_0,setf_r[0]);
    EEPROM_Write(EEP_SETF_R_1,setf_r[1]);
    EEPROM_Write(EEP_SETF_R_2,setf_r[2]);
    EEPROM_Write(EEP_SETF_R_3,setf_r[3]);
```

(계속)

```
        EEPROM_Write(EEP_SETF_R_4,setf_r[4]);
        EEPROM_Write(EEP_SETF_R_5,setf_r[5]);
        EEPROM_Write(EEP_SETF_R_6,setf_r[6]);
        EEPROM_Write(EEP_SETF_R_7,setf_r[7]);

}

void Read_Front_Sensor_Data_from_EEPROM(void)
{
        setf_l[0] = EEPROM_Read(EEP_SETF_L_0);
        setf_l[1] = EEPROM_Read(EEP_SETF_L_1);
        setf_l[2] = EEPROM_Read(EEP_SETF_L_2);
        setf_l[3] = EEPROM_Read(EEP_SETF_L_3);
        setf_l[4] = EEPROM_Read(EEP_SETF_L_4);
        setf_l[5] = EEPROM_Read(EEP_SETF_L_5);
        setf_l[6] = EEPROM_Read(EEP_SETF_L_6);
        setf_l[7] = EEPROM_Read(EEP_SETF_L_7);

        setf_r[0] = EEPROM_Read(EEP_SETF_R_0);
        setf_r[1] = EEPROM_Read(EEP_SETF_R_1);
        setf_r[2] = EEPROM_Read(EEP_SETF_R_2);
        setf_r[3] = EEPROM_Read(EEP_SETF_R_3);
        setf_r[4] = EEPROM_Read(EEP_SETF_R_4);
        setf_r[5] = EEPROM_Read(EEP_SETF_R_5);
        setf_r[6] = EEPROM_Read(EEP_SETF_R_6);
        setf_r[7] = EEPROM_Read(EEP_SETF_R_7);
}

void Write_Side_Sensor_Data_to_EEPROM(void)
{
        EEPROM_Write(EEP_SET90_L_0,set90_l[0]);
        EEPROM_Write(EEP_SET90_L_1,set90_l[1]);
        EEPROM_Write(EEP_SET90_L_2,set90_l[2]);
        EEPROM_Write(EEP_SET90_L_3,set90_l[3]);
        EEPROM_Write(EEP_SET90_L_4,set90_l[4]);
        EEPROM_Write(EEP_SET90_L_5,set90_l[5]);
        EEPROM_Write(EEP_SET90_L_6,set90_l[6]);
        EEPROM_Write(EEP_SET90_L_7,set90_l[7]);

        EEPROM_Write(EEP_SET90_R_0,set90_r[0]);
        EEPROM_Write(EEP_SET90_R_1,set90_r[1]);
        EEPROM_Write(EEP_SET90_R_2,set90_r[2]);
        EEPROM_Write(EEP_SET90_R_3,set90_r[3]);
```

(계속)

```
    EEPROM_Write(EEP_SET90_R_4,set90_r[4]);
    EEPROM_Write(EEP_SET90_R_5,set90_r[5]);
    EEPROM_Write(EEP_SET90_R_6,set90_r[6]);
    EEPROM_Write(EEP_SET90_R_7,set90_r[7]);

    EEPROM_Write(EEP_SET45_L_0,set45_l[0]);
    EEPROM_Write(EEP_SET45_L_1,set45_l[1]);
    EEPROM_Write(EEP_SET45_L_2,set45_l[2]);
    EEPROM_Write(EEP_SET45_L_3,set45_l[3]);
    EEPROM_Write(EEP_SET45_L_4,set45_l[4]);
    EEPROM_Write(EEP_SET45_L_5,set45_l[5]);
    EEPROM_Write(EEP_SET45_L_6,set45_l[6]);
    EEPROM_Write(EEP_SET45_L_7,set45_l[7]);

    EEPROM_Write(EEP_SET45_R_0,set45_r[0]);
    EEPROM_Write(EEP_SET45_R_1,set45_r[1]);
    EEPROM_Write(EEP_SET45_R_2,set45_r[2]);
    EEPROM_Write(EEP_SET45_R_3,set45_r[3]);
    EEPROM_Write(EEP_SET45_R_4,set45_r[4]);
    EEPROM_Write(EEP_SET45_R_5,set45_r[5]);
    EEPROM_Write(EEP_SET45_R_6,set45_r[6]);
    EEPROM_Write(EEP_SET45_R_7,set45_r[7]);
}

void Read_Side_Sensor_Data_from_EEPROM(void)
{
    set90_l[0]  =  EEPROM_Read(EEP_SET90_L_0);
    set90_l[1]  =  EEPROM_Read(EEP_SET90_L_1);
    set90_l[2]  =  EEPROM_Read(EEP_SET90_L_2);
    set90_l[3]  =  EEPROM_Read(EEP_SET90_L_3);
    set90_l[4]  =  EEPROM_Read(EEP_SET90_L_4);
    set90_l[5]  =  EEPROM_Read(EEP_SET90_L_5);
    set90_l[6]  =  EEPROM_Read(EEP_SET90_L_6);
    set90_l[7]  =  EEPROM_Read(EEP_SET90_L_7);

    set90_r[0]  =  EEPROM_Read(EEP_SET90_R_0);
    set90_r[1]  =  EEPROM_Read(EEP_SET90_R_1);
    set90_r[2]  =  EEPROM_Read(EEP_SET90_R_2);
    set90_r[3]  =  EEPROM_Read(EEP_SET90_R_3);
    set90_r[4]  =  EEPROM_Read(EEP_SET90_R_4);
    set90_r[5]  =  EEPROM_Read(EEP_SET90_R_5);
    set90_r[6]  =  EEPROM_Read(EEP_SET90_R_6);
    set90_r[7]  =  EEPROM_Read(EEP_SET90_R_7);
```

(계속)

```
    set45_l[0]  =  EEPROM_Read(EEP_SET45_L_0);
    set45_l[1]  =  EEPROM_Read(EEP_SET45_L_1);
    set45_l[2]  =  EEPROM_Read(EEP_SET45_L_2);
    set45_l[3]  =  EEPROM_Read(EEP_SET45_L_3);
    set45_l[4]  =  EEPROM_Read(EEP_SET45_L_4);
    set45_l[5]  =  EEPROM_Read(EEP_SET45_L_5);
    set45_l[6]  =  EEPROM_Read(EEP_SET45_L_6);
    set45_l[7]  =  EEPROM_Read(EEP_SET45_L_7);

    set45_r[0]  =  EEPROM_Read(EEP_SET45_R_0);
    set45_r[1]  =  EEPROM_Read(EEP_SET45_R_1);
    set45_r[2]  =  EEPROM_Read(EEP_SET45_R_2);
    set45_r[3]  =  EEPROM_Read(EEP_SET45_R_3);
    set45_r[4]  =  EEPROM_Read(EEP_SET45_R_4);
    set45_r[5]  =  EEPROM_Read(EEP_SET45_R_5);
    set45_r[6]  =  EEPROM_Read(EEP_SET45_R_6);
    set45_r[7]  =  EEPROM_Read(EEP_SET45_R_7);
}
```

⑤ uart.c 프로그램 파일

제2장 라인트레이서에서 제시한 파일과 내용이 동일함에 따라 이곳에서는 소개하지 않을 것이다. 참고해서 작업하기 바란다.

⑥ algo.c 프로그램 파일

예제

```
BYTE goal_test(void)
{
        BYTE goal = M_POS + front_block[M_DIR];
        if(goal == 0x22) return TRUE;
        else return FALSE;
}

BYTE que[256];
BYTE dir_data[256];
WORD weight_data[256];

void algo(BYTE dest)
{
        WORD c,l_w,r_w,f_w;
        BYTE c_p,head=0,tail=0;
```

(계속)

```
        BYTE tmp_pos  = M_POS;
        BYTE temp_dir = M_DIR;
        BYTE tmp,tmp_data,temp_wall;

        for(c=0;c<256;c++) weight_data[c] = MAX_WEIGHT;

/*      if(dest == GOAL)
        {
                que[head++]=0x77;
                que[head++]=0x78;
                que[head++]=0x87;
                que[head++]=0x88;
                weight_data[0x77] = weight_data[0x78] =
                weight_data[0x87] = weight_data[0x88] = 0x0000;

                dir_data[0x77] = dir_data[0x87] = SOUTH;
                dir_data[0x78] = dir_data[0x88] = NORTH;
        }
*/
        if(dest == GOAL)
        {
                que[head++]=0x22;
                weight_data[0x22] = 0x0000;
                dir_data[0x22] = NORTH;
        }

        else
        {
                que[head++]=weight_data[0x00]=0x0000;
                dir_data[0x00]=NORTH;
        }

        while(head != tail)
        {
                c_p = que[tail++];  // take current position to check
                temp_wall = maze_data[c_p];
                for(c=0;c<4;c++)  // check E=0 W=1 S=2 N=3
                {
                        tmp = c_p + front_block[c];
                        if((temp_wall&head_table[c])==0)
                        //if current block doesn`t have wall to this direction
                        {
```

(계속)

```
                                    if(weight_data[tmp] > weight_data[c_p]+3)
                                    {
                                          if(dir_data[c_p] != c ) weight_data[tmp] =
weight_data[c_p]+t_weight;
                                          else           weight_data[tmp]          =
weight_data[c_p]+f_weight;
                                          que[head++] = tmp;
                                                // memory to check next time
                                          dir_data[tmp] = c;
                                          // memory the way in
                                    }
                              }
                  }
            }
//          weight_data_0 = weight_data[0x00];

            c = 0;
            while(weight_data[tmp_pos])
            {
            l_w =  r_w = f_w = MAX_WEIGHT;
            switch(M_DIR)
            {
               case NORTH : tmp = tmp_pos+0x01;
                              tmp_data = maze_data[tmp];
                        if((tmp_data&0x01)==0) f_w=weight_data[tmp];
                           if((tmp_data&0x08)==0) l_w = weight_data[tmp-0x10];
                          if((tmp_data&0x02)==0) r_w = weight_data[tmp+0x10];
                          if(f_w <= r_w && f_w <= l_w ) path_data[c]=FRONT;
                          else   if(r_w   <=   l_w   &&   r_w   <=   f_w   )   {
path_data[c]=RIGHT_TURN; M_DIR = EAST; }
                          else { path_data[c]=LEFT_TURN; M_DIR = WEST; }
                          tmp_pos+=1; break;

               case SOUTH : tmp = tmp_pos-0x01;
                          tmp_data = maze_data[tmp];
                          if((tmp_data&0x04)==0) f_w = weight_data[tmp];
                          if((tmp_data&0x02)==0) l_w = weight_data[tmp+0x10];
                          if((tmp_data&0x08)==0) r_w = weight_data[tmp-0x10];
                          if(f_w <= r_w && f_w <= l_w ) path_data[c] = FRONT;
                          else   if(r_w   <=   l_w   &&   r_w   <=   f_w   )   {
path_data[c]=RIGHT_TURN; M_DIR = WEST; }
                          else { path_data[c]=LEFT_TURN; M_DIR = EAST; }
                          tmp_pos-=1 ; break;
```

(계속)

```
        case EAST :     tmp = tmp_pos+0x10;
                        tmp_data = maze_data[tmp];
                        if((tmp_data&0x02)==0) f_w = weight_data[tmp];
                        if((tmp_data&0x01)==0) l_w = weight_data[tmp+0x01];
                        if((tmp_data&0x04)==0) r_w = weight_data[tmp - 0x01];
                        if(f_w <= r_w && f_w <= l_w ) path_data[c]=FRONT;
                        else if(r_w <= l_w && r_w <= f_w ) { path_data[c]=
RIGHT_TURN; M_DIR = SOUTH; }
                        else { path_data[c]=LEFT_TURN; M_DIR = NORTH; }
                        tmp_pos += 0x10; break;

        case WEST       : tmp = tmp_pos - 0x10;
                        tmp_data = maze_data[tmp];
                        if((tmp_data&0x08)==0) f_w = weight_data[tmp];
                        if((tmp_data&0x04)==0) l_w = weight_data[tmp - 0x01];
                        if((tmp_data&0x01)==0) r_w = weight_data[tmp+0x01];
                        if(f_w <= r_w && f_w <= l_w ) path_data[c]=FRONT;
                        else if(r_w <= l_w && r_w <= f_w ) { path_data[c]=
RIGHT_TURN; M_DIR = NORTH; }
                        else { path_data[c]=LEFT_TURN; M_DIR = SOUTH; }
                        tmp_pos -=0x10; break;
            } c++;
        } path_data[c] = 0;
        M_DIR = temp_dir;
}
```

⑦ setting.c 프로그램 파일

예제

```
#define SECTION45_3                 52.0
#define SECTION45_2                 38.0
#define SECTION45_1                 25.0
#define CENTOR45                    0.0
#define SECTION45_4                 -SECTION45_1
#define SECTION45_5                 -SECTION45_2
#define SECTION45_6                 -SECTION45_3

#define SECTION90_3                 40.0
#define SECTION90_2                 27.0
#define SECTION90_1                 13.0
#define CENTOR90                    0.0
```

(계속)

```
#define SECTION90_4                                    -SECTION90_1
#define SECTION90_5                                    -SECTION90_2
#define SECTION90_6                                    -SECTION90_3

#define F_SECTION_4        40.0        //32.0        // set 0
#define F_SECTION_3        33.0        //26.0        // set 1
#define F_SECTION_2        25.0        //20.0        // set 2
#define F_SECTION_1        19.0        //12.0        // set 3
#define F_BASE             3.0         //3.0         // set 4

void make_trim_table(void)
{
        int c,j;
        float ratio;
        for(c=0 ; c<256 ; c++) tbl_l45[c] = tbl_r45[c] = 0;

/*// ************************* right front ************************************
        j = 0;
        ratio = (float)((F_SECTION_1-F_BASE)/(setf_r[3] - setf_r[5]));
        for(c = setf_r[5] ; c < setf_r[3] ; c++) tbl_fr[c] = F_BASE+(int)(ratio*j++);
        j = 0;
        ratio = (float)((F_SECTION_2-F_SECTION_1)/(setf_r[2] - setf_r[3]));
        for(c = setf_r[3] ; c < setf_r[2] ; c++) tbl_fr[c] = F_SECTION_1+(int)(ratio*j++);
        j = 0;
        ratio = (float)((F_SECTION_3-F_SECTION_2)/(setf_r[1] - setf_r[2]));
        for(c = setf_r[2] ; c < setf_r[1] ; c++) tbl_fr[c] = F_SECTION_2+(int)(ratio*j++);
        j = 0;
        ratio = (float)((F_SECTION_4-F_SECTION_3)/(setf_r[0] - setf_r[1]));
        for(c = setf_r[1] ; c < setf_r[0] ; c++) tbl_fr[c] = F_SECTION_3+(int)(ratio*j++);
        for(c = setf_r[0] ; c < 256 ; c++) { tbl_fr[c] = F_SECTION_4; }

// ************************* left front **************************************
        j = 0;
        ratio = (float)((F_SECTION_1-F_BASE)/(setf_l[3] - setf_l[5]));
        for(c = setf_l[5] ; c < setf_l[3] ; c++) tbl_fl[c] = F_BASE+(int)(ratio*j++);
        j = 0;
        ratio = (float)((F_SECTION_2-F_SECTION_1)/(setf_l[2] - setf_l[3]));
        for(c = setf_l[3] ; c < setf_l[2] ; c++) tbl_fl[c] = F_SECTION_1+(int)(ratio*j++);
        j = 0;
        ratio = (float)((F_SECTION_3-F_SECTION_2)/(setf_l[1] - setf_l[2]));
        for(c = setf_l[2] ; c < setf_l[1] ; c++) tbl_fl[c] = F_SECTION_2+(int)(ratio*j++);
        j = 0;
        ratio = (float)((F_SECTION_4-F_SECTION_3)/(setf_l[0] - setf_l[1]));
```

(계속)

```
        for(c = setf_l[1] ; c < setf_l[0] ; c++) tbl_fl[c] = F_SECTION_3+(int)(ratio*j++);
        for(c = setf_l[0] ; c < 256 ; c++) { tbl_fl[c] = F_SECTION_4; }
*/
// ************************  right 45  ************************************
        j = 0;
        ratio = (float)(SECTION45_1/(set45_r[1] - set45_r[0]));
        for(c = set45_r[0] ; c < set45_r[1] ; c++) tbl_r45[c] = CENTOR45+(int)(ratio*j++);
        j = 0;
        ratio = (float)((SECTION45_2-SECTION45_1)/(set45_r[2] - set45_r[1]));
        for(c = set45_r[1] ; c < set45_r[2] ; c++) tbl_r45[c] = SECTION45_1+(int)(ratio*j++);
        j = 0;
        ratio = (float)((SECTION45_3-SECTION45_2)/(set45_r[3] - set45_r[2]));
        for(c = set45_r[2] ; c < set45_r[3] ; c++) tbl_r45[c] = SECTION45_2+(int)(ratio*j++);
        for(c = set45_r[3] ; c < 256 ; c++) { tbl_r45[c] = SECTION45_3; }
        j=0;
        ratio = (float)(SECTION45_4)/(set45_r[0] - set45_r[4]);
        for(c = set45_r[0] ; c > set45_r[4] ; c--) tbl_r45[c] = CENTOR45-(int)(ratio*j--);
        j=0;
        ratio = (float)(SECTION45_5 + SECTION45_1)/(set45_r[4] - set45_r[5]);
        for(c = set45_r[4] ; c > set45_r[5] ; c--) tbl_r45[c] = SECTION45_4-(int)(ratio*j-
-);
        j=0;
        ratio = (float)(SECTION45_6 + SECTION45_2)/(set45_r[5] - set45_r[6]);
        for(c = set45_r[5] ; c > set45_rr ; c--) tbl_r45[c] = SECTION45_5-(int)(ratio*j-
-);
        for(c = set45_r[6] ; c >= 0 ; c--) { tbl_r45[c] = SECTION45_6; }

// ************************  left 45  ************************************
        j = 0;
        ratio = (float)(SECTION45_1/(set45_l[1] - set45_l[0]));
        for(c = set45_l[0] ; c < set45_l[1] ; c++) tbl_l45[c] = CENTOR45+(int)(ratio*j++);
        j = 0;
        ratio = (float)((SECTION45_2-SECTION45_1)/(set45_l[2] - set45_l[1]));
        for(c = set45_l[1] ; c < set45_l[2] ; c++) tbl_l45[c] = SECTION45_1+(int)(ratio*j++);
        j = 0;
        ratio = (float)((SECTION45_3-SECTION45_2)/(set45_l[3] - set45_l[2]));
        for(c = set45_l[2] ; c < set45_l[3] ; c++) tbl_l45[c] = SECTION45_2+(int)(ratio*j++);
        for(c = set45_l[3] ; c < 256 ; c++) { tbl_l45[c] = SECTION45_3; }
        j=0;
        ratio = (float)(SECTION45_4)/(set45_l[0] - set45_l[4]);
        for(c = set45_l[0] ; c > set45_l[4] ; c--) tbl_l45[c] = CENTOR45-(int)(ratio*j--);
        j=0;
        ratio = (float)(SECTION45_5 + SECTION45_1)/(set45_l[4] - set45_l[5]);
```

(계속)

```
        for(c = set45_l[4] ; c > set45_l[5] ; c - - )  tbl_l45[c] = SECTION45_4 - (int)(ratio*j -
 - );
        j=0;
        ratio = (float)(SECTION45_6 + SECTION45_2)/(set45_l[5] - set45_l[6]);
        for(c = set45_l[5] ; c > set45_ll ; c - - )  tbl_l45[c] = SECTION45_5 - (int)(ratio*j - - );
        for(c = set45_l[6] ; c >= 0 ; c - - ) { tbl_l45[c] = SECTION45_6; }

// *************************    right 90    ************************************
        /*j = 0;
        ratio = (float)(SECTION90_1/(set90_r[1] - set90_r[0]));
        for(c = set90_r[0] ; c < set90_r[1] ; c++) tbl_r90[c] = CENTOR90+(int)(ratio*j++);
        j = 0;
        ratio = (float)((SECTION90_2 - SECTION90_1)/(set90_r[2] - set90_r[1]));
        for(c = set90_r[1] ; c < set90_r[2] ; c++) tbl_r90[c] = SECTION90_1+(int)(ratio*j++);
        j = 0;
        ratio = (float)((SECTION90_3 - SECTION90_2)/(set90_r[3] - set90_r[2]));
        for(c = set90_r[2] ; c < set90_r[3] ; c++) tbl_r90[c] = SECTION90_2+(int)(ratio*j++);
        for(c = set90_r[3] ; c < 256 ; c++) { tbl_r90[c] = SECTION90_3; }
        j=0;
        ratio = (float)(SECTION90_4)/(set90_r[0] - set90_r[4]);
        for(c = set90_r[0] ; c > set90_r[4] ; c - - )  tbl_r90[c] = CENTOR90 - (int)(ratio*j - - );
        j=0;
        ratio = (float)(SECTION90_5 + SECTION90_1)/(set90_r[4] - set90_r[5]);
        for(c = set90_r[4] ; c > set90_r[5] ; c - - )  tbl_r90[c] = SECTION90_4 - (int)(ratio*j -
 - );
        j=0;
        ratio = (float)(SECTION90_6 + SECTION90_2)/(set90_r[5] - set90_r[6]);
        for(c = set90_r[5] ; c > set90_rr ; c - - )  tbl_r90[c] = SECTION90_5 - (int)(ratio*j -
 - );
        for(c = set90_r[6] ; c >= 0 ; c - - ) { tbl_r90[c] = SECTION90_6; }

// *************************    left 90    *************************************
        j = 0;
        ratio = (float)(SECTION90_1/(set90_l[1] - set90_l[0]));
        for(c = set90_l[0] ; c < set90_l[1] ; c++) tbl_l90[c] = CENTOR90+(int)(ratio*j++);
        j = 0;
        ratio = (float)((SECTION90_2 - SECTION90_1)/(set90_l[2] - set90_l[1]));
        for(c = set90_l[1] ; c < set90_l[2] ; c++) tbl_l90[c] = SECTION90_1+(int)(ratio*j++);
        j = 0;
        ratio = (float)((SECTION90_3 - SECTION90_2)/(set90_l[3] - set90_l[2]));
        for(c = set90_l[2] ; c < set90_l[3] ; c++) tbl_l90[c] = SECTION90_2+(int)(ratio*j++);
        for(c = set90_l[3] ; c < 256 ; c++) { tbl_l90[c] = SECTION90_3; }
        j=0;
```

(계속)

```
        ratio = (float)(SECTION90_4)/(set90_l[0] - set90_l[4]);
        for(c = set90_l[0] ; c > set90_l[4] ; c--)  tbl_l90[c] = CENTOR90-(int)(ratio*j--);
        j=0;
        ratio = (float)(SECTION90_5 + SECTION90_1)/(set90_l[4] - set90_l[5]);
        for(c = set90_l[4] ; c > set90_l[5] ; c--)  tbl_l90[c] = SECTION90_4-(int)(ratio*j-
-);

        j=0;
        ratio = (float)(SECTION90_6 + SECTION90_2)/(set90_l[5] - set90_l[6]);
        for(c = set90_l[5] ; c > set90_ll ; c--)  tbl_l90[c] = SECTION90_5-(int)(ratio*j--);
        for(c = set90_l[6] ; c >= 0 ; c--) { tbl_l90[c] = SECTION90_6; }
*/
        for(c=0;c<255;c++)
        {
                if(tbl_r45[c]    >    tbl_r45[c+1])    {    lcd_printf(0,0,"SIDE    R45");
lcd_printf(1,0,"ERROR    "); Delay_ms(1000); }
                if(tbl_l45[c]    >    tbl_l45[c+1])    {    lcd_printf(0,0,"SIDE    L45");
lcd_printf(1,0,"ERROR    "); Delay_ms(1000); }
        //      if(tbl_r90[c]    >    tbl_r90[c+1])    {    lcd_printf(0,0,"SIDE    R90");
lcd_printf(1,0,"ERROR    "); Delay_ms(1000); }
        //      if(tbl_l90[c]    >    tbl_l90[c+1])    {    lcd_printf(0,0,"SIDE    L90");
lcd_printf(1,0,"ERROR    "); Delay_ms(1000); }
                //if(tbl_fr[c]    >    tbl_fr[c+1])    {    lcd_printf(0,0,"RIGHT   F    ");
lcd_printf(1,0,"ERROR    "); Delay_ms(1000); }
                //if(tbl_fl[c]    >    tbl_fl[c+1])    {    lcd_printf(0,0,"LEFT    F    ");
lcd_printf(1,0,"ERROR    "); Delay_ms(1000); }
        }
        l_edge_on = (set45_l[6] + set45_ll)/2;
        r_edge_on = (set45_r[6] + set45_rr)/2;
}

void read_sensor(WORD count)
{
        WORD tmp_count = 0;
        sen_count = aver_rf = aver_lf = aver_r45 = aver_l45 = aver_r90 = aver_l90 = 0;

        while(tmp_count  < count)
        {
                if(!sensor_count)
                {

                        aver_rf += (WORD)r_f;
                        aver_lf += (WORD)l_f;
                        aver_r45 += (WORD)r_45;
```

(계속)

```
                    aver_l45 += (WORD)l_45;
                    aver_r90 += (WORD)r_90;
                    aver_l90 += (WORD)l_90;
                    tmp_count++;

                }
                asm("NOP");
        }
        aver_rf = (WORD)(aver_rf/count);
        aver_lf = (WORD)(aver_lf/count);
        aver_r45 /= count;;
        aver_l45 /= count;
        aver_r90 /= count;
        aver_l90 /= count;
}

void front_set(void)
{
        WORD c;
        BYTE s_dist[] =  {70,196,150,50,50,50};
        motor_set(TRUE);
        Delay_ms(300);
        while(1) if(Get_Switch()) break;
        Delay_ms(300);

        lcd_printf(0,0,"            ");
        lcd_printf(1,0,"            ");

        for(c = 0 ; c < 3 ; c++)
        {
                move(0,0,1,s_dist[c]);
                while(R_MODE && L_MODE) Delay_us(1);
                Delay_ms(500);

                read_sensor(100);
                setf_r[c] = (BYTE)aver_rf;
                setf_l[c] = (BYTE)aver_lf;
        }
        Delay_ms(500);

        move(1,1,50,500);
        while(R_MODE && L_MODE)
        {
```

(계속)

```
                if(l_f >= setf_l[1]|| r_f >= setf_r[1]) { set_dist(s_dist[1]); break; }
        }
        while(R_MODE);
        trim_corner(TRUE);
        Delay_ms(500);
       motor_set(FALSE);

        constant(setf_l[0]);lcd_printf(0,0,lcd_c);
        constant(setf_r[0]);lcd_printf(0,6,lcd_c);
        constant(setf_l[1]);lcd_printf(1,0,lcd_c);
        constant(setf_r[1]);lcd_printf(1,6,lcd_c);


        while(1) if(Get_Switch()) break;
        lcd_printf(0,0,"ReadWall");
        lcd_printf(1,0,"            ");
        Delay_ms(500);

        while(1)
        {
                constant(r_f);lcd_printf(1,6,lcd_c);
                constant(l_f);lcd_printf(1,0,lcd_c);

                if(Get_Switch() == RIGHT)
                {
               read_sensor(100);
                      setf_r[4] = (BYTE)aver_rf;
                      setf_l[4] = (BYTE)aver_lf;

                             constant(setf_r[4]);lcd_printf(1,6,lcd_c);
                             constant(setf_l[4]);lcd_printf(1,0,lcd_c);
                             break;
                }
        }

        Write_Front_Sensor_Data_to_EEPROM();

        lcd_printf(0,0,"FRONTSET");
        lcd_printf(1,0,"SET DONE");
        Delay_ms(100);
}

void side_set(void)
```

(계속)

```
{
        BYTE c;
        BYTE order[7]={6,5,4,0,1,2,3};

        motor_set(TRUE);
        Delay_ms(300);
        while(1) if(Get_Switch()) break;
        Delay_ms(300);

        lcd_printf(0,0,"            ");
        lcd_printf(1,0,"            ");

        for(c=0;c<8;c++)
        {
                if((c&1)==0) l_dir = r_dir = FORWARD;
                else l_dir = r_dir = BACKWARD;

                set_speed(1);
                current_speed = l_step = r_step = 0;
                R_TRIM = L_TRIM = TURN = FALSE;
                l_step = r_step = 0;
                l_dist = r_dist = 86;

                R_MODE = TRUE;
                R_M_START; while(R_MODE);
                L_MODE = TRUE;
                L_M_START; while(L_MODE);

                Delay_ms(600);

                if(c<7)
                {
                        read_sensor(100);
                        set45_r[order[6-c]] = (BYTE)aver_r45;
                        set90_r[order[6-c]] = (BYTE)aver_r90;
                        set45_l[order[c]] = (BYTE)aver_l45;
                        set90_l[order[c]] = (BYTE)aver_l90;
                }
        }

        Delay_ms(1000);
        motor_set(FALSE);
```

(계속)

```
while(1)
{
        constant(r_45);lcd_printf(1,6,lcd_c);
        constant(r_90);lcd_printf(0,6,lcd_c);
        if(Get_Switch()==RIGHT)
        {
            read_sensor(100);
                set45_rr = (BYTE)aver_r45;
                set90_rr = (BYTE)aver_r90;
                constant(set45_rr);lcd_printf(1,6,lcd_c);
                constant(set90_rr);lcd_printf(0,6,lcd_c);
                Delay_ms(1000);
                break;
        }
}

while(1)
{
        constant(l_45);lcd_printf(1,0,lcd_c);
        constant(l_90);lcd_printf(0,0,lcd_c);
        if(Get_Switch()==LEFT)
        {
            read_sensor(100);
                set45_ll = (BYTE)aver_l45;
                set90_ll = (BYTE)aver_l90;
                constant(set45_ll);lcd_printf(1,0,lcd_c);
                constant(set90_ll);lcd_printf(0,0,lcd_c);
                Delay_ms(1000);
                break;
        }
}

while(1)
{
        constant(r_45);lcd_printf(1,6,lcd_c);
        constant(r_90);lcd_printf(0,6,lcd_c);
        constant(l_45);lcd_printf(1,0,lcd_c);
        constant(l_90);lcd_printf(0,0,lcd_c);
        if(Get_Switch()==RIGHT)
        {

            read_sensor(100);
                set45_r[0] = (BYTE)aver_r45;
```

(계속)

```
                    set90_r[0] = (BYTE)aver_r90;
                    set45_l[0] = (BYTE)aver_l45;
                    set90_l[0] = (BYTE)aver_l90;

                    constant(set45_r[0]);lcd_printf(1,6,lcd_c);
                    constant(set45_l[0]);lcd_printf(1,0,lcd_c);
                    constant(set90_l[0]);lcd_printf(0,0,lcd_c);
                    constant(set90_r[0]);lcd_printf(0,6,lcd_c);
                    Delay_ms(1000);
                    break;
            }
    }
    make_trim_table();
    Write_Side_Sensor_Data_to_EEPROM();
    lcd_printf(0,0,"SIDE_SET");
    lcd_printf(1,0,"SET DONE");
    Delay_ms(10);
}
```

⑧ trim.c 프로그램 파일

예제

```
void trim_s45(void)
{
        left = l_45;
        right = r_45;
        if(left >= set45_l[0] && right >= set45_r[0]) trim_l = trim_r = 0;
        else if(left > set45_l[0] && right < set45_r[0] && right > set45_rr)
        {
                trim_l =  tbl_l45[left];
                trim_r = -trim_l;
                R_TRIM = L_TRIM = TRUE;
        }
        else if(right > set45_r[0] && left < set45_l[0] && left > set45_ll)
        {
                trim_r = tbl_r45[right];
                trim_l = -trim_r;
                R_TRIM = L_TRIM = TRUE;
        }
        else if(left > l_edge_on && right < r_edge_on)
        {
```

(계속)

```
				trim_l = tbl_l45[left];
				if(trim_l <0  &&  l_90 >= set90_l[0] && movement == BEFORE) trim_l
= trim_r =0;
				else
				{
						trim_r = -trim_l;
						R_TRIM = L_TRIM = TRUE;
				}
		}
		else if(right > r_edge_on && left < l_edge_on)
		{
				trim_r = tbl_r45[right];
				if(trim_r <0  && r_90 >= set90_r[0] && movement==BEFORE) trim_l =
trim_r = 0;
				else
				{
						trim_l = -trim_r;
						R_TRIM = L_TRIM = TRUE;
				}
		} else trim_l = trim_r = 0;
}

void trim_l45(void)
{
		if(f_wall && ls_wall ==0 && l_f < setf_l[2]);
		else
		{
				left = l_45;
				right = r_45;
				if(left > l_edge_on)
				{
						trim_l = tbl_l45[left];
						if(trim_l <0  &&  l_90 > set90_l[0] && movement == BEFORE)
trim_l = trim_r = 0;
						else
						{
								trim_r = -trim_l;
								R_TRIM = L_TRIM = TRUE;
						}
				}
				else if(right > r_edge_on && movement==BEFORE)
				{
						trim_r = tbl_r45[right];
```

(계속)

```
                    trim_l = -trim_r;
                    R_TRIM = L_TRIM = TRUE;
                }
                else trim_l = trim_r = 0;
        }
}

void trim_r45(void)
{

        if(f_wall && rs_wall==0 && r_f < setf_r[2]);
        else
        {
                left = l_45;
                right = r_45;
                if(right > r_edge_on)
                {
                        trim_r = tbl_r45[right];
                        if(trim_r <0   && r_90 > set90_r[0] && movement==BEFORE)
trim_l = trim_r = 0;
                        else
                        {
                                trim_l = -trim_r;
                                R_TRIM = L_TRIM = TRUE;
                        }
                }
                else if(left > l_edge_on && movement==BEFORE)
                {
                        trim_l = tbl_l45[left];
                        trim_r = -trim_l;
                        R_TRIM = L_TRIM = TRUE;
        }
                 else trim_l = trim_r = 0;
        }
}

void trim_branch(void)
{


        left_45   = l_45;


        right_45  = r_45;
```

(계속)

```
        if(left_45 > set45_l[0] && (right_45 < set45_r[0]))
        {
                trim_l = tbl_l45[left_45]+3;
                trim_r = -trim_l;
                R_TRIM = L_TRIM = TRUE;
        }
        else if(right_45 > set45_r[0] && (left_45 < set45_l[0]))
        {
                trim_r = tbl_r45[right_45]+3;
                trim_l = -trim_r;
                R_TRIM = L_TRIM = TRUE;
        }
        else trim_l = trim_r = 0;
}


void trim_goal(void)
{
        if(r_wall)
        {
                move(1,0,30,HALF_STEP);
                while(R_MODE);

                left = right = 0;
                while(1)
                {
                        if(left && right) break;
                        if(r_f > setf_r[0]-0x03) {  PORTC = MOTOR_PULSE_R[r_pulse
--&0x07]; } else right = 1;
                        if(l_f > setf_l[0]-0x03) {  PORTB = MOTOR_PULSE_L[l_pulse
--&0x07]; } else left = 1;
                        Delay_ms(10);
                }

                trim_c();
                move(1,0,30,HALF_STEP);
                while(R_MODE);
        }
        else if(l_wall)
        {
                move(0,1,30,HALF_STEP);
                while(R_MODE);
```

(계속)

```
                    left = right = 0;
                    while(1)
                    {
                              if(left && right) break;
                              if(r_f > setf_r[0]-0x03) {  PORTC = MOTOR_PULSE_R[r_pulse
--&0x07]; }         else right = 1;
                              if(l_f > setf_l[0]-0x03) {  PORTB = MOTOR_PULSE_L[l_pulse
--&0x07]; }         else left = 1;
                              Delay_ms(10);
                    }

                    trim_c();
                    move(0,1,30,HALF_STEP);
                    while(R_MODE);
          }

          change_ort_position();
          maze_data[M_POS] |= KNOWN;
          M_DIR = change_u[M_DIR];

}


void trim_c(void)
{
          BYTE   i =0;
          BYTE count11 =0;
        BYTE count_es =0;
        BYTE temp_l = 0, temp_r = 0;

          M_STOP;
           count11 =0;
           count_es =0;

          while(1)
          {
             Delay_ms(5);


                    left = l_f;
                    right = r_f;

                    if(right == setf_r[0] && left  == setf_l[0]) if(count_es++>1)  break;
```

(계속)

```
            count11++;
            if(count11 > 100)  break;

                    if(right > setf_r[0])
                    {
                        PORTC = MOTOR_PULSE_R[r_pulse--&0x07];


                        temp_r = 0;
                    }
                    else if(right < setf_r[0])
                    {

            if(right < setf_r[0]) PORTC = MOTOR_PULSE_R[r_pulse++&0x07];
                            if(temp_r++>900)
                            {
                                    temp_l = 0;
                                    for(i=0;i<100;i++) {PORTC = MOTOR_PULSE_R
    [r_pulse--&0x07];Delay_ms(80);}
                                    temp_r = 0;
                            }
                    }

                    if(left > setf_l[0])
                    {

            PORTB = MOTOR_PULSE_L[l_pulse--&0x07]; temp_l = 0;
                    }
                    else if(left < setf_l[0])
                    {

            if(left < setf_l[0]) PORTB = MOTOR_PULSE_L[l_pulse++&0x07];
                            if(temp_l++>900)
                            {
                                    temp_r = 0;
                                    for(i=0;i<100;i++) {PORTB = MOTOR_PULSE_L
    [l_pulse--&0x07];Delay_ms(80);}
                                    temp_l = 0;
                            }
                    }

            } Delay_ms(500);
    }
```

(계속)

```
void trim_corner(BYTE st)
{
        BYTE flag = 0;
        if(l_f > setf_l[0] && r_f > setf_r[0]) { move(0,0,10,40);while(R_MODE); }
        trim_c();
//      if(st) { move(0,0,1,18); while(R_MODE);}
        Delay_ms(300);

        read_sensor(READ);
        right = (BYTE)aver_r90;
        left  = (BYTE)aver_l90;

        if(right > left) { move(1,0,30,HALF_STEP); flag = RIGHT; }// right
        else { move(0,1,30,HALF_STEP); flag = LEFT; }             // left
        while(R_MODE);
        Delay_ms(300);

        trim_c();
        if(flag == RIGHT) move(1,0,30,HALF_STEP);                 // right
        else   move(0,1,30,HALF_STEP);                            // left
        while(R_MODE);
        Delay_ms(300);
}
```

⑨ movement.c 프로그램 파일

예제

```
void move(BYTE l, BYTE r, WORD s, WORD d)
{
        movement = BEFORE;
        current_speed = l_step = r_step = 0;
        R_TRIM = L_TRIM = TURN = FALSE;
        l_dir = l;
        r_dir = r;
        s_limit = s;
        l_dist = r_dist = d;
        L_MODE = R_MODE = TRUE;
        M_START;
}

void change_ort_position(void)
{
```

(계속)

```
		M_POS += front_block[M_DIR];
}

void turn_set(BYTE way,WORD dist,WORD han)
{
		l_step = r_step = turn_dist = point = 0;
		l_dist = r_dist = 10000;
		TURN_WAY = way;
		TURN_DIST = dist;
		handle_value = han;

		while(current_speed > s_limit);
		while(current_speed < s_limit);
		TURN = TRUE;
}

void r_turn(void)
{

		turn_set(RIGHT,R90_DIST,R90_HANDLE);
		change_ort_position();
		M_DIR = change_r[M_DIR];
		while(turn_dist <= R90_DIST);
		TURN = FALSE;
}

void l_turn(void)
{

		turn_set(LEFT,L90_DIST,L90_HANDLE);
		change_ort_position();
		M_DIR = change_l[M_DIR];
		while(turn_dist <= L90_DIST);
		TURN = FALSE;
}

void u_turn(void)
{
		Delay_ms(100);
		move(0,1,40,UTURN_STEP);
		change_ort_position();
		maze_data[M_POS] |= KNOWN;
		M_DIR = change_u[M_DIR];
		while(R_MODE);
	Delay_ms(100);
}
```

⑩ search.c 프로그램 파일

```
void trans_pos(void)
{
        trans_buf[0] = 'S';
        trans_buf[8] = 'E';
        trans_buf[9] = 0;

        trans_buf[1] = ((M_POS>>4)&0x0f)+0x30;
        trans_buf[2] = ((M_POS)&0x0f)+0x30;

        if(maze_data[M_POS] & EAST_WALL)  trans_buf[3] = '1'; else trans_buf[3] = '0';
        if(maze_data[M_POS] & WEST_WALL)  trans_buf[4] = '1'; else trans_buf[4] = '0';
        if(maze_data[M_POS] & SOUTH_WALL) trans_buf[5] = '1'; else trans_buf[5] = '0';
        if(maze_data[M_POS] & NORTH_WALL) trans_buf[6] = '1'; else trans_buf[6] = '0';

        switch(M_DIR)
        {
                case EAST       :       trans_buf[7] = '0'; break;
                case WEST       :       trans_buf[7] = '1'; break;
                case SOUTH      :       trans_buf[7] = '2'; break;
                case NORTH      :       trans_buf[7] = '3'; break;
        }
        TX_String_1(trans_buf);
}

void get_known_wall_data(void)
{
        BYTE temp_C = maze_data[M_POS];
        BYTE temp_F = maze_data[M_POS+front_block[M_DIR]];

        switch(M_DIR)
        {
                case NORTH :    if(temp_F&0x01) f_wall  = TRUE;
                                if(temp_F&0x02) r_wall  = TRUE;
                                if(temp_F&0x08) l_wall  = TRUE;
                                if(temp_C&0x02) rs_wall = TRUE;
                                if(temp_C&0x08) ls_wall = TRUE; break;
                case SOUTH :    if(temp_F&0x04) f_wall  = TRUE;
                                if(temp_F&0x08) r_wall  = TRUE;
                                if(temp_F&0x02) l_wall  = TRUE;
                                if(temp_C&0x08) rs_wall = TRUE;
                                if(temp_C&0x02) ls_wall = TRUE; break;
```

(계속)

```
                    case EAST :         if(temp_F&0x02) f_wall  = TRUE;
                                        if(temp_F&0x04) r_wall  = TRUE;
                                        if(temp_F&0x01) l_wall  = TRUE;
                                        if(temp_C&0x04) rs_wall = TRUE;
                                        if(temp_C&0x01) ls_wall = TRUE; break;
                    case WEST :         if(temp_F&0x08) f_wall  = TRUE;
                                        if(temp_F&0x01) r_wall  = TRUE;
                                        if(temp_F&0x04) l_wall  = TRUE;
                                        if(temp_C&0x01) rs_wall = TRUE;
                                        if(temp_C&0x04) ls_wall = TRUE; break;
          }
          if(f_wall ==0  && l_wall==0 && r_wall==0 && ls_wall==0 && rs_wall==0)
branch_wall = TRUE;
}

void get_wall_data(void)
{
          BYTE f_b = M_POS + front_block[M_DIR],c;
          BYTE temp_F = maze_data[f_b];

          CLEAR_WALL_FLAG;
          maze_data[M_POS] |= KNOWN;

          if((maze_data[f_b]&KNOWN)==0)
          {
              read_sensor(100);
                  if((BYTE)aver_l45 >= set45_ll) l_wall = TRUE;
                    if((BYTE)aver_r45 >= set45_rr) r_wall = TRUE;
                    if((BYTE)aver_lf >= setf_l[4] && (BYTE)aver_lf  >= setf_r[4]) f_wall =
TRUE;

                    get_known_wall_data();

                    switch(M_DIR)
                    {
                              case NORTH :        if(r_wall) temp_F |= 0x02;
                                                  if(l_wall) temp_F |= 0x08;
                                                  if(f_wall) temp_F |= 0x01; break;
                              case SOUTH :        if(r_wall) temp_F |= 0x08;
                                                  if(l_wall) temp_F |= 0x02;
                                                  if(f_wall) temp_F |= 0x04; break;
                              case EAST : if(r_wall) temp_F |= 0x04;
                                                  if(l_wall) temp_F |= 0x01;
```

(계속)

```
                                        if(f_wall) temp_F |= 0x02; break;
                        case WEST : if(r_wall) temp_F |= 0x01;
                                        if(l_wall) temp_F |= 0x04;
                                        if(f_wall) temp_F |= 0x08; break;
                }
                maze_data[f_b] |= temp_F;
                for(c=0;c<4;c++) if(temp_F&head_table[c]) maze_data[f_b+front_block[c]] |=
opposite_table[c];
        } else get_known_wall_data();
}

void side_wall_check_r(void)
{
        BYTE fs_b,f_b;
        BYTE right = FALSE;
//      if(sr90(READ) > set90_rr) right = TRUE;
        f_b = M_POS + front_block[M_DIR];
        fs_b = f_b+side_r[M_DIR];

        if((maze_data[fs_b]&KNOWN)==0)
        {
                if(r_wall && right==0)
                {
                        maze_data[f_b]  &= erase_n[M_DIR];
                        maze_data[fs_b] &= erase_c[M_DIR];
                        r_wall = FALSE;
                }
                else if(r_wall==0 && right)
                {
                        maze_data[f_b]  |= add_n[M_DIR];
                        maze_data[fs_b] |= add_c[M_DIR];
                        r_wall = TRUE;
                }
        }
}

void side_wall_check_l(void)
{
        BYTE fs_b,f_b;
        BYTE left = FALSE;
        //if(sl90(READ) > set90_ll) left = TRUE;

        f_b = M_POS + front_block[M_DIR];
```

(계속)

```
        fs_b = f_b+side_l[M_DIR];
        if((maze_data[fs_b]&KNOWN)==0)
        {
                if(l_wall && left==0)
                {
                        maze_data[f_b]  &= erase_c[M_DIR];
                        maze_data[fs_b] &= erase_n[M_DIR];
                        l_wall = FALSE;
                }
                else if(l_wall==0 && left)
                {
                        maze_data[f_b]  |= add_c[M_DIR];
                        maze_data[fs_b] |= add_n[M_DIR];
                        l_wall = TRUE;
                }
        }
}

void GO_FRONT(WORD step)
{
        if(movement == AFTER)  l_step = r_step = 615;
        else l_step = r_step = step;

        movement = BEFORE;

        if(l_wall && r_wall) while(l_step<700) trim_s45();
        else if(l_wall) while(l_step<700) trim_l45();
        else if(r_wall) while(l_step<700) trim_r45();
        else if(branch_wall) while(l_step<700) trim_branch();
        else while(l_step<700) trim_s45();


        if(l_wall && r_wall) while(l_step<920) trim_s45();
        else if(l_wall) while(l_step<920) trim_l45();
        else if(r_wall) while(l_step<920) trim_r45();
        else if(branch_wall) while(l_step<920) trim_branch();
        else while(l_step<920) ;
        change_ort_position();
        trans_pos();

}

#define SIDE_DIST    100
```

(계속)

```
void GO_LEFT(WORD algostep)
{
        WORD temp;
        set_speed(SPEED_SEARCH);

        switch(movement)
        {
                case BEFORE : movement = AFTER;
                                if(f_wall)
                                {
                                        while(1)
                                        {
                                                if(r_wall) trim_r45();
                                                if(l_f > setf_l[1] || r_f > setf_r[1])
{ l_turn(); break; }
                                        }
                                }
                                else if(ls_wall)
                                {
                                        while(1)
                                        {
                                                if(r_wall) trim_r45();
                                                if(l_90 < set90_ll)
                                                {
                                                temp = l_step+SIDE_DIST;
                                                if(r_wall)  while(l_step  <  temp)
trim_r45();
                                                else while(l_step < temp) ;
                                                l_turn(); break;
                                                }
                                        }
                                }
                                else
                                {
                                        temp = l_step+210;
                                        while(1)
                                        {
                                              if(r_wall) trim_r45();
                                                if(l_90 > set90_l[6])
                                                {
                                                        //l90_edge = 0;
                                                        while(1)
                                                        {
```

(계속)

```
                                                    if(r_wall) trim_r45();
                                                     if(l_90 < set90_ll)
                                                     {
                                                   temp = l_step+SIDE_DIST;
                                                     if(r_wall)  while(l_step
< temp) trim_r45();
                                                     else   while(l_step   <
temp);
                                                     l_turn(); break;
                                                     }
                                                     } break;
                                             } else if(l_step>temp) {l_turn();
break; }
                                    }
                            } break;

                case AFTER : movement = AFTER;
                            if(f_wall)
                            {
                            while(1)
                            {
                                    if(r_wall) trim_r45();
                                if(l_f > setf_l[1] || r_f > setf_r[1]) { l_turn(); break;
}
                            }
                            }
                           else
                           {
                            if(l_90 > set90_l[6])
                            {
                                      //l90_edge = 0;
                                      while(1)
                                      {
                                      if(r_wall) trim_r45();
                                      if(l_90 < set90_ll)
                                      {
                                      temp = l_step+SIDE_DIST;
                                      if(r_wall) while(l_step < temp) trim_r45();
                                      else while(l_step < temp);
                                      l_turn(); break;
                                      }
                                      }
                            }
```

(계속)

```
                    else
                    {
                        temp = l_step+algostep;
                            if(r_wall) while(l_step < temp) trim_r45();
                            else while(l_step < temp);
                            l_turn();
                    }
                } break;
        }
        trans_pos();
}

void GO_RIGHT(WORD algostep)
{
        WORD temp;
        set_speed(SPEED_SEARCH);

        switch(movement)
        {
            case BEFORE : movement = AFTER;
                    if(rs_wall)
                    {
                        while(1)
                            {
                            if(l_wall && ls_wall ) trim_l45();
                            else if(l_wall) trim_l45();
                            if(r_90 < set90_rr)
                            {
                            temp = r_step+SIDE_DIST;
                            if(l_wall) while(l_step < temp) trim_l45();
                            else while(l_step < temp);
                            r_turn(); break;
                            }
                            }

                    }
                    else if(f_wall)
                    {
                            while(1)
                            {
                            if(l_wall) trim_l45();
                            if(l_f > setf_l[1] || r_f > setf_r[1]) { r_turn();
break; }
                            }
```

(계속)

```
                }
                else
                {
                        temp = l_step+210;
                        while(1)
                        {
                        if(l_wall) trim_l45();
                        if(r_90 > set90_r[6])
                        {
                        //      r90_edge = 0;
                                while(1)
                                {
                                if(l_wall) trim_l45();
                                if(r_90 < set90_rr)
                                {
                                temp = l_step+SIDE_DIST;
                                if(l_wall)  while(r_step  <  temp)
trim_l45();
                                else while(r_step < temp);
                                r_turn(); break;
                                }
                                } break;
                        }
                        else if(l_step>=temp) {r_turn(); break; }
                }
        } break;

    case AFTER :    movement = AFTER;
                if(f_wall)
                {
                        while(1)
                        {
                        if(l_wall) trim_l45();
                        if(l_f  >=  setf_l[1]  ||  r_f  >=  setf_r[1])  {
r_turn(); break; }
                        }
                }
                else
                {
                if(r_90 > set90_r[6])
                {
                //r90_edge = 0;
                while(1)
```

(계속)

```
                                {
                                        if(l_wall) trim_l45();
                                        if(r_90 < set90_rr)
                                        {
                                        temp = l_step+SIDE_DIST;
                                        if(l_wall) while(l_step < temp) trim_l45();
                                        else while(l_step < temp);
                                        r_turn(); break;
                                        }
                                }
                        }
                        else
                        {
                                temp = l_step+algostep;
                                if(l_wall) while(l_step < temp) trim_l45();
                                else while(l_step < temp);
                                r_turn();
                        }
                } break;
        }
        trans_pos();
}

void GO_BACK(BYTE dest)
{
        BYTE f_b = M_POS + front_block[M_DIR],c;
        BYTE temp_F = maze_data[f_b];

        if(movement == AFTER) set_dist(280);
        else set_dist(420);

        while(R_MODE)
        {
                if(l_f > setf_l[1] || r_f > setf_r[1]) { set_dist (190); break; }
        }
        while(R_MODE);

    read_sensor(100);
        if((BYTE)aver_r90 < set90_r[6] || (BYTE)aver_l90 < set90_l[6] || (BYTE)aver_lf  <
setf_l[1] || (BYTE)aver_rf < setf_r[1])
        {

                maze_data[M_POS + front_block[M_DIR]] = 0x00;
```

(계속)

```
			for(c=0;c<4;c++) maze_data[M_POS + front_block[M_DIR]+front_block[c]]
 &= remove_table[c];

			CLEAR_WALL_FLAG;

			read_sensor(100);
			if((BYTE)aver_l90 >= set90_ll) l_wall = TRUE;
			if((BYTE)aver_r90 >= set90_rr) r_wall = TRUE;
			if((BYTE)aver_lf >= setf_l[1] && (BYTE)aver_lf  >= setf_r[1]) f_wall =
 TRUE;

//			if(l_90 >= set90_ll) l_wall = TRUE;
//			if(r_90 >= set90_rr) r_wall = TRUE;
//			if(l_f  >= setf_l[4] && r_f  >= setf_r[4]) f_wall = TRUE;

				switch(M_DIR)
			{
				case NORTH : if(r_wall) temp_F |= 0x02;
						   if(l_wall) temp_F |= 0x08;
						    if(f_wall) temp_F |= 0x01;break;
				case SOUTH :	    if(r_wall) temp_F |= 0x08;
						    if(l_wall) temp_F |= 0x02;
						    if(f_wall) temp_F |= 0x04;break;
				case EAST :  if(r_wall) temp_F |= 0x04;
						    if(l_wall) temp_F |= 0x01;
						    if(f_wall) temp_F |= 0x02;break;
				case WEST  :	    if(r_wall) temp_F |= 0x01;
						    if(l_wall) temp_F |= 0x04;
						    if(f_wall) temp_F |= 0x08;break;
			}
			maze_data[f_b] |= temp_F;
			for(c=0;c<4;c++) if(temp_F&head_table[c]) maze_data[f_b+front_block[c]] |=
 opposite_table[c];

			change_ort_position();
			trans_pos();

			maze_data[M_POS] |= KNOWN;

			Delay_ms(500);

			if(f_wall)
			{
				move(1,1,2,200);
```

(계속)

```
            while(R_MODE)
            {
            if(l_f>setf_l[0] || r_f>setf_r[0]) { set_dist(2); break; }

            }
            while(R_MODE);
            trim_c();
        }

        if(r_wall == 0)
        {
            move(1,0,30,HALF_STEP);
            M_DIR = change_r[M_DIR];
            while(R_MODE);
            Delay_ms(5);
            move(1,1,SPEED_SEARCH,40000);
            while(1) if(l_step >= 50) break;
            l_step = r_step = 0;
        }
        else if(l_wall == 0)
        {
            move(0,1,30,HALF_STEP);
            M_DIR = change_l[M_DIR];
            while(R_MODE);
            Delay_ms(500);
            move(1,1,SPEED_SEARCH,40000);
            while(1) if(l_step >= 50) break;
            l_step = r_step = 0;
        }
      else if(f_wall == 0)
        {
            Delay_ms(500);
            move(1,1,SPEED_SEARCH,40000);
            while(1) if(l_step >= 50) break;
            l_step = r_step = 0;
        }
        else if(l_wall && r_wall && f_wall)
        {
            trim_corner(TRUE);
            M_DIR = change_u[M_DIR];
            Delay_ms(200);
            move(1,1,SPEED_SEARCH,40000);
        }
```

(계속)

```
        }
        else
        {
                if(corner_trim == TRUE)
                {
                        trim_corner(TRUE);
                        change_ort_position();
                        trans_pos();

                        maze_data[M_POS] |= KNOWN;
                        M_DIR = change_u[M_DIR];

                        Delay_ms(500);
                } else u_turn();
                move(1,1,SPEED_SEARCH,40000);
        }
}

BYTE dest_check(BYTE dest)
{
        if(dest && goal_test() && M_DIR < 4)
        {
                if(movement==AFTER) set_dist(250);
                else set_dist(370);

//              if(l_wall) while(R_MODE) trim_l45();
//              else if(r_wall) while(R_MODE) trim_r45();
//              else
                while(R_MODE);
                trim_goal();
                trans_pos();

                Delay_ms(5);
                return TRUE;
        }
        else if((M_POS+front_block[M_DIR] == 0x00) && M_DIR < 4)
        {
                set_speed(SPEED_SEARCH);
                if(current_speed >= 300) current_speed = 300;
                set_dist(400);

                while(R_MODE)
                {
```

(계속)

```
                if(l_f >= setf_l[1] || r_f >= setf_r[1]) { set_dist(190); break; }
            }

            while(R_MODE);
            Delay_ms(500);

            trim_corner(TRUE);
            change_ort_position();
            trans_pos();

            maze_data[M_POS] |= KNOWN;
            M_DIR = change_u[M_DIR];

            return TRUE;
        } else return FALSE;
}

void search(BYTE dest)
{

            LED(BOTH,ON);
            Delay_ms(100);
                LED(BOTH,OFF);
            Delay_ms(100);
            LED(BOTH,ON);
            Delay_ms(100);
                LED(BOTH,OFF);
            Delay_ms(100);
            LED(BOTH,ON);
            Delay_ms(100);
                LED(BOTH,OFF);
            Delay_ms(100);

        move(1,1,SPEED_SEARCH,60000);

        while(1)
        {
                get_wall_data();
                if(dest_check(dest)) break;

                if(l_wall && r_wall && f_wall) path_data[0] = U_TURN;
                else algo(dest);
```

(계속)

```
		switch(path_data[0])
		{
			case FRONT  :	if(path_data[1] == FRONT && path_data[2]
== FRONT && maze_data[M_POS+front_block[M_DIR]]&KNOWN &&
maze_data[M_POS+front_block[M_DIR]+front_block[M_DIR]]&KNOWN)  set_speed(700);
						else if(path_data[1] == FRONT &&
maze_data[M_POS+front_block[M_DIR]]&KNOWN)  set_speed(430);

						else set_speed(SPEED_SEARCH);
					GO_FRONT(ORT_BLOCK_STEP); break;
			case RIGHT_TURN		:	GO_RIGHT(30); break;
			case LEFT_TURN		:	GO_LEFT(30); break;
			case U_TURN	:	GO_BACK(dest); break;
		}
	}
}

void run(void)
{
	Delay_ms(100);
	set_mouse();
	set_maze();

	lcd_printf(0,0,"MOUSE   ");
	lcd_printf(1,0,"   READY");

	while(1)
	{
		while(1)
		{
			if(receive_flag)
			{
				receive_flag = 0;
				if(RxData_1 == 'S' || RxData_1 == 's' ) break;

				if(RxData_1 == 'C' || RxData_1 == 'c' )
				{
					set_mouse();
						set_maze();
				}
			}
			if(Get_Switch() == RIGHT) break;
		}
```

(계속)

```
                motor_set(TRUE);
                Delay_ms(1000);
                search(GOAL);


                Delay_ms(1000);
                search(HOME);

                motor_set(FALSE);
                Delay_ms(1000);

        }
}

void run_second(void)
{
        Delay_ms(100);
        set_mouse();

        lcd_printf(0,0,"MOUSE    ");
        lcd_printf(1,0,"    READY");

        while(1)
        {
                while(1)
                {
                    if(receive_flag)
                    {
                            receive_flag = 0;
                            if(RxData_1 == 'S' || RxData_1 == 's' ) break;

                        if(RxData_1 == 'C' || RxData_1 == 'c' )
                        {
                                set_mouse();
                                    set_maze();
                            }
                        }
                        if(Get_Switch() == RIGHT) break;
                }

                motor_set(TRUE);
                Delay_ms(1000);
                search(GOAL);
```

(계속)

```
                Delay_ms(1000);
                search(HOME);

                motor_set(FALSE);
                Delay_ms(1000);

        }
}
```

⑪ table.h 프로그램 파일

제2장 라인트레이서에서 제시한 파일과 내용이 동일함에 따라 이곳에서는 소개하지 않을 것이다. 참고해서 작업하기 바란다.

Chapter

05

Community Robot 제작 기술

Community Robot은 단어의 의미에서와 같이 군집해서 서로의 역할을 부여받아 동작이 가능하도록 제작한 이동형 로봇을 의미한다.

01 Community Robot 개발 환경

본 군집 로봇은 TI사에서 생산하는 DSP 프로세서를 탑재하고 있다. TMS320F2808라는 DSP로서 C2000 제품군의 최상위 그룹에 속하는 제품으로서, 최대 100MIPS의 연산 속도를 가지며 C2000 제품군에 속하는 만큼 PWM, ADC, QEPSPI 등과 같은 제어용 시스템에 필요한 여러 가지 주변 장치들을 내장하고 있다.

1. DSP 개발 환경 설치하기

TI사는 DSP기반 시스템 개발을 지원하기 위하여 Code Composer Studio(이하 CCS)라는 전용 Integrated Developement Environment(통합 개발 환경 – 이하 IDE)을 제공하고 있다. TI사의 DSP 제품군은 C6000, C5000, C2000, OMAP 등과 같이 여러 가지 제품군이 있다. TI사는 모든 제품군 개발에 이용할 수 있는 통합 버전의 CCS 및 가격 절하를 위하여 각각의 제품군 개발에만 이용할 수 있는 제품군 한정 버전의 CCS를 제공하고 있다. 여기서는 TMS320F2812라는 C2000 제품군 계열의 DSP를 사용하기 위하여 Code Composer Studio IDE V3.3을 사용한다.

CCS는 구입하는 방법 이외에 TI사의 홈페이지를 통하여 트라이얼 버전을 다운로드해서 이용해 볼 수 있다. 홈페이지 주소는 다음과 같다.

http://focus.ti.com/docs/toolsw/folders/print/ccstudio.html

트라이얼 버전이라 하더라도 에디터 컴파일러 등 구매품과 같은 기능을 가지므로 여러 가지 기능 학습을 해 볼 수 있다.

2. CCS 설치하기

01 여기서는 CD에서 설치하는 것을 기준으로 설명한다. 기본적으로 CD이거나 또는 웹에서 다운로드 할 버전이라 설치방법은 동일하다. 우선 CCS 설치를 위하여 CD를 드라이브에 삽입한다. CD를 삽입하고 인스톨 프로그램이 실행되면 그림 5.1과 같은 화면을 볼 수 있게 된다. CCS 설치 프로그램이 전체 프로그램 설치를 위하여 컴퓨터 내의 설치 공간 확보를 위한 계산을 하는 화면이다.

그림 5.1 CCS 설치 준비 화면-1

02 충분한 설치 공간이 확보되어 있다면 그림 5.1의 화면은 수초 후 자동으로 설치 초기화면으로 진행되며 검사하는 도중에 오른쪽 아래의 Cancel 버튼을 누르면 설치가 중단된다. 만약 공간이 부족하다면 설치를 종료하고 설치를 위한 공간을 먼저 확보한 다음에 다시 설치를 진행하기 바란다.

그림 5.2 CCS 설치 준비 화면-2

03 설치 과정이 시작됨을 알려 주는 화면이다. 메시지에는 설치를 시작하기 전에 다른 윈도를 프로그램을 종료하기를 강력하게 권한다고 되어 있으며 가급적이면 안정적인 설치를 위하여 다른 실행중인 프로그램이 있다면 종료하기 바란다. 준비가 되면 “Next” 탭을 클릭하여 다음 과정으로 진행하도록 하며 필요한 경우 “Cancel” 탭을 클릭하여 설치를 중단할 수 있다.

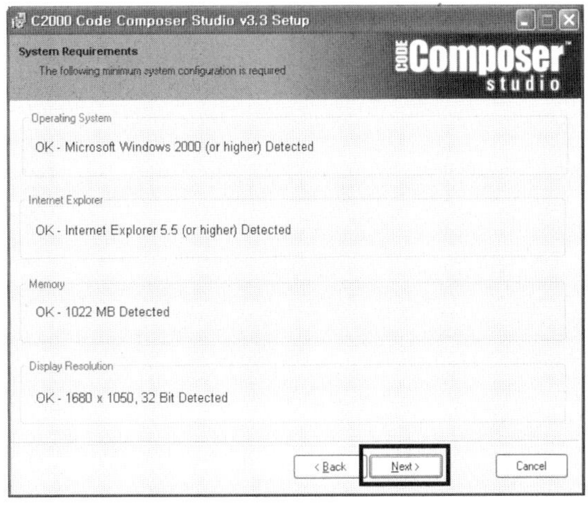

그림 5.3 CCS 설치 준비 화면-3

04 그림 5.3의 화면은 CCS 프로그램이 실행되기 위한 컴퓨터의 최소 사양 조건을 나타내며, 또한 현재 설치를 진행 중이 컴퓨터가 그 조건을 만족하고 있음을 나타내어 준다. 설치를 위한 조건은

Operating System – Micro Soft Windows 2000 이상
Internet Explorer – Internet Explorer 5.5 이상
Memory – 1022MB 이상
Display Resolution – 1680 x 1050

와 같이 검색되었다. 만약 위의 조건을 만족하지 않는다면 프로그램의 정확한 신뢰도를 확보할 수 없으므로 사양을 만족시킨 후 프로그램을 설치하도록 한다.

05 그림 5.4는 CCS를 사용하기 위한 Software License에 관련한 사항들을 동의하는가에 대한 화면이다. CCS라는 소프트웨어를 사용하기 위한 기본적인 사항들을 나열하고 있으며 별다른 이의사항이 없다면 그림 5.5에서와 같이 "I accept the License Agreement" 사항을 선택하도록 한다.
라이센스 사항에 동의를 하면 화면 아래에 "Next" 탭이 활성화되며 이를 클릭하여 다음 설치 과정으로 진행하도록 한다.

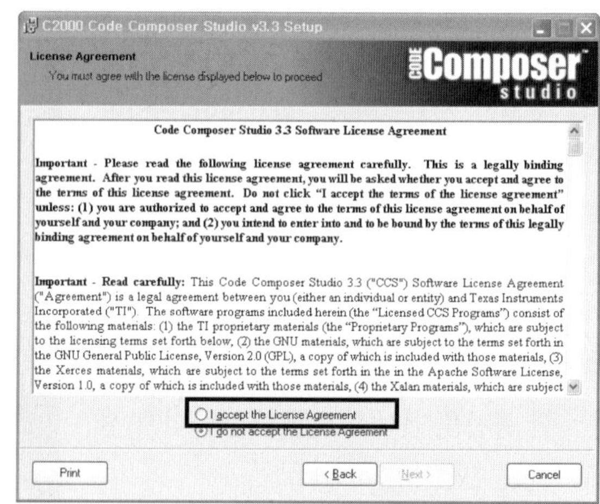

그림 5.4 CCS 설치 준비 화면-4

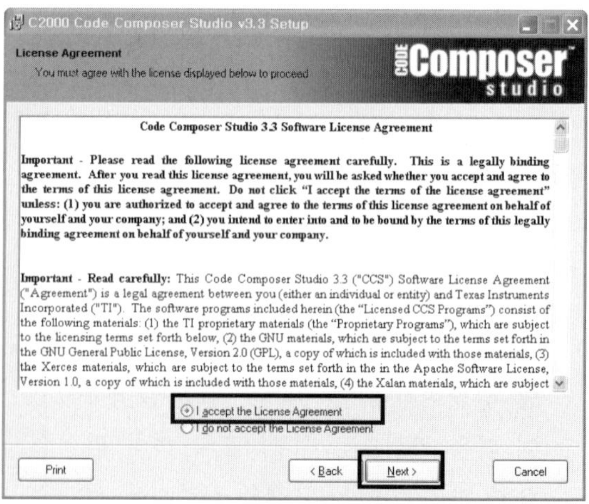

그림 5.5 CCS 설치 준비 화면-5

06 CCS를 어떤 형태로 설치할 것인가에 대한 선택 화면이다.

- Typical Install: 가장 일반적인 형태의 설치로 대부분의 일반 사용자에게 해당된다.
- Debugger-Only Install: 디버깅을 위한 최소 사양으로 설치된다. 고급 사용자에게 해당된다.
- Custom Install: 사용자가 원하는 옵션들만을 설치할 수 있다. 고급 사용자에게 해당된다.

여기서는 Typical Install 사항을 선택하여 CCS를 설치한다.

Typical Install 왼쪽의 그림 부분을 클릭하여 다음으로 진행하도록 한다.

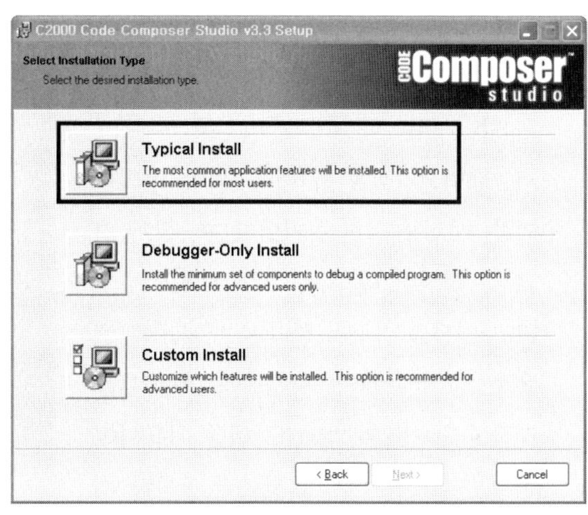

그림 5.6 CCS 설치 준비 화면-6

07 그림 5.7은 프로그램을 설치는 경로를 설정하는 화면이다. 만약 다음 경로에 CCS를 설치하기를 원한다면 "Browse" 탭을 선택하여 원하는 경로를 설정하면 된다. 하지만 DSP를 개발하기 위해서는 많은 다른 프로그램들을 사용해야 하며, 이 프로그램들은 CCS와 연동되는데 설치 경로를 공유하기 때문에 특별한 이유가 없는 한 기본 설정 경로에 설치하도록 한다. 그림 중간 하단의 메시지는 CCS를 설치하기 위해서는 349 MB의 공간이 필요함을 보여 준다. "Next" 탭을 클릭하여 다음 과정으로 진행하도록 한다.

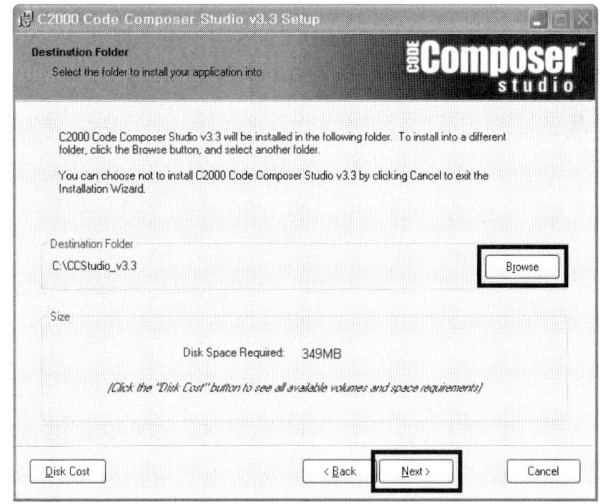

그림 5.7 CCS 설치 준비 화면-7

08 그림 5.8은 설치를 진행하기 위한 모든 준비가 끝났고 설치 준비가 완료되었음을 알려 주는 화면이다. 설치를 하는 프로그램명은 CCS 3.3이며 설치 형태는 일반, 설치를 위한 공간의 크기, 설치 경로 등 설정한 내용들을 보여 주고 있다. 만약 설정을 바꾸려 한다면 "Cancel" 탭을 이용하여 설치를 중지한 후 재설치를 시작하거나 또는 "Back" 탭을 이용하여 변경을 원하는 이전 과정으로 돌아갈 수 있다. 설정된 내용을 확인한 후 "Install Now" 탭을 클릭하여 설치를 시작하도록 한다.

09 그림 5.9와 그림 5.10은 설치가 진행 중임을 보여 주고 있다. 중간에 설치를 중단하려면 "Cancel" 탭을 클릭하면 설치를 중단할 수 있다.

그림 5.8 CCS 설치 준비 화면-8

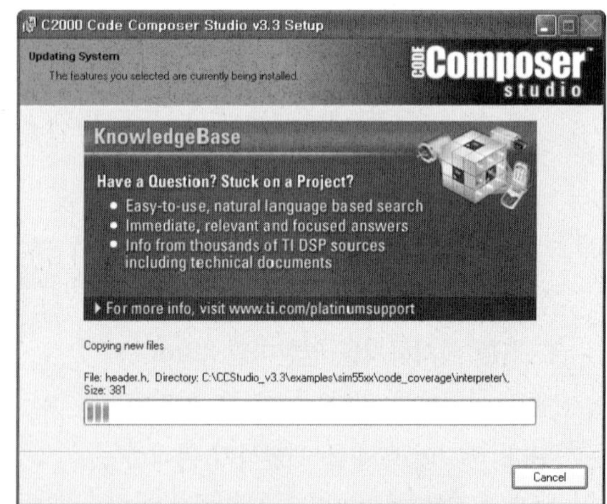

그림 5.9 CCS 설치 준비 화면-9

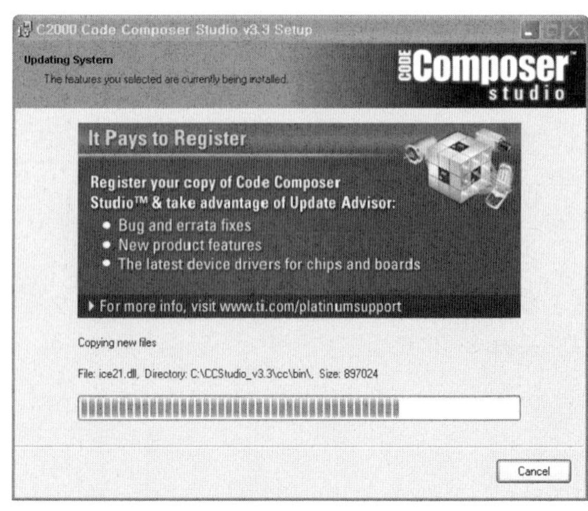

그림 5.10 CCS 설치 준비 화면-10

10 그림 5.11은 CCS의 스크립트 기능을 사용하기 위해서는 ActiveState Perl v5.8이 필요한데 설치되어 있지 않음을 알려 주는 경고 메시지창이다. "확인"을 클릭도록 한다.

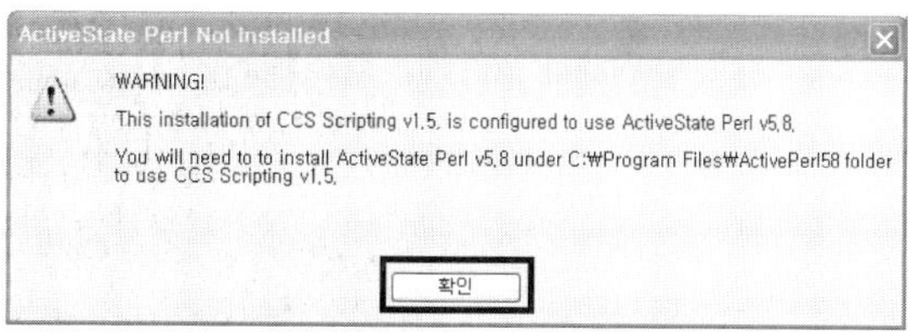

그림 5.11 CCS 설치 준비 화면-11

11 그림 5.12는 설치가 성공적으로 끝났음을 알려 준다. "Finish" 탭을 클릭하여 설치 과정을 종료하도록 한다.

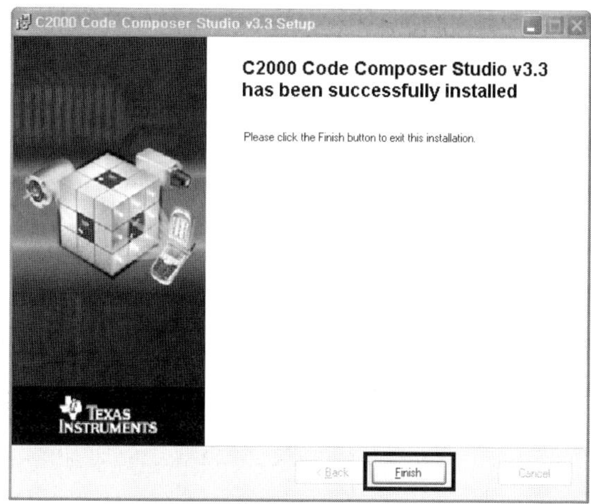

그림 5.12 CCS 설치 준비 화면-12

12 그림 5.13은 설치가 종료된 후 TI사의 홈페이지에 회원 등록창으로 자동으로 연결된 모습이다. TI사에서는 DSP를 원활히 개발할 수 있도록 수많은 어플리케이션 노트와 데이터들을 제공하고 있다. 따라서 회원으로 등록하여 데이터들을 제공받도록 하자.

앞에서 제시한 것과 같이 모든 과정이 정상적으로 종료되면 바탕 화면에 "CC Studio v3.3"이라는 아이콘과 "Setup CCStudio v3.3"이라는 아이콘이 생성된다.

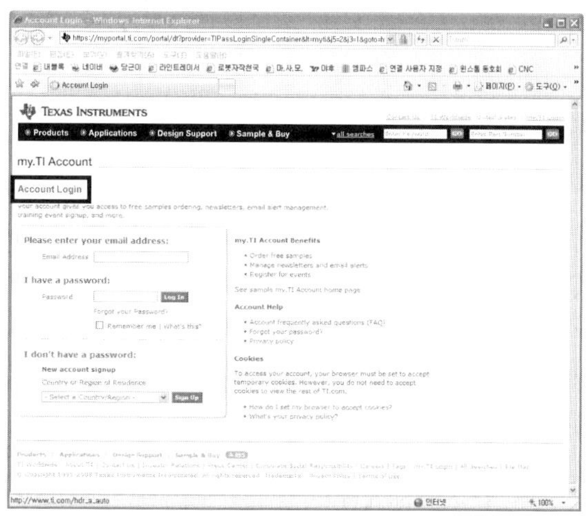

그림 5.13 CCS 설치 준비 화면-13

02 Community Robot 개발 환경 업데이트

CCS는 출시된 후 꾸준한 기능 향상을 위한 업데이트를 하고 있다. 여기서는 CCS를 원활한 최신 기능으로 사용하기 위한 업데이트하는 과정을 소개한다. 업데이트는 기본적으로 TI사의 홈페이지를 통하여 웹다운로드로 관련 파일을 내려받을 수 있지만 여기서는 업데이트에 관련된 파일을 가지고 업데이트 과정을 진행하도록 한다. 업데이트에 관련된 모든 파일은 종류별로 나뉘어져 자료 CD에 포함되어 있으니 참고하기 바란다. 여기서는 내가 갖고 있는 자료를 참고해서 제시하니 독자 여러분은 각자의 상황에 맞게 작업하기 바란다.

자료 CD 내의 "1_CCS3.3 관련 업데이트" 폴더 내에 1번 폴더인 "1_ServiceReleases" 폴더를 참고하도록 하자. 업데이트 관련 폴더 내부에는 총 4가지 폴더가 있으며, 각각 업데이트에 관련된 파일들이 들어 있다. 설치 순서에는 크게 상관은 없으나 가급적이면 폴더의 번호순으로 설치를 하도록 한다.

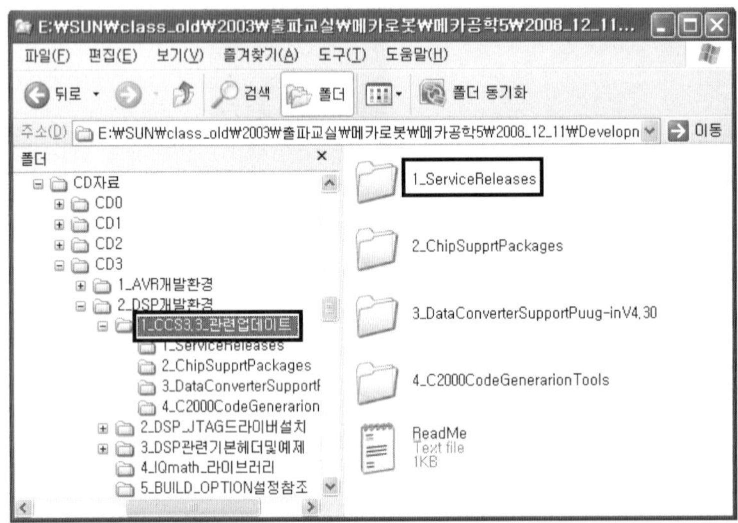

그림 5.14 Service Releases Update-1

1. Service Releases Updata CCS v3.3을 v3.38.6으로 업데이트하기

01 CCS3.3의 자체의 기능들에 대한 업데이트 파일이다. 서비스 릴리즈 업데이트는 CCS3.3을 3.3.81.6으로 버전 업데이트해 준다. 폴더 내에 있는 "CCS_v3.3_SR11_81.6.2.exe" 파일을 더블 클릭하여 업데이트를 시작할 수 있다.

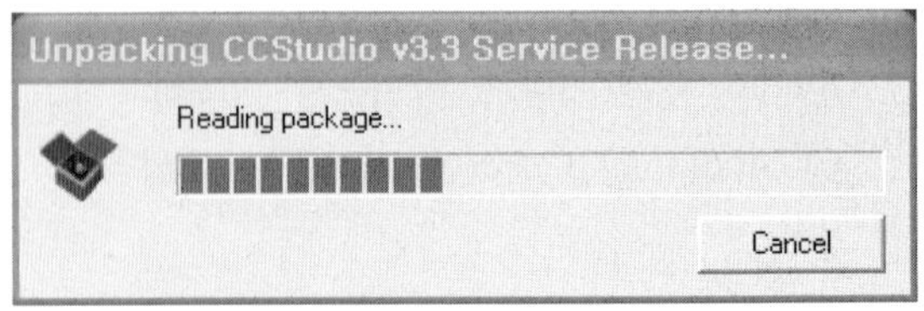

그림 5.15 Service Releases Update-2

02 설치를 위하여 압축된 패키지를 해제한다. 자동으로 다음 과정으로 진행된다.

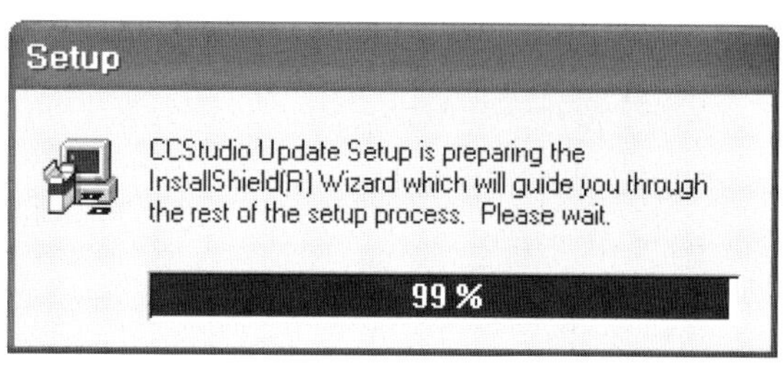

그림 5.16 Service Releases Update-3

03 패키지 압축을 해제한 후 설치 과정을 위한 준비를 하게 된다. 자동으로 다음 과정으로 진행된다.

04 설치 과정이 시작됨을 알려 주는 화면이다. 메시지에는 설치를 시작하기 전에 다른 윈도를 프로그램을 종료하기를 강력하기 권한다고 되어 있으며 가급적이면 안정적인 설치를 위하여 다른 실행중인 프로그램이 있다면 종료하기 바란다. 준비가 되면 "Next" 탭을 클릭하여 다음 과정으로 진행하도록 하며 필요한 경우 "Cancel" 탭을 클릭하여 설치를 중단할 수 있다.

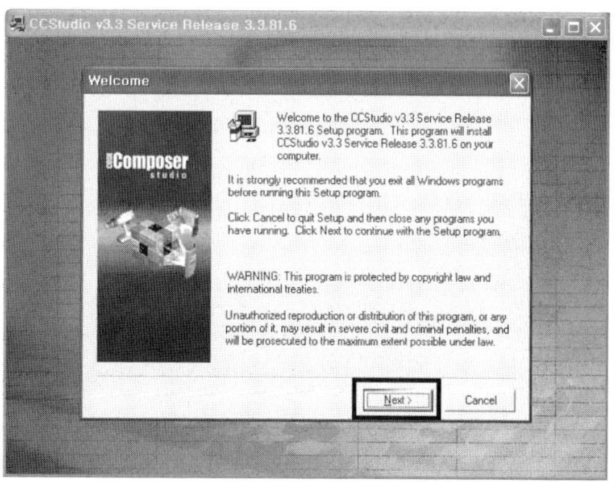

그림 5.17 Service Releases Update-4

05 그림 5.18은 서비스 릴리즈 업데이트를 수행하는 것에 대한 Software License에 관련한 사항들을 동의하는가에 대한 화면이다. 서비스 릴리즈 업데이트 소프트웨어를 사용하기 위한 기본적인 사항들을 나열하고 있으며, 별다른 이의 사항이 없다면 "Yes" 탭을 이용하여 다음 과정으로 진행하도록 하자. 만약 이전 과정으로 돌아가고 싶다면 "<Back" 탭을 이용하여 돌아갈 수 있으며, 라이센스에 동의하지 못한다면 "No" 탭을 이용하여 설치 과정을 중단할 수 있다.

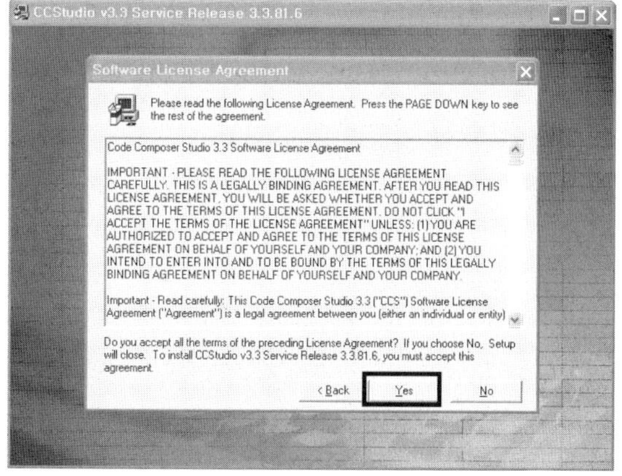

그림 5.18 Service Releases Update-5

06 그림 5.19는 CCS Scripting v1.5를 사용하기 위해서는 Active State Perl이 설치되어 있어야만 한다는 내용이다. 만약 설치되어 있다면 설치된 버전으로 선택하면 되며, 설치되어 있지 않다면 "Not installed" 항목을 선택한 후 "Next" 탭을 이용하여 다음 항목으로 진행하도록 한다.

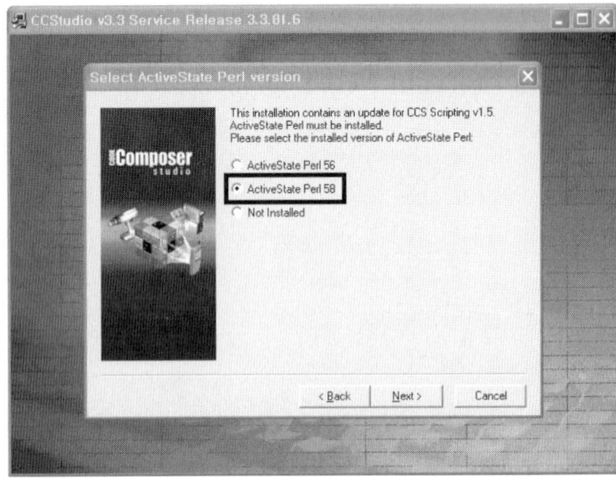

그림 5.19 Service Releases Update-6

07 그림 5.20은 서비스 릴리즈 업데이트 설치 프로그램이 설치를 하는 과정에 필요한 정보들을 보여 주는 화면이다. 화면에서 보듯이 업데이트 타깃으로 CCS 3.3이 설치되어 있으며, 설치에 필요한 공간과 하드 드라이브에 여유 공간이 얼마만큼 남아 있음을 보여 주고 있다. 설치 과정을 진행하려면 "Next" 탭을 클릭하여 다음과정으로 진행하고, 만약 그렇지 않고 설치 정보를 변경하려면 "<Back" 탭을 이용하고, 종료하려면 "Cancel" 탭을 이용하면 된다.

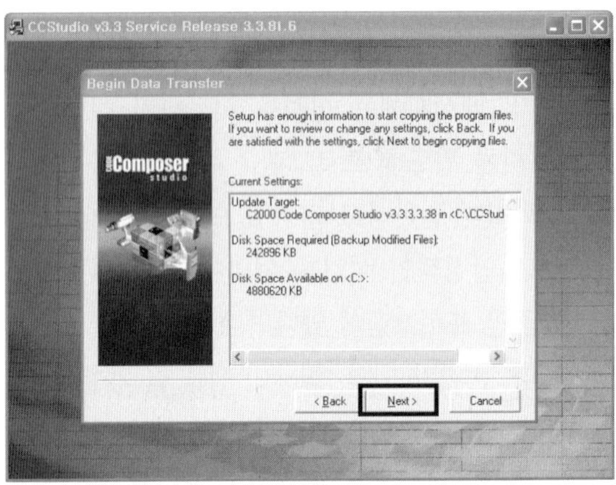

그림 5.20 Service Releases Update-7

08 그림 5.21은 설치가 시작되고 먼저 업데이트되는 파일들은 백업하고 있음을 알려 준다.

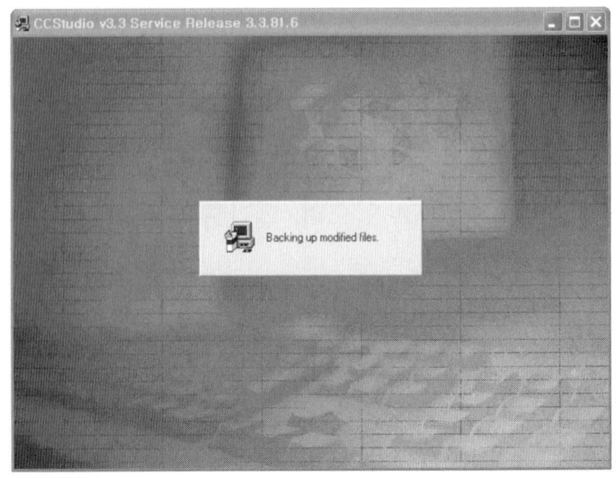

그림 5.21 Service Releases Update-8

09 그림 5.22는 파일 백업이 끝나고 업데이트 파일들을 복사하고 있음을 알려 준다.

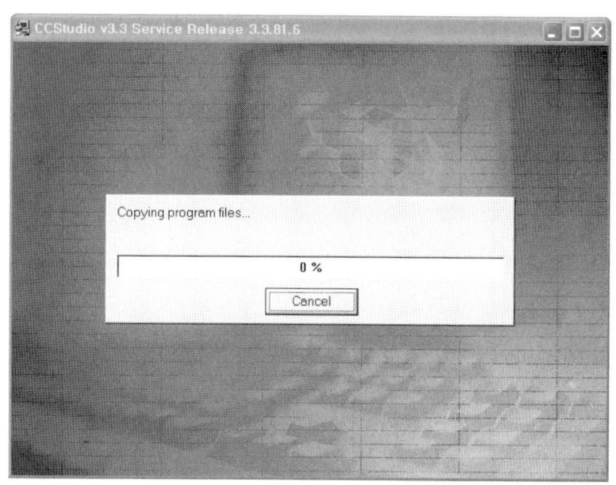

그림 5.22 Service Releases Update-9

10 그림 5.23은 전체 설치 과정이 정상적으로 종료되었음을 알려 준다. "확인"을 클릭하여 프로그램 설치를 마치도록 한다.

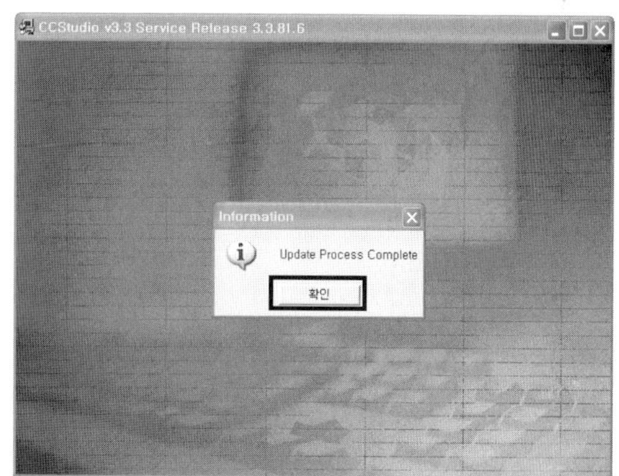

그림 5.23 Service Releases Update-10

2. Chip Support Package 설치하기

TI사는 여러 가지 DSP 제품군을 라인업하고 있으며 또한 꾸준히 새로운 기능의 DSP 칩들을 출시하고 있다. 여기서는 CCS가 최초 출시된 후 개발되어 출시된 새로운 DSP 칩들을 위한 지원 환경을 업데이트하는 과정을 소개한다. 업데이트는 기본적으로 TI사의 홈페이지를 통하여 웹 다운로드로 관련 파일을 내려받을 수 있지만, 여기서는 업데이트에 관련된 파일을 가지고 업데이트 과정을 진행하도록 한다. 업데이트에 관련된 모든 파일은 종류별로 나뉘어져 자료 CD에 포함되어 있는 것을 이용할 것이니 독자 여러분은 각자의 여건에 맞는 상황에서 참고하여 작업하기 바란다.

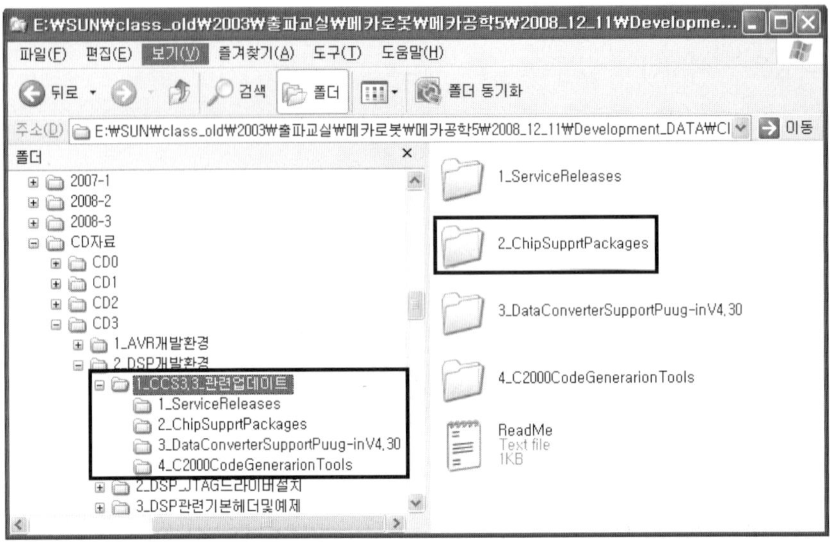

그림 5.24 Chip Support Package 설치하기-1

01 자료 CD 내의 "1_CCS3.3 관련 업데이트" 폴더 내에 2번 폴더인 "2_Chip SupprtPackages" 폴더를 참고하도록 한다.

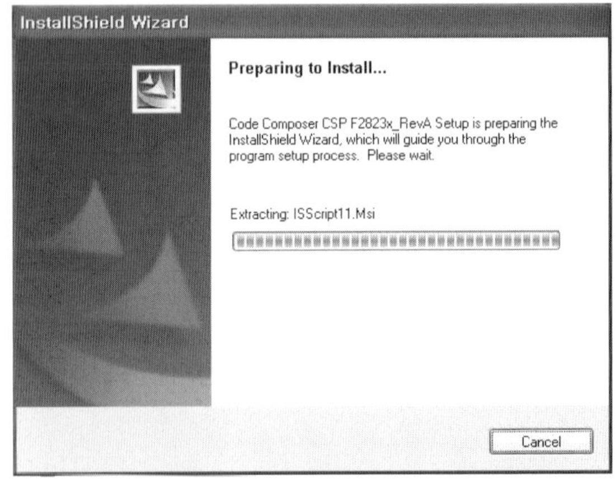

그림 5.25 Chip Support Package 설치하기-2

02 자료 CD 내의 "F2823x_RevA_CSP.exe" 파일을 더블 클릭하여 프로그램 설치를 시작하면 그림 5.26과 같은 화면을 볼 수 있다. 화면에서 보는 것과 같이 프로그램 설치를 위한 준비 과정이 진행됨을 알 수 있다.

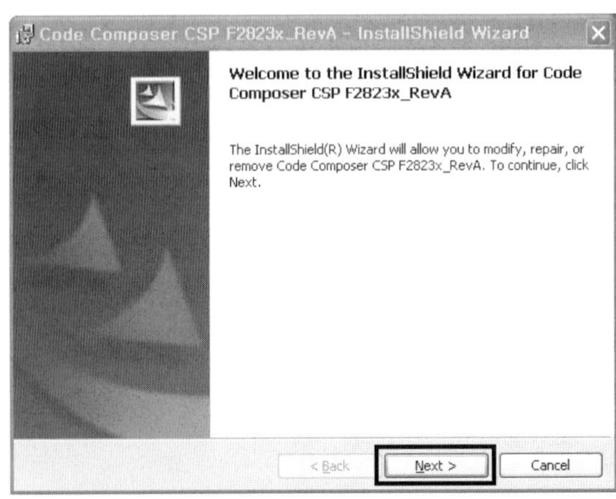

그림 5.26 Chip Support Package 설치하기-3

03 설치를 위한 준비 과정이 끝나면 그림 5.26과 같은 화면을 볼 수 있으며, 설치를 계속하려면 "Next" 탭을 클릭하여 다음 과정으로 진행하면 되고 만약 설치를 원하지 않는다면 "Cancel" 탭을 이용하여 설치를 중단하면 된다.

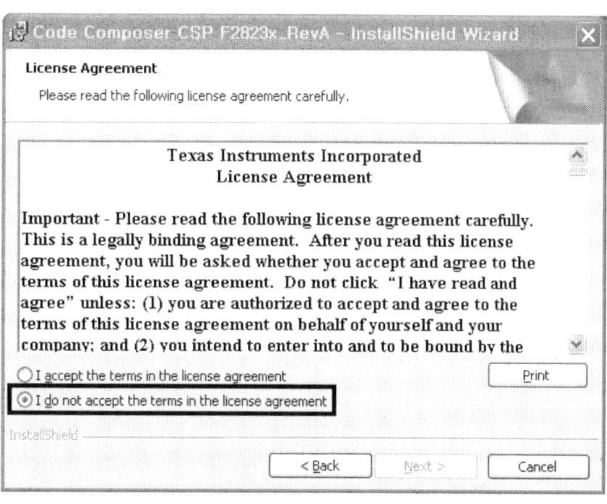

그림 5.27 Chip Support Package 설치하기-4

04 그림 5.27은 Chip Supprt Package를 사용하기 위한 Software License에 관련한 사항들을 동의하는가에 대한 화면이다. Chip Supprt Package라는 소프트웨어를 사용하기 위한 기본적인 사항들을 나열하고 있으며, 별다른 이의 사항이 없다면 그림 5.28에서와 같이 "I accept the License Agreement" 사항을 선택하도록 한다. 라이센스 사항에 동의를 하면 화면 아래에 "Next" 탭이 활성화되며 이를 클릭하여 다음 설치 과정으로 진행하도록 한다.

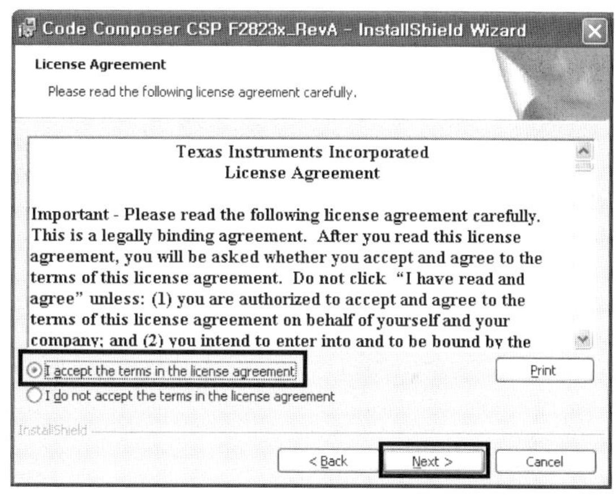

그림 5.28 Chip Support Package 설치하기-5

05 그림 5.29는 프로그램을 설치는 경로를 설정하는 화면이다. 기본적으로 CCS가 설치된 경로가 default 경로인 "c:\ccs-tutod_v3.3\"이라면 "Next" 탭을 이용하여 다음 과정으로 진행하면 되고, 만약 CCS가 다른 경로에 설치되어 있다면 "Change" 탭을 이용하여 CCS가 설치된 경로를 지정해 주면 된다.

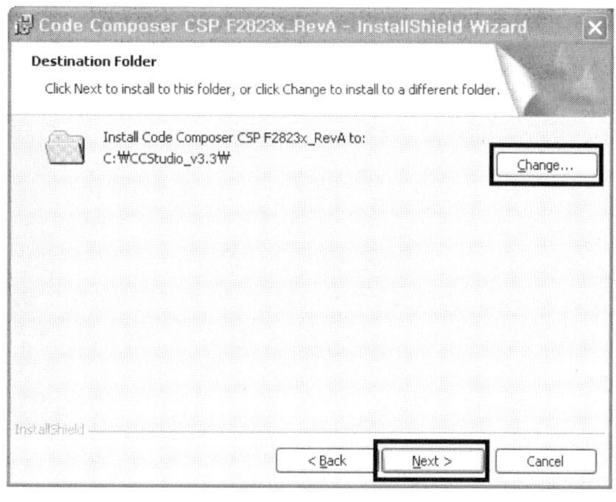

그림 5.29 Chip Support Package 설치하기-6

06 그림 5.30은 프로그램 설치를 위한 모든 준비 과정이 끝나서 프로그램 설치 시작을 기다리는 화면이다. 만약 설치에 필요한 조건을 변경하고 싶다면 "<Bcak" 탭을 클릭하여 이전 과정으로 돌아가서 조정을 할 수 있으며, 설치를 중단하고 싶다면 "Cancel" 탭을 클릭하여 설치 과정을 중단할 수 있다. 설치를 계속하려면 "Install" 탭을 클릭하여 설치를 시작하도록 한다.

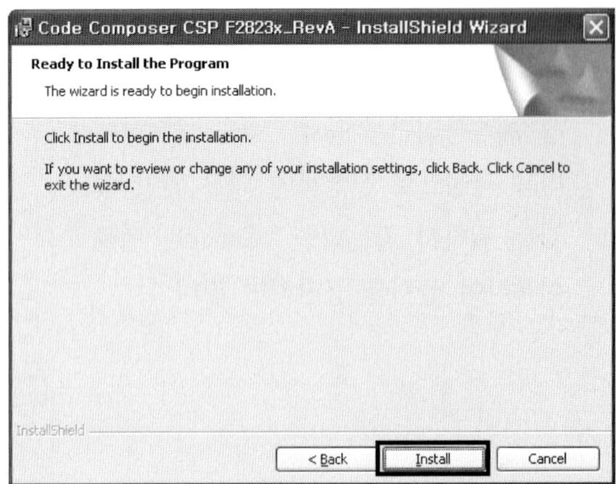

그림 5.30 Chip Support Package 설치하기-7

07 그림 5.31은 설치가 진행 중임을 보여 준다.

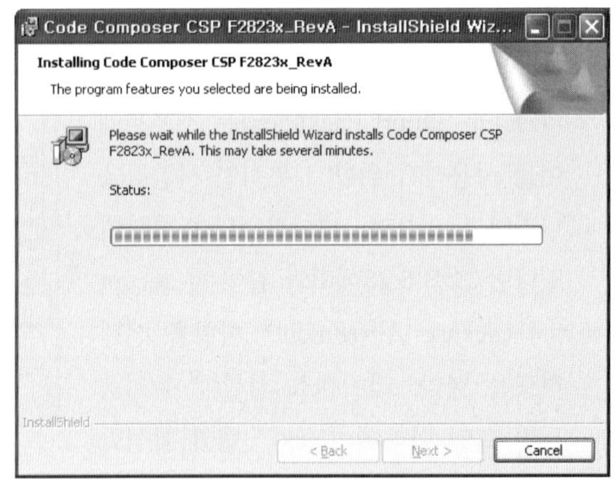

그림 5.31 Chip Support Package 설치하기-8

08 그림 5.32는 설치가 정상적으로 완료되었음을 보여 준다. "Finish" 탭을 이용하여 설치를 마치도록 한다.

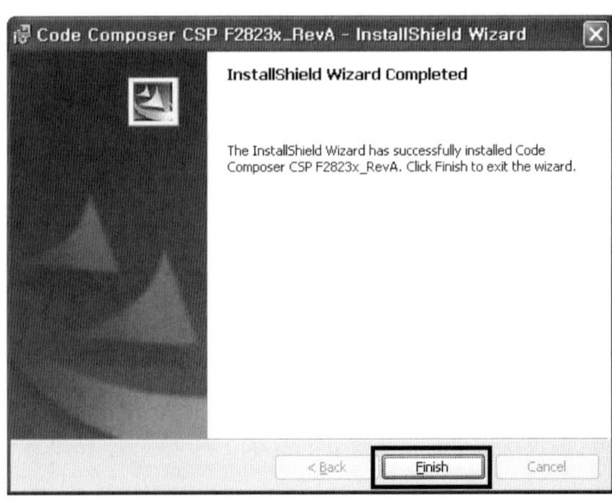

그림 5.32 Chip Support Package 설치하기-9

3. Data Converter Sup.port Puug - in V4.30 설치하기

CCS는 통합 개발 환경인 만큼 여러 가지 기능들을 내장하고 있다. Data Converter Plug - in은 CCS가 가진 기능 중 데이터 분석 기능에 해당하는 것으로서 개발 과정 중 필요한 여러 정보들을 사용자가 원하는 형태의 데이터로 변형하여 준다. 업데이트는 기본적으로 TI사의 홈페이지를 통하여 웹다운로드로 관련 파일을 내려받을 수 있지만 여기서는 업데이트에 관련된 파일을 가지고 업데이트 과정을 진행하도록 한다. 업데이트에 관련된 모든 파일은 종류별로 나뉘어져 자료 CD에 포함되어 있는 것을 이용할 것이니 독자 여러분은 각자의 여건에 맞는 상황에서 참고하여 작업하기 바란다.

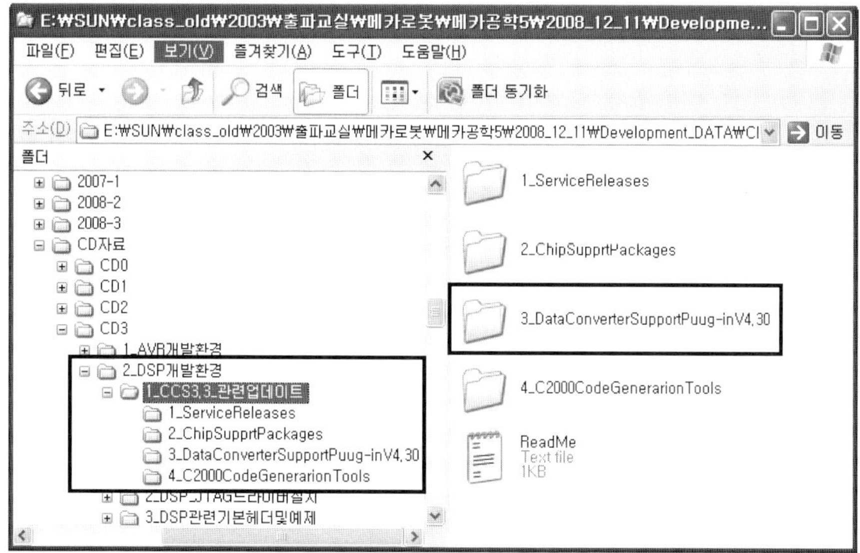

그림 5.33 Data Converter Support Puug-in V4.30" 설치하기-1

01 자료 CD 내의 "1_CCS3.3 관련 업데이트" 폴더 내에 3번 폴더인 "3_Data ConverterSupportPuug - inV4.30" 폴더를 참고하도록 한다.

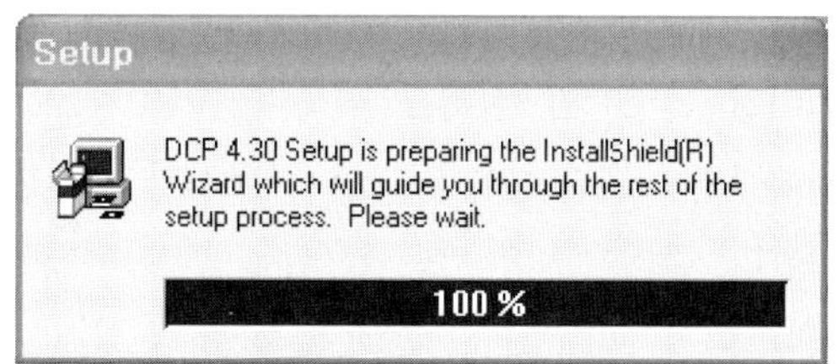

그림 5.34 Data Converter Support Puug-in V4.30" 설치하기-2

02 폴더 내의 "DCSP_4.30.EXE" 파일을 더블 클릭하여 프로그램 설치를 시작하면 그림 5.34와 같이 설치 준비 화면을 볼 수 있다.

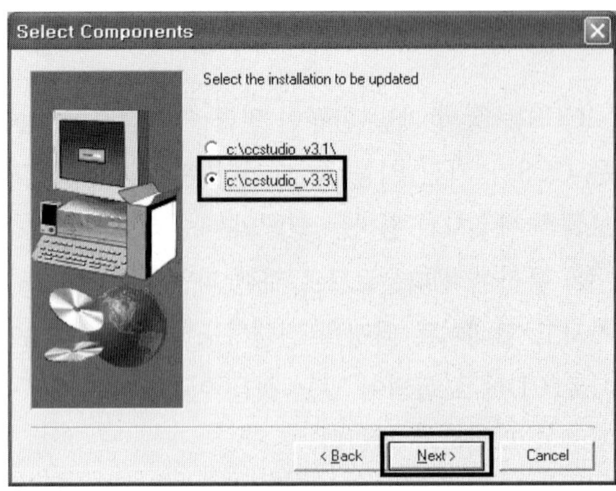

그림 5.35 Data Converter Support Puug-in V4.30" 설치하기-3

03 그림 5.36은 Data Converter Support Puug-inV4.30이 업데이트하게 되는 CCS의 버전을 묻고 있다. 우리는 여기서 CCS V3.3을 이용하고 있으므로 아래의 CCS V3.3 항목을 선택한 후 "Next" 탭을 이용하여 다음 과정으로 진행하도록 한다.

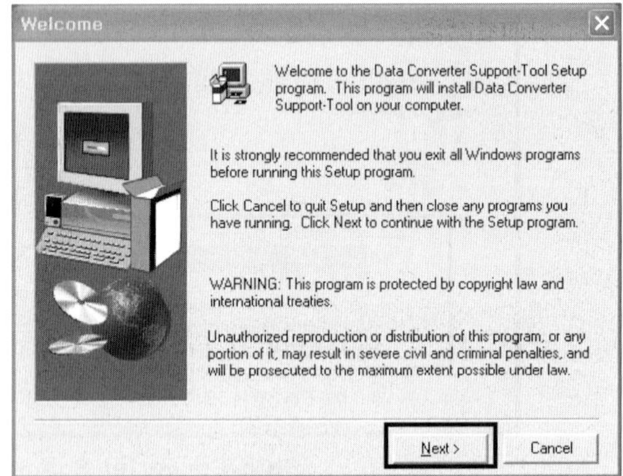

그림 5.36 Data Converter Support Puug-in V4.30" 설치하기-4

04 설치 과정이 시작됨을 알려 주는 화면이다. 메시지에는 설치를 시작하기 전에 다른 윈도를 프로그램을 종료하기를 강력하게 권한다고 되어 있으며, 가급적이면 안정적인 설치를 위하여 다른 실행중인 프로그램이 있다면 종료하기 바란다. 준비가 되면 "Next" 탭을 클릭하여 다음 과정으로 진행하도록 하며 필요한 경우 "Cancel" 탭을 클릭하여 설치를 중단할 수 있다.

05 그림 5.37은 Data Converter Support Puug-inV4.30을 설치하는 것에 대한 Software License에 관련한 사항들을 동의하는가에 대한 화면이다. Data Converter Support Puug-inV4.30을 사용하기 위한 기본적인 사항들을 나열하고 있으며, 별다른 이의 사항이 없다면 "Yes" 탭을 이용하여 다음 과정으로 진행하도록 한다. 만약 이전 과정으로 돌아가고 싶다면 "<Back" 탭을 이용하여 돌아갈 수 있으며, 라이센스에 동의하지 못한다면 "No" 탭을 이용하여 설치 과정을 중단할 수 있다.

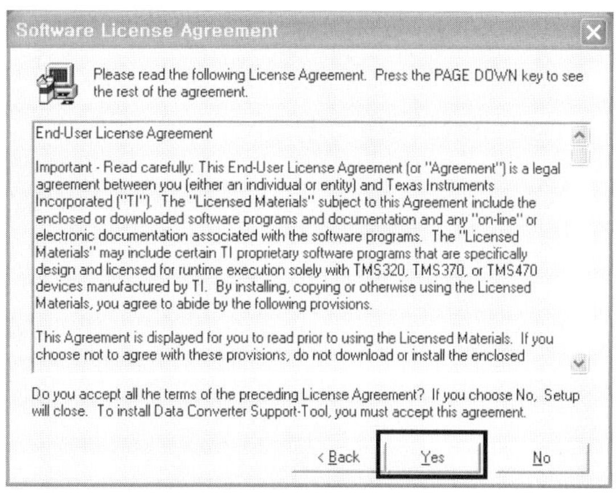

그림 5.37 Data Converter Support Puug-in V4.30" 설치하기-5

06 그림 5.38은 프로그램을 설치는 경로를 설정하는 화면이다. 기본적으로 CCS가 설치된 경로가 default 경로인 "c:\cstutod_v3.3\" 이라면 "Next" 탭을 이용하여 다음 과정으로 진행하면 되고, 만약 CCS가 다른 경로에 설치되어 있다면 "Browse" 탭을 이용하여 CCS가 설치된 경로를 지정해 주면 된다.

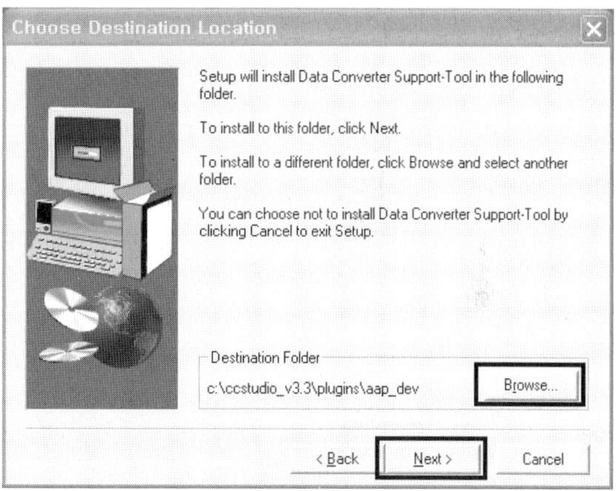

그림 5.38 Data Converter Support Puug-in V4.30" 설치하기-6

07 그림 5.39는 설치가 진행 중임을 보여 주고 있다.

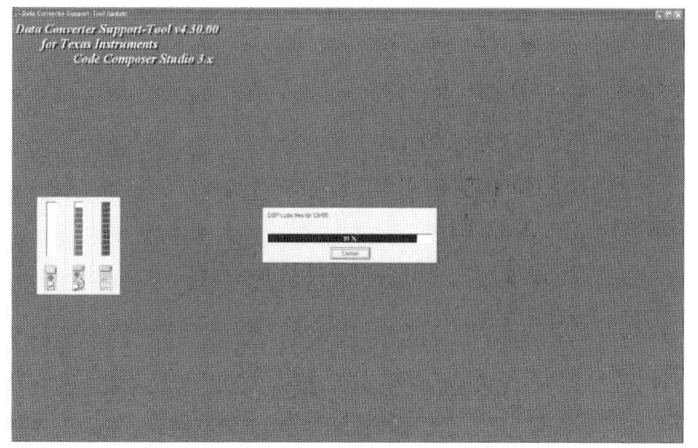

그림 5.39 Data Converter Support Puug-in V4.30" 설치하기-7

08 그림 5.40은 설치가 정상적으로 완료되었음을 보여 준다. "Finish" 탭을 이용하여 설치를 마치도록 한다.

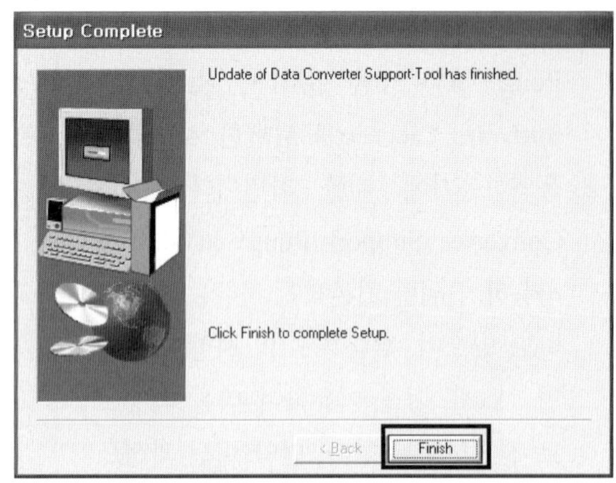

그림 5.40 Data Converter Support Puug-in V4.30" 설치하기-8

4. C2000 Code Generarion Tools 설치하기

C2000 Code Generation Tool은 CCS에 내장된 컴파일러의 기능 향상을 위한 Tool이다. 보다 최적화된 컴파일을 하기 위한 Tool인 것이다. 업데이트는 기본적으로 TI사의 홈페이지를 통하여 웹다운로드로 관련 파일을 내려받을 수 있지만, 여기서는 업데이트에 관련된 파일을 가지고 업데이트 과정을 진행하도록 한다. 업데이트에 관련된 모든 파일은 종류별로 나뉘어져 자료 CD에 포함되어 있는 것을 이용할 것이니 독자 여러분은 각자의 여건에 맞는 상황에서 참고하여 작업하기 바란다.

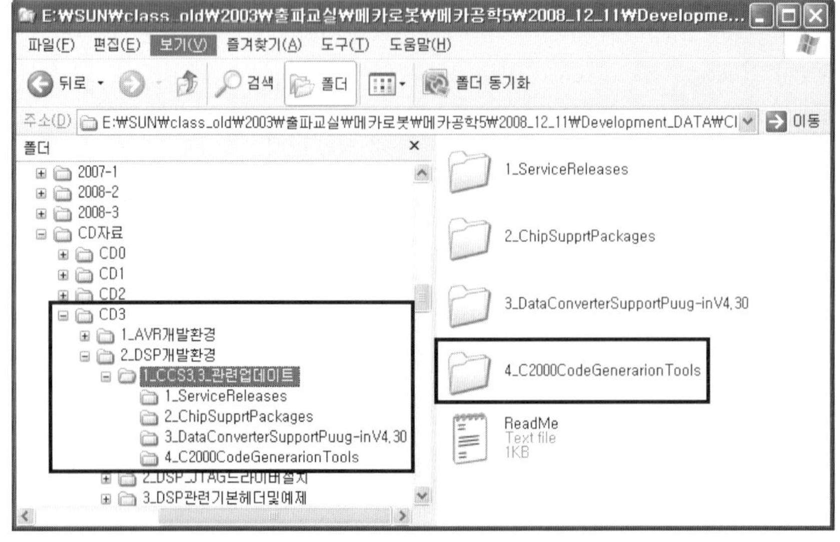

그림 5.41 C2000 Code Generarion Tools 설치하기-1

01 자료 CD 내의 "1_CCS3.3 관련 업데이트" 폴더 내에 4번 폴더인 "4_C2000 CodeGenerarionTools" 폴더를 참고하도록 한다.

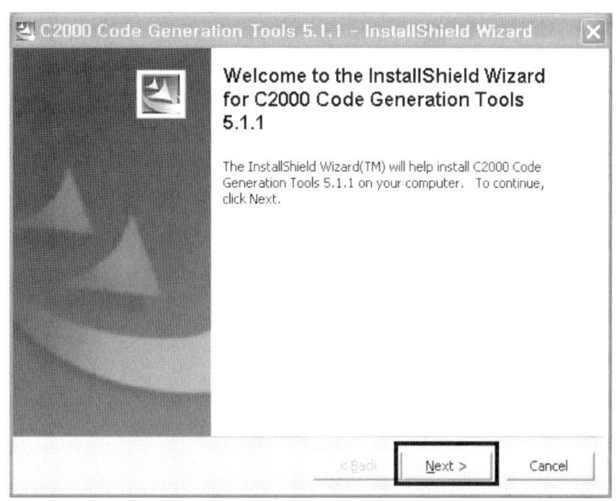

그림 5.42 C2000 Code Generarion Tools 설치하기-2

02 그림 5.43은 설치 과정이 시작됨을 알려 주는 화면이다. 준비가 되면 "Next" 탭을 클릭하여 다음 과정으로 진행하도록 하며, 필요한 경우 "Cancel" 탭을 클릭하여 설치를 중단할 수 있다.

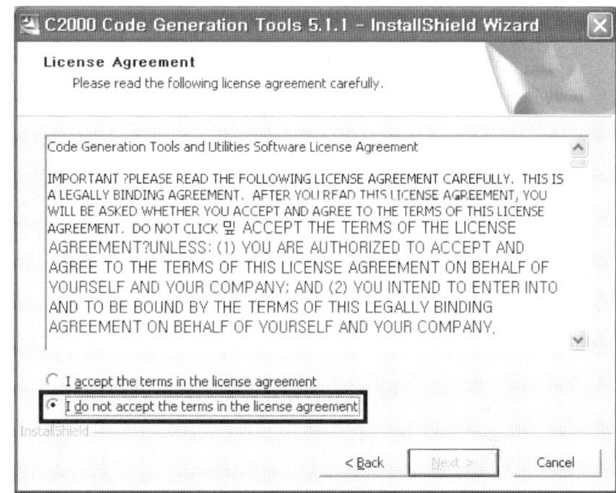

그림 5.43 C2000 Code Generarion Tools 설치하기-3

03 그림 5.43은 Code Generation Tool을 사용하기 위한 Software License에 관련한 사항들을 동의하는가에 대한 화면이다. Code Generation Tool라는 소프트웨어를 사용하기 위한 기본적인 사항들을 나열하고 있으며, 별다른 이의 사항이 없다면 그림 5.44에서와 같이 "I accept the License Agreement" 사항을 선택하도록 한다. 라이센스 사항에 동의를 하면 화면 아래에 "Next" 탭이 활성화되며 이를 클릭하여 다음 설치 과정으로 진행하도록 한다.

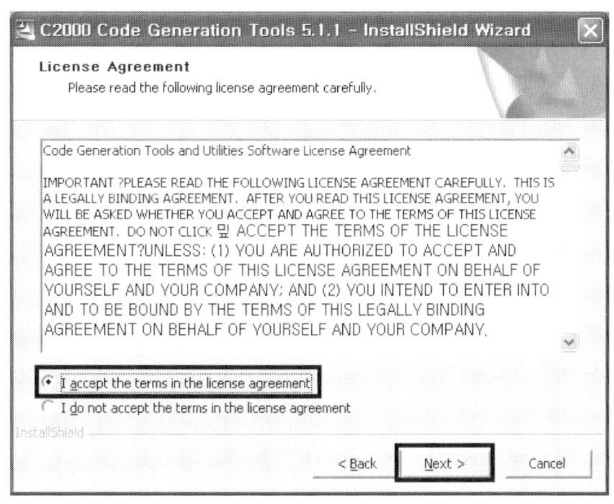

그림 5.44 C2000 Code Generarion Tools 설치하기-4

04 그림 5.45는 프로그램을 설치는 경로를 설정하는 화면이다. 기본적인 경로로 프로그램을 설치하려면 "Next" 탭을 이용하여 다음 과정으로 진행하면 되고, 만약 다른 경로에 설치를 원한다면 "Change" 탭을 이용하여 다른 경로를 지정해 주면 된다.

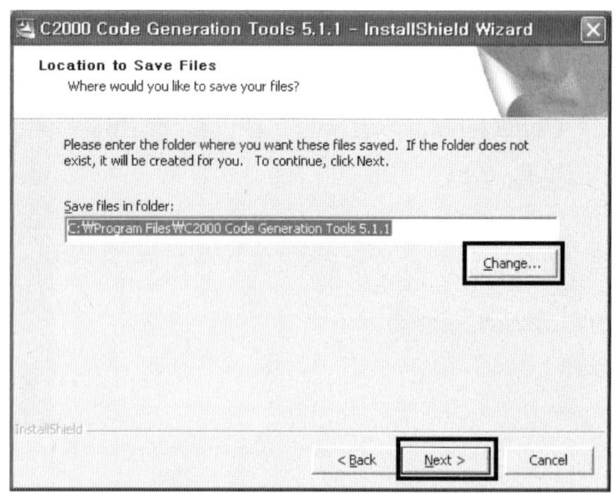

그림 5.45 C2000 Code Generarion Tools 설치하기-5

05 그림 5.46은 프로그램 설치를 위하여 압축을 해제하고 있음을 보여 주고 있다.

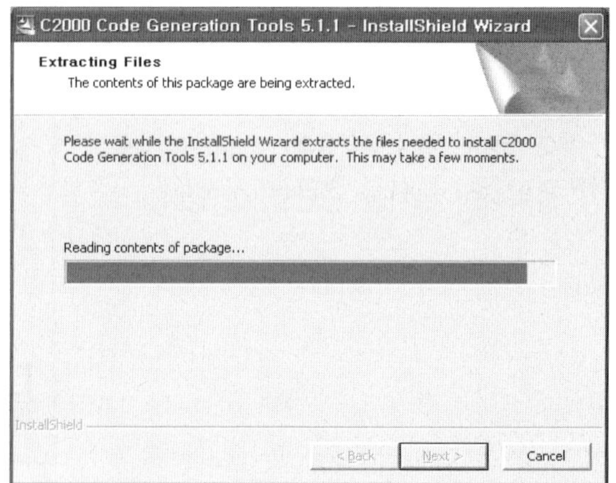

그림 5.46 C2000 Code Generarion Tools 설치하기-6

06 프로그램 설치가 끝나면 설치 프로그램은 자동으로 종료된다.

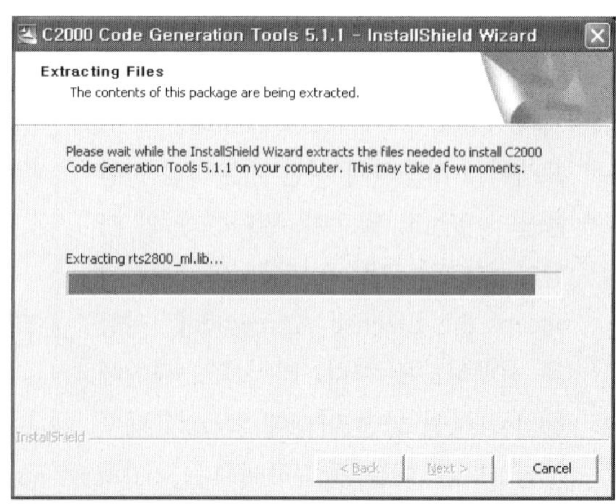

그림 5.47 C2000 Code Generarion Tools 설치하기-7

03 DSP 개발용 JTAG 드라이버 설치하기

TI사에서는 자사용 DSP 프로세서를 개발함에 있어서 편의성을 제공하기 위하여 JTAG 인터페이스를 제공하고 있다. 사용자들은 JTAG 에뮬레이터를 연결하여 가장 기본적인 프로그램 다운로드(fusing)뿐만 아니다 디버깅을 위한 모니터링 기능, 각종 데이터 조정, 핀 상태 조정 등 여러 가지 기증 등을 CCS를 통하여 제공하고 있다. 여기서는 우선 JTAG에 대한 간단한 설명과 함께 JTAG 에뮬레이터를 설치에 대해서 알아보도록 한다.

1. JTAG란

사용하게 될 DSP C2000 시리즈용 JTAG 에뮬레이터인 Wintech사의 모델명 TDS510USB-C2K는 JTAG의 일종으로서 TDI(Test Data In), TDO(Test Data Out), TCK(Test Clock Input), TMS(Test Mode Select), TRST(Test Reset)의 신호 인터페이스를 공통으로 제공하는 장치이다. 이들 신호는 사용되는 칩의 외부 장치에서 칩의 내부로의 접근이 가능하다. 시프트 레지스터 및 MUX로 구성된 바운더리 스캔 셀(Boundary-Scan Cell)이라는 유닛이 칩 내부의 신호선들을 감싸고 있기 때문이다. JTAG은 ARM과 DSP칩 등 다양한 프로세서에서 사용이 가능하도록 폭넓은 지원을 하고 있다.

외부 장치에서 직렬로 데이터를 쓰고(TDI 이용), 읽을(TDO 이용) 수 있으며, TMS를 통해 JTAG 내부에 있는 TAP(Test Access Port) 컨트롤러라는 state-machine을 제어할 수 있다. TRST는 JTAG 회로를 기본 상태로 리셋시키며, 모든 신호는 TCK에 동기하여 동작하고, 동작 시점은 TDI, TMS, TRST는 TCK의 상승 에지(rising-edge), TDO는 TCK의 하강 에지(falling-edge)이다. 다시 말해서 이곳에서 사용하고 있는 DSP와 같은 경우는 JTAG 신호에 의한 장치를 이용해서 외부 JTAG 신호에 맞도록 직렬로 신호를 제공하면 동작된다. 즉, 하드웨어 디버깅이 가능하다. 배선뿐만 아니라 CPU 내부 레지스터 상태까지 R/W(읽고 쓰기)가 가능하므로 에뮬레이터 역할도 할 수 있다. 그러나 이런 기능을 PC에서 사용하기 위해서는 패러럴 포트의 신호선을 사용해서 JTAG와 인터페이스하기 위해서 동글(dongle)이라는 것을 이용해야 한다.

2. JTAG 에뮬레이터 설치

그림 5.48은 우리가 사용하게 될 DSP C2000 시리즈용 JTAG 에뮬레이터인 Wintech사의 모델명 TDS510USB-C2K이다. TI사의 DSP용 JTAG 에뮬레 이터는 Wintech사의 TDS510USB뿐 아니라 SpectrumDigital사의 XDS 시리즈 또는 TI사에서 제공하는 TDS 시리즈 등 여러 가지 제품군이 있으며 CCS를 통하여 사용하는 방법 자체는 전부 동일하다.

그림 5.48 WIntech사의 DSP C2000 시리즈용 JTAG 에뮬레이터

Wintech사의 JTAG 에뮬레이터 TDS510USB-C2K는 C2000 시리즈 DSP 전용 에뮬레이터로서, 타사의 제품에 비해 저가이면서도 USB2.0 인터페이스를 제공하여 보다 빠른 코드 다운로드 및 디버깅 속도를 보여 준다. 설치를 위한 부분은 동봉된 데이터 중 TDS510USB 제품 설치 가이드를 참조하면 된다.

04 Community Robot Program 작성하기 1

CCS 설정 및 JTAG 연결하기

이제부터는 구성된 시스템을 동작시키기 위한 펌웨어 프로그램을 작성하는 방법에 대해서 알아본다. 펌웨어 프로그램은 기본적으로 일반적인 상황 하에서는 통합 개발 환경인 CCS에서 제공하는 전용 에디터를 이용하여 작성하게 되며, 또한 이렇게 작성된 펌웨어 프로그램 코드는 CCS 에 내장된 컴파일러를 통하여 컴파일되게 된다.

여기서는 펌웨어 작성에 앞서 CCS 환경 설정에 대해서 먼저 알아본다. CCS는 여러 가지 DSP 제품군을 통합하여 지원하기 때문에 먼저 타깃이 되는 DSP 제품군에 적합하도록 몇 가지 설정이 필요하다.

CCS는 "Setup Code Composer Studio v3.3"이라는 프로그램을 통해서 타깃이 되는 DSP 프로세서를 세팅할 수 있도록 하고 있다. 앞에서 우리가 CCS와 각종 Update 그리고 JTAG 드라이버를 정상적으로 잘 설치해 왔기 때문에, "Setup Code Composer Studio v3.3" 프로그램을 이용해서 우리가 사용하려 하는 DSP 제품군을 선택하기만 하면 기본적으로 준비는 끝나게 된다.

1. Setup Code Composer Studio v3.3 실행하기

CCS 셋업 프로그램을 실행하는 것은 바탕 화면의 "Setup CCStudio v3.3" 아이콘을 더블 클릭하거나 또는 윈도 시작 메뉴 → 프로그램(P) → Texas Instruments → Code Composer Studio 3.3 → Setup Code Composer Studio v3.3을 통해서 할 수 있다.

2. 타깃 DSP를 사용하기 위한 설정

본 Community 로봇 시스템에는 TI사의 TMS320F2808이라는 C2000 시리즈 제품군에 속하는 DSP 프로세서가 탑재되어 있다. 여기서는 TMS320F2808을 사용하기 위한 CCS 셋업 방법에 대해서 알아보도록 한다.

그림 5.49 화면은 CCS 셋업 프로그램의 실행 초기 화면이다. 가운데를 기준으로 왼쪽에는 현재 등록되어 있는 시스템이 나타나며, 가운데는 사용 가능한 시스템이 나열되어 있다. 오른쪽은 등록되어 있는 시스템에 대한 간단한 설명이 나타나게 된다. 현재는 처음으로 실행한 것이기 때문에 왼쪽 "My system"란이 공란으로 되어 있다.

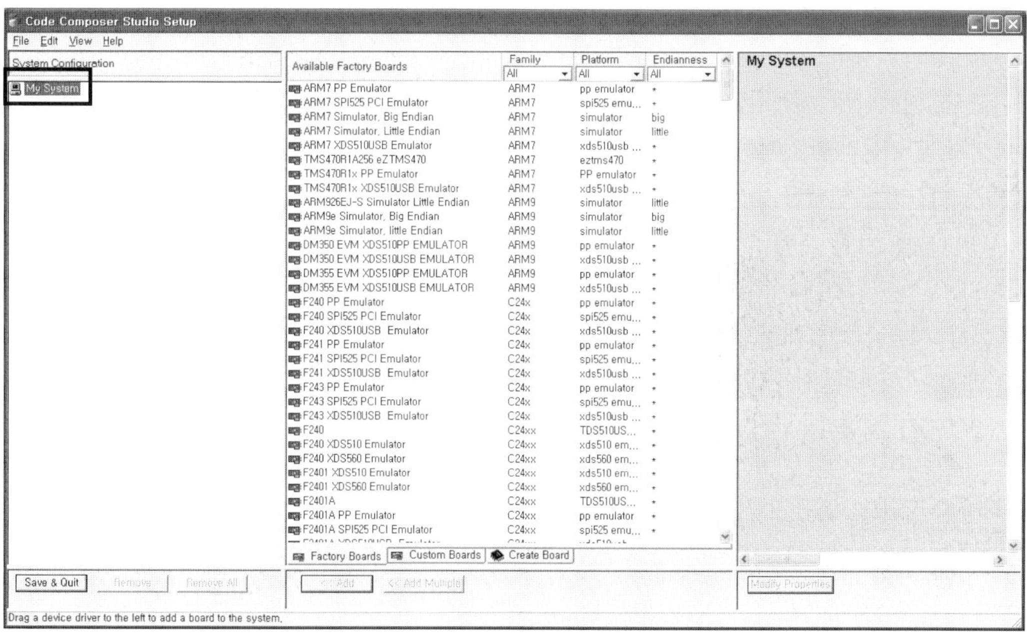

그림 5.49 CCS 셋업하기-1

그럼 이제 시스템을 등록하여 보자.

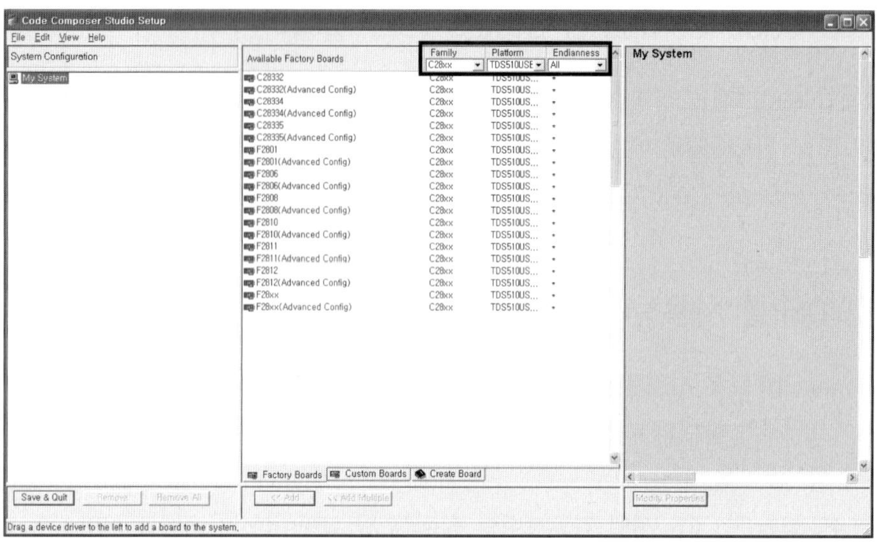

그림 5.50 CCS 셋업하기-2

01 기본적으로 가운데 부분에 나열되어 있는 시스템 중에 현재 우리가 사용하려고 하는 시스템을 찾아서 바로 선택하는 것도 가능하지만, 그 종류가 많기 때문에 메뉴상에 제공되는 메뉴 sorting 기능을 이용하면 간편하게 우리가 원하는 시스템을 선택할 수 있다. 화면 중앙 상단부를 보면 그림 5.51과 같다.

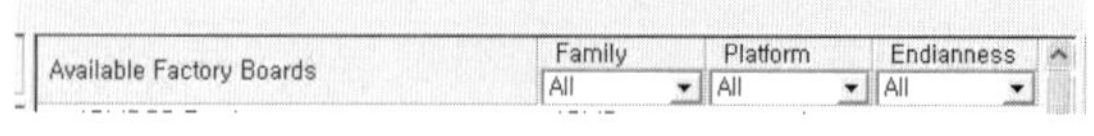

그림 5.51 CCS 셋업하기-3

02 DSP 제품군을 선택할 수 있는 "Family" 항목과 사용하려는 JTAG 에뮬레이터 플랫폼에 해당하는 "Platform" 항목 그리고 메모리 구조에 따라 분류되는 "Endianness" 항목이 있다. 우리가 사용하려는 DSP는 TMS320F2808로서 C28 xx Family에 해당되며, JTAG 에뮬레이터는 Wintech사의 TDS510USB 에뮬레이터 이므로 이에 맞게 설정해 주면 된다. Endianness 부분은 C2000 시리즈는 전부 Little Endian 구조이므로 특별히 설정할 필요는 없다.

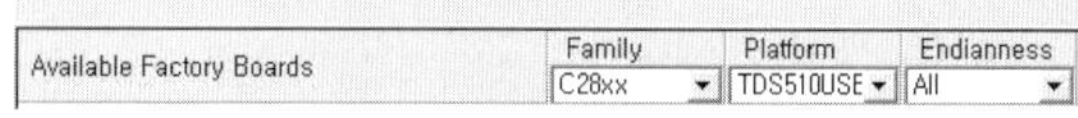

그림 5.52 CCS 셋업하기-4

03 그림 5.52와 같이 설정하면 그림 5.53과 같이 메뉴가 sorting 되어 원하는 항목만 화면에 표출되게 된다. 그림과 같이 메뉴가 나타나면 중앙 하단부에서 TMS320 F2808에 해당하는 "F2808"이라는 항목을 선택하여 더블 클릭하도록 한다.

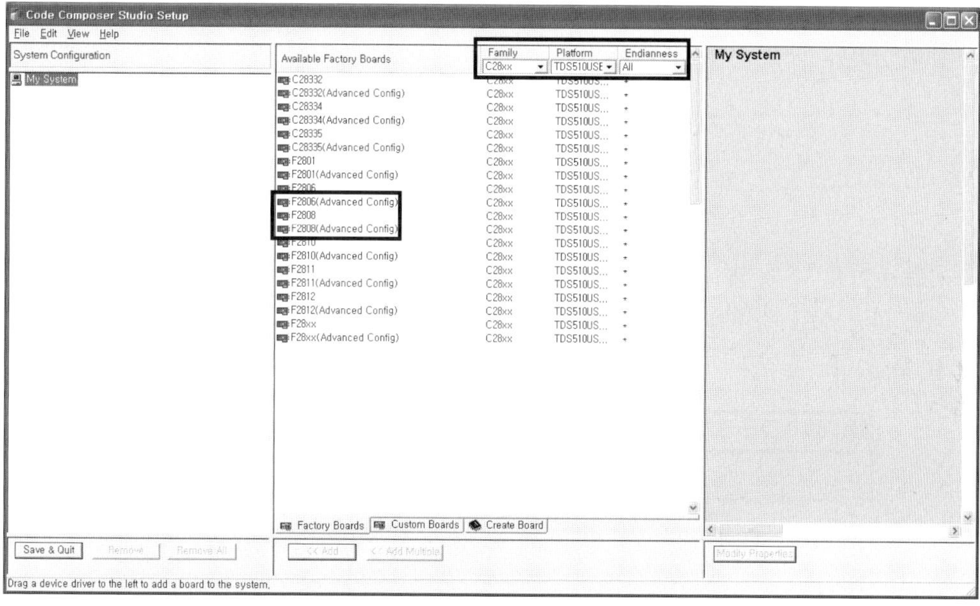

그림 5.53 CCS 셋업하기-5

04 그림 5.54에서 보면 우리가 선택한 시스템 F2808 시스템이 My System 항목에 등록된 것을 알 수 있다. 이제 정상적으로 시스템이 등록되었기 때문에 저장하고 CCS를 실행하기만 하면 된다.

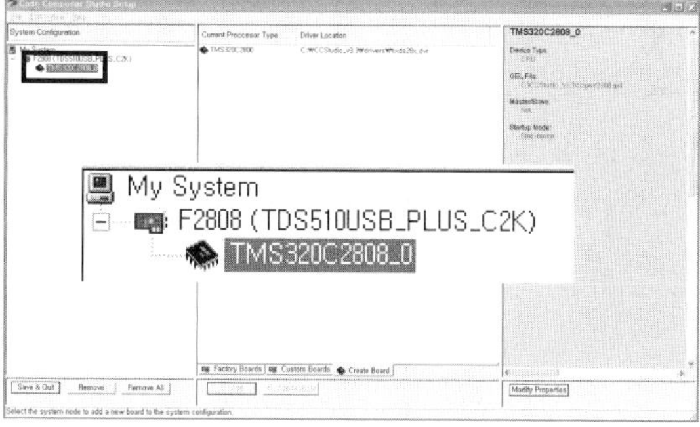

그림 5.54 CCS 셋업하기-6

05 저장하고 종료하기 위해서는 화면 왼쪽 아래에 있는 "Save & Quit" 탭을 클릭하면 된다.

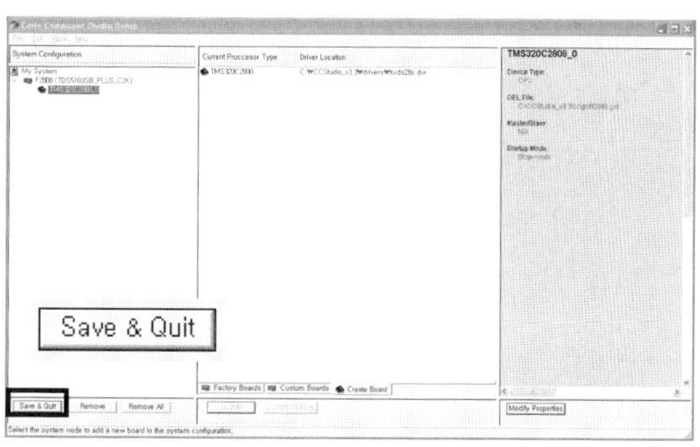

그림 5.55 CCS 셋업하기-7

06 그림 5.55와 같이 저장하고 나서 "CCS를 실행하는가"라는 질문이 나오면, "확인"을 선택해서 CCS를 실행시키면 정상적으로 시스템이 등록되었는지 확인할 수 있다.

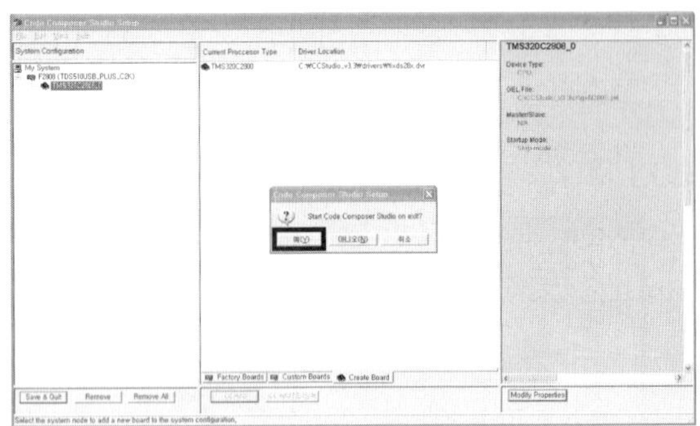

그림 5.56 CCS 셋업하기-8

07 그림 5.57은 CCS 셋업 프로그램이 종료되고 CCS가 실행되고 있는 모습이다. CCS가 실행되면 화면 상단 왼쪽에서 원하는 시스템으로 설정되어 CCS가 실행되었는지의 여부를 확인할 수 있다.

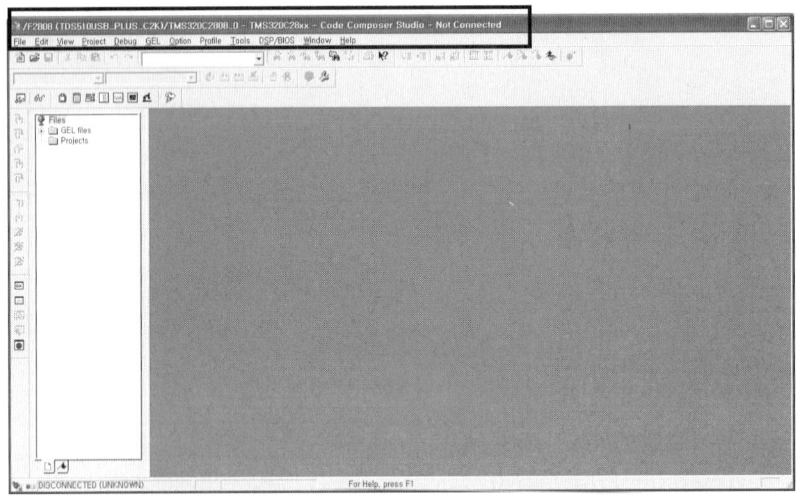

그림 5.57 CCS 셋업하기-9

08 화면 상단 왼쪽에 /F2808라는 메시지가 보이면 TMS320F2808을 사용할 수 있는 환경이 만들어졌음을 알 수 있다. 일단 TMS320F2808라는 항목으로 실행되었지만 타깃 시스템과 정상적으로 연결되지는 않은 상태이다. 화면 상단 오른쪽 끝 부분에 보면 "Not Connected"라는 메시지가 보일 것이다. 따라서 후에 다시 설명하겠지만 JTAG 에뮬레이터를 통해서 타깃 시스템과 연결 상태를 확인해 보자.

우선 타깃 시스템이 되는 보드에 전원을 인가한 후 TDS510USB-C2K JTAG 에뮬레이터를 가지고 PC의 USB 포트와 타깃 시스템의 JTAG 연결 단자와 연결하도록 한다.

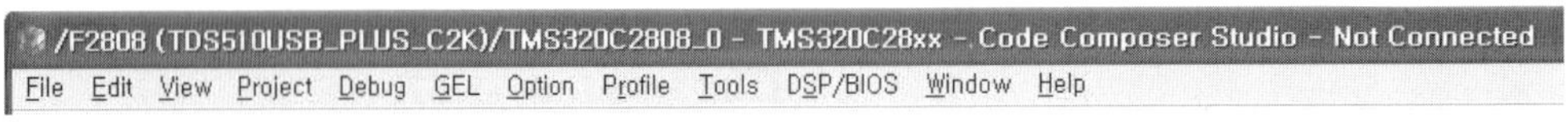

/F2808 (TDS510USB_PLUS_C2K)/TMS320C2808_0 - TMS320C28xx - Code Composer Studio - Not Connected
File Edit View Project Debug GEL Option Profile Tools DSP/BIOS Window Help

그림 5.58 CCS 셋업하기-10

09 타깃 시스템과 PC를 JTAG 에뮬레이터로 연결한 후 PC 키보드의 ALT 키와 C 키를 같이 누르자. "ALT+C"를 수행하면 그림 5.59와 같이 화면 상단의 메시지에서 "Not Connectd" 라는 메시지가 사라지고, 또한 화면 하단 왼쪽의 메시지창의 메시지가 DISCONNECTED에서 HALT라는 메시지로 바뀌는 것을 볼 수 있다.

그림과 같이 정상적으로 DSP 타깃 시스템과 CCS가 연결되면 펌웨어 프로그램 작성을 위한 준비는 완료된 것이다.

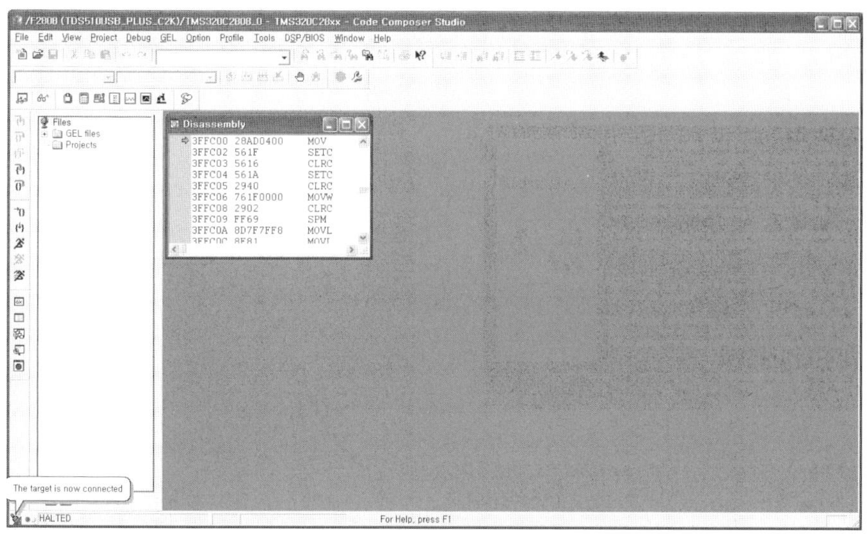

그림 5.59 CCS 셋업하기-11

05 Community Robot Program 작성하기 2

CCS Project 작성하기

이제부터는 구성된 시스템을 동작시키기 위한 펌웨어 프로그램을 작성하는 방법에 대해서 알아본다. 펌웨어 프로그램은 기본적으로 일반적인 상황 하에서는 통합 개발 환경인 CCS에서 제공하는 전용 에디터를 이용하여 작성하게 되며, 또한 이렇게 작성된 펌웨어 프로그램 코드는 CCS 에 내장된 컴파일러를 통하여 컴파일되게 된다.

여기서는 펌웨어 작성에 앞서 펌웨어 작성 단위의 최소 단위인 프로젝트 생성에 관해서 알아본다. 펌웨어 프로그램 작성 시 프로젝트 단위로 작업을 수행하게 되면 관리가 매우 용이하다. 예제 프로젝트 작성용으로 프로젝트 단위가 아닌 소스만을 제공된 소스 파일만 사용하여 프로젝트를 생성해 보고 이를 JTAG를 통하여 타깃 시스템에 다운로드해 보도록 하겠다.

1. Code Composer Studio v3.3 실행하기

프로젝트 생성을 위하여 설치된 CCS 프로그램을 실행시킨다. CCS 프로그램을 실행하는 것은 바탕 화면의 "CCStudio v3.3" 아이콘을 더블 클릭하거나 또는 윈도 시작 메뉴 → 프로그램(P) → Texas Instruments → Code Composer Studio 3.3 → Code Composer Studio를 통해서 할 수 있다.

그림 5.60은 CCS가 실행된 초기 화면을 보이고 있다.

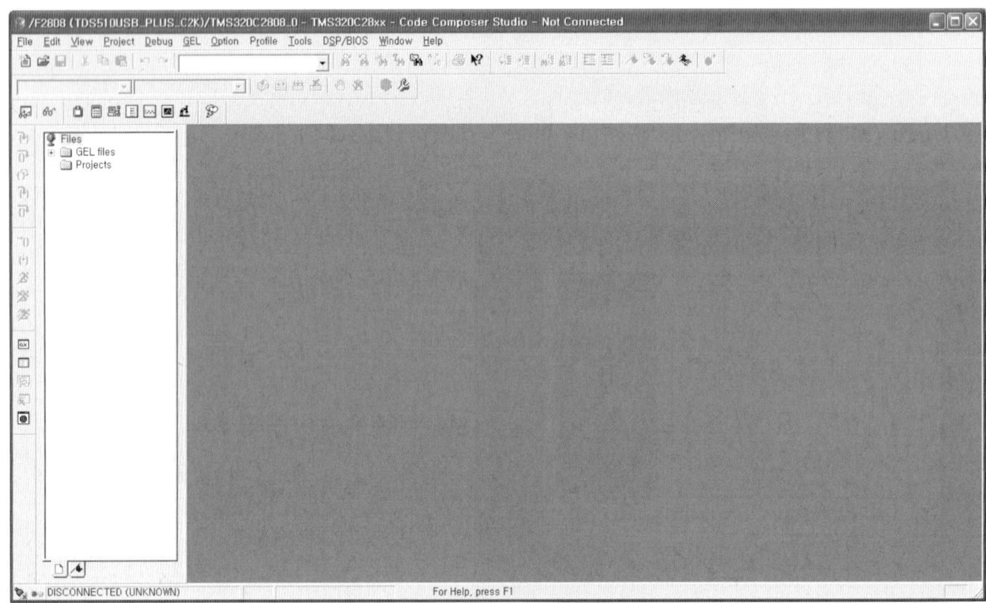

그림 5.60 CCS 실행하기-1

2. 프로젝트 만들기

기본적으로는 프로젝트 생성 시 여러 가지 소스 파일이 필요하다. 여기서는 우선 제공되는 소스 파일들을 이용하여 프로젝트 생성을 진행하도록 한다. 예제 소스 모음은 각 장비의 메인 프로그램과 함께 2_ExampleForProject라는 폴더 내에 작성되어 있다. 프로젝트를 만들기 전에 2_ExampleForProject 폴더를 적당한 다른 곳에 복사하여 작업을 수행하도록 한다.

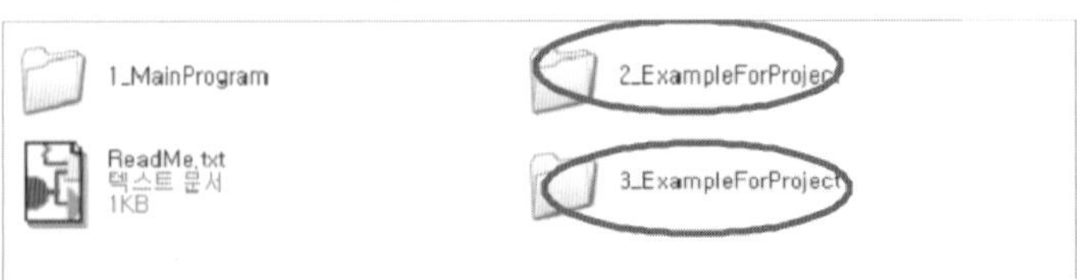

그림 5.61 CCS 프로젝트 만들기-1

01 그림 5.62는 2_ExampleForProject라는 폴더를 복사하여 3_ExampleForProject를 만드는 화면이다.

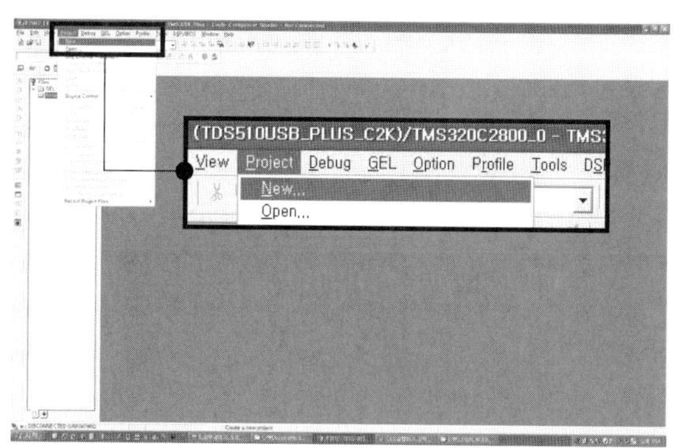

그림 5.62 CCS 프로젝트 만들기-2

02 새 프로젝트를 만들기 위해서는 상단의 "Project"라는 메뉴 중에 "New"라는 항목을 선택한다.

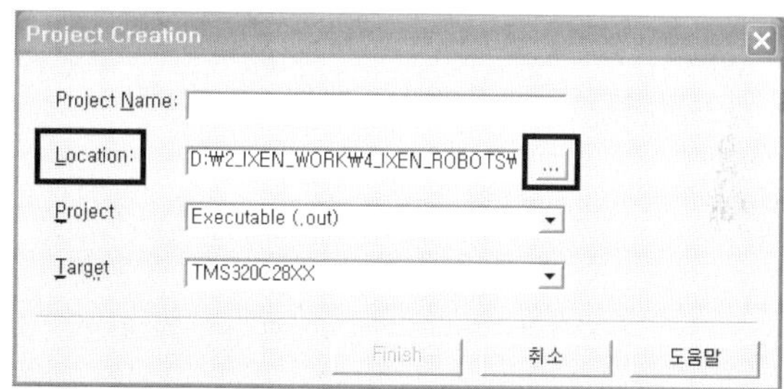

그림 5.63 CCS 프로젝트 만들기-3

03 새로 생성하게 될 프로젝트의 이름과 프로젝트가 저장될 경로를 설정해 주어야 한다. 먼저 경로를 지정하게 되는데, "Location" 항목에서 "..." 항목을 선택하여 프로젝트가 생성되어 저장될 경로를 지정하여 주도록 한다.

04 여기서는 앞서 소소 파일을 이미 위치시켰으므로 소스 파일 모음이 있는 경로를 지정하여 준다. 단 이미 폴더가 생성되어 있으므로 소스 파일 모음이 있는 폴더 내에 프로젝트를 생성시키기 위하여 한 단계 상위 폴더를 그 경로로 지정해 준다. 여기서는 4_Program 폴더가 상위 폴더이므로 4_Program 폴더를 선택하여 "확인"을 클릭한다.

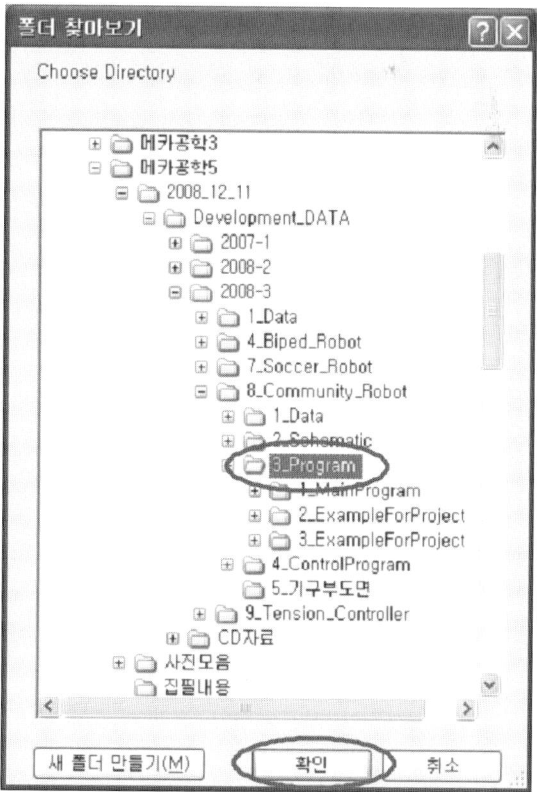

그림 5.64 CCS 프로젝트 만들기-4

05 다음으로 프로젝트 이름을 지정하여 준다. 여기서는 소스 파일 모음이 있는 폴더가 3_ExampleForProject이므로 그대로 프로젝트명으로 명시해 준다. 이름을 명시한 다음에는 "Finish" 탭을 클릭하여 정보 입력을 마치도록 한다.

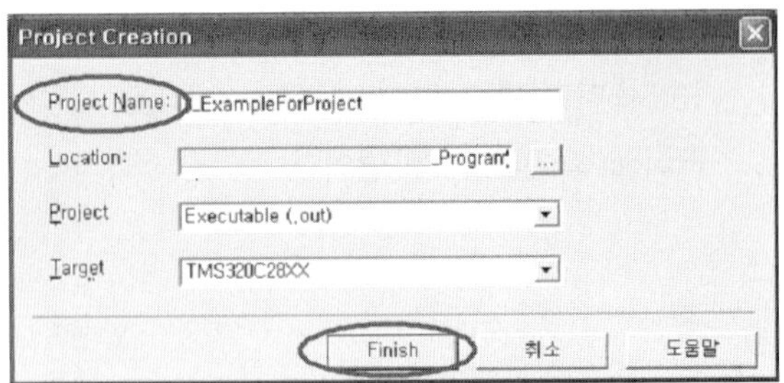

그림 5.65 CCS 프로젝트 만들기-5

06 그림 5.66에서 보는 것과 같이 3_ExampleForProject라는 이름으로 새로운 프로젝트가 생성되었음을 알 수 있다.

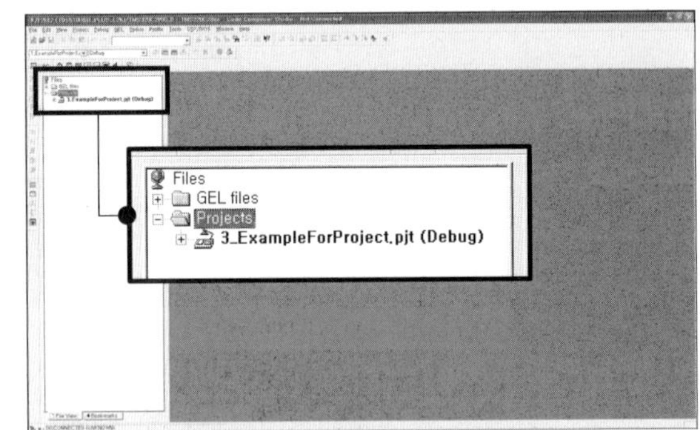

그림 5.66 CCS 프로젝트 만들기-6

07 새로운 프로젝트가 생성되었으면 이제 생성된 프로젝트에 필요한 소스 파일들을 등록시켜 주어야 한다. 여러 가지 종류의 소스 파일부터 라이브러리 파일들이 있으므로 치례대로 주의하여 등록시키도록 한다.

08 파일들을 등록시키기 위해서는 왼쪽 트리 메뉴상에서 프로젝트 이름 위에 마우스 포인터를 위치시키고 마우스 오른쪽 키를 누르면 그림 5.67과 같은 메뉴가 보이는데 이중 "Add Files to Project" 라는 항목을 선택하도록 한다.

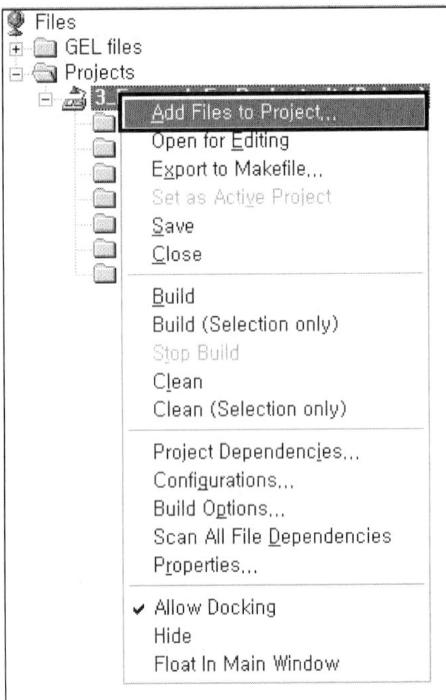

그림 5.67 CCS 프로젝트 만들기-7

09 "Add Files to Project" 항목을 선택하면 그림 5.68과 같은 창이 나타난다. 여러 종류의 다른 파일들을 선택해야 하므로 파일 형식은 보는 것과 같이 "All Files(*.*)"로 선택한다.

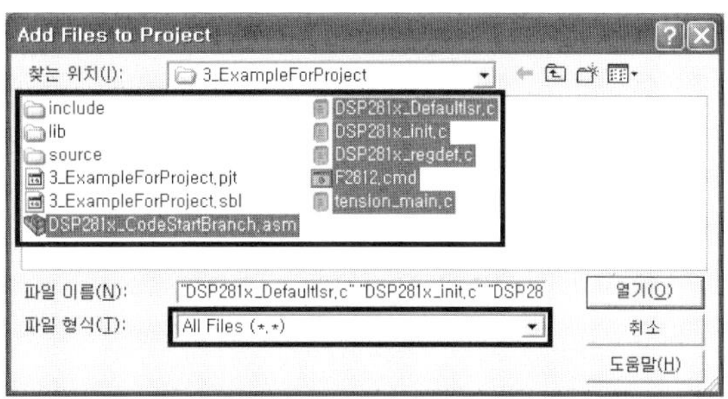

그림 5.68 CCS 프로젝트 만들기-8

10 "All Files(*.*)"로 항목을 변경하고 나면 그림 5.69와 같이 여러 파일들이 보이는데 그중에

1. DSP281x_CodeStartBranch.asm
2. DSP281x_DefaultIsr.c
3. DSP281x_init.c
4. DSP281x_regdef.c
5. F2812.cmd
6. tension_main.c

파일만을 선택하여 "열기"를 실행한다. 여러 개의 파일을 한꺼번에 선택할 때는 키보드의 "CTRL" 키를 누른 상태로 마우스를 이용하여 하나씩 선택하면 한꺼번에 등록시킬 수 가 있으니 참조하기 바란다.

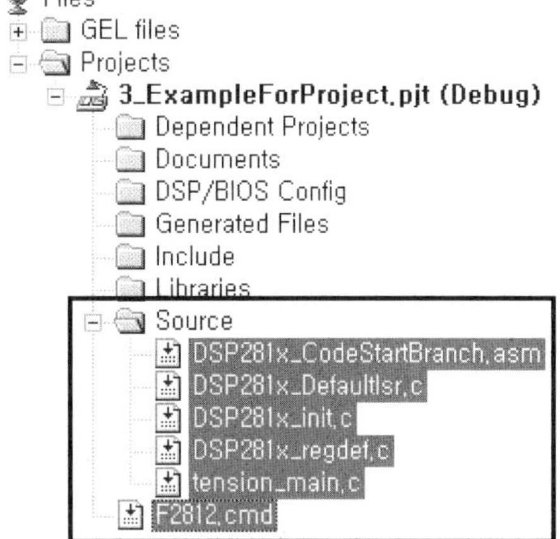

그림 5.69 CCS 프로젝트 만들기-9

11 그림 5.70과 같이 앞서 선택한 파일들이 프로젝트에 등록되었음을 볼 수 있다.

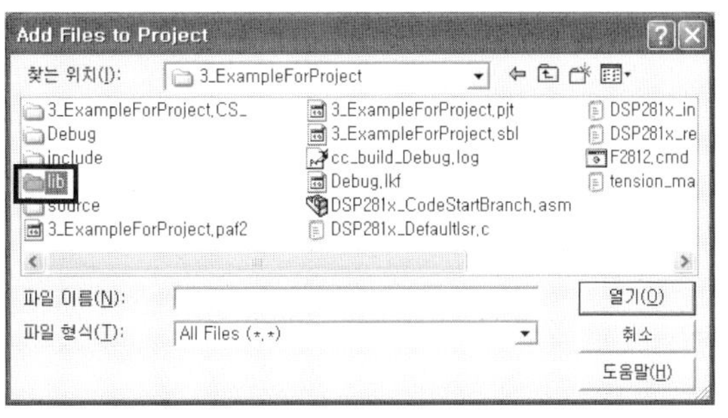

그림 5.70 CCS 프로젝트 만들기-10

12 다시 한 번 "Add Files to Project" 항목으로 파일 선택창을 열어서 이번에는 lib 폴더로 들어간다. lib 폴더 내에서 rts2800_mlF.lib 파일을 선택하여 프로젝트에 등록시키도록 한다. 일단 소스 파일들은 모두 등록되었지만 아직 컴파일을 할 수가 없다.

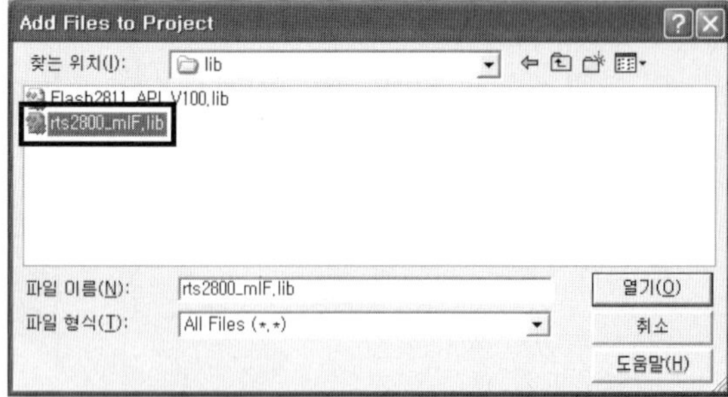

그림 5.71 CCS 프로젝트 만들기-11

13 화면 상단 중앙 왼쪽에 "Rebuild All"이라는 화살표 세 개가 아래쪽으로 향하고 있는 모양의 아이콘이 Project Build 아이콘인데, 이를 실행시켜 보면 에러가 발생하는데 이는 소스에 문제가 있는 에러가 아니라 컴파일하기 위한 Build Option이 아직 설정되지 않았기 때문이다.

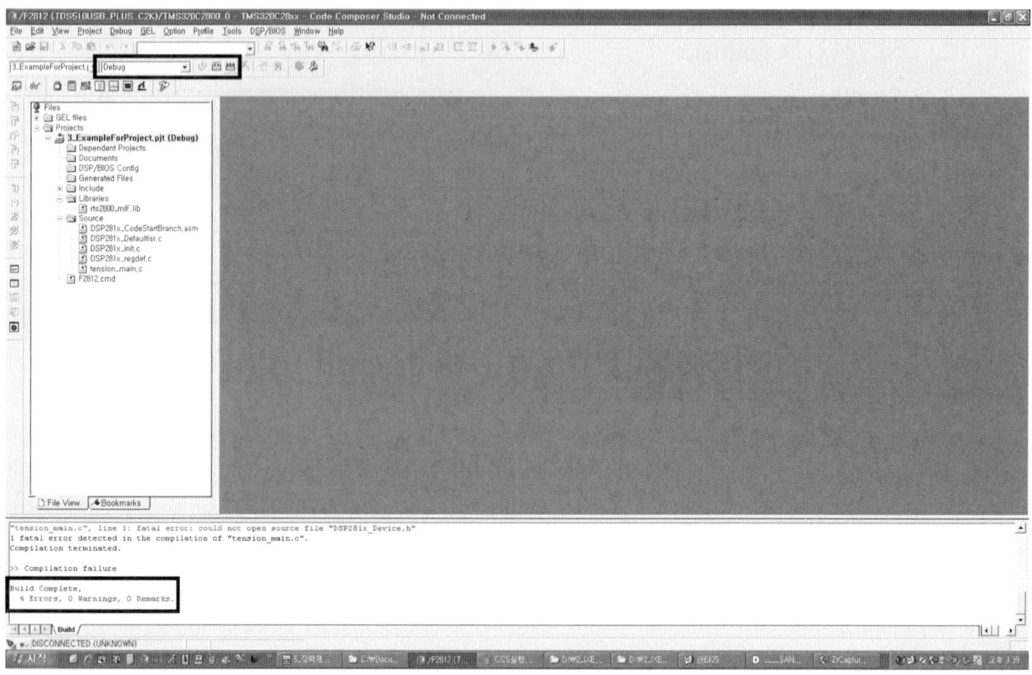

그림 5.72 CCS 프로젝트 만들기-15

3. Build Option 설정하기

프로젝트에 필요한 모든 파일의 등록을 마치고 나면 정상적으로 Build될 수 있도록 Build Option을 설정해 주어야 한다.

01 Build Option을 설정하기 위해서는 그림 5.73에서 보는 것과 같이 프로젝트 이름 위에 마우스 포인터를 위치시킨 후, 마우스 오른쪽 키를 눌러 나타나는 메뉴 항목 중에서 "Build Option" 항목을 선택하여 준다. Build Option은 여러 가지 항목이 있으나 다 사용하지 않고 필요한 부분만 선택적으로 설정하면 된다. 다음의 예제 화면들을 참고하여 하나씩 설정하도록 한다.

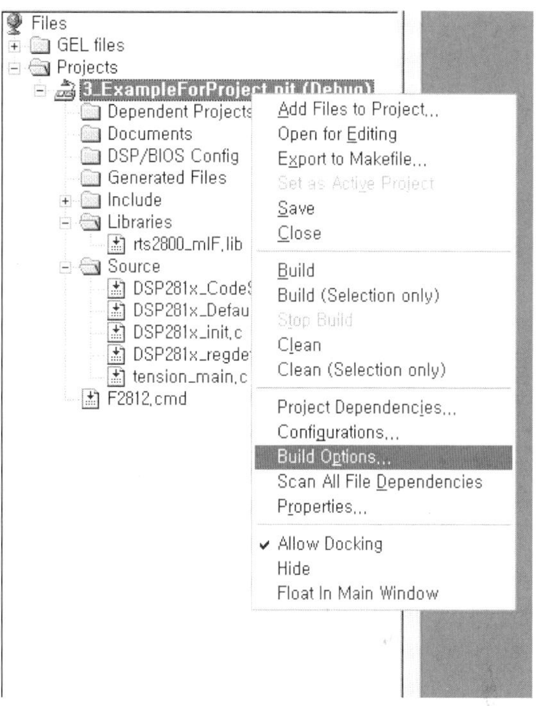

그림 5.73 Build Option 설정하기-1

02 그림 5.74는 Compiler 항목 중 "Basic" 항목 관련 설정이다.

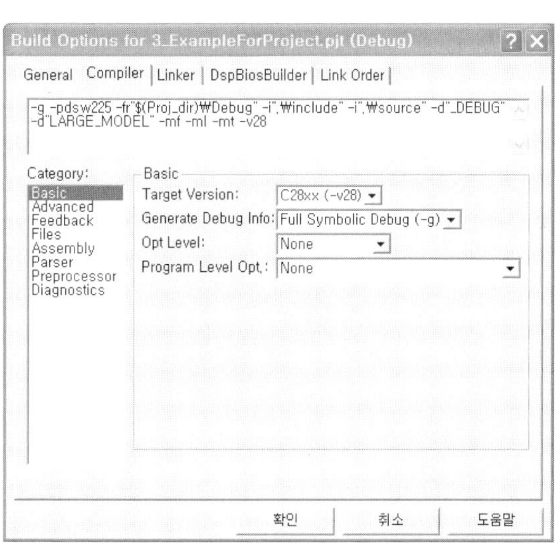

그림 5.74 Build Option 설정하기-2

03 그림 5.75는 Compiler 항목 중 "Advanced" 항목 관련 설정이다.

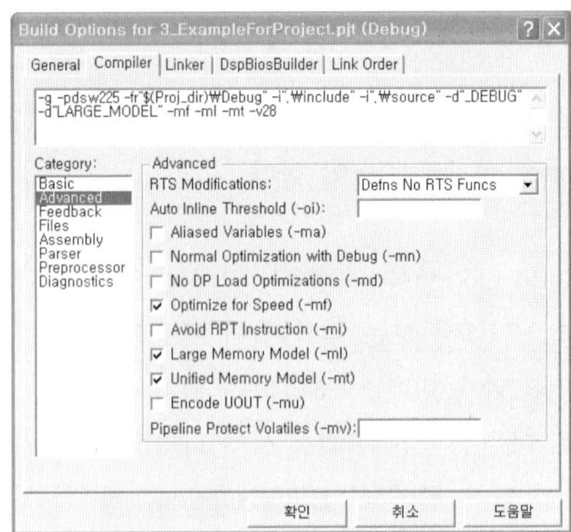

그림 5.75 Build Option 설정하기-3

04 그림 5.76은 Compiler 항목 중 "Feedback" 항목 관련 설정이다.

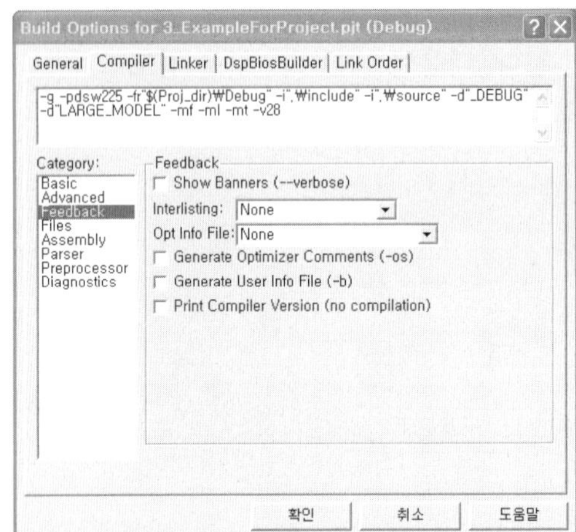

그림 5.76 Build Option 설정하기-4

05 그림 5.77은 Compiler 항목 중 "Files" 항목 관련 설정이다.

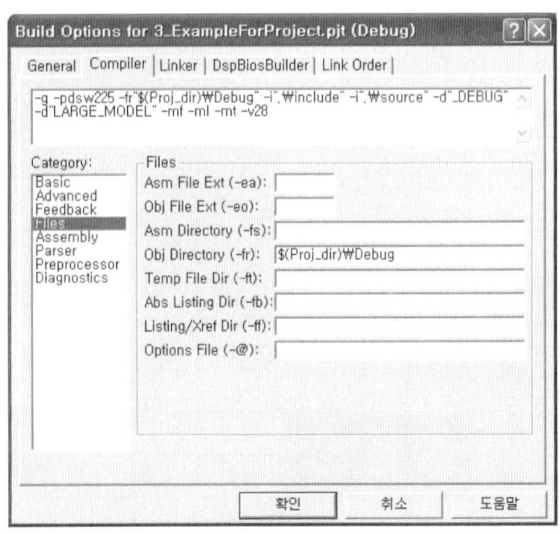

그림 5.77 Build Option 설정하기-5

06 그림 5.78은 Compiler 항목 중 "Assembly" 항목 관련 설정이다.

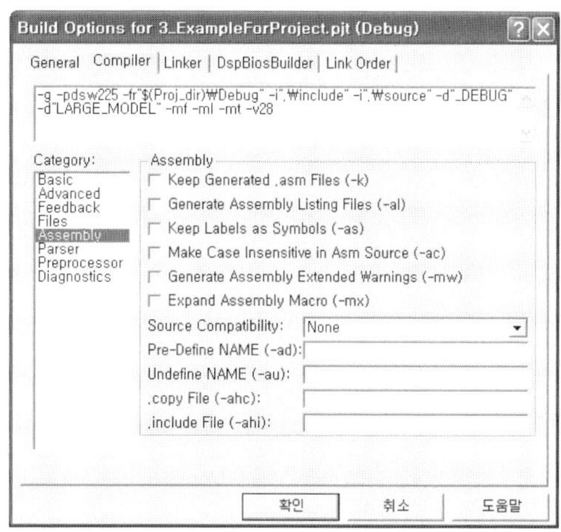

그림 5.78 Build Option 설정하기-6

07 그림 5.79는 Compiler 항목 중 "Parser" 항목 관련 설정이다.

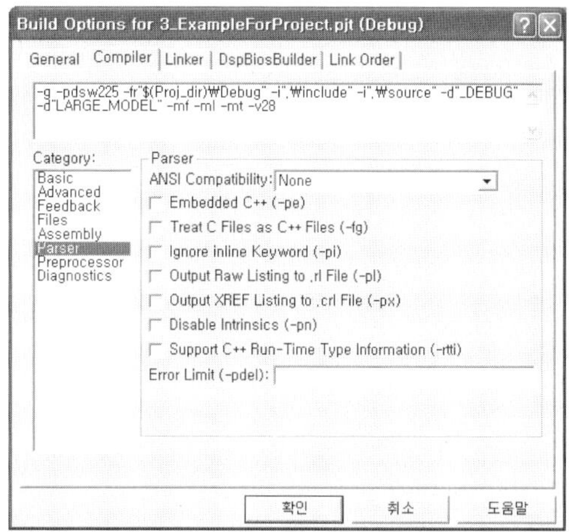

그림 5.79 Build Option 설정하기-7

08 그림 5.80은 Compiler 항목 중 "Preprocessor" 관련 항목 설정이다.

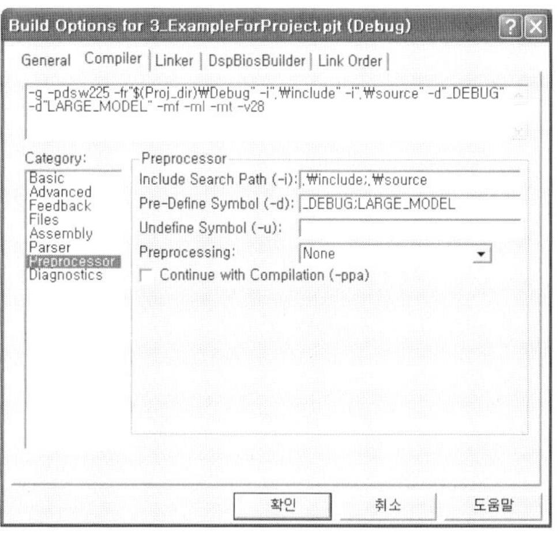

그림 5.80 Build Option 설정하기-8

09 그림 5.81은 Compiler 항목 중 "Diagnostic" 관련 항목 설정이다.

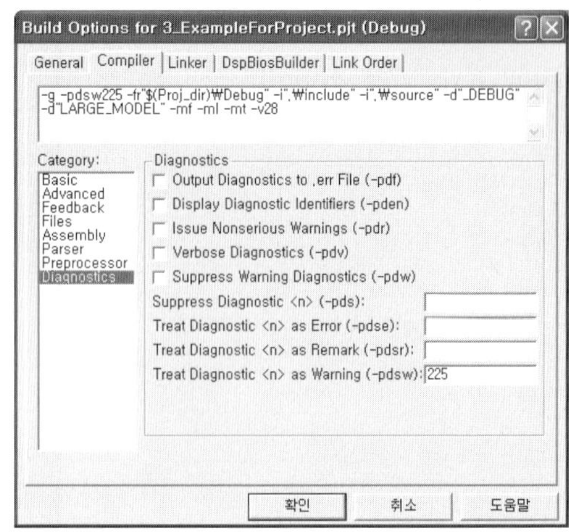

그림 5.81 Build Option 설정하기-9

10 그림 5.82는 Linker 항목 중 "Basic" 관련 항목 설정이다.

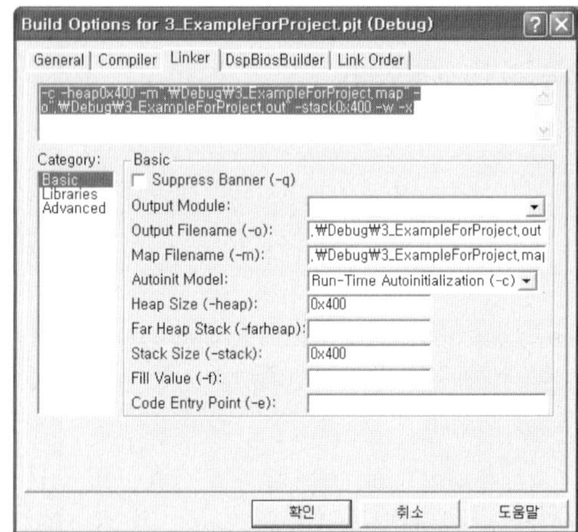

그림 5.82 Build Option 설정하기-10

11 그림 5.83은 Linker 항목 중 "Libraries" 관련 항목 설정이다.

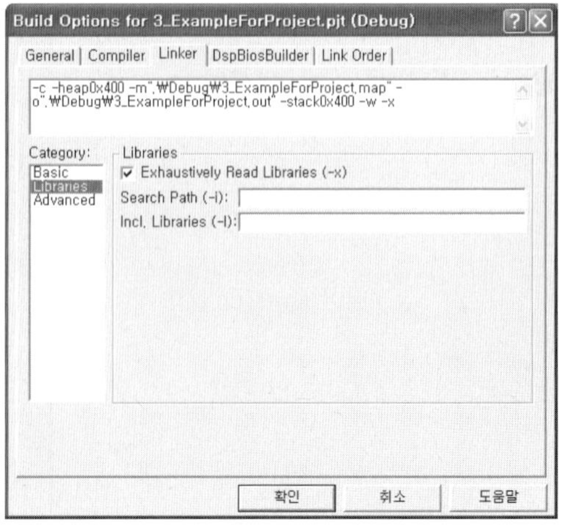

그림 5.83 Build Option 설정하기-11

12 그림 5.84는 Linker 항목 중 "Advanced" 관련 항목 설정이다.

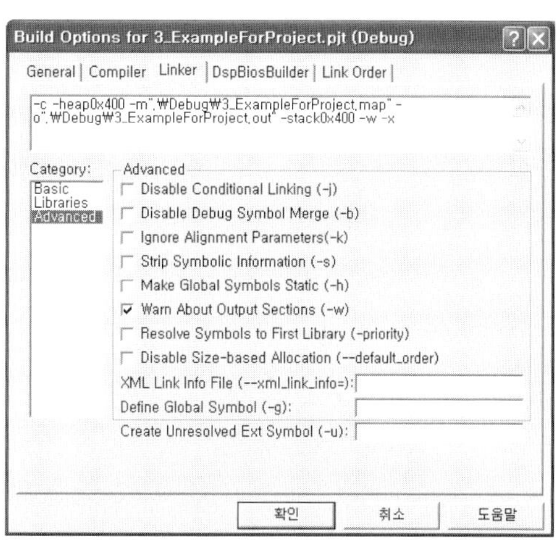

그림 5.84 Build Option 설정하기–12

앞의 예제 화면과 같이 Build Option 설정이 끝나면 다시 한 번 "Rebuild all" 아이콘을 클릭하여 컴파일을 시도해 보자.

프로젝트 생성과 소스 파일 등록 그리고 Build Option이 모두 정상적으로 생성, 등록 및 설정되었다면 그림 5.85와 같이 에러가 발생하지 않고 정상적으로 build되어짐을 볼 수 있다.

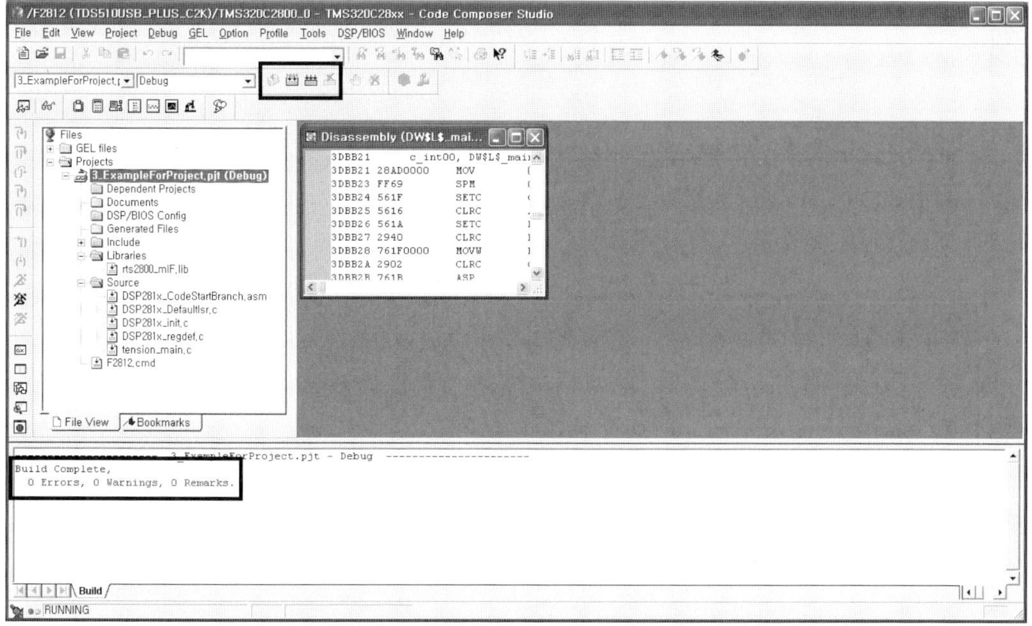

그림 5.85 Build 하기–1

4. 프로그램 다운로드하기

소스 파일들이 정상적으로 프로젝트에 등록되어 Build되면 Build 결과 file이 *.out의 형태로 debug 폴더에 생성된다. 이 파일은 JTAG 에뮬레이터를 통하여 타깃 시스템에 다운로드하면 펌웨어 프로그램 작성이 완료되는 것이다.

우리는 여기서 예제로 만든 프로젝트로부터 생성된 결과 파일을 타깃 시스템에 다운로드하는 과정을 살펴보도록 한다.

CCS 및 DSP 개발 시스템 자체가 워낙 사용자 편의성을 중시하기 때문에 다운로드하는 과정 자체는 아주 간단하고 편하게 되어 있으므로 쉽게 익힐 수 있다. 먼저 앞선 CCS 설정하기 편에서 했던 것과 같이 DSP 타깃 시스템과 컴퓨터를 JTAG 에뮬레이터를 이용하여 연결한 후 타깃 시스템에 전원을 인가하도록 한다. 그 다음 "ALT+C" 즉 ALT 키와 C 키를 동시에 눌러서 타깃 시스템과 CCS 프로그램을 연동시키도록 한다.

화면 상단 왼쪽에 구름에서 번개가 치는 모양의 아이콘이 프로그램 다운로드용 실행 아이콘이다. 눌러서 실행시켜 본다.

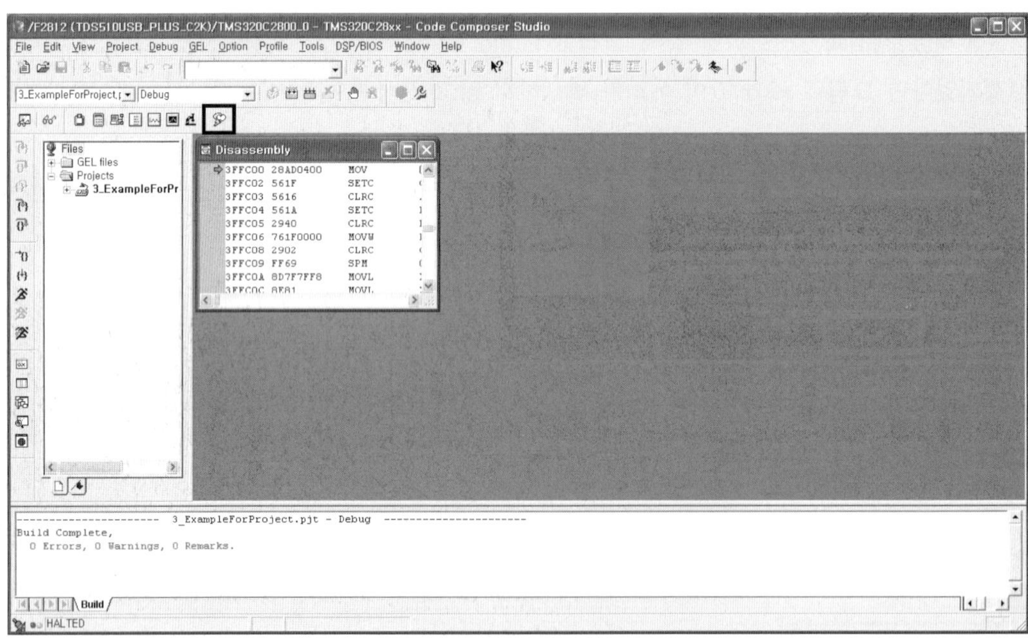

그림 5.86 **프로그램 다운로드하기-1**

다운로드 프로그램이 실행되면 최초에는 타깃 시스템이 동작하는 System Clock의 상태를 설정하는 설정창이 나타단다. 타깃 시스템의 설정 상태는 두 가지 요인에 의해서 정해진다. 하드웨어적인 설정과 소프트웨어상의 PLL의 설정 상태에 따라 시스템의 동작 속도가 정해진다. 현재 타깃 시스템에는 20Mhz의 오실레이터가 장착되어 있으며, 예제 소프트웨어의 PLL 설정값은 10배 이므로 화면에서 보이는 OSCCLK는 20으로 PLLCR vslue는 10으로 설정한다. 설정값 제일 아랫부분에는 SYSCLKOUT 값이 계산되어 나타나는데, 이는 (OSCCLK/2)*PLLCR - Value로 즉 (20Mhz/2)*10으로 100 Mhz의 계산이 나온다. 그림 5.87과 같이 설정이 완료되면 "OK" 탭을 클릭하여 다음으로 진행하도록 하자.

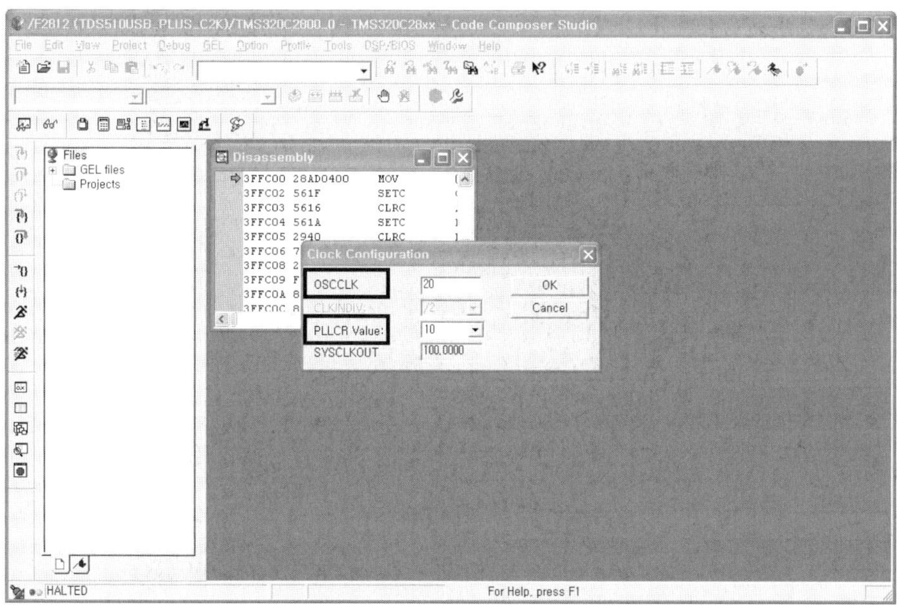

그림 5.87 **프로그램 다운로드하기-2**

다음은 Flash Programmer Setting이다. 왼쪽 상단의 "Select DSP Device to Program" 항목은 자동적으로 F2812로 설정된다. 중요한 것은 Flash API라는 플래시 프로그래밍 라이브러리 파일을 타깃 시스템에 적절하게 설정해 주어야 하는데, 현재는 지정이 안 되어 있으므로 "Browse" 탭을 이용하여 API 파일을 지정해 주도록 한다.

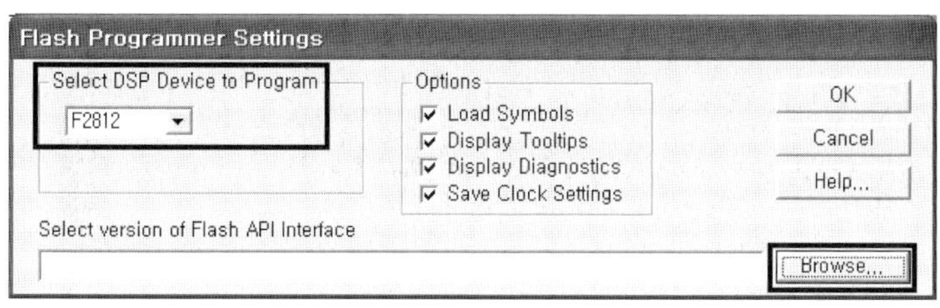

그림 5.88 **프로그램 다운로드하기-3**

"Browse" 탭을 클릭하면 그림 5.89와 같은 화면이 보이는데, 그림에서와 같이 "Flash API" 파일을 선택 → 열기하여 지정하면 된다.

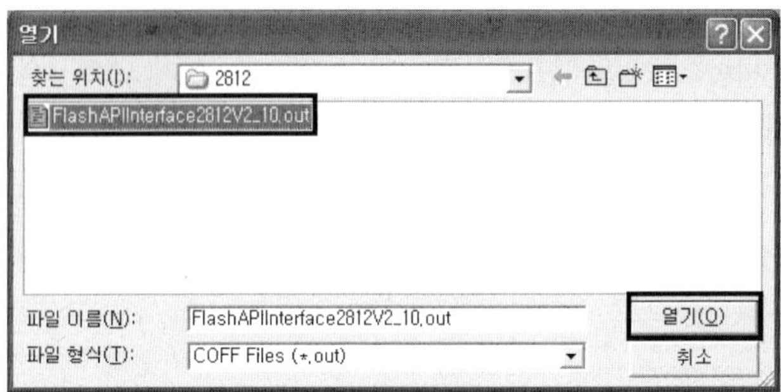

그림 5.89 **프로그램 다운로드하기-4**

모든 설정이 완료되면 그림 5.90과 같이 내장 "On-Chip Flash Programmer"가 나타난다. 화면 중앙에는 다운로드하게 될 파일의 경로가 표시되는데, 기본적으로 내부 플러그인 프로그램이므로 현재 작업 중인 프로젝트의 결과 파일을 자동적으로 가리키게 되므로 따로 설정할 필요는 없다.

화면 아래에 보이는 "Execute Operation" 탭을 클릭함으로써 프로그램 다운로드를 시작할 수 있다. 프로그램은 DSP 내부의 내부 플래시 메모리에 저장되는데 다운로드되는 과정을 살펴보면 먼저 내부 플래시 메모리를 완전히 지우게 된다. 그 다음에 새로운 프로그램을 메모리에 써 넣게 되고, 프로그램을 모두 써 넣게 되면 그 다음으로 프로그램이 정상적으로 쓰여졌는지 확인하는 작업을 수행함으로써 다운로드 과정이 완료된다.

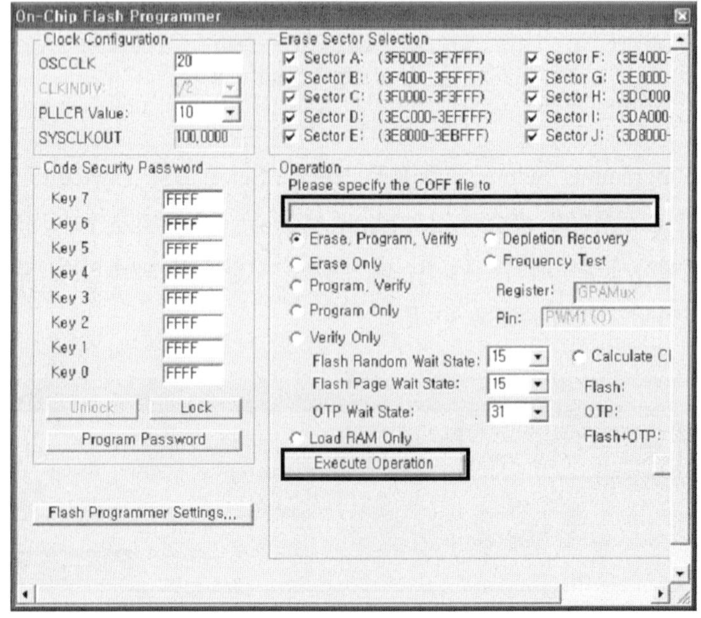

그림 5.90 **프로그램 다운로드하기-5**

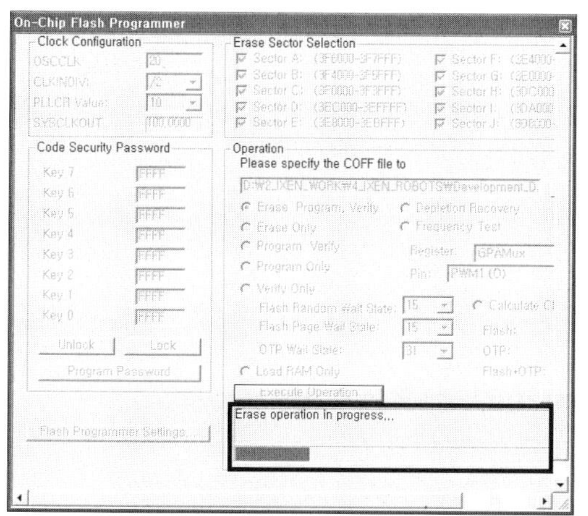

그림 5.91 **프로그램 다운로드하기-6(지우기)**

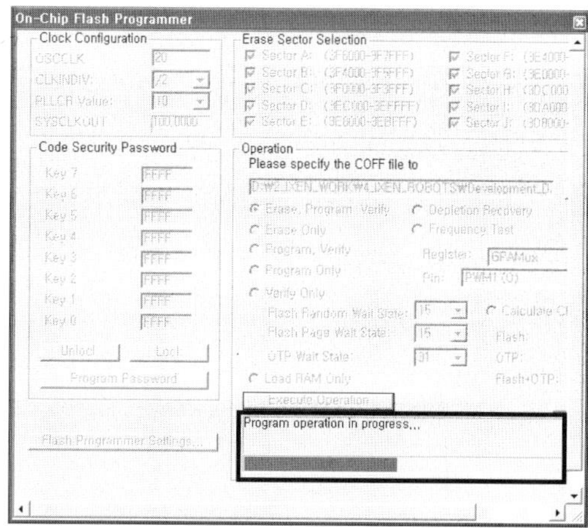

그림 5.92 **프로그램 다운로드하기-7(쓰기)**

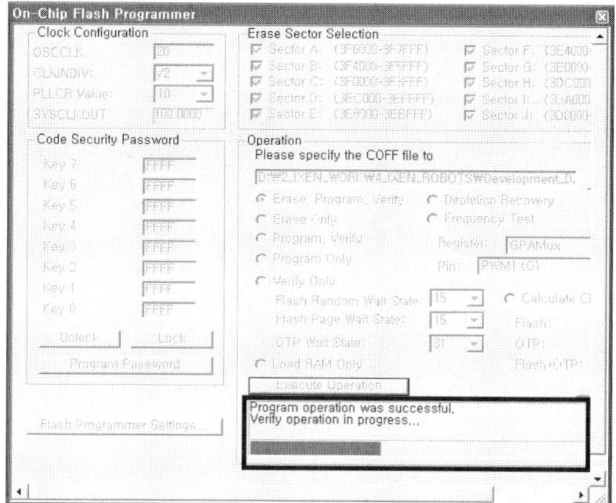

그림 5.93 **프로그램 다운로드하기-8(확인하기)**

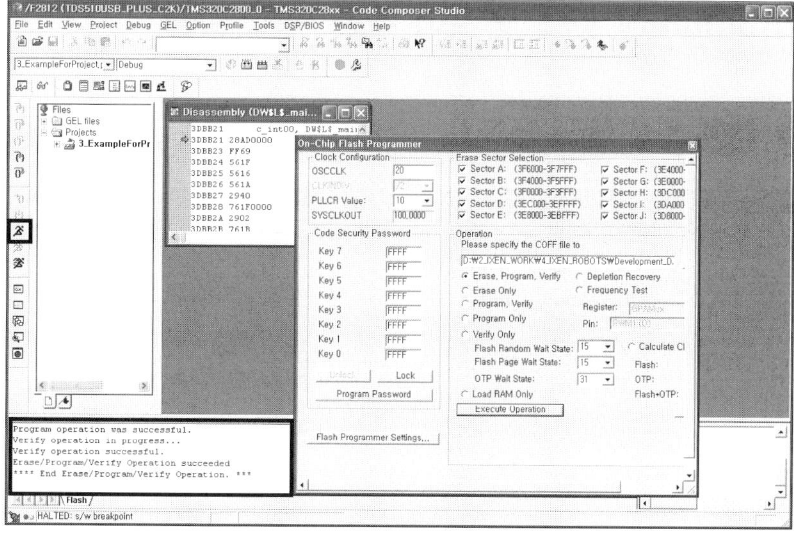

그림 5.94 **프로그램 다운로드하기-9**

모든 과정이 종료되면 그림 5.94와 같이 화면 왼쪽 하단에 모든 작업이 정상적으로 종료되었다는 메시지가 출력된다. 다운로드된 프로그램을 실행하기 위해서는 왼쪽 중단에 있는 사람 모양의 아이콘을 클릭하거나, JTAG 에뮬레이터를 제거하고 타깃 시스템을 리셋하는 방법이 있다. 사람 모양의 아이콘을 클릭해서 다운로드된 프로그램을 실행하여 본다.

프로그램을 실행시키면 그림 5.95와 같이 화면상에 프로그램이 실행 중이라는 메시지가 출력된다. 직접 타깃 보드에서 실행되는 모습을 확인하도록 한다.

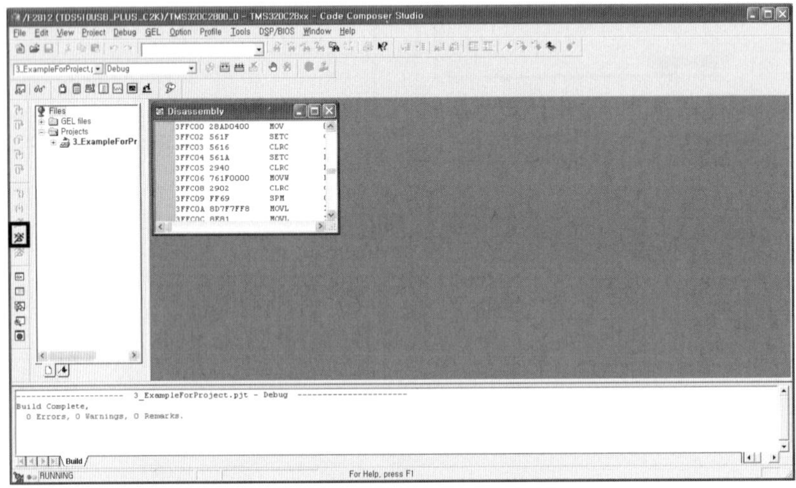

그림 5.95 **프로그램 다운로드하기-10**

06 Community 로봇 펌웨어 소스 파일 설명

1. 사용자 작성 소스 파일 LIST

파일 번호	파일 이름	비 고
1	community_robot_main.c	펌웨어 메인 파일
2	community_init.c	각종 초기화 함수 모음 파일
3	community_motion.c	군집 로봇의 동작 관련 파일
4	community_sci.c	SCI 통신 관련 파일
5	community_flash.c	Serial Flash Memory 관련 파일
6	community_debug.c	각종 디버깅 함수 파일

(1) community_robot_main.c 파일

① 최초 전원 투입 시 초기화를 실행시켜 준다.
② 모터 제어용 PID 제어 프로그램
③ PC의 제어 프로그램에서 송신된 데이터를 해석하여 로봇을 동작시키는 함수 등이 기재되어 있음.

(2) community_init.c 파일

① 각종 선언문
② 전역 변수 선언
③ 내부 장치 과련 초기화 함수 등이 기재되어 있음.

(3) community_motion.c 파일

① 군집 로봇의 동작을 묘사하는 함수들이 기재되어 있음.
② 속도, 거리 등에 따른 직선 이동 명령 관련 함수
③ 각도, 속도, 지름 등에 따른 원운동 관련 함수 등이 기재되어 있음.

(4) community_sci.c 파일

① 통신을 위한 SCI 장치 초기화 및 송수신 관련 함수
② 각 장치를 이용하여 데이터를 송신하거나 수신에 관련된 함수 등이 기재되어 있음.

(5) community_flash.c 파일

① PCB상에 장착된 1Mbit의 serial flash memory 제어 함수
② 데이터의 읽기/쓰기 관련된 함수가 기재되어 있음.

(6) community_debug.c 파일

① 군집 로봇 프로그램 작성 시 관련된 데이터 등을 모니터링하여 프로그램
② 디버깅에 필요한 함수 등이 기재되어 있음.

2. Firm - Ware 프로그램 파일

(1) community_robot_main.c Source 파일

```
#include "DSP280x_Device.h"            // DSP280x Headerfile Include File
#include "DSP280x_Examples.h"          // DSP280x Examples Include File
#include "community_init.c"            // 모든 초기화 관련 routine
#include "community_motion.c"                      // 로봇의 움직임 관련 routine
#include "community_sci.c"             // SCI 관련 routine
#include "community_debug.c"           // System Debug routine
#include "community_flash.c"           // Serial_flash 관련 routine

/*******************************************************************************
        DC MOTOR 제어용 PID 제어기
                - 제어 주기 2Khz
                - 엔코더 512*4 = 2048 per 1 turn

        #define   KP          1.75                // P GAIN
        #define   KI          0.05                // I GAIN
        #define   KD          0.45                // D GAIN
        #define   ACC         1                   // 가속도 2

*******************************************************************************/
interrupt void cpu_timer0_isr(void)
{
        CpuTimer0.InterruptCount++;

        TCLK++;

        GpioDataRegs.GPBTOGGLE.bit.GPIO33 = 1;

/*******************************************************************************
                엔코더로부터 모터의 방향과 누적 펄스수를 구한다.
*******************************************************************************/
LeftQepCount = EQep2Regs.QPOSCNT; //capture position once per QA/QB period
EQep2Regs.QEPCTL.bit.SWI = 1;          // QEP RESET
RightQepCount = EQep1Regs.QPOSCNT;//capture position once per QA/QB period
EQep1Regs.QEPCTL.bit.SWI = 1;          // QEP RESET

/*******************************************************************************
                구해진 방향과 펄스수를 이용해 누적 거리를 구한다.
*******************************************************************************/
```

(계속)

```
#include "DSP280x_Device.h"          // DSP280x Headerfile Include File
#include "DSP280x_Examples.h"        // DSP280x Examples Include File
#include "community_init.c"          // 모든 초기화 관련 routine
#include "community_motion.c"                    // 로봇의 움직임 관련 routine
#include "community_sci.c"           // SCI 관련 routine
#include "community_debug.c"         // System Debug routine
#include "community_flash.c"         // Serial_flash 관련 routine

/*****************************************************************************
        DC MOTOR 제어용 PID 제어기
                - 제어 주기 2Khz
                - 엔코더 512*4 = 2048 per 1 turn

        #define   KP          1.75                    // P GAIN
        #define   KI          0.05                    // I GAIN
        #define   KD          0.45                    // D GAIN
        #define   ACC         1                       // 가속도 2

*****************************************************************************/
interrupt void cpu_timer0_isr(void)
{
        CpuTimer0.InterruptCount++;

        TCLK++;

        GpioDataRegs.GPBTOGGLE.bit.GPIO33 = 1;


/*****************************************************************************
                엔코더로부터 모터의 방향과 누적 펄스수를 구한다.
*****************************************************************************/
LeftQepCount = EQep2Regs.QPOSCNT; //capture position once per QA/QB period
EQep2Regs.QEPCTL.bit.SWI = 1;        // QEP RESET
RightQepCount = EQep1Regs.QPOSCNT;//capture position once per QA/QB period
EQep1Regs.QEPCTL.bit.SWI = 1;        // QEP RESET

/*****************************************************************************
                구해진 방향과 펄스수를 이용해 누적 거리를 구한다.
*****************************************************************************/
        LeftMotorVelocity  = LeftQepCount  * VELOCITY;
        RightMotorVelocity = RightQepCount * VELOCITY;
        RightMotorDist     += RightQepCount * PulseDist;
        LeftMotorDist      += LeftQepCount  * PulseDist;
```

(계속)

```
/******************************************************************************
            감속 시점
******************************************************************************/
      if(fabs(LeftMotorDist) > left_destination - deacceleration_dist || fabs(RightMotorDist)
> right_destination - deacceleration_dist)
      {
            if(right_velocity_limit       > 0.0) right_velocity_limit = 30.0;
            else if(right_velocity_limit < 0.0) right_velocity_limit = -30.0;
            if(left_velocity_limit        > 0.0) left_velocity_limit  = 30.0;
            else if(left_velocity_limit  < 0.0) left_velocity_limit  = -30.0;

            if(fabs(LeftMotorDist)  >  left_destination  ||  fabs(RightMotorDist)  >
right_destination)
            {
                  left_velocity_limit = right_velocity_limit = 0.0;
                  M_MODE = FALSE;
            }
      }

/******************************************************************************
            가감속 처리
******************************************************************************/
      if(right_velocity_limit > right_command_velocity)
      {
            right_command_velocity += r_acceleration;
            if(right_command_velocity > right_velocity_limit) right_command_velocity =
right_velocity_limit;
      }
      else if(right_velocity_limit < right_command_velocity)
      {
            right_command_velocity  -= r_acceleration;
            if(right_command_velocity < right_velocity_limit) right_command_velocity =
right_velocity_limit;
      }

      if(left_velocity_limit > left_command_velocity)
      {
            left_command_velocity += l_acceleration;
            if(left_command_velocity  >  left_velocity_limit)  left_command_velocity  =
left_velocity_limit;
      }
      else if(left_velocity_limit < left_command_velocity)
      {
```

(계속)

```
                    left_command_velocity  -= l_acceleration;
                    if(left_command_velocity  <  left_velocity_limit)  left_command_velocity  =
left_velocity_limit;
          }

/*****************************************************************************
                    속도 제어 - PID
*****************************************************************************/
          l_err3 = l_err2; l_err2 = l_err1; l_err1 = l_err0;
          l_err0 = left_command_velocity  - LeftMotorVelocity;

          r_err3 = r_err2; r_err2 = r_err1; r_err1 = r_err0;
          r_err0 = right_command_velocity - RightMotorVelocity;

          // for PID--------------------------//
          PWM_R += (KP * r_err0) + (KD * ((r_err0 - r_err3) + ((r_err1 - r_err2) * 3))) +
(KI * (r_err0 + r_err1 + r_err2 + r_err3));
          PWM_L += (KP * l_err0) + (KD * ((l_err0 - l_err3) + ((l_err1 - l_err2) * 3))) +
(KI * (l_err0 + l_err1 + l_err2 + l_err3));

/*****************************************************************************
                    PID 제어 결과를 모터에 적용  - 왼쪽 모터
*****************************************************************************/
          if(PWM_L > 0.0)
          {
                    L_MOTOR_FORWARD;
                    if(PWM_L > PWM_LIMIT) PWM_L = PWM_LIMIT;
          }
          else
          {
                    L_MOTOR_BACKWARD;
                    if(PWM_L < -PWM_LIMIT) PWM_L = -PWM_LIMIT;
          }
          LEFT_MOTOR_PWM=(LWORD)(fabs(PWM_L/PWM_LIMIT)*PWM_PERIOD);
/*****************************************************************************
                    PID 제어 결과를 모터에 적용  - 오른쪽 모터
*****************************************************************************/
          if(PWM_R > 0.0)
          {
                    R_MOTOR_FORWARD;
                    if(PWM_R > PWM_LIMIT) PWM_R = PWM_LIMIT;
          }
          else
```

(계속)

```
		{
			R_MOTOR_BACKWARD;
			if(PWM_R < -PWM_LIMIT) PWM_R = -PWM_LIMIT;
		}

		RIGHT_MOTOR_PWM=(LWORD)(fabs(PWM_R/PWM_LIMIT)*PWM_PERIOD);
PieCtrlRegs.PIEACK.all = PIEACK_GROUP1;
		GpioDataRegs.GPBTOGGLE.bit.GPIO33 = 1;
}

interrupt void cpu_timer1_isr(void)
{}

interrupt void cpu_timer2_isr(void)
{}

/*******************************************************************************

*******************************************************************************/
void Init_Variables(void)
{
		/***********************************************
			모터 관련 초기화
		***********************************************/
		L_MOTOR_STOP;
		R_MOTOR_STOP;

		/***********************************************
			PID 관련 초기화
		***********************************************/
		l_err3 = l_err2 = l_err1 = l_err0 = 0;
		r_err3 = r_err2 = r_err1 = r_err0 = 0;

		PWM_R = PWM_L = 0.0;

		/***********************************************
			통신 관련 초기화
		***********************************************/
		received_flag  = FALSE;
		motion_no = 0;
		motion_no = 0;
		receive_id = 0;
		receive_dist = 0;
```

(계속)

```
        receive_angle = 0;
        receive_speed = 0;
        ROBOT_ID = 0;
        TURN_DIST = 0;
}

void main(void)
{
        char id_f = 0, id_b = 0;
        float OneDegreeDist = 0.0;
        char temp_id = 0;

        // Step 1. Initialize System Control:
        // PLL, WatchDog, enable Peripheral Clocks
        // This example function is found in the DSP280x_SysCtrl.c file.
        InitSysCtrl();

        // Step 2. Initalize GPIO:
        // This example function is found in the DSP280x_Gpio.c file and
        // illustrates how to set the GPIO to it's default state.
        Init_Gpio();  // Skipped for this example

        // Step 3. Clear all interrupts and initialize PIE vector table:
        // Disable CPU interrupts
        DINT;

        // Initialize the PIE control registers to their default state.
        // The default state is all PIE interrupts disabled and flags
        // are cleared.
        // This function is found in the DSP280x_PieCtrl.c file.
        InitPieCtrl();

        // Disable CPU interrupts and clear all CPU interrupt flags:
        IER = 0x0000;
        IFR = 0x0000;

        // Initialize the PIE vector table with pointers to the shell Interrupt
        // Service Routines (ISR).
        // This will populate the entire table, even if the interrupt
        // is not used in this example.  This is useful for debug purposes.
        // The shell ISR routines are found in DSP280x_DefaultIsr.c.
        // This function is found in DSP280x_PieVect.c.
        InitPieVectTable();
```

(계속)

```
        EALLOW;  // This is needed to write to EALLOW protected registers

        PieVectTable.TINT0   = &cpu_timer0_isr;  // for CPU TIMER TINT0
        PieVectTable.XINT13 = &cpu_timer1_isr;  // for CPU TIMER TINT1
        PieVectTable.TINT2   = &cpu_timer2_isr;  // for CPU TIMER TINT2
        PieVectTable.SCIRXINTA = &Scia_Rx_ISR;  // for SCI RXA INT
        PieVectTable.SCIRXINTB = &Scib_Rx_ISR;  // for SCI RXB INT

        EDIS; // This is needed to disable write to EALLOW protected registers

        // MemCopy(&econst_LoadStart, &econst_LoadEnd, &econst_RunStart);        //
Copy the to SARAM
        MemCopy(&RamfuncsLoadStart, &RamfuncsLoadEnd, &RamfuncsRunStart);        //
Copy the to SARAM
        InitFlash();

        InitCpuTimers();
        ConfigCpuTimer(&CpuTimer0, 100, 500);  // 100MHz CPU Freq, 100HZ
        ConfigCpuTimer(&CpuTimer1, 100, 1000000);//100MHz CPU Freq, 500HZ
        ConfigCpuTimer(&CpuTimer2, 100, 10000); // 100MHz CPU Freq, 500HZ

        IER |= M_INT1;
        // Enable CPU-Timer 0 INT:
        PieCtrlRegs.PIEIER1.bit.INTx7 = 1;
      // Enable TINT0 in the PIE: Group 1 interrupt 7
        IER |= M_INT13;              // Enable CPU-Timer 1 INT:
        IER |= M_INT14;              // Enable CPU-Timer 2 INT:

        IER |= M_INT9;    // for SCI RX INT
        PieCtrlRegs.PIEIER9.bit.INTx1 = 1;
           // Enable SCI-A RX INT in the PIE: Group 9 interrupt 1
        PieCtrlRegs.PIEIER9.bit.INTx3 = 1;
          // Enable SCI-B RX INT in the PIE: Group 9 interrupt 3

        Init_SPI8();                 // SPIA  모듈 활성화
        Init_SCIA();                 // SCIA  모듈 활성화
        Init_SCIB();                 // SCIB  모듈 활성화
        Init_EQEP1();                // EQEP1 모듈 활성화
        Init_EQEP2();                // EQEP2 모듈 활성화
        Init_EPWM1();                // EPWM1 모듈 활성화
        Init_EPWM3();                // EPWM3 모듈 활성화

        Init_Variables();      // 관련 변수 및 장치 초기화
```

(계속)

```
Load_Parameters();  // 플래시 메모리에서 데이터 upload
Print_Set_Data();   // 데이터 모니터링용 출력

// Enable global Interrupts and higher priority real-time debug events:
EINT;               // Enable Global interrupt INTM
ERTM;               // Enable Global realtime interrupt DBGM

StartCpuTimer0();   // 모터 제어용 PID 제어기 활성화

for(;;)
{
  if(received_flag)
  {
    switch(motion_no)
    {
         case     MOTION1 : SciaPrintf("MOTION1\r\n");
                            // PC로 현재 명령 종류 전송 - 전제 직진 운동
                          move(FORWARD,FORWARD,30.0,500.0,ACC);
  // 거리 500mm 를 최고 300mm/s 의 속도로 전진 가속도 2 m/s
                            while(M_MODE);  // 정지까지 기다린다.
                              break;

         case     MOTION2 : SciaPrintf("MOTION2\r\n");
                            // PC로 현재 명령 종류 전송 - 전체 후진 운동
                            move(BACKWARD,BACKWARD,30.0,500,ACC);
               //거리 500mm를 최고 300mm/s 의 속도로 전진 가속도 2 m/s
                            while(M_MODE);  // 정지까지 기다린다.
                            break;

         case     MOTION3 : SciaPrintf("MOTION3\r\n");
                            // PC로 현재 명령 종류 전송 - 전체 좌회전 운동
        move(BACKWARD,FORWARD,30.0,(float)TURN_DIST/2.0,ACC);
           // 최고 300mm/s 의 속도로 90도 좌회전 가속도 2 m/s
                            while(M_MODE);   // 정지까지 기다린다.
                            break;

         case     MOTION4 : SciaPrintf("MOTION4\r\n");
                            // PC로 현재 명령 종류 전송 - 전체 우회전 운동
                            move(1,0,50.0,(float)TURN_DIST/2.0,ACC);
                    //최고 300mm/s의 속도로 90도 우회전 가속도 2 m/s
                            while(M_MODE);  // 정지까지 기다린다.
                            break;
```

(계속)

```
case        MOTION5 : SciaPrintf("MOTION5\r\n");
                              // PC로 현재 명령 종류 전송 - 전체 왕복 운동
                              move(FORWARD,FORWARD,30.0,500.0,ACC);
        // 거리 500mm 를 최고 500mm/s 의 속도로 전진 가속도 2 m/s
                              while(M_MODE);   // 정지까지 기다린다.
                              Delay_Msec(500);   // 500ms 딜레이
                      move(BACKWARD,FORWARD,30.0,TURN_DIST,ACC);
                  // 300mm/s 의 속도로 180도 좌회전  가속도 2 m/s
                              while(M_MODE);   // 정지까지 기다린다.
                              Delay_Msec(500);   // 500ms 딜레이
                              move(FORWARD,FORWARD,50.0,500.0,ACC);
        // 거리 500mm 를 최고 500mm/s 의 속도로 전진 가속도 2 m/s
                              while(M_MODE);   // 정지까지 기다린다.
                              Delay_Msec(500);   // 500ms 딜레이
                       move(BACKWARD,FORWARD,30.0,TURN_DIST,ACC);
         //최고 300mm/s 의 속도로 180도 좌회전  가속도 2 m/s
                              while(M_MODE);   // 정지까지 기다린다.
                              break;

case        MOTION6 : SciaPrintf("MOTION6\r\n");
                              // PC로 현재 명령 종류 전송 - 전체 회전 운동
                              Circle(RIGHT, 50.0, 400.0, 360);
    // 오른쪽 회전 속도 500mm/s 지름 400mm 각도 360도 가속도 2 m/s
                              while(M_MODE);
                              break;

case        MOTION7 : if(receive_id == ROBOT_ID)
                                             // 전체  - 연속 직진 운동
                              {
                              SciaPrintf("MOTION7\r\n");
                              // PC로 현재 명령 종류 전송
                              move(FORWARD,FORWARD,30.0,300.0,ACC);
        // 거리 500mm 를 최고 300mm/s 의 속도로 전진 가속도 1 m/s
                              while(M_MODE);   // 정지까지 기다린다.
                SciaPrintf("MOTION7\r\n");

/**************************************************************
        자신의 동작이 끝난후 다음 로봇에게 동작을 지시한다.
**************************************************************/

                        send_char_scib(0x02);             // STX 전송
                        send_char_scib('M');              // 모드 전송
                        send_char_scib('0');              // 모션 번호 전송
```

(계속)

```
                        send_char_scib('7');                    // 모션 번호 전송

                         temp_id = ROBOT_ID+1;
                         id_f = (temp_id/10)+0x30;
                         id_b = (temp_id%10)+0x30;
                         send_char_scib(id_f);                  // ID 전송
                         send_char_scib(id_b);                  // ID 전송
                         send_char_scib(0x03);                  // ETX 전송
                            }
                        break;

                           case        MOTION8 : if(receive_id == ROBOT_ID)
                                                   // 전체 - 연속 좌회전 운동
                                                   {
                                                   SciaPrintf("MOTION8\r\n");
                                                   // PC로 현재 명령 종류 전송
        move(BACKWARD,FORWARD,30.0,(float)TURN_DIST/2.0,ACC);
                                         // 속도 300mm/s
                                                   while(M_MODE);
                                                 //정지까지 기다린다.
                                                   Delay_Msec(100);// 100ms 딜레이
/*****************************************************************
        자신의 동작이 끝난 후 다음 로봇에게 동작을 지시한다.
*****************************************************************/

                                       send_char_scib(0x02);// STX 전송
                                           send_char_scib('M');// 모드 전송
                                           send_char_scib('0');// 모션 번호 전송
                                           send_char_scib('8');// 모션 번호 전송
switch(ROBOT_ID)
{
        case        1           :          send_char_scib('0');// ID 전송
                                           send_char_scib('2');// ID 전송
                                           break;

                case        2           :          send_char_scib('0');// ID 전송
                                           send_char_scib('3');// ID 전송
                                           break;

                case        3           :          send_char_scib('0');// ID 전송
                                           send_char_scib('4');// ID 전송
                                           break;
```

(계속)

```
                case    4       :       send_char_scib('0');// ID 전송
                                send_char_scib('5');// ID 전송
                                break;

                case    5       :       send_char_scib('0');// ID 전송
                                send_char_scib('6');// ID 전송
                                break;

                case    6       :       send_char_scib('0');// ID 전송
                                send_char_scib('7');// ID 전송
                                break;

                case    7       :       send_char_scib('0');// ID 전송
                                send_char_scib('8');// ID 전송
                                break;

                case    8       :       send_char_scib('0');// ID 전송
                                send_char_scib('9');// ID 전송
                                break;

                case    9       :       send_char_scib('1');// ID 전송
                                send_char_scib('0');// ID 전송
                                break;

                case    10      :       send_char_scib('1');// ID 전송
                                send_char_scib('1');// ID 전송
                                break;

        }
                        send_char_scib(0x03);// ETX 전송
                        break;

                        case    MOTION9 : if(receive_id == ROBOT_ID)
                                        // 전체 - 연속 우회전 운동3
                                {
                                        SciaPrintf("MOTION9\r\n");
                                        // PC로 현재 명령 종류 전송

move(FORWARD,BACKWARD,30.0,(float)TURN_DIST/2.0,ACC);
                // 속도 300mm/s
                                        while(M_MODE);
                                        // 정지까지 기다린다.
```

(계속)

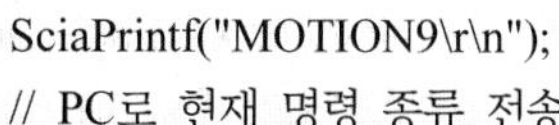

```
                    SciaPrintf("MOTION9\r\n");
                    // PC로 현재 명령 종류 전송

/***************************************************************
        자신의 동작이 끝난후 다음 로봇에게 동작을 지시한다.
***************************************************************/
                    send_char_scib(0x02); // STX 전송
                    send_char_scib('M'); // 모드 전송
                    send_char_scib('0'); //모션번호 전송
                    send_char_scib('9'); //모션번호 전송

        switch(ROBOT_ID){
        case    1       :       send_char_scib('0');  // ID 전송
                                send_char_scib('2');  // ID 전송
                                break;

        case    2       :       send_char_scib('0');  // ID 전송
                                send_char_scib('3');  // ID 전송
                                break;

        case    3       :       send_char_scib('0');  // ID 전송
                                send_char_scib('4');      // ID 전송
                                break;

        case    4       :       send_char_scib('0');  // ID 전송
                                send_char_scib('5');  // ID 전송
                                break;

        case    5       :       send_char_scib('0');  // ID 전송
                                send_char_scib('6');  // ID 전송
                                break;

        case    6       :       send_char_scib('0');  // ID 전송
                                send_char_scib('7');  // ID 전송
                                break;

        case    7       :       send_char_scib('0'); // ID 전송
                                send_char_scib('8'); // ID 전송
                                break;

        case    8       :       send_char_scib('0'); // ID 전송
                                send_char_scib('9'); // ID 전송
                                break;
```

(계속)

```
case        9        :        send_char_scib('1'); // ID 전송
                              send_char_scib('0'); // ID 전송
                              break;

case        10       :        send_char_scib('1'); // ID 전송
                              send_char_scib('1'); // ID 전송
                              break;
            }
                              send_char_scib(0x03); // ETX 전송
                             }
                              break;

            case       MOTION10 : if(receive_id == ROBOT_ID)
                              // 전체  - 연속 왕복 운동3
                              {
                              SciaPrintf("MOTION10\r\n");
                       // PC로 현재 명령 종류 전송
              move(FORWARD,FORWARD,30.0,500.0,ACC);
                      // 속도 300mm/s 거리 500mm
                              while(M_MODE);
                             //정지까지 기다린다.
                              SciaPrintf("MOTION10\r\n");
                      // PC로 현재 명령 종류 전송
/****************************************************************
        자신의 동작이 끝난 후 다음 로봇에게 동작을 지시한다.
****************************************************************/
                              send_char_scib(0x02); // STX 전송
                              send_char_scib('M'); //모드 전송
                              send_char_scib('1'); //모션번호 전송
                              send_char_scib('0'); //모션번호 전송
                              temp_id = ROBOT_ID+1;
                              id_f = (temp_id/10)+0x30;
                              id_b = (temp_id%10)+0x30;
                       send_char_scib(id_f);// ID 전송
                              send_char_scib(id_b); // ID 전송
                              send_char_scib(0x03); // ETX 전송
                       Delay_Msec(300);
          move(BACKWARD,FORWARD,50.0,TURN_DIST,ACC);
                        // U turn
                              while(M_MODE);
                                          // 정지까지 기다린다.
                              Delay_Msec(300);
             move(FORWARD,FORWARD,50.0,500.0,ACC);
```

(계속)

```
// 직진
while(M_MODE);
// 정지까지 기다린다.
Delay_Msec(300);
move(BACKWARD,FORWARD,50.0,TURN_DIST,ACC);
// U turn
while(M_MODE);
// 정지까지 기다린다.
}
break;

case    MOTION_A : if(receive_id == ROBOT_ID)
// 개별 - 직진 운동
{

SciaPrintf("MOTION_A\r\n");    // PC로 정보 전송 - 명령 종류
move(FORWARD,FORWARD,(float)receive_speed/10.0,(float)receive_dist,ACC);
// 명령 수행
SciaPrintf("ROBOT_ID: %02d \r\n",receive_id);
// PC로 정보 전송 - 수신 ID
SciaPrintf("DISTANCE: %04d \r\n",receive_dist);
// PC로 정보 전송 - 수신 거리
SciaPrintf("ANGLE: %03d \r\n",receive_angle);
// PC로 정보 전송 - 수신 각도
SciaPrintf("SPEED: %04d \r\n",receive_speed);
// PC로 정보 전송 - 수신 속도
while(M_MODE);
// 정지까지 기다린다.
}
break;

case    MOTION_B : if(receive_id == ROBOT_ID)
// 개별 - 후진 운동
{

SciaPrintf("MOTION_B\r\n");    // PC로 정보 전송 - 명령종류
move(BACKWARD,BACKWARD,(float)receive_speed/10.0,(float)receive_dist,ACC);
// 명령 수행
SciaPrintf("ROBOT_ID: %02d \r\n",receive_id);
// PC로 정보 전송 - 수신 ID
SciaPrintf("DISTANCE: %04d \r\n",receive_dist);
// PC로 정보 전송 - 수신 거리
SciaPrintf("ANGLE : %03d \r\n",receive_angle);
```

(계속)

```
                        // PC로 정보 전송 - 수신 각도
            SciaPrintf("SPEED: %04d \r\n",receive_speed);
                        // PC로 정보 전송 - 수신 속도
                         while(M_MODE);
                              // 정지까지 기다린다.
                              }
                              break;

                 case       MOTION_C: if(receive_id == ROBOT_ID)
                              // 개별 - 좌회전 운동
                              {

SciaPrintf("MOTION_C\r\n");                    // PC로 정보 전송 - 명령종류
                 OneDegreeDist = (float)TURN_DIST/180.0;
                            // 1도당 거리 계산
move(BACKWARD,FORWARD,(float)receive_speed/10.0,OneDegreeDist*receive_angle,ACC); //
명령 수행
                 SciaPrintf("ROBOT_ID: %02d \r\n",receive_id);
                     // PC로 정보 전송 - 수신 ID
             SciaPrintf("DISTANCE: %04d \r\n",receive_dist);
                        // PC로 정보 전송 - 수신 거리
                 SciaPrintf("ANGLE: %03d \r\n",receive_angle);
                 // PC로 정보 전송 - 수신 각도
             SciaPrintf("SPEED : %04d \r\n",receive_speed);
                // PC로 정보 전송 - 수신 속도
                              while(M_MODE);
                              // 정지까지 기다린다.
                              }
                              break;

                 case       MOTION_D: if(receive_id == ROBOT_ID)
                              // 개별 - 우회전 운동
                              {

SciaPrintf("MOTION_D\r\n");                    // PC로 정보 전송 - 명령 종류
                 OneDegreeDist = (float)TURN_DIST/180.0;
                            // 1도당 거리 계산

move(FORWARD,BACKWARD,(float)receive_speed/10.0,OneDegreeDist*receive_angle,ACC); //
명령 수행
                 SciaPrintf("ROBOT_ID: %02d \r\n",receive_id);
                     // PC로 정보 전송 - 수신 ID
             SciaPrintf("DISTANCE: %04d \r\n",receive_dist);
```

(계속)

```
                                        // PC로 정보 전송 - 수신 거리
                    SciaPrintf("ANGLE: %03d \r\n",receive_angle);
                                        // PC로 정보 전송 - 수신 각도
                    SciaPrintf("SPEED: %04d \r\n",receive_speed);
                                        // PC로 정보 전송 - 수신 속도
                                        while(M_MODE);
                                        // 정지까지 기다린다.
                                        }
                                        break;

            case        MOTION_E: if(receive_id==ROBOT_ID)
                                        // 개별 - 왕복 운동
                                        {
SciaPrintf("MOTION_E\r\n");                      // PC로 정보 전송 - 명령 종류
    move(FORWARD,FORWARD,(float)receive_speed/10.0,(float)receive_dist,ACC);
                                        // 명령 수행
            SciaPrintf("ROBOT_ID: %02d \r\n",receive_id);
                                // PC로 정보 전송 - 수신 ID
                    SciaPrintf("DISTANCE: %04d \r\n",receive_dist);
                                        // PC로 정보 전송 - 수신 거리
                    SciaPrintf("ANGLE: %03d \r\n",receive_angle);
                                        // PC로 정보 전송 - 수신 각도
                    SciaPrintf("SPEED: %04d \r\n",receive_speed);
                                        // PC로 정보 전송 - 수신 속도
                                        while(M_MODE);
                                        // 정지까지 기다린다.
        move(BACKWARD,FORWARD,(float)receive_speed/10.0,TURN_DIST,ACC);
                                        while(M_MODE);
                                        // 정지까지 기다린다.
    move(FORWARD,FORWARD,(float)receive_speed/10.0,(float)receive_dist,ACC);
                                        while(M_MODE);
                                        // 정지까지 기다린다.
        move(BACKWARD,FORWARD,(float)receive_speed/10.0,TURN_DIST,ACC);
                                        while(M_MODE);
                                        // 정지까지 기다린다.
                                        }
                                        break;

            case        MOTION_F: if(receive_id==ROBOT_ID)
                                        // 개별 - 회전 운동
                                        {
                                        SciaPrintf("MOTION_F\r\n");
```

(계속)

```
                                                // PC로 정보 전송 - 명령 종류
    Circle(LEFT, (float)receive_speed/10.0, receive_dist, receive_angle);
                                    // 명령 수행
                                        while(M_MODE);
                                        // 정지까지 기다린다.
                                        }
                                        break;

                    case        MOTION_G: if(receive_id == ROBOT_ID)
                                        // 개별 - 회전 운동
                                        {
                                        SciaPrintf("MOTION_H\r\n");
                                    // PC로 정보 전송 - 명령 종류
     Circle(RIGHT, (float)receive_speed/10.0, receive_dist, receive_angle);
                                        while(M_MODE);
                                        // 정지까지 기다린다.
                                        }
                                        break;

                    case MOTION_H: SciaPrintf("MOTION_H\r\n");
                                    // 360도 턴 테스트
               move(BACKWARD,FORWARD,30.0,TURN_DIST,ACC);
                                        while(M_MODE);
                                        // 정지까지 기다린다.
                                     Save_Parameters();
                                    // 플래시 메모리에 데이터를 저장한다.
                                        break;

                    default: motion_no = 0;
                                        received_flag = FALSE;
                                        break;
               }

               motion_no = 0;
               received_flag = FALSE;
          }
     }
}
```

(2) community_init.c source 파일

```
typedef    unsigned short                          BYTE;
typedef    unsigned int                            WORD;
typedef    unsigned long                           LWORD;

extern     WORD RamfuncsLoadStart;
extern     WORD RamfuncsLoadEnd;
extern     WORD RamfuncsRunStart;

#define Delay_Usec(A)    DSP28x_usDelay(((((long double) A * 1000.0L)    / (long
double)CPU_RATE) - 9.0L) / 5.0L)
#define Delay_Msec(A)    DSP28x_usDelay(((((long double) A * 1000000.0L) / (long
double)CPU_RATE) - 9.0L) / 5.0L)

/******************************************************************************
           기타 설정 관련 선언
******************************************************************************/
#define TRUE
           1
#define FALSE
           0

/******************************************************************************
           DSP 설정 관련 선언
******************************************************************************/
#define          CPUCLK                  100000000L
#define          HSPCLK                  (CPUCLK/2)
#define          LSPCLK                  (CPUCLK/4)

/******************************************************************************
           로봇 동작 명령 정의문
******************************************************************************/
#define    MOTION1        1     // 모든로봇 1 번 동작  - 직진
#define    MOTION2        2     // 모든로봇 2 번 동작  - 후진
#define    MOTION3        3     // 모든로봇 3 번 동작  - 좌회전
#define    MOTION4        4     // 모든로봇 4 번 동작  - 우회전
#define    MOTION5        5     // 모든로봇 5 번 동작  - 왕복
#define    MOTION6        6     // 모든로봇 6 번 동작  - 회전
#define    MOTION7        7     // 모든로봇 7 번 동작  - 연속 운동 1
#define    MOTION8        8     // 모든로봇 8 번 동작  - 연속 운동 2
#define    MOTION9        9     // 모든로봇 9 번 동작  - 연속 운동 3
#define    MOTION10       10    // 모든로봇 10번 동작  - 연속 운동 4
```

(계속)

```
#define    MOTION_A                 'A'      // 개별 동작  - 전진
#define    MOTION_B                 'B'      // 개별 동작  - 후진
#define    MOTION_C                 'C'      // 개별 동작  - 좌회전
#define    MOTION_D                 'D'      // 개별 동작  - 우회전
#define    MOTION_E                 'E'      // 개별 동작  - 왕복
#define    MOTION_F                 'F'      // 개별 동작  - 원운동 - 좌측
#define    MOTION_G                 'G'      // 개별 동작  - 원운동 - 우측
#define    MOTION_H                 'H'      // 개별 동작  - 360도 턴값 설정

#define FORWARD                     1        // 전진
#define BACKWARD                    0        // 후진
#define LEFT                        1        // 왼쪽
#define RIGHT                       0        // 오른쪽

/********************************************************************************
        Motor 설정 관련 선언
엔코더 1 펄스당 거리와 속도 값은 정해진 값이므로 프로그램 실행 중 연산하지 않고
        미리 계산하여 결과치를 사용한다.
********************************************************************************/
#define    PID_FREQ            2000.0                      // 2 KHZ
#define    WEEEL_DIAMETER            42.0                  // 타이어 포함 휠 직경 42mm
//#define   VELOCITY           (PID_FREQ*WEEEL_DIAMETER*PI)/15360        // 엔코더 1펄
스당 속도 값
#define    VELOCITY            17.180                      // 엔코더 1펄스당 속도 값 계산치
//#define  PulseDist  (PID_FREQ*WEEEL_DIAMETER)/15360 // 엔코더 1펄스당 거리 값
#define PulseDist     0.00859                             // 엔코더 1펄스당 거리 값 계산치

#define KI_LIMIT   500.0                                  // 적분항이 포화되는 것을 막는다.
#define PWM_FREQ               50e3    // 50kHz (300rpm) EPWM1 frequency. Freq. can be
changed here
#define PWM_PERIOD             CPUCLK/(2*PWM_FREQ)             // 1000
#define PWM_LIMIT              6000                   // pid 연산의 결과치를 제한
#define TBCTLVAL               0x200E          // up-down count, timebase=SYSCLKOUT


#define L_MOTOR_FORWARD             GpioDataRegs.GPASET.bit.GPIO5 = 1;\
                                        GpioDataRegs.GPACLEAR.bit.GPIO6 = 1;
#define L_MOTOR_BACKWARD               GpioDataRegs.GPACLEAR.bit.GPIO5 = 1;\
                                              GpioDataRegs.GPASET.bit.GPIO6 = 1;
#define L_MOTOR_STOP        GpioDataRegs.GPASET.bit.GPIO5 = 1;\
                                          GpioDataRegs.GPASET.bit.GPIO6 = 1;
#define R_MOTOR_FORWARD             GpioDataRegs.GPASET.bit.GPIO1 = 1;\
```

(계속)

```
                                          GpioDataRegs.GPACLEAR.bit.GPIO2 = 1;
#define R_MOTOR_BACKWARD    GpioDataRegs.GPACLEAR.bit.GPIO1 = 1;\
                                          GpioDataRegs.GPASET.bit.GPIO2 = 1;
#define R_MOTOR_STOP       GpioDataRegs.GPASET.bit.GPIO1 = 1;\
                                          GpioDataRegs.GPASET.bit.GPIO2 = 1;

#define LEFT_MOTOR_PWM EPwm3Regs.CMPA.half.CMPA
                                //왼쪽 모터 PWM 출력
#define RIGHT_MOTOR_PWM             EPwm1Regs.CMPA.half.CMPA
                                //오른쪽 모터 PWM 출력

int LeftQepCount = 0;               // 왼쪽 모터 엔코더 카운트 값
int RightQepCount = 0;              // 오른쪽 모터 엔코더 카운트 값
float LeftMotorDist = 0.0;          // 왼쪽 모터 이동 거리 누적 값
float RightMotorDist = 0.0;         // 오른쪽 모터 이동 거리 누적 값
float LeftMotorVelocity = 0.0;      // 왼쪽 모터 이동 속도
float RightMotorVelocity = 0.0;     // 오른쪽 모터 이동 속도

/*****************************************************************************
        PID 제어기 관련 변수 선언
*****************************************************************************/
volatile BYTE M_MODE = TRUE;
volatile LWORD PWM_L_OUT = 0, PWM_R_OUT = 0;
volatile float PWM_L  = 0.0, PWM_R  = 0.0;
volatile float left_destination = 1000.0, right_destination = 1000.0;
volatile float left_velocity_limit   = 0.0, right_velocity_limit   = 0.0;
volatile float left_command_velocity = 0.0, right_command_velocity = 0.0;
volatile float l_err0 = 0.0, l_err1 = 0.0, l_err2 = 0.0, l_err3 = 0.0;
volatile float r_err0 = 0.0, r_err1 = 0.0, r_err2 = 0.0, r_err3 = 0.0;
volatile float l_acceleration = 2.0, r_acceleration  = 2.0;
volatile float deacceleration_dist = 0.0;

#define   KP      1.75                          // P GAIN
#define   KI      0.05                          // I GAIN
#define           KD     0.45                         // D GAIN
#define           ACC    1                            // 가속도 2m/s2

BYTE motion_no = 0;                     // 수신된 모션의 번호
BYTE receive_id = 0;                    // 수신된 ID
BYTE receive_dist = 0;                  // 수신된 거리
BYTE receive_angle = 0;           // 수신된 각도
BYTE receive_speed = 0;           // 수신된 속도
```

(계속)

```
BYTE ROBOT_ID = 0;                      // 로봇의 ID
BYTE TURN_DIST = 0;                     // 로봇이 360도 회전하는 거리 mm 단위이다.

LWORD TCLK = 0;
/**********************************************************************************
        함수의 원형 선언
**********************************************************************************/
void Save_Parameters(void);
void SciaPrintf(char *form, ... );
void ScibPrintf(char *form, ... );

/**********************************************************************************
        Memory copy function from program memory to data memory
**********************************************************************************/
void MemCopy(WORD *SourceAddr, WORD* SourceEndAddr, WORD* DestAddr)
{
    while(SourceAddr < SourceEndAddr)
    {
        *DestAddr++ = *SourceAddr++;
    }
    return;
}

/**********************************************************************************
        EQEP INITILIZING function   for Motor Velocity
**********************************************************************************/
void Init_EQEP1(void)
{

/**********************************************************************************
                EQEP 1 INITILIZING function
**********************************************************************************/
        EQep1Regs.QUPRD = 1000000;          // Unit Timer for 100Hz at 100 MHz
SYSCLKOUT
        EQep1Regs.QDECCTL.bit.QSRC = 00;  // QEP quadrature count mode
        EQep1Regs.QDECCTL.bit.SWAP = 1;   // Reverse count mode

        EQep1Regs.QEPCTL.bit.FREE_SOFT = 2;
        EQep1Regs.QEPCTL.bit.PCRM = 00;                // PCRM=00 mode - QPOSCNT
reset on index event
        EQep1Regs.QEPCTL.bit.UTE = 1;                  // Unit Timeout Enable
        EQep1Regs.QEPCTL.bit.QCLM = 1;                 // Latch on unit time out
        EQep1Regs.QPOSMAX = 0xffffffff;
```

```
        EQep1Regs.QEPCTL.bit.QPEN = 1;                  // QEP enable

        EQep1Regs.QCAPCTL.bit.UPPS = 5;     // 1/32 for unit position
        EQep1Regs.QCAPCTL.bit.CCPS = 7;                 // 1/128 for CAP clock
        EQep1Regs.QCAPCTL.bit.CEN = 0;                  // QEP Capture Enable
}

/********************************************************************************
        EQEP INITILIZING function   for Motor Velocity
********************************************************************************/
void Init_EQEP2(void)
{

/********************************************************************************
                EQEP 2 INITILIZING function
********************************************************************************/
        EQep2Regs.QUPRD = 1000000;                              //   Unit   Timer   for
100Hz at 100 MHz SYSCLKOUT
        EQep2Regs.QDECCTL.bit.QSRC = 00;  // QEP quadrature count mode

        EQep2Regs.QEPCTL.bit.FREE_SOFT = 2;
        EQep2Regs.QEPCTL.bit.PCRM = 00;                 // PCRM=00 mode - QPOSCNT
reset on index event
        EQep2Regs.QEPCTL.bit.UTE = 1;                   // Unit Timeout Enable
        EQep2Regs.QEPCTL.bit.QCLM = 1;                  // Latch on unit time out
        EQep2Regs.QPOSMAX = 0xffffffff;
        EQep2Regs.QEPCTL.bit.QPEN = 1;                  // QEP enable

        EQep2Regs.QCAPCTL.bit.UPPS = 5;     // 1/32 for unit position
        EQep2Regs.QCAPCTL.bit.CCPS = 7;                 // 1/128 for CAP clock
        EQep2Regs.QCAPCTL.bit.CEN = 0;                  // QEP Capture Enable
}

/********************************************************************************
        EPWM 1
********************************************************************************/
void Init_EPWM1(void)
{
        EPwm1Regs.TBSTS.all = 0;
        EPwm1Regs.TBPHS.half.TBPHS = 0;
        EPwm1Regs.TBCTR = 0;
                // 카운터 클리어
```

(계속)

```
        EPwm1Regs.CMPCTL.all = 0x50;          // immediate mode for CMPA and CMPB
        EPwm1Regs.CMPA.half.CMPA = 0;         // PWM PULSE WIDTH
        EPwm1Regs.CMPB = 0;

        EPwm1Regs.AQCTLA.bit.CAU   = AQ_CLEAR;
                // CTR=CMPA when inc → EPWM1A=1, when dec → EPWM1A=0
        EPwm1Regs.AQCTLA.bit.CAD   = AQ_SET;
                // CTR=CMPA when inc → EPWM1A=1, when dec → EPWM1A=0
        EPwm1Regs.AQCTLB.bit.CAU   = AQ_CLEAR;
                 // CTR=CMPA when inc → EPWM1A=1, when dec → EPWM1A=0
        EPwm1Regs.AQCTLB.bit.CAD   = AQ_SET;
                 // CTR=CMPA when inc → EPWM1A=1, when dec → EPWM1A=0

        EPwm1Regs.AQCTLB.all  = 0x09;
                              // CTR=PRD → EPWM1B=1, CTR=0 → EPWM1B=0

        EPwm1Regs.AQSFRC.all  = 0;
        EPwm1Regs.AQCSFRC.all = 0;

        EPwm1Regs.TZSEL.all = 0;
        EPwm1Regs.TZCTL.all = 0;
        EPwm1Regs.TZEINT.all = 0;
        EPwm1Regs.TZFLG.all = 0;
        EPwm1Regs.TZCLR.all = 0;
        EPwm1Regs.TZFRC.all = 0;

        EPwm1Regs.ETSEL.all = 0x0A;           // Interrupt on PRD
        EPwm1Regs.ETPS.all = 1;
        EPwm1Regs.ETFLG.all = 0;
        EPwm1Regs.ETCLR.all = 0;
        EPwm1Regs.ETFRC.all = 0;

        EPwm1Regs.PCCTL.all = 0;

        EPwm1Regs.TBCTL.all = 0x0010 + TBCTLVAL;  // Enable Timer
        EPwm1Regs.TBPRD = PWM_PERIOD;
        //  PWM 주기 설정
}

/******************************************************************************
        EPWM 3
******************************************************************************/
void Init_EPWM3(void)
```

(계속)

```
{
        EPwm3Regs.TBSTS.all = 0;
        EPwm3Regs.TBPHS.half.TBPHS = 0;
        EPwm3Regs.TBCTR = 0;
        // 카운터 클리어

        EPwm3Regs.CMPCTL.all = 0x50; //immediate mode for CMPA and CMPB
        EPwm3Regs.CMPA.half.CMPA = 0;       // PWM PULSE WIDTH
        EPwm3Regs.CMPB = 0;


        EPwm3Regs.AQCTLA.bit.CAU  = AQ_CLEAR;
                // CTR=CMPA when inc → EPWM1A=1, when dec → EPWM1A=0
        EPwm3Regs.AQCTLA.bit.CAD  = AQ_SET;
                // CTR=CMPA when inc → EPWM1A=1, when dec → EPWM1A=0
        EPwm3Regs.AQCTLA.bit.CAU  = AQ_CLEAR;
                // CTR=CMPA when inc → EPWM1A=1, when dec → EPWM1A=0
        EPwm3Regs.AQCTLA.bit.CAD  = AQ_SET;
                // CTR=CMPA when inc → EPWM1A=1, when dec → EPWM1A=0

        EPwm3Regs.AQSFRC.all  = 0;
        EPwm3Regs.AQCSFRC.all = 0;

        EPwm3Regs.TZSEL.all = 0;
        EPwm3Regs.TZCTL.all = 0;
        EPwm3Regs.TZEINT.all = 0;
        EPwm3Regs.TZFLG.all = 0;
        EPwm3Regs.TZCLR.all = 0;
        EPwm3Regs.TZFRC.all = 0;

        EPwm3Regs.ETSEL.all = 0x0A;         // Interrupt on PRD
        EPwm3Regs.ETPS.all = 1;
        EPwm3Regs.ETFLG.all = 0;
        EPwm3Regs.ETCLR.all = 0;
        EPwm3Regs.ETFRC.all = 0;

        EPwm3Regs.PCCTL.all = 0;

        EPwm3Regs.TBCTL.all = 0x0010 + TBCTLVAL; // Enable Timer
        EPwm3Regs.TBPRD = PWM_PERIOD;
        //  PWM 주기 설정
}
```

(계속)

```
/*********************************************************************************
        GPIO initilizing function

        example to use GPIO with specific register

        GpioDataRegs.GPBDAT.all      = ~0x00000000;
        GpioDataRegs.GPBDAT.all      = ~0xffffffff;
    GpioDataRegs.GPBSET.bit.GPIO33 = 1;
        GpioDataRegs.GPBCLEAR.bit.GPIO33 = 1;
        GpioDataRegs.GPBTOGGLE.bit.GPIO33 = 1;

        Register summery

        GPAMUX1                         0 : I/O           1 : FUNCTION
        GPAMUX2                         0 : I/O           1 : FUNCTION
        GPBMUX1                         0 : I/O           1 : FUNCTION

        GPADIR                          0 : INPUT         1 : OUTPUT
        GPBDIR

        GPAPUD 0 : PULL_UP ENABLE       1 : PULL_UP DISABLE
        GPBPUD

        GPAQSEL1                input qualification register
        GPAQSEL2
        GPBQSEL1

*********************************************************************************/
void Init_Gpio(void)
{
        EALLOW;

        GpioCtrlRegs.GPAMUX1.bit.GPIO0    = 1;          // GPIO0 = EPWM1A
        R_MOTOR_PWM
//      GpioCtrlRegs.GPADIR.bit.GPIO0     = 1;    // GPIO0 = output
//      GpioDataRegs.GPASET.bit.GPIO0     = 0;    // Load output 0
        GpioCtrlRegs.GPAPUD.bit.GPIO0     = 0;    // Enable pullup on GPIO0
//      GpioCtrlRegs.GPAQSEL1.bit.GPIO0   = 0;          // Synch to SYSCLKOUT

        GpioCtrlRegs.GPAMUX1.bit.GPIO1    = 0;          // GPIO1 = I/O
R_MOTOR_DIR
        GpioCtrlRegs.GPADIR.bit.GPIO1     = 1;    // GPIO1 = output
        GpioDataRegs.GPASET.bit.GPIO1     = 0;    // Load output 0
```

(계속)

```
            GpioCtrlRegs.GPAPUD.bit.GPIO1      = 0;        // Enable pullup on GPIO1
//          GpioCtrlRegs.GPAQSEL1.bit.GPIO1    = 0;        // Synch to SYSCLKOUT

            GpioCtrlRegs.GPAMUX1.bit.GPIO2     = 0;        // GPIO2 = I/O
R_MOTOR_DIR
            GpioCtrlRegs.GPADIR.bit.GPIO2      = 1;        // GPIO2 = output
            GpioDataRegs.GPASET.bit.GPIO2      = 0;        // Load output 0
            GpioCtrlRegs.GPAPUD.bit.GPIO2      = 0;        // Enable pullup on GPIO2
//          GpioCtrlRegs.GPAQSEL1.bit.GPIO2    = 0;        // Synch to SYSCLKOUT

            GpioCtrlRegs.GPAMUX1.bit.GPIO3     = 0;        // GPIO3 = I/O
            GpioCtrlRegs.GPADIR.bit.GPIO3      = 1;        // GPIO3 = output
            GpioDataRegs.GPASET.bit.GPIO3      = 0;        // Load output 0
            GpioCtrlRegs.GPAPUD.bit.GPIO3      = 0;        // Enable pullup on GPIO3
//          GpioCtrlRegs.GPAQSEL1.bit.GPIO3    = 0;        // Synch to SYSCLKOUT

            GpioCtrlRegs.GPAMUX1.bit.GPIO4     = 1;        // GPIO4 = EPWM3A
            L_MOTOR_PWM
//          GpioCtrlRegs.GPADIR.bit.GPIO4      = 1;        // GPIO4 = output
//          GpioDataRegs.GPASET.bit.GPIO4      = 0;        // Load output 0
            GpioCtrlRegs.GPAPUD.bit.GPIO4      = 0;        // Enable pullup on GPIO4
//          GpioCtrlRegs.GPAQSEL1.bit.GPIO4    = 0;        // Synch to SYSCLKOUT

            GpioCtrlRegs.GPAMUX1.bit.GPIO5     = 0;        // GPIO5 = I/O
L_MOTOR_DIR
            GpioCtrlRegs.GPADIR.bit.GPIO5      = 1;        // GPIO5 = output
            GpioDataRegs.GPASET.bit.GPIO5      = 0;        // Load output 0
            GpioCtrlRegs.GPAPUD.bit.GPIO5      = 0;        // Enable pullup on GPIO5
//          GpioCtrlRegs.GPAQSEL1.bit.GPIO5    = 0;        // Synch to SYSCLKOUT

            GpioCtrlRegs.GPAMUX1.bit.GPIO6     = 0;        // GPIO6 = I/O
L_MOTOR_DIR
            GpioCtrlRegs.GPADIR.bit.GPIO6      = 1;        // GPIO6 = output
            GpioDataRegs.GPASET.bit.GPIO6      = 0;        // Load output 0
            GpioCtrlRegs.GPAPUD.bit.GPIO6      = 0;        // Enable pullup on GPIO6
//          GpioCtrlRegs.GPAQSEL1.bit.GPIO6    = 0;        // Synch to SYSCLKOUT

            GpioCtrlRegs.GPAMUX1.bit.GPIO7     = 0;        // GPIO7 = I/O
            GpioCtrlRegs.GPADIR.bit.GPIO7      = 1;        // GPIO7 = output
            GpioDataRegs.GPASET.bit.GPIO7      = 0;        // Load output 0
            GpioCtrlRegs.GPAPUD.bit.GPIO7      = 0;        // Enable pullup on GPIO7
//          GpioCtrlRegs.GPAQSEL1.bit.GPIO7    = 0;        // Synch to SYSCLKOUT
```

(계속)

```
	GpioCtrlRegs.GPAMUX1.bit.GPIO8    = 0;	// GPIO8 = I/O
	GpioCtrlRegs.GPADIR.bit.GPIO8     = 1;	// GPIO8 = output
	GpioDataRegs.GPASET.bit.GPIO8     = 0;	// Load output 0
	GpioCtrlRegs.GPAPUD.bit.GPIO8     = 0;	// Enable pullup on GPIO8
//	GpioCtrlRegs.GPAQSEL1.bit.GPIO8   = 0;	// Synch to SYSCLKOUT

	GpioCtrlRegs.GPAMUX1.bit.GPIO9    = 0;	// GPIO9 = I/O
	GpioCtrlRegs.GPADIR.bit.GPIO9     = 1;	// GPIO9 = output
	GpioDataRegs.GPASET.bit.GPIO9     = 0;	// Load output 0
	GpioCtrlRegs.GPAPUD.bit.GPIO9     = 0;	// Enable pullup on GPIO9
//	GpioCtrlRegs.GPAQSEL1.bit.GPIO9   = 0;	// Synch to SYSCLKOUT

	GpioCtrlRegs.GPAMUX1.bit.GPIO10   = 0;	// GPIO10 = I/O
	GpioCtrlRegs.GPADIR.bit.GPIO10    = 1;	// GPIO10 = output
	GpioDataRegs.GPASET.bit.GPIO10    = 0;	// Load output 0
	GpioCtrlRegs.GPAPUD.bit.GPIO10    = 0;	// Enable pullup on GPIO10
//	GpioCtrlRegs.GPAQSEL1.bit.GPIO10  = 0;	// Synch to SYSCLKOUT

	GpioCtrlRegs.GPAMUX1.bit.GPIO11   = 0;	// GPIO11 = I/O
	GpioCtrlRegs.GPADIR.bit.GPIO11    = 1;	// GPIO11 = output
	GpioDataRegs.GPASET.bit.GPIO11    = 0;	// Load output 0
	GpioCtrlRegs.GPAPUD.bit.GPIO11    = 0;	// Enable pullup on GPIO11
//	GpioCtrlRegs.GPAQSEL1.bit.GPIO11  = 0;	// Synch to SYSCLKOUT

	GpioCtrlRegs.GPAMUX1.bit.GPIO12   = 0;	// GPIO12 = I/O
	GpioCtrlRegs.GPADIR.bit.GPIO12    = 0;	// GPIO12 = input
//	GpioDataRegs.GPASET.bit.GPIO12    = 0;	// Load output 0
	GpioCtrlRegs.GPAPUD.bit.GPIO12    = 0;	// Enable pullup on GPIO12
	GpioCtrlRegs.GPAQSEL1.bit.GPIO12  = 3;	// Synch to SYSCLKOUT

	GpioCtrlRegs.GPAMUX1.bit.GPIO13   = 0;	// GPIO13 = I/O
	GpioCtrlRegs.GPADIR.bit.GPIO13    = 1;	// GPIO13 = output
	GpioDataRegs.GPASET.bit.GPIO13    = 0;	// Load output 0
	GpioCtrlRegs.GPAPUD.bit.GPIO13    = 0;	// Enable pullup on GPIO13
//	GpioCtrlRegs.GPAQSEL1.bit.GPIO13  = 0;	// Synch to SYSCLKOUT

	GpioCtrlRegs.GPAMUX1.bit.GPIO14   = 2;	// GPIO14 = SCITXDB
//	GpioCtrlRegs.GPADIR.bit.GPIO14    = 1;	// GPIO14 = output
//	GpioDataRegs.GPASET.bit.GPIO14    = 0;	// Load output 0
	GpioCtrlRegs.GPAPUD.bit.GPIO14    = 0;	// Enable pullup on GPIO14
//	GpioCtrlRegs.GPAQSEL1.bit.GPIO14  = 0;	// Synch to SYSCLKOUT

	GpioCtrlRegs.GPAMUX1.bit.GPIO15   = 2;	// GPIO15 = SCIRXDB
```

(계속)

```
//      GpioCtrlRegs.GPADIR.bit.GPIO15   = 1;      // GPIO15 = output
//      GpioDataRegs.GPASET.bit.GPIO15   = 0;      // Load output 0
        GpioCtrlRegs.GPAPUD.bit.GPIO15   = 0;      // Enable pullup on GPIO15
        GpioCtrlRegs.GPAQSEL1.bit.GPIO15 = 3;      // Synch to SYSCLKOUT

        GpioCtrlRegs.GPAMUX2.bit.GPIO16  = 1;      // GPIO16 = SPISIMOA
//      GpioCtrlRegs.GPADIR.bit.GPIO16   = 1;      // GPIO16 = output
//      GpioDataRegs.GPASET.bit.GPIO16   = 0;      // Load output 0
        GpioCtrlRegs.GPAPUD.bit.GPIO16   = 0;      // Enable pullup on GPIO16
        GpioCtrlRegs.GPAQSEL2.bit.GPIO16 = 3;      // Synch to SYSCLKOUT

        GpioCtrlRegs.GPAMUX2.bit.GPIO17  = 1;      // GPIO17 = SPIS0MIA
//      GpioCtrlRegs.GPADIR.bit.GPIO17   = 1;      // GPIO17 = output
//      GpioDataRegs.GPASET.bit.GPIO17   = 0;      // Load output 0
        GpioCtrlRegs.GPAPUD.bit.GPIO17   = 0;      // Enable pullup on GPIO17
        GpioCtrlRegs.GPAQSEL2.bit.GPIO17 = 3;      // Synch to SYSCLKOUT

        GpioCtrlRegs.GPAMUX2.bit.GPIO18  = 1;      // GPIO18 = SPICLKA
//      GpioCtrlRegs.GPADIR.bit.GPIO18   = 1;      // GPIO18 = output
//      GpioDataRegs.GPASET.bit.GPIO18   = 0;      // Load output 0
        GpioCtrlRegs.GPAPUD.bit.GPIO18   = 0;      // Enable pullup on GPIO16
        GpioCtrlRegs.GPAQSEL2.bit.GPIO18 = 3;      // Synch to SYSCLKOUT

        GpioCtrlRegs.GPAMUX2.bit.GPIO19  = 0;      // GPIO19 = SPISTEA
        GpioCtrlRegs.GPADIR.bit.GPIO19   = 1;      // GPIO19 = output
        GpioDataRegs.GPASET.bit.GPIO19   = 1;      // Load output 0
        GpioCtrlRegs.GPAPUD.bit.GPIO19   = 0;      // Enable pullup on GPIO19
//      GpioCtrlRegs.GPAQSEL2.bit.GPIO19 = 3;      // Synch to SYSCLKOUT

        GpioCtrlRegs.GPAMUX2.bit.GPIO20  = 1;      // GPIO20 = EQEP1A
//      GpioCtrlRegs.GPADIR.bit.GPIO20   = 1;      // GPIO20 = output
//      GpioDataRegs.GPASET.bit.GPIO20   = 0;      // Load output 0
        GpioCtrlRegs.GPAPUD.bit.GPIO20   = 0;      // Enable pullup on GPIO20
        GpioCtrlRegs.GPAQSEL2.bit.GPIO20 = 0;      // Synch to SYSCLKOUT

        GpioCtrlRegs.GPAMUX2.bit.GPIO21  = 1;      // GPIO21 = EQEP1B
//      GpioCtrlRegs.GPADIR.bit.GPIO21   = 1;      // GPIO21 = output
//      GpioDataRegs.GPASET.bit.GPIO21   = 0;      // Load output 0
        GpioCtrlRegs.GPAPUD.bit.GPIO21   = 0;      // Enable pullup on GPIO21
        GpioCtrlRegs.GPAQSEL2.bit.GPIO21 = 0;      // Synch to SYSCLKOUT

        GpioCtrlRegs.GPAMUX2.bit.GPIO22  = 0;      // GPIO22 = I/O
        GpioCtrlRegs.GPADIR.bit.GPIO22   = 1;      // GPIO22 = output
```

(계속)

```
        GpioDataRegs.GPASET.bit.GPIO22     = 0;        // Load output 0
        GpioCtrlRegs.GPAPUD.bit.GPIO22     = 0;        // Enable pullup on GPIO22
//      GpioCtrlRegs.GPAQSEL2.bit.GPIO22 = 0;          // Synch to SYSCLKOUT

        GpioCtrlRegs.GPAMUX2.bit.GPIO23   = 0;         // GPIO23 = I/O
        GpioCtrlRegs.GPADIR.bit.GPIO23     = 1;        // GPIO23 = output
        GpioDataRegs.GPASET.bit.GPIO23     = 0;        // Load output 0
        GpioCtrlRegs.GPAPUD.bit.GPIO23     = 0;        // Enable pullup on GPIO23
//      GpioCtrlRegs.GPAQSEL2.bit.GPIO23 = 0;          // Synch to SYSCLKOUT

        GpioCtrlRegs.GPAMUX2.bit.GPIO24   = 2;         // GPIO24 = EQEP2A
//      GpioCtrlRegs.GPADIR.bit.GPIO24     = 1;        // GPIO24 = output
//      GpioDataRegs.GPASET.bit.GPIO24     = 0;        // Load output 0
        GpioCtrlRegs.GPAPUD.bit.GPIO24     = 0;        // Enable pullup on GPIO24
        GpioCtrlRegs.GPAQSEL2.bit.GPIO24 = 0;          // Synch to SYSCLKOUT

        GpioCtrlRegs.GPAMUX2.bit.GPIO25   = 2;         // GPIO25 = EQEP2B
//      GpioCtrlRegs.GPADIR.bit.GPIO25     = 1;        // GPIO25 = output
//      GpioDataRegs.GPASET.bit.GPIO25     = 0;        // Load output 0
        GpioCtrlRegs.GPAPUD.bit.GPIO25     = 0;        // Enable pullup on GPIO25
        GpioCtrlRegs.GPAQSEL2.bit.GPIO25 = 0;          // Synch to SYSCLKOUT

        GpioCtrlRegs.GPAMUX2.bit.GPIO26   = 0;         // GPIO26 = I/O
        GpioCtrlRegs.GPADIR.bit.GPIO26     = 1;        // GPIO26 = output
        GpioDataRegs.GPASET.bit.GPIO26     = 0;        // Load output 0
        GpioCtrlRegs.GPAPUD.bit.GPIO26     = 0;        // Enable pullup on GPIOGPIO2622
//      GpioCtrlRegs.GPAQSEL2.bit.GPIO26 = 0;          // Synch to SYSCLKOUT

        GpioCtrlRegs.GPAMUX2.bit.GPIO27   = 0;         // GPIO27 = I/O
        GpioCtrlRegs.GPADIR.bit.GPIO27     = 1;        // GPIO27 = output
        GpioDataRegs.GPASET.bit.GPIO27     = 0;        // Load output 0
        GpioCtrlRegs.GPAPUD.bit.GPIO27     = 0;        // Enable pullup on GPIO27
//      GpioCtrlRegs.GPAQSEL2.bit.GPIO27 = 0;          // Synch to SYSCLKOUT

        GpioCtrlRegs.GPAMUX2.bit.GPIO28   = 1;         // GPIO28 = SCIRXDA
//      GpioCtrlRegs.GPADIR.bit.GPIO28     = 1;        // GPIO28 = output
//      GpioDataRegs.GPASET.bit.GPIO28     = 0;        // Load output 0
        GpioCtrlRegs.GPAPUD.bit.GPIO28     = 0;        // Enable pullup on GPIO28
        GpioCtrlRegs.GPAQSEL2.bit.GPIO28 = 3;          // Synch to SYSCLKOUT

        GpioCtrlRegs.GPAMUX2.bit.GPIO29   = 1;         // GPIO29 = SCITXDA
//      GpioCtrlRegs.GPADIR.bit.GPIO29     = 1;        // GPIO29 = output
//      GpioDataRegs.GPASET.bit.GPIO29     = 0;        // Load output 0
```

(계속)

```
        GpioCtrlRegs.GPAPUD.bit.GPIO29   = 0;     // Enable pullup on GPIO15
//      GpioCtrlRegs.GPAQSEL2.bit.GPIO29 = 0;     // Synch to SYSCLKOUT

        GpioCtrlRegs.GPAMUX2.bit.GPIO30  = 0;     // GPIO30 = I/O
        GpioCtrlRegs.GPADIR.bit.GPIO30   = 0;     // GPIO30 = input
//      GpioDataRegs.GPASET.bit.GPIO30   = 0;     // Load output 0
        GpioCtrlRegs.GPAPUD.bit.GPIO30   = 0;     // Enable pullup on GPIO30
        GpioCtrlRegs.GPAQSEL2.bit.GPIO30 = 3;     // Synch to SYSCLKOUT

        GpioCtrlRegs.GPAMUX2.bit.GPIO31  = 0;     // GPIO31 = I/O
        GpioCtrlRegs.GPADIR.bit.GPIO31   = 0;     // GPIO31 = input
//      GpioDataRegs.GPASET.bit.GPIO31   = 0;     // Load output 0
        GpioCtrlRegs.GPAPUD.bit.GPIO31   = 0;     // Enable pullup on GPIO31
        GpioCtrlRegs.GPAQSEL2.bit.GPIO31 = 3;     // Synch to SYSCLKOUT

        GpioCtrlRegs.GPBMUX1.bit.GPIO32  = 0;     // GPIO32 = I/O
        GpioCtrlRegs.GPBDIR.bit.GPIO32   = 1;     // GPIO32 = output
        GpioDataRegs.GPBSET.bit.GPIO32   = 0;     // Load output 0
        GpioCtrlRegs.GPBPUD.bit.GPIO32   = 0;     // Enable pullup on GPIO32
//  GpioCtrlRegs.GPBQSEL1.bit.GPIO32 = 0;         // Synch to SYSCLKOUT

        GpioCtrlRegs.GPBMUX1.bit.GPIO33  = 0;     // GPIO33 = I/O
        GpioCtrlRegs.GPBDIR.bit.GPIO33   = 1;     // GPIO33 = output
        GpioDataRegs.GPBSET.bit.GPIO33   = 1;     // Load output 0
        GpioCtrlRegs.GPBPUD.bit.GPIO33   = 0;     // Enable pullup on GPIO33
//  GpioCtrlRegs.GPBQSEL1.bit.GPIO33 = 0;         // Synch to SYSCLKOUT

        GpioCtrlRegs.GPBMUX1.bit.GPIO34  = 0;     // GPIO34 = I/O
        GpioCtrlRegs.GPBDIR.bit.GPIO34   = 0;     // GPIO34 = input
//      GpioDataRegs.GPBSET.bit.GPIO34   = 1;     // Load output 0
        GpioCtrlRegs.GPBPUD.bit.GPIO34   = 0;     // Enable pullup on GPIO34
    GpioCtrlRegs.GPBQSEL1.bit.GPIO34 = 3;         // Synch to SYSCLKOUT
}
```

(3) community_motion.c source 파일

```
#include "math.h"

/*****************************************************************************
        주어진 가속도와 목표 속도를 이용하여 감속 거리를 구한다.
*****************************************************************************/
```

(계속)

```
void Calculate_Deacceleration_Dist(void)
{
		float t, v;
		v = fabs(left_velocity_limit * 0.001);
		t = v /  (l_acceleration * 2);
		deacceleration_dist = (t*t) * (l_acceleration * 1000);
		if(deacceleration_dist >= (left_destination / 2))  deacceleration_dist = (left_destination
/ 2);
}


void Calculate_Deacceleration_Dist1(BYTE dir)
{
		float t, v;
		if(dir == LEFT)
		{
				v = fabs(right_velocity_limit * 0.001);
				t = v /  (l_acceleration * 2);
				deacceleration_dist = (t*t) * (l_acceleration * 1000);
				if(deacceleration_dist >= (right_destination / 2))   deacceleration_dist =
(right_destination / 2);
		}
		else if(dir == RIGHT)
		{
				v = fabs(left_velocity_limit * 0.001);
				t = v /  (l_acceleration * 2);
				deacceleration_dist = (t*t) * (l_acceleration * 1000);
				if(deacceleration_dist >= (left_destination / 2))   deacceleration_dist =
(left_destination / 2);
		}
}

/*************************************************************************************
		방향 속도 거리를 지정하여 로봇을 이동시킨다.
*************************************************************************************/
void move(BYTE l_dir, BYTE r_dir, float speed, float dist, float command_acc)
{
		M_MODE = TRUE;
		PWM_L = PWM_R =  0.0;
		PWM_L_OUT = PWM_R_OUT = 0;
		LeftMotorDist = RightMotorDist = 0.0;
	left_command_velocity = right_command_velocity = deacceleration_dist = 0.0;
```

(계속)

```
        left_destination = right_destination = dist;
        l_acceleration = r_acceleration = command_acc/2;
        if(r_dir) right_velocity_limit  = speed * 10; else right_velocity_limit = speed * -10;
        if(l_dir) left_velocity_limit   = speed * 10; else left_velocity_limit  = speed * -10;
        Calculate_Deacceleration_Dist();
}

void move_run(float speed, float dest, float command_acc)
{
        l_acceleration = r_acceleration = command_acc/2;
        right_velocity_limit = left_velocity_limit = speed * 10;
        left_destination = right_destination = dest;
        LeftMotorDist = RightMotorDist = 0.0;
        Calculate_Deacceleration_Dist();
}

#define PI  3.14159265358979323846

void Circle(float dir, float speed, float diameter, float angle)
{
        float run_time = 0.0;
        float l_side_dist = 0.0;        // 지름에 의해 계산되는 왼쪽 바퀴의 이동 거리
        float r_side_dist = 0.0;        // 지름에 의해 계산되는 오른쪽 바퀴의 이동 거리
        float l_dia = 0.0;
        float r_dia = 0.0;

        M_MODE = TRUE;
        PWM_L = PWM_R =  0.0;
        PWM_L_OUT = PWM_R_OUT = 0;
        LeftMotorDist = RightMotorDist = 0.0;
  left_command_velocity = right_command_velocity = deacceleration_dist = 0.0;

        l_acceleration = r_acceleration = 3;

        if(dir == RIGHT)
        {
                l_dia = PI * (diameter + 62.5);
                r_dia = PI * (diameter  -  62.5);

                l_side_dist = (l_dia/360.0)*angle;
                r_side_dist = (r_dia/360.0)*angle;

                left_velocity_limit   = speed * 10;
```

(계속)

```
			run_time =  l_side_dist / left_velocity_limit;
			right_velocity_limit = r_side_dist / run_time;

		}
		else if(dir == LEFT)
		{
			l_dia = PI * (diameter - 62.5);
			r_dia = PI * (diameter + 62.5);

			l_side_dist = (l_dia/360.0)*angle;
			r_side_dist = (r_dia/360.0)*angle;

			right_velocity_limit    = speed * 10;
			run_time =  r_side_dist / right_velocity_limit;
			left_velocity_limit = l_side_dist / run_time;
		}

		left_destination   = l_side_dist;
		right_destination = r_side_dist;

//		Calculate_Deacceleration_Dist1(dir);
		Calculate_Deacceleration_Dist();

		SciaPrintf("\r\n");
		SciaPrintf(" l_side_dist : %f    \r\n",l_side_dist);
		SciaPrintf(" r_side_dist : %f    \r\n",r_side_dist);
		SciaPrintf(" right_velocity_limit : %f      \r\n",right_velocity_limit);
		SciaPrintf(" left_velocity_limit : %f       \r\n",left_velocity_limit);

		SciaPrintf(" run_time : %f      \r\n",run_time);

}
```

(4) community_sci.c source 파일

```
#include "stdio.h"

/********************************************************************************
		시리얼 통신 관련 정의문
********************************************************************************/
```

(계속)

```
#define          STX          0x02
#define          ETX          0x03
#define   CR            0x0D
#define   LF            0x0A

#define   BAUD2400      2400L
#define   BAUD9600      9600L
#define   BAUD19200     19200L
#define   BAUD115200    115200L

#define   PARITY_EVEN          0
#define   PARITY_ODD           1
#define   PARITY_NONE          2
#define          BRR_VALA          (LSPCLK/(8*BAUD115200) - 1)
#define          BRR_VALB           (LSPCLK/(8*BAUD9600) - 1)

#define          TXA_BUF_COUNT     30
#define          RXA_BUF_COUNT         30
#define          TXB_BUF_COUNT         30
#define          RXB_BUF_COUNT         30

char rxa_data = 0;
char rxa_receive_count = 0;
char txa_buf[TXA_BUF_COUNT] = {0,};
char rxa_buf[RXA_BUF_COUNT] = {0,};

char rxb_data = 0;
char rxb_receive_count = 0;
char txb_buf[TXB_BUF_COUNT] = {0,};
char rxb_buf[RXB_BUF_COUNT] = {0,};

BYTE received_flag  = FALSE;

/*****************************************************************************
        SCI-A 설정용 함수
*****************************************************************************/
void Init_SCIA(void)
{
        SciaRegs.SCIFFTX.all = 0xa000;               // FIFO reset
        SciaRegs.SCIFFCT.all = 0x4000;         // Clear ABD(Auto baud bit)
        SciaRegs.SCICCR.all  = 0x0007;         // 1 stop bit,  No loopback
                                                  // Even parity, 8 char bits,
                                               // async mode, idle-line protocol
```

(계속)

```
            SciaRegs.SCICTL1.all = 0x0003; // enable TX, RX, internal SCICLK,
                                          // Disable RX ERR, SLEEP, TXWAKE

            SciaRegs.SCICTL2.bit.RXBKINTENA = 1;          // RX/BK INT ENA=1,
            SciaRegs.SCICTL2.bit.TXINTENA = 1;            // TX INT ENA=1,
          SciaRegs.SCIHBAUD = BRR_VALA >> 8;              // High Value
          SciaRegs.SCILBAUD = BRR_VALA & 0xff;            // Low Value
            SciaRegs.SCICTL1.all = 0x0023;                // Relinquish SCI from Reset
}

void send_char_scia(char c)
{
      while(!SciaRegs.SCICTL2.bit.TXRDY);
      SciaRegs.SCITXBUF=c&0xff;
}

void send_str_scia(char *p)
{
            char rd;
      while(rd = *p++) send_char_scia(rd);
}

void SciaPrintf(char *form, ... )
{
      static char buff[100];
      va_list argptr;
      va_start(argptr,form);
      vsprintf(buff, form, argptr);
      va_end(argptr);
      send_str_scia(buff);
}

/*********************************************************************************
            SCI-B 설정용 함수
*********************************************************************************/
void Init_SCIB(void)
{
            ScibRegs.SCIFFTX.all = 0xa000;                  // FIFO reset
            ScibRegs.SCIFFCT.all = 0x4000;          // Clear ABD(Auto baud bit)
            ScibRegs.SCICCR.all  = 0x0007;          // 1 stop bit,  No loopback
                                                       // Even parity,8 char bits,
                                                    // async mode, idle-line protocol
```

(계속)

```
        ScibRegs.SCICTL1.all = 0x0003;          // enable TX, RX, internal SCICLK,
                                                // Disable RX ERR, SLEEP, TXWAKE

        ScibRegs.SCICTL2.bit.RXBKINTENA = 1;            // RX/BK INT ENA=1,
        ScibRegs.SCICTL2.bit.TXINTENA = 1;              // TX INT ENA=1,
    ScibRegs.SCIHBAUD = BRR_VALB >> 8;                  // High Value
    ScibRegs.SCILBAUD = BRR_VALB & 0xff;                // Low Value
        ScibRegs.SCICTL1.all = 0x0023;                  // Relinquish SCI from Reset
}

void send_char_scib(char c)
{
    while(!ScibRegs.SCICTL2.bit.TXRDY);
    ScibRegs.SCITXBUF = c&0xff;
}

void send_str_scib(char *p)
{
        char rd;
    while(rd = *p++) send_char_scib(rd);
}

void ScibPrintf(char *form, ... )
{
    static char buff[100];
    va_list argptr;
    va_start(argptr,form);
    vsprintf(buff, form, argptr);
    va_end(argptr);
    send_str_scib(buff);
}

/*****************************************************************************
*****************************************************************************/
interrupt void Scia_Rx_ISR(void)
{
        rxa_data = SciaRegs.SCIRXBUF.all;

//      send_char_scia(rxa_data);

        PieCtrlRegs.PIEACK.all = PIEACK_GROUP9;
}
```

(계속)

```
interrupt void Scib_Rx_ISR(void)
{
        BYTE i = 0;

        rxb_data = ScibRegs.SCIRXBUF.all;

        if(rxb_data == STX)                    // STX 수신
        {
                rxb_receive_count = 0;
                for(i = 0 ; i < RXB_BUF_COUNT ; i++) rxb_buf[i] = 0;
        }
        else if(rxb_data == ETX)        // ETX 수신
        {
                if(rxb_buf[1] == 'M')
                {
                motion_no    = (rxb_buf[2] - 0x30)*10 + (rxb_buf[3] - 0x30);
                receive_id   = (rxb_buf[4] - 0x30)*10 + (rxb_buf[5] - 0x30);

                }
                else if(rxb_buf[1] == 'I')
                {
                motion_no       =  rxb_buf[2];
                receive_id      = (rxb_buf[3] - 0x30)*10      + (rxb_buf[4] - 0x30);
                receive_dist    = (rxb_buf[5] - 0x30)*1000    + (rxb_buf[6] - 0x30)*100    +
(rxb_buf[7] - 0x30)*10  + (rxb_buf[8] - 0x30);
                receive_angle  = (rxb_buf[9] - 0x30)*100      + (rxb_buf[10] - 0x30)*10    +
(rxb_buf[11] - 0x30);
                receive_speed  = (rxb_buf[12] - 0x30)*1000 + (rxb_buf[13] - 0x30)*100 +
(rxb_buf[14] - 0x30)*10 + (rxb_buf[15] - 0x30);
                }
                else if(rxb_buf[1] == 'D')
                {
                ROBOT_ID = (rxb_buf[2] - 0x30)*10      + (rxb_buf[3] - 0x30);
                Save_Parameters();
                ScibPrintf("ROBOT_ID : %02d ",ROBOT_ID);
                }
                else if(rxb_buf[1] == 'T')
                {
                motion_no =  rxb_buf[2];
                TURN_DIST  =  (rxb_buf[3] - 0x30)*100      + (rxb_buf[4] - 0x30)*10     +
(rxb_buf[5] - 0x30);
                ScibPrintf("TURN_DIST : %03d ",TURN_DIST);
                }
```

(계속)

```
            received_flag = TRUE;
        }

        rxb_buf[rxb_receive_count++] = rxb_data;

        PieCtrlRegs.PIEACK.all = PIEACK_GROUP9;
}
```

(5) community_flash.c source 파일

```
#define FlashPageRead              0x52     // Main memory page read
#define FlashToBuf1Transfer   0x53  //Main memory page to buffer 1 transfer
#define Buf1Read              0x54     // Buffer 1 read
#define FlashToBuf2Transfer   0x55     //Main memory page to buffer 2 transfer
#define Buf2Read              0x56     // Buffer 2 read
#define StatusReg             0x57     // Status register
#define AutoPageReWrBuf1      0x58     // Auto page rewrite through buffer 1
#define AutoPageReWrBuf2      0x59     // Auto page rewrite through buffer 2
#define FlashToBuf1Compare    0x60   //Main memory page to buffer 1 compare
#define FlashToBuf2Compare  0x61     //Main memory page to buffer 2 compare
#define ContArrayRead              0x68
                    //Continuous Array Read (Note : Only A/B-parts supported)
#define FlashProgBuf1          0x82   //Main memory page program through buffer 1
#define Buf1ToFlashWE         0x83
                // Buffer 1 to main memory page program with built-in erase
#define Buf1Write             0x84     // Buffer 1 write
#define FlashProgBuf2          0x85   // Main memory page program through buffer 2
#define Buf2ToFlashWE         0x86
                // Buffer 2 to main memory page program with built-in erase
#define Buf2Write             0x87     // Buffer 2 write
#define Buf1ToFlash           0x88
               // Buffer 1 to main memory page program without built-in erase
#define Buf2ToFlash            0x89
               // Buffer 2 to main memory page program without built-in erase

#define    DF_CS_inactive        GpioDataRegs.GPASET.bit.GPIO19 = 1;   Delay_Usec(1);
#define    DF_CS_active        GpioDataRegs.GPACLEAR.bit.GPIO19 = 1; Delay_Usec(1);

#define    PAGE0                    0          // 일반 데이터들
```

(계속)

```
#define    PAGE1                    1          // PID table 데이터
#define    PAGE2                    2          // history data
#define    PAGE3                    3          // auto teaching data
#define    PAGE4                    4          // DISPLAY 딜레이 , 제어기 주파수 관련

const BYTE DF_pagebits[] = {    9,  9,   9,  9,   9,   10,  10,  11};
                                //index of internal page address bits
const BYTE DF_pagesize[] = { 264,264, 264, 264, 264, 528, 528,1056};
                    //index of pagesizes

BYTE PageBits;
BYTE PageSize;

/*****************************************************************************
        플래시 메모리 관련 변수
*****************************************************************************/
BYTE FLASH_ERROR = 0;
BYTE data_buf[256] = {0,};
                            // 플래시 메모리에 저장되는 데이터를 가지고 있는 테이블
BYTE data_buf_check[256] = {0,};
                            // 플래시 메모리에 저장되는 데이터를 확인하는 용도로 사용

BYTE spi_transmit8(BYTE dat)
{
        BYTE input;
        while(SpiaRegs.SPISTS.bit.BUFFULL_FLAG);  // wait if TX_BUF_FULL
        SpiaRegs.SPITXBUF = (dat & 0xff)<<8;
        while(!SpiaRegs.SPISTS.bit.INT_FLAG);
        input = SpiaRegs.SPIRXBUF;
        return input;
}

BYTE Read_DF_status (void)
{
        BYTE result;
        BYTE index_copy;

        DF_CS_inactive;                // make sure to toggle CS signal in order
        DF_CS_active;                  // to reset dataflash command decoder

        result = spi_transmit8(StatusReg);  // send status register read op-code
        result = spi_transmit8(0x00);       // dummy write to get result
```

(계속)

```
        index_copy = ((result & 0x38) >> 3);
                                        // get the size info from status register
        PageBits    = DF_pagebits[index_copy];
                // get number of internal page address bits from look-up table
        PageSize    = DF_pagesize[index_copy];
                                        // get the size of the page (in BYTEs)
        return result;                  // return the read status register value
}

void Init_SPI8(void)
{
        DF_CS_inactive

        SpiaRegs.SPICCR.bit.SPISWRESET = 0; // SPI SW RESET = 0
        SpiaRegs.SPICTL.all = 0x06;             // Master mode,without Delay

        SpiaRegs.SPIBRR = 7;
// LSPCLK = 30.0MHz  SPI_CLK = LSPCLK/(SPIBRR+1) : 30.0MHz/6= 5.0MHz
        SpiaRegs.SPICCR.all = 0x47;  //CLOCK_POLARITY(1)=falling,8bit length
        SpiaRegs.SPICCR.bit.SPISWRESET=1;  // SPI SW RESET = 1

        Read_DF_status();
       DF_CS_inactive;
}

void spi_fifo_init()
{
    SpiaRegs.SPIFFTX.all=0xE040;
    SpiaRegs.SPIFFRX.all=0x204f;
    SpiaRegs.SPIFFCT.all=0x0;
}

/*
void Buffer_Write_BYTE (BYTE IntPageAdr, BYTE Data)
{
        DF_CS_inactive;                 // make sure to toggle CS signal in order
        DF_CS_active;                   // to reset dataflash command decoder

        spi_transmit8(Buf1Write);       // buffer 1 write op-code
        spi_transmit8(0x00);            // don't cares
        spi_transmit8((BYTE)(IntPageAdr>>8));
                                        // upper part of internal buffer address
        spi_transmit8((BYTE)(IntPageAdr));
```

(계속)

```
                                        // lower part of internal buffer address
        spi_transmit8(Data);            // write data BYTE
}

BYTE Buffer_Read_BYTE (BYTE IntPageAdr)
{
        BYTE data;

        DF_CS_inactive;                 // make sure to toggle CS signal in order
        DF_CS_active;                   // to reset dataflash command decoder

        spi_transmit8(Buf1Read);        // buffer 1 read op-code
        spi_transmit8(0x00);            // don't cares
        spi_transmit8((BYTE)(IntPageAdr>>8));
                                        // upper part of internal buffer address
        spi_transmit8((BYTE)(IntPageAdr));
                                        // lower part of internal buffer address
        spi_transmit8(0x00);            // don't cares
        data = spi_transmit8(0x00);     // read BYTE

        return data;                    // return the read data BYTE
}
*/

void Buffer_Write_Str(BYTE IntPageAdr, BYTE No_of_BYTEs, BYTE *BufferPtr)
{
        BYTE i;

        DF_CS_inactive;                 // make sure to toggle CS signal in order
        DF_CS_active;                   // to reset dataflash command decoder

        spi_transmit8(Buf1Write);       // buffer 1 write op-code
        spi_transmit8(0x00);            // don't cares
        spi_transmit8((BYTE)(IntPageAdr>>8));
                                        // upper part of internal buffer address
        spi_transmit8((BYTE)(IntPageAdr));
                                        // lower part of internal buffer address
        for( i=0; i< No_of_BYTEs; i++)
        {
                spi_transmit8(*(BufferPtr));
        // write BYTE pointed at by *BufferPtr to dataflash buffer 1 location
                BufferPtr++;            // point to next element in AVR buffer
        }
```

(계속)

```
		Delay_Msec(1);
		DF_CS_inactive;
}

void Buffer_Read_Str (BYTE IntPageAdr, BYTE No_of_BYTEs, BYTE *BufferPtr)
{
		BYTE i;

		DF_CS_inactive;					// make sure to toggle CS signal in order
		DF_CS_active;					// to reset dataflash command decoder

		spi_transmit8(Buf1Read);		// buffer 1 read op-code
		spi_transmit8(0x00);			// don't cares
		spi_transmit8((BYTE)(IntPageAdr>>8));
										// upper part of internal buffer address
		spi_transmit8((BYTE)(IntPageAdr));
										// lower part of internal buffer address
		spi_transmit8(0x00);			// don't cares

		for( i=0; i<No_of_BYTEs; i++)
		{
				*(BufferPtr) = spi_transmit8(0x00);
				// read BYTE and put it in AVR buffer pointed to by *BufferPtr
				BufferPtr++;			// point to next element in AVR buffer
		}
		Delay_Msec(1);
		DF_CS_inactive;
}

void Buffer_To_Page (BYTE PageAdr)
{
		DF_CS_inactive;				// make sure to toggle CS signal in order
		DF_CS_active;				// to reset dataflash command decoder

		spi_transmit8(Buf1ToFlashWE); // buffer 1 to flash with erase op-code
		spi_transmit8((BYTE)(PageAdr >> (16 - PageBits)));
									// upper part of page address
		spi_transmit8((BYTE)(PageAdr << (PageBits - 8)));
									// lower part of page address
		spi_transmit8(0x00);		// don't cares

		DF_CS_inactive;					// initiate flash page programming
		DF_CS_active;
```

(계속)

```
        while(!(Read_DF_status() & 0x80));
                // monitor the status register, wait until busy-flag is high
        Delay_Msec(1);
        DF_CS_inactive;
}

void Page_To_Buffer (BYTE PageAdr)
{
        DF_CS_inactive;                 // make sure to toggle CS signal in order
        DF_CS_active;                   // to reset dataflash command decoder

        spi_transmit8(FlashToBuf1Transfer);  // transfer to buffer 1 op-code
        spi_transmit8((BYTE)(PageAdr >> (16 - PageBits)));
                                                // upper part of page address
        spi_transmit8((BYTE)(PageAdr << (PageBits - 8)));
                                                // lower part of page address
        spi_transmit8(0x00);                   // don't cares

        DF_CS_inactive;                                 // initiate the transfer
        DF_CS_active;

        while(!(Read_DF_status() & 0x80));
                // monitor the status register, wait until busy-flag is high
        Delay_Msec(1);
        DF_CS_inactive;
}

void Load_Parameters(void)
{
        BYTE data_count = 0;

        DF_CS_inactive
        Delay_Msec(1);

/*******************************************************************************
                저장 및 확인용 버퍼 0으로 초기화
*******************************************************************************/
        for(data_count = 0; data_count < 256 ; data_count++) data_buf[data_count] =
data_buf_check[data_count] = 0;

        Delay_Msec(1);
        Page_To_Buffer(PAGE0);
        Buffer_Read_Str(0,256,data_buf);
```

(계속)

```
        Delay_Msec(1);

        Delay_Msec(1);
        Page_To_Buffer(PAGE0);
        Buffer_Read_Str(0,256,data_buf_check);
        Delay_Msec(1);

/*****************************************************************************
                버퍼 내용 확인?
*****************************************************************************/
        FLASH_ERROR = 0;
        for(data_count = 0; data_count < 256 ; data_count++)
        {
                if(data_buf[data_count] != data_buf_check[data_count])
                {
                        FLASH_ERROR = TRUE;
                        break;
                }
        }

        if(FLASH_ERROR == 0)                    // 버퍼의 내용이 정상적이라면
        {
                data_count = 0;
                ROBOT_ID                = data_buf[data_count++]&0xff;

                TURN_DIST               = data_buf[data_count++]&0xff;

        }
}

void Save_Parameters(void)
{
        BYTE data_count = 0;

        DF_CS_inactive

/*****************************************************************************
                저장 및 확인용 버퍼 0으로 초기화
*****************************************************************************/

        for(data_count = 0; data_count < 256 ; data_count++) data_buf[data_count] =
data_buf_check[data_count] = 0;
```

(계속)

```
/**************************************************************************
***************************************************************************/
        data_count = 0;
        data_buf[data_count++] =(ROBOT_ID)&0xff;
        data_buf[data_count++] =(TURN_DIST)&0xff;


        Delay_Msec(1);
        Buffer_Write_Str(0,256,data_buf);
        Buffer_To_Page(PAGE0);
        Delay_Msec(1);

        Delay_Msec(1);
        Page_To_Buffer(PAGE0);
        Buffer_Read_Str(0,256,data_buf_check);
        Delay_Msec(1);


/**************************************************************************
                버퍼 내용 확인?
***************************************************************************/
        FLASH_ERROR = 0;
        for(data_count = 0; data_count < 256; data_count++)
        {
                if(data_buf[data_count] != data_buf_check[data_count])
                {
                        FLASH_ERROR = 1;
                        break;
                }
        }

        if(FLASH_ERROR)
        {
                SciaPrintf("**** FLASH MEMORY ERROR *****\r\n");
        for(;;);
        }
}

/**************************************************************************
        Rom Initalize 메뉴가 실행되면 모든 데이터는 초기화된다.
        PID 테이블 및 각종 factor.
***************************************************************************/
void Set_Default_Value(void)
```

(계속)

```
{
        ROBOT_ID = 1;
        TURN_DIST = 100;

        Save_Parameters();

}

void Print_Set_Data(void)
{
   SciaPrintf("\r\n\r\n");
   SciaPrintf("********************************************\r\n");
   SciaPrintf("***** COMMUNITY ROBOT SYSTEM PARAMETER ******\r\n");
   SciaPrintf("********************************************\r\n\r\n");

        SciaPrintf("ROBOT_ID          : %d       \r\n",ROBOT_ID);
        SciaPrintf("360 TURN DIST   : %d mm              \r\n",TURN_DIST);


/* SciaPrintf("CYLINER_CENTER : %03u[mm] \r\n",CYLINER_CENTER);
      SciaPrintf("POSITION UPPER LIMIT : %05u
\r\n",POSITION_METER_UPPER_LIMIT);
        SciaPrintf("POSITION LOWER LIMIT   : %05u
\r\n",POSITION_METER_LOWER_LIMIT);
        SciaPrintf("POSITION_METER_DIVIDER            : %05u
\r\n",POSITION_METER_DIVIDER);
        SciaPrintf("MAX OUTPUT LIMIT           : %2.3f[V]
\r\n",(float)MAX_OUT_LIMIT/100.0);
        SciaPrintf("MAX OUTPUT LIMIT UPPER          : %5.1f
\r\n",MAX_OUT_UPPER_LIMIT);
        SciaPrintf("MAX OUTPUT LIMIT LOWER          : %5.1f
\r\n",MAX_OUT_LOWER_LIMIT);
        SciaPrintf("POWER_GAIN_INT                    : %05u
\r\n",POWER_GAIN_INT);
        SciaPrintf("POWER_GAIN                : %5.1f   \r\n",POWER_GAIN);
        SciaPrintf("SPEED_LIMIT               : %03u mpm          \r\n",SPEED_LIMIT);
        SciaPrintf("PIXEL_TO_MM               : %03u   %1.1f mm
\r\n",PIXEL_TO_MM,PIXEL_TO_MM_F);
        SciaPrintf("TIME_LIMIT                : %05u   %1.2f sec
\r\n",TIME_LIMIT,(float)TIME_LIMIT/200.0);
*/
}
```

(6) community_debug.c source 파일

프로그램 시 프로그래머는 두 가지 프로그램 방식 중 하나를 선택해야 한다. 하나는 "debug" 모드이고, 다른 하나는 "release"라는 모드인데 이중 하나를 선택해서 프로그램해야 한다. 보통 처음 프로그램에 입문하여 작업하는 경우는 "debug" 모드를 사용하는 것이 편리하다. 여기서는 에뮬레이팅이 가능하도록 break point 등 관련 정보와 기능들을 제공하기 때문에 편리하기는 하나 프로그램의 양은 다소 커진다. 반면 "release" 모드에서는 동작에만 필요한 것들을 컴파일함에 따라 전문적으로 프로그램하는 경우에 많이 사용한다. 물론 프로그램 크기도 다소 줄어든다. 본 제작 작업에서는 "release" 모드를 사용해서 작업했으므로 debug 파일에는 프로그램이 없다. 참고하기 바란다.

(7) 프로그램 주요 함수 설명

■ PID 제어기 관련 설명 - MAIN.C

```
타이머 1개로 두 개의 PID 제어기를 구현하여 두 개의 DC 모터를 동시에 제어

PID제어기 구동 주파수 -  2 KHz
관련 항목
        주파수: 2Khz
        엔코더: 2048 pulse / Motor 1 turn
                15360 pulse / Wheel 1 turn (기어비 1 : 7.5)
        P gain: 1.75
        I  gain: 0.05
        D gain: 0.45
```

■ 타이머 인터럽트 설정

```
        ConfigCpuTimer(&CpuTimer0, 100, 500);

          - ConfigCpuTimer() 함수는 CPU 내부에 존재하는 3개의 32비트 타이머를 원하는
            주파수로 구동시키는 함수이며, DSP281X.Init.c 파일에 작성되어 있으며 TI사에서
            기본적으로 제공하는 함수이다.

  &CpuTimer0 항목
          - CpuTimer 중 0번을 사용하겠다는 의미
  100 항목
          - 현재 CPU를 구동하는 시스템 클럭의 속도를 기재한다.
```

(계속)

- 장력 제어기는 20Mhz의 외부 오실레이터의 주파수를 공급받아 내부 PLL 회로로 5배 증폭시켜 100Mhz로 구동된다.

400 항목

- 주기를 의미한다. us 단위이다.

인터럽트 주파수 계산 식

구동 주파수 / 100 / 주기 = 100000000 / 100 / 500 = 2000

따라서 타이머 인터럽트 주기는 2000Hz = 2.0Khz

위 구문은 main() 함수 내에서 최초에 초기화 동작으로 실행된다.
하지만 주기를 변경하고 싶은 경우 프로그램 중에 삽입하여 실행할 수도 있겠다.

CpuTimer0의 ISR(Intruppt Service Routine)의 시작

```
interrupt void cpu_timer0_isr(void)
{
   CpuTimer0.InterruptCount++;
   GpioDataRegs.GPBTOGGLE.bit.GPIO33 = 1;          // LED 출력 반전
```

엔코더로부터 모터의 방향과 누적 펄스수를 구한다.
QEP란 CPU 내부 장치 중 하나로 엔코더 인터페이스 회로이다.
엔코더로부터 누적된 펄스의 개수와 방향을 읽어들인다.

```
   LeftQepCount = EQep2Regs.QPOSCNT;               // 왼쪽 모터 펄스 읽기
   EQep2Regs.QEPCTL.bit.SWI = 1;                   // QEP RESET

   RightQepCount = EQep1Regs.QPOSCNT;              // 오른쪽 모터 펄스 읽기
   EQep1Regs.QEPCTL.bit.SWI = 1;                   // QEP RESET
```

구해진 방향과 펄스수를 이용해 누적 거리를 구한다.
펄스수는 QEP에서 읽어들인 값의 절댓값이며
방향은 AEP에서 읽어들인 값의 부호로 판별한다.
정방향으로 움직였다면 양의 값이 나오고
역방향으로 움직였다면 음의 값이 나온다.

VELOCITY = (PID_FREQ*WEEEL_DIAMETER*PI)/15360 = 17.180

- 펄스당 속도 값

PulseDist = (PID_FREQ*WEEEL_DIAMETER)/15360 = 0.00859

- 펄스당 거리 값

(계속)

```
LeftMotorVelocity   = LeftQepCount  * VELOCITY;
RightMotorVelocity = RightQepCount * VELOCITY;
RightMotorDist     += RightQepCount * PulseDist;
LeftMotorDist      += LeftQepCount  * PulseDist;
```

감속 시점인지 검사하여 만약 감속 시점이라면 모터의 속도를 현재 방향 정보에 따라 30 mm/로 설정하여 모터를 감속시킨다.
기본적으로는 0 mm/s로 감속시켜야 하나 오차로 인해 도달 거리에 이르기도 전에 감속이 끝나는 경우를 막기 위하여 30 mm/s라는 저속으로 감속시킨 후 목표 거리까지 이동할 수 있게 해 준다.

```
if(   fabs(LeftMotorDist) > left_destination  -  deacceleration_dist
  || fabs(RightMotorDist) > right_destination  -  deacceleration_dist)
{
    if(right_velocity_limit       > 0.0) right_velocity_limit = 30.0;
    else if(right_velocity_limit < 0.0) right_velocity_limit = -30.0;
    if(left_velocity_limit        > 0.0) left_velocity_limit  = 30.0;
    else if(left_velocity_limit  < 0.0) left_velocity_limit  = -30.0;

    if( fabs(LeftMotorDist) > left_destination
    || fabs(RightMotorDist) > right_destination)
    {
        left_velocity_limit = right_velocity_limit = 0.0;
         M_MODE = FALSE;
    }
 }
```

가감속 처리 - 오른쪽 모터
모터의 현재 속도가 목표 속도보다 높거나 낮은지를 판난하여 가속 또는 감속시킨다.

```
  if(right_velocity_limit > right_command_velocity)        // 현재 속도가 높다면 감속
  {
        right_command_velocity += r_acceleration;
        if(right_command_velocity > right_velocity_limit)  // 속도 오버로드 제한
                right_command_velocity = right_velocity_limit;
  }
  else if(right_velocity_limit < right_command_velocity) // 현재 속도가 낮다면 가속
  {
        right_command_velocity  -= r_acceleration;
       if(right_command_velocity < right_velocity_limit)   // 속도 오버로드 제한
                right_command_velocity = right_velocity_limit;
 }
```

(계속)

가감속 처리 - 오른쪽 모터
모터의 현재 속도가 목표 속도보다 높거나 낮은지를 판단하여 가속 또는 감속시킨다.

```
if(left_velocity_limit > left_command_velocity)          // 현재 속도가 높다면 감속
{
        left_command_velocity += l_acceleration;
        if(left_command_velocity > left_velocity_limit)            // 속도 오버로드 제한
                left_command_velocity = left_velocity_limit;
}
else if(left_velocity_limit < left_command_velocity)     // 현재 속도가 낮다면 가속
{
       left_command_velocity  -= l_acceleration;
       if(left_command_velocity < left_velocity_limit)             // 속도 오버로드 제한
               left_command_velocity = left_velocity_limit;
 }
```

■ PID 제어기 부분

PID 제어를 위하여 전.전.전 회의 에러를 저장하여 사용한다.
전회 에러: 누적된 현재 에러
현재 에러: 현재 측정치와 목표치와의 차이

```
l_err3 = l_err2;                                          // 전전전회 에러 저장
l_err2 = l_err1;                                          // 전전회 에러 저장
l_err1 = l_err0;                                          // 전전회 에러 저장
l_err0 = left_command_velocity  - LeftMotorVelocity;      // 현재 에러 저장

r_err3 = r_err2;                                          // 전전전회 에러 저장
r_err2 = r_err1;                                          // 전전회 에러 저장
r_err1 = r_err0;                                          // 전전회 에러 저장
r_err0 = right_command_velocity - RightMotorVelocity;     // 현재 에러 저장
```

속도 제어 - PID 제어기용 연산 파트
연산 결과 = P항 + I 항 + D 항

```
PWM_R        += (KP * r_err0)                                     // P 항
              + (KI * (r_err0 + r_err1 + r_err2 + r_err3));       // I  항
```

(계속)

```
                + (KD * ((r_err0 - r_err3) + ((r_err1 - r_err2) * 3)))     // D 항

    PWM_L       += (KP * l_err0)                                           // P 항
                + (KI * (l_err0 + l_err1 + l_err2 + l_err3));              // I 항
                + (KD * ((l_err0 - l_err3) + ((l_err1 - l_err2) * 3)))     // D 항

            PID 제어 결과를 모터에 적용-왼쪽 모디
            연산 결과의 부호 값에 따라 모터의 정역을 결정하여
            모터에 출력을 전달한다.

    if(PWM_L > 0.0)                                   // 연산 결과가 양의 값이라면
    {
        L_MOTOR_FORWARD;                              // 모터 전진 설정
        if(PWM_L > PWM_LIMIT) PWM_L = PWM_LIMIT;   // PWM 출력 과도 제한
    }
    else                                              // 연산 결과가 음의 값이라면
    {
        L_MOTOR_BACKWARD;                             // 모터 후진 설정
        if(PWM_L < -PWM_LIMIT) PWM_L = -PWM_LIMIT;
    }
    LEFT_MOTOR_PWM = (LWORD)(fabs(PWM_L/PWM_LIMIT)*PWM_PERIOD);

            PID 제어 결과를 모터에 적용-오른쪽 모터
            연산 결과의 부호 값에 따라 모터의 정역을 결정하여
            모터에 출력을 전달한다.

    if(PWM_R > 0.0)                                   // 연산 결과가 양의 값이라면
    {
        R_MOTOR_FORWARD;                              // 모터 전진 설정
        if(PWM_R > PWM_LIMIT) PWM_R = PWM_LIMIT; // PWM 출력 과도 제한
    }
    else                                              // 연산 결과가 음의 값이라면
    {
        R_MOTOR_BACKWARD;                             // 모터 후진 설정
        if(PWM_R < -PWM_LIMIT) PWM_R = -PWM_LIMIT; // PWM 출력 과도 제한
    }
    RIGHT_MOTOR_PWM = (LWORD)(fabs(PWM_R/PWM_LIMIT)*PWM_PERIOD);
        PieCtrlRegs.PIEACK.all = PIEACK_GROUP1;
        GpioDataRegs.GPBTOGGLE.bit.GPIO33 = 1;
}
```

■ 모터 구동 관련 설명 - SOCCER_MOVEMENT.C

Calculate_Deacceleration_Dist();
- 감속 거리를 구하는 함수
- 주어진 거리 속도 그리고 가속도를 가지고 가속 거리를 구한다.
- 속도 프로파일은 등가속, 감속이므로 가속 거리가 곧 감속 거리이다.

```
void Calculate_Deacceleration_Dist(void)
{
    float t, v;
    v = fabs(left_velocity_limit * 0.001);
    t = v /  (l_acceleration * 2);
    deacceleration_dist = (t*t) * (l_acceleration * 1000);
    if(deacceleration_dist >= (left_destination / 2))
                        deacceleration_dist = (left_destination / 2);
}
```

Move();
- 각 모터의 방향 속도 거리, 가속도를 넘겨받아 실제로 모터를 구동
- 모든 관련 변수 초기화
- 방향에 따른 속도 값 재설정

```
void move(BYTE l_dir, BYTE r_dir, float speed, float dist, float command_acc)
{
    M_MODE = TRUE;
    PWM_L = PWM_R =  0.0;
    PWM_L_OUT = PWM_R_OUT = 0;
    LeftMotorDist = RightMotorDist = 0.0;
    left_command_velocity = right_command_velocity = deacceleration_dist = 0.0;

    left_destination = right_destination = dist;
    l_acceleration = r_acceleration = command_acc/2;


    if(r_dir)
    {
        right_velocity_limit  = speed * 10; else right_velocity_limit = speed * -10;
    }

    if(l_dir)
```

(계속)

```
    {
        left_velocity_limit   = speed * 10; else left_velocity_limit   = speed * -10;
    }
    Calculate_Deacceleration_Dist();
}
```

07 군집 로봇 제어용 PC 프로그램 설명

군집 로봇의 모든 동작 제어는 PC 기반 소프트웨어에서 무선 통신을 통해서 명령된다. PC 프로그램은 VISUAL BASIC으로 작성되어 졌으며, 기본적으로 전체 일괄 동작 관련 명령들과 로봇에게 개별적으로 부여된 아이디를 통한 개별적인 동작 지시가 가능하다.

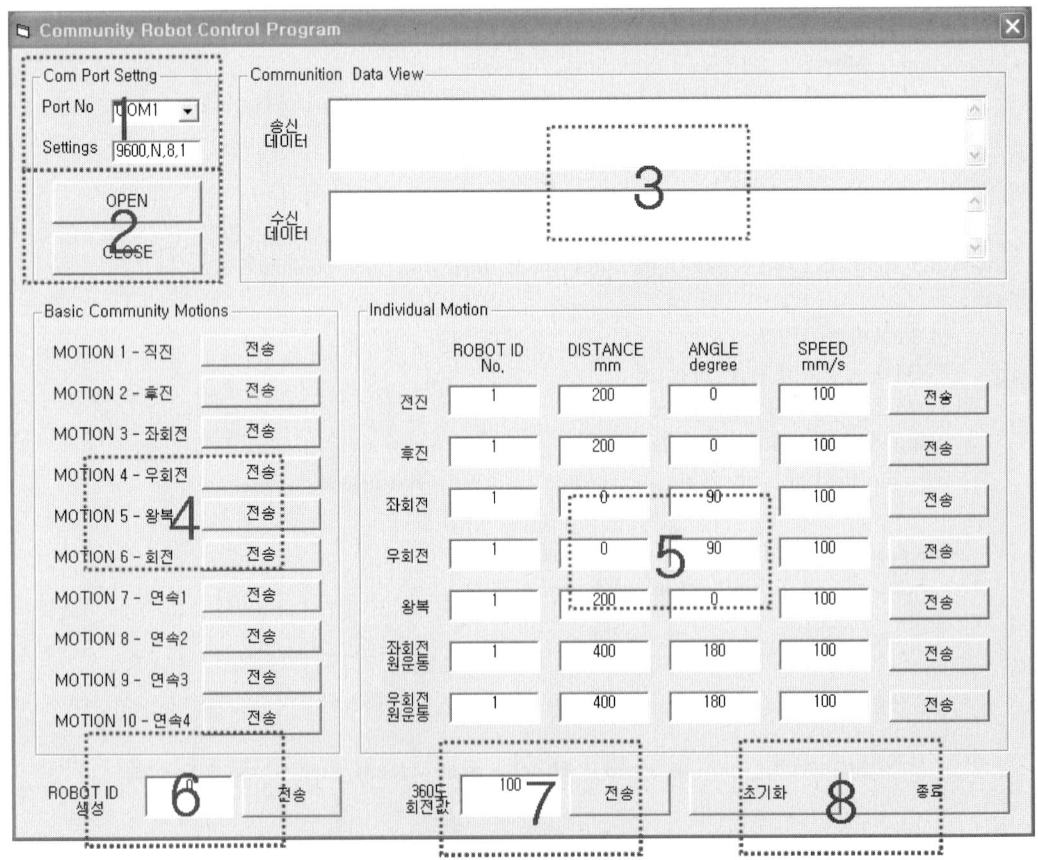

그림 5.96 **군집로봇 제어용 PC 프로그램화면**

1. PC 측 프로그램 기능 설명

그림 5.96 화면 왼쪽 상단의 1번 “Com Port Setting” 부분은 시리얼 통신 관련 설정을 하는 부분이다. 시리얼 통신 시 사용 com port의 번호와 통신 속도 등을 설정할 수 있다. 군집 로봇 제어 프로그램은 기본적으로 Zigbee Module을 통해 무선 통신을 사용하는데, Zigbee 모듈의 통신 설정 내용이 PC 프로그램의 통신 설정과 동일해야만 통신 기능을 원활히 사용할 수 있다. Zigbee 관련 설정은 CD 3번의 Zigbee 모듈 관련 자료를 참조하면 된다. 통신 속도는 최고 115,200 bps까지 설정하여 사용 가능 하지만 가급적 저속도 통신을 하는 것이 안정적인 통신을 위해 좋다. 현재는 9,600 bps로 사용하도록 프로그램과 Zigbee 모듈이 설정되어 있다. 여기서 Zigbee 모듈이 등록되는 시리얼 포트의 번호는 가상으로 생성되는데, Zigbee 모듈을 설치하고 나서 시스템 장치 관리자를 통해 등록된 번호를 확인할 수 있다.

그림 화면의 2번 부분의 “OPEN” 버튼은 통신 설정이 완료되면 사용하려는 com port를 open 하기 위해 사용한다. 또한 사용하는 포트 번호를 변경하거나 포트를 닫기 위해서는 “CLOSE” 버튼을 이용하여 사용 중인 포트를 닫고 새로 설정을 하여 포트를 열거나 닫을 수 있다.

그림 화면의 3번 “Communication Data View”란은 송수신되는 데이터를 화면에 출력해 주는 모니터링창이다. 위쪽 “송신 데이터”란은 프로그램에서 군집 로봇 쪽으로 송신하는 모든 데이터가 표시되며, 아래쪽 “수신 데이터”란은 군집 로봇 쪽에서 송신하는 모든 데이터가 표시된다. 송수신 데이터를 모니터링함으로써 원하는 데이터의 송수신 상태를 확인하거나 또는 필요시 각종 디버깅 용도로 사용할 수 있다.

그림 화면의 4번 “Basic Community Motions”란은 군집 로봇들이 가지는 기본적인 동작을 지시하는 명령들의 모음이다. 1번부터 6번까지의 명령은 군집 로봇 전체가 동시에 일괄적으로 동작을 수행하게 되며, 7번부터 10번까지의 명령은 전체 동작이지만 동작 자체가 로봇들 간에 연속으로 이루어진다. 즉 1번 로봇이 움직이고 나면 2번이 움직이는 형태로 마지막 로봇까지 연속해서 동작이 수행된다. 참고로 7번은 직진 운동, 8번은 좌회전, 9번은 우회전, 그리고 마지막 10번은 왕복 운동이다. 다음은 각 동작에 설정된 데이터들을 나열한 표이다.

표 6.1 **전체 동작 관련 표**

동작 번호	명령 이름	동작 상태	거리	각도	최고 속도	가속도
1	MOTION 1 - 직진	전체 직진 운동	50 mm	0°	300 mm/s	2 m/s^2
2	MOTION 2 - 후진	전체 후진 운동	500 mm	0°	300 mm/s	2 m/s^2
3	MOTION 3 - 좌회전	전체 좌회전 운동	설정치	90°	300 mm/s	2 m/s^2
4	MOTION 4 - 우회전	전체 우회전 운동	설정치	90°	300 mm/s	2 m/s^2
5	MOTION 5 - 왕복	전체 왕복 운동	500 mm 설정치	0°	300 mm/s	2 m/s^2

(계속)

동작 번호	명령 이름	동작 상태	거리	각도	최고 속도	가속도
6	MOTION 6 - 회전	전체 회전 운동	지름 400 mm	360°	300 mm/s	2 m/s^2
7	MOTION 7 - 연속1	전체 연속 직진 운동	-	0°	300 mm/s	2 m/s^2
8	MOTION 8 - 연속2	전체 연속 좌회전 운동	-	0°	300 mm/s	2 m/s^2
9	MOTION 9 - 연속3	전체 연속 우회전 운동	-	0°	300 mm/s	2 m/s^2
10	MOTION 10 - 연속4	전체 연속 왕복 운동	-	0°	300 mm/s	2 m/s^2

그림 화면의 5번 "Individual Motion"란은 각각의 로봇을 개별적으로 선택하여 실행시키고자 하는 일련의 명령 동작들을 로봇별로 개별적으로 실행시킬 수 있는 개별 동작 수행 명령창이다. 제일 앞쪽에 "ROBOT ID"란에 움직이고자 하는 로봇의 ID를 기재하고 나머지 거리 각도 속도를 적절히 기재하여 전송 버튼을 클릭하면 개별 선택한 ID에 해당하는 로봇만이 명령받은 동작을 수행하게 된다. 로봇의 이동에 필요한 각종 설정 데이터 중 가속도는 프로그램 내부적으로 2 m/s^{2}으로 고정되어 있다. 다음은 각각의 데이터를 설정하는 예시이다.

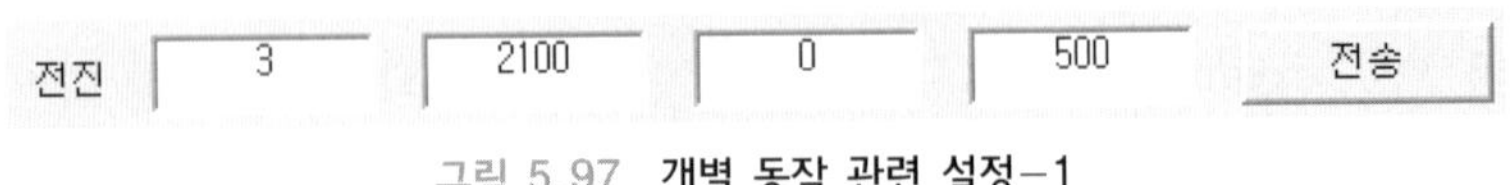

그림 5.97 **개별 동작 관련 설정-1**

그림 5.98은 개별동작 관련 명령 중 1번인 전진 명령 설정의 예시 화면이다. 설정된 거리를 설전된 속도로 전진하는 동작이다. 로봇 ID는 3번이며 거리는 2,100 mm, 최고 속도는 500 mm/s이다. 이때 각도는 전진 동작에는 필요 없기 때문에 0도로 설정하며, 혹 설정 값을 기재하더라도 프로그램 내부적으로 사용하지 않는다. 다른 로봇에게 명령을 주려 하는 경우 ID를 바꾸어 주며 동작의 거리나 속도를 바꾸려는 경우 각각 관련된 항목의 데이터를 설정해 주면 된다.

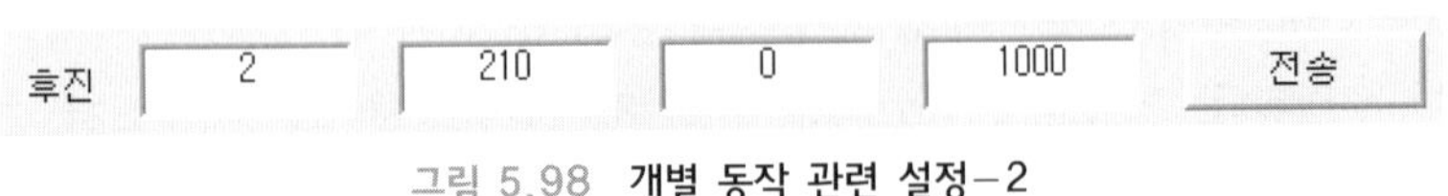

그림 5.98 **개별 동작 관련 설정-2**

그림 5.99는 개별 동작 관련 명령 중 2번인 후진 명령 설정의 예시 화면이다. 설정된 거리를 설정된 속도로 전진하는 동작이다. 로봇 ID는 2번이며 거리는 210 mm, 최고 속도는 1,000 mm/s이다. 전진 명령과 마찬가지로 각도 데이터는 후진 동작에는 필요 없기 때문에 0도로 설정하며, 혹 설정값을 기재하더라도 프로그램 내부적으로 사용하지 않는다. 다른 로봇에게 명령을 주려 하는 경우 ID를 바꾸어 주며 동작의 거리나 속도를 바꾸려는 경우 각각 관련된 항목의 데이터를 설정해 주면 된다.

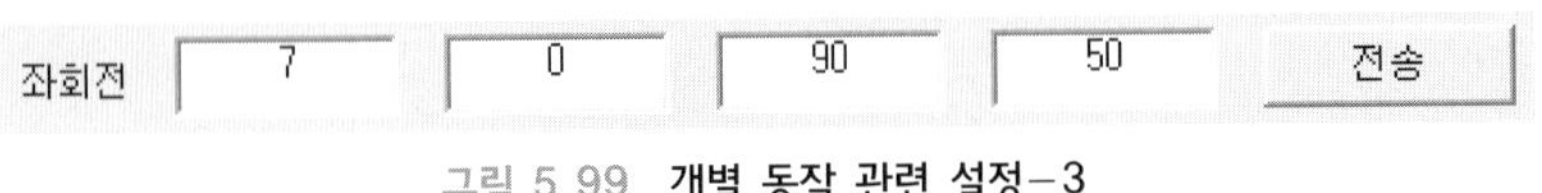

그림 5.99 **개별 동작 관련 설정-3**

그림 5.100은 개별 동작 관련 명령 중 3번인 좌회전 명령 설정의 예시 화면이다. 제자리에서 좌측으로 설정된 각도만큼 설정된 속도로 회전하는 동작이다. 로봇 ID는 7번이며 각도는 90도, 최고 속도는 50 mm/s이다. 이때 거리 값은 미리 로봇에 입력된 1회전 거리 값을 각도로 확산하여 명령받은 각도를 회전하기 때문에 0으로 설정하며, 혹 설정값을 기재하더라도 프로그램 내부적으로 사용하지 않는다. 다른 로봇에게 명령을 주려 하는 경우 ID를 바꾸어 주며 동작의 각도나 속도를 바꾸려는 경우 각각 관련된 항목의 데이터를 설정해 주면 된다.

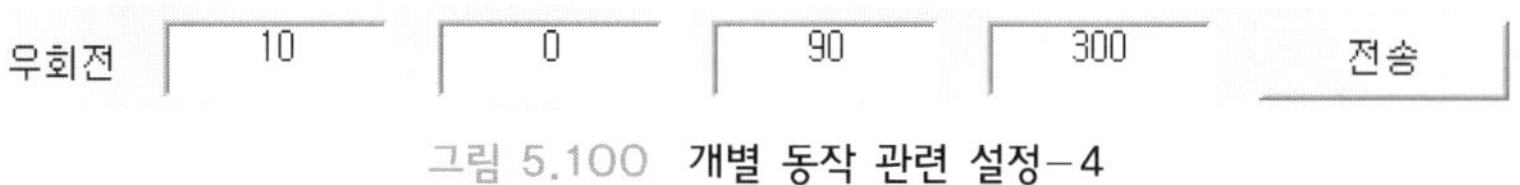

그림 5.100 개별 동작 관련 설정-4

그림 5.101은 개별 동작 관련 명령 중 4번인 우회전 명령 설정의 예시 화면이다. 제자리에서 우측으로 설정된 각도만큼 설정된 속도로 회전하는 동작이다. 로봇 ID는 10번이며 각도는 90도, 최고 속도는 300 mm/s이다. 이때 거리 값은 미리 로봇에 입력된 1회전 거리 값을 각도로 확산하여 명령받은 각도를 회전하기 때문에 0으로 설정하며, 혹 설정값을 기재하더라도 프로그램 내부적으로 사용하지 않는다. 다른 로봇에게 명령을 주려 하는 경우 ID를 바꾸어 주며 동작의 각도나 속도를 바꾸려는 경우 각각 관련된 항목의 데이터를 설정해 주면 된다.

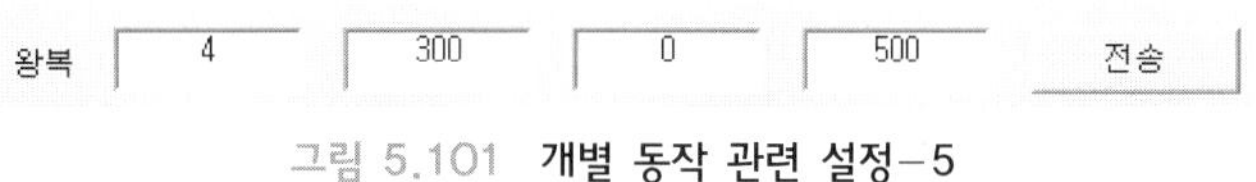

그림 5.101 개별 동작 관련 설정-5

그림 5.102는 개별 동작 관련 명령 중 5번인 왕복 명령 설정의 예시 화면이다. 설정된 거리를 설정된 속도로 정지하였다가 180도 회전하여 다시 제자리로 설정된 속도와 거리만큼 돌아와서 다시 180도 회전하는 동작이다. 로봇 ID는 4번이며 왕복거리는 300 mm, 최고 속도는 500 mm/s이다. 이때 각도 값은 미리 로봇에 입력된 1회전 거리 값을 사용하므로 0으로 설정하며, 혹 설정값을 기재하더라도 프로그램 내부적으로 사용하지 않는다. 다른 로봇에게 명령을 주려 하는 경우 ID를 바꾸어 주며 동작의 각도나 속도를 바꾸려는 경우 각각 관련된 항목의 데이터를 설정해 주면 된다.

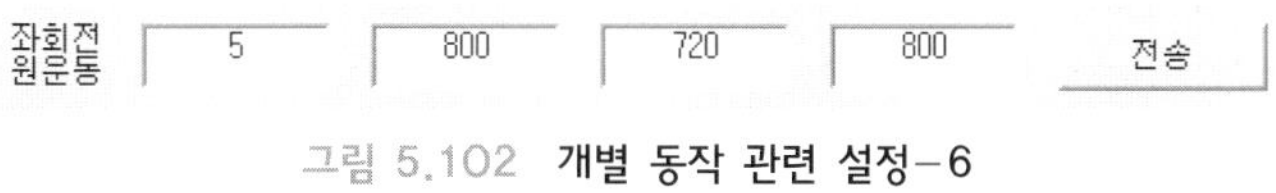

그림 5.102 개별 동작 관련 설정-6

그림 5.103은 개별 동작 관련 명령 중 6번인 좌향 원운동 명령 설정의 예시 화면이다. 설정된 거리를 원의 지름으로 보고 설정된 각도만큼의 거리를 설정된 속도로 좌측으로 원을 그리며 이동하는 동작이다. 로봇 ID는 5번이며 원의 지름은 800 mm, 이동량은 720도 즉 2회전, 최고 속도는 800 mm/s이다. 다른 로봇에게 명령을 주려 하는 경우 ID를 바꾸어 주며 동작의 각도나

속도를 바꾸려는 경우 각각 관련된 항목의 데이터를 설정해 주면 된다.

그림 5.103 개별 동작 관련 설정-7

그림 5.104는 개별 동작 관련 명령 중 7번인 우향 원운동 명령 설정의 예시 화면이다. 설정된 거리를 원의 지름으로 보고 설정된 각도만큼의 거리를 설정된 속도로 우측으로 원을 그리며 이동하는 동작이다. 로봇 ID는 8번이며 원의 지름은 600 mm, 이동량은 180도 즉 반 회전, 최고 속도는 900 mm/s이다. 다른 로봇에게 명령을 주려 하는 경우 ID를 바꾸어 주며 동작의 각도나 속도를 바꾸려 하는 경우 각각 관련된 항목의 데이터를 설정해 주면 된다.

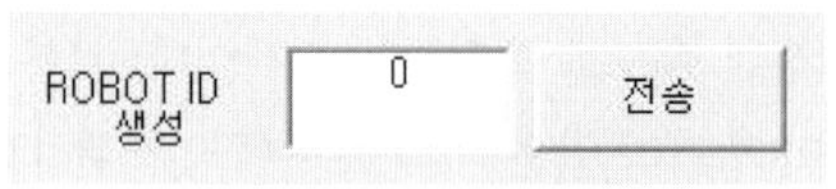

그림 5.104 개별 로봇의 ID 설정

그림 화면의 6번 ROBOT ID 생성 부분은 군집 로봇들에서 명령을 주는 최소 기본 구별 단위는 ID를 설정해 주는 부분이다. 개별 동작과 전체 동작 중 연속 동작 등을 수행할 때 ID가 필요하므로 반드시 로봇들은 ID를 부여받아야만 한다. 설정하고자 하는 ID를 기재한 뒤 전송 버튼을 클릭하면 간단히 ID가 설정되는데 이때 반드시 1대의 로봇만이 전원이 들어가 있어야 한다. 두 대 이상이 전원이 ON되어 있는 경우 같은 ID를 부여받게 되므로 반드시 1대의 로봇만을 전원 ON 하여 ID를 부여하도록 한다.

그림 5.105 개별 로봇의 360도 회전 거리 값 설정

그림 화면의 7번 360도 회전 값 설정 부분은 개별 로봇에게 제자리에서 360도를 회전하는 데이터를 입력하여 주는 부분이다. 로봇들의 기계적인 구조는 기본적으로 동일하다. 하지만 가공의 부분적인 차이, 타이어의 두께, 조립 과정 등의 차이 때문에 회전하는 거리 값이 달라지게 된다. 100 mm를 기준으로 임의의 값을 설정하여 전송 버튼을 누르면 로봇은 회전하게 되는데 육안으로 판단하였을 때 더 갔으면 값을 적게, 덜 갔으면 값을 크게 하여 값을 조정하여 360도 회전하는 값을 찾을 때까지 반복하면 된다. 이때 전송된 데이터는 매번 새로 수신될 때마다 자동으로 플래시 메모리에 저장되므로 1회전 값을 찾아서 전송하기만 하면 된다.

2. PC 측 프로그램 Source(Visual basic)

```
Private Sub cmdBackward_Click()

If Not MSComm1(0).PortOpen Then
        MsgBox "통신 포트가 열리지 않은 상태입니다.", , fraComSet.Caption
    Else
        txtTransfer = ""
        txtReceive.Text = ""

        txtTransfer.Text = Chr(2) + "I" + "B" + Format(txtBno.Text, "00") + Format(txtBdist.Text, "0000") + Format(txtBangle.Text, "000") + Format(txtBspeed.Text, "0000") + Chr(3)
        MSComm1(0).Output = txtTransfer.Text

    End If

End Sub

Private Sub cmdCCircle_Click()

    If Not MSComm1(0).PortOpen Then
        MsgBox "통신 포트가 열리지 않은 상태입니다.", , fraComSet.Caption
    Else
        txtTransfer = ""
        txtReceive.Text = ""

        txtTransfer.Text = Chr(2) + "I" + "G" + Format(txtCCno.Text, "00") + Format(txtCCdist.Text, "0000") + Format(txtCCangle.Text, "000") + Format(txtCCspeed.Text, "0000") + Chr(3)
        MSComm1(0).Output = txtTransfer.Text

    End If

End Sub

Private Sub cmdCircle_Click()

    If Not MSComm1(0).PortOpen Then
        MsgBox "통신 포트가 열리지 않은 상태입니다.", , fraComSet.Caption
    Else
        txtTransfer = ""
```

(계속)

```
        txtReceive.Text = ""

        txtTransfer.Text = Chr(2) + "I" + "F" + Format(txtCno.Text, "00") + Format(txtCdist.Text, "0000") + Format(txtCangle.Text, "000") + Format(txtCspeed.Text, "0000") + Chr(3)
        MSComm1(0).Output = txtTransfer.Text

    End If

End Sub

Private Sub cmdForward_Click()

    If Not MSComm1(0).PortOpen Then
        MsgBox "통신 포트가 열리지 않은 상태입니다.", , fraComSet.Caption
    Else
        txtTransfer = ""
        txtReceive.Text = ""

        txtTransfer.Text = Chr(2) + "I" + "A" + Format(txtFno.Text, "00") + Format(txtFdist.Text, "0000") + Format(txtFangle.Text, "000") + Format(txtFspeed.Text, "0000") + Chr(3)
        MSComm1(0).Output = txtTransfer.Text

    End If

End Sub

Private Sub cmdLeft_Click()
If Not MSComm1(0).PortOpen Then
        MsgBox "통신 포트가 열리지 않은 상태입니다.", , fraComSet.Caption
    Else
        txtTransfer = ""
        txtReceive.Text = ""

        txtTransfer.Text = Chr(2) + "I" + "C" + Format(txtLno.Text, "00") + Format(txtLdist.Text, "0000") + Format(txtLangle.Text, "000") + Format(txtLspeed.Text, "0000") + Chr(3)
        MSComm1(0).Output = txtTransfer.Text

    End If

End Sub
```

(계속)

```
Private Sub cmdMotion1_Click()

    If Not MSComm1(0).PortOpen Then
        MsgBox "통신 포트가 열리지 않은 상태입니다.", , fraComSet.Caption
    Else
        txtTransfer = ""
        txtReceive.Text = ""

        txtTransfer.Text = Chr(2) + "M" + "01" + Chr(3)
        MSComm1(0).Output = txtTransfer.Text

    End If

End Sub

Private Sub cmdMotion2_Click()

    If Not MSComm1(0).PortOpen Then
        MsgBox "통신 포트가 열리지 않은 상태입니다.", , fraComSet.Caption
    Else
        txtTransfer = ""
        txtReceive.Text = ""

        txtTransfer.Text = Chr(2) + "M" + "02" + Chr(3)
        MSComm1(0).Output = txtTransfer.Text

    End If


End Sub

Private Sub cmdMotion3_Click()

    If Not MSComm1(0).PortOpen Then
        MsgBox "통신 포트가 열리지 않은 상태입니다.", , fraComSet.Caption
    Else
        txtTransfer = ""
        txtReceive.Text = ""

        txtTransfer.Text = Chr(2) + "M" + "03" + Chr(3)
        MSComm1(0).Output = txtTransfer.Text

    End If
```

(계속)

```
End Sub

Private Sub cmdMotion4_Click()

    If Not MSComm1(0).PortOpen Then
        MsgBox "통신 포트가 열리지 않은 상태입니다.", , fraComSet.Caption
    Else
        txtTransfer = ""
        txtReceive.Text = ""

        txtTransfer.Text = Chr(2) + "M" + "04" + Chr(3)
        MSComm1(0).Output = txtTransfer.Text

    End If


End Sub

Private Sub cmdMotion5_Click()

    If Not MSComm1(0).PortOpen Then
        MsgBox "통신 포트가 열리지 않은 상태입니다.", , fraComSet.Caption
    Else
        txtTransfer = ""
        txtReceive.Text = ""

        txtTransfer.Text = Chr(2) + "M" + "05" + Chr(3)
        MSComm1(0).Output = txtTransfer.Text

    End If


End Sub

Private Sub cmdMotion6_Click()

    If Not MSComm1(0).PortOpen Then
        MsgBox "통신 포트가 열리지 않은 상태입니다.", , fraComSet.Caption
    Else
        txtTransfer = ""
        txtReceive.Text = ""

        txtTransfer.Text = Chr(2) + "M" + "06" + Chr(3)
```

(계속)

```
        MSComm1(0).Output = txtTransfer.Text

    End If


End Sub

Private Sub cmdMotion7_Click()

    If Not MSComm1(0).PortOpen Then
        MsgBox "통신 포트가 열리지 않은 상태입니다.", , fraComSet.Caption
    Else
        txtTransfer = ""
        txtReceive.Text = ""

        txtTransfer.Text = Chr(2) + "M" + "07" + "01" + Chr(3)
        MSComm1(0).Output = txtTransfer.Text

    End If


End Sub

Private Sub cmdMotion8_Click()

    If Not MSComm1(0).PortOpen Then
        MsgBox "통신 포트가 열리지 않은 상태입니다.", , fraComSet.Caption
    Else
        txtTransfer = ""
        txtReceive.Text = ""

        txtTransfer.Text = Chr(2) + "M" + "08" + "01" + Chr(3)
        MSComm1(0).Output = txtTransfer.Text

    End If


End Sub

Private Sub cmdPortClose_Click()

    If Not MSComm1(0).PortOpen Then
        MsgBox "통신 포트가 열리지 않은 상태입니다.", , fraComSet.Caption
```

(계속)

```
    Else
        MSComm1(0).PortOpen = False
        MsgBox "통신포트가 정상적으로 닫혔습니다.", , fraComSet.Caption
    End If

End Sub

Private Sub cmdPortOpen_Click()

    Dim i%, eFlag%

    On Error Resume Next

    eFlag = True

        With MSComm1(0)
            .PortOpen = False
            .CommPort = cboPort(0).ListIndex + 1
            .Settings = txtSettings(0).Text
            .PortOpen = True
            DoEvents

            If Not .PortOpen Then
                eFlag = False
                MsgBox "통신 포트가 정상적으로 열리지 않았습니다.", , fraComSet.Caption
            End If
        End With

    If eFlag = True Then
        MsgBox "통신포트가 정상적으로 열렸습니다.", , fraComSet.Caption
    End If

End Sub


Private Sub cmdReset_Click()

    txtFno.Text = 1
    txtBno.Text = 1
    txtLno.Text = 1
    txtRno.Text = 1
    txtReno.Text = 1
    txtCno.Text = 1
```

(계속)

```
    txtFdist.Text = 200
    txtBdist.Text = 200
    txtLdist.Text = 0
    txtRdist.Text = 0
    txtRedist.Text = 200
    txtCdist.Text = 200

    txtFangle.Text = 0
    txtBangle.Text = 0
    txtLangle.Text = 90
    txtRangle.Text = 90
    txtReangle.Text = 0
    txtCangle.Text = 0

    txtFspeed.Text = 50
    txtBspeed.Text = 50
    txtLspeed.Text = 50
    txtRspeed.Text = 50
    txtRespeed.Text = 50
    txtCspeed.Text = 50

End Sub

Private Sub cmdReturn_Click()
If Not MSComm1(0).PortOpen Then
        MsgBox "통신 포트가 열리지 않은 상태입니다.", , fraComSet.Caption
    Else
        txtTransfer = ""
        txtReceive.Text = ""

        txtTransfer.Text = Chr(2) + "I" + "E" + Format(txtReno.Text, "00") +
Format(txtRedist.Text, "0000") + Format(txtReangle.Text, "000") + Format(txtRespeed.Text,
"0000") + Chr(3)
        MSComm1(0).Output = txtTransfer.Text

    End If

End Sub

Private Sub cmdRight_Click()
If Not MSComm1(0).PortOpen Then
        MsgBox "통신 포트가 열리지 않은 상태입니다.", , fraComSet.Caption
    Else
```

(계속)

```
        txtTransfer = ""
        txtReceive.Text = ""

        txtTransfer.Text = Chr(2) + "I" + "D" + Format(txtRno.Text, "00") + Format(txtRdist.Text, "0000") + Format(txtRangle.Text, "000") + Format(txtRspeed.Text, "0000") + Chr(3)
        MSComm1(0).Output = txtTransfer.Text

    End If

End Sub

Private Sub cmdRobotID_Click()

    If Not MSComm1(0).PortOpen Then
        MsgBox "통신 포트가 열리지 않은 상태입니다.", , fraComSet.Caption
    Else
        txtTransfer = ""
        txtReceive.Text = ""

        txtTransfer.Text = Chr(2) + "D" + Format(txtRobotID.Text, "00") + Chr(3)
        MSComm1(0).Output = txtTransfer.Text

        txtFno.Text = txtRobotID.Text
        txtBno.Text = txtRobotID.Text
        txtLno.Text = txtRobotID.Text
        txtRno.Text = txtRobotID.Text
        txtReno.Text = txtRobotID.Text
        txtCno.Text = txtRobotID.Text
        txtCCno.Text = txtRobotID.Text

    End If

End Sub

Private Sub Command1_Click()

  If Not MSComm1(0).PortOpen Then
        MsgBox "통신 포트가 열리지 않은 상태입니다.", , fraComSet.Caption
    Else
        txtTransfer = ""
        txtReceive.Text = ""
```

(계속)

```
        txtTransfer.Text = Chr(2) + "T" + "H" + Format(txt360turn.Text, "000") + Chr(3)
        MSComm1(0).Output = txtTransfer.Text

    End If
End Sub

Private Sub Command2_Click()

 If Not MSComm1(0).PortOpen Then
        MsgBox "통신 포트가 열리지 않은 상태입니다.", , fraComSet.Caption
    Else
        txtTransfer = ""
        txtReceive.Text = ""

        txtTransfer.Text = Chr(2) + "M" + "09" + "01" + Chr(3)
        MSComm1(0).Output = txtTransfer.Text

    End If

End Sub

Private Sub Command3_Click()

 If Not MSComm1(0).PortOpen Then
        MsgBox "통신 포트가 열리지 않은 상태입니다.", , fraComSet.Caption
    Else
        txtTransfer = ""
        txtReceive.Text = ""

        txtTransfer.Text = Chr(2) + "M" + "10" + "01" + Chr(3)
        MSComm1(0).Output = txtTransfer.Text

    End If
End Sub

Private Sub Form_Load()

    txtFno.Text = 1
    txtBno.Text = 1
    txtLno.Text = 1
    txtRno.Text = 1
    txtReno.Text = 1
    txtCno.Text = 1
```

(계속)

```
    txtCCno.Text = 1

    txtFdist.Text = 200
    txtBdist.Text = 200
    txtLdist.Text = 0
    txtRdist.Text = 0
    txtRedist.Text = 200
    txtCdist.Text = 400
    txtCCdist.Text = 400

    txtFangle.Text = 0
    txtBangle.Text = 0
    txtLangle.Text = 90
    txtRangle.Text = 90
    txtReangle.Text = 0
    txtCangle.Text = 180
    txtCCangle.Text = 180

    txtFspeed.Text = 100
    txtBspeed.Text = 100
    txtLspeed.Text = 100
    txtRspeed.Text = 100
    txtRespeed.Text = 100
    txtCspeed.Text = 100
    txtCCspeed.Text = 100


    cboPort(0).AddItem "COM1"
    cboPort(0).AddItem "COM2"
    cboPort(0).AddItem "COM3"
    cboPort(0).AddItem "COM4"
    cboPort(0).AddItem "COM5"
    cboPort(0).AddItem "COM6"
    cboPort(0).AddItem "COM7"
    cboPort(0).AddItem "COM8"
    cboPort(0).ListIndex = 0

End Sub

Private Sub MSComm1_OnComm(Index As Integer)
```

(계속)

```
    Dim ch As String

    If MSComm1(Index).CommEvent <> comEvReceive Then Exit Sub

    ch = MSComm1(Index).Input

        txtReceive.Text = txtReceive.Text + ch

 End Sub


Private Sub cmdQuit_Click()
    Unload Me
End Sub

Private Sub Text1_Change()

End Sub

Private Sub txtBangle_Change()

   '------- 숫자만 입력 -------
    If IsNumeric(txtBangle) = False Then
        MsgBox ("숫자만 입력하세요.")
        txtBangle = 0
        txtBangle.SelLength = 1

    '------- 입력값 제한 -------
    ElseIf 720 < Val(txtBangle) Then
            MsgBox ("최댓값은 720도 입니다.")
            txtBangle = 720
    End If


End Sub

Private Sub txtBdist_Change()

    '------- 숫자만 입력 -------
    If IsNumeric(txtBdist) = False Then
        MsgBox ("숫자만 입력하세요.")
        txtBdist = 0
        txtBdist.SelLength = 1
```

(계속)

```
    '------- 입력값 제한 -------
    ElseIf 9999 < Val(txtBdist) Then
            MsgBox ("최댓값은 9999 mm입니다.")
            txtBdist = 9999
    End If


End Sub

Private Sub txtBno_Change()
   '------- 숫자만 입력 -------
    If IsNumeric(txtBno) = False Then
         MsgBox ("숫자만 입력하세요.")
         txBFno = 0
         txBFno.SelLength = 1

    '------- 입력값 제한 -------
    ElseIf 10 < Val(txtBno) Then
            MsgBox ("최댓값은 10번입니다.")
            txtBno = 10
    End If
End Sub

Private Sub txtBspeed_Change()

   '------- 숫자만 입력 -------
    If IsNumeric(txtBspeed) = False Then
         MsgBox ("숫자만 입력하세요.")
         txtBspeed = 0
         txtBspeed.SelLength = 1

    '------- 입력값 제한 -------
    ElseIf 2000 < Val(txtBspeed) Then
            MsgBox ("최댓값은 2000 mm/s입니다.")
            txtBspeed = 2000
    End If

End Sub

Private Sub txtCangle_Change()

   '------- 숫자만 입력 -------
    If IsNumeric(txtCangle) = False Then
```

(계속)

```
        MsgBox ("숫자만 입력하세요.")
        txtCangle = 0
        txtCangle.SelLength = 1

    '------- 입력값 제한 -------
    ElseIf 720 < Val(txtCangle) Then
            MsgBox ("최댓값은 720도입니다.")
            txtCangle = 720
    End If


End Sub

Private Sub txtCdist_Change()

    '------- 숫자만 입력 -------
    If IsNumeric(txtCdist) = False Then
        MsgBox ("숫자만 입력하세요.")
        txtCdist = 0
        txtCdist.SelLength = 1

    '------- 입력값 제한 -------
    ElseIf 9999 < Val(txtCdist) Then
            MsgBox ("최댓값은 9999 mm입니다.")
            txtCdist = 9999
    End If


End Sub

Private Sub txtCno_Change()
   '------- 숫자만 입력 -------
    If IsNumeric(txtCno) = False Then
        MsgBox ("숫자만 입력하세요.")
        txtCno = 0
        txtCno.SelLength = 1

    '------- 입력값 제한 -------
    ElseIf 10 < Val(txtCno) Then
            MsgBox ("최댓값은 10번입니다.")
            txtCno = 10
    End If
End Sub
```

(계속)

```
Private Sub txtCspeed_Change()

    '- - - - - - - 숫자만 입력 - - - - - - -
    If IsNumeric(txtCspeed) = False Then
        MsgBox ("숫자만 입력하세요.")
        txtCspeed = 0
        txtCspeed.SelLength = 1

    '- - - - - - - 입력값 제한 - - - - - - -
    ElseIf 2000 < Val(txtCspeed) Then
            MsgBox ("최댓값은 2000 mm/s입니다.")
            txtCspeed = 2000
    End If

End Sub

Private Sub txtFangle_Change()

    '- - - - - - - 숫자만 입력 - - - - - - -
    If IsNumeric(txtFangle) = False Then
        MsgBox ("숫자만 입력하세요.")
        txtFangle = 0
        txtFangle.SelLength = 1

    '- - - - - - - 입력값 제한 - - - - - - -
    ElseIf 720 < Val(txtFangle) Then
            MsgBox ("최댓값은 720도 입니다.")
            txtFangle = 720
    End If

End Sub

Private Sub txtFdist_Change()

    '- - - - - - - 숫자만 입력 - - - - - - -
    If IsNumeric(txtFdist) = False Then
        MsgBox ("숫자만 입력하세요.")
        txtFdist = 0
        txtFdist.SelLength = 1

    '- - - - - - - 입력값 제한 - - - - - - -
    ElseIf 9999 < Val(txtFdist) Then
            MsgBox ("최댓값은 9999 mm입니다.")
```

(계속)

```
            txtFdist = 9999
        End If

    End Sub

    Private Sub txtFno_Change()

        '------- 숫자만 입력 -------
        If IsNumeric(txtFno) = False Then
            MsgBox ("숫자만 입력하세요.")
            txtFno = 0
            txtFno.SelLength = 1

        '------- 입력값 제한 -------
        ElseIf 10 < Val(txtFno) Then
                MsgBox ("최댓값은 10번입니다.")
                txtFno = 10
        End If


    End Sub

    Private Sub txtFspeed_Change()

        '------- 숫자만 입력 -------
        If IsNumeric(txtFspeed) = False Then
            MsgBox ("숫자만 입력하세요.")
            txtFspeed = 0
            txtFspeed.SelLength = 1

        '------- 입력값 제한 -------
        ElseIf 2000 < Val(txtFspeed) Then
                MsgBox ("최댓값은 2000 mm/s입니다.")
                txtFspeed = 2000
        End If


    End Sub

    Private Sub txtLangle_Change()

       '------- 숫자만 입력 -------
        If IsNumeric(txtLangle) = False Then
```

(계속)

```
        MsgBox ("숫자만 입력하세요.")
        txtLangle = 0
        txtLangle.SelLength = 1

    '-------- 입력값 제한 --------
    ElseIf 720 < Val(txtLangle) Then
            MsgBox ("최댓값은 720도입니다.")
            txtLangle = 720
    End If


End Sub

Private Sub txtLdist_Change()

    '-------- 숫자만 입력 --------
    If IsNumeric(txtLdist) = False Then
        MsgBox ("숫자만 입력하세요.")
        txtLdist = 0
        txtLdist.SelLength = 1

    '-------- 입력값 제한 --------
    ElseIf 9999 < Val(txtLdist) Then
            MsgBox ("최댓값은 9999 mm입니다.")
            txtLdist = 9999
    End If


End Sub

Private Sub txtLno_Change()
   '-------- 숫자만 입력 --------
    If IsNumeric(txtLno) = False Then
        MsgBox ("숫자만 입력하세요.")
        txtLno = 0
        txtLno.SelLength = 1

    '-------- 입력값 제한 --------
    ElseIf 10 < Val(txtLno) Then
            MsgBox ("최댓값은 10번입니다.")
            txtLno = 10
    End If
End Sub
```

(계속)

```
Private Sub txtLspeed_Change()

    '------- 숫자만 입력 -------
    If IsNumeric(txtLspeed) = False Then
        MsgBox ("숫자만 입력하세요.")
        txtLspeed = 0
        txtLspeed.SelLength = 1

    '------- 입력값 제한 -------
    ElseIf 2000 < Val(txtLspeed) Then
            MsgBox ("최댓값은 2000 mm/s입니다.")
            txtLspeed = 2000
    End If

End Sub

Private Sub txtRangle_Change()

    '------- 숫자만 입력 -------
    If IsNumeric(txtRangle) = False Then
        MsgBox ("숫자만 입력하세요.")
        txtRangle = 0
        txtRangle.SelLength = 1

    '------- 입력값 제한 -------
    ElseIf 720 < Val(txtRangle) Then
            MsgBox ("최댓값은 720도입니다.")
            txtRangle = 720
    End If


End Sub

Private Sub txtRdist_Change()

    '------- 숫자만 입력 -------
    If IsNumeric(txtRdist) = False Then
        MsgBox ("숫자만 입력하세요.")
        txtRdist = 0
        txtRdist.SelLength = 1

    '------- 입력값 제한 -------
    ElseIf 9999 < Val(txtRdist) Then
```

(계속)

```
            MsgBox ("최댓값은 9999 mm입니다.")
            txtRdist = 9999
    End If

End Sub

Private Sub txtReangle_Change()

    '------- 숫자만 입력 -------
    If IsNumeric(txtReangle) = False Then
        MsgBox ("숫자만 입력하세요.")
        txtReangle = 0
        txtReangle.SelLength = 1

    '------- 입력값 제한 -------
    ElseIf 720 < Val(txtReangle) Then
            MsgBox ("최댓값은 720도입니다.")
            txtReangle = 720
    End If

End Sub

Private Sub txtRedist_Change()

    '------- 숫자만 입력 -------
    If IsNumeric(txtRedist) = False Then
        MsgBox ("숫자만 입력하세요.")
        txtRedist = 0
        txtRedist.SelLength = 1

    '------- 입력값 제한 -------
    ElseIf 9999 < Val(txtRedist) Then
            MsgBox ("최댓값은 9999 mm입니다.")
            txtRedist = 9999
    End If

End Sub

Private Sub txtReno_Change()
    '------- 숫자만 입력 -------
    If IsNumeric(txtReno) = False Then
        MsgBox ("숫자만 입력하세요.")
        txtReno = 0
```

(계속)

```
        txtReno.SelLength = 1

    '------- 입력값 제한 -------
    ElseIf 10 < Val(txtReno) Then
            MsgBox ("최댓값은 10번입니다.")
            txtReno = 10
    End If
End Sub

Private Sub txtRespeed_Change()

   '------- 숫자만 입력 -------
    If IsNumeric(txtRespeed) = False Then
        MsgBox ("숫자만 입력하세요.")
        txtRespeed = 0
        txtRespeed.SelLength = 1

    '------- 입력값 제한 -------
    ElseIf 2000 < Val(txtRespeed) Then
            MsgBox ("최댓값은 2000 mm/s입니다.")
            txtRespeed = 2000
    End If

End Sub

Private Sub txtRno_Change()
   '------- 숫자만 입력 -------
    If IsNumeric(txtRno) = False Then
        MsgBox ("숫자만 입력하세요.")
        txtRno = 0
        txtRno.SelLength = 1

    '------- 입력값 제한 -------
    ElseIf 10 < Val(txtRno) Then
            MsgBox ("최댓값은 10번입니다.")
            txtRno = 10
    End If
End Sub

Private Sub txtRobotID_Change()

    '------- 숫자만 입력 -------
    If IsNumeric(txtRobotID) = False Then
```

(계속)

```
            MsgBox ("숫자만 입력하세요.")
            txtRobotID = 0
            txtRobotID.SelLength = 1

    '- - - - - - - 입력값 제한 - - - - - - -
    ElseIf 10 < Val(txtRobotID) Then
                MsgBox ("최댓값은 10번입니다.")
                txtxtRobotIDtFno = 10
    End If

End Sub

Private Sub txtRspeed_Change()

    '- - - - - - - 숫자만 입력 - - - - - - -
    If IsNumeric(txtRspeed) = False Then
        MsgBox ("숫자만 입력하세요.")
        txtRspeed = 0
        txtRspeed.SelLength = 1

    '- - - - - - - 입력값 제한 - - - - - - -
    ElseIf 2000 < Val(txtRspeed) Then
                MsgBox ("최댓값은 2000 mm/s입니다.")
                txtRspeed = 2000
    End If

End Sub
```

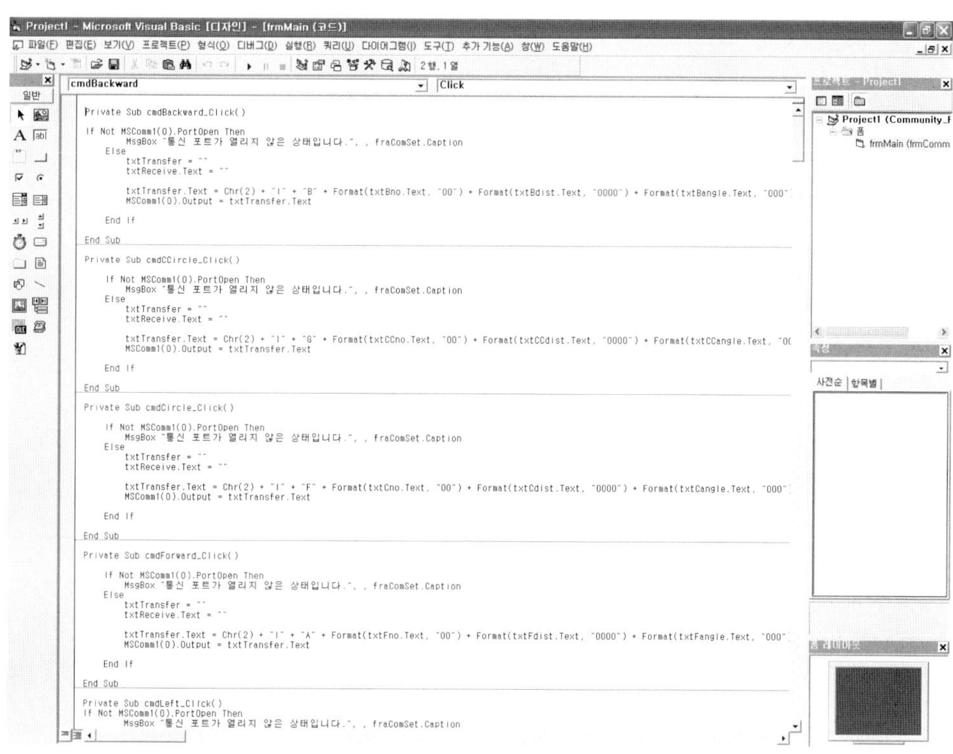

그림 5.106

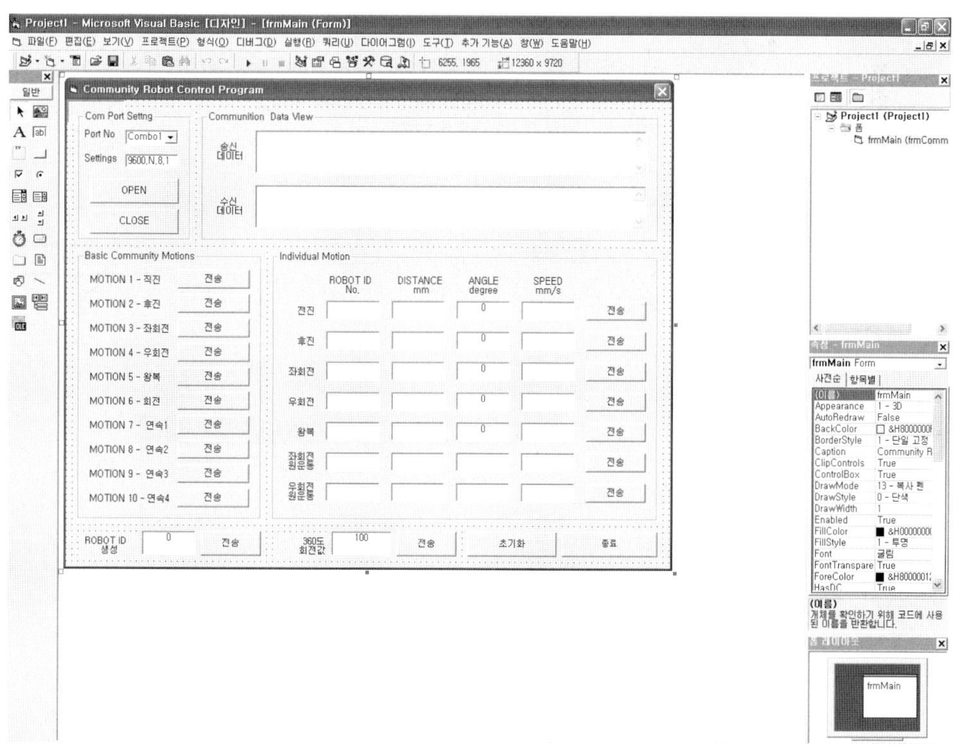

그림 5.107

3. 군집 로봇 PC 프로그램 설치하기

01 군집 로봇 제어용 PC 프로그램의 설치에 대해서 알아본다. PC 프로그램은 설치용 패키지 형태로 자료 CD 1번의 군집 로봇 관련 폴더 내에 제공된다. 폴더 내에 setup.exe 파일을 실행하면 설치가 시작된다.

그림 5.108 **군집 로봇 PC 프로그램 설치하기-1**

02 설치 프로그램이 설치를 시작하면 "먼저 파일을 복사 중"이라는 메시지가 잠시 출력된 후 그림 5.109와 같은 화면이 나타난다. 확인을 눌러 다음으로 진행하면 된다. 만약 설치를 중단하려면 설치 끝내기를 선택하면 된다.

그림 5.109 **군집 로봇 PC 프로그램 설치하기-2**

03 그림 5.110은 프로그램이 설치될 경로를 묻는 화면이다. 기본적으로 C:\ProgramFiles 폴더 내에 경로가 설정된다. 만약 설치 위치를 변경하려면 "디렉터리 변경"이라는 탭을 클릭하여 설치 위치를 변경하면 된다. 설치 위치가 정해지면 화면 왼쪽 위의 단추를 누르면 설치가 시작된다.

그림 5.110 **군집 로봇 PC 프로그램 설치하기-3**

04 그림 5.111은 프로그램 그룹 선택을 묻는 화면이다. 별다른 변경 사항이 없다면 "계속"을 눌러 설치를 계속 진행한다.

그림 5.111 **군집 로봇 PC 프로그램 설치하기-4**

05 그림 5.112는 프로그램 설치가 완료되었음을 보여 주고 있다. 프로그램 실행은 시작 → 프로그램(P) → Community Robot → Community Robot을 실행하면 된다.

그림 5.112 군집 로봇 PC 프로그램 설치하기-5

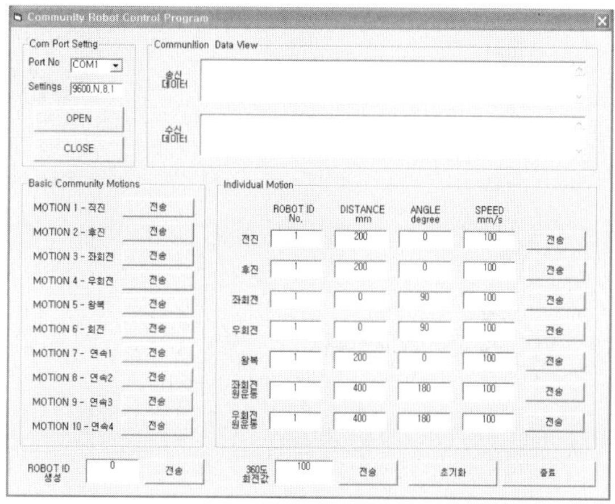

그림 5.113 군집 로봇 PC 프로그램 실행 화면

08 Community 로봇 Hard-Ware(전자 회로 중심)

1. 군집 로봇의 회로 구성

군집 로봇의 회로는 크게 총 4가지 파트로 나누어서 볼 수 있다.

첫 번째로는 흔히들 알고 있는 CPU의 역할을 맡고 있는 TMS320F2808이라는 TI사의 DSP Processor가 있으며, 모든 연산과 통신 등의 중앙 연산 처리 장치의 역할을 하고 있다.

두 번째로는 군집 로봇의 본연의 목적인 군집을 하기 위해서만 본다면 가장 중요한 발이 되는 부분인 모터를 구동해 주는 구동부, 세 번째로는 카메라로부터 획득된 영상 정보를 받아들이는 통신부, 마지막으로 배터리로부터 전력을 수급하여 모든 회로에 공급해 주는 전원부가 있다.

여기서 우리는 군집 로봇의 회로 구성 및 장착되어 있는 각각의 회로 소자에 대해서 알아본다.

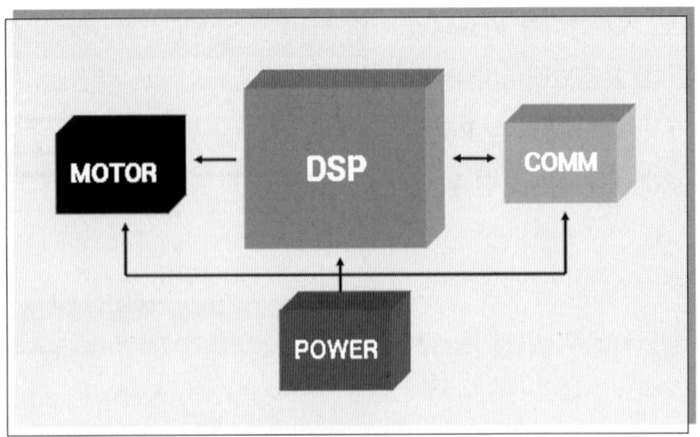

그림 5.114 군집 로봇의 회로 구성도

2. DSP 주 회로부

(1) TMS320F2808

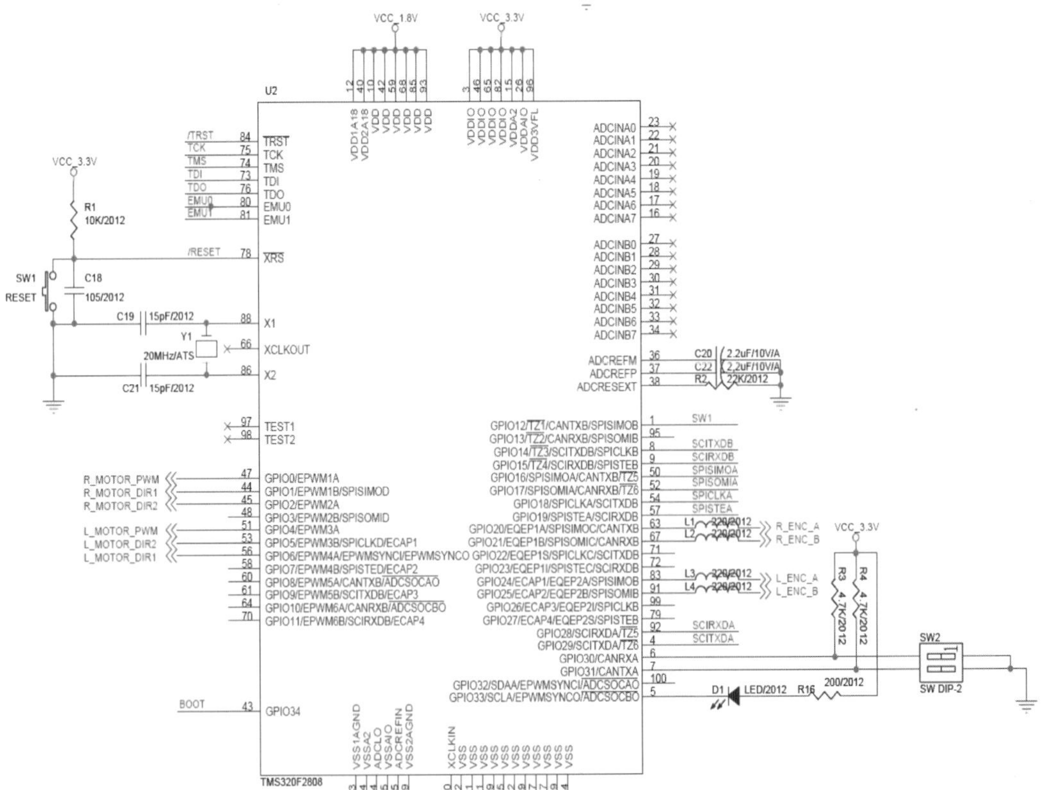

그림 5.115 TMS320F2808 회로

그림 5.115에 나타낸 회로는 DSP Processor인 TMS320F2808이다. 여기서 TMS320 F2808이라는 DSP Processor의 특징 및 성능에 대해서 잠시 알아보도록 한다. TMS320F2808는 TI사에서 라인업하고 있는 DSP 제품군 중에서 C2000 계열에 속하는 DSP Processor이다. C2000 계열의 DSP Processor는 일발적인 DSP Processor와는 다르게 DSP 고유의 막강한 연산 능력을 보유함과 동시에, 산업 분야 특히 제어 분야에 적합한 고성능의 주변 장치들을 내장하고 있다. 전력 제어, 모터 제어, 센서 측정 시스템 등에 최적화된 제품이다. DSP Processor라 하기보다는 DSC(Digital Signal Controller)라는 명칭이 더 어울리는 막강한 기능의 DSP Processor인 것이다. 실제로 TI사 내부에서는 C2000 계열의 DSP를 DSP보다는 DSC라 명명하고 있다고 한다.

(2) TMS320F2808의 특징

* High-Performance Static CMOS Technology
- 100 MHz (10.0-ns Cycle Time)
- 60 MHz (16.67-ns Cycle Time)
- Low-Power (1.8-V Core & 3.3-V I/O) Design

고성능을 구현할 수 있도록 CMOS 반도체 공정으로 설계·제작되었다고 한다. 최고 100 MHz로 구동된다. 1/100 MHz = 10.0 nsec이다. 최대 100 Mhz로 구동되며 일부 제품은 60 Mhz로 출시되었다. I/O 전압으로 3.3 V를 요구한다. 외부와 대화하기 위해서는 표준을 따라야 한다. 디지털 시스템에서 3.3 V는 가장 널리 쓰이는 표준 전압 중 하나이다.

* JTAG Boundary Scan Support

JTAG은 Joint Test Access Group의 약자로, 반도체 테스트와 관련한 각종 기준을 정한다. JTAG이 제정한 JTAG 회로를 탑재하고 있으면, 테스트와 에뮬레이션이 용이하다. Texas Instruments사의 모든 마이크로 프로세서는 이 규격을 지원하고 있다. 따라서, 동일한 JTAG 에뮬레이터로 에뮬레이션이 가능하다. 단, TMS320C30, C31, C32와 같은 DSC는 JTAG이 제정되기 이전에 출시된 칩이라, MPSD라는 방식으로 에뮬레이션한다.

* Advanced Emulation Features
- Analysis and Breakpoint Functions
- Real-Time Debug via Hardware

별도의 하드웨어 Real-Time Debug 회로가 내장되어 있어, CCS와 같은 디버깅 툴을 이용하여, 코어의 관여나 멈춤 없이 실시간으로 프로그램 변수 데이터나 레지스터의 상태를 감시할 수 있다.

* High-Performance 32-Bit CPU (TMS320C28x)
  - 16 x 16 and 32 x 32 MAC Operations
  - 16 x 16 Dual MAC

28x 계열의 DSC는 모두 코어가 동일하다. 281x의 경우 최대 150 MHz(150MMAC)의 속도로 구동된다. MAC란 Multiplication and Accumulation의 약자로, 한 사이클에서 곱셈과 덧셈을 수행한다. 또한, 이 연산을 담당하는 회로를 MAC이라고도 부른다. MAC 회로는 선형 디지털 신호 처리의 핵심 연산인 Sum of Product를 최고의 효율로 처리한다. 디지털 필터링, 컨볼류션, FFT 등 모두 MAC으로 처리된다.

* Harvard Bus Architecture
  - Unified Memory Programming Model

내부 버스 구조는 명령어 처리 속도를 높이기 위해서, 하버드 버스 구조를 채택하고 있다. 하버드 버스 구조라는 것은, 사용자가 작성한 코드에서 데이터 성분은 데이터 버스로, 프로그램 성분은 프로그램 버스로 실어나를 수 있도록 고안된 버스 구조로 명령어 처리 효율을 높일 수 있기에 많이 쓰인다.

메모리도 마찬가지로, 하버드 메모리 구조라는 것이 있다. 프로그램 메모리와 데이터 메모리로 구분된다. 명령어 수행 효율이 높아지는 장점은 있지만, C 언어와는 궁합이 별로 좋지 않다. 24나 54 계열 DSC가 하버드 메모리 구조를 채택하고 있다. 데이터와 메모리 구분 없이 하나의 메모리에 모든 것을 담는 구조를 'Unified(단일) Memory'라고 한다. C 언어의 효율이 매우 좋다.

* Atomic Operations

28x는 레지스터 버스를 통해 고속 연산이 가능하다. 이 레지스터 버스는 머모리에 연결되어 있지 않고 코어의 레지스터 간에 직접 연결되어 있기 때문에 메모리 주소의 생성 시간이 필요하지 않다. 특히 이 버스를 통해 Atomic 명령어 처리가 가능하다. Atomic 명령어라는 것은 "깨어지지 않는"이라는 의미를 가지고 있는데, 좀 더 자세한 내용은 싱크웍스 교육센터 블로그의 온라인 강좌 카테고리에서 찾을 수 있다.

* Fast Interrupt Response and Processing

Fast Interrupt Response and Processing은 인터럽트 응답과 처리가 매우 빠르다는 것을 말한다. 내부에 인터럽트가 발생하면, 인터럽트 서비스 루틴까지 분기하는 데 10사이클이 걸린다. 외부에서 인터럽트가 요청되면, 동기를 맞추는 데 1사이클이 추가되어 총 11사이클이 걸린다. 14개에 달하는 내부 레지스터(Context) 자동 저장·복원 기능이 있어서, 실질적인 인터럽트 지연이 10~11사이클에 불과하다. 150 MHz로 구동한다면, 6~70 nsec 정도의 지연이 발생한다. 엄청 빠르다.

* Code－Efficient (in C/C++ and Assembly)

Code－Efficient (in C/C++ and Assembly) 부분은 다분히 주관적이지만, C 컴파일러의 효율도 꽤 좋은 편이다. TI사의 선전 자료에 따르면 ARM7보다 대략 15% 이상 C－ASM 변환 효율이 뛰어나다고 한다. 지금껏 사용해 본 결과, 컴파일러가 상당히 우수하다는 생각이다.

* TMS320F24x/LF240x Processor Source Code Compatible

24x 계열 DSC와 소스 코드 호환이 가능하다는 얘기이다. 281x 계열 DSC가 24x의 모든 주변 회로를 계승했기에 가능한 것이다. 280x와 283x는 몇 가지 주변 회로들이 많이 달라졌기에 24x와는 호환성이 떨어진다.

* On－Chip Memory
－ Flash Devices: Up to 128K x 16 Flash (Four 8K x 16 and Six 16K x 16 Sectors)
－ ROM Devices: Up to 128K x 16 ROM

TMS320F2812에는, 128K Word(1 word는 2 byte)의 플래시 메모리가 탑재되어 있다. 이 플래시 메모리는 총 10개의 섹터로 구성되어 있으며, 섹터에 따라서 8K Word 혹은 16K Word로 구분된다. TI사에서는 이 플래시 메모리를 자유롭게 다룰 수 있는 API(Application Program Interface)를 제공하고 있다. 예를 들어, 1 섹터 이상의 빈 공간이 있다면, 동작 중에 중요한 데이터 등을 빈 섹터에 기록할 수도 있다. TMS320C2812에는 이름에 F대신 C가 들어 있는 것처럼, TMS320F2812의 플래시 메모리가 CMOS ROM으로 이루어져 있다. 대체로 TMS320F2812와 같은 플래시 메모리 내장형으로 개발과 초도 양산 과정을 마치고, 양산 품질이 확보되면, CMOS ROM이 탑재된 TMS320C2812로 옮겨간다. CMOS ROM 제품이 플래시보다 꽤 싸다.

－ 1K x 16 OTP ROM

1 K Word 크기의 OTP(One Time Program) ROM은 시스템 개발 현장에서 단 한 번 구울 수 있도록 설계된 메모리이다. 주용도는 사용자 정의 부트로더라던지, 중요한 시스템 상수 등을 저장한다.

－ L0 and L1: 2 Blocks of 4K x 16 Each Single－Access RAM(SARAM)
－ H0: 1 Block of 8K x 16 SARAM
－ M0 and M1: 2 Blocks of 1K x 16 Each SARAM

칩 내부에 RAM도 있다. 모두 SARAM(Single Access RAM) 형태로, 281xDSC에는 모두 18 K Word가 탑재되어 있다. 각각은 L0, L1, H0, M0, M1으로 구성되어 있다. 자세한 내용은 “4.메모리 맵”에서 살펴보도록 하자.

* 128 - Bit Security Key/Lock
- Protects Flash/ROM/OTP and L0/L1 SARAM
- Prevents Firmware Reverse Engineering

칩 내부 메모리 내용을 보호하는 기능으로 128비트 암호를 채택하고 있다. 보호 대상은 비휘발성 메모리(Flash 또는 CMOS ROM, 그리고 OTP) 전부와 L0와 L1의 SARAM을 포함한다. 내부 RAM까지 Reverse Engineering(코드 추출)으로부터 보호된다는 것이 매우 획기적이다. 중요한 시스템 상수들은 플래시 메모리에 저장되기에 저장된 상태로는 보호를 받는다.

* Boot ROM (4K x 16)
- With Software Boot Modes
- Standard Math Tables

TMS320C/F28XX에는 TI사가 심어 놓은 코드(부트 로더)와 데이터(각종 수학 함수표)가 있다. MC(Micro Computer) 모드로 설정하고 칩을 구동하면, 이 부트롬이 접근 가능해지고, 실행도 된다. 칩의 시동과 관련된 내용이기에, 이 영역을 '부트 롬'이라고 부른다. TMS320C/F28XX는 규모가 상당히 큰 칩이어서 다양한 형태의 부트를 지원한다. 시리얼 포트를 통한 부트, 일반 입출력 포트(GPIO - B Port)를 이용한 패러렐 부트, 내부 플래시나 OTP, H0 메모리로부터의 부트 모드 등 매우 다양하다. 다양한 만큼 복잡하기도 하지만, 이러한 다양함을 통해서 뭔가 경쟁력이 매우 강한 시스템을 설계할 수 있다. 여기에 추가로 삼각함숫값과 같은 몇몇 중요한 수학 함수 표도 기록되어 있기에, 별도의 Look - up Table 등을 만들 필요가 없다.

* Clock and System Control
- Dynamic PLL Ratio Changes Supported
- On - Chip Oscillator
- Watchdog Timer Module

TMS320C/F28XX에는 PLL이 탑재되어 있어, 시스템 클럭 안정화와 외부 입력 클럭 주기를 높이거나 낮추어서 시스템에 공급한다. 최저 0.5배부터 최대 10배까지 조절이 가능하다. 오실레이터 회로도 갖추고 있기에, 외부에 공진자(Crystal)를 장착하여 클럭을 만들어 낼 수도 있다. 시스템 안정화를 위한 Watchdog Timer 회로도 갖추고 있다. 이 회로는 일종의 안전 장치로, 주어진 시간 안에 CPU가 Watchdog Timer를 Clear시키지 못한다면, 타이머가 넘쳐서 캐리를 생성한다. 이 캐리가 CPU를 리셋시킨다. 즉, CPU가 오동작한다면 일정 시간 후에 Watchdog Timer가 CPU를 리셋시켜서 정신 차리도록 해 준다.

* 인터럽트
- Three External Interrupts
- Peripheral Interrupt Expansion (PIE) Block That Supports 45 Peripheral Interrupts

TMS320C/F28XX는 총 96개의 개별(Peripherals) 인터럽트를 취급할 수 있도록 설계되어 있으며, 이중 TMS320C/F281x는 총 45개를 사용하고 있다. 개별 인터럽트마다 고유의 벡터를 사용하기 위해서는 PIE 회로를 이용해야 한다. 이중 3개의 인터럽트가 외부 세계와 반응을 일으킬 수 있다. 외부 신호에 반응하는 엣지(Falling Edge, Rising Edge) 설정도 가능하다.

* Three 32 - Bit CPU - Timers

28X CPU Core에는 3개의 32비트 타이머 카운터 레지스터가 있다. 각각 CpuTimer0 ,CpuTimer1, CpuTimer2로 이름 붙여져 있다. TI사가 제공하는 실시간 운영 체제인 DSP BIOS를 사용한다면, CPU Time 1, 2를 DSP BIOS가 사용하기에 넘겨 주어야 한다.

* Temperature Options:

– A: –40°C to 85°C (GHH, ZHH, PGF, PBK)

– S/Q: –40°C to 125°C (GHH, ZHH, PGF, PBK)

28계열 DSC는 AEC - Q100이라는 전장품용 반도체 규격을 획득한 제품으로 신뢰성이 매우 뛰어나다. 군사용(SM320F2812PGFMEP)도 나와 있으며, 이 제품의 동작 온도 범위는 무려, –55°C to 125°C이다. 이 제품의 패키지 형태는 176핀 LQFP이다. A, S, Q급 제품과 생김새가 동일하다.

3. TMS320F2808의 Chip Package

TMS320F2808은 여러 가지 Chip Package를 지원하지만 Community 로봇은 100 pin LQFP Package를 사용하고 있다.

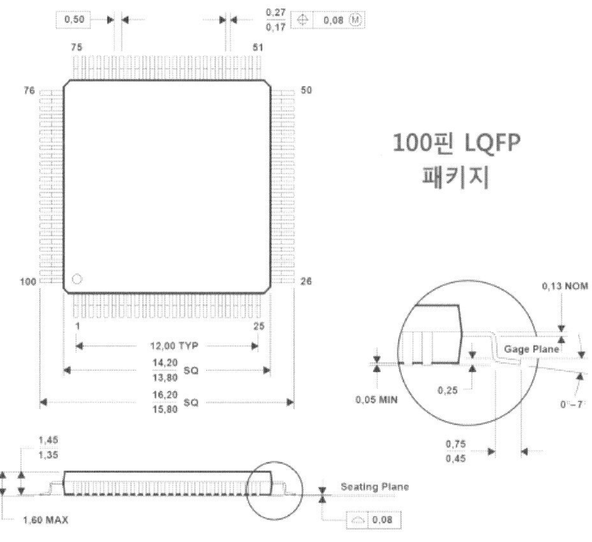

그림 5.116 TMS320F2808 Chip Package

(1) JTAG Interface

TMS320F2808은 IEEE 표준 JTAG Interface를 지원한다. 컨트롤 보드 상단의 14 Pin BoxHeader 커넥터로 JTAG 에뮬레이터와 연결된다. 이 JTAG Interface 단자를 통하여 군집 로봇 내부의 펌웨어 프로그램을 다운로드하거나 각종 디버깅을 수행할 수 있다.

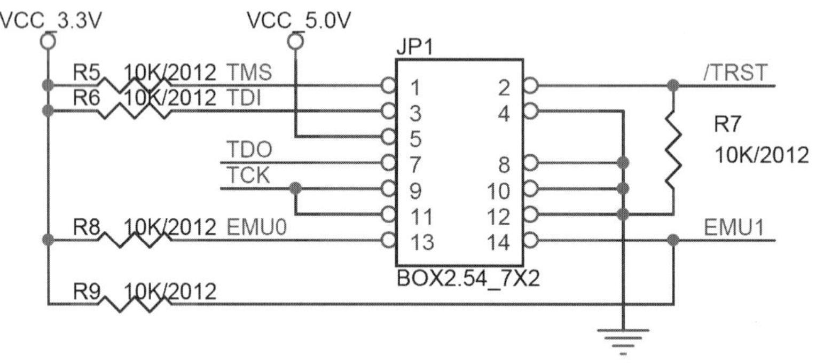

그림 5.117 JTAG Interface 회로

(2) Serial Flash Memory

군집 로봇은 여느 시스템과 마찬가지로 여러 정보들을 저장하고 사용하게 된다. 따라서 전원이 인가되지 않는 상태라 하더라도 정보들을 저장하고 있어야 할 필요가 있다. 여기서 우리는 ATMEL사의 Seral Flash Memory인 AT45DB011B를 장착하여 사용하고 있다. AT45DB011B는 TMS320F2808과 SPI Interface로 연결되며, SOIC-8 package으로 3.3V로 구동된다.

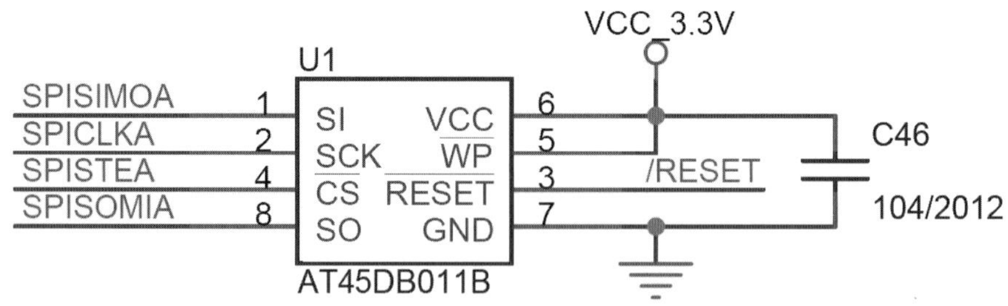

그림 5.118 Serial Flash Memory

Pin Configurations

Pin Name	Function
CS	Chip Select
SCK	Serial Clock
SI	Serial Input
SO	Serial Output
WP	Hardware Page Write Protect Pin
RESET	Chip Reset
RDY/BUSY	Ready/Busy

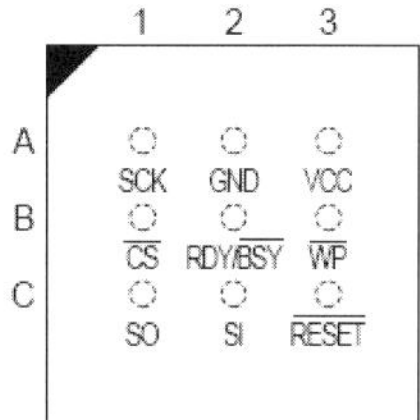

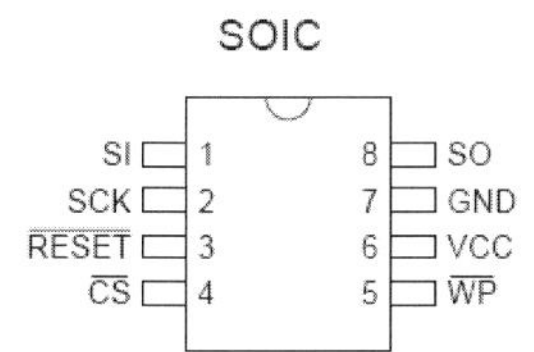

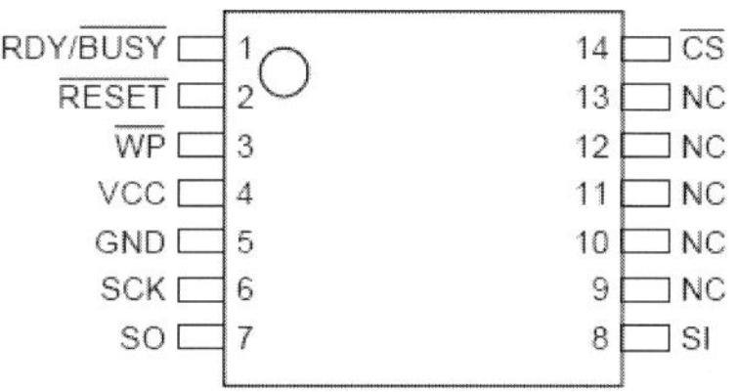

그림 5.119 Serial Flash Memory Pin View

Memory Architecture Diagram

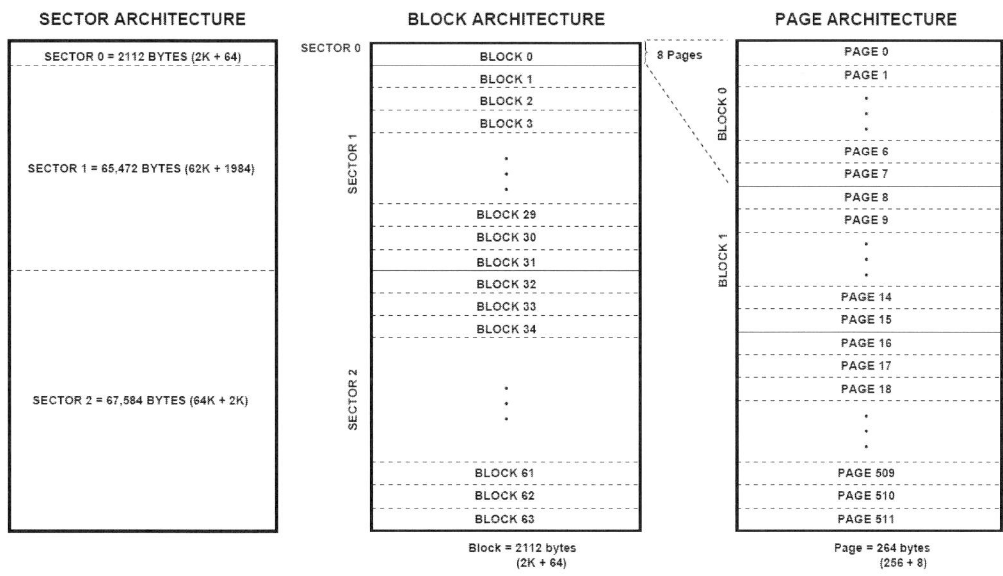

그림 5.120 Serial Flash Memory–Memory Size

AT45DB011B는 위의 그림 5.120에서 보는 것과 같이 3개의 큰 섹터가 있으며, 각 섹터는 총 64개의 블록으로 이루어지고 각 블록은 8개의 페이지로 구성된다. 한 개의 페이지의 크기는 264바이트이다. 따라서 총 메모리의 크기는

(264 byte * 512 page = 64 block = 3 sector = 135168 bytes = 1 Mega bit

이다.

4. Communication Interface(통신)부

통신부는 두 조의 SCI-RS232 Interface을 이용하여 외부와 통신을 하고 있다. SCIA는 커넥터 처리되어 주로 디버깅용으로 사용하고 있으며, SCIB는 Zigbee 모듈과 연결되어 무선 통신으로 컴퓨터로부터 영상 처리 데이터를 수신하고 있다.

(1) Communication Interface - Xbee(Zigbee Module)

본 군집 로봇에는 컴퓨터와 무선 통신을 하기 위하여 Zigbee 모듈인 Xbee 무선 통신 모듈을 탑재하고 있다. Xbee는 Chip antena 타입으로서 표준 Zigbee 통신을 지원한다. TMS320F2808과는 내부적으로 TTL Level로 RS-232 통신을 통해 데이터를 주고받는다. 그림 5.121은 Xbee 모듈의 실장 회로이다.

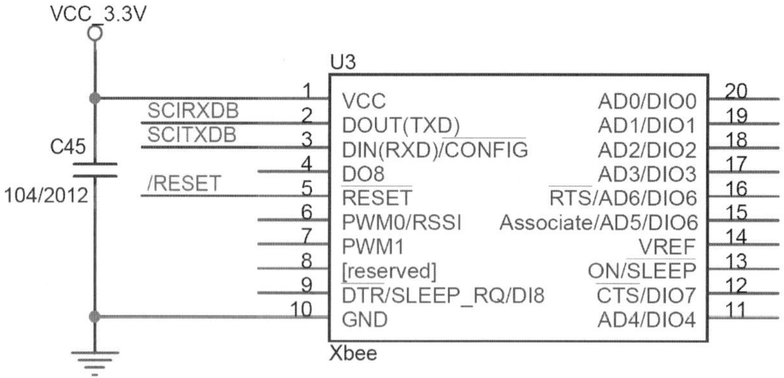

그림 5.121 Xbee-Zigbee Interface

① Zigbee 특징

㉠ 지그비(Zigbee)는 IEEE 802.15.4 표준 중 하나로 가정, 사무실 등의 무선 네트워킹 분야에서 근거리 통신과 유비쿼터스 컴퓨팅을 구현하기 위한 기술이다.

㉡ 반경 30 m 안에서 250 Kbps의 속도로 데이터를 전송하며, 메시네트워크 구조를 이용하면 하나의 무선 네트워크에 약 255대의 기기를 연결할 수 있다.

㉢ 다른 무선 통신 기술과 달리 AA알카라인 건전지 하나로 1년 이상을 사용할 수 있을 정도로 전력 소모도 적고 싼 가격으로 제품을 구현할 수 있다.

② Xbee 특징

그림 5.122 Xbee-Zigbee Module

XBee-PRO 지그비 모듈(Chip Antenna type)
ZigBee OEM 무선 모듈/Industrial Grade(-40~80℃)

XBee-PRO OEM 무선 모듈은 경제적인 가격대와 저-전력의 무선 네트워크의 요구에 만족하는 ZigBee/IEEE 802.15.4 호환 솔루션을 제공한다. 모듈은 쉬운 사용, 저-전력 요구, 기기 간에 중요한 데이터의 신뢰성 있는 전송 등을 제공한다. XBee-PRO 모듈은 혁신적인 설계를 바탕으로 표준 ZigBee 모듈보다 2~3배의 전송 거리를 제공한다.

XBee-PRO 모듈은 ISM 2.4 GHz 주파수 대역에서 작동되며, MaxStream XBee(1 mW) 모듈과 핀-대-핀 호환 가능하다.

박스를 개봉하여 무선 통신을 사용하기까지 어떠한 설정도 필요하지 않으며, 모듈의 기본 설정은 데이터 시스템의 광범위한 어플리케이션을 지원한다. 진보된 설정은 간단한 AT 명령을 사용하여 실행할 수 있다.

제품 요약

- ISM 2.4 GHz 작동 주파수
- 10 mW~EIRP 파워 출력(1,200 m까지 전송)
- U.FL. RF 콘넥터, 칩 또는 와이어 안테나 옵션
- 산업용 온도 범위(-40~85℃)
- 미국, 캐나다, 유럽 등지에서 사용이 허가됨.
- 향상된 네트워킹과 저-전력 모드 지원

표 6.2 Xbee-사양표

Performance	
Power Output:	10 mW~ EIRP*
Indoor/Urban Range:	up to 300' (100m)
Outdoor/RF Line-of-sight Range:	up to 1 mile (1.6km)
RF Data Rate:	250 Kbps
Interface Data Rate:	up to 115.2 Kbps
Receiver Sensitivity:	-100 dBm
Networking	
Spread Spectrum Type:	DSSS (Direct Sequence Spread Spectrum)
Networking Topology:	Peer-to-peer, point-to-point &point-to-multipoint
Error Handling:	Retries &acknowledgements
Filtration Options:	PAN ID, channel and addresses
Channel Capacity:	13 Direct Sequence Channels (software selectable)
Addressing:	65,000 network addresses available for each channel
Encryption:	128-bit AES (coming soon)
Power	
Supply Voltage:	2.8 - 3.4 V
Transmit Current:	270 mA (@ 3.3 V)
Receive Current:	55 mA (@ 3.3 V)
Power-down Sleep Current:	< 10 μA
General	
Frequency Band:	2.4000 - 2.4835 GHz
Serial Data Interface:	3 V CMOS UART - No configuration required
Physical Properties	
Size:	0.960" x 1.297" (2.438 cm x 3.294 cm)
Weight:	0.14 oz. (4g) - w/ U.FL connector
Antenna Options:	U.FL RF connector, chip antenna, or whip antenna
Operating Temperature:	-40 to 85° C (industrial)
Certifications	
United States (FCC):	OUR-XBEEPRO
Canada (IC):	4214A-XBEEPRO
Europe (CE):	ETSI
Class 1 Division 2:	Approved

(2) RS - 232 Communication Interface

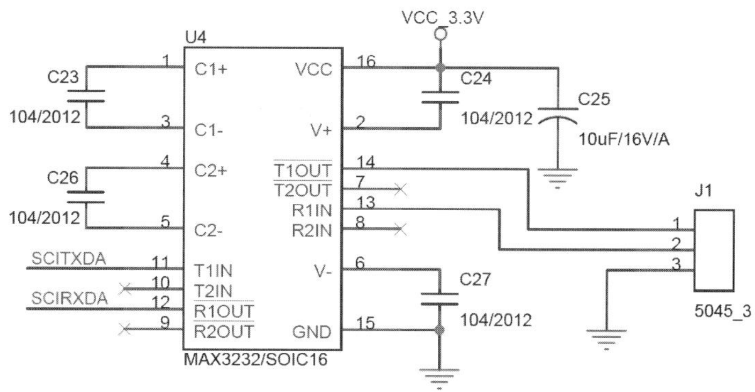

그림 5.123 RS-232 Serial Interface 회로

통신용 라인드라이버/리시버와 A/D 컨버터류 등의 제작사로 유명한 MAXIM사의 RS-232C 통신용 MAX3232칩으로 구성된 RS232용 시리얼 통신 회로이다. 여기서 전이중 방식이란 데이터를 전송할 때 동시에 양방향으로 송수신할 수 있는 것을 말하며, 한 번에 한쪽 방향으로만 데이터를 보내는 것을 반이중 방식(Half-Duplex)이라 한다. 전이중 방식과 달리 반이중 방식은 일정 블록의 송신을 끝내고 나서 상대측이 수신 모드에 들어갈 때까지 송신 중지 명령을 보낼 수 없기 때문에 송수신 반응이 늦지만, 전이중 방식이 네 가닥의 전선을 사용하는 것에 비해 반이중 방식은 두 가닥의 선을 이용하므로 나름대로 장단점이 있다고 하겠다. 일반적으로 RS-232C 통신은 수 미터의 거리 내에서 통신이 가능하다. Tms320F2808에는 SCIA와 SCIB 두 개의 RS-232 시리얼 인터페이스가 있으며, SCIA는 유선으로 PC 또는 다른 주변 장치와 통신할 수 있도록 MAX232 IC를 통해 커넥터로 연결 처리되어 있으며, SCIB는 Zigbee 모듈을 이용해 무선으로 연결될 수 있도록 Zigbee 모듈과 직접적으로 연결되어 있다.

관련 소자 - MAX3232

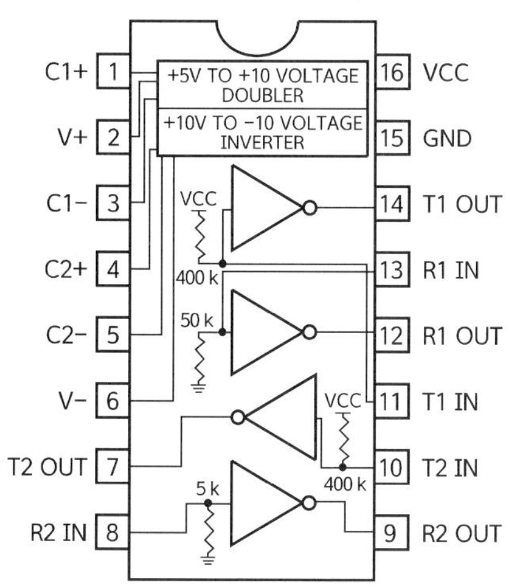

데이터 통신에서 TTL 레벨을 표준 EIA 레벨로 변환하려면 ±12[V] 전원을 사용하는 라인드라이버/리시버 IC(MC1488, MC1489 등)를 이용해야 한다. 하지만, MAX232칩의 경우는 +5[V]의 단일 전원 입력으로도 자체적으로 ±12[V]를 만들어 주므로 현재 널리 이용된다. 최초 개발사는 MAXIM사이나, 호환성을 가진 칩들이 다수 업체에서 생산되고 있다.

그림 5.124

표 6.3 MAX3232의 각 Pin의 기능

핀 번호	심 벌	기 능
16	VCC	+전원(5 V)
15	GND	접지(0 V)
1, 2, 3, 4, 5, 6		DC/DC 컨버터용 캐패시터 접속 단자
13, 12	R1 IN / OUT	수신 채널 1 입력 / 출력
8, 9	R2 IN / OUT	수신 채널 2 입력 / 출력
11, 14	T1 IN / OUT	송신 채널 1 입력 / 출력
10, 7	T2 IN / OUT	송신 채널 2 입력 / 출력

5. 구동부

구동부는 군집 로봇의 발이 되는 부분으로, 두 조의 BDC Motor를 채택하고 있다. 사용된 BDC motor는 독일 FAULHABER사의 DC Micro Motor인 2224U006SR이다.

(1) 2240U006SR - 512 DC Micro Motor

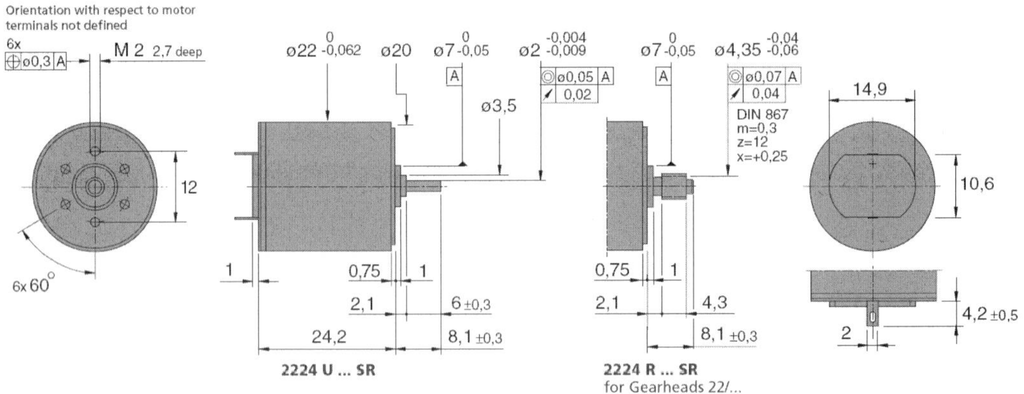

그림 5.125 DC Micro Motor 224U006SR-512 외형도

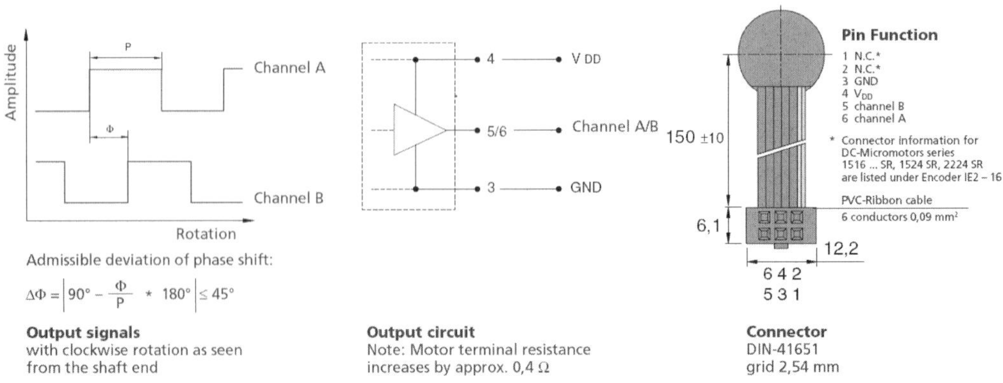

그림 5.126 DC Micro Motor 224U006SR-512 엔코더

(2) Motor Driver - TB6612FNG

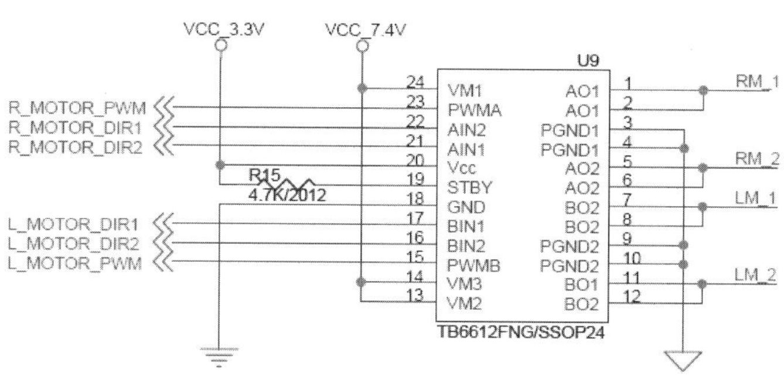

그림 5.127 Dual DC Micro Diver-TBN6612FNG 회로

TBN6612FNG는 Toshiba사에서 생산되는 소형 DC motor용 dual driver IC이다. 소형이라고는 하나 각각의 드라이버당 최고 15 V에 1.2 A까지 구동이 가능하고, 또 Dual 드라이버이기 때문에 로봇 군집용 모터 드라이버로는 아주 적합하다 할 수 있겠다. 최대 100 KHz까지 PWM 구동이 가능하며, 또한 SSOP24의 소형 사이즈의 칩 패키지를 지원하기 때문에 실장 면적 면에서도 유리하다.

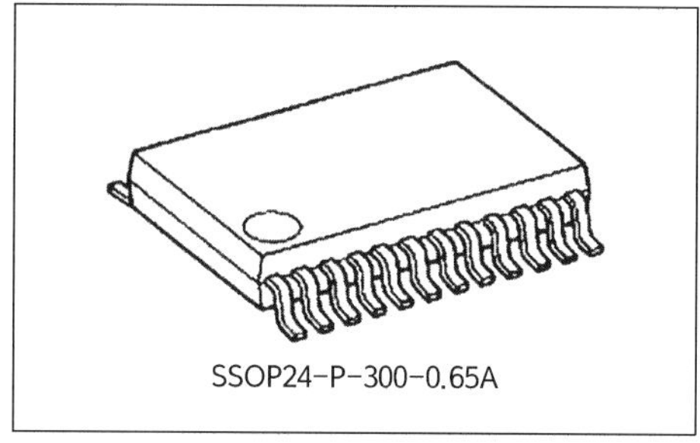

質量: 0.14 g(標準)

그림 5.128 Dual DC Micro Diver-TBN6612FNG 외형도

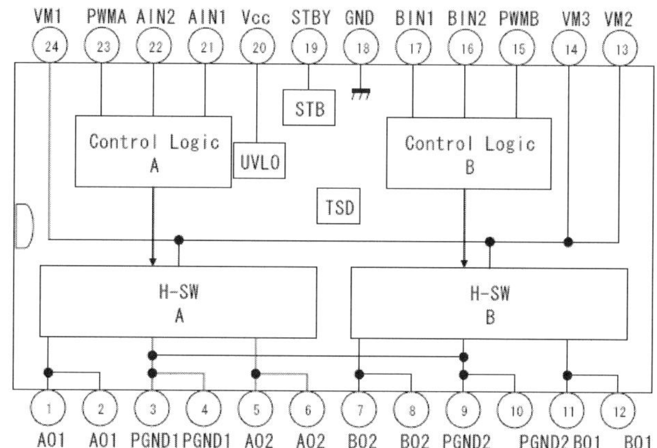

그림 5.129 Dual DC Micro Diver-TBN6612FNG Pin 배치도

표 6.4 TBN6612FNG의 각 Pin의 기능

Pin NO	Symbol	I/O	Remark
1, 2	AO1, AO2	O	CHA 출력 1
3, 4	PGND1, PGND1	-	파워 GND 1
5, 6	AO2, AO2	O	CHA 출력 2
7, 8	BO2, BO2	O	CHB 출력 2
9, 10	PGND2, PGND2	-	파워 GND 2
11, 12	BO1, BO1	O	CHB 출력 1
13, 14	VM2, VM3	-	모터 전원(2.5~13.5 V)
15	PWMB	I	CHB용 PWM 입력 단자
16	BIN2	I	CHB 입력 2
17	BIN1	I	CHB 입력 1
18	GND	-	로직 GND
19	STBY	I	"L' = STAND BY
20	Vcc	-	로직 전원(2.7~5.5 V)
21	AIN1	I	CHA 입력 1
22	AIN2	I	CHA 입력 2
23	PWMA	I	CHA용 PWM 입력 단자
24	VM1	-	모터 전원(2.5~13.5 V)

표 6.5 TBN6612FNG의 핀 상태에 따른 조작 모드

Input				Output		
IN1	IN2	PWM	STBY	OUT1	OUT2	Mode
H	H	H/L	H	L	L	Short brake
L	H	H	H	L	H	CCW
		L	H	L	L	Short brake
H	L	H	H	H	L	CW
		L	H	L	L	Short brake
L	L	H	H	OFF(High impedance)		Stop
H/L	H/L	H/L	L	OFF(High impedance)		Standby

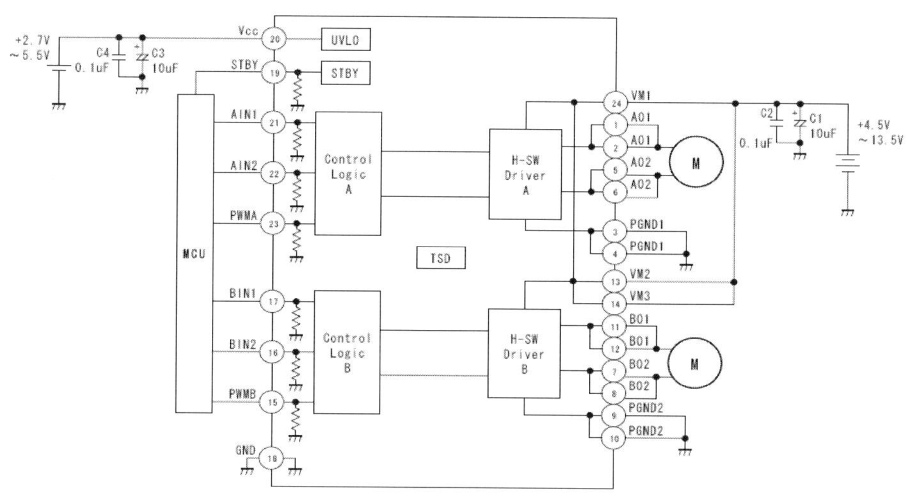

그림 5.130 TBN6612FNG의 기본 사용법

6. 전원부

군집 로봇에는 로봇 몸체의 내부에 1.2 V 600 mA 용량의 니켈 수소 전지가 장착되어 있다. 1.2 V 배터리셀 6개를 직렬로 하여 7.2 V를 만들어 전원으로 사용하고 있는 것이다. 2차 충전지이기 때문에 충전기를 이용하여 재충전 및 재사용이 가능하다.

로봇 군집의 회로는 총 4가지의 전압이 필요하다.

- TMS320F2808 Core 전원용 : 1.8 V
- TMS320F2808 I/O 전원용 : 3.3 V
- 내부 주변 회로용 : 5.0 V
- 모터 구동용 : 7.2 V

이들 중 모터 구동용 전압은 7.2 V 그대로 모터 드라이버에 전달되므로 특별한 정류 없이 바로 직결된다. 하지만 1.8 V, 3.3 V, 5.0 V 이 세 가지 전원 전압은 레귤레이터를 거쳐서 생성되며 공급된다. 따라서 로봇 군집 회로에는 총 3가지의 LDO(Low Drop Regulator)가 장착되어 있다.

(1) AME8801AEEV - 1.8 V

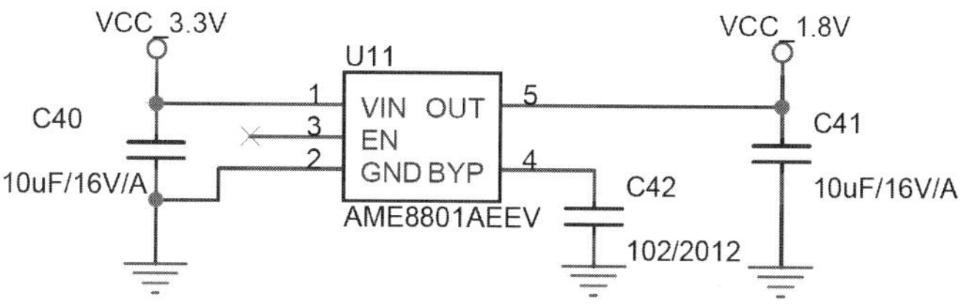

그림 5.131 1.8V LDO Regulator – AME8801AEEV 회로도

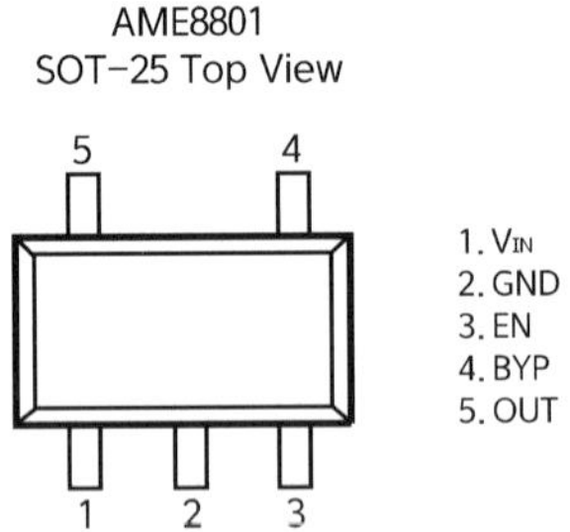

그림 5.132 1.8V LDO Regulator-AME8801AEEV 외형 및 핀 배치도

AME8801AEEV는 SOT25의 초소형 패키지를 채택하고 있어서 실장면에서 아주 유리하며, 또한 최대 300 mA의 전류 공급이 가능하므로 DSP Core 전압 1.8 V가 최대 200 mA 정도까지 소모하므로 적당하다 할 수 있다.

(2) EZ11173.3 V와 EZ1117 5.0 V

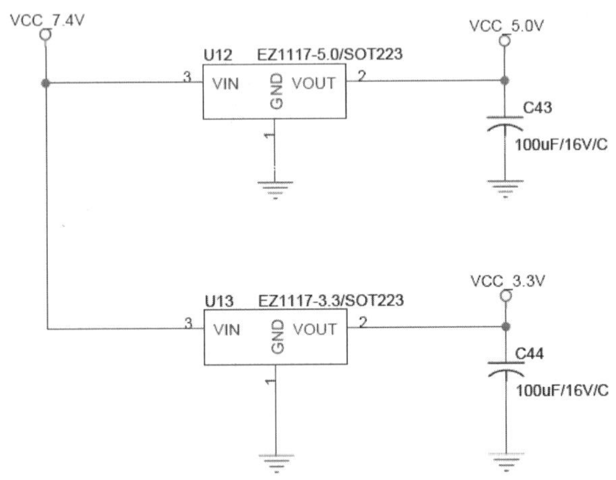

그림 5.133 3.3V 및 5.0V LDO Regulator-EZ1117

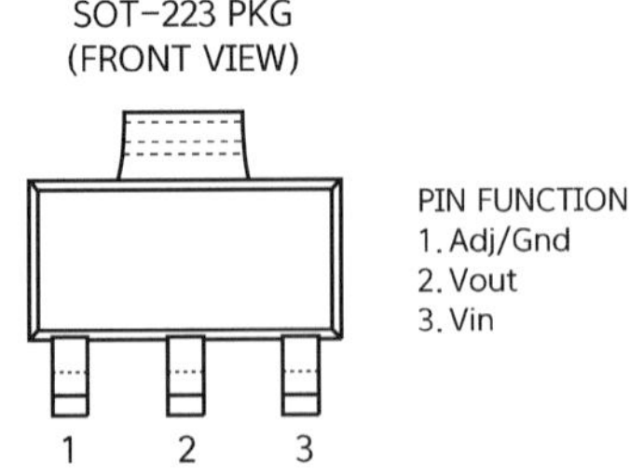

그림 5.134 3.3, 5.0 LDO Regulator-LM1117 외형 및 핀 배치도

LM1117은 SOT223 패키지를 채택하고 있으며 최대 1 A의 전류 출력을 가진다. 구성 회로가 간단하며 가격이 저렴하면서도 성능이 우수하여 배터리 어플리케이션에 적합하다.

09 군집 로봇 PCB 조립

여기서는 군집 로봇의 제어기 PCB 조립에 관련 설명을 하겠다. 군집 로봇의 제어 PCB는 1장으로 구성되며, TMS320F2808 CPU 및 주변 장치들이 부착되어 군집 로봇에 필요한 기능들을 수행하며, 또한 Xbee 무선 모듈이 장착되어 무선 통신 기능을 가지게 된다.

그림 5.135와 6.136은 메인 PCB의 조립 전 전면과 후면의 사진이다. 사이즈는 가로(53 mm) x 세로(63 mm)이며 4층 PCB이다. ARTWORK은 ORCAD 10.3의 Layout 프로그램으로 작업되었다. 각종 부품들은 로봇 기구부를 고려함과 동시에 최적의 기능을 수행하기 위하여 최소한의 경로로 배치되었으며, 기구부에 고정이 용이하도록 사방에 3.2 mm 지름의 고정용 볼트 홀이 나 있다.

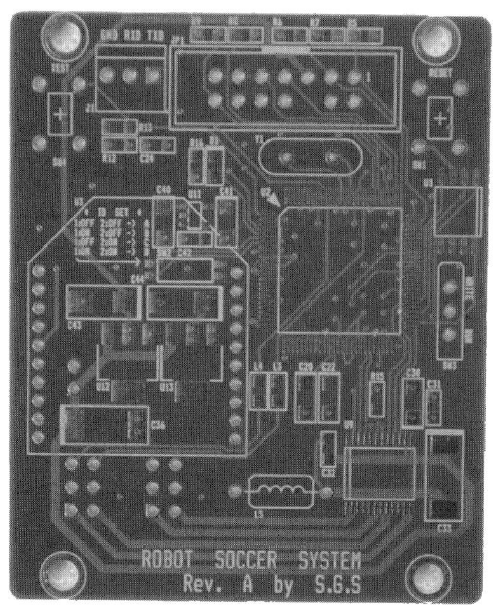

그림 5.135 **로봇 메인 PCB 조립 전 전면**

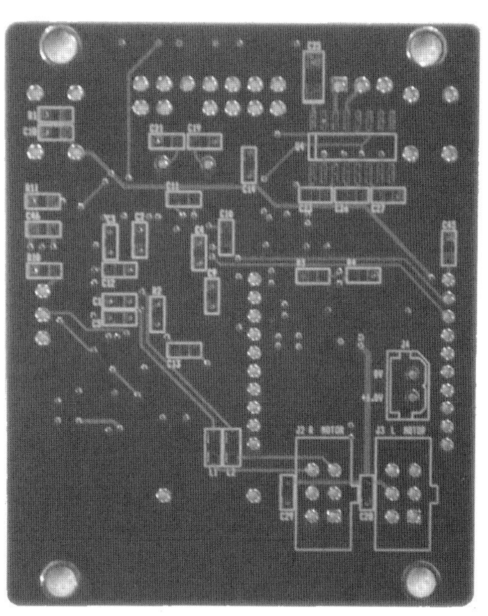

그림 5.136 **로봇 메인 PCB 조립 전 후면**

그림 5.137은 메인 PCB가 조립된 후의 모습이다. 모든 실장 부품이 부착된 상태이며 무선 통신을 위한 Zigbee Module을 부착하면 모든 조립은 끝나게 된다.

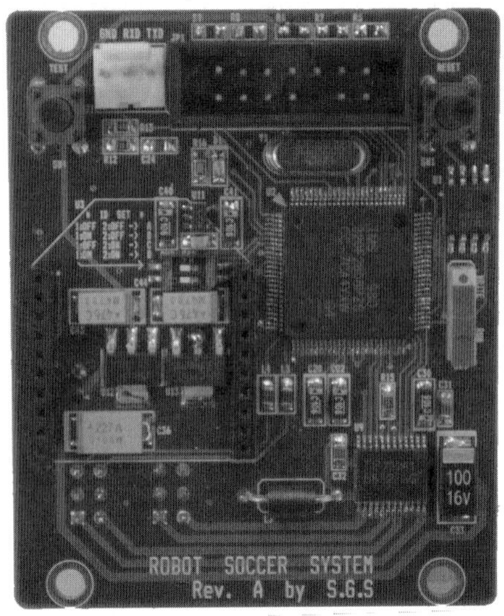

그림 5.137 **로봇 메인 PCB 조립 후 전면-1**

그림 5.138은 조립 된 메인 PCB에 Zigbee Module이 부착된 모습이다. Zigbee Module의 부착은 메인 PCB상의 10x2 헤더에 방향에 맞추어 삽입하기만 하면 된다.

그림 5.138 **로봇 메인 PCB 조립 후 전면-2**

그림 5.139는 조립된 메인 PCB의 후면이다. 기구부상 PCB 바로 아래에 두 조의 DC 모터가 배치되므로 PCB상에는 최소한의 부품만 배치되었으며, 배터리와의 연결 커넥터 부분은 충전 시마다 기구를 분해하는 불편함을 방지하기 위하여 와이어를 통한 확장 연결 처리되었다.

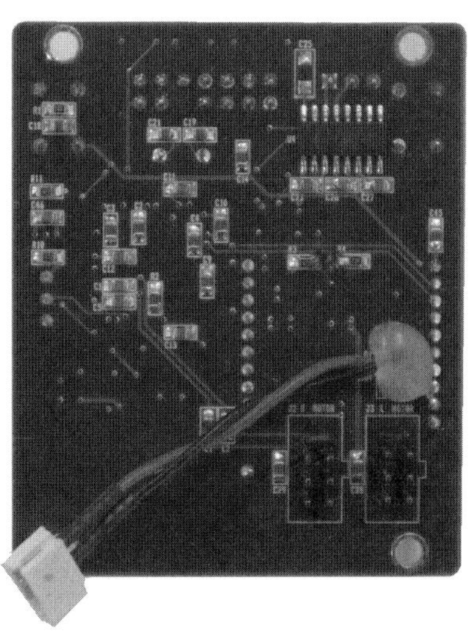

그림 5.139 로봇 메인 PCB 조립 후 후면

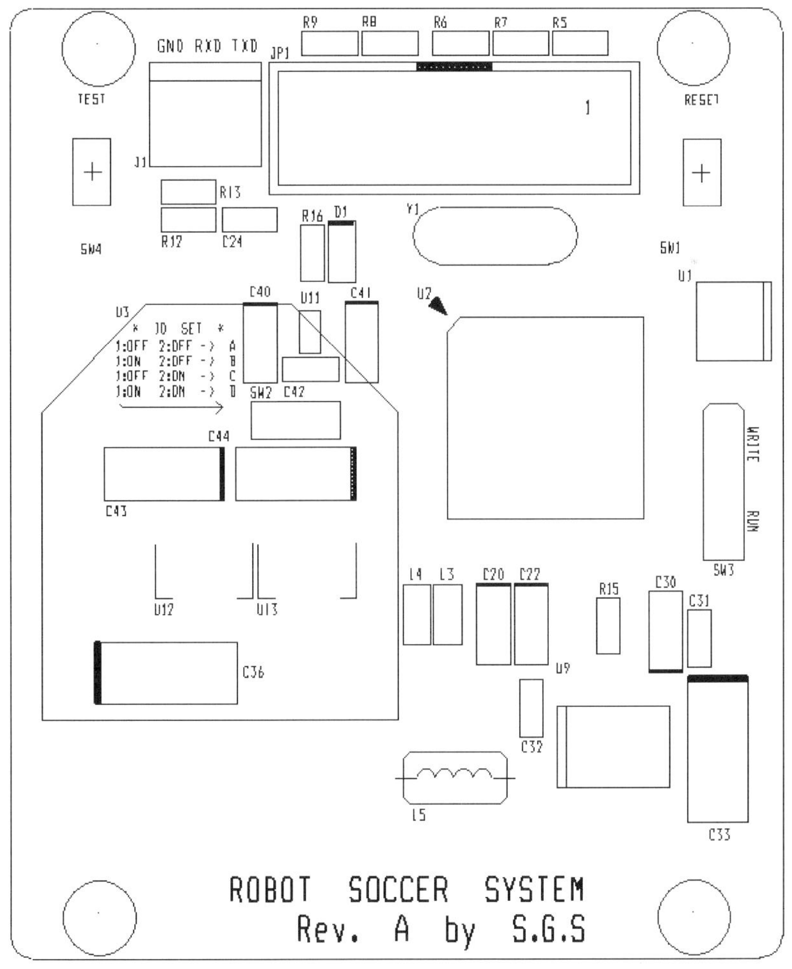

그림 5.140 부품 배치를 위한 실크 전면

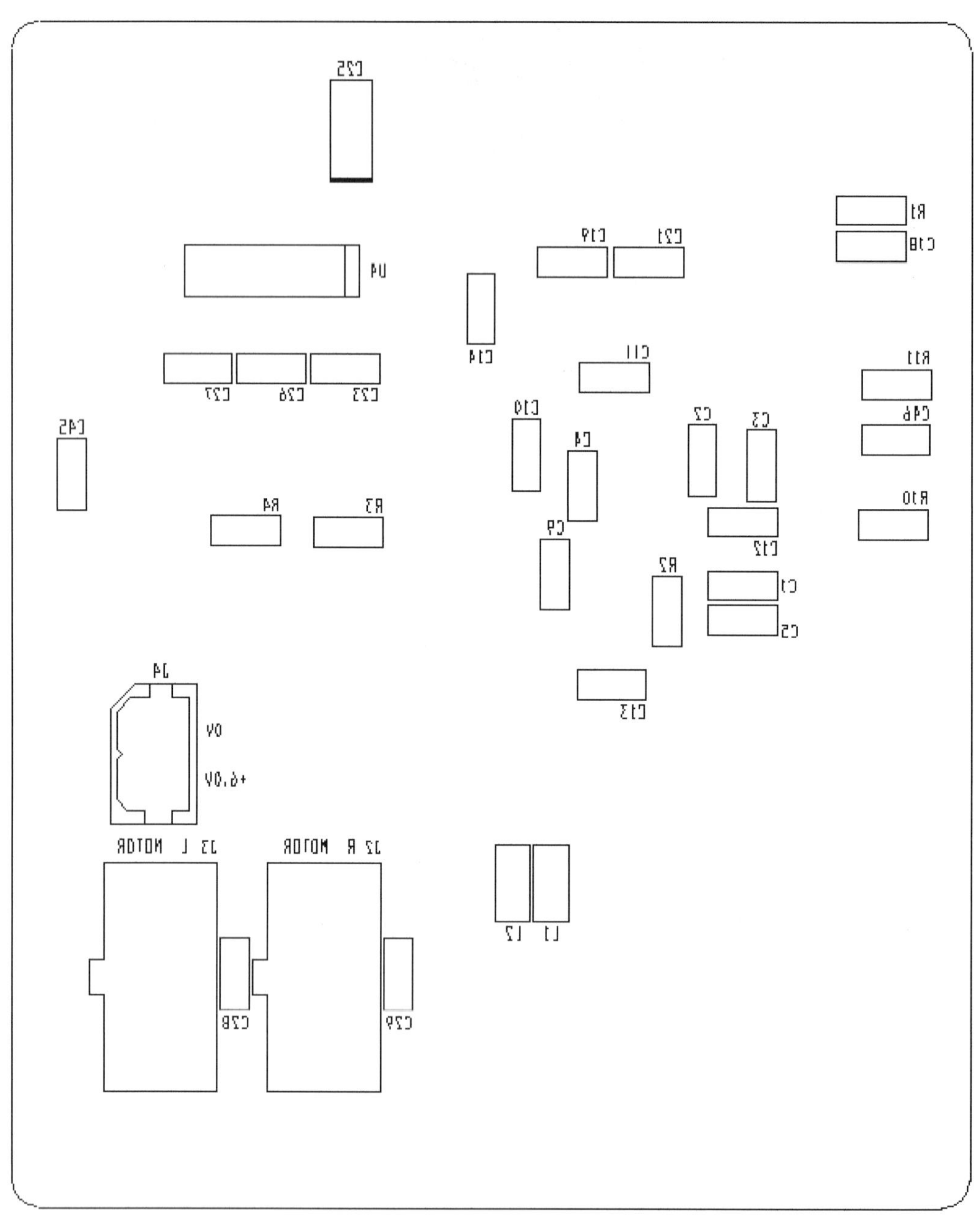

그림 5.141 **부품 배치를 위한 실크 전면**

표 6.6 로봇 메인 PCB의 BOM List

	Quantity	Reference	Part
1	21	C1, C2, C3, C4 C5, C9, C10, C11 C12, C13, C14, C23 C24, C26, C27, C28 C29, C31, C32, C45, C46	104/2012
2	1	C18	105/2012
3	2	C19, C21	15 pF/2012
4	1	C20	2.2 uF/10V/A
5	1	C22	2,2 uF/10V/A
6	4	C25, C30, C40, C41	10 uF/16V/A
7	1	C33	100 uF/16V/D
8	1	C36	220 uF/10V/D
9	1	C42	102/2012
10	2	C43, C44	100 uF/16V/C
11	1	D1	LED/2012
12	1	JP1	BOX2.54_7X2
13	1	J1	5045_3
14	2	J2, J3	HEADER6A
15	1	J4	5045_2
16	4	L1, L2, L3, L4	220/2012
17	1	L5	BEAD/400
18	6	R1, R5, R6, R7, R8, R9	10K/2012
19	1	R2	22K/2012
20	7	R3, R4, R10, R11, R12, R13, R15	4.7K/2012
21	1	R16	200/2012
22	1	SW1	RESET
23	1	SW2	SW DIP-2
24	1	SW3	SW_SLIDE
25	1	SW4	MODE
26	1	U1	AT45DB011B
27	1	U2	TMS320F2808
28	1	U3	Xbee
29	1	U4	MAX3232/SOIC16
30	1	U9	TB6612FNG/SSOP24
31	1	U11	AME8801AEEV
32	1	U12	EZ1117-5.0/SOT223
33	1	U13	EZ1117-3.3/SOT223
34	1	Y1	20 MHz/ATS

그림 5.142

10 축구 로봇으로의 응용

Soccer Robot은 Community Robot의 Hardware는 같이 이용한다. 프로그램과 명령의 전달 과정이 다르다는 것만 인식하면 된다. 즉 먼저 Community Robot을 만들어 보고 다음으로 Soccer Robot을 완성하는 단계로 이해하면 좋을 것이다. 프로그램 개발 환경이나 그 외 PCB 등 하드웨어와 주변 장치는 Community Robot에서 사용하던 것들을 그대로 활용하면서 다음 시스템 구성도와 같이 완성하면 된다. 전체적으로 신호 전달 과정을 알아보도록 한다.

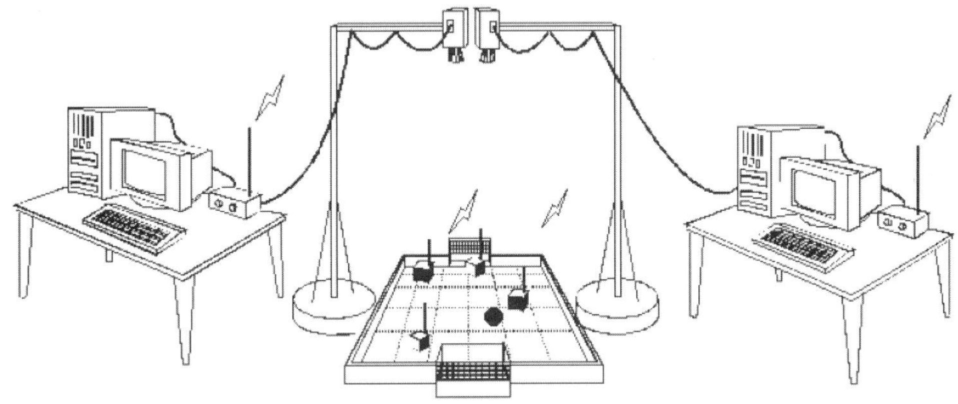

그림 5.143 로봇 전시회에서 제작한 작품을 관전하고 있는 언론 보도 동영상 사진

그림에서 보여 준 것과 같이 축구 로봇 시스템을 갖추려면 카메라가 장착된 컴퓨터와 관련 프로그램 그리고 축구 로봇과 경기장이 있어야 한다. 이들 시스템이 프로그램과 장치를 이용해서 하나의 시스템으로 구성되어야만 축구 경기가 가능하다.

Microprocessor
Index
찾아보기

P

R

S

T

U

V

W

X

Z

기타

저자 소개

선권석 전남대학교 전자공학과 제어공학 박사
전 기아자동차 기술연구소 전문연구원
현 한국폴리텍대학 메카트로닉스과 교수

원용관 미주리주립대학(미국) 컴퓨터공학 박사
전 한국전자통신연구원 전문연구원
현 전남대학교 전자컴퓨터공학부 교수

하성재 광운대학교 전파공학과 무선시스템공학 박사
전 삼성탈레스 전문연구원
현 한국폴리텍대학 정보통신과 교수

김성호 고려대학교 전기공학과 학사
고려대학교 전기공학과 제어공학 박사
현 군산대학교 제어로봇공학과 교수

황석승 University of California, Santa Barbara, Dept of ECE(박사)
전 삼성전자 정보통신연구소 책임연구원
현 조선대학교 전자정보공과대학 전자공학과 교수

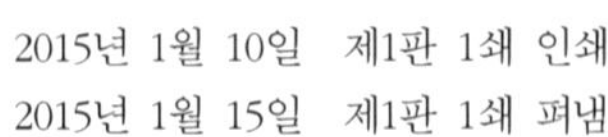

2015년 1월 10일 제1판 1쇄 인쇄
2015년 1월 15일 제1판 1쇄 펴냄

지은이 선권석 · 원용관 · 하성재 · 김성호 · 황석승
펴낸이 류제동
펴낸곳 **청문각**

편집국장 안기용 | 본문디자인 디자인이투이
표지디자인 트인글터 | 제작 김선형 | 영업 함승형
출력 블루엔 | 인쇄 영진인쇄 | 제본 한진제본

주소 413-120 경기도 파주시 교하읍 문발로 116 | 우편번호 413-120
전화 1644-0965(대표) | 팩스 070-8650-0965 | 홈페이지 www.cmgpg.co.kr
등록 2012. 11. 26. 제406-2012-000127호

ISBN 978-89-6364-217-8 (93560)
값 27,000원

* 잘못된 책은 바꾸어 드립니다.